荣获2020年中国石油和化学工业优秀出版物奖·教材奖二等奖

普 通 高 等 教 育

制药类“十三五”规划教材

无机化学及实验

供中药制药、制药工程、生物制药及相关专业使用

铁步荣 主编

WUJI HUAXUE JI SHIYAN

化学工业出版社

·北京·

《无机化学及实验》基于中药制药、制药工程和生物制药等专业的人才培养需求，由全国21所高等医药院校、药科大学长期从事教学工作具有丰富教学经验的一线教师编写而成。

《无机化学及实验》分为三篇。理论篇重点阐述无机化学酸碱平衡、沉淀平衡、氧化还原反应平衡、配合平衡原理和原子结构、分子结构、配合物结构，各族元素的通性，重要化合物的结构、性质以及重要化学反应。实验篇包括化学实验基础和具体实验：介绍无机化学实验守则、常用仪器、实验技能及操作规范等，收入16个实验，涉及综合性实验、验证性实验、设计实验和虚拟仿真实验。拓展篇，计2章，包括中药矿物药和纳米技术与中医药，以二维码形式呈现。附录部分收入了无机化学学科常用的计量数据和参考标准。

《无机化学及实验》可供全国高等中医药、药科、医科院校中药制药、制药工程和生物制药等专业本科学生使用，也可供成人教育相关专业以及相关教师参考。

图书在版编目（CIP）数据

无机化学及实验/铁步荣主编.—北京：化学工业出版社，2018.2（2023.1重印）
ISBN 978-7-122-31237-2

Ⅰ.①无… Ⅱ.①铁… Ⅲ.①无机化学-化学实验 Ⅳ.①O61-33

中国版本图书馆CIP数据核字（2017）第315689号

责任编辑：傅四周　　文字编辑：向　东
责任校对：王素芹　　装帧设计：王晓宇

出版发行：化学工业出版社（北京市东城区青年湖南街13号　邮政编码100011）
印　　装：北京科印技术咨询服务有限公司数码印刷分部
787mm×1092mm　1/16　印张24　字数605千字　2023年1月北京第1版第4次印刷

购书咨询：010-64518888　　售后服务：010-64518899
网　　址：http：//www.cip.com.cn
凡购买本书，如有缺损质量问题，本社销售中心负责调换。

定　　价：59.80元

系列教材编委会

《无机化学及实验》编委会

序

普通高等教育制药类“十三五”规划教材是为贯彻落实教育部有关普通高等教育教材建设与改革的文件精神，依据中药制药、制药工程和生物制药等制药类专业人才培养目标和需求，在化学工业出版社精心组织下，由全国 11 所高等院校 14 位著名教授主编，集合 20 余所高等院校百余位老师编写而成。

本套教材适应中药制药、制药工程和生物制药等制药类业需求，坚持育人为本，突出教材在人才培养中的基础和引导作用，充分展现制药行业的创新成果，力争体现科学性、先进性和适用性的特点，全面推进素质教育，可供全国高等中医药院校、药科大学及综合院校、西医院校医药学院的相关专业使用，也可供其他从事制药相关教学、科研、医疗、生产、经营及管理工作者参考和使用。

本套教材由下列分册组成，包括：北京中医药大学铁步荣教授主编的《无机化学及实验》、广东药科大学申东升教授主编的《有机化学及实验》、广东药科大学王淑美教授主编的《分析化学及实验》、天津中医药大学张师愚教授主编的《物理化学及实验》、华东理工大学齐鸣斋教授主编的《化工原理》、沈阳药科大学韩静教授主编的《制药设备设计基础》、辽宁中医药大学孟宪生教授主编的《中药材概论》、河南中医药大学冯卫生教授主编的《中药化学》、广东药科大学王岩教授主编的《中药药剂学》、南京中医药大学张丽教授主编的《中药制剂分析》、南京中医药大学陆兔林教授主编的《中药炮制工程学》、中国药科大学柯学教授主编的《中药制药设备与车间工艺设计》、浙江中医药大学万海同教授主编的《中药制药工程学》和江西中医药大学杨明教授主编的《中药制剂工程学》。

本套教材在编写过程中，得到了各参编院校和化学工业出版社的大力支持，在此一并表示感谢。由于编者水平有限，本书不妥之处在所难免，敬请各教学单位、教学人员及广大学生在使用过程中，发现问题并提出宝贵意见，以便在重印或再版时予以修正，不断提升教材质量。

清华大学
罗国安
2018 年元月

前言

《无机化学及实验》系由清华大学罗国安教授组织编写的一套面向中药制药和制药工程等专业的系列教材之一。

无机化学是中药制药专业一年级学生入门必修的重要化学基础课。

为提高教材的质量，力求精品教材，由全国21所高等中医药院校、药科大学的副教授以上具有长期从事教学、教学经验丰富、曾参加过编写“十五”“十一五”“十二五”“十三五”《无机化学》规划教材的教师参编，根据中药制药和制药工程专业教学计划，审议通过了全国高等医药院校针对这两个专业的《无机化学及实验》教学大纲。

根据中药制药和制药工程专业培养目标对本门学科的要求，按照教学大纲，在总结20多年来教学经验的基础上，经反复讨论修改制定了编写大纲。

本教材按90（理论54/实验36）学时编写。全书共14章，在内容编排上分为三篇。1～10章为理论篇，重点阐述无机化学四大平衡（酸碱平衡、沉淀平衡、氧化还原反应平衡、配合平衡）原理和原子结构、分子结构、配合物结构的基本理论；{各族元素的通性；重要化合物的结构、性质和重要化学反应。11～12章为实验篇，包括化学实验基础和实验内容，化学实验基础主要讲述无机化学实验守则、常用仪器介绍、实验技能及操作规范等；实验内容共16个实验，其中，综合性实验6个，验证性实验6个，设计实验2个，虚拟仿真实验2个；综合、设计实验内容新颖，具有综合性、实用性和难度较大的特点，可以用作综合训练；虚拟仿真实验反映了当前新技术、实验方法的多样化。13～14章为拓展篇，为本教材的一大特点，内容包括中药矿物药和纳米技术与中医药，这些都是目前中药制药研究的热门领域，重点介绍中药制药专业与生命科学密切相关的无机化学新内容、新成果，拓宽学生的知识面。

本教材突出中药制药和制药工程专业的特色，取材新颖，体现了各参编院校20多年来的教学改革实践和教学经验。以近代结构理论和四大平衡贯穿全书，叙述力求深入浅出、突出重点、讲清难点、文字简练，既保证教材内容的科学性、系统性和完整性，又贯彻“少而精”和理论联系实际的原则。

理论部分重视联系中医药生产和科研，元素部分按族论述，加强与基础理论的内在联系并侧重讲述基本性质、反应规律及在医药中的应用，以达到学生既能掌握基本概念和基础理论，又能通过整个课程的学习提高发现问题、分析问题和解决问题的能力，并为后续课程打好基础。无机化学实验是无机化学学科的重要组成部分，其目的是培养基本操作技能，为后续实验课打下基础。

本教材中的所用名词和术语主要依据科学出版社出版的《英汉化学化工词汇》再版本。计量单位全部采用以国际单位制（SI）为基础的中华人民共和国法定计量单位。

本教材经全体编委认真修改、反复审阅，于2017年8月完成。于2017年9月14～16日在天津中医药大学召开了定稿会，受到天津中医药大学及药学院领导的热情支持。本教材在编写和出版过程中，参与编写的各院校的领导、专家和教授给予了大力支持和帮助，提出了许多建设性意见，化学工业出版社相关编辑自始至终对本教材的编写给予了热情指导和帮助，在此一并表示感谢。

各院校可根据各专业教学计划的要求和实际情况自行分配学时，选择教学内容。

本教材可供全国高等中医药、药科、医科院校中药制药和制药工程及相关专业或方向的本科、专科和七年制学生使用，也可作为成人教育中药制药及相关专业的学生使用，还可供自学考试应试人员与从事无机化学、基础化学教学的教师参考。

这是高等中医药院校、药科大学首次为中药制药和制药工程专业编写的《无机化学及实验》教材，鉴于编者学识有限，谬误和处理不当之处敬请兄弟院校教师和学生及读者批评指正，提出宝贵意见和建议，以便在修订重印时加以改正。

《无机化学及实验》教材编委会

2018 年 3 月

目录

理论篇

第 5 章　难溶强电解质的沉淀-溶解平衡 / 058

第 6 章　氧化还原反应 / 071

第 7 章 原子结构 / 090

第 8 章 分子结构 / 125

理论篇

第1章　绪论

从原始社会到现代社会，从开始用火到使用各种人造物质，人类的生活能够不断提高和改善，化学在其中起着重要的作用。化学是一门在原子、分子的层次上研究物质的组成、结构、性质以及变化规律的科学，在自然科学中占有重要地位。

1.1　化学发展简史

我国著名的物理化学家、化学教育家傅鹰说："一种科学的历史是那门科学最宝贵的一部分。科学只给我们知识，而历史却给我们智慧。……作为科学的继承者，我们应当知道前辈的成就。前辈的成就不但是后辈的榜样，而且也是路标。明白了发展的途径常常可以使我们避免许多弯路。"从上古社会至今，化学的发展伴随着生活和生产发展的需要，主要经历三个时期。

1.1.1　古代化学时期（远古至 17 世纪）

人类利用化学手段来提高劳动技能、改善生活条件从远古时代就开始了，即开始使用火。燃烧是一种化学现象，从获得熟食开始，人类逐步学会了制陶、冶炼、酿造和染色等。此阶段主要是实践经验的总结与发展，化学知识还没有系统形成，属于化学的萌芽时期。

公元前 4 世纪左右，古希腊的哲学家们开始专心研究物质的本性。亚里士多德（Aristotle）提出"四元素说"：物质的基本属性是冷、热、干、湿，相邻属性可以两两组合，对立面无法成对共存。把元素成对组合，可得出自然界是由四种元素——火、土、水、空气组成。每一种元素具有两个相关的属性。如果改变一种元素的属性，它就会转变为另一种元素。这种改变可以自然发生，也可以人为促进。这一概念及其推理一直到 17 世纪都被认为是正确的，为以后的炼金家们提供了理论基础。另一位哲学家德谟克利特（Democritus）提出，物质由极小的称为"原子"的微粒构成，物质只能分割到原子为止。但他的观点在当时并未被大范围认可。

从公元前 1500 年到公元 1650 年左右，炼丹术士和炼金术士们，为求仙丹以长生，求黄金以富贵，开始了最早的化学实验，期间代表人物有东汉魏伯阳（约公元 100—170 年）、晋代葛洪（约 281—340 年）等。术士们在实验过程中发明了火药，接触了几十种元素与化合物，制备了许多颇有价值的化学药剂和合金，积累了许多物质间的化学反应，掌握了一些粗浅的化学反应规律，如化合与分解、氧化与还原、酸与碱的中和等，还留给后人加热、溶解、蒸发、升华、燃烧、煅烧等实验技术及设备。虽然炼金与炼丹最终以失败告终，但术士们为后世化学的发展积累了相当丰富的经验和素材，英语的“chemistry”就起源于“alchemy”，即炼金术。

15世纪后，随着欧洲工业革命的胜利，生产力得到了飞速的发展，化学方法转而在医药和冶金方面得到了正确发展。除用草木药治病外，人们开始研究用化学方法提纯制造药剂，并成功医治了一系列疾病。欧洲医药化学兴起阶段的代表人物有巴拉塞尔士（Paracelsus）、范·海尔孟（J. B. van Helmont）、西尔维厄斯（F. Sylvius）等。我国的本草学亦在此期间发展迅速。明代李时珍所著《本草纲目》（1596）被达尔文（A. R. Darwin）称为“1596年的百科全书”，全书记载药1892种，其中矿物药266种。李时珍对这些药物的名称、炮制、药性、功效及组方配伍进行了全面系统的阐述，并将矿物药分为四部七类，还记载了一些较为复杂的人造无机药物的制备及合成反应。

1.1.2 近代化学时期（17世纪后半叶至19世纪末）

1661年，英国化学家玻意耳（R. Boyle）发表《怀疑派化学家》，建立了化学元素的科学概念，将化学确立为一门科学。

在近代自然科学期间，科学家们开始追求对自然界的了解，对燃烧现象的本质做了许多阐述。玻意耳认为火是由一种具有质量的火微粒构成。1703年，德国医学和化学教授斯塔尔（G. E. Stahl）总结了前人关于燃烧本质的各种观点，提出了“燃素学说”。他定义燃素为：“燃素是火质和火素而非火本身，它从燃烧的物体中做一种快速的转动逸出，它包含在所有可燃物体中，也包含在金属（能烧成烧渣的）里面。烧过的产物可复原为原先的物质，只需任何含燃素的物质，像油、蜡、木炭或烟，提供给它燃素。”他还提出，燃素能由一种物体转移到另外一种物体，例如金属能溶解在酸中，是因为酸夺取了金属中的燃素。燃素学说对燃烧和焙烧现象做了颠倒的解释，把化合过程描述成了分解过程。尽管燃素学说是错误的，燃素也是不存在的，但在燃素学说流行的长达一百年间，化学家为了解释各种现象，对燃素学说提出了各种各样的修正，积累了相当丰富的感性材料，这些也为法国化学大师拉瓦锡（A. L. Lavoisier）和以后的化学家推翻燃素学说提供了基础。

拉瓦锡用定量化学实验对燃烧作用做了全面周密的研究，包括重复了普利斯特里（J. J. Priestley）和舍勒（C. W. Scheele）制取氧气的实验，彻底抨击了燃素学说的错误，建立起燃烧的氧学说，开创了定量化学时期。他工作的特点是注重定量研究，善于发挥天平在化学研究中的作用，在实验和论述中，都自觉地遵循、运用着质量守恒定律，并且以严格的实验证明了这一定律的含义。同时，拉瓦锡在实验的基础上很重视理论思考，他本质是理论家，能把别人的实验工作继承下来，通过严格的补充，严密的逻辑，得出正确的解释，例如，他在卡文迪许（H. Cavendish）的实验基础上明确了水的组成。他还是近代化学元素学说的奠定者，实现了第一次化学革命。从此，化学学科进入了一个蓬勃发展的阶段。

19世纪是化学知识逐步完成系统化的时期，这一时期建立了不少化学基本定律，包括普罗斯特（J. L. Proust）的定比定律（1799），道尔顿（J. Dalton）的原子学说（1803）和倍比定律（1804），盖·吕萨克（J. L. Gay-Lussac）的气体反应体积定律（1808），阿伏伽德罗（A. Avogadro）的分子学说（1811），门捷列夫（D. I. Mendeleev）的元素周期律（1869）等，从而使化学出现了非常繁荣的局面。随着化学科学内容的丰富，体系日益庞大，开始出现了明确的分支，即无机化学、有机化学、分析化学与物理化学四大基础化学。

无机化学建立的标志是元素周期律的提出。元素周期律把多种多样、杂乱无章的元素有机地统一起来，搞清楚了元素间的相似性，表明元素性质随原子量周期性变化。1893 年维尔纳（A. Werner）第一个提出了配合物理论，并解释了同分异构现象。但是直到 19 世纪末，无机化学仍无法清晰地解释分子结构问题。

分析化学是研究物质的组成、含量、结构和形态等化学信息的分析方法及理论的一门科学。“分析化学”这一名称虽创自玻意耳，但为其建立做出卓越贡献的是瑞典化学大师贝采里乌斯（J. J. Berzelius）。他把测定原子量工作中的新方法引用到分析化学中来，使定量分析的精确性达到了空前的高度，后人尊称他为“分析化学之父”。在定性分析方面，1829 年德国化学家罗斯（H. Rose），首次明确地提出并制定了系统定性分析方法。建立容量分析方法的代表人物是盖-吕萨克、李比希（J. von Liebig）、莫尔（K. F. Mohr）。19 世纪时期，微量分析技术也有一定的发展，如热显微术、湿法微量分析等。同时，无机化合物在滤纸上的行为也引起了科学家的注意，为纸色谱奠定了基础。

有机化学的概念由贝采里乌斯首次使用。19 世纪初期，碳的化合物化学被划分为植物化学和动物化学，其发展比金属和其他较常见元素的化学远为落后，直到谢弗勒尔（M. E. Chevreul）和李比希研究有机化合物，1824 年德国化学家维勒（F. Wohler）成功合成了尿素，有机化学初步建立。此后一大批新的有机化合物被人工制取出来，诸如糖类、油脂类、有机酸类、生物碱类。这些有机物的成功合成，消除了有机物和无机物的根本差异，推翻了“生命力论”。随着巴斯德（L. Pasteur）发现旋光性，凯库勒（F. A. Kekule）和库珀（A. S. Couper）等提出价键的概念，范特霍夫（J. H. van't Hoff）提出立体化学，有机物的结构理论开始蓬勃发展。到了 19 世纪后半叶，合成有机化学飞速发展，科学家们不仅合成了一系列天然有机物，还制备出了一些在自然界中尚未找到的药物和染料。这方面工作的代表人物是贝耶尔（A. von Baeyer）、费歇尔（E. Fischer）和迈耶尔（V. Meyer）。

物理化学是在物理和化学两大学科基础上发展起来的，它是以物理的原理和实验技术为基础，研究化学体系的性质和行为，发现并建立化学体系中特殊规律的学科。亲和性理论是物理化学中最早被研究的分支之一。进入 19 世纪，热力学等物理学理论引入化学之后，物理化学开始创立并发展，主要体现在以下几个方面理论的建立与发展：气体理论和溶液理论、化学热力学、电化学、化学动力学、结构化学。其代表人物有：柯普（H. Kopp）、霍斯特曼（A. F. Horstmann）、古尔德贝格（C. M. Guldberg）、瓦格（P. Waage）、吉布斯（J. W. Gibbs）、拉乌尔（F. M. Raoult）、范特霍夫、阿伦尼乌斯（S. A. Arrhenius）、能斯特（W. H. Nernst）、詹姆斯·瓦克爵士（Sir James Walker）等。

1.1.3 现代化学时期（20 世纪初至今）

20 世纪初，量子论的发展成功解决了原子结构理论和化合价的电子理论等问题。1911 年，卢瑟福（E. Rutherford）根据实验提出了核型原子。1913 年玻尔（N. Bohr）、1916 年路易斯（G. N. Lewis）、1919 年朗缪尔（I. Langmuir）建立了原子模型。1919 年，西奇维克（Sedgwick）定义了配位键。1924 年，德布罗意（L. V. de Broglie）提出电子的波动性概念。1926 年，薛定谔在电子波动性的基础上，发展了波动力学，建立了描述微观粒子运动的波动方程——薛定谔方程，并由此产生了定向化合价理论，也使得许多有机化合物重新定义。同时，电子科技的繁荣，高精密度仪器的诞生，现代化学理论和实验技术的广泛应用，使得化学合成和分离、结构表征及应用等方面取得突破性的进展，极大地促进了化学的发展以及与其他学科的融合交叉。

化学键的价键理论、分子轨道理论和配位场理论是现代无机化学的理论基础。实验方面，现代无机化学依靠现代物理实验方法和先进的计算技术的应用，使研究由宏观层次深入到微观层次，从单一学科向综合学科、交叉边缘学科发展。

现代原子结构和分子结构理论的建立也推动了现代有机化学的发展。20世纪以来，世界上每年大约合成近百个新化合物，其中70%以上是有机化合物。有机化学出现了许多分支，如天然有机化学、有机合成化学、元素有机化学、物理有机化学、有机分析化学、有机金属化学、立体化学等。

进入20世纪以后，对分析灵敏度的要求越来越高，仪器分析应运而生。仪器分析是基于被检测组分的某种物理的、光学的、电学的、放射性的特性，灵敏度可以达到很高的水平。它主要包括：吸光光度法、发射光谱法、荧光法、放射分析法、质谱分析法、色谱法、红外光谱及紫外-可见光谱法、核磁共振法等现代化的分析技术。

一般公认的现代物理化学的研究内容大致可以概括为三个方面：化学体系的宏观平衡性质；化学体系的微观结构和性质；化学体系的动态性质。同时顺应科学发展，现代物理化学也不断发展出新的分支学科，如物理有机化学、生物物理化学、化学物理学等。

从20世纪70年代末到现在，现代化学与天文学、物理学、数学、生物学、医学、地质学等学科相互渗透，在原来传统的无机化学、有机化学、分析化学和物理化学四大化学分支的基础上又衍生出许多交叉和应用学科，如稀土元素化学、无机材料化学、生物无机化学、固体化学、金属和非金属有机化学、结构化学、仪器和新技术分析、天然高分子化学、高分子合成化学、放射性元素化学、核化学、药物化学、医用化学、食品化学、微生物化学、植物化学、免疫化学等，以及其他与化学有关的边缘学科，如地球化学、海洋化学、大气化学、环境化学、宇宙化学和星际化学等。因此，化学研究的内容和范围已渗透到其他学科和相关专业，成为一门中心科学。

1.2 无机化学简介与学习方法

1.2.1 无机化学的研究内容与发展前景

无机化学是化学学科中最古老的一个分支，是研究除碳氢化合物及其衍生物外，所有元素及其化合物的组成、结构、性质和变化规律的学科。无机化学学科是随着元素的发现而逐步发展起来的。20世纪初，伴随着量子力学的引入，物质结构理论的建立，至四五十年代，无机化学进入了一个崭新的时代。现代无机化学的迫切任务是新研究领域的巩固与发展，例如无机固体化学、生物无机化学、无机材料化学、纳米化学、绿色化学以及配位化学的研究工作。

配位化学是研究金属的原子或离子与无机、有机的离子或分子相互反应形成配位化合物的特点以及它们的成键、结构、反应、分类和制备的学科。它在有机化学、分析化学、生物化学、结构化学、催化化学、环境化学、营养化学、药物化学、化学工业等领域应用广泛，例如，金属的提取和分离，血红素、维生素B_{12}以及大多数金属酶都是配合物，金属配合物用于重金属及放射性元素解毒，顺式二氯·二氨合铂（Ⅱ）是临床常用的抗癌药物等。

生物无机化学是介于生物化学与无机化学之间的内容十分广泛的边缘交叉学科。生命体中含有数量庞大的金属有机配合物，如各种金属酶、金属蛋白等，它们直接参与生命体的新陈代谢、生长发育、繁殖等过程，因此研究生物体内物质的结构-性质-生物活性之间的关系以及在生命环境内参与反应的机制尤为重要。生物无机化学实际上是应用无机化学，尤其是配位化学的理论和方法，研究生物体内的金属（和少数非金属）元素及其化合物与生物大分子、细胞等相互作用机制的学科，并进一步延伸到生物矿化、环境生物无机化学等方面。

无机固体化学是在无机化学、固体物理、结构化学、物理化学、材料工程学等学科的基础上发展起来的一门学科，它着重研究固相中的化学反应、晶体的合成和生长、固体的组成和结构、固相的缺陷和缺陷的运动、固体的表面化学等。将无机固体化学的理论应用到无机非金属材料领域，则衍生出无机材料化学学科，用于研发各种性能优良的材料，以适应现代科学技术发展对材料的要求。

纳米化学是主要研究原子尺度以上、100nm 以下的纳米体系的化学制备、结构表征、化学性质、反应机理及应用的学科。纳米物质的合成原理和步骤大多是基于无机化学的理论和实验基础，通过控制合成过程中的结晶速度和细节（无机化学反应也可以在极小的尺度加以控制），以得到新的材料，例如，巨磁电阻材料、氧化物超导体、碳纳米管等。

绿色化学是“可持续发展”理念发展下的必然选择。按照美国《绿色化学》杂志的定义，绿色化学是指在制造和应用化学产品时应有效利用（最好可再生）原料，消除废物和避免使用有毒的和危险的试剂和溶剂。它的研究目标是从节约资源和防止污染的方面来改革传统化学，从根本上实现化学工业的“绿色化”，例如，用主族元素代替重金属来做催化剂的核心，不但减少了重金属污染，还可以降低催化剂成本。

1.2.2 无机化学与制药

药物是一种特殊的化学物质，它作用于人体，用以预防、治疗和诊断疾病或调节人体功能。化学是药学的研究基础，无机化学的许多基本理论都与药学的理论、实验以及生产密切相关。

中国传统医药源远流长，商代已开始应用汤剂。公元前的《黄帝内经》已有方剂、丸、散、膏、丹、药酒以及药材加工的记载。汉代张仲景的《伤寒论》比较详细地记载了方剂加工技术。晋代葛洪的《肘后方》第一次提出成药剂的概念，主张成批生产。唐代孙思邈的《千金方》叙述了制药理论、工艺和质量问题。公元 659 年唐朝的国家药典《新修本草》，是世界上最早的一本药典，记载药物 844 种，其中矿物药 109 种。商业性成药始于 1076 年，宋朝设立了太医局熟药所，制备丸、散、膏、丹等成药出售或对特困贫民无偿送药。1080 年颁发的《太平惠民和济局方》中记载了 187 种中药的炮制方法，形成了炮制通则，使药剂制造有了统一的规范和准则，推动了方剂学的发展。1116 年，宋朝四川名医唐慎微编修《证类本草》，记载药 1746 种，其中矿物药 253 种，并包含了有关药物应用配伍、汤散应用原则、剂量标准等药物理论的论述。明代李时珍的《本草纲目》共收载 1892 种药材和近 40 种成药剂型，其中矿物药中包括金属单质如铜和金；含杂质的天然无机物如炉甘石（主要含 $ZnCO_3$）；人工合成的无机物，如轻粉（Hg_2Cl_2）等。书中所载的无机药物性质及制备方法，比起先前的记载更为详细而精密。例如，轻粉的制法，书中除介绍了前人已记载的皂矾法外，还新介绍了白矾法。具体记录为：“用水银一两，白矾二两，食盐一两，同研不见星，铺于铁器内，以小乌盆覆之，筛灶灰盐水和，封固盆口，以炭打二炷香，取开则粉升于盆上矣。其白如雪，轻盈可爱。一两汞，可升粉八钱。”由此详述了制备所需的原料用量、反应时间、注意事项等。

近代医药学上比较有代表性的例子是具有抗肿瘤作用的配合物药物。1967 年，顺式二氯·二氨合铂（Ⅱ）（简称顺铂）被发现具有良好的抗癌作用，70 年代已用于临床。第二代铂类抗癌药物如卡铂、奈达铂和第三代铂类抗癌药物如奥沙利铂、洛铂已应用于临床，第四代铂类抗癌药物双环铂已获得新药证书。非铂类配合物抗癌药物如有机锗、有机锡等，是临床上治疗生殖泌尿系统及头颈部、食道、结肠等部位癌症的广谱抗癌药物。

随着化学科学技术的发展，无机化学将继续在配合物药物、无机纳米药物、纳米制剂等领域发挥作用。

1.2.3 无机化学课程学习方法

1.2.3.1 课程基本内容

本课程内容包括六个部分：

① 溶液的性质　水的性质、溶液浓度、稀溶液的依数性、强电解质溶液的性质。

② 化学平衡理论　化学平衡与四大平衡的基本原理。四大平衡包括酸碱平衡、难溶强电解质的沉淀-溶解平衡、氧化还原平衡和配位平衡。

③ 基本结构理论　原子结构和分子结构理论，配位化合物的化学键理论。

④ 元素重要化合物性质　s 区元素、p 区元素、d 区元素、ds 区元素的元素通性及重要化合物的性质与其在医药中的应用。

⑤ 拓展内容　中药矿物药的介绍与研究展望、纳米技术对中医药的影响与应用前景。

⑥ 实验　无机化学实验室基本知识、无机化学基本实验、验证性实验、设计实验、虚拟仿真实验等。

无机化学的课程任务是给一年级学生提供与医学、药学相关的现代化学基本概念、基本原理及其应用的知识，打下较广泛和较深入的基础，还要通过实验课的训练，让学生掌握基本实验技能，建立定量概念，培养学生动手能力。

1.2.3.2 课程学习方法

无机化学是重要的基础课程之一，内容涉及面广，既有与中学课程衔接的内容，又有在后续课程中要深入学习的部分，起着承前启后的作用。大学课程的安排与中学课程有较大差异，学习方法也不尽相同。一年级学生应尽快适应大学的课程内容和教学规律，养成高效率的学习方法，培养较强的自学能力，提高发现问题、分析问题和解决问题的能力。

(1) 抓住特点，融会贯通

无机化学包含两大内容：基本原理部分；元素化学部分。

学习化学原理部分时，不宜死记硬背，应融会贯通，可了解理论产生的背景、侧重点、实际意义以及局限性等来龙去脉，让严谨的理论变得生动起来，以便于记忆。注重练习，分析教材例题的解题思路，理解概念、原理、公式和方法的含义、特点、应用条件和使用范围。

学习元素化学部分时，掌握元素的性质及其变化规律是主要的，因为性质决定物质的存在、制备和用途。可以用元素周期律为工具，结合物质结构理论，建立自己的知识体系，以深入掌握元素及其化合物性质变化的宏观规律。这一部分内容与实际联系紧密，与实验教学相结合，有益于内容的记忆。

(2) 注重学习方法

兴趣产生动力，学习的最好动力是对知识本身产生兴趣。化学理论知识抽象难以理解，学习难免乏味枯燥，同时要求学会逻辑思维和推理判断。要培养化学学习兴趣，可适当接触化学发展史，了解化学理论和实验的交互促进，了解无数化学家思想理念的传播与发展，乐学致远，不断发展。

平时应要求自己做好理论学习的各个环节，课前预习，专心听讲，课后复习。

课前预习，做到心中有数。通篇浏览整章内容，对内容的重点和知识的难点有一定的了解。

大学课堂讲课内容较多，教师授课内容须突出重点、化解难点。听课要紧跟教师的思路，抓住教学内容的主线。积极思考，特别要注意弄清基本概念，弄懂基本原理。适当做些笔记，注意教师提出问题、分析问题和解决问题的思路和方法，记下重点和难点。

课后复习，及时将章节的主要内容以及难点、重点进行归类、总结，可加深理解。做练习有利于深入理解、掌握和运用课程内容，尤其是一些比较抽象的概念，通过实际的应用解释问题，才能逐渐加深对基本理论和要领的理解和掌握。

（3）重视实验

化学是一门实践性很强的学科，许多化学理论和规律都是从实验中总结出来的。实验课是理解和掌握课程内容，学习科学实验方法，培养动手能力的重要环节。因此，在实验前应预习实验内容，了解实验内容及注意事项，写好预习报告，做到在实验过程中原理清楚、步骤明确。在进行实验时，要保持严谨的学风和科学的态度，认真观察现象，提高实践能力和操作技能，学会观察问题、分析问题和解决问题。实验完毕要认真处理实验数据、分析实验现象和问题，做好实验报告。

（4）自主学习

提倡自主学习，善于利用图书馆与网络，培养自学能力和思考能力，拓宽知识视野。除阅读教材中拓展内容外，还可阅读参考书刊、查阅国内外优秀化学网站，以了解近年来本学科出现的新概念、新理论、新方法和新型结构的化合物；了解无机化学的发展前景，与其他学科的融合与交叉，扩大知识面，活跃思想，提高学习兴趣。

小结

化学的发展主要经历了古代化学、近代化学和现代化学三个时期。在化学发展史中，无数化学家的实践与思想的交互、促进及传播，造就了当代化学科学的不断前进和发展。

从古至今，化学一直是药学的重要基础。无机化学的许多基本理论与药学的理论、实验以及生产密切相关。

无机化学课程的基本内容为：基本结构理论、化学平衡原理、元素重要化合物性质、拓展内容及实验部分。学习中应注重方法，融会贯通，处理好理解与记忆的关系，提高实验及自主学习能力。

（1）为什么说“燃素学说的推翻使倒立的化学正立过来”？

（2）试讨论中国在近代化学时期，化学学科发展缓慢的原因。

（3）我国本草学中对制药的贡献主要体现在哪些方面？

第2章 溶液

02 Chapter

学习要求

掌握	溶液浓度的含义、表示方法及其换算。
熟悉	溶液的蒸气压、沸点、凝固点和渗透压等性质。
了解	强电解质在溶液中的行为以及活度、活度系数的概念；反渗透技术。

溶液是一种或几种物质以分子、原子或离子状态分散于另一种物质中所构成的均匀、稳定、透明的分散体系。通常把能溶解其他物质的液体叫做溶剂；凡是被溶解的物质叫做溶质。按照物质的状态，溶液可分为气态溶液（如空气等混合气体）、液态溶液（如糖水、盐水等）、固态溶液（如合金），不过通常所说的溶液是指液态溶液。

在组成上，溶液由溶质和溶剂组成。习惯上，当气体或固体溶解在液体中时，前者称为溶质，后者称为溶剂；如果液体溶于液体，则以量多的为溶剂，量少的为溶质。水是最常用的溶剂，通常不指明溶剂的溶液都是指水溶液。水溶液是一种重要的溶液。除水外，其他液体如酒精（乙醇）、汽油、苯等都可以作为溶剂，所得的溶液统称为非水溶液。

当溶质溶于水而形成溶液时，虽然溶质和水之间在相对量上不像化合物那样具有确定的比，但溶质在溶解过程中又表现出化学反应的某些特征。例如，氢氧化钾溶于水时放出大量的热，而硝酸铵溶于水却要吸热而变冷；无水硫酸铜本来是无色的，将它溶于水时就变成了蓝色溶液。又例如，水和酒精混溶在一起，溶液的总体积减小，苯和乙酸混合后，溶液的总体积增加等等。由此可见，把溶液仅仅看成是分子或离子的混合物是不够全面的。因为溶解不是单纯的物理过程，而且伴随着一些化学过程。所以溶解过程是一个既有物理变化又有化学变化的过程。

2.1 水的电离与溶液的 pH 值

2.1.1 水的离子积常数

实验发现：纯水也有微弱的导电能力，经测定，在 298.15K 时，水中有少量的 H^+ 和 OH^-，且 $c_{eq}(H^+)=c_{eq}(OH^-)=1\times10^{-7}mol\cdot L^{-1}$，推测水发生了电离，其反应如下：

$$H_2O(l)\rightleftharpoons H^+(aq)+OH^-(aq)$$

水的电离平衡的标准平衡常数为

$$K_W^{\ominus}=\frac{c_{eq}(H^+)}{c^{\ominus}}\times\frac{c_{eq}(OH^-)}{c^{\ominus}} \tag{2-1}$$

式中，$K_W^{\ominus}$ 通常称为水的离子积常数，简称水的离子积。

与其他平衡常数一样，$K_W^{\ominus}$ 也只是温度的函数，在 298.15K，$K_W^{\ominus}=1\times10^{-14}$，其他温度下的 $K_W^{\ominus}$ 见表 2-1。

表 2-1 不同温度的 $K_W^{\ominus}$

t/℃	5	10	20	25	50	100
$K_W^{\ominus}/10^{-14}$	0.185	0.292	0.681	1.007	5.47	55.1

2.1.2 溶液的 pH 值

溶液的酸碱性取决于溶液中的 H^+ 和 OH^- 的相对平衡浓度，当水中加入某些其他电解质，使得 $c_{eq}(H^+)\neq c_{eq}(OH^-)$，破坏了原有的水的电离平衡，建立新的平衡后，只要温度未改变，水的电离平衡常数［式（2-1）］亦不变。此时若 $c_{eq}(H^+)>c_{eq}(OH^-)$，则溶液显酸性；若 $c_{eq}(H^+)=c_{eq}(OH^-)$，溶液显中性；若 $c_{eq}(H^+)<c_{eq}(OH^-)$，溶液显碱性。

为了方便，通常用 $c_{eq}(H^+)$ 的负对数来描述溶液的酸碱性，写为 $pH=-\lg\frac{c_{eq}(H^+)}{c^{\ominus}}$，称为溶液的 pH 值。

在 298.15K 时，纯水的 $c_{eq}(H^+)=c_{eq}(OH^-)=1\times10^{-7}mol\cdot L^{-1}$，此时 pH=7 为中性。据此，若 $c_{eq}(H^+)>1\times10^{-7}mol\cdot L^{-1}$，则 pH<7，溶液显酸性；若 $c_{eq}(H^+)<1\times10^{-7}mol\cdot L^{-1}$，则 pH>7，溶液显碱性。

因

$$pH=-\lg\frac{c_{eq}(H^+)}{c^{\ominus}}=-\lg c_{eq}(H^+) \tag{2-2}$$

$$pOH=-\lg\frac{c_{eq}(OH^-)}{c^{\ominus}}=-\lg c_{eq}(OH^-) \tag{2-3}$$

$$pK_W^{\ominus}=-\lg K_W^{\ominus}=-\lg(1\times10^{-14})=14$$

将式（2-1）两边取负的常用对数，则得：

$$pK_W^{\ominus}=pH+pOH=14$$

$$pH=14-pOH$$

$$pOH=14-pH$$

式（2-2）及式（2-3）中，使用了相对平衡浓度$\frac{c_{eq}(H^+)}{c^\ominus}$及$\frac{c_{eq}(OH^-)}{c^\ominus}$，这是由于在计算 pH 值时，对 H^+ 及 OH^- 浓度取对数时，数学规则要求不能用有单位的物质的量浓度 c（或平衡浓度 c_{eq}），必须把物质的量浓度转变为单位为 1 的相对浓度$\frac{c}{c^\ominus}$（或相对平衡浓度$\frac{c_{eq}}{c^\ominus}$）后再取对数。在整个化学体系中，涉及计算时都会遇到类似的问题，因此本书也普遍采用相对浓度（或相对平衡浓度），当然这也造成了书写复杂。为了书写和阅读的方便，在不引起歧义的情况下，一律将相对浓度$\frac{c}{c^\ominus}$（或相对平衡浓度$\frac{c_{eq}}{c^\ominus}$），简写为 c（或 c_{eq}）。在习题和例题的叙述中，c 或 c_{eq} 恢复为物质的量浓度本义，即带有单位 $mol \cdot L^{-1}$。一般情况下，c 和 c_{eq} 就表示单位为 1 的相对浓度和相对平衡浓度。

2.2　溶液的浓度

2.2.1　常用溶液浓度的表示方法

许多化学反应是在溶液中进行的，在研究这类反应的数量关系时，必须知道溶液中溶质和溶剂的相对含量（称为浓度）。溶液的性质与溶液的浓度有着密切的关系。怎样表示溶液的浓度对研究溶液的性质具有重要的意义。溶液浓度的表示方法可分为两大类：一类是用一定质量的溶液中所含溶质的量来表示；另一类是用一定体积的溶液中所含溶质的量来表示。常用的浓度表示方法主要有以下几种：

（1）质量分数

溶质的质量在全部溶液质量中所占的比例，称质量分数，以百分数表示，符号用 w_B 表示，质量分数的定义式为：

$$w_B = \frac{m_B}{m_{总}} \tag{2-4}$$

式中，m_B 为溶质 B 的质量，g；$m_{总}$ 为溶液的质量，g。

【例 2-1】 用于消毒的福尔马林溶液是将 66.7g 甲醛溶于 100g 水制成的，则该溶液中甲醛的质量分数为多少？

解

$$w_{甲醛} = \frac{66.7}{100+66.7} = 0.40$$

（2）质量摩尔浓度

1000g 溶剂中所含溶质的物质的量，称质量摩尔浓度，用符号 b_B 表示，单位为 $mol \cdot kg^{-1}$。质量摩尔浓度的定义式为：

$$b_B = \frac{n_B}{m_A} \tag{2-5}$$

式中，n_B 为溶质 B 的物质的量，mol；m_A 为溶剂的质量，kg。

【例 2-2】 1000g 水中溶解 58.4g NaCl，所得溶液的质量摩尔浓度为 $1mol \cdot kg^{-1}$，则 10％的 NaCl 溶液其质量摩尔浓度为多少？

解　10％的 NaCl 溶液是 10g NaCl 溶于 90g 水中。

$$n_B=\frac{10}{58.4}=0.17(\text{mol})$$

$$b_B=\frac{0.17\times1000}{90}=1.9(\text{mol}\cdot\text{kg}^{-1})$$

故溶液的质量摩尔浓度为 1.9mol·kg^{-1}。

（3）摩尔分数

若用溶液中某一组分的物质的量除以溶液总的物质的量来表示溶液的浓度，则称为该组分的摩尔分数，用符号 x_i 表示。如组分 B 的摩尔分数可表示为：

$$x_B=\frac{n_B}{n_总} \tag{2-6}$$

式中，n_B 为溶质 B 的物质的量，mol；$n_总$ 为溶液总的物质的量，mol。

A 组分的摩尔分数可表示为：

$$x_A=\frac{n_A}{n_总} \tag{2-7}$$

式中，n_A 为溶质 A 的物质的量，mol；$n_总$ 为溶液总的物质的量，mol。

式中 $n_总=n_A+n_B+n_C+\cdots$。当溶液中只有溶质、溶剂两种物质时，$n_总=n_A+n_B$，$x_A+x_B=1$。

【例 2-3】 将 5.56g NaCl 溶于 50.0g 水中，其质量分数为 0.10，质量摩尔浓度为 1.90mol·kg^{-1}，该溶液中 NaCl 和水的摩尔分数各为多少？

解

$$n_{NaCl}=\frac{5.56}{58.4}=0.0952(\text{mol})$$

$$n_{H_2O}=\frac{50.0}{18.0}=2.78(\text{mol})$$

NaCl 的摩尔分数：$x_{NaCl}=\frac{0.0952}{0.0952+2.78}=0.0331$

H_2O 的摩尔分数：$x_{H_2O}=\frac{2.78}{0.0952+2.78}=0.967$

以上介绍的三种浓度表示法中，溶质、溶剂的量均用质量（g）或物质的量（mol）表示，此种表示法的优点在于溶液的浓度不随温度而改变。但在实际工作中，量取液体的体积（用量筒、容量瓶或移液管）比称量液体的质量（用台秤、天平）方便得多，在此介绍两种用液体体积表示的浓度。

（4）物质的量浓度

用 1L（1dm^3）溶液中所含溶质的物质的量（n_B）表示的浓度称物质的量浓度，用符号 c 表示，单位是 mol·L^{-1}（或 mol·dm^{-3}）。物质的量浓度的定义式为：

$$c_B=\frac{n_B}{V} \tag{2-8}$$

式中，n_B 为溶质 B 的物质的量，mol；V 为溶液的体积，L。

【例 2-4】 将 12.6g 草酸晶体（$H_2C_2O_4\cdot2H_2O$）溶于水中，使之成为体积为 200mL 的溶液，求溶液的物质的量浓度。

解 $H_2C_2O_4\cdot2H_2O$ 的摩尔质量为 126g·mol^{-1}，$H_2C_2O_4$ 的摩尔质量为 90.0g·mol^{-1}。

溶质的质量：$12.6\times\frac{90.0}{126}=9.00$（g）

溶质的物质的量：$n_B=\frac{9.00}{90.0}=0.10$（mol）

物质的量浓度：$c_B=\frac{n_B}{V}=\frac{0.100}{200\times10^{-3}}=0.500$（$mol\cdot L^{-1}$）

例如，将 5.84g NaCl 溶解在 1.00L 水中，所得溶液浓度不能表示为 0.100$mol\cdot L^{-1}$，因为将 5.84g NaCl 溶于 1.00L 水中后，水的体积会发生变化，正确的配制方法是将 5.84g NaCl 用少量水溶解，全部转移到 1.00L 的容量瓶中，然后用水稀释至刻度，即 NaCl 溶液的浓度为 0.100$mol\cdot L^{-1}$。

根据实际需要配制所需浓度的溶液，可以粗略配制，也可以精确配制，这主要取决于采用何种仪器。当用量筒和台秤配制时，由于仪器感量和精确度的限制，有效数字只有两位或三位，溶液浓度只能是一个近似值；当用移液管、容量瓶、分析天平等仪器时，配制的溶液浓度比较精确，可达到四位有效数字。例如用分析天平称量 0.5844g NaCl，用少量水溶解后，全部转移到 100mL 容量瓶中，用水稀释至刻度，所得溶液的浓度为 0.1000$mol\cdot L^{-1}$；用台秤（感量 0.01g）称量 0.58g NaCl，用量筒加 100mL 水，所得溶液浓度为 0.10$mol\cdot L^{-1}$。

（5）质量浓度

质量浓度是用 1L 溶液中所含溶质的质量（m_B）来表示溶液的浓度，用符号 ρ_B 表示，单位为 $g\cdot L^{-1}$。质量浓度的定义式为：

$$\rho_B=\frac{m_B}{V} \tag{2-9}$$

式中，m_B 为溶质 B 的质量，g；V 为溶液的体积，L。

例如生理盐水（0.9% NaCl 溶液）的质量浓度 ρ_{NaCl} 为 9.0$g\cdot L^{-1}$。

注意 ρ_B 与密度 ρ 的区别：密度 ρ 是一个物体（不论它是纯净物还是混合物）自身的质量除以自身的体积即 $\rho=\frac{m}{V}$，单位为 $g\cdot cm^{-3}$；ρ_B 则是溶液（混合物）中组分 B 的质量与溶液体积之比，单位是 $g\cdot L^{-1}$。例如常用的浓盐酸质量分数为 0.37，密度为 1.19$g\cdot cm^{-3}$，其质量浓度则为 440.3$g\cdot L^{-1}$。

溶液浓度除以上几种表示方法外，还有比例浓度（通常指体积分数）、波美度、ppm 和 ppb 等表示方法。例如 1∶4 硫酸溶液是指 1 体积浓硫酸和 4 体积水混合（将浓硫酸在搅拌下慢慢倒入水中!）组成的溶液；波美度（Bé）浓度在工业生产中经常使用，将波美表（表的一侧刻有波美度，另一侧刻有密度值）插入到待测溶液中，即可测量出溶液的波美度值或密度值。波美表有重、轻表之分，分别用于测定比水重和比水轻的溶液。若某溶液中所含物质的量甚微（如食品中的微量元素），常用 ppm（百万分之一）或 ppb（十亿分之一）表示法。1ppm 指 $1/10^6$，可以指质量，可以指物质的量，也可以指体积。对液态溶液而言，通常指质量，如某溶液中含砷 1ppm，是指 10^6g 该溶液中含 1g 砷；对气态溶液而言，通常指物质的量或体积，如空气中汞蒸气的浓度为 0.1ppm，可以指在 10^6mol 空气中含汞蒸气 0.1mol，也可以指 10^6L 空气中有 0.1L 的汞蒸气。1ppb 是指 $1/10^9$，在环境化学中常用。但这些浓度表示方法不规范，本书不再采用。

2.2.2 浓度的换算

实际工作中，根据不同的需要，采取不同的浓度表示方法，它们之间都可以相互换算，例如，物质的量浓度和质量分数或质量摩尔浓度之间换算时，必须知道溶质的摩尔质量和溶液的密度。例如将12.0%的NaCl溶液换算成物质的量浓度，应知道NaCl的摩尔质量为58.4g·mol^{-1}，在某温度下该溶液的密度ρ为1.07g·cm^{-3}，则：

$$c=\frac{n}{V}=\frac{\frac{12.0}{58.4}}{\frac{100}{1.07\times1000}}=2.20(\text{mol}\cdot\text{L}^{-1})$$

【例2-5】 5.44mol·L^{-1}的NaCl溶液，室温时密度为1.20g·cm^{-3}，将此浓度分别换算成质量摩尔浓度和摩尔分数。

解 溶液的质量$=1000\times1.20=1.20\times10^3$（g）

溶质的质量$=5.44\times58.4=3.18\times10^2$（g）

溶剂的质量$=1.20\times10^3-3.18\times10^2=8.82\times10^2$（g）

$$b_{\text{NaCl}}=\frac{n_{\text{NaCl}}}{\frac{8.82\times10^2}{1000}}=\frac{5.44\times1000}{8.82\times10^2}=6.17(\text{mol}\cdot\text{kg}^{-1})$$

$$x_{\text{NaCl}}=\frac{5.44}{5.44+\frac{8.82\times10^2}{18.0}}=0.0999$$

$$x_{\text{H}_2\text{O}}=\frac{\frac{8.82\times10^2}{18.0}}{5.44+\frac{8.82\times10^2}{18.0}}=0.900$$

2.3 稀溶液的依数性

对于难挥发非电解质的稀溶液，溶液的某些性质只与溶液中所含溶质的微粒（分子、离子）数量有关，而与微粒的本性无关，常把这类性质称为溶液的依数性。这些性质包括溶液的蒸气压下降、溶液的沸点升高、溶液的凝固点降低和溶液的渗透压。

2.3.1 溶液的蒸气压下降

溶液是由溶质（分散质）和溶剂（分散剂）组成的。溶液的性质如溶液的蒸气压、沸点、凝固点和渗透压等都不同于纯溶剂。

把液体置于密闭的真空体系中，液体分子不断地逸出而在液面上方形成蒸气，最后使得分子由液面逸出的速度与分子由蒸气中回到液体中的速度相等，此时即为气-液平衡状态，液面上的蒸气达到饱和，它对液面所施加的压力称为该液体的饱和蒸气压。当水中加入难挥发的溶质形成溶液，溶液中一部分液面被溶质分子占据着，在单位时间内从液面上逸出的水分子势必比纯水少，蒸发与凝聚达到气-液平衡以后，水蒸气浓度相应地减少，此时溶液的蒸气压就是水（溶剂）的蒸气压，它必然低于纯水在同一温度下的蒸气压。这种现象叫做溶液的蒸气压下降。

研究表明：溶液浓度愈大，蒸气压降低得愈多。溶液蒸气压降低值只与单位质量（kg）溶剂所含的溶质的粒子数目（用物质的量表示）即质量摩尔浓度b_{B}成正比，而与溶质分子、离子的性质无关。即：

$$\Delta p=K_p b_{\text{B}} \tag{2-10}$$

式中，Δp 为溶液的蒸气压下降值；K_p 为蒸气压下降常数，只与溶剂的性质有关，在一定温度下为一常数。

2.3.2　溶液的沸点升高

图 2-1 是溶液沸点上升曲线。由图可见，当对溶剂或者溶液加热时，随着温度的升高，其蒸气压都会逐渐增大。当溶剂或者溶液的蒸气压等于外界压力（101.325kPa）时，液体就会沸腾（因气泡的内外压力相等受力为零，在液体内的自由运动的状态），此时液体的温度就是该溶剂或者溶液的沸点（T_b），纯水的沸点为 100℃。由于在相同温度下，溶液的蒸气压低于纯水的蒸气压，在纯水中加入难挥发的溶质后，溶液的蒸气压会下降，100℃时，溶液并不会沸腾，只有继续升高温度到 T_{b_1} 或者 T_{b_2} 时，才能使溶液 1 或溶液 2 的蒸气压达到 101.325kPa 与外界压力相等。此时，溶液才会沸腾。T_{b_1} 称为溶液 1 的沸点，T_{b_2} 称为溶液 2 的沸点。显然，T_{b_1}、T_{b_2} 均高于纯溶剂的沸点（T_b^0），如图 2-1 所示。这种难挥发性溶液的沸点高于纯溶剂沸点的现象叫做溶液的沸点上升。可见，溶液沸点升高的根本原因是溶液的蒸气压下降。实验研究表明：难挥发性溶液沸点的升高值只与单位质量（kg）溶剂所含的溶质的质量摩尔浓度 b_B 成正比，而与溶质分子、离子的性质无关。即：

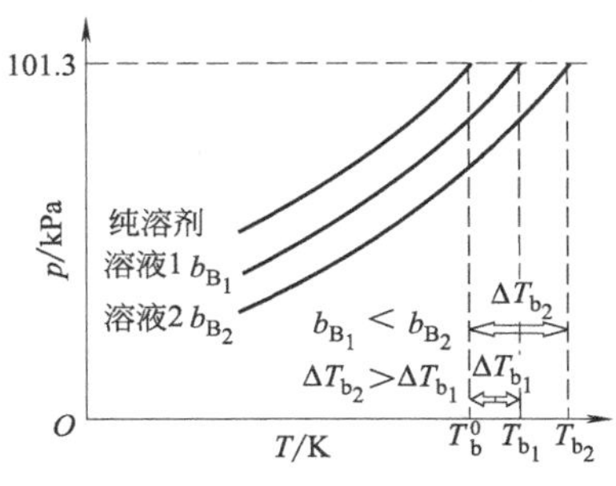

图 2-1　溶液的沸点上升

$$\Delta T_b = T_b - T_b^0 = K_b b_B \quad (2\text{-}11)$$

式中，ΔT_b 为溶液的沸点升高值；K_b 为沸点升高常数，只与溶剂的本性有关，而与溶质的本性无关。常见溶剂的 T_b^0 和 K_b 见表 2-2。

表 2-2　常见的溶剂的 T_b^0、K_b 和 T_f^0、K_f 值

溶剂	T_b^0/K	K_b/K·kg·mol^{-1}	T_f^0/K	K_f/K·kg·mol^{-1}
水	373.0	0.512	273.0	1.86
苯	353.0	2.53	278.5	5.10
萘	491.0	5.80	353.0	6.90
乙酸	391.0	2.93	290.0	3.90
乙醇	351.4	1.22	155.7	1.99
乙醚	307.7	2.02	156.8	1.80
四氯化碳	349.7	5.03	250.1	32.0

需要指出的是：纯溶剂的沸点是恒定的，但溶液的沸点在不断变化。因为随着溶液的沸腾，溶剂不断蒸发，溶液浓度不断增大，沸点也不断升高，直到溶液达到饱和。此时，溶剂在蒸发的同时，溶质也在析出，溶液浓度不再变化，蒸气压也不再改变，沸点恒定。因此，溶液的沸点是指溶液刚开始沸腾时的温度。

【例 2-6】 在 50.00g CCl_4 中，溶入 0.5126g 萘（M=128.16），测得 ΔT_b 为 0.402K。若在同量 CCl_4 中，溶入 0.6216g 未知物，测得沸点升高 0.647K，求此未知物的摩尔质量。

解　$\Delta T_{b_1} = 0.402\text{K} = K_b b_{B_1}$，$\Delta T_{b_2} = 0.647\text{K} = K_b b_{B_2}$

$$\frac{\Delta T_{b_1}}{\Delta T_{b_2}}=\frac{0.402\text{K}}{0.647\text{K}}=0.621=\frac{b_{B_1}}{b_{B_2}}=\frac{\dfrac{\dfrac{0.5126\text{g}}{128.16\text{g}\cdot\text{mol}^{-1}}}{50\times10^{-3}\text{kg}}}{\dfrac{\dfrac{0.6216\text{g}}{M_{B_2}}}{50\times10^{-3}\text{kg}}}$$

$$M_{B_2}=96.5\text{g}\cdot\text{mol}^{-1}$$

2.3.3 溶液的凝固点降低

溶液的凝固点（freezing point）指在一定的外压下，物质的液相和固相纯溶剂的蒸气压相等而平衡共存时的温度（T_f）。如图 2-2 所示，AA'是纯溶剂水的蒸气压曲线，AC 是冰的蒸气压曲线，两曲线交点 A，蒸气压均为 0.6106kPa，此时冰、水共存，对应的温度 T_f^0 即为水的凝固点(273.0K)。水的凝固点又称为冰点。BB'是稀溶液的蒸气压曲线，温度为 T_f^0 时，溶液的蒸气压低于冰的蒸气压 0.6106kPa，冰和溶液不能平衡共存，降低温度到 T_f 时，溶液的蒸气压和冰的蒸气压相等，冰和溶液共存，T_f 即为溶液的凝固点。难挥发非电解质稀溶液的凝固点总是低于纯溶剂的凝固点，这一现象称为溶液的凝固点降低（freezing point depression）。溶液凝固点降低的根本原因也是溶液的蒸气压下降。

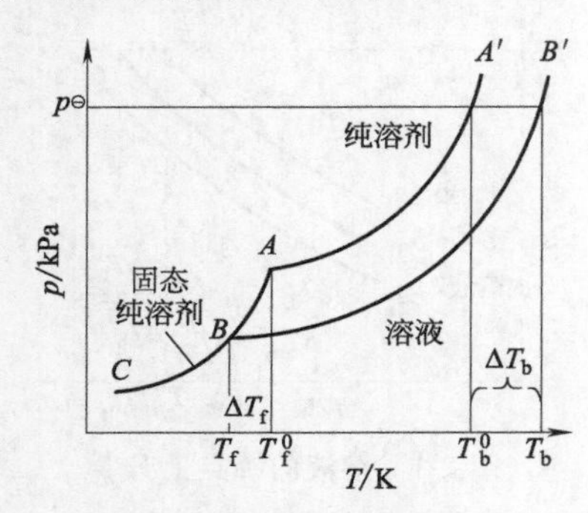

图 2-2 溶液的凝固点降低

实验研究表明：难挥发非电解质稀溶液的凝固点降低值与溶质的质量摩尔浓度成正比，而与溶质的本性无关，即：

$$\Delta T_f=T_f^0-T_f=K_f b_B \tag{2-12}$$

式中，ΔT_f 为溶液的凝固点降低值；K_f 为溶剂的凝固点降低常数，它只与溶剂的本性有关。表 2-2 列出了一些常见溶剂的 T_f^0 和 K_f。

利用溶液沸点升高和凝固点降低都可以测定溶质的摩尔质量。由于大多数溶剂的 K_f 值比 K_b 值大，因此同一溶液的凝固点降低值比沸点升高值大，故凝固点降低法灵敏度高，实验误差较小，且易于观察。溶液凝固点降低法是在低温下进行的，不会引起样品的变性或破坏，因此，在医学和生物科学实验中，凝固点降低法的应用更为广泛。

$$\because b_B=\frac{n_B}{m_A/1000}=\frac{m_B/M_B}{m_A/1000}=\frac{1000m_B}{m_A M_B}\qquad \Delta T_b=K_b b_B\qquad \Delta T_f=K_f b_B$$

$$\therefore \Delta T_b=K_b\frac{1000m_B}{m_A M_B}\qquad M_B=K_b\frac{1000m_B}{m_A\Delta T_b} \tag{2-13}$$

$$\Delta T_f=K_f\frac{1000m_B}{m_A M_B}\qquad M_B=K_f\frac{1000m_B}{m_A\Delta T_f} \tag{2-14}$$

【例 2-7】 尼古丁的实验式为 C_5H_7N，将 0.608g 尼古丁溶于 12.0g 水中，测得溶液在 101.3kPa 时的沸点是 373.16K，求尼古丁的分子式。

解 设尼古丁的摩尔质量为 M_B，查表：水的 $K_b=0.512\ \text{K}\cdot\text{kg}\cdot\text{mol}^{-1}$，$T_b^0=373.0\text{K}$。

已知：$m_B=0.608\text{g}$，$m_A=12.0\text{g}$，$T_b=373.16\text{K}$。

$$\Delta T_b=K_b b_B=K_b\frac{1000m_B}{m_A M_B}$$

$$M_B = K_b \frac{1000m_B}{m_A \Delta T_b} = \frac{1000 \times 0.512 \times 0.608}{12.0 \times (373.16 - 373.0)} = 162(g \cdot mol^{-1})$$

尼古丁的实验式为 C_5H_7N（81），故尼古丁的分子式为 $C_{10}H_{14}N_2$。

【例 2-8】 将 0.813g 葡萄糖溶于 20.0g 水中，测得此溶液的凝固点降低值为 0.420K，求葡萄糖的摩尔质量。

解 设葡萄糖的摩尔质量为 M_B，查表：水的 $K_f = 1.86K \cdot kg \cdot mol^{-1}$。

已知：$m_B = 0.813g$，$m_A = 20.0g$，$\Delta T_f = 0.420K$。

根据：$\Delta T_f = K_f \frac{1000m_B}{m_A M_B}$，$M_B = K_f \frac{1000m_B}{m_A \Delta T_f}$

$$M_B = K_f \frac{1000m_B}{m_A \Delta T_f} = \frac{1000 \times 1.86 \times 0.813}{20.0 \times 0.420} = 180(g \cdot mol^{-1})$$

溶液凝固点降低的性质还有许多实际应用。例如盐和水的混合物可用作冷却剂（freezing mixture）。冬天汽车水箱中加入乙二醇作为防冻剂，可以防止汽车水箱中的水冻结。下了雪的马路很滑，撒上 NaCl 或 $CaCl_2$ 可以使冰融化，从而保证交通安全，这些都是溶液凝固点下降原理的不同应用。

2.3.4 溶液的渗透压

稀溶液的渗透压是与医药学的关系最为密切的依数性。不同浓度的两溶液用半透膜隔开时，也会发生渗透现象。半透膜的存在和膜两侧单位体积内溶剂分子数不相等是产生渗透现象的两个必要条件。

半透膜是只允许溶液中小的分子（如水）通过，而不允许大的溶质分子或水合离子通过的膜，如动植物的膜组织（如肠衣或萝卜皮）或人造的火棉胶膜、素烧粗瓷筒等。如图 2-3（a）所示，装置中箱子中间放置了半透膜，半透膜两边盛有大分子溶液（右边）和纯溶剂（左边）。静置一段时间，由于膜两侧单位体积内溶剂分子数不相等，单位时间内由纯溶剂进入溶液中的溶剂分子要比由溶液进入纯溶剂的多，其结果是大分子溶液一侧的液面升高，如图 2-3（b）所示，这一过程称为渗透（osmosis）。所以溶剂分子的净移动方向始终是从稀溶液朝向浓溶液。溶液液面升高后，静水压力增大，使溶剂分子从溶液进入溶剂的速度增加，当静水压增大到一定值后，单位时间膜两侧进出的溶剂分子数相等，达到渗透平衡（osmosis equilibrium），溶液液面不再升高。因此，为了使渗透现象不发生，必须在溶液液面上施加一额外压力，如图 2-3（c）所示，用以维持渗透平衡所需要施加于溶液的额外压力称为渗透压（osmotic pressure），符号为 π，单位为 Pa 或 kPa。若施加的压力大于渗透压，则造成溶剂分子从溶液向溶剂方向移动，这种现象称为反渗透。

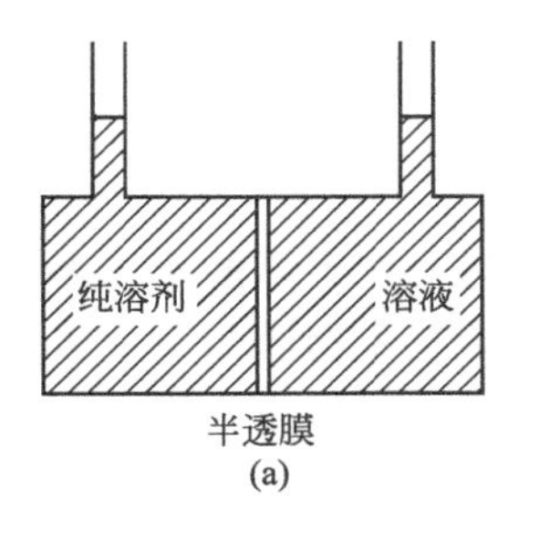

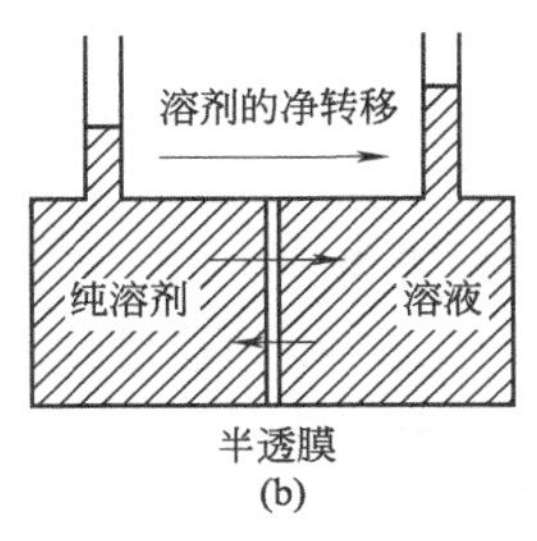

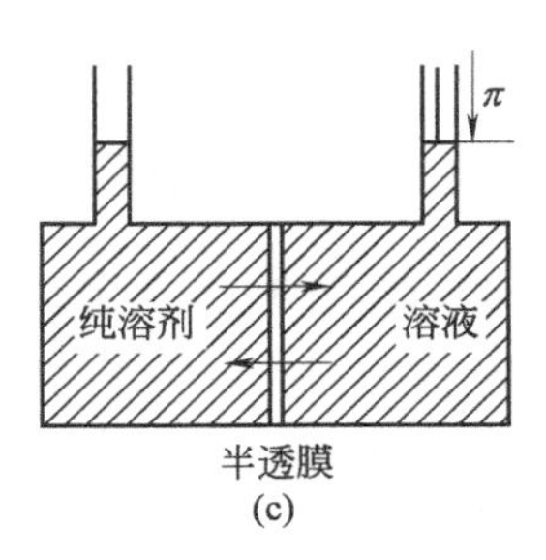

图 2-3　渗透现象和渗透压

1886年荷兰化学家范特霍夫（van't Hoff）根据大量实验结果指出，非电解质稀溶液的渗透压与溶液浓度及温度的关系是：

$$\pi V = n_B RT \tag{2-15}$$

$$\pi = c_B RT \tag{2-16}$$

式中，π 为溶液渗透压；V 为溶液体积；n_B 为溶质物质的量；c_B 为溶液的物质的量浓度；T 为热力学温度；R 为摩尔气体常数（$8.314J \cdot mol^{-1} \cdot K^{-1}$）。它表明，在一定温度下，难挥发非电解质稀溶液的渗透压与单位体积溶液中溶质的物质的量成正比，而与溶质的本性无关。

对于稀溶液，由于 $c_B \approx b_B$，则有：

$$\pi = b_B RT \tag{2-17}$$

稀溶液的渗透压是相当大的，这往往令人惊奇。例如25℃时，$0.1mol \cdot L^{-1}$ 溶液的渗透压为：

$$\pi = 0.1mol \cdot L^{-1} \times 8.314J \cdot mol^{-1} \cdot K^{-1} \times 298K = 248kPa$$

这相当于25m多高水柱的压力，可见渗透推动力是十分可观的。正因为有如此巨大的推动力，自然界才有高达几十米甚至百余米的参天大树，据说澳洲的桉树最高可达155m。

由于直接测定渗透压相当困难，因此对一般不挥发的非电解质摩尔质量的测定，常用沸点上升和凝固点下降法。但对高分子化合物的测定，因为待测的某些极高分子量的物质，一般物质的量浓度很小，这时用渗透法有其独特的优点。

【例2-9】 计算临床输液用的 $50.0g \cdot L^{-1}$ 葡萄糖（$C_6H_{12}O_6$）溶液在310.0K时的渗透压。

解 葡萄糖（$C_6H_{12}O_6$）的摩尔质量为 $180.0g \cdot mol^{-1}$，则：

$$c_{C_6H_{12}O_6} = \frac{50.0}{180.0} = 0.278(mol \cdot L^{-1})$$

$$\pi = c_B RT = 0.278 \times 8.314 \times 310.0 = 7.16 \times 10^2 (kPa)$$

利用渗透压法也可以测定溶质的摩尔质量，但用此法测定小分子溶质的摩尔质量相当困难，多用凝固点降低法。测定蛋白质等高分子化合物的摩尔质量时，用渗透压法要比凝固点降低法灵敏的多。

【例2-10】 将5.18g某蛋白质溶于适量水中，配成1.00L溶液，在298.0K时测得溶液的渗透压为0.413kPa，求此蛋白质的摩尔质量。

解 设此蛋白质的摩尔质量为 $M_B(g \cdot mol^{-1})$，已知蛋白质质量 $m_B = 5.18g$，溶液体积 $V = 1.00L$。

$$M_B = \frac{m_B}{\pi V} RT = \frac{5.18 \times 8.314 \times 298.0}{0.413 \times 1.00} = 3.11 \times 10^4 (g \cdot mol^{-1})$$

2.3.5 依数性的应用

稀溶液的依数性在科学实践中有着重要的作用。如前所述，在不同的条件下，可以分别利用稀溶液的沸点升高、凝固点降低以及产生的渗透压来测定某些物质的摩尔质量，方法简捷实用，且有一定精确度。也可以利用稀溶液凝固点降低的原理制作防冻剂和制冷剂。特别是渗透压和渗透现象，与医学的关系尤为密切。

溶液中产生渗透效应的溶质粒子（分子、离子）统称为渗透活性物质（osmosis active substance）。根据van't Hoff定律，在一定温度下，稀溶液的渗透压应与渗透活性物质的物质的量浓度成正比。因此，在医学上常用渗透浓度（osmolarity）来比较溶液渗透压的大小，渗透浓度定义为渗透活性物质的物质的量除以溶液的体积，符号为 c_{os}，单位为 $mmol \cdot L^{-1}$。

【例 2-11】 计算下列溶液的渗透浓度。

（1）$50.0g \cdot L^{-1}$ 葡萄糖（$C_6H_{12}O_6$）溶液；（2）$12.5g \cdot L^{-1}$ $NaHCO_3$ 溶液。

解 （1）葡萄糖的摩尔质量为 $180.0g \cdot mol^{-1}$。

$$c_{os}=\frac{50.0g \cdot L^{-1}}{180.0g \cdot mol^{-1}}\times 1000=278mmol \cdot L^{-1}$$

（2）$NaHCO_3$ 摩尔质量为 $84.0g \cdot mol^{-1}$，$NaHCO_3$ 溶液中渗透活性物质为 Na^+、HCO_3^-（忽略 HCO_3^- 的电离）。

$$c_{os}=\frac{12.5g \cdot L^{-1}}{84.0g \cdot mol^{-1}}\times 1000\times 2=298mmol \cdot L^{-1}$$

等渗、低渗和高渗溶液：溶液渗透压的高低是相对的，渗透压相等的两种溶液称为等渗溶液（isotonic solution），渗透压不等的两种溶液，渗透压相对低的溶液称为低渗溶液（hypotonic solution），渗透压相对高的溶液称为高渗溶液（hypertonic solution）。根据正常人血浆的渗透浓度（$303.7mmol \cdot L^{-1}$），临床上规定：渗透浓度在 $280 \sim 320mmol \cdot L^{-1}$ 的溶液为生理等渗溶液；渗透浓度小于 $280mmol \cdot L^{-1}$ 的溶液称为低渗溶液；渗透浓度大于 $320mmol \cdot L^{-1}$ 的溶液称为高渗溶液。

在临床治疗中，需要为患者大剂量补液时，要特别注意补液的渗透浓度，否则可能导致机体内水分调节失常及细胞的变形和破坏。临床常用的生理盐水（$9.0g \cdot L^{-1}$ NaCl）、$50g \cdot L^{-1}$ 葡萄糖溶液、$12.5g \cdot L^{-1}$ $NaHCO_3$ 溶液等都是等渗溶液。临床上也有用高渗溶液的情况，如 $500.0g \cdot L^{-1}$ 葡萄糖溶液。对于急需增加血液中葡萄糖的患者，如用等渗溶液，注射液体积太大，注射时间太长，反而效果不好。但使用高渗溶液时，必须注意用量不能太大，注射速度不能太快，否则易造成局部高渗而引起红细胞脱水皱缩。红细胞膜具有半透膜的性质，若将红细胞置于生理盐水（$9.0g \cdot L^{-1}$ NaCl）中，膜内的细胞液和膜外的血浆等渗，细胞内外液处于渗透平衡状态，在显微镜下观察，红细胞形态基本不变［图 2-4（c）］；若将红细胞置于稀 NaCl 溶液（如 $\ll 9.0g \cdot L^{-1}$）中，在显微镜下观察，红细胞逐渐胀大，最后破裂，释放出红细胞内的血红蛋白使溶液染成红色，医学上称为溶血（hemolysis），产生这种现象的原因是细胞内液的渗透压高于细胞外液的渗透压，细胞外的水向细胞内渗透［图 2-4（a）］；若将红细胞置于浓 NaCl 溶液（如 $\gg 9.0g \cdot L^{-1}$）中，在显微镜下观察，红细胞逐渐皱缩［图 2-4（b）］，皱缩的红细胞相互聚结成团，若此现象发生于血管内，将产生“栓塞”。

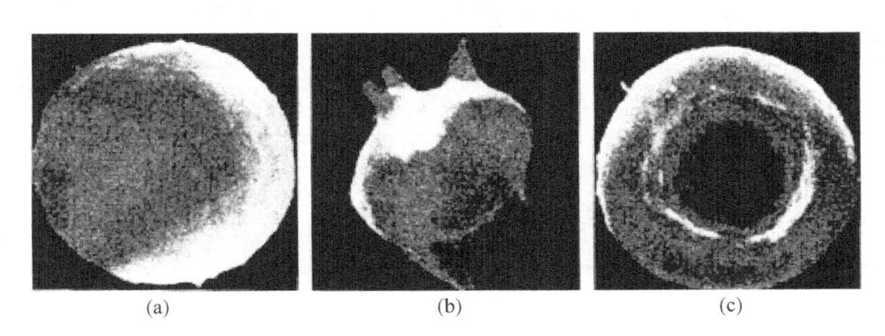

图 2-4　红细胞在不同浓度 NaCl 溶液中的形态

血浆中含有低分子的晶体物质（如 NaCl、$NaHCO_3$ 和葡萄糖等）和高分子的胶体物质（如蛋白质）。血浆的渗透压是这两类物质产生的渗透压总和。低分子晶体物质产生的渗透压称为晶体渗透压（crystalloid osmotic pressure），约占 99.5%；高分子胶体物质产生的渗透压称为胶体渗透压（colloidal osmotic pressure），约为 3.85kPa。

人体内的半透膜（如毛细血管壁和细胞膜）的通透性不同，晶体渗透压和胶体渗透压在维持体内水盐平衡功能上也不相同。晶体渗透压是决定细胞外液和细胞内液水分转移的主要因素。如果人体由于某种原因而缺水，细胞外液中电解质的浓度将相对升高，晶体渗透压增大，这时细胞内液中的水分子通过细胞膜向细胞外液渗透，造成细胞失水。如果大量饮水或输入过多的葡萄糖溶液，细胞外液的电解质浓度将降低，晶体渗透压减小，细胞外液中的水分子向细胞内液渗透，严重时会产生水中毒。高温作业的工人常饮用盐汽水，就是为了保持细胞外液晶体渗透压的恒定。可见，晶体渗透压对调节细胞内外的水盐平衡起着重要作用。毛细血管壁间隔着血浆和组织间液，它允许水分子、离子和低分子物质自由透过，而不允许蛋白质等高分子物质透过。在正常情况下，血浆中的蛋白质浓度比组织间液高，可以使毛细血管从组织间液“吸取”水分（水从组织间液向毛细血管渗透），同时，又可以阻止血管内水分过分渗透到组织间液中，从而维持着血管内外水相对平衡，保持血容量。如果某种原因造成血浆蛋白质减少，血浆胶体渗透压降低，血浆中的水就会过多地通过毛细血管壁进入组织间液，造成血容量降低而组织间液增多，这是形成水肿的原因之一。临床上对大面积烧伤或失血过多造成血容量降低的患者进行补液时，除补以生理盐水外，还需要输入血浆或右旋糖酐等代血浆，以恢复血浆的胶体渗透压和增加血容量。可见，胶体渗透压对维持毛细血管内外水的相对平衡起着重要作用。

2.4 强电解质溶液理论

在熔融状态或水溶液中，能够导电的化合物称为电解质（electrolyte）。根据电解质的结构及它们在水溶液中的解离行为，又可分为强电解质和弱电解质。

强电解质多为离子键化合物或强极性共价键化合物，它们在水中完全解离，故均以水合离子状态存在于溶液中且导电性强，如 HCl、NaCl、NaOH 等。

2.4.1 电解质溶液的依数性

在稀溶液的依数性讨论中已经知道，非电解质稀溶液的依数性只与溶液中溶质微粒的数量成正比，而与溶质的本性无关。但对于电解质溶液，由于其要发生解离，因而在测定它们的凝固点降低值时，依数性出现了反常，所测定的下降值比同浓度的非电解质溶液的相应数值要大。见表 2-3。

表 2-3　几种无机盐水溶液的凝固点降低值

盐类	浓度 b_B /mol·kg^{-1}	按稀溶液定律计算 ΔT_f/K	实验测得 $\Delta T_f'$/K	$i=\frac{\Delta T_f'}{\Delta T_f}$
KCl	0.2	0.372	0.673	1.81
KNO_3	0.2	0.372	0.664	1.78
$MgCl_2$	0.1	0.186	0.519	2.79
$Ca(NO_3)_2$	0.1	0.186	0.461	2.48
NaCl	0.1	0.186	0.347	1.87

另外，在测定电解质稀溶液的渗透压时，也发现测定出的数值要比利用渗透压计算公式得出来的数值大，对这种偏差出现，范特霍夫首先建议在公式中引入校正系数 i，即：

$$\pi'=ic_{B}RT$$

这样计算值就接近实验值了。校正系数 i 可以通过实验测定得到，最常用的方法是测定溶液凝固点下降值。如以 ΔT_f 表示按稀溶液定律计算出的非电解质稀溶液凝固点下降值，以 $\Delta T_f'$表示相同浓度的电解质由实验测得的数值，则校正系数为：

$$i=\frac{\Delta T_f'}{\Delta T_f}$$

事实上，由凝固点下降法求得的值也适用于同浓度下对其他依数性的校正，故 i 称为等渗系数（isosmotic coefficient）。

$$i=\frac{\pi'_{渗}}{\pi_{渗}}=\frac{\Delta p'}{\Delta p}=\frac{\Delta T_b'}{\Delta T_b}=\frac{\Delta T_f'}{\Delta T_f}$$

1887年，瑞典化学家阿仑尼乌斯（S. A. Arrhenius）根据这些数据，认为电解质在水溶液中是电离的，所以 i 值总是大于1，但由于电离程度的不同，i 值又是小于100%电离时质点所应扩大的倍数。从表2-3中NaCl的数据表明：$0.1mol \cdot kg^{-1}$ NaCl若不电离，其 ΔT_f 应是0.186K，若100%电离，即质点数目应为 $0.2mol \cdot kg^{-1}$，则 ΔT_f 应为0.372K，然而实验测得的 $\Delta T_f'$却是0.347K，介于上述两数值之间。

阿仑尼乌斯认为，这是由于电解质在水中不完全电离的结果，但现代测试证明，像 CH_3COOH 这类电解质，在水中确实是部分电离的，其水溶液中存在着 CH_3COOH、H^+ 和 CH_3COO^- 等。但是像NaCl、$MgSO_4$ 这样的盐类，它们在晶体中本身就以离子堆积的方式存在，在水溶液中不可能有分子存在。这一结论显然与依数性实验结果之间产生了矛盾。

1923年，德拜（Debye）和休克尔（Huckel）提出了强电解质溶液理论，对上述矛盾进行了解释。

2.4.2 离子氛与离子强度

德拜和休克尔认为：强电解质在水溶液中，虽然理论上是100%电离为其组成的离子，但由于带有电荷的阳、阴离子之间存在着强烈的相互作用，因此在阳离子周围吸引着一定数量的阴离子，在阴离子周围吸引着一定数量的阳离子，使离子本身的行动不能完全自由，德拜和休克尔将中心离子周围的那些异性离子群叫做离子氛（ionic atmosphere），如图2-5所示。

由于离子氛的存在，使得离子间相互作用而发生牵制。当电解质溶液通电时，便会导致离子不能百分之百地发挥其输送电荷的作用，使表现上实验所测得的离子数目少于电解质完全电离时应有的离子数目。同样，在测量电解质溶液的依数性时，发挥作用的离子数目也少于电解质完全电离时应有的离子数目。这样就很好地解释了 $0.1mol \cdot kg^{-1}$ NaCl溶液的 ΔT_f 不是0.372K，而是0.347K。

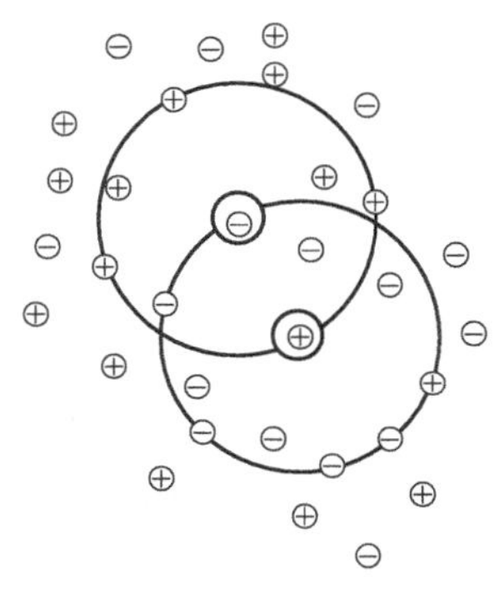

图2-5 离子氛示意图

显然，溶液中离子的浓度越大，离子所带的电荷数目越多，离子与它的离子氛之间的作用越强。为此，引入离子强度（ionic strength）的概念。离子强度定义为：

$$I=\frac{1}{2}(b_1Z_1^2+b_2Z_2^2+b_3Z_3^2+\cdots)=\frac{1}{2}\sum_i b_iZ_i^2 \quad (2\text{-}18)$$

式中，I 为离子强度，$mol \cdot kg^{-1}$，b_1、b_2、b_3、…表示各离子的质量摩尔浓度，Z_1、Z_2、Z_3、…表示各离子所带的电荷数。

离子强度是溶液中存在的离子所产生的电场强度的量度，它与溶液中各离子的浓度和电荷数有关，而与离子本性无关。

2.4.3 活度与活度系数

在电解质溶液中，由于阴、阳离子间的相互作用，使部分离子不能完全自由移动。因此实验测得的离子实际浓度比按完全电离计算的离子浓度要小。

我们把电解质溶液中，离子实际发挥作用的浓度称为有效浓度，或称活度（activity）。显然，活度的数值比其对应的浓度数值要小，可用一个系数将二者联系起来，即：

$$a=\gamma c \tag{2-19}$$

式中，a 表示活度；γ 表示活度系数（activity coefficient）；c 表示浓度。

显然，γ 反映了电解质溶液中离子相互牵制作用的大小。

1961 年，戴维斯在实验数据基础上，将离子本身电荷、溶液中离子强度与活度系数的关系修正为如下经验式：

$$\lg\gamma_i=-0.509\times Z_i^2\left[\frac{\sqrt{I}}{1+\sqrt{I}}-0.30I\right] \tag{2-20}$$

此式对离子强度高达 $0.1\sim0.2mol \cdot kg^{-1}$ 的许多电解质，均可得到较好的结果。

表 2-4 列出了离子的活度系数 γ 与离子强度 I 的关系。可见，当离子强度越小，离子所带电荷越少，其活度系数就越趋近于 1，则活度就越接近浓度；当离子强度越大，离子所带电荷越多，其活度系数越小，则活度与浓度差别就越显著。

表 2-4 离子的活度系数与离子强度的关系

离子强度(I)	活动系数 γ 值			
	$Z=1$	$Z=2$	$Z=3$	$Z=4$
1×10^{-4}	0.99	0.95	0.90	0.83
2×10^{-4}	0.98	0.94	0.87	0.77
5×10^{-4}	0.97	0.90	0.80	0.67
1×10^{-3}	0.96	0.86	0.73	0.56
2×10^{-3}	0.95	0.81	0.64	0.45
5×10^{-3}	0.92	0.72	0.51	0.30
1×10^{-2}	0.89	0.63	0.39	0.19
2×10^{-2}	0.87	0.57	0.28	0.12
5×10^{-2}	0.81	0.44	0.15	0.04
0.1	0.78	0.33	0.08	0.01
0.2	0.70	0.24	0.04	0.003
0.3	0.66	—	—	—
0.5	0.62	—	—	—

电解质溶液的浓度与活度之间一般是有差别的，严格地说，应该用活度来进行计算，但对于稀溶液、弱电解质溶液、难溶强电解质溶液，由于其中离子浓度均很低，即离子强度很小。在这种情况下，可忽略离子间的牵制作用，一般近似认为活度系数 $\gamma=1$，通常就用浓度来计算。

但当溶液中离子浓度较大或准确度要求较高时，必须用活度来进行计算，否则所得结果将偏离实际情况较远。

【例 2-12】 计算 0.05mol·kg^{-1} Na_2SO_4 的离子强度及 Na^+、SO_4^{2-} 的活度系数。

解 $b(Na^+) = 0.05mol \cdot kg^{-1} \times 2 = 0.1mol \cdot kg^{-1}$

$$b(SO_4^{2-}) = 0.05mol \cdot kg^{-1}$$

$$Z(Na^+) = 1, Z(SO_4^{2-}) = -2$$

$$I = \frac{1}{2}[0.1mol \cdot kg^{-1} \times 1^2 + 0.05mol \cdot kg^{-1} \times (-2)^2]$$

$$= 0.15mol \cdot kg^{-1}$$

$$\lg\gamma_{Na^+} = -0.509 \times 1^2 \times \left(\frac{\sqrt{0.15}}{1+\sqrt{0.15}} - 0.3 \times 0.15\right) = -0.1175$$

$$\lg\gamma_{SO_4^{2-}} = -0.509 \times (-2)^2 \times \left(\frac{\sqrt{0.15}}{1+\sqrt{0.15}} - 0.3 \times 0.15\right) = -0.47$$

$$\gamma Na^+ = 0.76$$

$$\gamma_{SO_4^{2-}} = 0.34$$

小结

本章主要讨论了以下三个方面的问题：

1. 各种溶液浓度的表示方法。常用的有质量分数（溶质的质量在全部溶液质量中所占的百分数）、质量摩尔浓度［1000g 溶剂中所含溶质的量（mol）］、物质的量浓度［用 1dm^3 溶液中所含溶质的量（mol）］、摩尔分数［溶质的物质的量（mol）与溶质和溶剂的总物质的量（mol）之比］。

2. 当把不挥发的溶质溶入某一溶剂后，会发生下列现象：溶液的蒸气压将比纯溶剂蒸气压低；溶液的沸点将比纯溶剂的沸点高；溶液的凝固点将比纯溶剂凝固点低。另外，在溶液与纯溶剂之间还会产生渗透压。当溶液浓度较稀时，蒸气压降低值、沸点升高值、凝固点降低值以及溶液的渗透压值仅仅与溶液中的溶质质点数目有关而与溶质种类无关。因此，上述四种性质被称为溶液的依数性。

3. 强电解质溶液理论

（1）强电解质在水溶液中能 100%电离，但不能 100%发挥离子作用，因在溶液中存在离子氛的影响。

（2）离子强度

$$I = \frac{1}{2}(b_1Z_1^2 + b_2Z_2^2 + b_3Z_3^2 + \cdots) = \frac{1}{2}\sum_i b_iZ_i^2$$

（3）活度是溶液中真正发挥作用的离子的有效浓度。离子强度越大，活度系数越小，浓度与活度差别越大。

$$a = \gamma c$$

1. 物质的量和质量这两个概念相同吗？

2. 质量摩尔浓度的优点是什么？

3. 什么是纯液体的凝固点？什么是纯液体的沸点？它们与蒸气压有何关系？

4.产生渗透压的原因是什么？

5.为什么临床常用质量浓度为 $9g \cdot L^{-1}$ 的盐水和 $50g \cdot L^{-1}$ 的葡萄糖溶液输液？

习 题

1.浓盐酸的质量分数为0.37，密度为 $1.19g \cdot mL^{-1}$，求浓盐酸的：(1) 物质的量浓度；(2) 质量摩尔浓度；(3) 摩尔分数。

【参考答案：(1) 浓盐酸的物质的量浓度为 $12.1mol \cdot L^{-1}$；(2) 质量摩尔浓度为 $16.1mol \cdot kg^{-1}$；(3) 摩尔分数为0.225】

2.在400g水中，加入质量分数为0.90的 H_2SO_4 100g，求此溶液中 H_2SO_4 的摩尔分数和质量摩尔浓度。

【参考答案：硫酸的摩尔分数为0.0387；硫酸的质量摩尔浓度为 $2.24mol \cdot kg^{-1}$】

3.$10.00cm^3$ NaCl饱和溶液重12.003g，将其蒸干后得NaCl 3.173g，试计算：

(1) NaCl的溶解度；

(2) NaCl的质量分数；

(3) 溶液的物质的量浓度；

(4) NaCl的质量摩尔浓度；

(5) NaCl和 H_2O 的摩尔分数。

【参考答案：(1) NaCl的溶解度为35.93g；(2) NaCl的质量分数为0.2644；(3) NaCl的物质的量浓度为 $5.42mol \cdot L^{-1}$；(4) NaCl的质量摩尔浓度为 $6.14mol \cdot kg^{-1}$；(5) NaCl和 H_2O 的摩尔分数为0.099和0.901】

4.现有密度为 $1.84g \cdot cm^{-3}$、质量分数为0.98的 H_2SO_4 溶液，如何用此酸配制下列各溶液：

(1) $250cm^3$ 质量分数为0.25，密度为 $1.18g \cdot cm^{-3}$ 的 H_2SO_4 溶液；

(2) $500cm^3$ $3.00mol \cdot L^{-3}$ 的 H_2SO_4 溶液。

【参考答案：(1) 量取密度为 $1.84g \cdot cm^{-3}$、质量分数为0.98的 H_2SO_4 溶液 $40.9cm^3$，慢慢加入水中，边加边搅拌，待溶液冷却后，再加水稀释至 $250cm^3$ 即可；(2) 按同样步骤取 H_2SO_4 的体积为 $81.5cm^3$】

5.已知乙醇水溶液中乙醇（C_2H_5OH）的摩尔分数是0.05，求乙醇的质量摩尔浓度和乙醇溶液的物质的量浓度（溶液的密度为 $0.997g \cdot mL^{-1}$）。

【参考答案：乙醇的质量摩尔浓度为 $2.92mol \cdot kg^{-1}$；乙醇的物质的量浓度为 $2.57mol \cdot L^{-1}$】

6.20℃时乙醚的蒸气压为58955Pa。今在100g乙醚中溶入某非挥发性有机物质10.0g，乙醚的蒸气压降低至56795Pa，试求该有机物质的摩尔质量。

【参考答案：有机物质的摩尔质量为 $195g \cdot mol^{-1}$】

7.在一个钟罩内有两杯水溶液，甲杯中含0.259g蔗糖和30.00g水，乙杯中含有0.76g某非电解质和40.00g水，在恒温下放置足够长的时间达到平衡，甲杯水溶液总质量变为23.89g，求该非电解质的摩尔质量。

【参考答案：非电解质的摩尔质量为 $511g \cdot mol^{-1}$】

8.为了防止水在仪器内冻结，可在水里面加入甘油。如需使其冰点下降至271K，则在每100g水中应加入甘油多少克？（甘油分子式为 $C_3H_8O_3$）

【参考答案：9.89g】

9.称取某碳氢化合物3.20g溶于50g苯中，测得溶液的凝固点下降了0.256K，计算该化合物的摩尔质量。

【参考答案：1280g·mol^{-1}】

10.溶解3.25g硫于40.0g苯中，苯的凝固点降低1.62K，此溶液中硫分子由几个硫原子组成？

【参考答案：硫分子由8个硫原子组成】

11.孕酮是一种雌性激素，经分析得知含9.6%H、10.2%O和80.2%C。今有1.50g孕酮试样溶于10.0g苯中，所得溶液凝固点为276.06K，求孕酮分子式。

【参考答案：孕酮的分子式为$C_{21}H_{30}O_2$】

12.在26.57g氯仿（$CHCl_3$）中溶解0.402g萘（$C_{10}H_8$），其沸点比氯仿的沸点高0.429K，求氯仿的沸点升高常数。

【参考答案：3.63K·kg·mol^{-1}】

13.1.22×10^{-2}kg苯甲酸溶于0.10kg乙醇，使乙醇沸点升高了1.13K，若将1.22×10^{-2}kg苯甲酸溶于0.10kg苯中，则苯的沸点升高1.36K。计算苯甲酸在两种溶剂中的摩尔质量，计算结果说明什么问题？（乙醇的$K_b=1.19$K·kg·mol^{-1}，苯的$K_b=2.60$K·kg·mol^{-1}）

【参考答案：苯甲酸在乙醇中的摩尔质量为128g·mol^{-1}；在苯中的摩尔质量为233g·mol^{-1}。从计算结果可以看出，苯甲酸在乙醇中以单分子形式存在，而在苯中发生了聚合】

14.把一小块冰放在0℃的水中，另一小块冰放在0℃的盐水中，各有什么现象？为什么？

【参考答案：冰放在水中，冰水共存，冰不会融化；冰放在盐水中，冰会融化】

15.求4.40%的葡萄糖（$C_6H_{12}O_6$）水溶液，在27℃时的渗透压（溶液的密度为1.015g·cm^{-3}）。

【参考答案：619kPa】

16.今有某蛋白质的饱和溶液100mL，其中含有蛋白质0.518g，在293K时测得渗透压为0.413kPa，求此蛋白质的摩尔质量。

【参考答案：蛋白质的摩尔质量为3.06×10^4g·mol^{-1}】

17.泪水的凝固点为272.48K，求泪水的渗透浓度（mmol·L^{-1}）及310K时的渗透压。

【参考答案：泪水的渗透浓度为280mmol·L^{-1}；渗透压为7.22×10^2kPa】

18.在298K时，将2g某化合物溶于1000g水中，它的渗透压与298K时0.8g葡萄糖（$C_6H_{12}O_6$）和1.2g蔗糖（$C_{12}H_{22}O_{11}$）溶于1000g水中的渗透压相同。试求：

（1）该化合物的摩尔质量；

（2）该化合物水溶液的凝固点；

（3）该化合物水溶液的蒸气压。

已知298K时纯水的蒸气压为3.13kPa，H_2O的$K_f=1.86$K·kg·mol^{-1}。

【参考答案：（1）化合物的摩尔质量为250g·mol^{-1}；（2）化合物水溶液的凝固点为−0.015℃；（3）化合物水溶液的蒸气压为3129.55Pa】

19.计算0.01mol·L^{-1} Na_2SO_4溶液和0.01mol·L^{-1} NaCl溶液等体积混合后，溶液的离子强度。

【参考答案：离子强度为0.02mol·L^{-1}】

20.计算0.050mol·kg^{-1} K_2SO_4溶液的离子强度及K^+、SO_4^{2-}的活度。

【参考答案：离子强度为0.15mol·L^{-1}；K^+活度为0.076mol·kg^{-1}，SO_4^{2-}活度为0.0165mol·kg^{-1}】

第3章 化学平衡

03 Chapter

学习要求

掌握	标准平衡常数的概念及其表达式的书写；多重平衡规则。
熟悉	有关标准平衡常数的计算；化学平衡移动的影响因素；吕·查德里原理。
了解	经验平衡常数的概念；根据反应商与平衡常数的关系判别化学反应方向。

在化学工艺及药物合成的生产与研究过程中，科学工作者特别注重两方面的问题：一是化学反应的可能性，二是化学反应的现实性。

所谓化学反应的可能性，是指通过化学热力学的理论推算，目标化学反应在一定条件下能不能自发地进行，以及能自发进行时反应的限度等。如果理论研究证明期望中的化学反应在设定条件下不能发生，那么就没必要在该条件下继续进行试验了。

所谓化学反应的现实性，是指化学反应的速率及影响反应速率的因素等。化学反应的速率问题，属于化学动力学的研究范畴。如果一个反应在指定条件下从热力学理论研究的角度看具备自发进行的趋势，但是反应速率太慢，那么从现实性的角度看，该反应是难以进行的。例如，常温常压下，$H_2+0.5O_2 = H_2O$，尽管从化学热力学的角度看，该反应具备正向自发进行的趋势，但其反应速率太小，实际上该反应在常温常压下难以进行，然而，在点燃或加入少量催化剂铂绒的条件下，反应即可迅猛进行。

对于一定条件下自发进行的化学过程，其反应通常都具有一定的限度，这个限度便是平衡状态。当化学反应达到平衡状态，反应物和生成物的浓度都不会再随时间发生变化，反应物转化成生成物已达到最大程度。化学反应是否存在自发进行的趋势与化学平衡均属于化学热力学研究的内容。

本章着重介绍化学平衡的主要内容。

3.1 化学反应的可逆性和化学平衡

3.1.1 化学反应的可逆性

在一定条件下，一个化学反应既可向正向进行，又可向逆向进行，称为化学反应的可逆性。这种反应称为可逆反应（reversible reaction）。例如：

$$CH_4(g)+H_2O(g) \rightleftharpoons CO(g)+3H_2(g)$$

在一定温度下，CH_4 和 H_2O 能反应生成 CO 和 H_2，CO 和 H_2 也能反应生成 CH_4 和 H_2O。为强调反应的可逆性，用“$\rightleftharpoons$”代替等号。再如：

$$N_2O_4(g) \rightleftharpoons 2NO_2(g)$$

将无色的 N_2O_4 气体置于 330K 的恒温槽里的密闭烧瓶中，可以看到瓶内气体的颜色逐渐变为红棕色，表明 N_2O_4 分解成了 NO_2；随着时间的增加，红棕色逐步加深。当一定时间之后，红棕色不再加深，气体颜色维持不变，表明 NO_2 和 N_2O_4 的浓度已经稳定，系统达到了平衡状态。

大多数化学反应都有可逆性，只是可逆性的程度不同。上述两个反应的可逆性均较大；如果反应中有沉淀生成，或有气体放出，反应的可逆性就很小。即使是同一个化学反应，在不同的温度下，可逆性也是不一样的。

极少数的化学反应在一定条件下逆反应进行的程度极其微弱，这样的反应通常称为不可逆反应。例如，前面提到的 $H_2+0.5O_2 = H_2O$；再如 $C+O_2 = CO_2$。

3.1.2 化学平衡

对于一个可逆反应，如果反应开始前只有反应物，没有产物，随着时间的推移，反应逐渐进行，体系中产物逐渐增多，反应物逐渐减少。当产物出现后，由于反应是可逆的，产物在生成的同时，也发生着产物转化为反应物的反应，只不过二者的反应速率不一样。对于起始只有反应物的可逆反应，刚开始时正反应速率较大，逆反应速率较小；随着反应的继续进行，逆反应的速率越来越大，其与正反应速率的相对差距越来越小，最终正反应和逆反应的反应速率必然会达到相等，反应物和生成物的浓度不再随时间而改变。此时，可逆反应达到了化学平衡（chemical equilibrium）状态，即可逆反应的正、逆反应速率相等，反应体系中各物质浓度不再随时间变化的状态。

化学平衡具有以下几个特点：

① 只有在恒温封闭体系中才能建立化学平衡。这是建立化学平衡的前提条件。

② 化学平衡时，正反应和逆反应的反应速率相等。这是化学平衡最主要的特征。达到平衡后，不再有物质的净生成或净消耗。

③ 可逆反应达到平衡时，只要反应条件不发生改变，则反应系统中各物质的浓度不随时间变化。这是化学平衡建立的标志。

④ 化学平衡是动态平衡，体系达到平衡后，正反应依然在不断进行，逆反应也在不断进行，只不过二者反应速率相等，不会导致各组分浓度发生变化。

⑤ 化学平衡是相对的、有条件的。化学平衡只能在一定的条件下才能保持。当外界条件发生改变，原有平衡被破坏，系统将在新的条件下建立新的化学平衡。

3.2 标准平衡常数及其计算

3.2.1 标准平衡常数

大量实验表明，对于任何一个可逆反应，在一定温度下，无论反应起始状态如何，无论反应前各组分的浓度如何，达到化学平衡时，各产物的平衡浓度以其反应方程式中的系数为指数的幂的乘积与各反应物的平衡浓度以其反应方程式中的系数为指数的幂的乘积之比值为一定值，称为化学平衡常数（equilibrium constant），也称经验平衡常数或实验平衡常数，用 K 表示。

对于稀溶液中的反应：

$$a\mathrm{A}+b\mathrm{B} \rightleftharpoons d\mathrm{D}+e\mathrm{E}$$

$$K=\frac{[c_{\mathrm{eq}}(\mathrm{D})]^d[c_{\mathrm{eq}}(\mathrm{E})]^e}{[c_{\mathrm{eq}}(\mathrm{A})]^a[c_{\mathrm{eq}}(\mathrm{B})]^b} \tag{3-1}$$

式中，K 为经验平衡常数；$c_{\mathrm{eq}}(\mathrm{D})$、$c_{\mathrm{eq}}(\mathrm{E})$、$c_{\mathrm{eq}}(\mathrm{A})$、$c_{\mathrm{eq}}(\mathrm{B})$ 分别为化学平衡时 D、E、A、B 的平衡浓度。

对于气相反应，在平衡常数的表达式中，可用各气体组分的平衡分压代替平衡浓度。由于浓度或压力可采用的单位有多种，当组分浓度或分压采用不同单位时，经验平衡常数 K 的数值和量纲将会不同；除非反应方程式中产物的系数和与反应物的系数和之差 $\Delta n=0$，否则 K 的量纲不为 1。对于气相反应，还存在以分压表示的平衡常数和以浓度表示的平衡常数的区别，二者无论数值还是量纲均不同。显然，这不便于平衡常数的规范化和相互比较。平衡浓度除以标准浓度 $c^{\ominus}$（$c^{\ominus}=1\mathrm{mol\cdot L^{-1}}$），得到的比值称为相对平衡浓度 $[c_{\mathrm{eq}}(\mathrm{B})/c^{\ominus}]$；气体的平衡分压除以标准压力 p（$p^{\ominus}=100\mathrm{kPa}$），得到的比值称为相对平衡分压 $[p_{\mathrm{eq}}(\mathrm{B})/p^{\ominus}]$。相对平衡浓度和相对平衡分压的量纲均为 1。

除通过实验测定外，平衡常数也可由化学热力学有关原理推导出来。当平衡常数表达式中的平衡浓度或平衡分压用相对平衡浓度或相对平衡分压代替时，这时的平衡常数称为标准平衡常数（standard equilibrium constant）（又称热力学平衡常数），用 $K^{\ominus}$表示。标准平衡常数与温度及反应式的书写形式有关，本身没有单位。在实际的化学平衡计算中，多采用标准平衡常数。所以，本书以后的讨论中，平衡常数均指标准平衡常数。

平衡常数表征给定条件下可逆反应所能进行的限度，或者说是反应所能达到或完成的最大程度。平衡常数越大，正向反应进行得越完全；平衡常数越小，逆向反应进行的程度越大，正向反应越不完全。$K^{\ominus}$值非常大或者非常小的反应，可逆性都很小。

尽管平衡常数告诉了我们一个可逆反应所能进行的最大程度，但并不意味着这个反应实际一定能够进行。反应能否实际进行，除了与反应的热力学可能性有关外，还与其动力学反应速率有关。利用平衡常数，可以判断化学反应是否达到了平衡，但是，要用多长时间才能达到平衡，凭平衡常数是无法判断的。

3.2.1.1 标准平衡常数表达式的写法

（1）稀溶液中反应的标准平衡常数

对于在理想溶液中进行的任一可逆反应：

$$a\mathrm{A(aq)}+b\mathrm{B(aq)} \rightleftharpoons d\mathrm{D(aq)}+e\mathrm{E(aq)}$$

在一定温度下达平衡时，其标准平衡常数表达式为：

$$K^{\ominus}=\frac{\left[\frac{c_{eq}(D)}{c^{\ominus}}\right]^{d}\left[\frac{c_{eq}(E)}{c^{\ominus}}\right]^{e}}{\left[\frac{c_{eq}(A)}{c^{\ominus}}\right]^{a}\left[\frac{c_{eq}(B)}{c^{\ominus}}\right]^{b}} \tag{3-2}$$

式中，$K^{\ominus}$为标准平衡常数；$c_{eq}(D)$、$c_{eq}(E)$、$c_{eq}(A)$、$c_{eq}(B)$ 分别为化学平衡时 D、E、A、B 的平衡浓度；$\frac{c_{eq}(D)}{c^{\ominus}}$、$\frac{c_{eq}(E)}{c^{\ominus}}$、$\frac{c_{eq}(A)}{c^{\ominus}}$、$\frac{c_{eq}(B)}{c^{\ominus}}$分别为 D、E、A、B 的相对平衡浓度。

式（3-2）表明，在一定温度下，稀溶液中发生的可逆反应达到平衡时，产物的相对平衡浓度以其反应方程式中的系数为指数的幂的乘积除以反应物的相对平衡浓度以其反应方程式中的系数为指数的幂的乘积，即为该反应的标准平衡常数 $K^{\ominus}$。

因标准浓度 $c^{\ominus}=1\text{mol}\cdot\text{L}^{-1}$，为简便起见，当浓度单位采用 $\text{mol}\cdot\text{L}^{-1}$ 时，书写相对平衡浓度可省略分母项。这样，可将标准平衡常数简写为：

$$K^{\ominus}=\frac{[c_{eq}(D)]^{d}[c_{eq}(E)]^{e}}{[c_{eq}(A)]^{a}[c_{eq}(B)]^{b}}$$

（2）气相反应的标准平衡常数

类似地，对于任一理想气体混合物的可逆反应：

$$aA(g)+bB(g)\rightleftharpoons dD(g)+eE(g)$$

$$K^{\ominus}=\frac{\left[\frac{p_{eq}(D)}{p^{\ominus}}\right]^{d}\left[\frac{p_{eq}(E)}{p^{\ominus}}\right]^{e}}{\left[\frac{p_{eq}(A)}{p^{\ominus}}\right]^{a}\left[\frac{p_{eq}(B)}{p^{\ominus}}\right]^{b}} \tag{3-3}$$

式中，$p_{eq}(D)$、$p_{eq}(E)$、$p_{eq}(A)$、$p_{eq}(B)$ 分别为物质 D、E、A、B 在平衡时的分压；$p_{eq}(D)/p^{\ominus}$、$p_{eq}(E)/p^{\ominus}$、$p_{eq}(A)/p^{\ominus}$、$p_{eq}(B)/p^{\ominus}$分别为气态物质 D、E、A、B 的相对平衡分压。因标准压力 $p^{\ominus}$为 100kPa，故不能省略分母项。

式（3-3）表明，在一定温度下，气体混合物中发生的可逆反应达到平衡时，产物的相对平衡分压以其反应方程式中的系数为指数的幂的乘积除以反应物的相对平衡分压以其反应方程式中的系数为指数的幂的乘积，即为该反应的标准平衡常数 $K^{\ominus}$。

（3）非均相反应的标准平衡常数

对非均相可逆反应：

$$aA(s)+bB(aq)\rightleftharpoons dD(l)+eE(g)$$

在一定温度下达到化学平衡时：$K^{\ominus}=\frac{\left[\frac{p_{eq}(E)}{p^{\ominus}}\right]^{e}}{\left[\frac{c_{eq}(B)}{c^{\ominus}}\right]^{b}}$ （3-4）

例如，在一定条件下，下列反应达到平衡时：

$$3CuS(s)+8H^{+}(aq)+2NO_3^{-}(aq)\rightleftharpoons 3Cu^{2+}(aq)+3S(s)+2NO(g)+4H_2O(l)$$

其标准平衡常数的表达式为：

$$K^{\ominus}=\frac{\left[\frac{c_{eq}(Cu^{2+})}{c^{\ominus}}\right]^{3}\left[\frac{p_{eq}(NO)}{p^{\ominus}}\right]^{2}}{\left[\frac{c_{eq}(H^{+})}{c^{\ominus}}\right]^{8}\left[\frac{c_{eq}(NO_3^{-})}{c^{\ominus}}\right]^{2}}$$

（4）书写标准平衡常数表达式应注意的问题

① 如果反应中有纯固体或纯液体参加，其浓度不写入平衡常数表达式中。在反应过程中，纯固体或纯液体的浓度被认为是固定不变的（活度始终为 1）。

② 在水溶液中进行的反应，若有 H_2O 参加，其浓度不列入平衡常数的表达式。但在非水溶剂中进行的反应，或气态下的反应，若 H_2O 参与了可逆反应，则其浓度或分压须列入平衡常数的表达式中。例如：

$$C_2H_5OH + HCOOH \rightleftharpoons HCOOC_2H_5 + H_2O$$

$$K^{\ominus} = \frac{\dfrac{c_{eq}(H_2O)}{c^{\ominus}} \dfrac{c_{eq}(HCOOC_2H_5)}{c^{\ominus}}}{\dfrac{c_{eq}(C_2H_5OH)}{c^{\ominus}} \dfrac{c_{eq}(HCOOH)}{c^{\ominus}}}$$

③ 溶液状态的组分以浓度形式列入平衡常数表达式；气相组分以分压形式列入平衡常数表达式。

④ 平衡常数关系式的写法，取决于反应方程式的写法。例如：

$$N_2(g) + O_2(g) \rightleftharpoons 2NO(g) \qquad K^{\ominus} = \frac{\left[\dfrac{p(NO)}{p^{\ominus}}\right]^2}{\dfrac{p(N_2)}{p^{\ominus}} \dfrac{p(O_2)}{p^{\ominus}}}$$

$$\frac{1}{2}N_2(g) + \frac{1}{2}O_2(g) \rightleftharpoons NO(g) \qquad K^{\ominus} = \frac{\dfrac{p(NO)}{p^{\ominus}}}{\left[\dfrac{p(N_2)}{p^{\ominus}}\right]^{\frac{1}{2}} \left[\dfrac{p(O_2)}{p^{\ominus}}\right]^{\frac{1}{2}}}$$

3.2.1.2 多重平衡规则

在某些反应系统中，经常有一种或几种物质同时参与几个化学反应的情况（可以作为反应物，也可以作为产物；或者在一个反应中作为反应物，在另一个反应中作为产物）。在一定条件下，一个反应系统中的一种或多种物质同时参与多个化学反应，并同时达到化学平衡，称为同时平衡或多重平衡。

在多重反应平衡体系中，如果某个物质同时参与了多个反应，则其平衡浓度或平衡分压必须同时满足所参与的多个反应的平衡常数关系式。

多重平衡规则：如果某可逆反应可以由几个可逆反应相加（或相减）得到，则该反应的平衡常数等于相同温度下几个可逆反应平衡常数之积（或商）。

【例 3-1】 已知某温度下，有如下两个反应；求相同温度下，反应（3）$H_2(g) + S(s) \rightleftharpoons H_2S(g)$ 的标准平衡常数 $K_3^{\ominus}$。

反应（1）$O_2(g) + H_2S(g) \rightleftharpoons SO_2(g) + H_2(g)$ $\qquad K_1^{\ominus} = 2.0 \times 10^{-10}$

反应（2）$O_2(g) + S(s) \rightleftharpoons SO_2(g)$ $\qquad K_2^{\ominus} = 1.0 \times 10^{-3}$

解 反应（2）－ 反应（1）＝ 反应（3）

$$K_3^{\ominus} = \frac{K_2^{\ominus}}{K_1^{\ominus}} = \frac{1.0 \times 10^{-3}}{2.0 \times 10^{-10}} = 5.0 \times 10^6$$

3.2.2 有关化学平衡的计算

在化学反应过程中，随着反应的不断进行，反应程度逐渐增大，达到平衡时反应程度达到最大，因此，平衡状态即为可逆反应进行的最大限度。计算平衡时各物质的组成及其他相关计算，常涉及平衡常数 $K^\ominus$。

在关于化学平衡的计算中，经常遇到“转化率”“产率”等术语。所谓转化率（conversion ratio），是指某反应物转化了的量占该反应物原始量的百分数。所谓产率或收率，是指某反应物转化为指定产物的量占该反应物原始量的百分数。如果没有副反应，则产率与转化率相等；如果存在副反应，则产率小于转化率。本书只讨论转化率的计算。

$$\text{转化率}\ \alpha=\frac{\text{转化了的某反应物的量}}{\text{该反应物原始的量}}\times 100\% \tag{3-5}$$

由于化学平衡状态是化学反应在指定条件下所能达到的最大限度，因此，平衡转化率是指定条件下的最大转化率。

【例 3-2】　1123K 温度下，将 2.0mol CO 和 3.0mol H_2O 放入封闭容器内混合，发生可逆反应：$CO(g)+H_2O(g) \rightleftharpoons CO_2(g)+H_2(g)$。已知化学平衡时 CO 的转化率为 60%，求该可逆反应的平衡常数 $K^\ominus$。

解　对于反应体系内的 CO，平衡转化率为 60%，则平衡时转化了的 CO 的物质的量＝2.0×60%＝1.2（mol）。

	$CO(g)$	$+H_2O(g)$	$\rightleftharpoons CO_2(g)$	$+H_2(g)$
起始时物质的量/mol	2.0	3.0	0	0
转化的物质的量/mol	1.2	1.2	1.2	1.2
平衡时物质的量/mol	0.8	1.8	1.2	1.2

设容器体积为 V，则：

$$K^\ominus=\frac{\dfrac{n(CO_2)RT}{V}\dfrac{n(H_2)RT}{V}}{\dfrac{n(CO)RT}{V}\dfrac{n(H_2O)RT}{V}}=\frac{1.2\times 1.2}{0.8\times 1.8}=1.0$$

3.3　化学平衡的移动

化学平衡是有条件的平衡。在一定条件下，可逆反应达到平衡后，如果外界条件不发生改变，尽管正反应和逆反应均在继续进行，但二者反应速率相等，反应体系内各组分的浓度不会发生变化，没有物质的净生成或净消耗。如果外界条件（温度、浓度、气体组分压力）发生改变，则正、逆反应的反应速率均将发生变化，二者不再相等，向某一方向进行的反应速率将大于向另一方向进行的反应速率，化学平衡状态被打破。由于平衡打破后，正、逆反应的反应速率不相等，反应体系内将有物质的净生成或净消耗，反应物和产物的浓度都将发生变化，直至达到新条件下的化学平衡。

由于外界条件的改变，可逆反应从一种平衡状态转变为新条件下的另一种平衡状态，这个过程称为化学平衡的移动（shift of chemical equilibrium）。这里所说的外界条件，主要指温度、浓度及压力。温度一定时，浓度或压力的改变，虽会引起平衡的移动，但平衡常数的数值不会变；而温度的改变，则会引起平衡常数数值的改变。温度对化学平衡的影响，与浓度或压力对化学平衡的影响，二者有着本质的区别。

一定温度下，浓度、压力对化学平衡的影响，可以从反应商 J 与标准平衡常数 $K^{\ominus}$ 的关系进行分析。

对于任意可逆化学反应：

$$aA(s)+bB(aq)+cC(aq)\rightleftharpoons dD(l)+eE(g)+fF(aq)$$

$$J=\frac{\left[\frac{p(E)}{p^{\ominus}}\right]^{e}\left[\frac{c(F)}{c^{\ominus}}\right]^{f}}{\left[\frac{c(B)}{c^{\ominus}}\right]^{b}\left[\frac{c(C)}{c^{\ominus}}\right]^{c}} \tag{3-6}$$

式中，J 为可逆反应在任意时刻的反应商；$p(E)$ 为气体组分 E 在任意时刻的分压；$c(F)$、$c(B)$、$c(C)$ 分别为组分 F、B、C 在任意时刻的浓度。

反应商 J 的表达式在形式上与标准平衡常数相同，同样表示系统各组分浓度或压力之间的关系。不同的是，J 中的浓度或压力是任意反应状态下的数据，而 $K^{\ominus}$ 中的浓度或压力是平衡状态时的数据。或者说，$K^{\ominus}$ 是特定状态——平衡状态时的 J。

任何可逆反应都有自发转变到平衡状态的趋向。换句话说，一定温度下，当反应商 J 与标准平衡常数 $K^{\ominus}$ 不一致时，都有自发变化到“$J=K^{\ominus}$”状态的趋向。因此，一定温度下，可逆反应达到平衡之前，可逆反应的正、逆反应速率不相等，体系中各组分浓度或压力均将发生变化，直至反应商 J 与标准平衡常数 $K^{\ominus}$ 相等，此时即为平衡状态。化学热力学的研究结果表明：

$J<K^{\ominus}$ 时，可逆反应正向自发进行；

$J=K^{\ominus}$ 时，可逆反应处于平衡状态；

$J>K^{\ominus}$ 时，可逆反应逆向自发进行。

3.3.1 浓度对化学平衡的影响

浓度是影响化学平衡的重要因素，浓度的改变可引起化学平衡发生移动，但不会改变平衡常数的数值。

对于稀溶液中的任一可逆反应：

$$aA(aq)+bB(aq)\rightleftharpoons dD(aq)+eE(aq)$$

$$J=\frac{\left[\frac{c(D)}{c^{\ominus}}\right]^{d}\left[\frac{c(E)}{c^{\ominus}}\right]^{e}}{\left[\frac{c(A)}{c^{\ominus}}\right]^{a}\left[\frac{c(B)}{c^{\ominus}}\right]^{b}} \tag{3-7}$$

式中，J 为可逆反应的反应商，在此可称为浓度商；$c(D)$、$c(E)$、$c(A)$、$c(B)$ 分别为 D、E、A、B 组分在任意时刻的浓度。

当可逆反应处于平衡状态时，$J=K^{\ominus}$，正反应速率与逆反应速率相等。

对于处于平衡状态的反应体系，如果增大反应物浓度（相当于增大 J 分式的分母），或者减小产物浓度（相当于减小 J 分式的分子），都会使 $J<K^{\ominus}$。此时，平衡被破坏，体系自发趋向新的平衡。因平衡常数不变，在达到新的平衡过程中，必然要增加 J 值，才能重新满足 $J=K^{\ominus}$ 的平衡条件。对可逆反应，要增加其 J 值，必然是增加产物浓度（分子项），减小反应物浓度（分母项），即化学平衡向右移动。

对于处于平衡状态的反应体系，如果减小反应物浓度（相当于减小 J 的分母项），或者增加产物浓度（相当于增大 J 的分子项），都会使 $J>K^{\ominus}$。此时，平衡被破坏，体系自发趋向新的平衡，在达到新平衡的过程中，必然要减小 J 值，才能重新满足 $J=K^{\ominus}$ 的平衡条件。对可逆反应，减小 J 值，必然是增大反应物浓度（分母项），减小产物浓度（分子项），即化学平衡向左移动。

【例 3-3】 在含 0.100mol·L^{-1} H_3AsO_4、0.100 mol·L^{-1} $HAsO_2$、0.500mol·L^{-1} H^+、0.100mol·L^{-1} I^- 的混合溶液中，发生以下反应：

$$H_3AsO_4+2H^++2I^- \rightleftharpoons HAsO_2+I_2+2H_2O \qquad K^{\ominus}=6.72$$

求：(1) 反应向哪个方向进行？

(2) 平衡时 H_3AsO_4、$HAsO_2$ 的浓度。

(3) $HAsO_2$ 的最大转化率。

解　(1)

$$J=\frac{\dfrac{c(HAsO_2)}{c^{\ominus}}}{\dfrac{c(H_3AsO_4)}{c^{\ominus}}\left[\dfrac{c(H^+)}{c^{\ominus}}\right]^2\left[\dfrac{c(I^-)}{c^{\ominus}}\right]^2}$$

$$=\frac{0.100}{0.100\times0.500^2\times0.100^2}=400$$

$J>K^{\ominus}$，反应向逆反应方向进行。

(2)

	H_3AsO_4 +	$2H^+$ +	$2I^-$ ⇌	$HAsO_2$	$+I_2+2H_2O$
起始浓度/mol·L^{-1}	0.100	0.500	0.100	0.100	
转化浓度/mol·L^{-1}	x	$2x$	$2x$	x	
平衡浓度/mol·L^{-1}	$0.100+x$	$0.500+2x$	$0.100+2x$	$0.100-x$	

$$K^{\ominus}=\frac{\dfrac{c_{eq}(HAsO_2)}{c^{\ominus}}}{\dfrac{c_{eq}(H_3AsO_4)}{c^{\ominus}}\left[\dfrac{c_{eq}(H^+)}{c^{\ominus}}\right]^2\left[\dfrac{c_{eq}(I^-)}{c^{\ominus}}\right]^2}$$

$$=\frac{0.100-x}{(0.100+x)\times(0.500+2x)^2\times(0.100+2x)^2}=6.72$$

解得：

$$x=0.0717$$

$$c_{eq}(H_3AsO_4)=0.100+0.0717=0.1717\approx0.172(mol\cdot L^{-1})$$

$$c_{eq}(HAsO_2)=0.100-0.0717=0.0283(mol\cdot L^{-1})$$

(3) $HAsO_2$ 的最大转化率为平衡转化率。

平衡时：

$$\alpha=\frac{0.0717}{0.100}\times100\%=71.7\%$$

3.3.2 压力对化学平衡的影响

压力对固体或液体体积的影响极小，压力的改变对固态或液态反应的平衡体系的影响通常可忽略不计。对于有气体参加的可逆反应，压力的改变常常会引起化学平衡的移动。

对于任意理想气体混合物的可逆反应：

$$aA(g)+bB(g) \rightleftharpoons dD(g)+eE(g)$$

$$J=\frac{\left[\dfrac{p(D)}{p^{\ominus}}\right]^d\left[\dfrac{p(E)}{p^{\ominus}}\right]^e}{\left[\dfrac{p(A)}{p^{\ominus}}\right]^a\left[\dfrac{p(B)}{p^{\ominus}}\right]^b} \tag{3-8}$$

式中，J 为可逆反应的反应商，在此可称为分压商；p(D)、p(E)、p(A)、p(B) 分别为 D、E、A、B 组分在任意时刻的分压。

改变压力对化学平衡的影响主要有以下三种情况：

(1) 改变某组分气体的分压

当体系温度、体积均不变时，改变平衡系统中任意气体组分的分压，相当于改变了其浓度，对平衡的影响与浓度对平衡的影响相似。

对于处于平衡状态的反应体系，如果增大反应物气体分压（相当于增大 J 分式的分母），或者减小产物气体分压（相当于减小 J 分式的分子），都会使 $J<K^{\ominus}$，化学平衡向右移动。

对于处于平衡状态的反应体系，如果减小反应物浓度（相当于减小 J 分式的分母），或者增加产物浓度（相当于增大 J 分式的分子），都会使 $J>K^{\ominus}$，化学平衡向左移动。

(2) 改变体系的总压力

一定温度下，气体混合物可逆反应系统 $a\text{A(g)}+b\text{B(g)}\rightleftharpoons d\text{D(g)}+e\text{E(g)}$ 达到平衡时：

$$J=K^{\ominus}=\frac{\left[\frac{p_{\text{eq}}(\text{D})}{p^{\ominus}}\right]^{d}\left[\frac{p_{\text{eq}}(\text{E})}{p^{\ominus}}\right]^{e}}{\left[\frac{p_{\text{eq}}(\text{A})}{p^{\ominus}}\right]^{a}\left[\frac{p_{\text{eq}}(\text{B})}{p^{\ominus}}\right]^{b}}$$

在其他条件不变时，改变体系总压力，使之为原来的 m 倍，则各组分气体的分压也变为原来的 m 倍。这时：

$$J=\frac{\left[\frac{mp_{\text{eq}}(\text{D})}{p^{\ominus}}\right]^{d}\left[\frac{mp_{\text{eq}}(\text{E})}{p^{\ominus}}\right]^{e}}{\left[\frac{mp_{\text{eq}}(\text{A})}{p^{\ominus}}\right]^{a}\left[\frac{mp_{\text{eq}}(\text{B})}{p^{\ominus}}\right]^{b}}=\frac{m^{d}m^{e}}{m^{a}m^{b}}\times\frac{\left[\frac{p_{\text{eq}}(\text{D})}{p^{\ominus}}\right]^{d}\left[\frac{p_{\text{eq}}(\text{E})}{p^{\ominus}}\right]^{e}}{\left[\frac{p_{\text{eq}}(\text{A})}{p^{\ominus}}\right]^{a}\left[\frac{p_{\text{eq}}(\text{B})}{p^{\ominus}}\right]^{b}}$$

$$J=K^{\ominus}m^{(d+e)-(a+b)} \tag{3-9}$$

式中，如果 $(d+e)=(a+b)$，即正反应发生前后气体分子数没有变化，则无论 m 怎么变化，$m^{(d+e)-(a+b)}=m^{0}=1$，$J=K^{\ominus}$，平衡不发生移动。

$m>1$，表示体系总压力增大；$m<1$，表示体系总压力减小。$(d+e)>(a+b)$，表示正反应发生后，体系气体分子数增多；$(d+e)<(a+b)$，表示正反应发生后，体系气体分子数减少。

当 $m>1$，且 $(d+e)>(a+b)$ 时，体系总压力增大，正反应使气体分子数增加，且 $m^{(d+e)-(a+b)}>1$，由式 (3-7) 知，$J=K^{\ominus}m^{(d+e)-(a+b)}$，则 $J>K^{\ominus}$，平衡向使体系气体分子数减少的逆反应方向移动。

当 $m>1$，且 $(d+e)<(a+b)$ 时，体系总压力增大，正反应使气体分子数减少，且 $m^{(d+e)-(a+b)}<1$，由式 (3-7) 知，此时 $J<K^{\ominus}$，平衡向使体系气体分子数减少的正反应方向移动。

当 $m<1$，且 $(d+e)>(a+b)$ 时，体系总压力减小，正反应使气体分子数增加，且 $m^{(d+e)-(a+b)}<1$，由式 (3-7) 知，此时 $J<K^{\ominus}$，平衡向使体系气体分子数增加的正反应方向移动。

当 $m<1$，且 $(d+e)<(a+b)$ 时，体系总压力减小，正反应使气体分子数减少，且 $m^{(d+e)-(a+b)}>1$，由式 (3-7) 知，此时 $J>K^{\ominus}$，平衡向使体系气体分子数增加的逆反应方向移动。

根据上述分析可知，增大体系总压力，平衡总是向使体系气体分子数减少的方向移动；减小体系总压力，平衡总是向使体系气体分子数增加的方向移动。

（3）体系中加入惰性气体

恒温恒容条件下，在平衡体系中引入惰性气体，虽会使容器内总压力增大，但各组分的分压并没有发生变化，化学平衡维持不变。

在恒温恒压条件下，在平衡体系中引入惰性气体，由于容器内总压不变，则反应体系的总压力将减小，化学平衡将向使体系气体分子数增加的方向移动。

【例 3-4】 对可逆反应 CH_4（g）$+H_2O$（g）$\rightleftharpoons$CO（g）$+3H_2$（g），已知 900K 时，其 $K^{\ominus}=1.248$。现将 0.1mol 的 CO、0.3mol 的 H_2 投入到 900K 恒温、体积为 1L 的密闭容器中。求：(1) 平衡时各组分的分压；(2) 达到平衡后，CO 的平衡转化率；(3) 体系达到平衡后，往容器内冲入氦气，平衡如何移动？

解　(1) 由 $pV=nRT$，$p=\dfrac{nRT}{V}$

则反应起始时：

$$p(\mathrm{CO})=\frac{n(\mathrm{CO})RT}{V}=\frac{0.1\mathrm{mol}\times 8.314\mathrm{J\cdot K^{-1}\cdot mol^{-1}}\times 900\mathrm{K}}{1.0\times 10^{-3}\mathrm{m^3}}$$

$$=7.483\times 10^5\mathrm{Pa}=7.483p^{\ominus}$$

$$p(\mathrm{H_2})=\frac{n(\mathrm{H_2})RT}{V}=\frac{0.3\mathrm{mol}\times 8.314\mathrm{J\cdot K^{-1}\cdot mol^{-1}}\times 900\mathrm{K}}{1.0\times 10^{-3}\mathrm{m^3}}$$

$$=2.245\times 10^6\mathrm{Pa}=22.45p^{\ominus}$$

	$CH_4(g)$	$+H_2O(g)$	$\rightleftharpoons CO(g)$	$+3H_2(g)$
起始分压/$p^{\ominus}$	0	0	7.483	22.45
平衡分压/$p^{\ominus}$	x	x	$7.483-x$	$22.45-3x$

$$K^{\ominus}=\frac{\left[\dfrac{p_{\mathrm{eq}}(\mathrm{H_2})}{p^{\ominus}}\right]^3\dfrac{p_{\mathrm{eq}}(\mathrm{CO})}{p^{\ominus}}}{\dfrac{p_{\mathrm{eq}}(\mathrm{CH_4})}{p^{\ominus}}\dfrac{p_{\mathrm{eq}}(\mathrm{H_2O})}{p^{\ominus}}}=\frac{(22.45-3x)^3(7.483-x)}{xx}=1.248$$

化简得：
$$\frac{27(7.483-x)^4}{x^2}=1.248$$

解得：
$$x=6.318$$

平衡时各组分分压分别为：

$p_{\mathrm{eq}}(\mathrm{CH_4})=6.318p^{\ominus}=6.318\times 10^5\mathrm{Pa}$　$p_{\mathrm{eq}}(\mathrm{H_2O})=6.318p^{\ominus}=6.318\times 10^5\mathrm{Pa}$

$p_{\mathrm{eq}}(\mathrm{CO})=1.165p^{\ominus}=1.165\times 10^5\mathrm{Pa}$　$p_{\mathrm{eq}}(\mathrm{H_2})=3.496p^{\ominus}=3.496\times 10^5\mathrm{Pa}$

(2) 平衡时 CO 的转化率为：

$$\alpha=\frac{6.318}{7.483}\times 100\%=84.43\%$$

(3) 达到平衡后，充入惰性气体，由于容器体积未变，反应体系各组分分压都没变，平衡仍将保持，不会移动。

3.3.3 温度对化学平衡的影响

前面讨论的浓度或压力对化学平衡的影响，均是指可逆反应达到平衡后，通过改变系统的组成，使反应商 J 改变，导致 $J \neq K^\ominus$，平衡发生移动。对可逆反应而言，恒温条件下，$K^\ominus$ 是不变的常数，浓度或压力的改变只会改变系统状态，但不会改变平衡常数。

温度改变，$K^\ominus$ 亦改变。温度对化学平衡的影响，是通过改变 $K^\ominus$，导致 $K^\ominus \neq J$，使平衡发生移动。

由化学热力学原理可推导出温度与标准平衡常数的关系式：

$$\ln \frac{K_2^\ominus}{K_1^\ominus} = \frac{\Delta_r H_m^\ominus}{R} \frac{T_2 - T_1}{T_2 T_1} \tag{3-10}$$

上式称为 van't Hoff 方程式。式中，$\Delta_r H_m^\ominus$ 是在 $T_1 \sim T_2$ 温度范围内化学反应的平均标准摩尔焓变；R 为理想气体常数，$R = 8.314 J \cdot mol^{-1} \cdot K^{-1}$。

根据化学热力学的规定，对于化学反应，$\Delta_r H_m^\ominus > 0$，属于吸热反应；$\Delta_r H_m^\ominus < 0$，属于放热反应。

由式 (3-10) 可知，对于吸热反应，$\Delta_r H_m^\ominus > 0$，升高温度时，$T_2 - T_1 > 0$，则 $\ln \frac{K_2^\ominus}{K_1^\ominus} > 0$，从而 $K_2^\ominus > K_1^\ominus$，平衡向正反应方向移动（正反应为吸热反应）；降低温度时，$T_2 - T_1 < 0$，从而 $K_2^\ominus < K_1^\ominus$，平衡向逆反应方向移动（逆反应为放热反应）。

对于放热反应，$\Delta_r H_m^\ominus < 0$，升高温度时，$T_2 - T_1 > 0$，则 $\ln \frac{K_2^\ominus}{K_1^\ominus} < 0$，从而 $K_2^\ominus < K_1^\ominus$，平衡向逆反应方向移动（逆反应为吸热反应）；降低温度时，平衡向正反应方向移动（正反应为放热反应）。

由上面的讨论可以得出结论：升高温度，平衡向吸热反应方向移动；降低温度，平衡向放热反应方向移动。

【例 3-5】 已知 $N_2(g) + 3H_2(g) \rightleftharpoons 2NH_3(g)$；$\Delta_r H_m^\ominus = -91.8 kJ \cdot mol^{-1}$，298K 时，$K^\ominus = 5.8 \times 10^5$。求合成氨反应在 373K、473K、673K 时的标准平衡常数。

解 根据 van't Hoff 方程式，有：

$$\ln \frac{K_{373K}^\ominus}{K_{298K}^\ominus} = \frac{-91.8 \times 10^3 J \cdot mol^{-1}}{8.314 J \cdot mol^{-1} \cdot K^{-1}} \times \frac{373K - 298K}{373K \times 298K} = -7.45$$

可求得：$K_{373K}^\ominus = 334.4$

$$\ln \frac{K_{473K}^\ominus}{K_{298K}^\ominus} = \frac{-91.8 \times 10^3 J \cdot mol^{-1}}{8.314 J \cdot mol^{-1} \cdot K^{-1}} \times \frac{473K - 298K}{473K \times 298K}$$

可求得：$K_{473K}^\ominus = 0.64$

$$\ln \frac{K_{673K}^\ominus}{K_{298K}^\ominus} = \frac{-91.8 \times 10^3 J \cdot mol^{-1}}{8.314 J \cdot mol^{-1} \cdot K^{-1}} \times \frac{673K - 298K}{673K \times 298K}$$

可求得：$K_{673K}^\ominus = 6.1 \times 10^{-4}$。

上题的计算结果表明，对于合成氨反应，温度越高，平衡常数越小，要想获得较高的转化率，合成反应需在较低温度下进行。但是，温度低时，反应速率慢，从生产效益的角度出发，工业生产时选择较高的反应压力和反应温度（合成塔里的压力一般是 30MPa，反应温度常为 773K），反而是较经济划算的。

3.3.4 催化剂和化学平衡

根据国际纯粹与应用化学学会（IUPAC）的提议，催化剂（catalyst）是指存在较少量就能显著改变化学反应速率，而其本身最后并无损耗的物质。对于一个可逆反应，催化剂虽然参与了某些中间反应过程，但是最终其本身的质量和化学组成在反应前后不发生变化，对体系来说，无论是否采用催化剂，反应的始态和终态都是一样的。催化剂能改变化学反应的速率，因而能改变达到化学平衡所需要的时间，提高生产效率；但是，其存在并不会影响化学平衡状态，也不能改变平衡转化率。

关于外界因素改变对化学平衡的影响，1887 年法国化学家吕·查德里（Le Chatelier）根据大量实验数据，总结出一条规律：假如改变平衡系统的条件之一，如温度、压力、浓度等，平衡就向能减弱这个改变的方向移动。这便是著名的吕·查德里原理（Le Chatelier's principle），也称作平衡移动原理。

吕·查德里原理适用范围很广，不仅适用于化学平衡，也完全适用于物理平衡，甚至在生物、经济活动等领域，也有一定体现。吕·查德里原理只适用于已经达到平衡的体系，不适用于非平衡体系；吕·查德里原理只能对简单情况做出定性判断，如果同时改变两种或更多种外界条件，譬如增加某个反应物浓度的同时，也增加某个产物的浓度，或者对气体分子数增加的放热反应，在增大压力的同时降低温度，吕·查德里原理就无法做出判断。吕·查德里原理也不能判断反应能否达到平衡、是否已达到平衡，也无法判断要多长时间才能达到平衡。

小结

1. 可逆反应存在自发进行达到平衡状态的趋向。化学平衡是一定条件下的动态平衡，平衡时，正反应和逆反应速率相等，不再有物质的净生成或净消耗，组分浓度保持不变。

2. 化学平衡常数是温度的函数，一定温度下，化学平衡常数等于产物的相对平衡浓度以其反应方程式中的系数为指数的幂的乘积除以反应物的相对平衡浓度以其反应方程式中的系数为指数的幂的乘积；若反应体系中有气体组分，则用相对平衡分压代替相对平衡浓度来表示。

对可逆反应 $a\mathrm{A}(\mathrm{aq}) + b\mathrm{B}(\mathrm{aq}) \rightleftharpoons d\mathrm{D}(\mathrm{aq}) + e\mathrm{E}(\mathrm{aq})$

在一定温度下达平衡时，其标准平衡常数表达式为：

$$K^{\ominus} = \frac{\left[\dfrac{c_{\mathrm{eq}}(\mathrm{D})}{c^{\ominus}}\right]^{d}\left[\dfrac{c_{\mathrm{eq}}(\mathrm{E})}{c^{\ominus}}\right]^{e}}{\left[\dfrac{c_{\mathrm{eq}}(\mathrm{A})}{c^{\ominus}}\right]^{a}\left[\dfrac{c_{\mathrm{eq}}(\mathrm{B})}{c^{\ominus}}\right]^{b}}$$

对气相反应：　$a\mathrm{A}(\mathrm{g}) + b\mathrm{B}(\mathrm{g}) \rightleftharpoons d\mathrm{D}(\mathrm{g}) + e\mathrm{E}(\mathrm{g})$

$$K^{\ominus} = \frac{\left[\dfrac{p_{\mathrm{eq}}(\mathrm{D})}{p^{\ominus}}\right]^{d}\left[\dfrac{p_{\mathrm{eq}}(\mathrm{E})}{p^{\ominus}}\right]^{e}}{\left[\dfrac{p_{\mathrm{eq}}(\mathrm{A})}{p^{\ominus}}\right]^{a}\left[\dfrac{p_{\mathrm{eq}}(\mathrm{B})}{p^{\ominus}}\right]^{b}}$$

3. 多重平衡规则：如果某可逆反应可以由几个可逆反应相加（或相减）得到，则该反应的平衡常数等于相同温度下几个可逆反应平衡常数之积（或商）。

4. 由于外界条件浓度、压力或温度的改变，可逆反应从一种平衡状态转变为新条件下的另一种平衡状态，这个过程称为化学平衡的移动。催化剂不能改变化学平衡状态。

根据反应商 J 与化学平衡常数 $K^{\ominus}$ 的关系，可判断化学平衡移动的方向：

$J < K^{\ominus}$ 时，可逆反应正向自发进行；

$J = K^{\ominus}$ 时，可逆反应处于平衡状态；

$J>K^{\ominus}$时，可逆反应逆向自发进行。

5.吕·查德里原理：假如改变平衡系统的条件之一，如温度、压力、浓度等，平衡就向能减弱这个改变的方向移动。

1.化学平衡具有哪些特点？

2.催化剂能否影响可逆化学反应的平衡组成？为什么？

3.如何由反应商 J 判断可逆化学反应进行的方向？

4.平衡浓度和平衡转化率是否随起始浓度变化？是否随温度变化？是否随时间变化？

5.经验平衡常数与标准平衡常数有何区别与联系？

6.对于已达到化学平衡的密闭容器中的下列可逆反应，如果往容器中充入氮气，平衡将如何移动？

(1) CH_4 (g) $+H_2O$ (g) $\rightleftharpoons$ CO (g) $+3H_2$ (g)

(2) N_2 (g) $+3H_2$ (g) $\rightleftharpoons$ $2NH_3$ (g)

习 题

1.在523K时，反应 PCl_5 (g) $\rightleftharpoons$ PCl_3 (g) $+Cl_2$ (g) 的 $K^{\ominus}=0.042$。将4.8g PCl_5 和 1.00×10^5Pa 的 Cl_2 作用于1.0L的密闭容器内。试计算平衡时 PCl_5、PCl_3 和 Cl_2 的分压。

【参考答案：$p_{eq}(PCl_5)=96.34$kPa；$p_{eq}(PCl_3)=3.90$ kPa；$p_{eq}(Cl_2)=103.90$kPa】

2.298K时在1.0mol·L^{-1} $NiCl_2$ 溶液中加入Co粉，发生反应：$Ni^{2+}+Co\rightleftharpoons Co^{2+}+Ni$。

反应达到平衡时，$c_{eq}(Co^{2+})=0.85$mol·L^{-1}，$c_{eq}(Ni^{2+})=0.15$mol·L^{-1}。相同温度下，在另一 $NiCl_2$ 溶液中加入Co粉，平衡时 $c_{eq}(Co^{2+})=0.68$mol·L^{-1}，则原来溶液中 $NiCl_2$ 的浓度应为多少？

【参考答案：0.80mol·L^{-1}】

3.在1273K及2000kPa总压下，反应 CO_2(g) $+C$(s) $\rightleftharpoons$ $2CO$(g) 达到平衡时，CO_2 的摩尔分数为0.13。求当总压为3000kPa时，CO_2 的摩尔分数为多少？

【参考答案：0.18】

4.在308K，总压为 2.0×10^5Pa时，N_2O_4 有20.2%分解为 NO_2。

(1) 计算 N_2O_4(g) $\rightleftharpoons$ $2NO_2$(g) 反应的 $K^{\ominus}$；

(2) 计算在308K，总压为 1.0×10^5Pa时，N_2O_4 的离解率；

(3) 从计算结果说明压力对化学平衡移动的影响。

【参考答案：(1) 0.34；(2) 27.99%；(3) 减小体系总压力，化学平衡向着气体分子数增加的方向移动】

5.已知693K时，反应 $HgO(s)\rightleftharpoons Hg(g)+\frac{1}{2}O_2(g)$ 的 $K^{\ominus}=0.140$。若将21.66g HgO置于10.0L密闭容器中并加热至693K，达到平衡时，HgO的转化率是多少？

【参考答案：58.96%】

6.反应 $2NO(g)+F_2(g) \rightleftharpoons 2NOF(g)$ 的 $\Delta_r H_m^\ominus=-312.96kJ \cdot mol^{-1}$，在 298K 时 $K^\ominus=1.37\times10^{48}$，求 500K 时的 $K^\ominus$。

【参考答案：9.41×10^{25}】

7.已知反应 $CaCO_3(s) \rightleftharpoons CaO(s)+CO_2(g)$ 在 973K 时的 $K^\ominus=3.00\times10^{-2}$，在 1173K 时，$K^\ominus=1.00$，问：

（1）根据什么可以判断上述反应是吸热反应还是放热反应？

（2）计算该反应的 $\Delta_r H_m^\ominus$。

【参考答案：（1）升高温度平衡常数增大，平衡向正反应方向移动，可判断该反应是一个吸热反应；（2）$166.37kJ \cdot mol^{-1}$】

8.光气的合成反应 $CO(g)+Cl_2(g) \rightleftharpoons COCl_2(g)$，373K 时 $K^\ominus=1.50\times10^8$。若反应开始时，在 1.00L 容器中，$CO(g)$ 为 0.0350mol，$Cl_2(g)$ 为 0.0270mol，$COCl_2(g)$ 为 0.0100mol。通过计算判断反应方向，并计算达到平衡时各物质的分压力。

【参考答案：正反应方向；平衡时 $p(Cl_2)=3.08\times10^{-6}$ kPa；$p(CO)=24.81kPa$；$p(COCl_2)=114.74kPa$】

第4章 酸碱平衡

04 Chapter

学习要求

掌握 酸碱质子理论、一元弱酸(碱)的解离平衡及计算；缓冲溶液概念及计算。

熟悉 多元弱酸(碱)的解离平衡及计算；两性物质的解离平衡。

了解 酸碱电子理论。

4.1 酸碱理论

很多药物本身就是酸或碱，在药物制备、药物分析及药理作用中常常用到药物本身的酸碱性知识。

人们对酸碱的认识经历了很长的历史，通过对酸性物质、碱性物质的性质与组成、结构关系的研究，提出了多种酸碱理论。最初把有酸味，能使蓝色石蕊变红的物质叫酸；有涩味，使石蕊变蓝，能中和酸的酸性的物质叫碱。1887 年瑞典科学家阿伦尼乌斯(S. A. Arrhenius) 提出了酸碱电离理论 (ionization theory of acid and base)。该理论认为：在水溶液中电离出的阳离子全部是 H^+ 的化合物称为酸，电离出的阴离子全部是 OH^- 的化合物称为碱。酸碱反应的实质是 H^+ 和 OH^- 结合生成 H_2O 的反应。酸碱的相对强弱根据电离出 H^+ 或 OH^- 的浓度来衡量。阿伦尼乌斯电离理论是人们对酸碱认识从现象到本质的一次飞跃，很大程度上推动了化学的发展，具有简单直观的特点，现在仍在普遍应用。但它把酸、碱都限制在以水为溶剂的体系中，并把碱限制为氢氧化物，曾错误认为 NH_3 与 H_2O 先生成 NH_4OH，然后电离出 OH^- 等，因而具有一定的局限性。

4.1.1 酸碱的质子理论

丹麦化学家布朗斯特 (J. N. Brønsted) 和英国化学家劳莱 (T. M. Lowry) 于 1923 年分别提出酸碱质子理论，这一理论扩大了酸碱范围。

4.1.1.1　酸碱定义

酸碱质子理论（proton theory of acid and base）认为：凡是能够给出质子（H^+）的物质称为酸（acid），凡是能够接受质子的物质称为碱（base）。酸是质子给体（proton donor），碱是质子受体（proton acceptor）。如 HBr、CH_3COOH、$[Fe(H_2O)_6]^{3+}$ 等都能给出质子，均为质子酸，Br^-、CH_3COO^-、$[Fe(H_2O)_5(OH)]^{2+}$ 等都能接受质子，均为质子碱。

酸和碱不是孤立的，它们通过质子相互联系，质子酸释放质子变为它的共轭碱（conjugate base），如 $CH_3COOH \rightleftharpoons H^+ + CH_3COO^-$，质子碱得到质子变成它的共轭酸（conjugate acid），如 $NH_3 + H^+ \rightleftharpoons NH_4^+$。这种相互联系、相互依存的关系称为酸碱共轭关系。例如，NH_3 是 NH_4^+ 的共轭碱，NH_4^+ 是 NH_3 的共轭酸。通式为：

$$\underset{\text{酸}}{CH_3COOH} \rightleftharpoons H^+ + \underset{\text{共轭碱}}{CH_3COO^-}$$

$$\underset{\text{碱}}{NH_3} + H^+ \rightleftharpoons \underset{\text{共轭酸}}{NH_4^+}$$

该通式称为酸碱半反应（half reaction of acid-base）式。酸和碱可以是分子，也可以是阳离子或阴离子。通式两边相差一个质子的一对酸碱称为共轭酸碱对（conjugate pair of acid-base）。

在酸碱质子理论中没有盐的概念，电离理论中的盐，在质子理论中均视为离子酸或离子碱。如可溶性盐 NH_4F 中的 F^- 是碱，NH_4^+ 是酸。既可给出质子，又可接受质子的物质称为两性物质（amphoteric substance），例如，HS^-、HCO_3^-、HPO_4^{2-}、HSO_4^-、H_2O、NH_4F 等。

4.1.1.2　酸碱反应的实质

酸碱反应实质是两个共轭酸碱对之间质子传递反应（proton protolysis reaction）。例如：

$$\underset{\text{酸}_1}{HF} + \underset{\text{碱}_2}{H_2O} \xrightleftharpoons{H^+} \underset{\text{酸}_2}{H_3O^+} + \underset{\text{碱}_1}{F^-}$$

上式就是两个酸碱半反应式之和，HF（酸$_1$）给出 H^+，变为其共轭碱 F^-（碱$_1$），$HF \rightleftharpoons H^+ + F^-$，溶剂 H_2O（碱$_2$）作为碱接受 H^+，变为其共轭酸 H_3O^+（酸$_2$），$H_2O + H^+ \rightleftharpoons H_3O^+$。电离理论中的弱酸（碱）的电离、酸碱中和和盐的水解反应，在质子论中均可包括在酸碱反应范畴内，归纳为酸碱质子传递反应。如：

酸碱电离：

$$H_2O + NH_3 \xrightleftharpoons{H^+} NH_4^+ + OH^-$$

水解反应：

$$H_2O + F^- \xrightleftharpoons{H^+} HF + OH^-$$

$$NH_4^+ + H_2O \xrightleftharpoons{H^+} H_3O^+ + NH_3$$

中和反应：

$$HF + NH_3 \rightleftharpoons NH_4^+ + F^-$$

（H^+ 由 HF 转移给 NH_3）

在酸碱反应中，存在着争夺质子的过程。强酸给出质子转变成其共轭碱，碱性弱；强碱夺取质子转变成其共轭酸，酸性弱。酸碱反应总是从强酸与强碱作用，向生成弱碱和弱酸的方向进行。酸、碱强度越大，相互作用就越完全。

4.1.2 酸碱的电子理论简介

在酸碱质子理论提出的同年，路易斯（Lewis）提出了酸碱电子理论（electron theory of acid and base）。

该理论对酸碱的定义为：凡是能够接受电子对的物质称为酸；凡是能够给出电子对的物质称为碱。酸是电子对的受体，碱是电子对的给体，为了划清不同理论所指的酸碱，常将它们称为 Lewis 酸（Lewis acid）和 Lewis 碱（Lewis base）或广义酸碱。酸碱反应的实质是形成配位键并生成酸碱配合物（coordination compound of acid and base）。例如

$$H^+ \quad + :OH^- \rightleftharpoons H \leftarrow O-H$$

$$HBr + \quad :NH_3 \rightleftharpoons [H \leftarrow :NH_3]^+ + Br^-$$

$$Ag^+ + 2:NH_3 \rightleftharpoons [H_3N \rightarrow Ag \leftarrow NH_3]^+$$

$$BF_3 \quad + :F^- \rightleftharpoons [F: \rightarrow BF_3]^-$$

酸　　　碱　　　酸碱配合物

（电子对接受体）（电子对给予体）

酸碱电子理论的酸碱范围相当广泛，酸碱配合物几乎无所不包。凡金属离子都是酸，与金属离子结合的不管是阴离子或中性分子都是碱。所以一切盐类、金属氧化物及其他大多数无机化合物都是酸碱配合物。许多有机化合物也可看作酸碱配合物。例如甲醇，可以看作是 CH_3^+（酸）和 OH^-（碱）以配位键结合形成的酸碱配合物。

酸碱电子理论摆脱了酸碱反应局限于系统中必须有质子传递和溶剂的限制，以电子对的给予及接受来说明酸碱反应，更为全面，广泛应用于许多有机反应和配位反应，但酸碱概念显得过于笼统，特征反而不易于掌握，并且不能定量地比较酸碱的强弱。

4.2 酸碱解离平衡

按照酸碱质子理论，结合各类物质在水溶液中质子的传递情况（以 H_2O 为基准），可分为一元弱酸、多元弱酸、一元弱碱、多元弱碱和两性物质 5 类。

4.2.1 一元弱酸、弱碱的解离平衡

（1）解离平衡常数

一元弱酸（HA）如 HCN、NH_4^+，与水存在下列平衡：

$$HCN + H_2O \rightleftharpoons H_3O^+ + CN^-$$

平衡常数表达式写为：

$$K_a^{\ominus} = \frac{c_{eq}(H^+)c_{eq}(CN^-)}{c_{eq}(HCN)} \tag{4-1}$$

$$NH_4^+ + H_2O \rightleftharpoons H_3O^+ + NH_3$$

$$K_a^{\ominus} = \frac{c_{eq}(H^+)c_{eq}(NH_3 \cdot H_2O)}{c_{eq}(NH_4^+)} \tag{4-2}$$

平衡常数 $K_a^{\ominus}$ 是弱酸在水溶液中的解离平衡常数（dissociation equilibrium constant，简称解离常数），即酸常数。

同样，一元弱碱氨水、CH_3COO^- 在水溶液中存在下列平衡：

$$NH_3 + H_2O \rightleftharpoons NH_4^+ + OH^-$$

平衡常数表达式写为：

$$K_b^{\ominus} = \frac{c_{eq}(NH_4^+)c_{eq}(OH^-)}{c_{eq}(NH_3)} \tag{4-3}$$

$$CH_3COO^- + H_2O \rightleftharpoons CH_3COOH + OH^-$$

$$K_b^{\ominus} = \frac{c_{eq}(HAc)c_{eq}(OH^-)}{c_{eq}(Ac^-)} \tag{4-4}$$

$K_b^{\ominus}$ 是弱碱的解离常数，即碱常数。$K_a^{\ominus}$、$K_b^{\ominus}$ 表示其质子传递程度，其值越小，酸性、碱性越弱。$K_a^{\ominus}$、$K_b^{\ominus}$ 均为标准平衡常数，与物质的本性、温度有关，与浓度无关，但因其解离过程热效应不大，故温度变化对 $K_a^{\ominus}$ 和 $K_b^{\ominus}$ 影响较小。其值可通过实验测定，亦可通过化学热力学数据进行计算。在温度变化不大时，通常采用常温下的数值；见附录 9。

共轭酸碱对的 $K_a^{\ominus}$ 与 $K_b^{\ominus}$ 之间有确定关系，以 HF 为例，在水溶液中，将其 $K_a^{\ominus}$ 与共轭碱 F^- 的 $K_b^{\ominus}$ 相乘，得：

$$K_a^{\ominus}K_b^{\ominus} = \frac{c_{eq}(H^+)c_{eq}(F^-)}{c_{eq}(HF)} \times \frac{c_{eq}(HF)c_{eq}(OH^-)}{c_{eq}(F^-)} = c_{eq}(H^+)c_{eq}(OH^-) = K_W^{\ominus}$$

同理，将 NH_4^+ 的 $K_a^{\ominus}$ 和 $NH_3 \cdot H_2O$ 的 $K_b^{\ominus}$ 相乘也等于水的离子积 $K_W^{\ominus}$。

因此，只要知道水溶液中酸（碱）的酸（碱）常数，即可由水的离子积求出其共轭碱（共轭酸）的碱（酸）常数。

同理，在非水溶液中，若用 $K_s^{\ominus}$ 表示溶剂的离子积常数，则酸的酸常数与其共轭碱的碱常数乘积等于 $K_s^{\ominus}$，反之亦然。

（2）解离度

弱酸（碱）在溶液中的解离程度可以用解离度 α 表示。解离度即为一定温度下，弱电解质达解离平衡时，已经解离的分子数与解离前总分子数之比：

$$\alpha = \frac{\text{已解离分子数}}{\text{总分子数}} \times 100\%$$

例如，$0.10\text{mol} \cdot L^{-1}$ 的 CH_3COOH 在 298K 时解离度 α 为 1.33%，表明该溶液中约 1 万个 CH_3COOH 分子中有 133 个已经解离为 H^+ 和 CH_3COO^-。

α 是弱电解质解离程度的标志。α 越大，电解质电离程度越大。其值大小决定于电解质的本性，此外还与外界因素如溶剂、温度、溶液的浓度等有关。同一电解质溶液，浓度越稀，α 越大。

（3）一元弱酸（碱）的近似计算

以通式 HA 代表一元弱酸（包括分子酸如 CH_3COOH、HF 和离子酸如 HCO_3^-、NH_4^+），以 c 代表酸的起始浓度（即假设不发生任何解离时酸的浓度，也称总浓度），以 c_{eq}（HA）、c_{eq}（H^+）和 c_{eq}（A^-）分别表示溶液中 HA、H^+、A^- 的平衡浓度。

HA 水溶液中存在两种解离平衡：

$$HA + H_2O \rightleftharpoons H_3O^+ + A^-$$

$$H_2O+H_2O \rightleftharpoons H_3O^+ + OH^-$$

两个平衡彼此间有影响，因此要精确计算 HA 中 $c_{eq}(H^+)$，比较复杂。通常情况下在允许的误差范围内可采用近似计算。

如弱酸浓度 c 及 $K_a^\ominus$ 都不是很小（$cK_a^\ominus \geqslant 20K_W^\ominus$ 时），则溶液中 H^+ 主要来自弱酸的解离，此时水自身释放的 H^+ 可忽略不计，

$$HA \rightleftharpoons H^+ + A^-$$

相对起始浓度　　c　　0　　0

相对平衡浓度　　$c_{eq}(HA)$　　$c_{eq}(H^+)$　　$c_{eq}(A^-)=c_{eq}(H^+)$

$$K_a^\ominus=\frac{c_{eq}(H^+)c_{eq}(A^-)}{c_{eq}(HA)}=\frac{c_{eq}^2(H^+)}{c-c_{eq}(H^+)} \tag{4-5}$$

$$c_{eq}(H^+)=-\frac{K_a^\ominus}{2}+\sqrt{\frac{(K_a^\ominus)^2}{4}+cK_a^\ominus} \tag{4-6}$$

式（4-6）是计算一元弱酸溶液中 $c_{eq}(H^+)$ 的近似公式。

如弱酸解离度很小，当$\frac{c}{K_a^\ominus}\geqslant 400$，即 $\alpha<5\%$时，溶液中 $c_{eq}(OH^-)$ 远小于 c，$c-c_{eq}(H^+)\approx c$，则式（4-5）可改写为：

$$K_a^\ominus=\frac{c_{eq}(H^+)^2}{c}$$

则
$$c_{eq}(H^+)=\sqrt{cK_a^\ominus} \tag{4-7}$$

式（4-7）为计算一元弱酸 HA 溶液 $c_{eq}(H^+)$ 的最简式。

同理，当$\frac{c}{K_b^\ominus}\geqslant 400$（或 $\alpha<5\%$）时，计算一元弱碱溶液 $c_{eq}(OH^-)$ 的最简式为：

$$c_{eq}(OH^-)=\sqrt{cK_b^\ominus} \tag{4-8}$$

【例 4-1】 计算下列溶液的解离度 α 和 pH 值。

（1）$0.10mol\cdot L^{-1}CH_3COOH$ 溶液；（2）$0.10mol\cdot L^{-1}NH_3\cdot H_2O$ 溶液。

解　（1）已知 $K_a^\ominus=1.74\times10^{-5}$，$c=0.10mol\cdot L^{-1}$。

$$\frac{c}{K_a^\ominus}=\frac{0.10}{1.74\times10^{-5}}>400$$

用最简式计算：

$$c_{eq}(H^+)=\sqrt{cK_a^\ominus}=\sqrt{0.10\times1.74\times10^{-5}}=1.32\times10^{-3}(mol\cdot L^{-1})$$

$$\alpha=\frac{c_{eq}(H^+)}{c}\times100\%=\frac{1.32\times10^{-3}}{0.10}\times100\%=1.32\%$$

$$pH=-\lg(1.32\times10^{-3})=2.88$$

（2）已知 $K_b^\ominus=1.74\times10^{-5}$，$c=0.10mol\cdot L^{-1}$。

$$\frac{c}{K_b^\ominus}=\frac{0.10}{1.74\times10^{-5}}>400$$

用最简式计算：

$$c_{eq}(OH^-)=\sqrt{cK_b^\ominus}=\sqrt{0.10\times1.74\times10^{-5}}=1.32\times10^{-3}(mol\cdot L^{-1})$$

$$\alpha=\frac{c_{eq}(OH^-)}{c}\times100\%=\frac{1.32\times10^{-3}}{0.10}\times100\%=1.32\%$$

$$pOH=-\lg(1.32\times10^{-3})=2.88, pH=11.12$$

【例 4-2】 将 0.20mol·L^{-1} NH_4Cl 溶液和 0.20mol·L^{-1} NaOH 溶液等体积混合，计算混合溶液的 pH 值。

解 两种溶液混合后，可设想 NH_4Cl 和 NaOH 全部反应生成 $NH_3 \cdot H_2O$。$NH_3 \cdot H_2O$ 为一元弱碱，其在水溶液中存在如下解离平衡，简写为：

$$NH_3 + H_2O \rightleftharpoons NH_4^+ + OH^-$$

$$\frac{c}{K_b^\ominus} = \frac{0.10}{1.75 \times 10^{-5}} > 400$$

故按最简式计算：

$$c_{eq}(OH^-) = \sqrt{cK_b^\ominus} = \sqrt{0.10 \times 1.75 \times 10^{-5}} = 1.32 \times 10^{-3}$$

$$pH = 14 - [-\lg(1.32 \times 10^{-3})] = 11.12$$

【例 4-3】 计算 0.01mol·L^{-1} HF 溶液的解离度 α 和 pH 值。

解 已知 $K_a^\ominus = 6.31 \times 10^{-4}$，$c = 0.01\text{mol} \cdot L^{-1}$。

$$\frac{c}{K_a^\ominus} = \frac{0.01}{6.31 \times 10^{-4}} = 15.85 < 400$$

故不应采用最简公式计算：

$$[c_{eq}(H^+)]^2 + K_a^\ominus c_{eq}(H^+) - cK_a^\ominus = 0$$

$$c_{eq}(H^+) = -\frac{K_a^\ominus}{2} + \sqrt{\frac{(K_a^\ominus)^2}{4} + cK_a^\ominus}$$

$$= -\frac{6.31 \times 10^{-4}}{2} + \sqrt{\frac{(6.31 \times 10^{-4})^2}{4} + 0.01 \times 6.31 \times 10^{-4}}$$

$$= 2.18 \times 10^{-3}(\text{mol} \cdot L^{-1})$$

$$pH = -\lg(2.18 \times 10^{-3}) = 2.66$$

$$\alpha = \frac{c_{eq}(H^+)}{c} \times 100\% = \frac{2.18 \times 10^{-3}}{0.01} \times 100\% = 21.8\%$$

【例 4-4】 3.25g 固体 KCN 溶于水配成 500.00mL 水溶液，计算该溶液酸度及解离度（已知 HCN 的 $K_a^\ominus = 6.17 \times 10^{-10}$）。

解 KCN 在水中完全解离为 K^+ 和 CN^-，CN^- 为一元弱碱，其碱常数：

$$K_b^\ominus = \frac{K_W^\ominus}{K_a^\ominus} = \frac{1.00 \times 10^{-14}}{6.17 \times 10^{-10}} = 1.62 \times 10^{-5}$$

$$c = \frac{3.25\text{g}}{65.00\text{g} \cdot \text{mol}^{-1} \times 0.50\text{L}} = 0.10\text{mol} \cdot L^{-1}$$

$$\frac{c}{K_b^\ominus} = \frac{0.10}{1.62 \times 10^{-5}} > 400$$

故按最简式计算：

$$c_{eq}(OH^-) = \sqrt{cK_b^\ominus} = \sqrt{0.10 \times 1.62 \times 10^{-5}} = 1.27 \times 10^{-3}(\text{mol} \cdot L^{-1})$$

$$pOH = -\lg(1.27 \times 10^{-3}) = 2.90, pH = 11.10$$

$$\alpha = \frac{c_{eq}(OH^-)}{c} \times 100\% = \frac{1.27 \times 10^{-3}}{0.10} \times 100\% = 1.27\%$$

（4）稀释定律

酸（碱）常数 $K_i^\ominus$ 和解离度 α 都能反映弱电解质的解离程度，彼此既有联系又有区别。$K_i^\ominus$ 不随弱电解质的浓度而变化；而 α 随浓度变化而变化。两者间的定量关系，以

CH_3COOH 为例推导如下：

$$CH_3COOH \rightleftharpoons H^+ + CH_3COO^-$$

相对平衡浓度 $\quad c-c\alpha \quad c\alpha \quad c\alpha$

$$K_a^\ominus = \frac{c_{eq}(H^+)c_{eq}(Ac^-)}{c_{eq}(HAc)} = \frac{c\alpha^2}{1-\alpha}$$

当$\frac{c}{K_a^\ominus} \geqslant 400$ 或 $\alpha < 5\%$时，$1-\alpha \approx 1$，则：

$$K_a^\ominus = c\alpha^2 \quad 或 \quad \alpha = \sqrt{\frac{K_a^\ominus}{c}}$$

同理得：

$$K_i^\ominus = c\alpha^2 \quad 或 \quad \alpha = \sqrt{\frac{K_i^\ominus}{c}} \tag{4-9}$$

式（4-9）称为稀释定律，表达解离度、酸（碱）常数、溶液浓度三者间的定量关系。说明 α 的大小与 c 及 $K_i^\ominus$ 的大小有关。

（5）同离子效应与盐效应

弱电解质的解离平衡和其他化学平衡一样，是一个动态平衡，一旦条件改变，平衡将发生移动。使弱电解质解离平衡发生移动的主要因素是同离子效应和盐效应。

① 同离子效应　在弱电解质溶液中加入一种与弱电解质含有相同离子的强电解质时，将会对弱电解质的 α 发生显著影响。如在 CH_3COOH 溶液中加入 CH_3COONa 时，CH_3COONa 在溶液中完全解离，溶液中 CH_3COO^- 浓度增大，导致 CH_3COOH 解离平衡向左移动，使 CH_3COOH 的解离度降低，结果溶液酸性减弱。

同理，在氨水中加入 NH_4Cl，溶液中 NH_4^+ 浓度增大，使 $NH_3 \cdot H_2O$ 的解离平衡向左移动，$NH_3 \cdot H_2O$ 的解离度降低，使溶液碱性减弱。

这种在弱电解质溶液中，加入与该弱电解质含有相同离子的强电解质，使弱电解质 α 降低的现象称为同离子效应（common ion effect）。

【例 4-5】 将 $0.40mol \cdot L^{-1} CH_3COOH$ 和 $0.20mol \cdot L^{-1} NaOH$ 溶液等体积混合，计算此混合溶液的 $c_{eq}(H^+)$ 和解离度。

解　两种溶液混合后，NaOH 全部反应生成 CH_3COONa，过量的 CH_3COOH 发生解离，则：

$$c(CH_3COOH) = \frac{0.40}{2} - \frac{0.20}{2} = 0.10(mol \cdot L^{-1})$$

$$c(CH_3COO^-) = c(NaOH) = \frac{0.20}{2} = 0.10(mol \cdot L^{-1})$$

$$CH_3COOH \rightleftharpoons H^+ + CH_3COO^-$$

相对平衡浓度 $\quad 0.10 - c_{eq}(H^+) \quad c_{eq}(H^+) \quad 0.10 + c_{eq}(H^+)$

平衡时：$c_{eq}(CH_3COOH) = 0.10 - c_{eq}(H^+) \approx 0.10$，$c_{eq}(CH_3COO^-) = 0.10 + c_{eq}(H^+) \approx 0.10$

$$K_a^\ominus(CH_3COOH) = \frac{c_{eq}(H^+)c_{eq}(CH_3COO^-)}{c_{eq}(CH_3COOH)} = \frac{0.10}{0.10}c_{eq}(H^+)$$

$$c_{eq}(H^+) = 1.74 \times 10^{-5} \times \frac{0.10}{0.10} = 1.74 \times 10^{-5}(mol \cdot L^{-1})$$

$$\alpha=\frac{c_{eq}(H^+)}{c}\times 100\%=\frac{1.74\times 10^{-5}}{0.10}\times 100\%=0.0174\%$$

由例 4-1 计算结果可知，0.10mol·L^{-1} CH_3COOH 溶液的 $c_{eq}(H^+)=1.32\times 10^{-3}$ mol·L^{-1}，$\alpha=1.32\%$。可见，由于同离子效应，使 CH_3COOH 的解离度由 1.32% 下降为 0.0174%，下降显著。因此，利用同离子效应来控制溶液中某离子浓度和调节溶液的 pH 值，在生产工作中具有重要意义。

实际应用中，溶液的酸碱度可抑制或促进某些质子酸碱的解离平衡。例如，含有 Sn^{2+}、Sb^{3+}、Bi^{3+}、Fe^{3+}、Pb^{2+}、Hg^{2+} 等离子的盐溶液中，如果 pH 控制不当，都易发生质子转移而向生成沉淀的方向进行。如：

$$SnCl_2+H_2O \rightleftharpoons Sn(OH)Cl\downarrow +HCl$$

$$SbCl_3+H_2O \rightleftharpoons SbOCl\downarrow +2HCl$$

$$Pb(NO_3)_2+H_2O \rightleftharpoons Pb(OH)NO_3\downarrow +HNO_3$$

$$Bi(NO_3)_3+H_2O \rightleftharpoons BiONO_3\downarrow +2HNO_3$$

所以，在配制这些盐溶液时，一般是先把盐溶于少量的相应浓酸中，平衡向抑制质子转移的方向进行，再用水稀释到所需浓度。若先溶于水再加 HCl，由于动力学原因很难得到清亮溶液，放置几天也无济于事。

② 盐效应　若在氨水溶液中加入不含相同离子的强电解质 NaCl 时，氨水的解离度略微增大，原因是加入 NaCl 后，溶液离子强度增大，离子之间相互牵制作用增强，导致活度系数减小，为了保持活度积不变，必然要加大浓度，致使弱电解质解离度增大。

这种在弱电解质溶液中加入与该弱电解质没有相同离子的强电解质，使弱电解质解离度增大的效应称为盐效应（salt effect）。

例如，在 0.10 mol·L^{-1} CH_3COOH 溶液中，加入 KCl 使其浓度为 0.10mol·L^{-1}，则溶液中的 $c_{eq}(H^+)$ 由 1.32×10^{-3} mol·L^{-1} 增大到 1.82×10^{-3} mol·L^{-1}，解离度由 1.32% 增至 1.82%。

盐效应对弱电解质的解离平衡影响不是很大，通常不会使解离度产生数量级的变化，因此，在一般精确度要求不高或无特别说明时，都将盐效应忽略。产生同离子效应的同时，必然有盐效应，但稀溶液中盐效应与同离子效应相比要弱得多，通常不予考虑。

4.2.2　多元弱酸、弱碱的解离平衡

凡能在水溶液中给出两个或两个以上 H^+ 的物质称为多元弱酸。如 H_2CO_3、H_2S、$H_2C_2O_4$、H_3PO_4、H_3AsO_4 等。凡能在水溶液中接受两个或两个以上 H^+ 的物质称为多元弱碱。如 CO_3^{2-}、S^{2-}、$C_2O_4^{2-}$、PO_4^{3-}、AsO_4^{3-} 等。

多元弱酸（碱）在溶液中的解离平衡是分步进行的，溶液中存在多步解离平衡。以 H_2S 为例：

$$H_2S \rightleftharpoons H^+ + HS^-$$

$$K_{a_1}^{\ominus}=\frac{c_{eq}(H^+)c_{eq}(HS^-)}{c_{eq}(H_2S)}=1.32\times 10^{-7}$$

$$HS^- \rightleftharpoons H^+ + S^{2-}$$

$$K_{a_2}^{\ominus}=\frac{c_{eq}(H^+)c_{eq}(S^{2-})}{c_{eq}(HS^-)}=7.08\times 10^{-15}$$

H_2S 为二元弱酸，在水溶液中存在两步解离平衡，$K_{a_1}^{\ominus}$、$K_{a_2}^{\ominus}$ 分别为 H_2S 的第一、第

二步释放质子的平衡常数。

以 Na_2CO_3 为例：

$$CO_3^{2-}+H_2O \rightleftharpoons HCO_3^-+OH^-$$

$$K_{b_1}^{\ominus}=\frac{K_W^{\ominus}}{K_{a_2}^{\ominus}}=\frac{1.00\times10^{-14}}{5.62\times10^{-11}}=1.78\times10^{-4}$$

$$HCO_3^-+H_2O \rightleftharpoons H_2CO_3+OH^-$$

$$K_{b_2}^{\ominus}=\frac{K_W^{\ominus}}{K_{a_1}^{\ominus}}=\frac{1.00\times10^{-14}}{4.17\times10^{-7}}=2.40\times10^{-8}$$

Na_2CO_3 为二元弱碱，在水溶液中也存在两步解离平衡，$K_{b_1}^{\ominus}$、$K_{b_2}^{\ominus}$ 分别为第一、第二步接受质子的平衡常数。

对于多元弱酸（碱），各级解离常数之间的关系是 $K_{a_1}^{\ominus}\gg K_{a_2}^{\ominus}\gg K_{a_3}^{\ominus}$（$K_{b_1}^{\ominus}\gg K_{b_2}^{\ominus}\gg K_{b_3}^{\ominus}$），一般彼此都相差 $10^4\sim10^5$ 倍。故在比较多元弱酸（碱）的酸碱性强弱时，只需比较第一步解离常数即可。

溶液中 H^+（OH^-）来自 H_2S（CO_3^{2-}）的两步解离平衡及水的解离平衡，当 $cK_{a_1}^{\ominus}$（$cK_{b_1}^{\ominus}$）$\geqslant 20K_W^{\ominus}$ 时，可以忽略水的解离。当 $K_{a_1}^{\ominus}\gg K_{a_2}^{\ominus}$（$K_{b_1}^{\ominus}\gg K_{b_2}^{\ominus}$）时，可只按一级解离来计算溶液的 pH 值而忽略第二步解离的贡献，即按一元弱酸（弱碱）处理。

【例 4-6】 计算室温下饱和 H_2S 水溶液中（浓度为 0.10 $mol\cdot L^{-1}$）各物种浓度。已知 $K_{a_1}^{\ominus}=1.32\times10^{-7}$。

解 $\frac{K_{a_1}^{\ominus}}{K_{a_2}^{\ominus}}=\frac{1.32\times10^{-7}}{7.08\times10^{-15}}>10^4$

按第一步解离计算：$\frac{c}{K_{a_1}^{\ominus}}=\frac{0.10}{1.32\times10^{-7}}=7.58\times10^5>400$

则 $c_{eq}(H^+)=\sqrt{cK_{a_1}^{\ominus}}=\sqrt{0.10\times1.32\times10^{-7}}=1.15\times10^{-4}(mol\cdot L^{-1})$

第二步解离产生的 H^+ 浓度很小可忽略，$c_{eq}(H_2S)=c-c_{eq}(H^+)\approx c=0.10mol\cdot L^{-1}$，$c_{eq}(HS^-)\approx c_{eq}(H^+)=1.15\times10^{-4}\,mol\cdot L^{-1}$。

再考虑二级解离，$c_{eq}(S^{2-})$ 按第二步解离平衡计算：

$$HS^- \rightleftharpoons H^++S^{2-} \qquad K_{a_2}^{\ominus}=\frac{c_{eq}(H^+)c_{eq}(S^{2-})}{c_{eq}(HS^-)}$$

由于 H^+ 的同离子效应使解离度很小，故 $c_{eq}(H^+)\approx c_{eq}(HS^-)$，所以 $c_{eq}(S^{2-})\approx K_{a_2}^{\ominus}=7.08\times10^{-15}$。

$$c_{eq}(OH^-)=\frac{K_w^{\ominus}}{c_{eq}(H^+)}=\frac{1.00\times10^{-14}}{1.15\times10^{-4}}=8.7\times10^{-11}(mol\cdot L^{-1})$$

【例 4-7】 计算 0.10 $mol\cdot L^{-1}$ Na_2CO_3 溶液的 CO_3^{2-} 的解离度。

解 $CO_3^{2-}+H_2O \rightleftharpoons HCO_3^-+OH^- \qquad K_{b_1}^{\ominus}=\frac{K_W^{\ominus}}{K_{a_2}^{\ominus}}=\frac{1.00\times10^{-14}}{5.62\times10^{-11}}=1.78\times10^{-4}$

$HCO_3^-+H_2O \rightleftharpoons H_2CO_3+OH^- \qquad K_{b_2}^{\ominus}=\frac{K_w^{\ominus}}{K_{a_1}^{\ominus}}=\frac{1.00\times10^{-14}}{4.17\times10^{-7}}=2.40\times10^{-8}$

因 $cK_{b_1}^{\ominus}>20K_W^{\ominus}$，水的解离忽略不计。

$$K_{b_1}^{\ominus}\gg K_{b_2}^{\ominus},\frac{c}{K_{b_1}^{\ominus}}=\frac{0.10}{1.78\times10^{-4}}>400$$

$$c_{eq}(OH^-)=\sqrt{cK_{b1}^{\ominus}}=\sqrt{0.10\times1.78\times10^{-4}}=4.22\times10^{-3}$$

$$\alpha=\frac{c_{eq}(OH^-)}{c}\times100\%=\frac{4.22\times10^{-3}}{0.10}\times100\%=4.22\%$$

从上面的计算过程中，可得到计算多元弱酸（碱）的结论：

① 当多元弱酸（碱）的 $K^{\ominus}_{a_1}\gg K^{\ominus}_{a_2}\gg K^{\ominus}_{a_3}$（$K^{\ominus}_{b_1}\gg K^{\ominus}_{b_2}\gg K^{\ominus}_{b_3}$）时，求 $c_{eq}(H^+)$，$c_{eq}(OH^-)$ 当作一元弱酸（碱）处理。

② 多元弱酸（碱）第二步解离平衡所得的共轭碱（酸）的浓度近似等于 $K^{\ominus}_{a_2}(K^{\ominus}_{b_2})$，与酸（碱）的原始浓度关系不大。

4.2.3　两性物质的浓度计算

在溶液中既能起酸的作用（给出质子）又能起碱的作用（接受质子）的物质称为两性物质。如 HCO_3^-、HS^-、$HC_2O_4^-$、HPO_4^{2-}、$H_2PO_4^-$、CH_3COONH_4、NH_4F、NH_4CN 等。

两性物质在溶液中存在两个解离平衡，以 $H_2PO_4^-$ 为例：

$H_2PO_4^-$ 失去质子表现为酸：

$$H_2PO_4^-+H_2O\rightleftharpoons H_3O^++HPO_4^{2-}$$

$$K^{\ominus}_{a}(H_2PO_4^-)=K^{\ominus}_{a_2}(H_3PO_4)=6.23\times10^{-8}$$

$H_2PO_4^-$ 接受质子表现为碱：

$$H_2PO_4^-+H_2O\rightleftharpoons H_3PO_4+OH^-$$

$$K^{\ominus}_{b}(H_2PO_4^-)=\frac{K^{\ominus}_{W}}{K^{\ominus}_{a_1}(H_3PO_4)}=1.33\times10^{-12}$$

由于 $K^{\ominus}_{a}(H_2PO_4^-)>K^{\ominus}_{b}(H_2PO_4^-)$，所以 $H_2PO_4^-$ 显酸性。

两性物质水溶液的酸碱性，可根据 $K^{\ominus}_{a}$ 和 $K^{\ominus}_{b}$ 的相对大小来判断。若 $K^{\ominus}_{a}>K^{\ominus}_{b}$，则其给质子的能力大于接受质子的能力，水溶液显酸性，如 $HC_2O_4^-$、NH_4F；若 $K^{\ominus}_{a}<K^{\ominus}_{b}$，则其给质子的能力小于接受质子的能力，显碱性，如 HCO_3^-、NH_4CN；若 $K^{\ominus}_{a}=K^{\ominus}_{b}$，则其给质子的能力等于接受质子的能力，溶液显中性，如 CH_3COONH_4。

两性物质 pH 值的近似计算公式，以 NH_4CN 为例推导如下。

如 $K^{\ominus}_{a}<K^{\ominus}_{b}$，的 NH_4CN 在溶液中存在以下两个解离平衡：

$$NH_4^++H_2O\rightleftharpoons NH_3\cdot H_2O+H^+$$

$$K^{\ominus}_{a}(NH_4^+)=\frac{c_{eq}(NH_3\cdot H_2O)c_{eq}(H^+)}{c_{eq}(NH_4^+)} \tag{4-10}$$

$$CN^-+H_2O\rightleftharpoons HCN+OH^-$$

$$K^{\ominus}_{b}(CN^-)=\frac{K^{\ominus}_{W}}{K^{\ominus}_{a}(HCN)}=\frac{c_{eq}(HCN)c_{eq}(OH^-)}{c_{eq}(CN^-)} \tag{4-11}$$

由于 $K^{\ominus}_{a}<K^{\ominus}_{b}$，所以 OH^- 中和后还有剩余，平衡时溶液中 OH^- 的相对平衡浓度为：

$$c_{eq}(OH^-)=c_{eq}(HCN)-c_{eq}(NH_3\cdot H_2O) \tag{4-12}$$

由式（4-10）得：

$$c_{eq}(NH_3\cdot H_2O)=\frac{K^{\ominus}_{a}(NH_4^+)c_{eq}(NH_4^+)}{c_{eq}(H^+)} \tag{4-13}$$

由式（4-11）得：

$$c_{eq}(HCN)=\frac{K^{\ominus}_{w}c_{eq}(CN^-)}{K^{\ominus}_{a}(HCN)c_{eq}(OH^-)}=\frac{c_{eq}(H^+)c_{eq}(CN^-)}{K^{\ominus}_{a}(HCN)} \tag{4-14}$$

将式（4-13）、式（4-14）代入式（4-12）中：

$$c_{eq}(OH^-)=\frac{c_{eq}(H^+)c_{eq}(CN^-)}{K_a^\ominus(HCN)}-\frac{K_a^\ominus(NH_4^+)c_{eq}(NH_4^+)}{c_{eq}(H^+)}$$

两边乘以 $K_a^\ominus(HCN)\ c_{eq}(H^+)$，整理得：

$$c_{eq}(H^+)=\sqrt{\frac{K_a^\ominus(HCH)[K_a^\ominus(NH_4^+)c_{eq}(NH_4^+)+K_W^\ominus]}{c_{eq}(CN^-)}}$$

由于 $K_a^\ominus$、$K_b^\ominus$ 均很小，所以 $c_{eq}(CN^-)\approx c_{eq}(NH_4^+)\approx c$，得：

$$c_{eq}(H^+)=\sqrt{\frac{K_a^\ominus(HCN)[K_a^\ominus(NH_4^+)c+K_w^\ominus]}{c}}$$

如 $cK_a^\ominus(NH_4^+)\geqslant 20K_W^\ominus$，则 $K_W^\ominus$ 可忽略，得到：

$$c_{eq}(H^+)=\sqrt{K_a^\ominus(NH_4^+)K_a^\ominus(HCN)}$$

推广应用到其他两性物质，$c_{eq}(H^+)$ 的近似计算式为：

$$c_{eq}(H^+)=\sqrt{K_a^\ominus K_a^\ominus(\text{共轭酸})} \tag{4-15}$$

$$pH=\frac{1}{2}pK_a^\ominus+\frac{1}{2}pK_a^\ominus(\text{共轭酸}) \tag{4-16}$$

式中，$K_a^\ominus$ 为两性物质作为酸时的酸常数；$K_a^\ominus$（共轭酸）是作为碱时其共轭酸的酸常数。

【例 4-8】 计算 $0.10mol\cdot L^{-1}CH_3COONH_4$ 溶液的 pH 值。

已知 CH_3COOH 的 $pK_a^\ominus=4.76$，$NH_3\cdot H_2O$ 的 $pK_a^\ominus=14-4.76=9.24$。

解 $0.10mol\cdot L^{-1}CH_3COONH_4$，根据式（4-16）：

$$\begin{aligned}pH&=\frac{1}{2}pK_a^\ominus+\frac{1}{2}pK_a^\ominus(\text{共轭酸})\\&=\frac{1}{2}(4.76+9.24)=7.00\end{aligned}$$

【例 4-9】 计算 $0.10mol\cdot L^{-1}KHCO_3$ 溶液的 pH 值。已知 H_2CO_3 的 $pK_{a_1}^\ominus=6.37$，$pK_{a_2}^\ominus=10.25$。

解 $0.10mol\cdot L^{-1}KHCO_3$，根据式（4-16）：

$$\begin{aligned}pH&=\frac{1}{2}pK_a^\ominus+\frac{1}{2}pK_a^\ominus(\text{共轭酸})\\&=\frac{1}{2}pK_{a_2}^\ominus+\frac{1}{2}pK_{a_1}^\ominus\\&=\frac{1}{2}(6.37+10.25)=8.31\end{aligned}$$

4.3 酸碱缓冲溶液

溶液的 pH 是影响化学反应的重要条件之一。药物的生产制备分析，植物药材、生化制剂中有效成分的提取等，往往需控制一定 pH，才能达到预期效果。生物体内的化学反应如细菌培养，生物体内的酶催化反应等，亦需在特定 pH 条件下方能正常进行。如何控制反应体系的 pH 呢？怎样使溶液的 pH 保持相对稳定呢？人们提出了缓冲溶液的概念。

4.3.1 酸碱缓冲溶液的缓冲作用原理

能抵抗外来少量强酸、强碱或水的稀释而本身 pH 不发生明显变化的溶液称为缓冲溶液（buffer solution），缓冲溶液所具有的这种抗酸、抗碱、抗稀释的作用称为缓冲作用（buffer action）。

4.3.1.1 缓冲溶液的分类

缓冲溶液由共轭酸碱对组成。组成缓冲溶液的共轭酸碱对称为缓冲系（buffer system）或缓冲对（buffer pair）。常见的缓冲系有以下几类：弱酸及其共轭碱（如 CH_3COOH-CH_3COONa）、弱碱及其共轭酸（如 NH_3-NH_4Cl）、两性物质及其共轭酸（H_3PO_4-NaH_2PO_4）、两性物质及其共轭碱（$NaHCO_3$-Na_2CO_3）。

4.3.1.2 缓冲作用原理

下面通过 CH_3COOH-CH_3COONa 组成的缓冲溶液说明缓冲作用原理。

在 CH_3COOH-CH_3COONa 混合体系中存在下列解离平衡：

$$CH_3COOH \rightleftharpoons H^+ + CH_3COO^-$$

CH_3COONa 是强电解质，完全解离，得到大量 CH_3COO^-，产生同离子效应，抑制了 CH_3COOH 的解离，使其解离度显著减小。因此溶液中 CH_3COOH 和 CH_3COO^- 浓度都很高，H^+ 浓度相对较低。

当外加少量强酸时（也可是化学反应产生的 H^+），CH_3COO^- 与 H^+ 结合使平衡向左移动，消耗掉外加的 H^+，CH_3COO^- 浓度略有减小，CH_3COOH 浓度略有增大，溶液中的 H^+ 浓度没有明显增大，因此 pH 值不会显著降低。共轭碱 CH_3COO^- 发挥了抵抗外来少量强酸的作用，所以 CH_3COO^- 为抗酸成分（anti-acid component）。

当外加少量强碱时（也可是化学反应产生的 OH^-），增加的 OH^- 与溶液中 H^+ 结合为 H_2O，平衡向右移动，CH_3COOH 分子不断释放 H^+ 和 CH_3COO^-，使消耗掉的 H^+ 得到补充，结果 CH_3COOH 浓度略有减小，CH_3COO^- 浓度略有增大，溶液中的 H^+ 浓度没有明显减小，因此 pH 值不会显著增加。共轭酸 CH_3COOH 发挥了抵抗外来少量强碱的作用，所以 CH_3COOH 为抗碱成分（anti-base component）。

溶液中同时存在足量的抗酸成分和抗碱成分，它们通过共轭酸碱对之间解离平衡的移动，抵抗外来的少量强酸、强碱和适当稀释，使溶液中 H^+ 浓度不会发生明显的变化，所以缓冲溶液能保持溶液的 pH 相对稳定，这就是缓冲作用原理。

当然，若加入大量的强酸（碱）时，溶液中 CH_3COOH 或 CH_3COO^- 消耗将尽时，则不再具缓冲能力，因此缓冲溶液的缓冲能力是有限的。

除上述体系外，高浓度的强酸（碱）溶液，也具一定缓冲能力。因其本身 H^+（OH^-）浓度高，外加少量酸或碱不会对溶液的酸碱度产生太大影响，pH 值基本不变。

4.3.2 酸碱缓冲溶液的 pH 值近似计算

既然缓冲溶液可保持 pH 相对稳定，那么，知道缓冲溶液本身 pH 就非常必要。下面以弱酸及其盐（HA-A^-）构成的缓冲体系为例进行计算分析，令弱酸 HA 的初始浓度为 c(HA)，共轭碱 A^- 的初始浓度为 $c(A^-)$，则：

$$HA \rightleftharpoons H^+ + A^-$$

相对起始浓度　　　c（HA）　　　　0　　　　c（A^-）

相对平衡浓度　$c_{eq}(HA)=c(HA)-c_{eq}(H^+)$　$c_{eq}(H^+)$　$c_{eq}(A^-)=c(A^-)+c_{eq}(H^+)$

$$K_a^\ominus=\frac{c_{eq}(H^+)[c(A^-)+c_{eq}(H^+)]}{c(HA)-c_{eq}(H^+)} \tag{4-17}$$

由于同离子效应抑制HA的解离，$c(HA)-c_{eq}(H^+)\approx c(HA)$，$c(A^-)+c_{eq}(H^+)\approx c(A^-)$，式（4-17）可表示为：

$$c_{eq}(H^+)=\frac{K_a^\ominus c(HA)}{c(A^-)}$$

$$pH=pK_a^\ominus+\lg\frac{c(A^-)}{c(HA)}=pK_a^\ominus+\lg\frac{c(\text{共轭碱})}{c(\text{共轭酸})} \tag{4-18}$$

式（4-18）是由共轭酸碱对组成的缓冲溶液pH值的近似计算公式。计算值与实测值有一定的差距，若需精确计算，应以活度代替浓度。

缓冲溶液适当稀释时，c(共轭碱)、c(酸）浓度虽改变，但改变的倍数相同，因此溶液的pH基本不变。但稀释倍数不能过大，如百倍至数千倍以上，则会影响共轭酸的解离度和溶液的离子强度，缓冲溶液的pH也会发生变化。

【例4-10】 将0.20mol·$L^{-1}CH_3COONa$溶液和0.20mol·$L^{-1}CH_3COOH$溶液等体积混合配制缓冲溶液1.00L。求此缓冲溶液的pH值。当加入0.01mol HCl、0.01mol NaOH及10.00mL水时，溶液的pH值又为多少？（忽略体积变化）（已知CH_3COOH的$K_a^\ominus=1.74\times10^{-5}$）

解　两种溶液混合后：

$pK_a^\ominus(CH_3COOH)=4.76$，$c(CH_3COOH)=0.10mol\cdot L^{-1}$，$c(CH_3COONa)=0.10mol\cdot L^{-1}$

$$pH=pK_a^\ominus(CH_3COOH)+\lg\frac{c(CH_3COONa)}{c(CH_3COOH)}=4.76+\lg\frac{0.10}{0.10}=4.76$$

加入0.01mol HCl，由于H^+与溶液中的CH_3COO^-反应，使溶液中CH_3COO^-浓度减小，CH_3COOH浓度增大，此时缓冲溶液的pH为：

$$pH=4.76+\lg\frac{0.10\times1.00-0.01}{0.10\times1.00+0.01}=4.67$$

加入0.01mol NaOH，由于OH^-与溶液中的CH_3COOH作用，使溶液中CH_3COOH浓度减小，CH_3COO^-浓度增大，此时缓冲溶液的pH为：

$$pH=4.76+\lg\frac{0.10\times1.00+0.01}{0.10\times1.00-0.01}=4.85$$

加入10mL水，导致CH_3COOH、CH_3COO^-浓度等程度减小，此时缓冲溶液的pH为：

$$pH=4.76+\lg\frac{0.10\times1000/1010}{0.10\times1000/1010}=4.76$$

计算结果表明，缓冲溶液中加入少量强酸、强碱和水，pH基本不变。

【例4-11】 0.10mol·$L^{-1}KH_2PO_4$和0.05mol·L^{-1}NaOH各50.00mL混合，假定混合后体积为100.00mL，求此时混合液的pH值。

解　$H_2PO_4^-$的一部分与OH^-反应生成HPO_4^{2-}，形成$H_2PO_4^-$-HPO_4^{2-}缓冲体系，$H_2PO_4^-$的$pK_{a_2}^\ominus=7.20$。

$$H_2PO_4^-+OH^-\rightleftharpoons HPO_4^{2-}+H_2O$$

相对起始浓度	0.05	0.025	0
相对平衡浓度	0.025	0	0.025

$$pH=pK_{a_2}^{\ominus}+\lg\frac{c(HPO_4^{2-})}{c(H_2PO_4^-)}=7.20+\lg\frac{0.025}{0.025}=7.20$$

4.3.3 缓冲容量与缓冲范围

4.3.3.1 缓冲容量

缓冲溶液的缓冲能力有一定限度，当加入的强酸、强碱量过大或稀释倍数太大时，抗碱成分或抗酸成分就将耗尽，pH 将会发生较大的变化，缓冲溶液失去缓冲能力。通常用缓冲容量 β（buffer capacity）作为衡量缓冲溶液缓冲能力大小的尺度。缓冲容量 β 的定义为：

$$\beta=\frac{\Delta n_{a(b)}}{V|\Delta pH|} \tag{4-19}$$

式中，V 是缓冲溶液的体积；$\Delta n_{a(b)}$ 是加入的一元强酸（Δn_a）或一元强碱（Δn_b）的物质的量；$|\Delta pH|$ 为缓冲溶液加入强酸（碱）后 pH 值的改变量。由式（4-19）可知，缓冲容量等于在单位体积缓冲溶液的 pH 值改变 1 个单位时，所需加入一元强酸或一元强碱的物质的量。

① β 愈大，缓冲溶液的缓冲能力愈强。其大小主要决定于总浓度和缓冲对浓度两个因素：在缓冲对浓度比值一定时，缓冲溶液总浓度越大，缓冲能力就越强，缓冲容量越大；反之，总浓度越小，缓冲容量越小。

② 缓冲溶液总浓度一定时，缓冲对浓度比（又称缓冲比）越接近 1，外加同量强酸、强碱后，缓冲对浓度比变化越小，缓冲能力就越强，缓冲容量越大。

4.3.3.2 缓冲范围

为使缓冲溶液具有较强的缓冲能力，除了考虑有较大的总浓度外，还应控制缓冲对浓度比。若比值在 1/10～10 时，代入缓冲溶液公式中计算，得 pH 值在 $pK_a^{\ominus}-1$～$pK_a^{\ominus}+1$ 之间，在这个 pH 值范围内缓冲溶液都具有较强的缓冲能力。比值更大或更小，则会失掉抗碱或抗酸的能力，起不到缓冲作用。因此将 $pH=pK_a^{\ominus}\pm1$ 作为共轭酸碱对组成的缓冲溶液的缓冲作用有效区间，称为缓冲溶液的缓冲范围（buffer effective range）。

4.3.4 缓冲溶液的选择和配制

配制一定 pH 的缓冲溶液在化学、生物学和医药学的研究中十分必要。为了使制备的缓冲溶液能满足实际需要，可按下列原则和步骤进行：

① 选用缓冲系时，所选用的缓冲溶液不能与反应物、生成物发生作用。对医用缓冲系需考虑是否与主药发生配伍禁忌，加温灭菌与有效期内要稳定，且应无毒。如硼酸盐缓冲溶液，因有毒，不能用作口服和注射用药液的缓冲剂。

② 所选缓冲对共轭酸的 $pK_a^{\ominus}$ 与所需 pH 相等或尽量接近，使缓冲对浓度比接近 1，这样可保证缓冲溶液具有较大的缓冲能力。如欲配制 pH 值为 5.0 左右的缓冲溶液，可选择 CH_3COOH-CH_3COONa 缓冲对，因为 CH_3COOH 的 $pK_a^{\ominus}=4.76$；欲配制 pH 为 7.00 左右的缓冲溶液，可选择 NaH_2PO_4-Na_2HPO_4 缓冲对，因为 H_3PO_4 的 $pK_{a_2}^{\ominus}=7.21$。

③ 配制缓冲溶液要有适当总浓度，总浓度太低，缓冲容量过小，但总浓度太大，会使溶液的离子强度太大或渗透浓度太大而不适用。实际工作中，一般在 0.05～0.50mol・L^{-1}。

④ 选择好缓冲对之后，按要求的 pH 值，利用缓冲溶液的 pH 值的计算公式计算，得共轭酸碱对的量。

⑤ 所配缓冲溶液 pH 值与实测值有差别，这是由于计算公式中没有考虑离子强度的影响，因此所配缓冲溶液的 pH 值，最后用 pH 计测定以校准所配缓冲溶液的 pH 值。

【例 4-12】 如何利用 $0.10\text{mol}\cdot\text{L}^{-1}CH_3COOH$ 和 $0.10\text{mol}\cdot\text{L}^{-1}CH_3COONa$ 溶液配制 pH=5.00 的缓冲溶液 50.00mL?

解 因为配制时所用 CH_3COOH 和 CH_3COONa 浓度相同，所以可根据式（4-18）计算，则：

$$\text{pH}=\text{p}K_{\text{a}}^{\ominus}(\text{HAc})+\lg\frac{c(CH_3COONa)}{c(CH_3COOH)}$$

将数据代入上式，则：

$$5.00=4.76+\lg\frac{V(CH_3COONa)}{50.00-V(CH_3COONa)}$$

$$\lg\frac{V(CH_3COONa)}{50.00-V(CH_3COONa)}=0.24$$

所以

$$V(CH_3COONa)=32.00\text{mL},V(CH_3COOH)=50.00-32.00=18.00\text{mL}$$

取 18.00mL $0.10\text{mol}\cdot\text{L}^{-1}CH_3COOH$ 溶液和 32.00mL $0.10\text{mol}\cdot\text{L}^{-1}CH_3COONa$ 溶液相混合，即得 pH 值为 5.00 的缓冲溶液 50.00mL（假定两者体积之和为总体积），最后使用 pH 计予以校准。

【例 4-13】 欲配制 500.00mL pH 值为 4.70 的缓冲溶液，将 100.00g $CH_3COONa\cdot 3H_2O$ 用适量水溶解，再加入 $6.00\text{mol}\cdot\text{L}^{-1}CH_3COOH$ 溶液，然后稀释至 500.00mL，将需要加入 $6.00\text{mol}\cdot\text{L}^{-1}\text{HAc}$ 的体积为多少?

解 根据：$\text{pH}=\text{p}K_{\text{a}}^{\ominus}(CH_3COOH)+\lg\dfrac{c(CH_3COONa)}{c(CH_3COOH)}$

$$4.70=4.76-\lg\frac{6.00V(CH_3COOH)}{100.00/136}$$

$$V(CH_3COOH)=140.71\text{mL}$$

4.3.5 缓冲溶液在药物生产中的应用

在药物生产、保存时，由于很多药物会发生水解，水解反应及水解的速度与溶液的 pH 有关，因此要利用缓冲溶液控制溶液中的 pH，以达到控制药物稳定的目的。

药剂生产中，应根据人的生理状况及药物稳定性和溶解度等情况，选择适当的缓冲剂来稳定 pH。如维生素 C 水溶液（$5\text{mg}\cdot\text{mL}^{-1}$）的 pH 值为 3.0，若直接用于局部注射会产生难受的刺痛，常用 $NaHCO_3$ 调节其 pH 值在 5.5～6.0 之间，则既可减轻注射时的疼痛，又能增加其稳定性。有些注射液经高温灭菌后，pH 值可能升高或降低，影响药物的稳定性。如葡萄糖、安乃近等注射液，灭菌后 pH 值可能降低，一般可采用盐酸、乙酸、枸橼酸、酒石酸、磷酸二氢钠、枸橼酸钠、磷酸氢二钠等稀溶液进行 pH 调整，使注射液虽经加温灭菌，其 pH 仍保持不变。

在进行细胞培养、药物疗效作用等的实验研究中，必须控制合适的 pH，才能保证细胞的正常生长，通常是将细胞等置于合适缓冲溶液中。如在细菌染色上为增加着色效果，要选择合适 pH 的染色液，在组织切片和血库的血液的冷藏和某些药物配制成溶液时，pH 也要保持恒定。

人体血液的 pH 值约为 7.35～7.45，过低过高会产生酸中毒或碱中毒。其能维持如此狭窄的 pH 范围，主要原因是血液中存在多种缓冲系。血液中主要的缓冲系是 H_2CO_3-$NaHCO_3$、NaH_2PO_4-Na_2HPO_4、H_nP-$NaH_{n-1}P$（H_nP 代表蛋白质）等。红细胞中主要的缓冲系是：H_2CO_3-$KHCO_3$、KH_2PO_4-K_2HPO_4、H_2b-KHb（H_2b—血红蛋白）、H_2bO_2-$KHbO_2$（H_2bO_2—氧合血红蛋白）。

血浆中以碳酸氢盐缓冲系含量最多，作用最重要。红细胞中以血红蛋白及氧合血红蛋白缓冲系最为重要，它们之间有密切联系。健康人血液 pH 值为 7.4，主要靠 H_2CO_3-$NaHCO_3$ 缓冲系的调节。如将适量的酸性或碱性药物缓缓注入血液时，血液就能自行调节其 pH。一般注射剂 pH 值调节在 4～9 之间。

小结

<table>
<tr><td rowspan="8">酸碱平衡</td><td>酸碱理论</td><td colspan="2">酸碱质子理论：酸碱定义、共轭酸碱、酸碱反应实质。电子理论：定义、酸碱反应实质</td></tr>
<tr><td rowspan="3">酸碱解离平衡</td><td>一元弱酸、弱碱的解离平衡</td><td>解离常数、解离度、一元弱酸、弱碱的 pH 值近似计算、稀释定律、同离子效应、盐效应
$c_{eq}(H^+)=\sqrt{cK_a^\ominus}$；$c_{eq}(OH^-)=\sqrt{cK_b^\ominus}$；
$K_i^\ominus=c\alpha^2$</td></tr>
<tr><td>多元弱酸、弱碱的解离平衡</td><td>多元弱酸、弱碱分步解离、pH 值近似计算
$c_{eq}(H^+)=\sqrt{cK_{a1}^\ominus}$；$c_{eq}(OH^-)=\sqrt{cK_{b1}^\ominus}$</td></tr>
<tr><td>两性物质的浓度计算</td><td>两性物质的解离平衡、pH 值近似计算
$c_{eq}(H^+)=\sqrt{K_a^\ominus K_a^\ominus(\text{共轭酸})}$</td></tr>
<tr><td rowspan="3">酸碱缓冲溶液</td><td>缓冲溶液的作用原理</td><td>缓冲溶液的定义、分类、作用原理</td></tr>
<tr><td>缓冲溶液 pH 值的近似计算</td><td>缓冲溶液 pH 值的求算公式
$\mathrm{pH}=\mathrm{p}K_a^\ominus+\lg\dfrac{c(\text{共轭碱})}{c(\text{共轭酸})}$
缓冲容量的概念、缓冲范围 $\mathrm{pH}=\mathrm{p}K_a^\ominus\pm1$</td></tr>
<tr><td>缓冲溶液的选择与配制</td><td>缓冲溶液的选择与配制步骤</td></tr>
</table>

1. 下列说法是否正确？

（1）H_3AsO_4 因能电离出三个 H^+，所以酸性较强。

（2）在 HF 溶液中加入 NaF 会同时发生同离子效应和盐效应，所以电离度不变。

（3）在酸碱质子理论中，CN^- 是碱，NH_3 可以是酸。

(4) 定温下，改变溶液的 pH，水的离子积发生变化。

(5) 若 HBr 溶液的浓度是 CH_3COOH 溶液的 3 倍，则 HBr 溶液中的 $c(H^+)$ 也是 CH_3COOH 溶液中 $c(H^+)$ 的 3 倍。

(6) 因为 $NaHCO_3$-Na_2CO_3 缓冲溶液的 pH 值大于 7，所以不能抵抗少量的强碱。

2.举例说明两性物质的定义并判断其酸碱性。

3.在 HCN 溶液中加入下列物质时，HCN 的解离度和溶液的 pH 将如何变化？

(1) 加水稀释；(2) 加 NaCN；(3) 加 KCl；(4) 加 HCl；(5) 加 NaOH。

4.如何配制 $SbCl_3$、$Pb(NO_3)_2$ 溶液？

5.下列有关缓冲溶液的说法是否正确？

(1) 缓冲溶液被稀释后，溶液的 pH 基本不变，故缓冲容量基本不变。

(2) 缓冲溶液就是能抵抗外来酸碱影响，保持 pH 绝对不变的溶液。

(3) 在 Na_2HPO_4-Na_3PO_4 缓冲溶液中，若 $c(Na_2HPO_4) > c(Na_3PO_4)$，则该缓冲溶液的抗碱能力大于抗酸能力。

习 题

1.以下哪些是酸碱质子理论的酸，哪些是碱，哪些是两性物质？

SO_4^{2-}、S^{2-}、$H_2PO_4^-$、NH_3、HSO_4^-、$[Fe(H_2O)_5OH]^{2+}$、HCO_3^-、NH_4^+、H_2S、H_2O、OH^-、H_3O^+、HS^-、HPO_4^{2-}、HCl、$C_2O_4^{2-}$、CH_3NH_2、HF、HCN。

【参考答案：质子酸包括：H_2S、H_3O^+、HCl、HF、HCN、NH_4^+；质子碱包括：SO_4^{2-}、S^{2-}、OH^-、$C_2O_4^{2-}$、CH_3NH_2；两性物质包括：$H_2PO_4^-$、NH_3、HSO_4^-、$[Fe(H_2O)_5OH]^{2+}$、HCO_3^-、HS^-、HPO_4^{2-}、H_2O。】

2.计算 $0.50mol \cdot L^{-1}$ 乙酰水杨酸 $HC_9H_7O_4$（$K_a^\ominus = 3.00 \times 10^{-4}$）溶液中 H^+ 浓度和 pH 值。

【参考答案：H^+ 浓度为 $1.22 \times 10^{-2} mol \cdot L^{-1}$，pH 值为 1.91】

3.25℃，标准大气压下的 CO_2 气体在水中的溶解度约为 $0.04mol \cdot L^{-1}$，设所有溶解的 CO_2 与水结合成 H_2CO_3，计算溶液的 pH 值和 CO_3^{2-} 浓度。

【参考答案：pH 值为 3.89，CO_3^{2-} 浓度为 $5.62 \times 10^{-11} mol \cdot L^{-1}$】

4.已知 $0.10mol \cdot L^{-1}$ 氨水溶液的电离度是 1.32%，求氨水的电离平衡常数 $K_b^\ominus$。

【参考答案：1.74×10^{-5}】

5.计算下列各种溶液的 pH 值：

(1) 20mL $0.20mol \cdot L^{-1}$ 的 HCl 与 20mL $0.10mol \cdot L^{-1}$ 的 NaOH 的混合溶液。

(2) 20mL $0.40mol \cdot L^{-1} NH_3 \cdot H_2O$ 和 20mL $0.20mol \cdot L^{-1}$ HCl 的混合溶液。

(3) 20mL $0.20mol \cdot L^{-1}$ 的 H_2CO_3 与 20mL $0.20mol \cdot L^{-1}$ 的 NaOH 的混合溶液。

【参考答案：(1) pH=1.30；(2) pH=9.24；(3) pH=8.34】

6.计算用 HCl 调至 pH 值为 1.0 的饱和 H_2S 水溶液（浓度为 $0.10\ mol \cdot L^{-1}$）中的 S^{2-} 浓度。

【参考答案：S^{2-} 浓度为 $9.35 \times 10^{-21} mol \cdot L^{-1}$】

7.分别计算下列质子酸碱溶液的 pH 值和解离度。

(1) $0.20mol \cdot L^{-1} Na_2S$ 溶液。

（2）0.20mol・L^{-1} NH_4F 溶液。

【参考答案：（1）pH＝10.09，解离度为 6.15×10^{-2}%；（2）pH＝4.97，解离度为 5.35×10^{-3}%】

8. 50mL 0.10mol・L^{-1} 的某一元弱碱（BOH）溶液与 32mL 0.10mol・L^{-1} HCl 溶液混合，并稀释至 100mL，已知此缓冲溶液的 pH 值为 7.30，求 BOH 的 $K_b^{\ominus}$。

【参考答案：3.55×10^{-7}】

9. 配制 pH 值为 12.00 的缓冲溶液 1000mL，应取 0.10mol・L^{-1} K_2HPO_4 溶液和 0.10mol・L^{-1} Na_3PO_4 溶液各多少毫升？

【参考答案：K_2HPO_4 溶液 324mL，Na_3PO_4 溶液 676mL】

10. 今有 3 种弱酸 HNO_2、HCOOH 和 HCN，解离常数分别为 1.40×10^{-3}、1.80×10^{-4} 和 6.17×10^{-10}，试问：

（1）配制 pH＝3.45 的缓冲溶液选用哪种酸最好？

（2）需要多少毫升浓度为 5.00mol・L^{-1} 的酸和多少克 NaOH 配成 1L 总浓度为 1.00mol・L^{-1} 的缓冲溶液。

【参考答案：（1）用 HCOOH 最好；（2）需甲酸 66.67mL，NaOH 26.67g】

11. 在烧杯中盛有 20mL 0.10mol・L^{-1} 的甲酸（$K_a^{\ominus}=1.80\times10^{-4}$），向烧杯逐步加入 0.10mol・$L^{-1}$ NaOH 溶液，试计算：

（1）未加入 NaOH 溶液前溶液的 pH 值。

（2）加入 10.00mL NaOH 后溶液的 pH 值。

（3）加入 20.00mL NaOH 后溶液的 pH 值。

（4）加入 30.00mL NaOH 后溶液的 pH 值。

【参考答案：（1）2.38；（2）3.74；（3）8.23；（4）12.30】

12. 某含杂质的一元酸样品 0.80g（已知该酸的分子量为 60），用 0.10 mol・L^{-1} NaOH 滴定，需用 75.00mL；在滴定过程中，加入 49.00mL 碱时，溶液的 pH 值为 5.04。求该酸的解离常数和样品的纯度。

【参考答案：解离常数为 1.82×10^{-5}，样品纯度为 56.25%】

13. 根据下列共轭酸碱的 $pK_a^{\ominus}$，选取适当的缓冲对来配制 pH＝5.00 和 pH＝8.00 的缓冲溶液，并计算所选缓冲对的浓度比。

CH_3COOH-CH_3COONa，NH_4Cl-NH_3，H_2CO_3-$NaHCO_3$，NaH_2PO_4-Na_2HPO_4，$CH_3NH_3^+Cl$-CH_3NH_2，Tris・HCl-Tris［Tris 为三（羟甲基）氨基甲烷，$pK_a^{\ominus}=8.07$］。

【参考答案：选 CH_3COOH-CH_3COONa 配制 pH＝5.00 的缓冲溶液，CH_3COONa 与 CH_3COOH 浓度比为 0.58；选 Tris・HCl-Tris 配制 pH＝8.00 的缓冲溶液，Tris 与 Tris・HCl 浓度比为 0.83】

14. 计算下列混合溶液的 pH 值：

（1）20.00mL 0.10mol・L^{-1} HCl 溶液与 20.00mL 0.10mol・L^{-1} 氨水溶液。

（2）40.00mL 0.10mol・L^{-1} HCl 溶液与 20.00mL 0.10mol・L^{-1} 氨水溶液。

（3）20.00mL 0.10mol・L^{-1} HCl 溶液与 40.00mL 0.10mol・L^{-1} 氨水溶液。

【参考答案：（1）5.27；（2）1.48；（3）9.24】

Chapter 05

第5章 难溶强电解质的沉淀-溶解平衡

学习要求

掌握	溶度积的概念；溶度积与溶解度的换算；溶度积规则；沉淀的生成及其计算。
熟悉	沉淀的溶解；沉淀的转化；分步沉淀及其计算。
了解	沉淀-溶解平衡中的同离子效应、盐效应。

沉淀反应是一类非常重要的化学反应，在化学分析和药物生产上有着广泛的应用。反应中形成的沉淀又称难溶性物质，通常指的是溶解度小于 $0.01g \cdot 100g^{-1}$ H_2O 的物质。绝对不溶的物质是不存在的，任何难溶物在水中总是或多或少溶解的。通常把在水中完全电离的难溶物质称为难溶强电解质。例如 $BaSO_4$、AgCl 等都是常见的难溶强电解质。难溶强电解质在水溶液中建立的沉淀-溶解平衡是一种常见的重要的化学平衡，是难溶强电解质与其溶解后的离子之间的平衡，属于多相平衡。

5.1 沉淀-溶解平衡原理

5.1.1 溶度积常数

在一定温度下，把难溶物 $BaSO_4$ 固体与水混合，$BaSO_4$ 固体表面上的一些 Ba^{2+} 和 SO_4^{2-} 在极性 H_2O 分子的作用下，脱离固体表面形成水合离子进入溶液，这个过程称为溶解（dissolution）。同时，溶液中水合 Ba^{2+} 和 SO_4^{2-} 处在不断的无序运动中，其中有些相互碰撞到固体 $BaSO_4$ 表面时，受固体表面正负离子的吸引，又会重新析出沉积到 $BaSO_4$ 固体表面上，这个过程称为沉淀（precipitation）。

当溶解过程和沉淀过程的速率相等时，体系达到动态平衡，称为沉淀-溶解平衡（equilibrium of precipitation dissolution）。此时，溶液为该温度下的饱和溶液。此过程可表示为：

$$BaSO_4(s) \underset{沉淀}{\overset{溶解}{\rightleftharpoons}} Ba^{2+}(aq) + SO_4^{2-}(aq)$$

按照化学平衡定律，上述平衡常数的表达式为：

$$K_{ap}^{\ominus} = a(Ba^{2+})a(SO_4^{2-})$$

平衡常数 $K_{ap}^{\ominus}$ 是饱和溶液中水合离子活度的乘积，称为活度积常数，简称为活度积(activity product)。由于难溶强电解质的溶解度都很小，溶液中离子浓度较小，离子间相互作用可忽略，可以近似用浓度代替活度，用溶度积代替活度积。所以，上述平衡常数表达式又可表示为：

$$K_{sp}^{\ominus} = \frac{c_{eq}(Ba^{2+})}{c^{\ominus}} \frac{c_{eq}(SO_4^{2-})}{c^{\ominus}}$$

式中，$c_{eq}(Ba^{2+})$、$c_{eq}(SO_4^{2-})$ 是平衡浓度，$mol \cdot L^{-1}$；$c^{\ominus} = 1mol \cdot L^{-1}$。$K_{sp}^{\ominus}$ 的 SI 单位为 1。

为了书写方便，省去标准浓度，上述平衡常数表达式又可简写为：

$$K_{sp}^{\ominus} = c_{eq}(Ba^{2+})c_{eq}(SO_4^{2-})$$

但此时，表达式中 $c_{eq}(Ba^{2+})$、$c_{eq}(SO_4^{2-})$ 是相对平衡浓度，SI 单位为 1。

$K_{sp}^{\ominus}$ 是难溶强电解质沉淀-溶解平衡的平衡常数，反映了物质的溶解能力，故称为溶度积常数 (solubility product)，简称为溶度积。

每一种难溶强电解质，在一定温度下，都有自己的溶度积，不同类型的难溶强电解质又有其不同的溶度积表达式，举例如下：

$$Fe(OH)_3(s) \rightleftharpoons Fe^{3+}(aq) + 3OH^-(aq)$$

$$K_{sp}^{\ominus}[Fe(OH)_3] = c_{eq}(Fe^{3+})[c_{eq}(OH^-)]^3$$

$$PbCl_2(s) \rightleftharpoons Pb^{2+}(aq) + 2Cl^-(aq)$$

$$K_{sp}^{\ominus}(PbCl_2) = c(Pb^{2+})[c(Cl^-)]^2$$

$$Ca_3(PO_4)_2 \rightleftharpoons 3Ca^{2+}(aq) + 2PO_4^{3-}(aq)$$

$$K_{sp}^{\ominus}[Ca_3(PO_4)_2] = [c_{eq}(Ca^{2+})]^3[c_{eq}(PO_4^{3-})]^2$$

对难溶电解质的沉淀-溶解平衡，可以用下列通式表示：

$$A_mB_n(s) \rightleftharpoons mA^{n+}(aq) + nB^{m-}(aq)$$

$$K_{sp}^{\ominus}(A_mB_n) = [c_{eq}(A^{n+})]^m[c_{eq}(B^{m-})]^n$$

上式表示，在一定温度下，难溶强电解质达到沉淀-溶解平衡时，溶液中各组分离子相对平衡浓度幂的乘积是一常数。$K_{sp}^{\ominus}$ 与其他平衡常数一样，只与难溶强电解质的本性和温度有关。但是，由于温度对平衡常数的影响不大，实际工作中，常用 298.15K 时的数据。一些常见难溶强电解质的溶度积常数见附录 10。

$K_{sp}^{\ominus}$ 不仅表示难溶强电解质在溶液中溶解趋势的大小，也表示难溶电解质沉淀生成的难易。任何难溶电解质，不管溶解度多小，其饱和溶液中总有与其达成平衡的离子。任何沉淀反应，无论进行得多么彻底，溶液中也仍然存在其组成离子，而且在一定温度下，其离子相对平衡浓度幂的乘积必为常数。只不过，随难溶电解质溶解能力的不同，$K_{sp}^{\ominus}$ 值的大小不同而已。

5.1.2　溶度积和溶解度（课堂讨论）

溶度积和溶解度都可以表示物质的溶解能力，但它们是两个既有区别又有联系的不同概念。一定温度下难溶强电解质饱和溶液的浓度，也就是难溶电解质在此温度下的溶解度。如果难溶强电解质 A_mB_n 的溶解度为 s，并以 $mol \cdot L^{-1}$ 为单位，那么溶度积和溶解度之间可以互相换算。但不同类型的难溶强电解质，溶度积和溶解度之间的定量关系不同，具体分类讨论如下：

（1） AB 型难溶强电解质

对 AB 型的难溶强电解质，如 AgBr、$BaSO_4$ 等。在沉淀溶解平衡时产生的阳离子和阴离子是等物质的量的，即 1mol 沉淀溶解，就产生 1mol 阳离子和 1mol 阴离子。因此，阳离子和阴离子的相对浓度在数值上等于该物质的溶解度（以 $mol \cdot L^{-1}$ 为单位）。

以 s 表示物质的溶解度，则：

$$AB\,(s) \rightleftharpoons A^{+}\,(aq) + B^{-}\,(aq)$$

相对平衡浓度 $\qquad s \qquad s$

$$K_{sp}^{\ominus}(AB) = c_{eq}(A^{+})c_{eq}(B^{-}) = s^2$$

$$s = \sqrt{K_{sp}^{\ominus}(AB)}$$

【例 5-1】 室温下 $PbSO_4$ 的溶度积为 1.6×10^{-8}，求它的溶解度 s。

解 $PbSO_4$ 为 AB 型难溶强电解质，所以：

$$K_{sp}^{\ominus}(PbSO_4) = c_{eq}(Pb^{2+})c_{eq}(SO_4^{2-}) = s^2$$

$$s = \sqrt{K_{sp}^{\ominus}(PbSO_4)} = \sqrt{1.6 \times 10^{-8}} = 1.3 \times 10^{-4}(mol \cdot L^{-1})$$

（2） AB_2 型或 A_2B 型难溶强电解质

对 AB_2 或 A_2B 型的难溶电解质，如 Ag_2CrO_4、PbI_2、$Mg(OH)_2$ 等，以 AB_2 型为例，它们的溶度积和溶解度之间的关系为：

$$AB_2\,(s) \rightleftharpoons A^{2+}\,(aq) + 2B^{-}\,(aq)$$

相对平衡浓度 $\qquad s \qquad 2s$

$$K_{sp}^{\ominus}(AB_2) = c_{eq}(A^{2+})[c_{eq}(B^{-})]^2 = s(2s)^2 = 4s^3$$

$$s = \sqrt[3]{\frac{K_{sp}^{\ominus}(AB_2)}{4}}$$

【例 5-2】 已知 $Mg(OH)_2$ 在 298K 时的溶解度为 $1.65 \times 10^{-4} mol \cdot L^{-1}$，求 $Mg(OH)_2$ 的溶度积常数。

解 $Mg(OH)_2$ 为 AB_2 型难溶强电解质，所以：

$$K_{sp}^{\ominus}[Mg(OH)_2] = c_{eq}(Mg^{2+})[c_{eq}(OH^{-})]^2 = s(2s)^2 = 4s^3$$

$$= 1.65 \times 10^{-4} \times (2 \times 1.65 \times 10^{-4})^2 = 1.80 \times 10^{-11}$$

（3） AB_3 型或 A_3B 型难溶强电解质

对 AB_3 型或 A_3B 型的难溶强电解质，如 $Al(OH)_3$、Ag_3PO_4 等，以 AB_3 型为例，它们的溶度积和溶解度之间的关系为：

$$AB_3\,(s) \rightleftharpoons A^{3+}\,(aq) + 3B^{-}\,(aq)$$

相对平衡浓度 $\qquad s \qquad 3s$

$$K_{sp}^{\ominus}(AB_3) = c_{eq}(A^{3+})[c_{eq}(B^{-})]^3 = s(3s)^3 = 27s^4$$

$$s = \sqrt[4]{\frac{K_{sp}^{\ominus}(AB_3)}{27}}$$

（4） A_mB_n 型难溶强电解质

若以 A_mB_n 表示任一类型的难溶强电解质，则溶度积和溶解度之间的关系为：

$$A_mB_n(s) \rightleftharpoons mA^{n+}(aq) + nB^{m-}(aq)$$

相对平衡浓度　　　　　　　　ms　　　　ns

$$K_{sp}^{\ominus}(A_mB_n) = [c_{eq}(A^{n+})]^m [c_{eq}(B^{m-})]^n = (ms)^m (ns)^n = m^m n^n s^{m+n}$$

$$s = \sqrt[m+n]{\frac{K_{sp}^{\ominus}(A_mB_n)}{m^m n^n}}$$

（5）溶解度与溶度积之间依照上述关系换算需满足的条件

① 只适用于溶解度很小的难溶强电解质。在难溶强电解质的饱和溶液中，离子浓度小，离子之间的相互作用弱，可以用浓度代替活度进行计算。

② 仅适用于溶解后电离出的离子在水溶液中不发生任何化学反应的难溶强电解质，对于易水解的难溶强电解质不适用。

③ 只适用于溶解后一步完全电离的难溶强电解质。如 $Fe(OH)_3$ 在水溶液中分三步电离，溶液中存在 $Fe(OH)_2^+$、$Fe(OH)^{2+}$、Fe^{3+}，使得 $c_{eq}(Fe^{3+})$ 与 $c_{eq}(OH^-)$ 之比并不是 1∶3。所以，上述换算关系便不适用了。

需要指出的是，通常的近似计算中，并不严格考虑上述三个条件。

综上所述，溶度积可对难溶强电解质的溶解度大小进行估计和比较。相同类型的难溶电解质相比，溶度积越小，溶解度也越小。不同类型的、溶度积常数相差不大的难溶电解质则不能这样比较，必须通过计算来判断。如 $K_{sp}^{\ominus}[Mg(OH)_2] < K_{sp}^{\ominus}(PbSO_4)$，但 $s[Mg(OH)_2] > s(PbSO_4)$。

5.1.3　溶度积规则

根据溶度积规则可以判断沉淀、溶解反应进行的方向。难溶强电解质溶液中，其离子相对浓度的幂的乘积称为离子积，用 J 表示。在 $BaSO_4$ 溶液中，其离子积为：

$$J = c(Ba^{2+})c(SO_4^{2-})$$

J 是任意条件下，各有关离子相对浓度的幂的乘积，在一定温度下，其数值不确定。而 $K_{sp}^{\ominus}$ 特指难溶强电解质的饱和溶液中，各离子相对浓度的幂的乘积，在一定温度下为常数。$K_{sp}^{\ominus}$ 仅仅是 J 的一个特例。

对于某一给定的溶液中，溶度积与离子积之间的关系可能有以下三种情况：

① $J = K_{sp}^{\ominus}$，溶液是饱和溶液，无沉淀析出，达到沉淀-溶解平衡状态。

② $J < K_{sp}^{\ominus}$，溶液是不饱和溶液，无沉淀析出。若体系中有难溶强电解质固体存在，平衡向溶解的方向移动，直到达到新的平衡（饱和）为止。

③ $J > K_{sp}^{\ominus}$，溶液是过饱和溶液，平衡向生成沉淀的方向移动，溶液会有沉淀析出，直到饱和为止。

以上规则称为溶度积规则（the rule of solubility），它是难溶强电解质沉淀溶解平衡移动规律的总结，也是判断沉淀生成和溶解的依据，是沉淀反应的基本规则。

5.2　沉淀-溶解平衡的移动

沉淀-溶解平衡是一种动态平衡，是相对的、有条件的，如果改变到达平衡的条件之一，平衡将会发生移动，生成沉淀，或者使沉淀溶解。

5.2.1 沉淀的生成

根据溶度积规则，要生成难溶强电解质沉淀，必须使其离子积大于溶度积，这就要增大离子浓度，使平衡向生成沉淀的方向移动。通常采用加入沉淀剂的方法，具体列举如下：

【例 5-3】 将 10mL 0.010mol·L^{-1} $BaCl_2$ 溶液和 30mL 0.040mol·L^{-1} Na_2SO_4 溶液混合，能否析出 $BaSO_4$ 沉淀 [已知 $K^{\ominus}_{sp}(BaSO_4)=1.1\times10^{-10}$]？

解 两种溶液混合后，Ba^{2+} 和 SO_4^{2-} 的浓度分别为：

$$c(Ba^{2+})=\frac{0.010mol\cdot L^{-1}\times10mL}{10mL+30mL}=2.5\times10^{-3}mol\cdot L^{-1}$$

$$c(SO_4^{2-})=\frac{0.040mol\cdot L^{-1}\times30mL}{10mL+30mL}=3.0\times10^{-2}mol\cdot L^{-1}$$

混合后，离子积为：$J=c(Ba^{2+})\ c(SO_4^{2-})$

$$=2.5\times10^{-3}\times3.0\times10^{-2}=7.5\times10^{-5}>1.1\times10^{-10}$$

由于 $J>K^{\ominus}_{sp}$，反应向生成 $BaSO_4$ 沉淀的方向进行，混合后能析出 $BaSO_4$ 沉淀。

【例 5-4】 在 0.20mol·L^{-1} $MgCl_2$ 溶液中加入等体积的 2.0mol·L^{-1} 氨水，若此氨水中同时含有 0.20mol·L^{-1} 的 NH_4Cl，试问 $Mg(OH)_2$ 能否沉淀？已知 $K^{\ominus}_b(NH_3\cdot H_2O)=1.74\times10^{-5}$；$K^{\ominus}_{sp}[Mg(OH)_2]=1.8\times10^{-11}$。

解 混合液中：

$$c(Mg^{2+})=\frac{0.20mol\cdot L^{-1}}{2}=0.10mol\cdot L^{-1}$$

$$c(NH_3\cdot H_2O)=\frac{2.0mol\cdot L^{-1}}{2}=1.0mol\cdot L^{-1}$$

$$c(NH_4^+)=\frac{0.20mol\cdot L^{-1}}{2}=0.10mol\cdot L^{-1}$$

OH^- 是由 1.0mol·L^{-1} $NH_3\cdot H_2O$ 和 0.10mol·L^{-1} NH_4Cl 组成的缓冲溶液提供的，根据缓冲公式求 OH^- 浓度：

$$c_{eq}(OH^-)=\frac{K^{\ominus}_b c(NH_3\cdot H_2O)}{c(NH_4^+)}=\frac{1.74\times10^{-5}\times1.0}{0.10}=1.74\times10^{-4}(mol\cdot L^{-1})$$

$$J=c(Mg^{2+})[c(OH^-)]^2$$

$$=0.10\times(1.74\times10^{-4})^2=3.0\times10^{-9}>1.8\times10^{-11}$$

根据溶度积规则，有 $Mg(OH)_2$ 沉淀产生。

5.2.2 分步沉淀

以上讨论的是溶液中只有一种被沉淀离子的情况。实践过程中，溶液常常同时含有几种被沉淀离子，可以和同一沉淀剂生成多种沉淀。在这种情况下，离子沉淀将按什么顺序进行？第二种离子沉淀时，如何判断第一种离子沉淀到什么程度？是否实现沉淀完全？运用溶度积规则讨论如下：

【例 5-5】 混合溶液中含有 0.10mol·L^{-1} Cl^- 和 0.10mol·L^{-1} I^-，逐滴加入 $AgNO_3$ 溶液，Cl^-、I^- 哪一种离子先沉淀？当第二种离子开始沉淀时，第一种离子是否沉淀完全（忽略滴加 $AgNO_3$ 溶液后，引起的体积变化）？

解　根据溶度积规则，AgCl 和 AgI 刚开始沉淀时所需要的 Ag^+ 相对浓度分别是：

$$c_1(Ag^+)=\frac{K_{sp}^{\ominus}(AgCl)}{c(Cl^-)}=\frac{1.8\times10^{-10}}{0.10}=1.8\times10^{-9}(mol\cdot L^{-1})$$

$$c_2(Ag^+)=\frac{K_{sp}^{\ominus}(AgI)}{c(I^-)}=\frac{8.3\times10^{-17}}{0.10}=8.3\times10^{-16}(mol\cdot L^{-1})$$

结果表明，AgI 开始沉淀时所需要的 Ag^+ 浓度比 AgCl 开始沉淀时所需要的 Ag^+ 浓度小得多，当逐滴加入 $AgNO_3$ 溶液时离子浓度的幂次方乘积先达到 AgI 的溶度积，AgI 先沉淀。当 Cl^- 开始沉淀时，溶液对于 AgCl 和 AgI 来说都是饱和溶液，这时 Ag^+ 同时满足两个沉淀平衡，即：

$$AgCl(s)\rightleftharpoons Ag^+(aq)+Cl^-(aq)\qquad c_1(Ag^+)=\frac{K_{sp}^{\ominus}(AgCl)}{c(Cl^-)}$$

$$AgI(s)\rightleftharpoons Ag^+(aq)+I^-(aq)\qquad c_2(Ag^+)=\frac{K_{sp}^{\ominus}(AgI)}{c(I^-)}$$

$$\frac{K_{sp}^{\ominus}(AgCl)}{c(Cl^-)}=\frac{K_{sp}^{\ominus}(AgI)}{c(I^-)}$$

设 Cl^- 浓度不随 $AgNO_3$ 的加入而变化，则：

$$c(I^-)=\frac{K_{sp}^{\ominus}(AgI)}{K_{sp}^{\ominus}(AgCl)}\times c(Cl^-)=\frac{8.3\times10^{-17}}{1.8\times10^{-10}}\times0.10=4.6\times10^{-8}(mol\cdot L^{-1})$$

在一般分析中，当离子浓度小于或等于 $1.0\times10^{-5}mol\cdot L^{-1}$ 时，可以认为该离子已经沉淀完全了。上述计算结果说明，AgCl 开始沉淀时，I^- 已经沉淀完全了，说明 Cl^- 和 I^- 在此情况下已得到完全分离。

加入一种沉淀剂，使溶液中多种离子按照到达溶度积的先后顺序分别沉淀出来的现象称为分步沉淀（fractional precipitation）。利用分步沉淀原理，可使两种离子分离，而且两种沉淀的溶度积相差越大，分离得越完全。对于同种类型的沉淀，若沉淀的溶度积相差较大，则溶度积小的先沉淀，溶度积大的后沉淀。对于不同类型的沉淀，因有不同幂次的关系，就不能直接根据溶度积的大小来判断沉淀的先后顺序，必须通过计算来确定。

【例 5-6】　混合溶液中含有 $0.010mol\cdot L^{-1}$ Cl^- 和 $0.010mol\cdot L^{-1}CrO_4^{2-}$，逐滴加入 $AgNO_3$ 溶液，哪一种离子先沉淀（忽略滴加 $AgNO_3$ 溶液后，引起的体积变化）?

解　根据溶度积规则，AgCl 和 Ag_2CrO_4 刚开始沉淀时所需要的 Ag^+ 相对浓度分别是：

$$c_1(Ag^+)=\frac{K_{sp}^{\ominus}(AgCl)}{c(Cl^-)}=\frac{1.8\times10^{-10}}{0.010}=1.8\times10^{-8}(mol\cdot L^{-1})$$

$$c_2(Ag^+)=\sqrt{\frac{K_{sp}^{\ominus}(Ag_2CrO_4)}{c(CrO_4^{2-})}}=\sqrt{\frac{1.2\times10^{-12}}{0.010}}=1.1\times10^{-5}(mol\cdot L^{-1})$$

虽然，AgCl 的溶度积大于 Ag_2CrO_4 的溶度积，但沉淀 Cl^- 所需要的 Ag^+ 浓度较小，反而是 AgCl 先沉淀。

根据分步沉淀的原理，适当地控制条件，使先沉淀的离子沉淀完全，后沉淀的离子还没开始沉淀，可以达到分离离子的目的。

5.2.3　沉淀的溶解

根据溶度积规则，要使难溶强电解质沉淀溶解，必须使其离子积小于溶度积，这就要降低离子浓度，使平衡向沉淀溶解的方向移动。通常采用的方法有以下几种。

（1）生成弱电解质使沉淀溶解

① 生成弱酸使沉淀溶解　难溶性的弱酸盐，如 $CaCO_3$、$BaCO_3$ 和 FeS 等一般都溶于强酸。这是因为这些弱酸盐的酸根阴离子与强酸提供的 H^+ 结合生成难电离的弱酸，甚至生成有关气体，使溶液中酸根离子浓度减小，离子积小于溶度积，平衡向沉淀溶解方向移动。现以 $CaCO_3$ 溶于 HCl 为例来说明：

$$\begin{array}{rcl} CaCO_3\ (s) & \rightleftharpoons & Ca^{2+} + CO_3^{2-} \\ & & \qquad\quad + \\ 2HCl & = & 2Cl^- + 2H^+ \\ & & \qquad\quad \Updownarrow \\ & & \qquad\quad H_2CO_3 \rightleftharpoons H_2O + CO_2 \uparrow \end{array}$$

溶解总反应为：$CaCO_3\ (s) + 2H^+ \rightleftharpoons Ca^{2+} + H_2CO_3$

总平衡常数为：$K^\ominus = \dfrac{c_{eq}(Ca^{2+})\ c_{eq}(H_2CO_3)}{[c_{eq}(H^+)]^2} = \dfrac{K_{sp}^\ominus(CaCO_3)}{K_{a_1}^\ominus K_{a_2}^\ominus} = 1.2 \times 10^8$

计算结果表明，$K_{sp}^\ominus$ 值很大，溶解反应进行得比较完全。难溶性的弱酸盐在酸中溶解的反应称为酸溶反应。反应的总平衡常数称为酸溶平衡常数，其大小由 $K_{sp}^\ominus$ 和 $K_a^\ominus$ 共同决定的，沉淀的 $K_{sp}^\ominus$ 越大，或生成的弱酸的 $K_a^\ominus$ 越小，$K^\ominus$ 越大，酸溶反应进行得则越彻底。反之，$K^\ominus$ 越小，酸溶反应则不完全。当 $K^\ominus \leqslant 10^{-6}$ 时，酸溶反应几乎不能进行，如 CuS、Ag_2S 等。

② 生成 H_2O 使沉淀溶解　某些难溶于水的氢氧化物，在溶液中电离出 OH^-，能与酸中 H^+ 结合生成难电离的 H_2O 分子，使难溶氢氧化物的离子积小于溶度积，平衡向沉淀溶解的方向移动。如 $Al(OH)_3$ 沉淀可溶于 HCl 溶液：

$$\begin{array}{rcl} Al(OH)_3\ (s) & \rightleftharpoons & Al^{3+} + 3OH^- \\ & & \qquad\quad + \\ 3HCl & = & 3Cl^- + 3H^+ \\ & & \qquad\quad \Updownarrow \\ & & \qquad\quad 3H_2O \end{array}$$

溶解总反应为：$Al(OH)_3\ (s) + 3H^+ \rightleftharpoons Al^{3+} + 3H_2O$

总平衡常数为：$K^\ominus = \dfrac{c_{eq}(Al^{3+})}{[c_{eq}(H^+)]^3} = \dfrac{K_{sp}^\ominus[Al(OH)_3]}{(K_W^\ominus)^3} = \dfrac{4.57 \times 10^{-33}}{(1.0 \times 10^{-14})^3} = 4.57 \times 10^9$

由此可知，难溶氢氧化物溶解程度的大小，与 $K_{sp}^\ominus$ 和 $K_W^\ominus$ 有关。

③ 生成弱碱使沉淀溶解　$K_{sp}^\ominus$ 较大的难溶氢氧化物，除了能溶于酸外，有些还可以溶于铵盐。例如：

$$\begin{array}{rcl} Mg(OH)_2\ (s) & \rightleftharpoons & Mg^{2+} + 2OH^- \\ & & \qquad\quad + \\ 2NH_4Cl & \rightleftharpoons & 2Cl^- + 2NH_4^+ \\ & & \qquad\quad \Updownarrow \\ & & \qquad\quad 2NH_3 \cdot H_2O \end{array}$$

溶解总反应为：$Mg(OH)_2\ (s) + 2NH_4^+ \rightleftharpoons Mg^{2+} + 2NH_3 \cdot H_2O$

总平衡常数为：

$$K^\ominus = \frac{c_{eq}(Mg^{2+})[c_{eq}(NH_3 \cdot H_2O)]^2}{[c_{eq}(NH_4^+)]^2} = \frac{K_{sp}^\ominus[Mg(OH)_2]}{[K_b^\ominus(NH_3 \cdot H_2O)]^2}$$

$$=\frac{1.8\times10^{-11}}{(1.74\times10^{-5})^2}=5.9\times10^{-2}$$

平衡常数不是很大，但如果加足量的氯化铵，平衡右移，还是可以溶解的。$K_{sp}^{\ominus}$ 越大，$K_b^{\ominus}$ 越小，越容易溶解；反之，则越难溶解。

（2）利用氧化还原反应使沉淀溶解

在含有难溶强电解质沉淀的饱和溶液中加入某种氧化剂或还原剂，与难溶电解质的阳离子或阴离子发生氧化还原反应，降低了阳离子或阴离子的浓度，使离子积小于溶度积，难溶强电解质的沉淀-溶解平衡向沉淀溶解的方向移动。例如 $K_{sp}^{\ominus}$ 较小的 Ag_2S、CuS 等不能溶于盐酸，但可以溶于氧化性的稀 HNO_3。稀 HNO_3 可以将 S^{2-} 氧化成单质 S，S^{2-} 浓度大大降低，使 $J<K_{sp}^{\ominus}$，Ag_2S、CuS 沉淀溶解。反应式如下：

$$3CuS+8HNO_3 = 3Cu(NO_3)_2+2NO\uparrow+3S\downarrow+4H_2O$$

$$3Ag_2S+8HNO_3 = 6AgNO_3+2NO\uparrow+3S\downarrow+4H_2O$$

（3）生成配合物使沉淀溶解

如 AgX 等难溶强电解质，既不溶于非氧化性酸，也不溶于氧化性酸。但是 Ag^+ 可以和某些配合剂生成配合物，Ag^+ 浓度大大降低，使 $J<K_{sp}^{\ominus}$，沉淀溶解。反应式如下：

$$AgCl(s)+2NH_3 \rightleftharpoons [Ag(NH_3)_2]^+ + Cl^-$$

$$AgI(s)+2CN^- \rightleftharpoons [Ag(CN)_2]^- + I^-$$

对于 $K_{sp}^{\ominus}$ 极小的难溶强电解质，有时采用两种或多种方法进行溶解。例如 HgS 的 $K_{sp}^{\ominus}$ 为 4.0×10^{-53}，必须加入王水（1 体积浓 HNO_3 和 3 体积浓 HCl），利用 HNO_3 氧化 S^{2-} 成单质 S，同时 Hg^{2+} 和 Cl^- 生成 $[HgCl_4]^{2-}$ 配离子，使 Hg^{2+} 和 S^{2-} 浓度同时被大大降低，$J<K_{sp}^{\ominus}$，沉淀溶解。反应式如下：

$$3HgS+2NO_3^-+12Cl^-+8H^+ = 3[HgCl_4]^{2+}+2NO\uparrow+3S\downarrow+4H_2O$$

5.2.4　沉淀的转化

通过加入适当试剂发生化学反应，使一种沉淀转化为另一种沉淀的过程，称为沉淀的转化（transformation of precipitation）。一般有下列两种情况。

（1）难溶强电解质转化为更难溶的强电解质

在盛有 $PbCrO_4$ 沉淀的试管中加入 $(NH_4)_2S$ 溶液，充分搅拌，黄色沉淀转变为黑色沉淀，反应如下：

$$PbCrO_4\ (s) \rightleftharpoons Pb^{2+}+CrO_4^{2+}$$

$$+$$

$$(NH_4)_2S = S^{2-}+2NH_4^+$$

$$\Updownarrow$$

$$PbS\ (s)$$

转化总反应式为：$PbCrO_4\ (s)+S^{2-} \rightleftharpoons PbS\ (s)+CrO_4^{2-}$

转化反应平衡常数为：

$$K^{\ominus}=\frac{c_{eq}(CrO_4^{2-})}{c_{eq}(S^{2-})}=\frac{K_{sp}^{\ominus}(PbCrO_4)}{K_{sp}^{\ominus}(PbS)}=\frac{2.8\times10^{-13}}{1.0\times10^{-28}}=2.8\times10^{15}$$

平衡常数很大，溶度积大的 $PbCrO_4$ 转化为溶度积小的 PbS，而且进行得很完全。根据转化平衡常数的大小可以判断转化的可能性。当 $K^{\ominus}>1$ 时，转化可以进行；$K^{\ominus}$ 越大，转化进行的程度越大；当 $K^{\ominus} \geqslant 10^6$ 时，转化反应进行得比较完全。实践过程中用 Na_2CO_3 溶液使形成锅垢的 $CaSO_4$ 转化为较疏松又易清除的 $CaCO_3$。

（2）难溶强电解质转化为稍易溶的强电解质

一般来说，由溶解度小的沉淀转化为溶解度较大的沉淀，由于转化反应的 $K^{\ominus}<1$，这种转化是比较困难的。但当两种沉淀溶解度相差不是太大时，控制一定的条件，还是可以进行的。例如 $BaSO_4$ 的溶解度比 $BaCO_3$ 的溶解度小，但相差不大，只要控制好条件，用饱和 Na_2CO_3 溶液处理 $BaSO_4$，还是可以使 $BaSO_4$ 转化为 $BaCO_3$ 沉淀的。反应如下：

$$BaSO_4(s)+CO_3^{2-} \rightleftharpoons BaCO_3(s)+SO_4^{2-}$$

$$K^{\ominus}=\frac{c_{eq}(SO_4^{2-})}{c_{eq}(CO_3^{2-})}=\frac{K_{sp}^{\ominus}(BaSO_4)}{K_{sp}^{\ominus}(BaCO_3)}=\frac{1.1\times10^{-10}}{5.1\times10^{-9}}=\frac{1}{46}$$

只要控制溶液中 $c_{eq}(CO_3^{2-})>46c_{eq}(SO_4^{2-})$，反应即可正向进行。必须指出的是，这种转化反应只适用于溶解度相差不大的沉淀之间。如果两种沉淀的溶解度相差很大，转化是非常困难的，甚至是不可能的。

5.2.5 同离子效应和盐效应

溶液中除有难溶强电解质外，还有其他易溶强电解质时，其他电解质的存在会影响难溶电解质的溶解度。下面讨论同离子效应和盐效应对难溶强电解质溶解度的影响。

（1）同离子效应

在难溶强电解质溶液中，加入与难溶强电解质含有相同离子的易溶强电解质，使难溶强电解质的溶解度降低的效应，称沉淀-溶解平衡中的同离子效应（common ion effect）。

例如，在难溶强电解质 $BaSO_4$ 饱和溶液中加入含有相同离子的强电解质 Na_2SO_4 溶液，存在如下平衡：

$$BaSO_4(s) \rightleftharpoons Ba^{2+}+SO_4^{2-}$$

$$Na_2SO_4 = 2Na^{+}+SO_4^{2-}$$

由于 Na_2SO_4 的加入，使溶液中 SO_4^{2-} 浓度增大，$J>K_{sp}^{\ominus}$，平衡向左移动，生成了更多的 $BaSO_4$ 沉淀，直到建立新的平衡为止，最终导致 $BaSO_4$ 的溶解度降低。

在实际工作中，经常加入适当过量的沉淀剂，利用同离子效应使沉淀反应更完全。在定量分离沉淀时，应选择与沉淀含有相同离子的溶液进行洗涤，减少沉淀由于溶解而造成的损失。

（2）盐效应

在难溶强电解质的饱和溶液中，加入与难溶强电解质不具有相同离子的易溶强电解质，而使难溶电解质的溶解度略有增大的效应称为盐效应（salt effect）。

例如，在 $BaSO_4$ 饱和溶液中加入 KNO_3，存在如下平衡：

$$BaSO_4(s) \rightleftharpoons Ba^{2+}+SO_4^{2-}$$

$$KNO_3 = K^{+}+NO_3^{-}$$

由于 KNO_3 的加入，使溶液中总的离子浓度增大，离子间相互作用增强，离子强度增大，有效离子浓度减小，平衡向右移动，直到建立新的平衡为止，最终导致 $BaSO_4$ 的溶解度稍有增大。

产生同离子效应的同时，必然伴随盐效应的发生，而且两者的作用相反，但稀溶液中同离子效应的影响要大得多。因此，对于稀溶液，以同离子效应的影响为主，而忽略盐效应的影响。

5.3　沉淀-溶解平衡的应用（阅读）

沉淀反应的应用十分广泛。在化工和药物生产中，某些难溶物质的制备，某些易溶药物产品中一些杂质的分离去除，以及产品的质量分析和难溶硫化物、难溶氢氧化物的分离等方面的应用都涉及沉淀-溶解平衡的有关知识。

5.3.1　在药物生产上的应用

许多无机药物的制备，原则上是控制适当的反应条件，将两种易溶电解质溶液互相混合以制得难溶物沉淀。现在以《中华人民共和国药典》（简称《中国药典》）中 $BaSO_4$、$Al(OH)_3$ 的制备为例加以说明。

（1）硫酸钡的制备

$BaSO_4$ 的制备一般是以氯化钡和硫酸钠为原料，或向可溶性钡盐溶液中加入硫酸，反应式如下：

$$Ba^{2+} + SO_4^{2-} = BaSO_4 \downarrow$$

反应所得的沉淀经过滤、洗涤、干燥后，并经杂质检验测定其含量，符合《中国药典》的质量标准才可供药用。

$BaSO_4$ 是唯一可供内服的钡盐药物。由于钡的原子量大，X 射线不能透过钡离子，硫酸钡又不溶于水和酸（可溶性钡盐对人体有害），因此可以用作 X 光造影剂，诊断胃肠道疾病。

（2）氢氧化铝的制备

制备 $Al(OH)_3$ 是用矾土（主成分为 Al_2O_3）做原料，使之溶于硫酸中，生成的硫酸铝再与碳酸钠溶液作用，得到氢氧化铝胶状沉淀。反应式如下：

$$Al_2O_3 + 3H_2SO_4 = Al_2(SO_4)_3 + 3H_2O$$

$$Al_2(SO_4)_3 + 3Na_2CO_3 + 3H_2O = 2Al(OH)_3 \downarrow + 3Na_2SO_4 + 3CO_2 \uparrow$$

氢氧化铝是一种常用抗酸药，常用于治疗胃酸过多和胃及十二指肠溃疡等疾病，药用常制成干燥氢氧化铝和氢氧化铝片（胃舒平）。

5.3.2　在药物质量控制上的应用

为保证药物质量，必须根据国家规定的药品质量标准进行药品检验工作。对药品的质量鉴定，主要是杂质检查和含量测定两方面，沉淀反应在药品检验工作中经常用到。

沉淀反应在杂质检查上的应用是将一定浓度的沉淀剂加入产品的溶液中，观察是否与要检查的离子产生沉淀。从产品溶液的用量和沉淀剂的浓度与体积，根据溶度积可以计算出杂质含量是否符合规定的限度。

例如注射用水中氯离子的限度检查规定如下：取水样 50mL，加 $2mol \cdot L^{-1}$ 的稀硝酸 5 滴、$0.1mol \cdot L^{-1}$ 硝酸银溶液 1mL，放置半分钟，不得发生浑浊。检查的原理是 Ag^+ 和 Cl^- 可以形成白色的 AgCl 沉淀。加硝酸的作用是防止 CO_3^{2-} 和 OH^- 的干扰。根据样品的体积和所用试剂的浓度和体积以及 AgCl 的溶度积可以计算出这种方法允许 Cl^- 存在的限度。

药品中含有微量硫酸盐的检查方法是利用硫酸盐与新鲜配制的 $BaCl_2$ 溶液在酸性溶液中作用生成 $BaSO_4$ 浑浊。将它与一定量的标准 K_2SO_4 与 $BaCl_2$ 在同一条件下用同样方法处理所生成的浑浊比较，以计算样品中含硫酸盐的限度。

5.3.3 沉淀的分离

许多氢氧化物、硫化物沉淀溶解度很小，对于溶度积相差比较大的，可以利用沉淀反应进行一些离子间的分离。

【例 5-7】 某混合溶液中 Fe^{3+} 和 Cd^{2+} 的浓度都是 0.010mol·L^{-1}，若只要 Fe^{3+} 沉淀，Cd^{2+} 不沉淀，从而达到分离的目的，问需控制 pH 值在什么范围？

解 若要 Fe^{3+} 和 Cd^{2+} 分离，必须使 Fe^{3+} 沉淀完全，而 Cd^{2+} 不沉淀留在溶液中，因此，只要计算出 $Fe(OH)_3$ 沉淀完全时的 pH 值和 $Cd(OH)_2$ 刚开始沉淀时的 pH 值即可。

$Fe(OH)_3$ 沉淀完全时：

$$c(OH^-)=\sqrt[3]{\frac{K_{sp}^{\ominus}[Fe(OH)_3]}{1.0\times10^{-5}}}=\sqrt[3]{\frac{4.0\times10^{-38}}{1.0\times10^{-5}}}=1.6\times10^{-11}(mol\cdot L^{-1})$$

$$pH=pK_W^{\ominus}-pOH=14+\lg(1.6\times10^{-11})=3.20$$

$Cd(OH)_2$ 开始沉淀时：

$$c(OH^-)=\sqrt{\frac{K_{sp}^{\ominus}[Cd(OH)_2]}{0.010}}=\sqrt{\frac{2.51\times10^{-14}}{0.010}}=1.6\times10^{-6}mol\cdot L^{-1}$$

$$pH=pK_W^{\ominus}-pOH=14+\lg(1.6\times10^{-6})=8.20$$

即控制 pH 值在 3.20～8.20 之间，可使 Fe^{3+} 和 Cd^{2+} 分离。

因此，难溶氢氧化物开始沉淀和沉淀完全时的 pH 值范围不同，通过控制不同的 pH 值范围可以使不同的氢氧化物沉淀分离。在实际工作中，多采用缓冲溶液来控制溶液的 pH 值。

小结

1. 沉淀-溶解平衡：难溶电解质溶液中，当溶解速率等于沉淀速率时的平衡状态。沉淀-溶解平衡是多相平衡，平衡时的溶液是难溶电解质的饱和溶液。

2. 溶度积（$K_{sp}^{\ominus}$）：沉淀-溶解平衡的平衡常数称溶度积，它表示在一定温度下，难溶强电解质达到沉淀-溶解平衡时，溶液中各组分离子相对平衡浓度幂的乘积是一常数。

3. 溶度积与溶解度：若以 A_mB_n 表示任一类型的难溶强电解质，则溶度积和溶解度之间的关系为 $s=\sqrt[m+n]{\frac{K_{sp}^{\ominus}(A_mB_n)}{m^mn^n}}$。

4. 溶度积规则：

(1) $J=K_{sp}^{\ominus}$，饱和溶液，沉淀-溶解平衡状态。

(2) $J<K_{sp}^{\ominus}$，不饱和溶液，无沉淀析出或沉淀溶解。

(3) $J>K_{sp}^{\ominus}$，是过饱和溶液，有沉淀析出。

5. 分步沉淀：加入一种沉淀剂，使溶液中多种离子按照到达溶度积的先后顺序分别沉淀出来的现象称为分步沉淀。同种类型的沉淀，则溶度积小的先沉淀，溶度积大的后沉淀；不同类型的沉淀，必须通过计算来确定。利用分步沉淀原理，可进行难溶强电解质的分离。

6.沉淀的溶解：沉淀溶解的常用方法有生成弱电解质、氧化还原、生成配离子三种。

7.沉淀的转化：通过加入适当试剂，发生化学反应，使一种沉淀转化为另一种沉淀的过程称为沉淀的转化。一般情况下，$K^{\ominus}>1$ 时，转化可以进行；$K^{\ominus}\geqslant 10^6$ 时，转化反应进行得比较完全。

8.同离子效应和盐效应：同离子效应使难溶电解质的溶解度减小；盐效应使难溶电解质的溶解度略有增大。

思考题

1.溶度积与离子积有何区别？简述溶度积规则。

2.溶解度小的难溶强电解质有可能转化为溶解度大的难溶强电解质吗？举例说明。

3.沉淀溶解的方法有哪几种？溶解 HgS 需采用哪种方法？

习　题

1.已知 $PbCl_2$ 的 $K^{\ominus}_{sp}=1.6\times10^{-11}$，在氯离子浓度为 $2.0mol\cdot L^{-1}$ 的溶液中，铅离子浓度为多少？

【参考答案：$4.0\times10^{-12}\ mol\cdot L^{-1}$】

2.计算下列物质在 298.15K 时的溶解度。

（1）$Ca_3(PO_4)_2$（$K^{\ominus}_{sp}=2.0\times10^{-29}$）；

（2）$PbCrO_4$（$K^{\ominus}_{sp}=2.8\times10^{-13}$）；

（3）MgF_2（$K^{\ominus}_{sp}=6.5\times10^{-9}$）。

【参考答案：（1）$7.1\times10^{-7}mol\cdot L^{-1}$；（2）$5.3\times10^{-7}mol\cdot L^{-1}$；（3）$1.2\times10^{-3}mol\cdot L^{-1}$】

3.下列情况能否生成沉淀？

（1）$0.0010mol\cdot L^{-1}$ $AgNO_3$ 溶液和 $0.0010mol\cdot L^{-1}$ K_2S 溶液等体积混合。已知 $K^{\ominus}_{sp}(Ag_2S)=6.3\times10^{-50}$。

（2）$0.0001mol\cdot L^{-1}$ $CaCl_2$ 溶液和 $0.0001mol\cdot L^{-1}$ K_2CO_3 溶液等体积混合。已知 $K^{\ominus}_{sp}(CaCO_3)=2.8\times10^{-9}$。

（3）5.0mL $0.0010mol\cdot L^{-1}$ $ZnCl_2$ 溶液和 95.0mL $0.0010mol\cdot L^{-1}$ NaOH 溶液混合。已知 $K^{\ominus}_{sp}[Zn(OH)_2]=1.2\times10^{-17}$。

【参考答案：能生成沉淀；不能生成沉淀；能生成沉淀】

4.在 298.15K 时，$Cr(OH)_3$ 的溶度积为 6.3×10^{-31}，计算：

（1）$Cr(OH)_3$ 在水中的溶解度。

（2）$Cr(OH)_3$ 在 $0.0010mol\cdot L^{-1}$ NaOH 溶液中的 Cr^{3+} 浓度。

（3）$Cr(OH)_3$ 在 $0.0010mol\cdot L^{-1}$ $CrCl_3$ 溶液中的 OH^- 浓度。

【参考答案：（1）$1.2\times10^{-8}mol\cdot L^{-1}$；（2）$6.3\times10^{-22}mol\cdot L^{-1}$；（3）$8.6\times10^{-10}mol\cdot L^{-1}$】

5.在 Bi^{3+} 和 Mg^{2+} 浓度分别是 $0.030mol\cdot L^{-1}$ 和 $0.010mol\cdot L^{-1}$ 的混合溶液中，逐滴加

入 NaOH 溶液，通过计算确定 Bi^{3+} 和 Mg^{2+}，哪个先沉淀？已知 $K_{sp}^{\ominus}[Bi(OH)_3]=4.0\times10^{-31}$，$K_{sp}^{\ominus}[Mg(OH)_2]=1.8\times10^{-11}$。

【参考答案：Bi^{3+} 先沉淀】

6. 将 0.20 mol·L^{-1} 氨水溶液和 0.50 mol·L^{-1} $FeCl_2$ 溶液等体积混合，有无沉淀生成（忽略体积变化）？已知 $K_{sp}^{\ominus}[Fe(OH)_2]=8.0\times10^{-16}$，$K_b^{\ominus}(NH_3\cdot H_2O)=1.74\times10^{-5}$。

【参考答案：有沉淀生成】

第6章 氧化还原反应

06 Chapter

学习要求

掌握	氧化还原反应的特征和实质；元素氧化值的确定；Nernst方程及有关计算；氧化还原反应平衡常数的计算；元素电势图的应用。
熟悉	氧化值、氧化还原的基本概念；原电池的组成及其书写；电池反应和电池电动势的定义；影响电极电势的因素。
了解	电极电势产生的机制。

化学反应可以分为两大基本类型：一类是非氧化还原反应，如前面所讨论的酸碱反应和沉淀反应；另一类是氧化还原反应（oxidation-reduction reaction），是在化学反应过程中有电子的得失或共用电子对偏移的反应。氧化还原反应是一类非常重要的化学反应，在许多领域里都涉及。如自然界中的燃烧、呼吸作用、光合作用；生产生活中的化学电池、金属冶炼、火箭发射；医药学上药物的质量、药效及其稳定性以及生命活动中的肌肉收缩、呼吸过程、能量转换、新陈代谢、神经传导等等都与氧化还原反应息息相关。本章将在氧化还原反应的基础上，以电极电势为核心，介绍氧化还原反应的基本原理及其应用。

6.1 基本概念（课堂讨论）

6.1.1 氧化还原反应的实质

人们对氧化还原反应的认识经历了一个过程。最初把一种物质与氧结合的过程称为氧化；而把含氧物质失去氧的过程称为还原。随着对化学反应的进一步研究，人们认识到物质失去电子的过程称为氧化（oxidation），物质得到电子的过程称为还原（reduction）。例如，把锌放在硫酸铜溶液中，锌溶解而铜析出，这时发生氧化还原反应：

$$Zn + \overset{2e^-}{\overbrace{Cu^{2+} \longrightarrow Cu}} + Zn^{2+}$$

上述反应中，Zn 失去电子被氧化为 Zn^{2+}，Zn 称为还原剂（reducing agent），发生氧化反应；Cu^{2+} 得到电子还原为 Cu，Cu^{2+} 称为氧化剂（oxidizing agent），发生还原反应。在氧化还原反应中，电子不能游离存在，因此一种物质失去电子必然意味着另一种物质得到电子，故氧化还原总是同时发生而共存于一个反应之中。氧化剂与还原剂之间发生 n 个电子的转移，可表示如下：

$$\text{氧化剂} + ne^- \rightleftharpoons \text{还原剂}$$

在上述有简单离子参与或生成的反应中，反应物之间电子的转移是很明显的。但在仅有共价化合物参与的反应中，虽然没有发生上述那种电子的完全转移，却发生了电子对的偏移。例如：

$$H_2 + Cl_2 = 2HCl$$

因为氯的电负性大于氢，所以在 HCl 分子中共用的电子对偏向氯的一方，尽管其中的氯和氢都没有获得电子或失去电子，却也有一定程度的电子的转移（或偏移）。这样的反应同样属于氧化还原反应。

综上所述，氧化还原反应实质上是反应前后有电子得失或电子对偏移的反应。

6.1.2 氧化值

在氧化还原反应中，电子转移引起某些原子的价电子层结构发生变化，从而改变了这些原子的带电状态。为了描述原子带电状态的改变，描述其氧化或还原的程度，定义氧化剂、还原剂以及氧化还原反应，引入了氧化值的概念。氧化值也称为氧化数（oxidation number）。1970 年国际纯粹和应用化学联合会（IUPAC）对氧化值做了较严格的定义：任意化学实体中一个元素的氧化值是该元素的原子所带的表观电荷数，该电荷数是假定把每一化学键上参与成键的所有电子指定给电负性更大的原子而求得的。在离子型化合物中，元素原子的氧化数等于该元素离子所带电荷数，如 NaCl 中 Na 的氧化数为＋1，Cl 的氧化数为－1。在共价型化合物中，把两原子中共用的电子对指定给电负性较大的原子后，各个原子减少或增加的电子数即为各自的氧化数。例如在 HCl 中，Cl 原子电负性比 H 原子大，则 HCl 分子中 H－Cl 键的共用电子对被指定为 Cl 原子所有，因此 Cl 元素的氧化值为－1，H 元素的氧化值为＋1。确定氧化值的规则如下：

① 在单质中，元素的氧化值为零。

② 在大多数化合物中，氢的氧化值为＋1，只有在金属氢化物（如 KH、CaH_2 等）中，氢的氧化值为－1。

③ 在化合物中，氧的氧化值一般为－2。但在过氧化物中（如 Na_2O_2、H_2O_2 等），氧的氧化值为－1；在超氧化物中（如 KO_2），氧的氧化值为－1/2；在氧的氟化物中，如 OF_2 中氧的氧化值为＋2。

④ 在所有的氟化物中，氟的氧化值都为－1。

⑤ 在中性分子中，所有元素的氧化值的代数和为零。在多原子离子中，所有元素的氧化值的代数和等于离子所带的电荷数。对于简单离子，元素的氧化值等于离子所带的电荷数。

利用上述规则，可以求出各种元素的氧化值。

【例 6-1】 试求 $Na_2S_4O_6$ 中 Mn 的氧化数和 Fe_3O_4 中 Fe 元素的氧化数。

解 设 $Na_2S_4O_6$ 中 S 的氧化数为 x，Fe_3O_4 中 Fe 的氧化数为 y，则：

$$2\times(+1)+4\times x+6\times(-2)=0 \qquad x=+2.5$$

$Na_2S_4O_6$ 中 S 的氧化数为＋2.5。

$$3\times y+4\times(-2)=0 \qquad y=+8/3$$

Fe_3O_4 中 Fe 的氧化数为＋8/3。

元素的氧化值的改变与反应中得失电子相关联。如果反应中某元素的原子失去电子，则元素的氧化值升高；相反，某元素的原子得到电子，其氧化值降低。例如：

$$Zn+Cu^{2+} \rightleftharpoons Cu+Zn^{2+} \tag{6-1}$$

在该反应中，Zn 失去电子是还原剂，氧化值由 0 升高到＋2；Cu^{2+} 得到电子是氧化剂，氧化值由＋2 降低到 0。可以根据氧化值的变化来确定氧化剂和还原剂。元素的氧化值升高的物质是还原剂，氧化值降低的是氧化剂。该氧化还原反应还可以根据其电子转移方向的不同被拆成两个半反应，或者说，氧化还原反应可以看成由两个半反应构成。

氧化反应：
$$Zn-2e^- \longrightarrow Zn^{2+} \tag{6-2}$$

还原反应：
$$Cu^{2+}+2e^- \longrightarrow Cu \tag{6-3}$$

式（6-2）加式（6-3）就得到了式（6-1）。也就是说，任何氧化还原反应都是由两个半反应组成的。在半反应中，同一元素的两种不同氧化值的物种组成了电对。由 Zn^{2+} 与 Zn 所组成的电对可表示为 Zn^{2+}/Zn；由 Cu^{2+} 与 Cu 所组成的电对可表示为 Cu^{2+}/Cu。电对中氧化值较大的物种为氧化型，氧化值较小的物种为还原型。电对表示为氧化型/还原型。则半反应的通式可表示为：

$$\text{氧化型}+ne^- \rightleftharpoons \text{还原型}$$

或
$$Ox+ne^- \rightleftharpoons Red$$

任何氧化还原反应系统都是由两个电对构成的。如果以（1）表示还原剂所对应的电对，（2）表示氧化剂所对应的电对，则氧化还原反应方程式可写为：

$$\text{还原型}(1)+\text{氧化型}(2) \rightleftharpoons \text{氧化型}(1)+\text{还原型}(2)$$

其中，还原型（1）为还原剂，在反应中被氧化为氧化型（1）；氧化型（2）是氧化剂，在反应中被还原为还原型（2）。在氧化还原反应中，失电子与得电子，氧化与还原，氧化剂与还原剂既是对立的，又是相互依存的，共处于同一反应中。

6.2　氧化还原反应方程式的配平

常用的配平氧化还原方程式的方法有离子-电子法和氧化值法。要配平一个氧化还原反应方程式，首先要知道反应条件，如温度、压力、介质的酸碱性等，然后找出氧化剂和还原剂，以及它们所对应的还原产物和氧化产物。若根据氧化剂和还原剂得失电子数相等的原则进行配平，则称为离子-电子法；若根据氧化剂和还原剂氧化值变化相等的原则进行配平，则称为氧化值法。

6.2.1　离子-电子法（课堂讨论）

用离子-电子法配平的原则为：

① 反应过程中氧化剂得到的电子数必须等于还原剂失去的电子数。

② 反应前后各元素的原子总数相等。

【例 6-2】 以 $KMnO_4+HCl \longrightarrow MnCl_2+Cl_2$ 反应为例说明离子-电子法配平氧化还原反应方程式的具体步骤。

解　① 写出离子反应式：

$$MnO_4^- + Cl^- \longrightarrow Mn^{2+} + Cl_2$$

② 根据氧化还原电对，将离子反应式拆成氧化和还原两个半反应。

还原半反应：$MnO_4^- \longrightarrow Mn^{2+}$

氧化半反应：$Cl^- \longrightarrow Cl_2$

③ 根据物料平衡和电荷平衡，配平氧化和还原两个半反应。其配平方法是：首先根据物料平衡配平半反应式两边各原子的数目，然后根据电荷平衡配平半反应式两边电荷的总量。

还原半反应： $MnO_4^- + 8H^+ + 5e^- \longrightarrow Mn^{2+} + 4H_2O$ ①

氧化半反应： $2Cl^- - 2e^- \longrightarrow Cl_2$ ②

④ 根据氧化剂和还原剂得失电子数相等的原则，找出两个半反应的最小公倍数，并把它们合并成一个配平的离子方程式。

$$①\times 2 \quad 2MnO_4^- + 16H^+ + 10e^- \longrightarrow 2Mn^{2+} + 8H_2O$$

$$②\times 5 \quad 10Cl^- - 10e^- \longrightarrow 5Cl_2$$

两式相加得：$2MnO_4^- + 16H^+ + 10Cl^- = 2Mn^{2+} + 5Cl_2 + 8H_2O$

⑤ 将配平的离子方程式写为分子方程式，注意反应前后氧化值没有变化的离子的配平。

$$2KMnO_4 + 16HCl = 2KCl + 2MnCl_2 + 5Cl_2 + 8H_2O$$

【例 6-3】 配平氯气在热的氢氧化钠溶液中反应方程式：$Cl_2 + NaOH \longrightarrow NaCl + NaClO_3$。

解 ① 写出未配平的离子反应式：

$$Cl_2 + OH^- \longrightarrow Cl^- + ClO_3^-$$

② 将上述未配平的反应式拆成氧化还原两个半反应：

还原半反应：$Cl_2 \longrightarrow Cl^-$

氧化半反应：$Cl_2 \longrightarrow ClO_3^-$

③ 配平两个半反应式，使等式两边的原子个数和净电荷数相等：

$$Cl_2 + 2e^- \longrightarrow 2Cl^-$$

$$Cl_2 + 12OH^- - 10e^- \longrightarrow 2ClO_3^- + 6H_2O$$

④ 根据氧化剂和还原剂得失电子数必须相等的原则，在两个半反应式中乘上适当的系数（由得失电子数的最小公倍数确定），然后两式相加，得到配平的离子方程式。

$$①\times 5 \quad 5Cl_2 + 10e^- \longrightarrow 10Cl^-$$

$$② \quad Cl_2 + 12OH^- - 10e^- \longrightarrow 2ClO_3^- + 6H_2O$$

两式相加得：$6Cl_2 + 12OH^- = 2ClO_3^- + 10Cl^- + 6H_2O$

应使配平的离子方程式中各种离子、分子的化学计量数为最小整数：

$$3Cl_2 + 6OH^- = ClO_3^- + 5Cl^- + 3H_2O$$

⑤ 加上未参与氧化还原反应的正、负离子，使上述配平的离子方程式改写成分子反应方程式。得：

$$3Cl_2 + 6NaOH = NaClO_3 + 5NaCl + 3H_2O$$

6.2.2 氧化值法（阅读）

用氧化值法配平的原则为：氧化剂中元素氧化值降低的总数与还原剂中氧化值升高的总

数必须相等。

【例 6-4】 用氧化值法配平 $KMnO_4$ 和 $FeSO_4$ 在稀 H_2SO_4 溶液中反应的方程式。

解 ① 写出反应物和生成物的化学式，并标出氧化值有变化的元素，计算出反应前后氧化值的变化。其中，氧化值增加或减小的数值，以数字前面加“+”或“−”号表示。

$$(2-7=-5)\times 2$$

$$K\overset{+7}{Mn}O_4 + \overset{+2}{Fe}SO_4 + H_2SO_4 \longrightarrow \overset{+2}{Mn}SO_4 + \overset{+3}{Fe_2}(SO_4)_3 + K_2SO_4$$

$$(3-2=+1)\times 2\times 5$$

② 根据元素的氧化值升高和降低的总数必须相等的原则，确定氧化剂和还原剂的化学式前面的系数，由这些系数可得到下列不完全的方程式：

$$2KMnO_4 + 10FeSO_4 + H_2SO_4 \longrightarrow 2MnSO_4 + 5Fe_2(SO_4)_3 + K_2SO_4$$

③ 根据反应式两边同种原子的总数相等的原则，逐一调整系数，用观察法配平反应式两边其他原子的数目。通常先配平非 H、O 原子，最后再核对 H 原子和 O 原子是否相等。由于左边多 16 个 H 原子和 8 个 O 原子，右边应加 8 个水分子，得到配平的氧化还原方程式：

$$2KMnO_4 + 10FeSO_4 + 8H_2SO_4 = 2MnSO_4 + 5Fe_2(SO_4)_3 + K_2SO_4 + 8H_2O$$

6.3 电极电势

6.3.1 原电池和电极电势

6.3.1.1 原电池

在前面的讨论中提到，一个氧化还原反应可以拆分成两个半反应。这种描述不仅仅为配平氧化还原反应方程式提供了方法和技巧，更重要的是，可以使氧化半反应和还原半反应在一定装置中“隔离”开来并分别发生反应，便可产生电流，从而将化学能转化为电能。这种使化学能转变为电能的装置，称为原电池（primary cell），简称电池（cell）。

（1）原电池的构造

将一块 Zn 片放入盛有 $CuSO_4$ 溶液的烧杯中，很快就会观察到有一层红棕色的 Cu 沉积在锌片的表面上，蓝色 $CuSO_4$ 溶液的颜色逐渐变浅，与此同时，Zn 片也慢慢溶解，这就说明 Zn 与 $CuSO_4$ 之间发生了氧化还原反应，这是一个自发进行的过程：

$$Zn + CuSO_4 = ZnSO_4 + Cu \quad \Delta G_m^{\ominus} = -212.2\text{kJ}\cdot\text{mol}^{-1}$$

在这一过程中，由于 Zn 片与 $CuSO_4$ 溶液直接接触，电子从 Zn 原子直接转移给 Cu^{2+}，电子的转移是无序的，不会形成电子的定向运动——电流，反应放出的化学能转变成了热能，溶液温度升高。若采用如图 6-1 所示的实验装置，在左边盛有 $ZnSO_4$ 溶液的烧杯中插入 Zn 片，在右边盛有 $CuSO_4$ 溶液的烧杯中插入 Cu 片。每种金属和含有相应金属离子的溶液组成一个半电池，两个半电池用倒置的 U 形管连接。一般情况下，U 形管中充满含有饱和 KCl 溶液的琼脂冻胶，这样溶液不致流出，而离子则可以在其中迁移，这种 U 形管称为盐桥。然后，将 Zn 片和 Cu 片用导线连接起来，中间再串联一个检流计。此时就发现检流计的指针向一方偏转，说明导线中确有电流通过。并且电子是从 Zn 片定向地转移到 Cu 片（电流的方向与电子转移的方向相反，即由 Cu 片流向 Zn 片）。

从上述 Cu-Zn 原电池装置可知，原电池是由两个半电池组成的。半电池有时也被称为

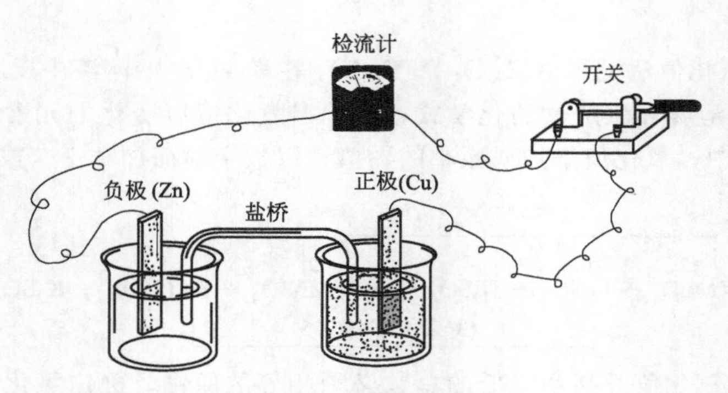

图 6-1　原电池实验装置示意

电极（electrode）。在 Zn 片和 $ZnSO_4$ 溶液组成的半电池中，Zn 片溶解时，Zn 失去电子，变成 Zn^{2+} 进入溶液，发生氧化反应，称为原电池的负极：

$$负极：Zn(s) \longrightarrow Zn^{2+}(aq) + 2e^- \quad （氧化反应）$$

在 Cu 片和 $CuSO_4$ 溶液组成的半电池中，电子从 Zn 片经由金属导线流向 Cu 片，溶液中的 Cu^{2+} 在铜片上获得电子，变为金属铜沉积在铜片上，发生还原反应，称为原电池的正极：

$$正极：Cu^{2+}(aq) + 2e^- \longrightarrow Cu(s) \quad （还原反应）$$

把分别在两个半电池中发生的氧化或还原反应，叫做半电池反应或电极反应。氧化和还原的总反应称为电池反应。在上述装置中所进行的总反应仍然是式（6-1）。只是这种氧化还原反应的两个半反应分别在两处进行，其中一处进行还原剂的氧化，另一处进行氧化剂的还原。电子不是直接由还原剂转移给氧化剂，而是通过外电路进行转移。电子进行有规则的定向流动，从而产生了电流，实现了由化学能到电能的转化。

在整个装置的电流回路中，溶液中的电流通路是靠离子迁移完成的。Zn 失去电子形成的 Zn^{2+} 进入 $ZnSO_4$ 溶液，$ZnSO_4$ 溶液因 Zn^{2+} 增多而带正电荷。同时，$CuSO_4$ 溶液则由于 Cu^{2+} 变为 Cu，使得 SO_4^{2-} 相对较多而带负电荷。溶液不保持电中性，将阻止放电作用继续进行。由于盐桥的存在，其中的 Cl^- 向 $ZnSO_4$ 溶液扩散，K^+ 向 $CuSO_4$ 溶液扩散，分别中和了过剩的电荷，使反应持续地进行，电流不断地产生，一直到 Zn 片全部溶解或 $CuSO_4$ 溶液中的 Cu^{2+} 几乎完全沉积出来。

（2）原电池的表示方法

为了书写简便，电化学上习惯将原电池的装置用符号来表示。原电池符号的书写惯例：

① 把负极写在电池符号表示式的左边，正极写在电池符号的右边。

② 以化学式表示电池中各物质的组成，溶液要标上活度或浓度（$mol \cdot L^{-1}$），若为气体物质应注明其分压（Pa），还应标明当时的温度。如不写出，则温度为 298.15K，气体分压为 101.325kPa，溶液浓度为 1 $mol \cdot L^{-1}$。

③ 以符号“|”表示不同物相之间的接界，用“‖”表示盐桥。同一相中的不同物质之间用“,”隔开。

④ 非金属或气体不导电，因此非金属元素在不同价态时构成的氧化还原电对作半电池时，需外加惰性导体（如铂和石墨等）作惰性电极。

按上述规定，Cu-Zn 原电池可用如下电池符号表示：

$$(-)Zn(s) \mid Zn^{2+}(c_1) \parallel Cu^{2+}(c_2) \mid Cu(s)(+)$$

【例 6-5】 将氧化还原反应 $2MnO_4^- + 10Cl^- + 16H^+ \rightleftharpoons 2Mn^{2+} + 5Cl_2\uparrow + 8H_2O$，设计成原电池，并写出该原电池的符号。

解　先将氧化还原反应分解成两个半反应：

氧化反应：$2Cl^-\ (c_1) \longrightarrow Cl_2\ (p) + 2e^-$

还原反应：$MnO_4^-\ (c_4) + 8H^+\ (c_2) + 5e^- \longrightarrow Mn^{2+}\ (c_3) + 4H_2O\ (l)$

原电池中正极发生还原反应，负极发生氧化反应，因此组成原电池时，MnO_4^-/Mn^{2+} 电对为正极，Cl_2/Cl^- 电对为负极。因为半反应中没有相应固体导体，所以可选用 C 棒或 Pt 做惰性电极。故原电池的符号为：

$$(-)Pt \mid Cl_2(p) \mid Cl^-(c_1) \parallel H^+(c_2), Mn^{2+}(c_3), MnO_4^-(c_4) \mid Pt(+)$$

【例 6-6】 已知原电池的符号为：$(-)\ Cu\ (s) \mid Cu^{2+}\ (c_1) \parallel Fe^{3+}\ (c_2),\ Fe^{2+}\ (c_3) \mid Pt\ (+)$。写出原电池的电极反应和电池反应。

解　负极，氧化反应：　$Cu\ (s) \longrightarrow Cu^{2+}\ (c_1) + 2e^-$

正极，还原反应：　$2Fe^{3+}\ (c_2) + 2e^- \longrightarrow 2Fe^{2+}\ (c_3)$

电池反应：　$Cu\ (s) + 2Fe^{3+}\ (c_2) \rightleftharpoons Cu^{2+}\ (c_1) + 2Fe^{2+}\ (c_3)$

6.3.1.2　电极电势

（1）电极电势的产生

原电池装置的外电路中有电流通过，说明两个电极的电势是不相等的，也就是说正、负两极之间有电势差的存在。如在 Cu-Zn 原电池中，产生的电流从 Cu 电极流向 Zn 电极，说明 Cu 电极的电势比 Zn 电极的电势高。是什么原因使原电池的两个电极的电势不同呢？下面以金属-金属离子电极为例讨论电极电势产生的原因。

金属晶体是由金属原子、金属离子和自由电子所组成。当把金属（M）片插入含有该金属离子（M^{n+}）的盐溶液中时，会出现两种不同的倾向：一种是金属表面的原子或离子由于本身的热运动和受极性水分子的作用，以离子形式进入溶液，而把电子留在金属表面的倾向，金属越活泼，金属离子浓度越小，这种溶解倾向越大；另一种是溶液中的金属离子受金属表面自由电子的吸引而沉积在金属表面上的倾向，金属越不活泼，溶液中金属离子浓度越大，这种沉积倾向越大。当金属溶解的速率与金属离子沉积的速率相等时，就建立了如下动态平衡：

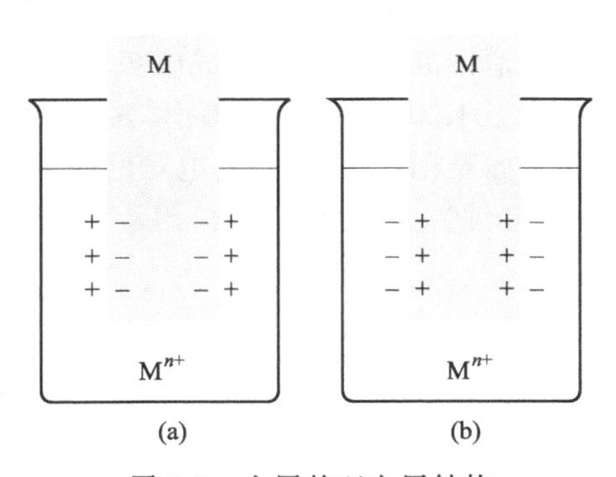

图 6-2　金属的双电层结构

$$M \rightleftharpoons M^{n+}(aq) + ne^-$$

若金属溶解的倾向大于金属离子沉积的倾向，平衡向右移动。达到平衡时，金属中的金属离子 M^{n+} 进入溶液，使金属片表面留有过剩电子而带负电，靠近金属片附近的溶液带正电。这样，在金属表面和溶液的界面处就形成了双电层（double electric layer），如图 6-2（a）所示，产生电势差。相反，若金属离子沉积的倾向大于金属溶解的倾向，平衡时金属表面带正电，附近溶液带负电，形成了如图 6-2（b）所示的双电层结构。这种在金属和它的盐溶液之间因形成双电层结构而产生的电势差叫做金属的平衡电极电势，简称电极电势（electrode potential），用符号 E（M^+/M）表示，单位为 V（伏）。如锌的电极电势用 E

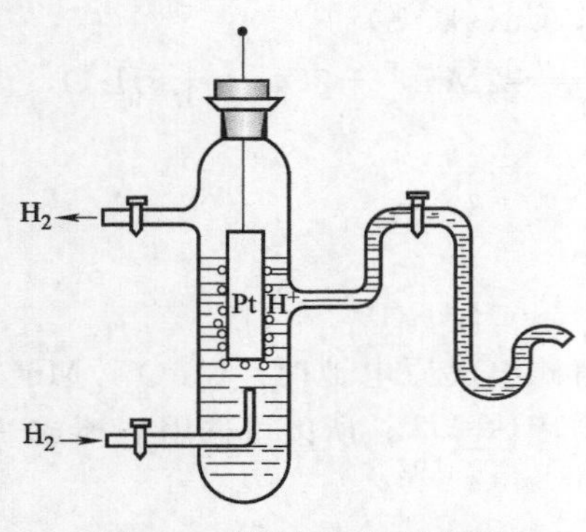

图 6-3 标准氢电极示意图

(Zn^{2+}/Zn) 表示，铜的电极电势用 $E(Cu^{2+}/Cu)$ 表示。由于不同的电极所产生的电极电势不同，若将两个不同的电极组成原电池时，两电极之间必然存在电势差，从而产生电流。由此可见，原电池中的电流是由于两个电极的电极电势不同而引起的。

（2）标准氢电极

迄今为止，任一电极电势的绝对值尚无法测定。但从实际需要来看，知道其相对值即可。因此可以选定某个电极为标准。按照 IUPAC 的建议，人们采用标准氢电极（缩写为 SHE）作为参比电极。标准氢电极（图 6-3）是将镀有活性多孔铂黑（增加电极的表面积，促进对气体的吸附，有利于与溶液达到平衡）的铂电极，浸入含有氢离子活度为 $1mol \cdot L^{-1}$ 的酸溶液中，在 298.15K 时不断通入压力为 101.3kPa 纯氢气流，使氢气冲打在铂片上，同时使溶液被氢气所饱和，氢气泡围绕铂片浮出液面。此时铂黑表面既有氢气，又有氢离子，氢气与溶液中的氢离子建立了如下的动态平衡：

$$2H^+(aq)+2e^- \rightleftharpoons H_2(g)$$

此时的电极电势即为标准氢电极的电极电势，人为规定其值为：$E^\ominus(H^+/H_2)=0.0000V$。

（3）标准电极电势

按照 IUPAC 的建议：任一给定电极的标准电极电势定义为该电极在标准状态时与标准氢电极组成原电池，如图 6-4 所示，通过测定原电池的标准电动势 $E^\ominus$，从而计算出该电极的标准电极电势。

所谓标准状态是指组成电极的离子的浓度（严格讲应为活度）为 $1mol \cdot L^{-1}$，气体的分压为 101.3kPa，液体和固体都是纯净物质，标准电极电势用符号 $E^\ominus$ 表示。

例如要测定 Zn^{2+}/Zn 电对的标准电极电势，是将纯净的锌片放在 $1mol \cdot L^{-1}$ 的 $ZnSO_4$ 溶液中，把它和标准氢电极用盐桥连接起来，组成一个原电池，如图 6-4 所示。

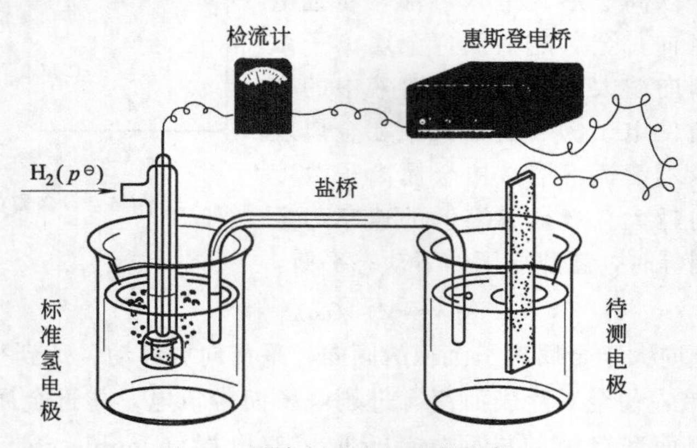

图 6-4 测定标准电极电势的装置

由直流电流表的指针测知电流是从氢电极流向锌电极，故氢电极为正极，锌电极为负极。

电池反应为：$Zn(s)+2H^+(aq) \rightleftharpoons Zn^{2+}(aq)+H_2(g)$

原电池符号为：(−)Zn(s) | Zn^{2+}(1 mol·L^{-1}) ‖ H^+(1 mol·L^{-1}) | $H_2(p^{\ominus})$ | Pt(+)

在 298K 时，用电压计测得此电池的标准电动势 $E^{\ominus}=0.7618V$，则有：

$$E^{\ominus}_{MF}=E^{\ominus}_{正}-E^{\ominus}_{负}=E^{\ominus}(H^+/H_2)-E^{\ominus}(Zn^{2+}/Zn)=0.0000-E^{\ominus}(Zn^{2+}/Zn)=0.7618$$

$$E^{\ominus}(Zn^{2+}/Zn)=-0.7618V$$

用同样的方法可测得 Cu^{2+}/Cu 电对的标准电极电势。将标准铜电极与标准氢电极组成的原电池中，铜电极为正极，氢电极为负极。在 298K 时，测得铜氢原电池的标准电动势为 0.3419V。不难理解，各电对的标准电极电势是以标准氢电极为参比电极并与各标准电极组成原电池测得的电动势，也称为相对标准电极电势。各电对的标准电极电势的数据可查阅附表 11。根据这些数据，可将任意两对组成原电池，并能计算出该电池的标准电动势 $E^{\ominus}$。电极电势高的电对为正极；电极电势低的电对为负极；两级的标准电极电势之差等于原电池的电动势。即：

$$E^{\ominus}_{MF}=E^{\ominus}_{正}-E^{\ominus}_{负} \tag{6-4}$$

6.3.2 影响电极电势的因素——能斯特方程式

6.3.2.1 能斯特（Nernst）方程式

标准电极电势是在标准状态下测定的电极电势，但绝大多数氧化还原反应都是在非标准状态下进行的。如果把非标准状态下的氧化还原反应组成原电池，其电极电势及电动势也是非标准状态的。影响电极电势的因素很多，除了电极本性是主要因素外，还有温度、各物质的浓度、气体的分压、溶液的 pH 值等诸多外界因素。这些影响因素可由 Nernst 方程式联系起来。

对于任意一个电极反应：

$$a\,Ox+ne^- \rightleftharpoons b\,Red$$

其电极电势的 Nernst 方程式为：

$$E=E^{\ominus}+\frac{RT}{nF}\ln\frac{[c(Ox)]^a}{[c(Red)]^b} \tag{6-5}$$

式中，$E^{\ominus}$为标准电极电势，V；R 为气体常数，$R=8.3143J\cdot mol^{-1}\cdot K^{-1}$；$F$ 为法拉第常数，$F=96485\ J\cdot V^{-1}\cdot mol^{-1}$；$T$ 为热力学温度；n 为电极反应中转移的电子数。应该注意的是 $[c(Ox)]^a/[c(Red)]^b$ 的表示式与标准平衡常数表达式的书写方式相同。即 [c(氧化型)]/[c(还原型)]表示在电极反应中，氧化型一侧各物质浓度幂次方的乘积与还原型一侧各物质浓度幂次方的乘积之比。若有纯固体或纯液体出现时，它们的浓度常认为为 1；若有气体出现时，则气体用分压表示，其分压应除以标准态压力 101.3kPa。当 T 为 298.15K 时，代入有关常数，得：

$$E=E^{\ominus}+\frac{0.0592}{n}\lg\frac{[c(Ox)]^a}{[c(Red)]^b} \tag{6-6}$$

从式（6-6）可以看出，在一定温度下，电极电势的大小不仅取决于电对中氧化型物质和还原型物质的本性，还与它们的浓度（或分压）有关。电极反应中氧化型一侧各物种浓度或分压增大，以及还原型一侧各物种浓度或分压减小，都将使电极电势增大；反之，电极电势将减小。

6.3.2.2 溶液酸度对电极电势的影响

在电极反应中有 H^+ 或 OH^- 参与时，溶液酸度改变能引起电极电势变化。

【例 6-7】 现有电极反应：$MnO_4^-(aq)+8H^+(aq)+5e^- \rightleftharpoons Mn^{2+}(aq)+4H_2O(l)$。若 MnO_4^- 和 Mn^{2+} 浓度均为 $1mol \cdot L^{-1}$，计算 298.15K 时：(1) $c(H^+)=10^{-7}mol \cdot L^{-1}$，(2) $c(H^+)=1mol \cdot L^{-1}$ 的电极电势。

解 (1) $c(H^+)=10^{-7}$ 时：

$$E=E^{\ominus}+\frac{0.0592}{5}\lg\frac{c(MnO_4^-)[c(H^+)]^8}{c(Mn^{2+})}$$

$$c(Mn^{2+})=c(MnO_4^-)=1mol \cdot L^{-1}$$

$$E=E^{\ominus}+\frac{0.0592}{5}\lg[c(H^+)]^8$$

$$E=1.51-\frac{0.0592\times 8}{5}\times 7=0.85(V)$$

(2) $c(H^+)=1mol \cdot L^{-1}$ 时：

$$E=E^{\ominus}+\frac{0.0592}{5}\lg\frac{c(MnO_4^-)[c(H^+)]^8}{c(Mn^{2+})}$$

$$=1.51+\frac{0.0592\times 8}{5}=1.60(V)$$

在该电极反应中，因为 H^+ 浓度的指数很高，所以酸度的改变对电极电势 E 的影响较大。从两个不同酸度所得的电极电势大小可知，当含氧酸或含氧酸盐作为氧化剂时，溶液酸度的提高能使电极电势的值增大，有利于加强它们的氧化能力。

6.3.2.3 沉淀的生成对电极电势的影响

如果在反应体系中加入某一种沉淀剂，则由于沉淀的生成，必然降低氧化型或还原型离子的浓度，则电极电势值将发生改变。

如电对 $Ag^+(aq)+e^- \rightleftharpoons Ag(s)$，$E^{\ominus}=+0.7996V$，是一个中强氧化剂。若在其溶液中加入 NaCl 便产生 AgCl 沉淀：

$$Ag^+(aq)+Cl^-(aq) \rightleftharpoons AgCl(s)$$

当达到平衡时，如果 Cl^- 浓度控制为 $1mol \cdot L^{-1}$，则 Ag^+ 浓度为：

$$c_{eq}(Ag^+)=\frac{K_{sp}^{\ominus}(AgCl)}{c_{eq}(Cl^-)}=K_{sp}^{\ominus}(AgCl)=1.8\times 10^{-10}$$

$$E(Ag^+/Ag)=E^{\ominus}(Ag^+/Ag)+0.0592\times\lg(1.8\times 10^{-10})=0.7996-0.5759=0.2237(V)$$

沉淀剂 Cl^- 的加入减小了 Ag^+ 的浓度，使电对 Ag^+/Ag 的电极电势显著降低，下降了 0.5756V，此时 Ag^+ 还原成 Ag 的倾向大大削弱。但这时被还原的实际不是 Ag^+ 而是 AgCl，因为已控制 $c(Cl^-)=1mol \cdot L^{-1}$，所以上面计算的电极电势实际上是以下电对的标准电极电势：

$$AgCl(s)+e^- \rightleftharpoons Ag(s)+Cl^-(1mol \cdot L^{-1}),E^{\ominus}(AgCl/Ag)=+0.2222V$$

用同样的方法可以算出 $E^{\ominus}(AgBr/Ag)$ 和 $E^{\ominus}(AgI/Ag)$ 的数值，现将这些电对对比如下：

$E^{\ominus}$	K_{sp}	$[Ag^+]$	电对	$E^{\ominus}$/V
减小↓	减小↓	减小↓	$Ag^+(aq)+e^- \rightleftharpoons Ag(s)$	+0.7996
			$AgCl(s)+e^- \rightleftharpoons Ag(s)+Cl^-(aq)$	+0.2222
			$AgBr(s)+e^- \rightleftharpoons Ag(s)+Br^-(aq)$	+0.07137
			$AgI(s)+e^- \rightleftharpoons Ag(s)+I^-(aq)$	−0.1515

从上面的对比我们可以看出：卤化银的溶度积减小，其 $E^{\ominus}(AgX/Ag)$ 也减小；换句话说，溶度积越小，Ag^+ 的平衡浓度越小，它的氧化能力越弱。

6.3.2.4 配合物的生成对电极电势的影响

若使电极反应中的相关离子形成难解离的配合物，同样会造成电极电势的改变。例如，对于电极反应：

$$Ag^+(aq)+e^- \rightleftharpoons Ag(s) \qquad E^{\ominus}=+0.7996V$$

当在该体系中加入氨水时，由于 Ag^+ 和 NH_3 分子生成了难电离的 $[Ag(NH_3)_2]^+$ 配离子：

$$Ag^+(aq)+2NH_3(aq) \rightleftharpoons [Ag(NH_3)_2]^+(aq)$$

溶液中 Ag^+ 浓度降低，因而电极电势值也随之下降：

$$[Ag(NH_3)_2]^+(aq)+e^- \rightleftharpoons Ag(s)+2NH_3(aq) \qquad E^{\ominus}=+0.3829V$$

一般来说，由于难溶化合物或配合物的生成使氧化态的离子浓度减小时，电极电势会变小，氧化态的氧化性减小，还原态的还原性加大。若难溶化合物或配合物的生成使还原型的离子浓度减小时，电极电势会变大，氧化态的氧化性加大，还原态的还原性减小。

综上所述，氧化型和还原型离子的浓度、酸度，沉淀剂、配位剂对电极电势值均有影响，在判断氧化还原反应的方向时，这些因素必须加以考虑。

6.3.3 电极电势的应用

6.3.3.1 判断氧化剂、还原剂的相对强弱

氧化剂氧化能力的大小和还原剂还原能力的大小都是相对的，这些相对大小都可以由标准电极电势 $E^{\ominus}$ 值来判断。电极电势 $E^{\ominus}$ 值既可以表示物质的还原型变为氧化型的能力，即还原剂的还原能力，也可表示物质由氧化型变为还原型的能力，即氧化剂的氧化能力。$E^{\ominus}$ 值越小，物质还原型还原能力越强，而其对应的氧化型的氧化能力越弱；$E^{\ominus}$ 值越大，物质氧化型的氧化能力越强，而其对应的还原型的还原能力越弱。

【例 6-8】 判断此三种氧化剂在酸性条件下的相对强弱：$KMnO_4$，$K_2Cr_2O_7$，$FeCl_3$。

解 查表可知：

$$MnO_4^-(aq)+8H^+(aq)+5e^- \rightleftharpoons Mn^{2+}(aq)+4H_2O(l) \qquad E^{\ominus}=+1.507V$$

$$Cr_2O_7^{2-}(aq)+14H^+(aq)+6e^- \rightleftharpoons 2Cr^{3+}(aq)+7H_2O(l) \qquad E^{\ominus}=+1.330V$$

$$Fe^{3+}(aq)+e^- \rightleftharpoons Fe^{2+}(aq) \qquad E^{\ominus}=+0.771V$$

氧化剂强弱顺序为：$KMnO_4 > K_2Cr_2O_7 > FeCl_3$。

6.3.3.2 判断氧化还原反应进行的方向

氧化还原反应自发进行的方向总是由强氧化剂从强还原剂那里夺取电子，生成弱氧化剂和弱还原剂，即：

强氧化剂 1＋强还原剂 2 ⟶ 弱还原剂 1＋弱氧化剂 2

任何一个氧化还原反应原则上均可设计成原电池，而氧化剂氧化能力的大小和还原剂还原能力的大小都可以由电极电势的值来判断，根据氧化反应的电动势等于氧化剂电对（对应于原电池的正极）的电极电势与还原剂电对（对应于原电池的负极）的电极电势之差，所以可由电池电动势大小来判断氧化还原反应的方向。当 $E_{MF}>0$，反应正向自发进行；$E_{MF}<0$，反应逆向自发进行；$E_{MF}=0$，反应达到平衡。

【例 6-9】 根据下列反应 MnO_2 (s) ＋4HCl (aq) $\rightleftharpoons$ $MnCl_2$ (aq) ＋Cl_2 (g) ＋ $2H_2O$ (l)，通过计算说明：实验室不是在标准状态下而是要用浓 HCl 反应制备氯气。

解 (1) 查附录可知：

$$MnO_2(s)+4H^+(aq)+2e^- \rightleftharpoons Mn^{2+}(aq)+2H_2O(l) \qquad E^{\ominus}=+1.224V$$

$$Cl_2(g)+2e^- \rightleftharpoons 2Cl^-(aq) \qquad E^{\ominus}=+1.358V$$

$$E^{\ominus}_{MF}=E^{\ominus}_{正}-E^{\ominus}_{负}=1.224-1.358=-0.134(V)$$

因为 $E^{\ominus}_{MF}<0$，所以在标准状态下上述反应不能制备出氯气。

(2) 浓盐酸时 ($12mol \cdot L^{-1}$)：

$$E_{正}=1.224+\frac{0.0592}{2}\lg\frac{12^4}{1}=1.352(V)$$

$$E_{负}=1.3583+\frac{0.0592}{2}\lg\frac{1}{12^2}=1.294(V)$$

$$E_{MF}=E_{正}-E_{负}=1.352-1.294=0.058(V)$$

因此在实验室可利用 MnO_2 可与浓 HCl 反应制备氯气。

6.3.4 氧化还原反应平衡及其应用

6.3.4.1 平衡常数

氧化还原反应属于可逆反应，当反应达平衡时，用平衡常数大小可以定量地说明反应进行的程度，不过氧化还原反应平衡常数的计算，有它自身的特点和规律。

从理论上讲，任何氧化还原反应都可以在原电池中进行。例如：

$$Zn(s)+Cu^{2+}(aq) \rightleftharpoons Zn^{2+}(aq)+Cu(s)$$

当反应开始时，设各离子浓度都为 $1mol \cdot L^{-1}$，两个半电池的电极电势分别为：

正极 Cu^{2+} (aq) ＋$2e^-$ $\rightleftharpoons$ Cu (s) $\qquad E^{\ominus}=+0.3419V$

负极 Zn (s) －$2e^-$ $\rightleftharpoons$ Zn^{2+} (aq) $\qquad E^{\ominus}=-0.7618V$

反应应该正向进行，正极中 Cu^{2+} 浓度不断降低，铜电极的电极电势不断下降；负极中 Zn^{2+} 浓度不断增加，锌电极的电极电势不断升高。正、负两电极的电势逐渐接近，电动势也逐渐变小，最后，两电极的电势必将相等。此时，原电池的电动势等于零，氧化还原反应达到平衡状态，各离子浓度均为平衡浓度。

根据平衡原理，可以从两个电对的电极电势的数值，计算平衡常数 $K^{\ominus}$。

平衡时：$E_{MF}=E(Cu^{2+}/Cu)-E(Zn^{2+}/Zn)=0 \qquad E(Cu^{2+}/Cu)=E(Zn^{2+}/Zn)$

即：

$$E^{\ominus}(Cu^{2+}/Cu)+\frac{0.0592}{2}\lg c(Cu^{2+})=E^{\ominus}(Zn^{2+}/Zn)+\frac{0.0592}{2}\lg c(Zn^{2+})$$

整理上式得：

$$E^{\ominus}(Cu^{2+}/Cu)-E^{\ominus}(Zn^{2+}/Zn)=\frac{0.0592}{2}\lg c(Cu^{2+})-\frac{0.0592}{2}\lg c(Zn^{2+})$$

$$=\frac{0.0592}{n}\lg[c(Cu^{2+})/c(Zn^{2+})]$$

该氧化还原反应的平衡常数表达式为：

$$K^{\ominus}=c(Cu^{2+})/c(Zn^{2+})$$

代入上式：

$$\lg K^{\ominus}=\frac{2\times[E^{\ominus}(Cu^{2+}/Cu)-E^{\ominus}(Zn^{2+}/Zn)]}{0.0592}=\frac{2\times(0.34+0.76)}{0.0592}=37.2$$

$$K^{\ominus}=1.58\times10^{37}$$

平衡常数 $K^{\ominus}$ 值很大，表示该氧化还原反应进行得相当完全。

上述的推导可推广为一般公式：

$$\lg K^{\ominus}=\frac{nE_{MF}^{\ominus}}{0.0592} \tag{6-7}$$

式中，n 为氧化还原反应中电子转移的数目；$K^{\ominus}$ 为氧化还原反应的平衡常数。

由公式可知，当 $E^{\ominus}$ 值越大，平衡常数 $K^{\ominus}$ 值也就越大，反应进行得越完全。在温度 T 一定时，氧化还原反应的标准平衡常数与标准态的电池电动势 $E^{\ominus}$ 及转移的电子数有关。即标准平衡常数只与氧化剂和还原剂的本性有关，而与反应物的浓度无关。

6.3.4.2　判断氧化还原反应进行的限度

氧化还原反应的标准平衡常数 $K^{\ominus}$ 可根据有关电对的标准电极电势来计算。

【例 6-10】　已知：$MnO_4^-(aq)+8H^+(aq)+5e^- \rightleftharpoons Mn^{2+}(aq)+4H_2O$　　$E^{\ominus}=1.51V$

$Fe^{3+}(aq)+e^- \rightleftharpoons Fe^{2+}(aq)$　　$E^{\ominus}=0.771V$

计算化学反应 MnO_4^- (aq) $+8H^+$ (aq) $+5Fe^{2+}$ (aq) $\rightleftharpoons Mn^{2+}$ (aq) $+5Fe^{3+}$ (aq) $+4H_2O$ (l) 的化学平衡常数 $K^{\ominus}$。

解　将该氧化还原反应组成原电池：

正极反应：MnO_4^- (aq) $+8H^+$ (aq) $+5e^- \rightleftharpoons Mn^{2+}$ (aq) $+4H_2O$ (l)

负极反应式：Fe^{3+} (aq) $+e^- \rightleftharpoons Fe^{2+}$ (aq)

标准态的电池电动势：$E_{MF}^{\ominus}=E_{正}^{\ominus}-E_{负}^{\ominus}=1.51-0.771=0.739$ (V)

∵　$$\lg K^{\ominus}=\frac{nE_{MF}^{\ominus}}{0.0592}=\frac{5\times0.739}{0.0592}=62.42$$

∴　$$K^{\ominus}=10^{62.42}$$

$K^{\ominus}$ 值很大，说明反应向右进行得很完全。

6.3.4.3　氧化还原平衡与沉淀平衡——求溶度积常数

根据氧化还原反应的标准平衡常数与原电池的标准电动势间的定量关系，可以用测定原电池电动势的方法来推算难溶电解质的溶度积常数。

【例 6-11】　已知 298K 时下列电极反应的：

$Ag^+(aq)+e^- \rightleftharpoons Ag(s)$　　$E^{\ominus}=+0.7996V$

$AgCl(s)+e^- \rightleftharpoons Ag(s)+Cl^-(aq)$　　$E^{\ominus}=+0.224V$

试求 AgCl 的溶度积常数 $K_{sp}^{\ominus}$。

解　设计一个原电池：

$(-)Ag(s)|AgCl(s)|\ KCl(1mol\cdot L^{-1})\ \|\ Ag^+(1mol\cdot L^{-1})|\ Ag(s)(+)$

电极反应为：

正极：Ag^+ (aq) $+e^- \rightleftharpoons Ag$ (s)

负极：AgCl (s) $+e^- \rightleftharpoons Ag$ (s) $+Cl^-$ (aq)

电池反应：Ag^+ (aq) $+Cl^-$ (aq) $\rightleftharpoons AgCl$ (s)　　$K^{\ominus}=1/K_{sp}^{\ominus}$

电池电动势：$E_{MF}^{\ominus}=E_{正}^{\ominus}-E_{负}^{\ominus}=0.7996-0.224=+0.5756$ (V)

此电池反应的平衡常数：

$$\lg K^{\ominus}=\frac{1\times E_{MF}^{\ominus}}{0.0592}=\frac{1\times 0.576}{0.0592}=9.73$$

$$K^{\ominus}=5.37\times 10^{9}$$

AgCl 的溶度积为：

$$K_{sp}^{\ominus}=\frac{1}{K^{\ominus}}=\frac{1}{5.37\times 10^{9}}=1.86\times 10^{-10}$$

6.3.5 元素电势图及其应用（课堂讨论）

6.3.5.1 元素电势图

当某种元素可以形成三种或三种以上氧化值的物种时，可按这种元素氧化值由高到低的顺序把各物种进行排列，各种不同氧化值的物种之间用直线连接起来，并在直线上标明两种不同氧化值物种所组成电对的标准电极电势，这种表明含有同一元素的各物种之间电极电势变化的关系图称为元素电势图（element potential diagram）。例如氧元素在酸性溶液中的元素电势图如下：

$$O_2 \xrightarrow{0.6945V} H_2O_2 \xrightarrow{1.763V} H_2O \quad (O_2 — H_2O: 1.229)$$

在元素电势图中，最左端是氧化数最高的物质 O_2，作氧化剂；最右端是氧化数最低的物质 H_2O，作还原剂。中间的物质 H_2O_2，相对于左端的 O_2 是还原剂，相对于右端的 H_2O 是氧化剂。元素电势图能比较清楚地标出同一元素各氧化值间氧化还原型的变化。

6.3.5.2 判断歧化反应能否发生

歧化反应即自身氧化还原反应，它是指在氧化还原反应中，氧化作用和还原作用是发生在同种分子内部的同一氧化态的元素上，也就是说该元素的原子（或离子）同时被氧化和被还原。

如由某元素三种不同氧化态构成两个电对，按其氧化态高低从左至右氧化数降低排列。

$$A \overset{E_{左}^{\ominus}}{\text{———}} B \overset{E_{右}^{\ominus}}{\text{———}} C$$

假设 B 能发生歧化反应：$B \longrightarrow A+C$，那么这两个电对所组成的电池电动势：

$$E_{MF}^{\ominus}=E_{正}^{\ominus}-E_{负}^{\ominus}$$

B 变成 C 是获得电子的还原过程，应是电池的正极；B 变成 A 是失去电子的氧化过程，应是电池的负极，所以：

$$E^{\ominus}=E_{右}^{\ominus}-E_{左}^{\ominus}>0 \qquad 即 \quad E_{右}^{\ominus}>E_{左}^{\ominus}$$

假设 B 不能发生歧化反应，则：

$$E^{\ominus}=E_{右}^{\ominus}-E_{左}^{\ominus}<0 \qquad 即 \quad E_{右}^{\ominus}<E_{左}^{\ominus}$$

【例 6-12】 铜的元素电势图如下：

$$E_{A}^{\ominus}/V \qquad Cu^{2+} \xrightarrow{0.1607} Cu^{+} \xrightarrow{0.5180} Cu$$

试判断 Cu^{+} 能否发生歧化反应。

解 因为 $E_{右}^{\ominus}>E_{左}^{\ominus}$，所以在酸性溶液中，$Cu^{+}$ 不稳定，它将发生下列歧化反应：

$$2Cu^{+} \rightleftharpoons Cu+Cu^{2+}$$

所以，在水溶液中 Cu^{+} 不能稳定存在，能歧化为 Cu^{2+} 和 Cu，同时也说明 Cu^{2+} 和 Cu 可以共存。

6.3.5.3　从已知电对 $E^{\ominus}$ 求未知电对的 $E_x^{\ominus}$

假设有一元素的电势图：

$$A \xrightarrow[n_1]{E_1^{\ominus}} B \xrightarrow[n_2]{E_2^{\ominus}} C \xrightarrow[n_3]{E_3^{\ominus}} D$$

按照盖斯定律，吉布斯自由能是可以加和的，即：

$$\Delta_r G_m^{\ominus} = -nFE^{\ominus} \qquad \Delta_r G_m^{\ominus} = \Delta_r G_m^{\ominus}(1) + \Delta_r G_m^{\ominus}(2) + \Delta_r G_m^{\ominus}(3)$$

整理得
$$E^{\ominus} = \frac{n_1 E_1^{\ominus} + n_2 E_2^{\ominus} + n_3 E_3^{\ominus}}{n_1 + n_2 + n_3} \tag{6-8}$$

若有 i 个相邻电对，则有：
$$E^{\ominus} = \frac{n_1 E_1^{\ominus} + n_2 E_2^{\ominus} + n_3 E_3^{\ominus} + \cdots + n_i E_i^{\ominus}}{n_1 + n_2 + n_3 + \cdots + n_i} \tag{6-9}$$

式中，$E_1^{\ominus}$，$E_2^{\ominus}$，$E_3^{\ominus}$，…分别为相邻电对的标准电极电势；n_1，n_2，n_3，…分别为相邻电对电子转移数；$E^{\ominus}$ 为两端电对的标准电极电势。上式中若任一标准电极电势是未知的，其他均已知，则可用此公式求解未知标准电极电势。

【例 6-13】　已知 298K 时，锰元素在酸性溶液中的电势图：

$$MnO_4^- \xrightarrow{+0.558} MnO_4^{2-} \xrightarrow{+2.240} MnO_2 \xrightarrow{+0.907} Mn^{3+} \xrightarrow{+1.541} Mn^{2+} \longrightarrow Mn$$

试求出在酸性溶液中：(1) $E^{\ominus}(MnO_4^-/Mn^{2+})$；(2) $E^{\ominus}(MnO_4^-/MnO_2)$。

解　根据式（6-8）有：

$$E_1^{\ominus} = \frac{0.558\times1 + 2.240\times2 + 0.907\times1 + 1.541\times1}{1+2+1+1} = 1.49(V)$$

$$E_2^{\ominus} = \frac{0.558\times1 + 2.240\times2}{1+2} = 1.679(V)$$

小结

1. 基本概念：氧化还原反应、氧化值、氧化剂、还原剂、氧化还原电对、氧化型、还原型、原电池、电极电势、标准电极电势、标准氢电极、元素电势图。氧化还原反应：氧化还原反应实质上是反应前后有电子得失或电子对偏移的反应。

2. 离子-电子法配平氧化还原反应方程式。

3. 原电池符号与电池反应的书写。

4. Nernst 方程式：$E = E^{\ominus} + \frac{0.0592}{n}\lg\frac{[c(Ox)]^a}{[c(Red)]^b}$

5. 影响电极电势的因素：电极的本性；离子的浓度和气体分压；温度；溶液酸碱性；沉淀的生成；配合物的生成。

6. 电动势的计算：标准状态下 $E_{MF}^{\ominus} = E_{正}^{\ominus} - E_{负}^{\ominus}$；非标准状态下 $E = E_{正} - E_{负}$。

7. 利用电极电势的大小判断氧化剂和还原剂的相对强弱。

8. 氧化还原反应进行方向的判断：

$E>0$，反应正向自发进行；

$E<0$，反应逆向自发进行；

$E=0$，反应达到平衡。

9.计算氧化还原反应进行的程度：$\lg K^{\ominus}=\dfrac{nE_{MF}^{\ominus}}{0.0592}$

10.计算难溶电解质的溶度积。

11.利用元素电势图判断中间态歧化反应能否进行：若$E_{右}^{\ominus}>E_{左}^{\ominus}$，则中间态可以发生歧化反应；反之，则不能发生歧化反应。

12.利用元素电势图从已知电对求未知电对的标准电极电势。

1.解释下列基本概念和术语：

(1) 氧化反应与还原反应；　(2) 氧化，还原；氧化剂，还原剂；

(3) 氧化值；　(4) 原电池与半电池；

(5) 电极与电对；　(6) 电极反应与电池反应；

(7) 电极电势与标准电极电势；　(8) 元素电势图与歧化反应。

2.应用离子-电子法和氧化值法配平氧化还原反应方程式各应注意什么问题？

3.简述原电池的组成，并说明原电池中盐桥的作用是什么？

4.下列说法是否正确？并说明原因。

(1) 在氧化还原反应中，一定有元素的氧化值发生了变化。

(2) 电对的标准电极电势值越大，说明其氧化型的氧化能力越强，其还原型的还原能力越弱。

(3) $KMnO_4$ 作为氧化剂时，加酸可提高其氧化能力。

(4) 原电池反应一定是氧化还原反应。

(5) 将银电极和氯化银电极组成原电池，盐桥中应充满饱和 KNO_3 制成的冻胶。

5.解释下列现象：

(1) 久置的 $SnCl_2$ 溶液会失效；

(2) 在 $HgCl_2$ 溶液中加入 $SnCl_2$ 溶液，先产生白色沉淀，继续加入 $SnCl_2$，沉淀转化为黑色；

(3) KI 溶液在空气中放置久了能使淀粉试纸变蓝色；

(4) Ag 在 HCl 溶液中不能置换氢气，在 HI 溶液中却能置换出氢气；

(5) 配制 $FeSO_4$ 溶液时，常要加少量的 H_2SO_4 和细铁屑。

6.预测氧化还原电对 Mn^{3+}/Mn^{2+} 和 Fe^{3+}/Fe^{2+} 在酸性溶液中标准电极电势的高低，简单说明理由。

7.写出两种可以在酸性条件下将 Mn^{2+} 氧化为 MnO_4^- 的反应。

8.总结溶液酸度的改变、沉淀与配合物的形成对电对的电极电势的影响及其变化规律。

9.如何绘制元素电势图，它有哪些应用？

习 题

1.指出下列各氧化还原反应中的氧化剂和还原剂，并用离子-电子法配平。

(1) $H_2O_2+I^-\longrightarrow I_2+H_2O$（在酸性介质中）

(2) $Cr^{3+} + S \longrightarrow Cr_2O_7^{2-} + H_2S$（在酸性介质中）

(3) $Na_2S_2O_3 + I_2 \longrightarrow Na_2S_4O_6 + NaI$

(4) $As_2S_3 + ClO_3^- \longrightarrow Cl^- + H_2AsO_4^- + SO_4^{2-}$

(5) $KMnO_4 + FeSO_4 + H_2SO_4 \longrightarrow MnSO_4 + K_2SO_4 + Fe_2(SO_4)_3$

(6) $K_2Cr_2O_7 + Na_2SO_3 + H_2SO_4$（稀）$\longrightarrow Cr_2(SO_4)_3 + Na_2SO_4$

【参考答案：(1) 氧化剂：H_2O_2；还原剂：I^-；$H_2O_2 + 2I^- + 2H^+ = I_2 + 2H_2O$

(2) 氧化剂：S；还原剂：Cr^{3+}；$2Cr^{3+} + 3S + 7H_2O = Cr_2O_7^{2-} + 3H_2S + 8H^+$

(3) 氧化剂：I_2；还原剂：$Na_2S_2O_3$；$2Na_2S_2O_3 + I_2 = Na_2S_4O_6 + 2NaI$

(4) 氧化剂：ClO_3^-；还原剂：As_2S_3；

$$3As_2S_3 + 14ClO^{-3} + 18H_2O = 14Cl^- + 6H_2AsO_4^- + 9SO_4^{2-} + 24H^+$$

(5) 氧化剂：$KMnO_4$；还原剂：$FeSO_4$；

$$2KMnO_4 + 10FeSO_4 + 8H_2SO_4 = 2MnSO_4 + K_2SO_4 + 5Fe_2(SO_4)_3 + 8H_2O$$

(6) 氧化剂：$K_2Cr_2O_7$；还原剂：Na_2SO_3；

$K_2Cr_2O_7 + 3Na_2SO_3 + 4H_2SO_4$（稀）$= Cr_2(SO_4)_3 + 3Na_2SO_4 + K_2SO_4 + 4H_2O$】

2. 写出下列各电池中的电极反应和电池反应。

(1) $(-)Ag(s) \mid AgCl(s) \parallel HCl(c) \mid Cl_2(100kPa) \mid Pt(s)(+)$

(2) $(-)Pb(s) \mid PbSO_4(s) \mid K_2SO_4(c_1) \parallel KCl(c_2), Cu^{2+}(c_3) \mid Cu(s)(+)$

(3) $(-)Zn(s) \mid Zn^{2+}(c_1) \parallel MnO_4^-(c_2), Mn^{2+}(c_3), H^+(c_4) \mid Pt(s)(+)$

(4) $(-)Ag(s) \mid Ag^+(c_1) \parallel Ag^+(c_2) \mid Ag(s)(+)$

【参考答案：(1) 正极：Cl_2 (100kPa) $+ 2e^- \rightleftharpoons 2Cl^-$ (c)

负极：Ag (s) $+ Cl^- - e^- \rightleftharpoons AgCl$ (s)

电池反应：2Ag (s) $+ Cl_2$ (100kPa) $\rightleftharpoons 2AgCl$ (s)

(2) 正极：$Cu^{2+}(c_3) + 2e^- \rightleftharpoons Cu(s)$

负极：$Pb(s) + SO_4^{2-}(c_1) - 2e^- \rightleftharpoons PbSO_4(s)$

电池反应：$Pb(s) + SO_4^{2-}(c_1) + Cu^{2+}(c_3) \rightleftharpoons Cu(s) + PbSO_4(s)$

(3) 正极：$MnO_4^-(c_2) + 8H^+(c_4) + 5e^- \rightleftharpoons Mn^{2+}(c_3) + 4H_2O$

负极：$Zn(s) - 2e^- \rightleftharpoons Zn^{2+}(c_1)$

电池反应：$2MnO_4^-(c_2) + 16H^+(c_4) + 5Zn(s) \rightleftharpoons 2Mn^{2+}(c_3) + 8H_2O + 5Zn^{2+}(c_1)$

(4) 正极：$Ag^+(c_1) + e^- \rightleftharpoons Ag(s)$

负极：$Ag(s) - e^- \rightleftharpoons Ag^+(c_2)$

电池反应：$Ag(s) + Ag^+(c_1) \rightleftharpoons Ag^+(c_2)$】

3. 将下列反应设计成电池。

(1) $AgCl(s) + I^-(aq) \longrightarrow AgI(s) + Cl^-(aq)$

(2) $H_2O_2(aq) + Fe^{2+}(aq) + H^+(aq) \longrightarrow Fe^{3+}(aq) + H_2O(l)$

(3) $Ag^+(aq) + 2NH_3(aq) \longrightarrow Ag(NH_3)_2^+(aq)$

(4) $Ag^+(aq) + Cl^-(aq) \longrightarrow AgCl(s)$

(5) $H_2(g) + I_2(s) \longrightarrow HI(aq)$

(6) $H^+(aq) + OH^-(aq) \longrightarrow H_2O(l)$

【参考答案：(1) $(-)Ag(s) \mid AgCl(s) \mid Cl^-(aq) \parallel I^-(aq) \mid AgI(s) \mid Ag(s)(+)$

(2) $(-)Pt(s) \mid Fe^{3+}(aq), Fe^{2+}(aq) \parallel H_2O_2(aq), H^+(aq) \mid Pt(s)(+)$

(3)(－)Ag(s) | $Ag(NH_3)_2^+$(aq),NH_3(aq) ‖ Ag^+(aq) | Ag(s)(＋)

(4)(－)Ag(s) | AgCl(s) | Cl^-(aq) ‖ Ag^+(aq) | Ag(s)(＋)

(5)(－)Pt(s) | H_2(g) | H^+(aq) ‖ I^-(aq) | I_2(s) | Pt(s)(＋)

(6)(－)Pt(s) | OH^-(aq) ‖ H^+(aq) | Pt(s)(＋)】

4.现有下列物质：$KMnO_4$，$K_2Cr_2O_7$，$CuCl_2$，$FeCl_3$，I_2，Br_2，Cl_2，F_2。在一定条件下它们都能作为氧化剂，试根据电极电势表，把这些物质按氧化能力的大小排列成顺序，并写出它们在酸性介质中的还原产物。

【参考答案：F_2＞$KMnO_4$＞Cl_2＞$K_2Cr_2O_7$＞Br_2＞$FeCl_3$＞I_2＞$CuCl_2$；Mn^{2+}，Cr^{3+}，Cu，Fe^{2+}，I^-，Br^-，Cl^-，F^-】

5.在酸性介质中，随pH值升高，下列氧化型物质中，哪些离子（物质）的氧化能力增强？哪些离子（物质）的氧化能力减弱？哪些离子（物质）的氧化能力不变？

Hg_2^{2+}、$Cr_2O_7^{2-}$、MnO_4^-、Cl_2、Cu^{2+}、H_2O_2

【参考答案：MnO_4^-、$Cr_2O_7^{2-}$和H_2O_2的氧化性均减弱；Hg_2^{2+}、Cu^{2+}和Cl_2的氧化性不变】

6.298K时，在锌-银原电池中Zn^{2+}和Ag^+的浓度均为0.1mol·L^{-1}，试计算此锌-银原电池的电动势。

【参考答案：1.53V】

7.25℃时测得电池(－)Ag(s) | AgCl(s) | HCl(c) | Cl_2(100kPa) | Pt(s)(＋)的电动势为1.136V，求AgCl的溶度积。

【参考答案：1.74×10^{-10}】

8.在Ag^+、Cu^{2+}浓度分别为1.00×10^{-2}mol·L^{-1}和1.00mol·L^{-1}的溶液中加入铁粉，哪一种金属离子先被还原析出？当第二种金属离子被还原析出时，第一种金属离子在溶液中的浓度为多少？

【参考答案：Ag^+先被还原析出；$c(Ag^+)=1.82\times10^{-8}$mol·$L^{-1}$】

9.将铜片插入0.10mol·L^{-1} $CuSO_4$溶液中，银片插入0.10mol·L^{-1} $AgNO_3$溶液中组成原电池。

(1) 计算原电池的电动势。

(2) 写出电极反应、电池反应和原电池符号。

(3) 计算电池反应的平衡常数。

【参考答案：(1) 0.43V；

(2) 正极反应 $Ag^++e^-\longrightarrow Ag$，负极反应 $Cu\longrightarrow Cu^{2+}+2e^-$；电池反应 $2Ag^++Cu\longrightarrow 2Ag+Cu^{2+}$，原电池符号为（－）Cu | Cu^{2+}（0.1mol·L^{-1}） ‖ Ag^+（0.1mol·L^{-1}） | Ag（＋）；

(3) $K^\ominus=3.39\times10^{15}$】

10.判断在298.15K时，$Pb^{2+}+Sn \rightleftharpoons Pb+Sn^{2+}$在标准状态下和$c(Pb^{2+})=0.010$mol·$L^{-1}$，$c(Sn^{2+})=1.00$mol·$L^{-1}$时反应自发进行的方向。

【参考答案：向右】

11.根据有关配合物的稳定常数和电对的$E^\ominus$，计算下列电极反应的$E^\ominus$：

(1) $Cu^{2+}(aq)+2I^-(aq)+e^- \rightleftharpoons CuI_2^-(aq)$

(2) $[Ag(S_2O_3)_2]^{3-}+e^- \rightleftharpoons Ag(s)+2S_2O_3^{2-}(aq)$

(3) $[Zn(OH)_4]^{2-}(aq)+2e^- \rightleftharpoons Zn(s)+4OH^-(aq)$

【参考答案：(1) 0.68V；(2) 0.02V；(3) −1.20V】

12. 在298.15K下，电池的电池反应为：

$3HClO_2(aq)+2Cr^{3+}(aq)+4H_2O(l)(aq) \rightleftharpoons 3HClO(aq)+Cr_2O_7^{2-}(aq)+8H^+(aq)$

(1) 写出该电池正、负极的反应和电池组成式；

(2) 计算在25℃时该电池的 $E_{MF}^{\ominus}$ 和电池反应的标准平衡常数；

(3) 当溶液的pH=0.00，$c(Cr_2O_7^{2-})=0.80\ mol \cdot L^{-1}$，$c(HClO_2)=0.15\ mol \cdot L^{-1}$，$c(HClO)=0.20 mol \cdot L^{-1}$，测定原电池的电动势 $E_{MF}=0.150V$，计算其中的 Cr^{3+} 浓度。

【参考答案：(1) 正极：$HClO_2(aq)+2H^+(aq)+2e^- \longrightarrow HClO(aq)+H_2O(l)$

负极：$2Cr^{3+}(aq)+7H_2O(l) \longrightarrow Cr_2O_7^{2-}(aq)+14H^+(aq)+6e^-$

(−) Pt (s) | Cr^{3+} (aq)，$Cr_2O_7^{2-}$ (aq)，H^+ (aq) ‖ $HClO_2$ (aq)，HClO (aq)，H^+ (aq) | Pt (s)(+)

(2) 0.34V，2.91×10^{34}；(3) $3.23\times10^{-10} mol \cdot L^{-1}$】

13. 298K时，将银丝插入 $AgNO_3$ 溶液中，将铂板插入 $FeSO_4$ 和 $Fe_2(SO_4)_3$ 混合溶液中组成原电池，分别计算下列两种情况下的原电池的电动势，并写出原电池符号、电极反应和电池反应。

(1) $c(Ag^+)=c(Fe^{3+})=c(Fe^{2+})=1.0 mol \cdot L^{-1}$

(2) $c(Ag^+)=0.01 mol \cdot L^{-1}$；$c(Fe^{3+})=1.0 mol \cdot L^{-1}$；$c(Fe^{2+})=0.01 mol \cdot L^{-1}$

【参考答案：(1) 0.03V；负极：$Fe^{2+}-e^- \longrightarrow Fe^{3+}$

正极：$Ag^+ + e^- \longrightarrow Ag$

电池反应：$Fe^{2+}+Ag^+ \longrightarrow Fe^{3+}+Ag$

电池符号：(−) Pt | Fe^{3+} ($1.0 mol \cdot L^{-1}$)，Fe^{2+} ($1.0 mol \cdot L^{-1}$) ‖ Ag^+ ($1.0 mol \cdot L^{-1}$) | Ag (+)；

(2) 0.21V；负极：$Ag-e^- \longrightarrow Ag^+$

正极：$Fe^{3+}+e^- \longrightarrow Fe^{2+}$

电池反应：$Fe^{3+}+Ag \longrightarrow Fe^{2+}+Ag^+$

电池符号：　(−) Ag | Ag^+ ($0.01 mol \cdot L^{-1}$) ‖ Fe^{3+} ($1.0 mol \cdot L^{-1}$)，Fe^{2+} ($0.01 mol \cdot L^{-1}$) Pt | (+)】

14. 已知298K时，溴元素在碱性溶液中的电势图如下：

$$BrO_4^- \xrightarrow{+0.98V} BrO_3^- \xrightarrow{+0.54V} BrO^- \xrightarrow{+0.45V} Br_2(l) \xrightarrow{+1.07V} Br^-$$

（BrO^- 至 Br^-：?）

(1) 试求出 $E^{\ominus}(BrO^-/Br^-)$。

(2) 判断 BrO^- 能否歧化。

【参考答案：(1) 0.76V；(2) 能】

第7章 原子结构

07 Chapter

学习要求

掌握 核外电子的排布及原子结构与元素周期系的关系。

熟悉 四个量子数的意义，氢原子s、p、d电子云的壳层概率径向分布图；氢原子s、p、d原子轨道和电子云的角度分布图。

了解 核外电子运动的特征，波函数与原子轨道、概率密度与电子云的概念；了解屏蔽效应和钻穿效应对多电子原子能级的影响；了解元素某些性质的周期性变化规律。

至今已被发现的化学元素有119种，自然界的万物是由元素组成，性质各异。各种物质在性质上的差异是由组成物质的元素原子结构不同所决定。在化学反应中，原子核是不变的（除核化学反应外），因此要了解物质的性质及其变化，必须首先了解原子结构内部的知识，特别是要了解核外电子的运动状态。

本章将讨论近代量子力学建立的原子结构模型，解释核外电子的运动状态，了解元素性质周期性变化规律与元素原子的电子层结构的内在联系，揭示元素性质周期变化的本质。

研究原子结构涉及较深奥的数学知识和物理知识，这对于初学者来说有一定的难度，本章重点在于介绍原子结构的一些基本概念。

7.1 核外电子运动的特征

原子由带正电的原子核（atomic nucleus）和带负电的电子组成。原子的直径约为10^{-10}m，原子核的直径约为10^{-16}～10^{-14}m。电子的直径约为10^{-15}m，质量为9.1×10^{-31}kg，这说明原子中绝大部分空间是空的。电子这样的微观粒子在原子这样小的空间内作接近光速的高速运动（速度约为$2.18\times10^{6}\text{m}\cdot\text{s}^{-1}$），与宏观物体的运动不同，不能用经典力学来描述。电子的运动和光一样，具有量子化特性和波粒二象性。

7.1.1　量子化特性

20 世纪初，量子化理论的提出，对原子结构的认识是个飞跃。1900 年，德国物理学家普朗克（M. Planck）为了解释黑体辐射定律，提出了能量量子化的假设：物质辐射能的吸收或发射是不连续的，是以最小能量单位（称为能的量子）的整数倍作跳跃式的增或减，这种过程叫做能量的量子化。量子的能量 E 和频率 ν 的关系是：

$$E=nh\nu$$

式中，n 为正整数；h 为普朗克常数，$h=6.626\times10^{-34}$ J・s。

1905 年，爱因斯坦（A. Einstein）在普朗克量子力学的基础上，提出了光子学说：一束光是由光子（photon）组成的，光能的最小单位是光子的能量，光的能量只能是光子能量的整数倍，因此光能是不连续的。

原子核外电子的能量具有量子化特性，它的研究首先是从氢原子光谱开始的。

7.1.1.1　氢原子光谱

将白光（太阳光）通过棱镜，就能观察到红、橙、黄、绿、青、蓝、紫的光谱，其颜色逐渐过渡，就像雨后天空中出现的彩虹一样，这样的光谱叫连续光谱。

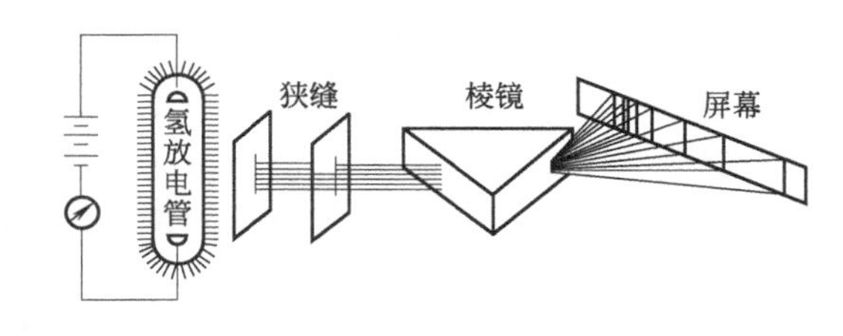

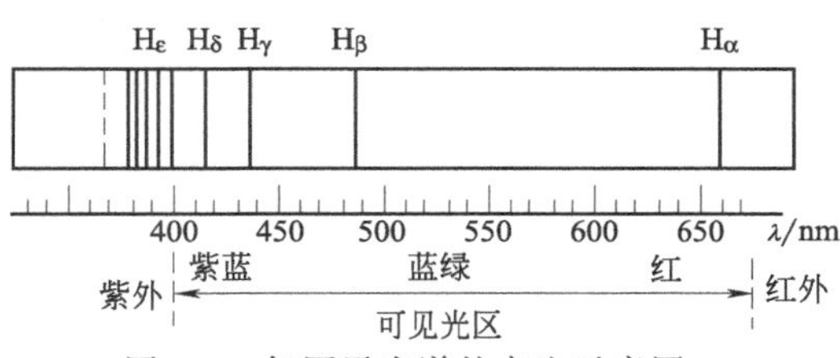

图 7-1　氢原子光谱的产生示意图

原子光谱都是具有自己特征的不连续光谱，即线状光谱，具有量子化特性。原子光谱中，最简单的光谱是氢原子线状光谱，见图 7-1、图 7-2。

在氢原子光谱中（图 7-1），可见光区内有五根明显的主要谱线，分别为 H_α、H_β、H_γ、H_δ、H_ε，叫做氢原子的特征线状光谱。可以看出，从 H_α 到 H_ε 谱线间的距离越来越短，其

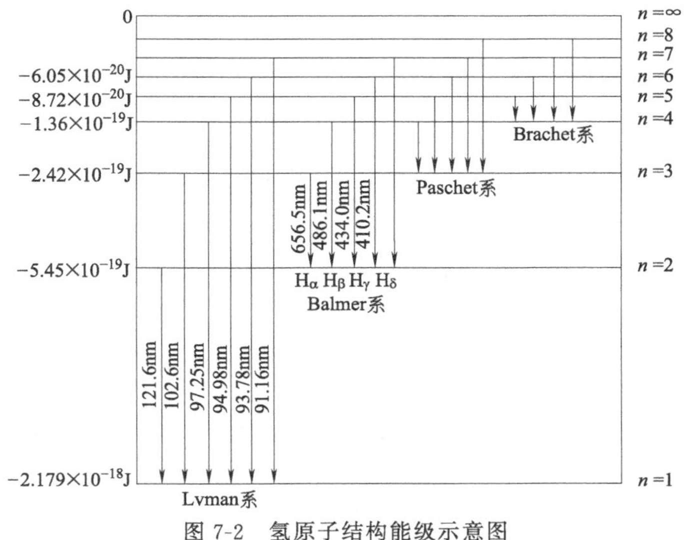

图 7-2　氢原子结构能级示意图

频率具有一定的规律性。氢原子光谱证明了：原子中电子运动的能量是不连续的，具有量子化特性。

1913 年瑞典物理学家里德堡（Rydberg）通过测定氢原子光谱后提出计算氢原子光谱谱线频率的公式：

$$\nu=R\left(\frac{1}{n_1^2}-\frac{1}{n_2^2}\right)$$

式中，ν 为谱线频率，s^{-1}；R 为里德堡常数，$R=3.289\times10^{15}\ s^{-1}$；$n_1=2$；$n_2$ 为>2的正整数。

为了解释氢原子光谱的规律性，1913 年，年轻的丹麦物理学家玻尔（N. Bohr）在普朗克量子论、爱因斯坦光子学说和卢瑟福“天体行星模型”的基础上，大胆地提出了原子结构的假设，成功地解释了氢原子线状光谱产生的原因和规律性，从而建立了玻尔原子模型。

7.1.1.2 玻尔原子模型

玻尔原子结构的假设可归结为以下三点：

① 核外电子在固定轨道上运动，具有确定的半径和能量。

在原子中，电子绕核运动的轨迹不是任意的，而是在具有确定的半径、一定能量的固定轨道（orbit）上运动，且不放出能量也不吸收能量。

② 固定轨道必须符合量子化条件。

原子中电子绕核运动的固定轨道必须符合量子化条件，即 $n=1,2,3,4,\cdots$的正整数，n 称为量子数（quantum number）。符合量子化条件的固定轨道称为稳定轨道，其能量关系应符合：

$$E=-\frac{13.6(\mathrm{eV})}{n^2}\text{或}E=-\frac{2.179\times10^{-18}(\mathrm{J})}{n^2} \tag{7-1}$$

式（7-1）中 2.179×10^{-18}J 为 Rydberg 常量，借助氢原子能量关系式可定出氢原子各能级的能量：

当$n=1$，则 $E_1=-2.179\times10^{-18}$J

$n=2$，则 $E_2=-5.45\times10^{-19}$J

$n=3$，则 $E_3=-2.42\times10^{-19}$J

$n=4$，则 $E_4=-1.36\times10^{-19}$J

…　　…

n 越大，则电子在离核越远的轨道上运动，其能量也越大。电子运动所处的不连续能量状态称为能级（energy level）。当 $n\to\infty$时，则电子将脱离原子核的电场引力，能量$E\to0$。

③ 电子处于激发态时不稳定，可跃迁到离核较近能级较低的轨道上，会放出能量。

原子中的电子尽可能处在离核最近的稳定轨道上，这时原子能量最低。能量最低的稳定轨道，称为基态（ground state）。氢原子处于基态时，电子在 $n=1$ 的轨道上运动，其能量最低，为 2.179×10^{-18}J（或 13.6eV），其半径为 52.9pm（$1\text{pm}=10^{-12}$m），称为玻尔半径，用符号“a_0”表示。

当原子从外界获得能量时，电子被激发到离核较远的高能级（E_2）的轨道上去，此时电子处于激发态（excited state）。处于激发态的电子不稳定，会跃迁到离核较近的低能级（E_1）轨道上，这时就会以光子形式放出能量，高、低能级的两轨道能量差和释放出的光子频率符合下列公式：

$$h\nu = E_2 - E_1 \tag{7-2}$$

$$\nu = \frac{E_2 - E_1}{h}$$

$$\Delta E = h\nu \qquad \Delta E = E_2 - E_1$$

$$\lambda = \frac{c}{\nu} \tag{7-3}$$

式中，h 为普朗克常数；$c = 2.998 \times 10^8 \mathrm{m \cdot s^{-1}}$。

应用里德堡公式或玻尔假设所提出的原子模型和式（7-2）、式（7-3）可以解释氢原子光谱产生的原因。其他类氢离子光谱（即单电子离子，如 He^+、Li^{2+}、Be^{3+} 等）均可用玻尔原子模型加以解释。

玻尔原子模型理论成功之处可归结为以下几点：①说明了激发态原子发光的原因，能级间跃迁的频率条件。②较好地解释了氢原子光谱和类氢离子光谱的规律性。③首次提出电子运动状态具有不连续性、稳定轨道能级的量子化特性，提出了如原子轨道、基态、激发态、量子数等一些新的物理概念。

玻尔理论具有重要的历史和现实意义，但是，玻尔原子模型不能说明多电子原子的光谱，也不能说明氢原子光谱的精细结构。玻尔理论的这一局限性源于没有摆脱经典力学的束缚，没有认识到电子运动的波粒二象性，他的电子绕核运动的固定轨道的观点不符合微观粒子的运动特性，不能全面反映微观粒子的运动规律。

7.1.2　电子的波粒二象性

爱因斯坦的光子学说表明，光具有波动性，又具有粒子性，被称为光的波粒二象性(dual wave-particle nature)。如光在空间传播的有关现象：波长、频率、干涉、衍射等，主要表现出光的波动性。光与实物接触进行能量交换时所具有的有关现象：质量、速度、能量、动量等，主要表现出光的粒子性。那么像电子这样具有粒子性（如质量、速度、能量等）的实物微粒是否也像光一样，具有波动性和粒子性双重性质呢？

7.1.2.1　德布罗意预言

1924 年，法国年轻的物理学家德布罗意（L. de Broglie）在从事量子论研究时，受光的波粒二象性的启发，提出实物微粒都具有波粒二象性，并预言像电子等具有质量 m（粒子性）、运动速度 v（粒子性）的实物微粒，与其相应的波长 λ（波动性）的关系式为：

$$\lambda = \frac{h}{p} = \frac{h}{mv}$$

此关系式称为德布罗意物质波公式，它把电子的波动性和粒子性通过普朗克常数联系起来了，并且定量化了。

电子的质量约为 9.1×10^{-31}kg，运动速率约为 $1.0 \times 10^6 \mathrm{m \cdot s^{-1}}$，通过上式可求得其波长为 0.73nm，这与其直径（约为 10^{-6}nm）相比，显示出明显的波动特征。

德布罗意预言三年后被电子衍射实验证实是正确的。

7.1.2.2　电子衍射实验

1927 年，戴维逊（C. J. Davisson）和革尔麦（L. H. Germer）在纽约贝尔实验室用高能电子束轰击一块镍金属晶体样品时，得到了与 X 射线图像相似的衍射照片（图 7-3）。电子衍射的照片显示出一系列明暗相间的衍射环纹，而且从衍射图样上求出的电子波的波长和从德布罗意预言的计算式计算出的结果完全一致。

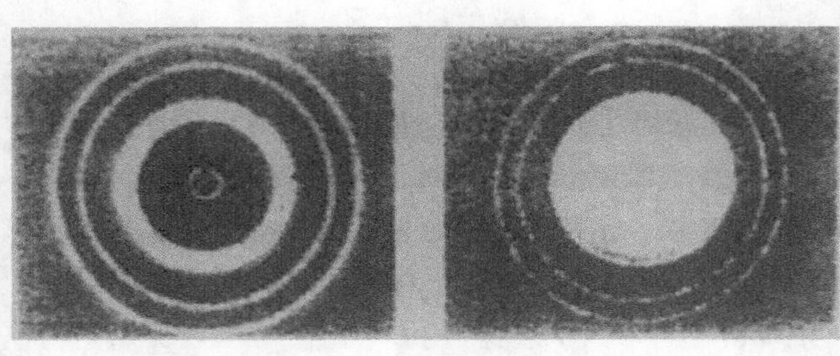

图 7-3 X 射线衍射、电子衍射示意图

电子衍射实验证明了电子运动与光一样具有波动性。

波粒二象性是所有微观粒子运动的一个重要特性。根据德布罗意物质波公式，宏观物体质量很大，且波长又很短，与其本身大小相比基本上测不到其波动性。

电子衍射实验得到的波动图像表明，电子运动具有波动性的表现并不是说存在某个实在的物理量的波动，而是表示电子微粒在空间分布的概率。

电子运动具有波动性是微观系统的特征性质。正因为运动着的电子伴生着电磁波，所以电子能够长期稳定地绕着原子核运动，如果把电子仅仅看成一个粒子，而忽略其波动性，那么就会得出核外电子会落入原子核内的荒谬结果。

7.1.2.3 海森堡不确定原理

1927 年，德国物理学家海森堡（W. Hesenberg）提出了量子力学中的一个重要关系，即测不准关系，又称作不确定原理（uncertainly principle），其数学关系式为：

$$\Delta x \Delta p_x \geqslant \frac{h}{4\pi} \tag{7-4}$$

式中，x 为微观粒子在空间某一方向的位置坐标；Δx 为确定粒子位置时的测量偏差；Δp_x 为确定粒子动量时的测量偏差；h 为普朗克常数。不确定原理说明，如果微观粒子位置测得越准（Δx 越小），则其动量测得越不准（Δp_x 越大），反之亦然。

不确定原理不是因为目前的测量技术不够准确，而是源于微观粒子的固有属性——波粒二象性。不确定原理表明高速运动的微观粒子，它们的运动无轨迹可言，就意味着在一确定的时间没有一确定的位置。因此，不能运用经典力学的方法来描述微观粒子的运动。

7.2 核外电子运动状态的描述——量子力学原子模型

7.2.1 薛定谔方程

不确定原理告诉我们，像电子等微观粒子运动状态的描述不能通过给出它的位置、速度等物理量来求得，只能采用统计的方法，做出概率分布来描述。

1926 年，奥地利物理学家薛定谔（E. Schrödinger）根据电子具有波粒二象性和对德布罗意微粒波的理解，提出了著名的描述微观粒子运动的波动方程，即薛定谔方程。

$$\frac{\partial^2 \psi}{\partial x^2}+\frac{\partial^2 \psi}{\partial y^2}+\frac{\partial^2 \psi}{\partial z^2}=-\frac{8\pi^2 m}{h^2}(E-V)\psi$$

式中，ψ 为波函数，是电子空间坐标 x、y、z 的函数；E 为总能量（势能＋动能），V

为势能（原子核对电子的吸引能）；m 为电子的质量；h 为普朗克常数。

薛定谔方程把电子波动性 ψ 和粒子性 m、E、V 联系在一起，比较全面、真实地反映了核外电子的运动状态。薛定谔方程是一个二阶偏微分方程，解这个方程需要较深的数学知识，本节只介绍解薛定谔方程得到的一些重要结论及波函数 ψ、ψ^2 及其相关空间图像的含义。

解薛定谔方程可以得到一系列的数学解，但不是所有的解都是合理的，为了得到合理的解，要求一些物理量必须符合一定的条件，即量子化的，这个条件要用三个量子数 n、l、m 来表示。

7.2.2　波函数和原子轨道

在解薛定谔方程时，为使波函数的图形更加直观，需将三维直角坐标转换为球极坐标，如图 7-4 所示。

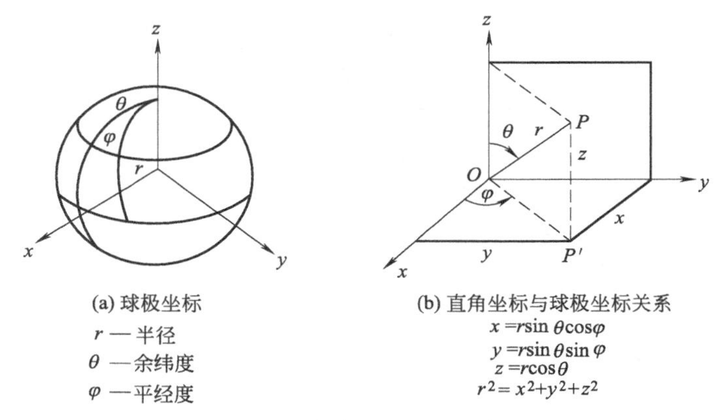

图 7-4　直角坐标转化为球极坐标示意图

在图 7-4 中，r 为 P 点到坐标原点 O（球心）的距离；θ 为 OP 线与 z 轴正向的夹角；φ 为 OP 在 xy 平面上的投影 OP' 与 x 轴正向的夹角。

球坐标中三个变量 r、θ、φ 表示空间位置，ψ 是三个变量 r、θ、φ 的函数，记为 $\psi_{n,l,m}$（r，θ，φ）。解薛定谔方程，就是解出对应一组 n、l、m 的波函数 $\psi_{n,l,m}$（r，θ，φ）及其相应的能量 $E_{n,l,m}$。

波函数 $\psi_{n,l,m}$ 是量子力学中所代表的某个电子概率的波动，不是一个具体的数值，而是用空间坐标（r，θ，φ）来描述概率波的数学函数式，每一个电子的概率波都可用波函数来描述，$\psi_{n,l,m}$ 称为原子轨道（atomic orbital）。需要注意的是，原子轨道与宏观物体的运动轨道和玻尔假设的固定轨道的概念是不同的。由于微观粒子的波粒二象性，当能量一定时，确切地描述电子处于空间某个位置是没有意义的，因此不能再用经典力学中的轨道概念来描述微观粒子的运动。这里引用的“轨道”一词，只是量子力学借用了经典力学中的术语罢了。

除了以上三个量子数外，根据实验，为了描述电子自旋运动的特征，又引入了一个自旋量子数 s_i，下面分别讨论这四个量子数。

7.2.3　四个量子数

（1）主量子数 n

主量子数（principal quantum number）用来描述核外电子出现概率最大区域离核平均

距离，是决定电子运动能量高低的主要因素。

原子中，主量子数 n 相同的电子，可认为在同一区域内运动，区域又称电子层。

n 值可取 1、2、3、… 的正整数，分别为第一电子层，第二电子层，第三电子层，…，相应的光谱符号表示为 K、L、M、N、O、P、Q、…。

单电子原子中电子的能量由主量子数 n 决定。

n 值越大，电子离核的平均距离就越远，所处的状态能级越高，则电子运动的能量 E 越高。

（2）角量子数 l

角量子数（azimuthal quantum number）的引入是由于电子绕核运动时，还具有一定的角动量，角动量的绝对值和角量子数 l 的关系式为：

$$|L|=\frac{h}{2\pi}\sqrt{l(l+1)} \tag{7-5}$$

角量子数 l 用来描述原子轨道的形状，反映空间不同角度电子的分布。

l 的取值受主量子数 n 的限约，当主量子数 n 确定时，l 可取 0、1、2、3、…、$n-1$，包括 0 和小于 n 的正整数，共可取 n 个值，并用相应的轨道符号表示。如 $n=4$ 时，$l=0$、1、2、3，轨道符号分别为 s、p、d、f。不同的 l 值对应的电子运动的轨道形状是不同的。s 轨道形状为对称球形，p 轨道形状为哑铃形，d 轨道形状为花瓣形，f 轨道形状更复杂。多电子原子中电子的能量除了与主量子数 n 有关外，也与角量子数 l 有关。当 n、l 取值相同时，则电子的能量相同。当 n 相同、l 不同时，电子的能量随 l 值增大而增大。

（3）磁量子数 m

磁量子数（magnetic quantum number）描述原子轨道在空间不同角度的取向。

m 的取值受角量子数 l 的限制，当角量子数 l 确定时，$m=0$、±1、±2、…、$\pm l$，只能取小于或等于 l 的整数，共可取 $2l+1$ 个值。对于 n 相同、l 相同而 m 不同的轨道，尽管原子轨道有不同角度的取向，但轨道的能量相同，称为等价轨道（equivalent orbital）或简并轨道（degenerate orbital）。

m 与 l 的关系为：

当 $l=0$　s 轨道　$m=0$　一种取向，无方向性

　$l=1$　p 轨道　$m=+1，0，-1$　三种取向，为三个等价轨道

　$l=2$　d 轨道　$m=+2，+1，0，-1，-2$　五种取向，为五个等价轨道

　$l=3$　f 轨道　$m=+3，+2，+1，0，-1，-2，-3$　七种取向，为七个等价轨道

每一个原子轨道是指 n、l、m 组合一定时的波函数 $\psi_{n,l,m}$，代表原子轨道的能量、在空间的形状和取向。用 n 和 l 表示的各原子轨道，能量不同，称为能级。例如，$n=1$，$l=0$，$m=0$ 时，记为 $\psi_{1,0,0}$ 或 ψ_{1s}，为 1s 轨道，称为 1s 能级；$n=2$，$l=1$，$m=0$ 时，记为 $\psi_{2,1,0}$ 或 ψ_{2p_z}，为 $2p_z$ 轨道，称为 $2p_z$ 能级等。

当三个量子数的各自数值确定时，波函数 $\psi_{n,l,m}$ 的函数值即确定，该原子轨道的形状、空间角度取向、离核远近及能量也随之确定。

（4）自旋量子数 s_i

自旋量子数（spin quantun number）是根据氢原子光谱具有精细结构（每一根谱线是由两根靠得很近的谱线组成）引入的，认为原子中的电子不但绕核作高速运动，还绕自己的轴作自旋运动。电子的自旋运动用自旋量子数 s_i 表示。自旋量子数只能取两个值，即 $s_i=+1/2$ 和 $s_i=-1/2$，表明电子在每个原子轨道中的运动可有自旋相反的两种运动状态。通

常用“↑”和“↓”表示，即顺时针自旋和逆时针自旋。

综上所述，每一个原子轨道由三个量子数 n、l、m 确定，每一个电子可用四个量子数来描述它的运动状态。

7.2.4　概率密度和电子云

前已叙述，波函数 $\psi_{n,l,m}$ 是量子力学中描述某个电子概率波的数学函数式。因为核外电子运动具有波粒二象性，所以波函数表示的概率波与水波、声波等机械波是不同的，它没有明确的物理意义，在量子力学中波函数的物理意义是通过 $|\psi|^2$ 体现的，$|\psi|^2$ 代表核外空间某处电子出现的概率密度（probability density），即指离核半径为 r 的某处单位微体积 $d\tau$ 中电子出现的概率。因此有以下关系：

概率＝概率密度×体积

概率密度＝概率/体积

电子云（electron cloud）是 $|\psi|^2$ 在空间分布的具体图像。用统计方法以小黑点分布的疏密形象化地描述电子在核外出现的概率密度的相对大小。图 7-5 为氢原子 1s 电子云示意图，图 7-6 为氢原子 1s 电子概率密度与离核半径的关系。

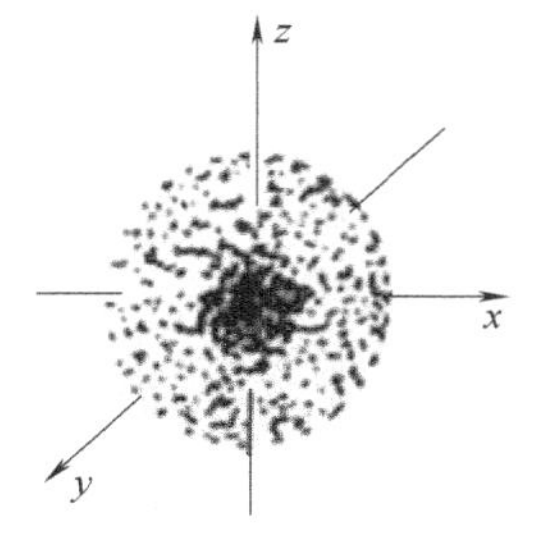

图 7-5　用小黑点表示的氢原子 1s 电子云空间形状示意图

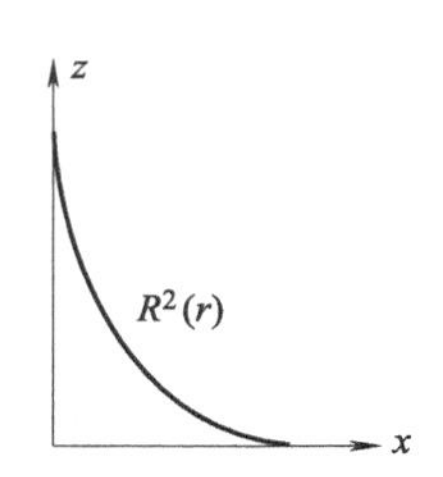

图 7-6　氢原子 1s 电子概率密度与离核半径的关系

从图 7-5 和图 7-6 中可以看出，氢原子 1s 电子云是球形对称的。r 越小，离核就越近，$|\psi|^2$ 越大，小黑点越密，表示电子在该处的概率密度越大。r 越大，离核越远，$|\psi|^2$ 越小，小黑点越稀，电子在该处的概率密度越小。因此电子的运动具有明显的统计性。

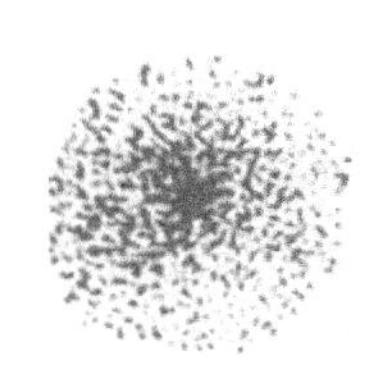

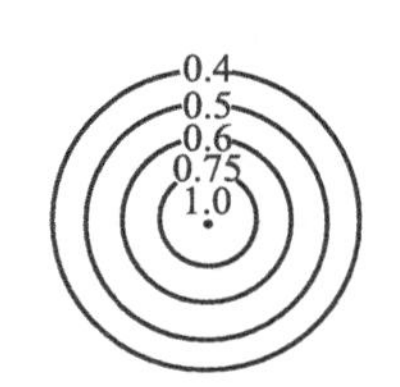

图 7-7　氢原子 1s 电子云等概率密度面

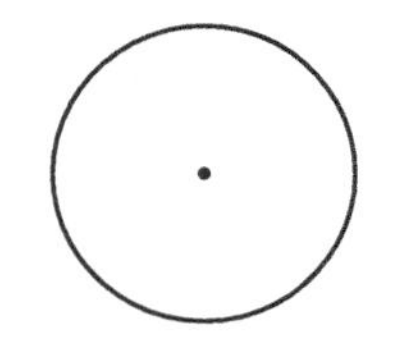

图 7-8　氢原子 1s 电子云剖面界面图

为了形象地表示电子云的形状，常用等概率密度剖面界面图来表示。在图中通常将电子出现概率密度相等的点连接成曲面（图 7-7）。1s 电子的等概率密度面是一系列的同心球面，再用数值在球面上标出概率密度的相对大小，以曲面内电子云出现的概率达 95％作为界面，界面外的区域，电子出现的概率已经极小了，可以忽略不计。再将黑点除去来表示电子云的形状，这样的图像即为剖面界面图（图 7-8），s 电子云的界面是一个球面。图 7-9 列出了氢原子 s、p、d 电子各种状态电子云界面示意图。

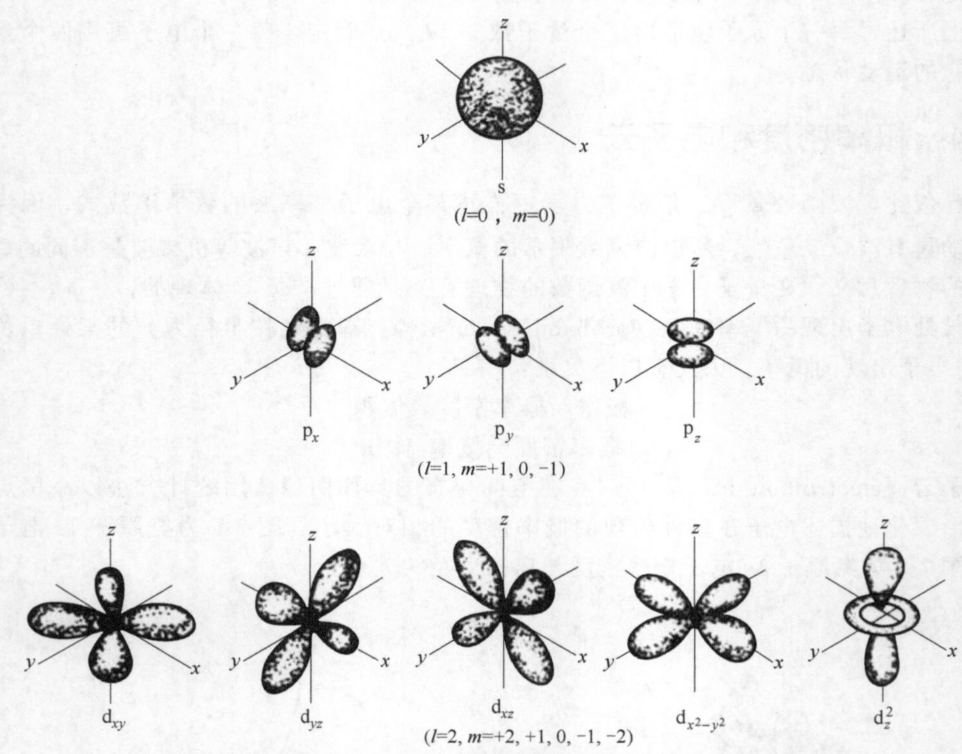

图 7-9　氢原子 s、p、d 电子各种状态电子云界面示意图

7.2.5　波函数和电子云的空间形状

为了便于讨论原子在化学反应中的行为，用复杂的波函数很难表达清楚，通常采用作图的方法。通过数学处理，将波函数分解成随角向变化和随径向变化两个函数的乘积：

$$\psi_{n,l,m}(r,\theta,\varphi)=\underset{\text{径向部分}}{R_{n,l}(r)}\,\underset{\text{角向部分}}{Y_{l,m}(\theta,\varphi)} \tag{7-6}$$

式中，$R_{n,l}(r)$ 称为波函数 $\psi_{n,l,m}$ 的径向部分（redial part of wave function）；$Y_{l,m}(\theta,\varphi)$ 称为波函数 $\psi_{n,l,m}$ 的角向部分（angular part of wave function）。

表 7-1 列出了氢原子的若干波函数。

表 7-1　氢原子若干波函数（a_0＝玻尔半径）

轨道	$\psi(r,\theta,\varphi)$	$R(r)$	$Y(\theta,\varphi)$
1s	$\sqrt{\frac{1}{\pi a_0^3}}\mathrm{e}^{-r/a_0}$	$2\sqrt{\frac{1}{a_0^3}}\mathrm{e}^{-r/a_0}$	$\sqrt{\frac{1}{4\pi}}$
2s	$\frac{1}{4}\sqrt{\frac{1}{2\pi a_0^3}}\left(2-\frac{r}{a_0}\right)\mathrm{e}^{-r/a_0}$	$\sqrt{\frac{1}{8\pi a_0^3}}\left(2-\frac{r}{a_0}\right)\mathrm{e}^{-r/a_0}$	$\sqrt{\frac{1}{4\pi}}$
2p$_z$	$\frac{1}{4}\sqrt{\frac{1}{2\pi a_0^3}}\left(\frac{r}{a_0}\right)\mathrm{e}^{-r/2a_0}\cos\theta$		$\sqrt{\frac{3}{4\pi}}\cos\theta$
2p$_x$	$\frac{1}{4}\sqrt{\frac{1}{2\pi a_0^3}}\left(\frac{r}{a_0}\right)\mathrm{e}^{-r/2a_0}\sin\theta\cos\theta$	$\sqrt{\frac{1}{24a_0^3}}\left(\frac{r}{a_0}\right)\mathrm{e}^{-r/2a_0}$	$\sqrt{\frac{3}{4\pi}}\sin\theta\cos\varphi$
2p$_y$	$\frac{1}{4}\sqrt{\frac{1}{2\pi a_0^3}}\left(\frac{r}{a_0}\right)\mathrm{e}^{-r/2a_0}\sin\theta\sin\varphi$		$\sqrt{\frac{3}{4\pi}}\sin\theta\cos\varphi$

例如，氢原子基态波函数可分为以下两部分：

$$\psi_{1s}=\sqrt{\frac{1}{\pi a_0^3}}\mathrm{e}^{-\frac{r}{a_0}}=R_{1s}Y_s=2\sqrt{\frac{1}{a_0^3}}\mathrm{e}^{-\frac{r}{a_0}}\times\sqrt{\frac{1}{4\pi}}$$

分别对径向部分和角向部分的变化规律以球坐标作图，可画出 $\psi_{n,l,m}$（原子轨道）和电子云（$\psi^2_{n,l,m}$ 形象化描述）的形状及方向，这样的图形既简单又直观。

7.2.5.1　原子轨道角度分布图

波函数或原子轨道的角向部分 $Y_{l,m}$（θ，φ）函数式可由解薛定谔方程求得，也可从有关手册中查得。若以原子核为坐标原点，引出方向为（θ，φ）的直线，连接所有这些线段的端点，在空间可形成一个曲面。这样的图形称为 Y 的球坐标图，并称它为原子轨道角度分布图，记为 $Y_{l,m}$。

例如，由表 7-1 可知，氢原子 1s 原子轨道的角向部分函数式 Y_{1s} 为：

$$Y_{1s}=\sqrt{\frac{1}{4\pi}}$$

Y_{1s} 只是一个常数，与 θ，φ 角度无关。画出的氢原子 1s 原子轨道角度分布图是一个球曲面，半径为$\sqrt{\frac{1}{4\pi}}$。

原子轨道的角向部分 $Y_{l,m}$（θ，φ）只与量子数 l、m 有关，而与主量子数 n、离核半径 r 无关。

因此，所有的 s 原子轨道（如 2s，3s，4s 等）的角度分布图与 1s 原子轨道相同，都是一个半径为$\sqrt{\frac{1}{4\pi}}$的球面。p、d、f 系列原子轨道也一样。故在原子轨道角度分布图中常不标明轨道符号前的主量子数。

【例 7-1】　画出 $2p_z$ 原子轨道角度分布图。

解　由表 7-1 可知氢原子 Y_{p_z} 为：

$$Y_{p_z}=\sqrt{\frac{3}{4\pi}}\cos\theta$$

或

$$Y_{p_z}=K\cos\theta$$

式中，K 值为$\sqrt{\frac{3}{4\pi}}$，是常数，它不会影响图形的形状。Y_{p_z} 值随 θ 角的大小而改变，若以球坐标按 Y_{p_z}-θ 作图，可得两个相切于原点的球面，即为 p_z 原子轨道角度分布图，见图 7-10。一些随 θ 角度而变化的 Y_{p_z} 值见表 7-2。

表 7-2　氢原子 p_z 随 θ 角度变化的 Y_{p_z} 和的 $Y^2_{p_z}$ 值

θ	0°	15°	30°	45°	60°	90°	120°	135°	150°	165°	180°
$Y_{p_z}=\cos\theta$	1.00	0.97	0.87	0.71	0.50	0.00	−0.50	−0.71	−0.87	−0.97	−1.00
$Y^2_{p_z}=\cos^2\theta$	1.00	0.94	0.75	0.50	0.25	0.00	0.25	0.50	0.75	0.93	1.00

利用表 7-2 中列出的数据，可以在 xz 平面内画出如图 7-10 所示的曲线。将曲线绕 z 轴旋转一周（360°），可以得到哑铃形立体曲面。图中球面上每点至原点的距离，代表在该角度上 Y_{p_z} 数值的大小，正、负号表示波函数角度部分 Y_{p_z} 在这些角度上为正值或负值。整个

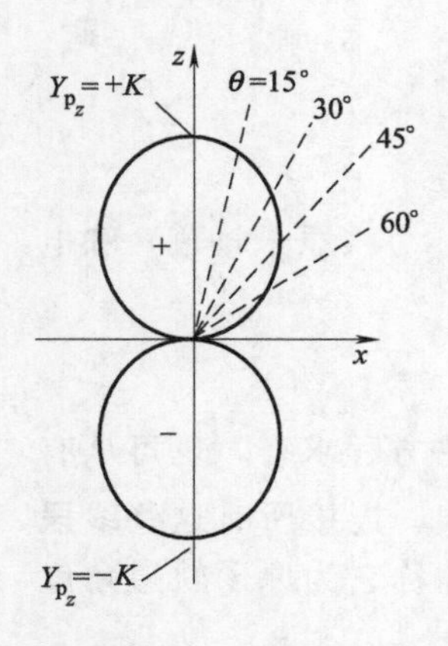

图 7-10 p_z 原子轨道角度分布剖面图

球面表示 Y_{p_z} 随 θ 角变化的规律。由于在 z 轴上 θ 角为 0°，$\cos\theta=1$，所以 Y_{p_z} 在沿 z 轴的方向出现极大值，该曲面图称为 p_z 原子轨道角度分布图，记为 Y_{p_z}，通常以其剖面图表示。用以上同样的方法，可以画出 s、p、d 各种轨道的角度分布剖面图，如图 7-11 所示。

从图 7-11 中看到：

3 个 p 轨道角度分布剖面图的形状相同，只是空间取向不同。当 p 轨道角度分布图沿 z 轴的方向出现极大值，记为 Y_{p_z}；当 p 轨道角度分布图 y 轴的方向出现极大值，记为 Y_{p_y}；当轨道角度分布图沿 x 轴的方向出现极大值记为 Y_{p_x}。

5 个 d 轨道的角度分布剖面图中：$Y_{d_z^2}$ 中的 Y 极大值在沿 z 轴的方向上；$Y_{d_{x^2-y^2}}$ 中的 Y 极大值在沿 x、y 轴的方向上；另外 3 个 $Y_{d_{xy}}$、$Y_{d_{xz}}$、$Y_{d_{yz}}$ 角度分布剖面图中，$Y_{d_{xy}}$ 中的 Y 的极大值在沿 x 和 y 两个轴间 45°夹角的方向上；$Y_{d_{xz}}$ 中的 Y 的极大值沿 x 和 z 两个轴间 45°夹角的方向上；$Y_{d_{yz}}$ 中的 Y 的极大值沿 y 和 z 两个轴间 45°夹角的方向上。除 $Y_{d_{z^2}}$ 外，其他 4 个轨道的角度分布图的形状相同，只是空间取向不同。

原子轨道的角度分布图不是原子轨道的实际形状，但它在化学键的形成过程中有非常重要的意义。

7.2.5.2 电子云角度分布图

如果我们将分解的薛定谔方程式（7-6）两边平方，则得到：

$$\psi^2_{n,l,m}(r,\theta,\varphi)=R^2_{n,l}(r)Y^2_{l,m}(\theta,\varphi)$$

电子云　　径向部分　角向部分

电子云角度分布图是波函数或原子轨道角向部分 $Y^2_{l,m}(\theta,\ \varphi)$ 随 θ、φ 角变化关系的图形，它与主量子数 n、离核半径 r 无关。这种图形反映了电子出现在核外各个方向概率密度的分布规律，其画法过程与波函数或原子轨道角度分布图一样，先将该原子轨道的角向分布 $Y_{l,m}(\theta,\ \varphi)$ 的计算式两边平方。

p_z 原子轨道的角向部分是：$Y_{p_z}=K\cos\theta$

p_z 电子云的角向部分是：$Y^2_{p_z}=K^2\cos^2\theta$

将 $Y^2_{p_z}$ 值（表 7-2）随 θ 角度变化作图，得到的图形称为电子云的角度分布图，记为 $Y^2_{p_z}$。用相同的方法，可以画出 s、p、d 各种电子云的角度分布图，如图 7-12 所示，它表示随 θ 和 φ 角度变化时，半径相同的各点，概率密度相同。

从图 7-12 可以看出：电子云角度分布图的形状与原子轨道角度分布图相似。但 s、p、d 原子轨道角度分布图要“胖”些，且有“+”“−”值。而 p、d 电子云角度分布图稍“瘦”（Y^2 值更小）些，且都是“+”值（Y^2 取正值），没有“−”值。

要注意，把电子云角度分布图当作电子云的实际图形是错误的，因为电子云角度分布图只能反映电子在空间不同角度所出现的概率密度，并不反映电子出现概率密度随离核半径 r 的变化。

7.2.5.3 电子云的径向部分分布图

电子云的径向部分 $R^2_{n,l}(r)$，表示概率密度随离核半径 r 的变化，它与磁量子数 m 及角度 θ、φ 无关。电子云的径向部分有多种图示表示，教学中常用的是电子概率密度径向分布

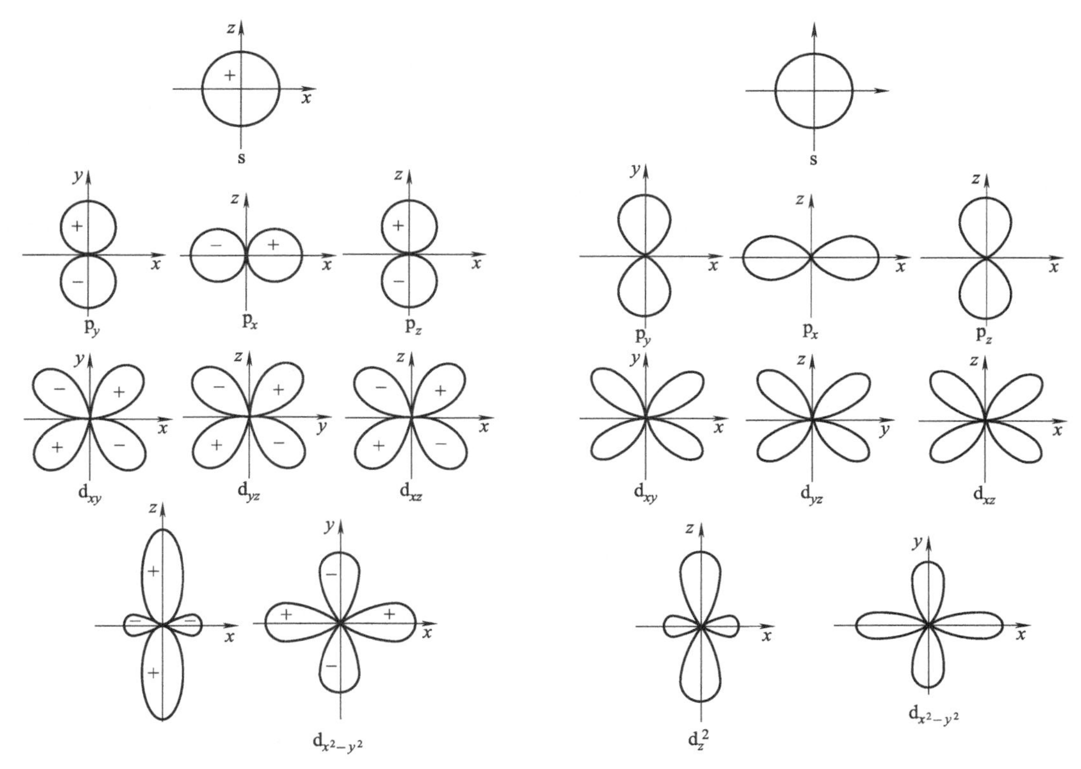

图 7-11　s、p、d 各种原子轨道的角度分布剖面图　　图 7-12　s、p、d 各种电子云角度分布剖面图

图和电子云概率密度径向分布图，是从两个不同层面来反映电子云的状态。

（1）电子概率密度径向分布图

若以 $R^2(r)$ 对 r 作图，就能得到电子的概率密度随半径 r 的变化图，称为电子概率密度径向分布图。图 7-13 列出了常用的几种氢原子电子的 $R^2(r)$ 图，它表示任何角度方向上的电子概率密度随半径 r 的变化，若与电子云角度分布图结合起来即为电子云的空间形状，见图 7-17。

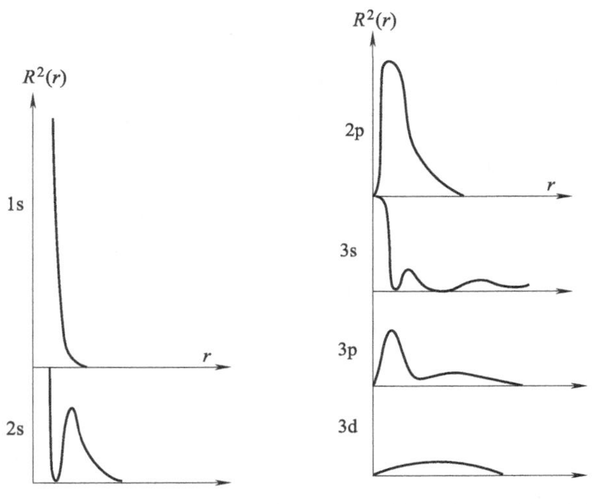

图 7-13　氢原子 s、p、d 几种电子概率密度径向分布图

（2）电子云概率密度径向分布图

电子云概率密度径向分布图又称壳层概率径向分布图。

壳层概率是指离核半径为 r、厚度为 dr 的薄层球壳体积（$d\tau$）中电子出现的概率，用符号 r^2R^2 或 $D(r)$ 表示。壳层概率是概率密度的一种表现形式，从另一侧面反映了电子的运动状态，理论上可以导出。现以最简单的球形对称的 ns 电子云为例。

设想把 ns 电子云通过中心分割成具有不同半径 r 的薄层球壳（同心圆），如果我们考虑一个离核距离为 r、厚度为 dr 的薄层球壳，如图 7-14 所示。

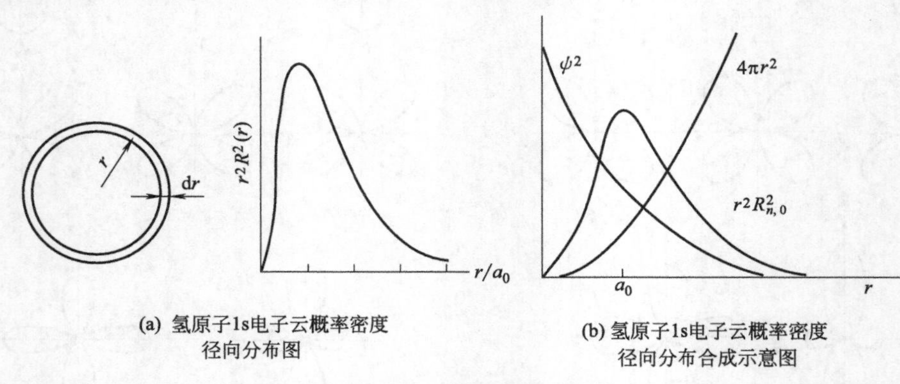

(a) 氢原子1s电子云概率密度径向分布图

(b) 氢原子1s电子云概率密度径向分布合成示意图

图 7-14　氢原子 1s 电子云径向分布函数图

因为半径为 r 的球面面积为 $4\pi r^2$，所以厚度为 $d\tau$ 的薄层球壳的体积为 $4\pi r^2 dr$，则该薄层球壳中电子出现的概率，即壳层概率为：

$$\text{壳层概率}=\text{概率密度}\times\text{壳层体积}=\psi_{ns}^2 4\pi r^2 dr \tag{7-7}$$

因

$$\psi_{ns}=R_{n,0}(r)Y_{0,0}(\theta,\varphi)=R_{n,0}\left(\frac{1}{4\pi}\right)^{1/2} \tag{7-8}$$

两边平方

$$\psi_{ns}^2=R_{n,0}^2(r)Y_{0,0}^2(\theta,\varphi)=R_{n,0}^2\ \frac{1}{4\pi} \tag{7-9}$$

将式（7-9）代入式（7-7），得：

$$\begin{aligned}\text{壳层概率}&=R_{n,0}^2\ \frac{1}{4\pi}4\pi r^2 dr\\&=r^2R_{n,0}^2 dr \qquad (r^2R_{n,0}^2=\psi_{ns}^2 4\pi r^2)\end{aligned}$$

因 dr 很薄，故壳层概率可看作为薄层球面上电子出现的概率，用 r^2R^2 表示。

从图 7-14（a）看出，氢原子 1s 电子云最大壳层概率半径在 a_0 处。而电子离核越近，概率密度越大，这两者并不矛盾。因为薄层球壳的体积随半径的减小而减小，概率密度随半径的减小而增大，这两个趋势正好相反，在 a_0 处会出现一个极大值。

r^2R^2 的数值越大，表示电子在该球壳中出现的概率越大，电子云概率密度径向分布图反映了电子在球壳中出现的概率离核远近的关系。

若以 $r^2R^2(r)$ 对 r 作图，就可以得到氢原子 s、p、d 各电子云电子的壳层概率随 r 的变化图，称为电子云概率密度径向分布图，如图 7-15 所示。

从图 7-15 中可以看到：

① 氢原子电子云在离核半径为 52.9pm 处薄层球壳内出现的概率最大。最大壳层概率半径恰好与玻尔半径 $a_0=52.9$pm（$n=l$）吻合。

② 主量子数 n 相同、角量子数 l 不同时，曲线有 $n-l$ 个峰。如 ns 电子有 n 个峰，np

电子有 $n-1$ 个峰，nd 电子有 $n-2$ 个峰，nf 电子有 $n-3$ 个峰。如 4s 有 4 个峰，4p 有 3 个峰，4d 有 2 个峰，而 4f 只有一个峰，峰数的不同将会影响多电子原子的能级。

③ n 相同的轨道可视为一电子层，核外电子的分布可视作分层的。主量子数 n 相同，它们都有一个离核平均距离即半径相近的壳层概率最大的主峰，这些主峰离核距离近远的顺序是 1s、2s2p、3s3p3d、…，因此，从电子云概率密度径向分布图看出，核外电子的分布可视作分层的。

④ 钻穿现象引起能级错位。主量子数 n 相同时，ns 比 np 多一个离核较近的峰（图 7-16），np 比 nd 多一个离核较近的峰，nd 又比 nf 多一个离核较近的峰。而且，这些近核的峰都伸入到 $n-1$ 各峰的内部，这种现象叫钻穿，钻穿能力 $n\text{s}>n\text{p}>n\text{d}>n\text{f}$。从图 7-15 中还可看到 4s 离核最近的一个小峰竟钻穿到 3d 主峰之内。由钻穿现象引起的效应可解释多电子原子中的能级错位的原因。

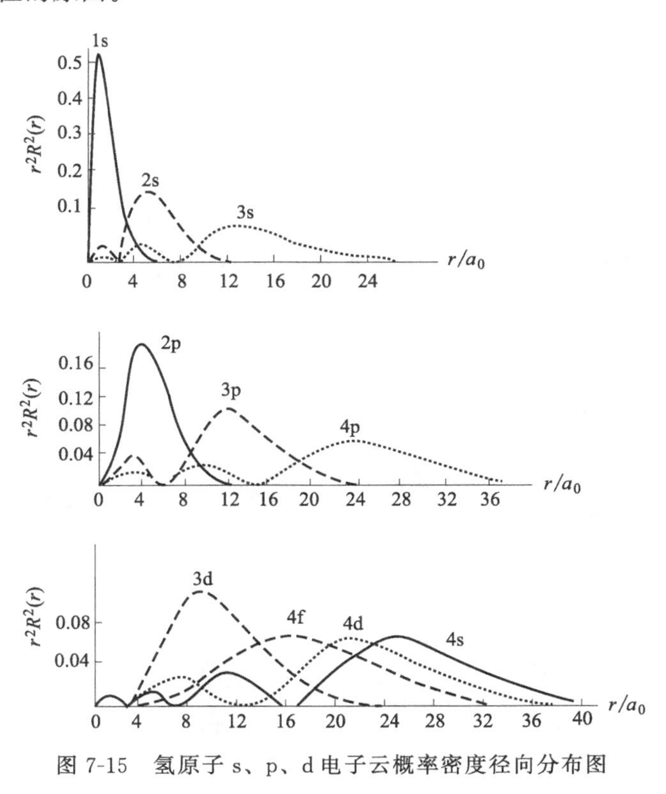

图 7-15　氢原子 s、p、d 电子云概率密度径向分布图

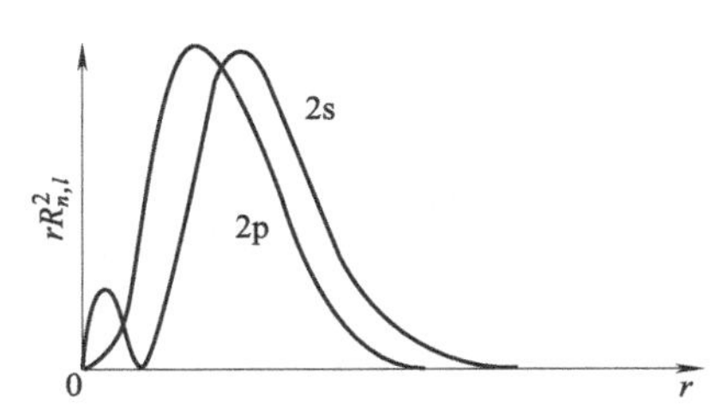

图 7-16　2s 与 2p 电子云概率密度径向分布图钻穿能力

7.2.5.4　电子云的空间形状（阅读）

$$\psi^2_{n,l,m}(r,\theta,\varphi)=R^2_{n,l}(r)Y^2_{l,m}(\theta,\varphi)$$

电子云的空间形状是由电子云的电子概率密度径向部分 $R^2_{n,l}(r)$ 和角度部分 $Y^2_{l,m}(\theta,\varphi)$ 两者结合在一起用小黑点图来推述的，图 7-17 为常见的几种氢原子用小黑点图表示的电子云空间形状示意图。

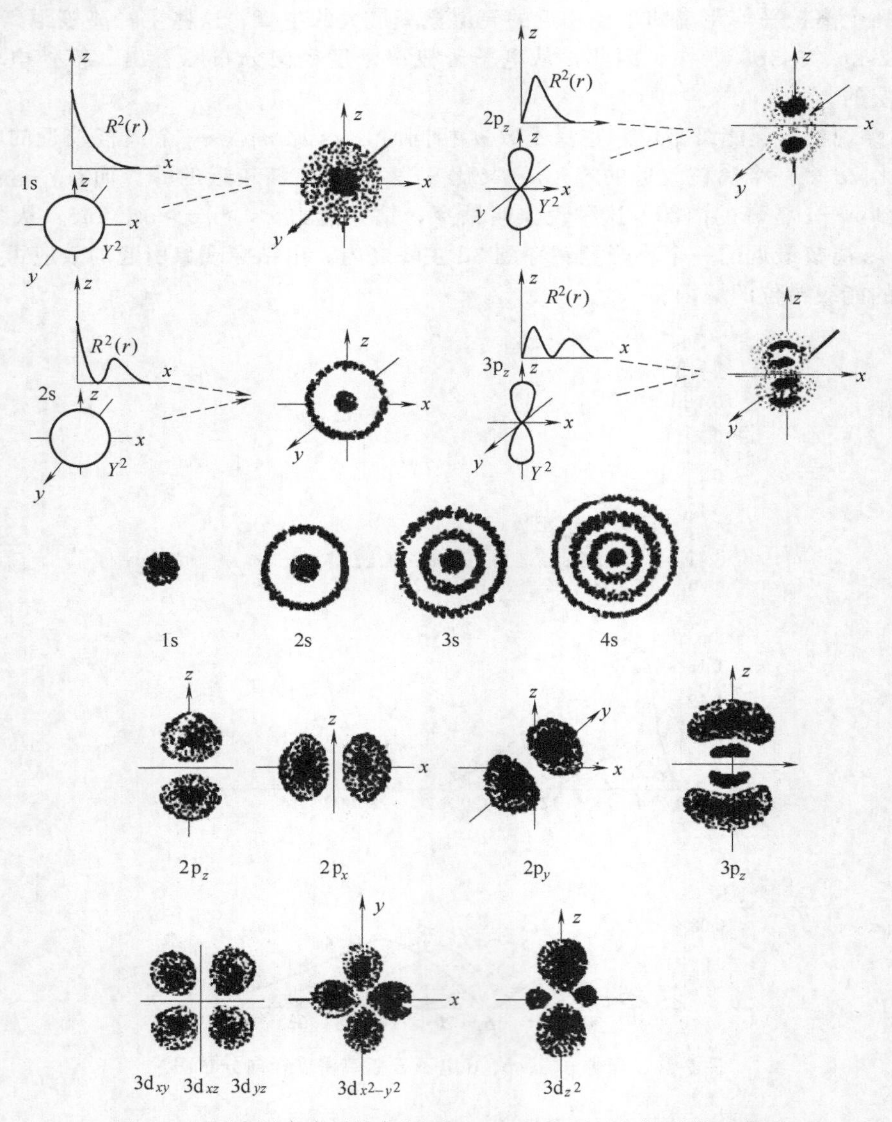

图 7-17 用小黑点表示的氢原子 s、p、d 电子云空间形状示意图

7.3 多电子原子结构和元素周期系

近代量子力学原子模型发展使人们完全摆脱了玻尔原子模型固定轨道的束缚，使我们更清楚地了解了原子结构内部核外电子运动的状态，尽管目前发现的 119 种元素中除了氢原子外都是多电子原子（multielectron atoms），但四个量子数、能级、波函数（原子轨道）、电子云及相关的函数图等重要概念对讨论多电子原子结构和能级及性质规律性的变化等具有指导意义。

7.3.1 多电子原子的原子轨道能级

单电子氢原子轨道的能量由主量子数 n 决定，与角量子数 l 无关。

$$E_n = -\frac{2.179 \times 10^{-18} Z^2}{n^2} \tag{7-10}$$

对于多电子原子，电子的能量不仅要考虑原子核对其的吸引，还应考虑各轨道之间的电子的排斥作用。因此多电子原子的原子轨道能级比单电子氢原子要复杂得多，光谱实验结果证实了这一点。

7.3.1.1 鲍林原子轨道近似能级图

美国化学家鲍林（L. Pauling）根据光谱实验的结果，总结出多电子原子中电子填充各原子轨道能级顺序，如图 7-18 所示。

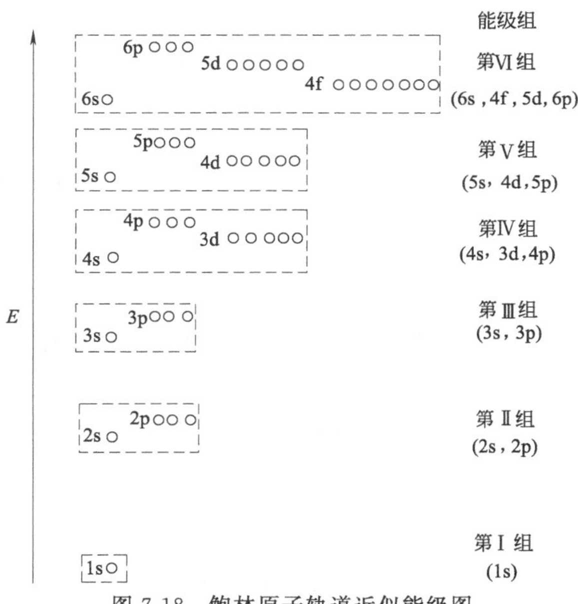

图 7-18　鲍林原子轨道近似能级图

在图 7-18 中可以看出：

① 每个虚线方框为一能级组，表明该能级组中各能级的能量相近或能级差别较小。相邻的两能级组能量差别较大。目前分为七个能级组，并按照能量从低到高的顺序从下往上排列。

② 每个能级组中，每个小圆圈表示一个原子轨道，将 3 个等价 p 轨道、5 个等价 d 轨道、7 个等价 f 轨道、…排成一行，表示在该能级组中它们的能量相等。除第一能级组外，其他能级组中，原子轨道的能级也有差别，以小圆圈的高低表示。

③ 除了第一、第二、第三能级组外，其他能级组有能级错位的现象，如第四能级组中 $E_{4s} < E_{3d}$ 等。这种能级错位的现象称为能级交错（energy level overlap）。

以上原子轨道能级高低变化的情况，可用屏蔽效应和钻穿效应来加以解释。

（1）屏蔽效应

在多电子原子中，每个电子不仅受原子核的吸引，还要受到其他电子的排斥，使核对该电子的吸引力降低。由于核外电子运动具有波粒二象性，不可能准确测定它们的排斥力，通常采用近似处理的方法：将其他电子对某一电子排斥的作用归结为是它们抵消了一部分核电荷，使有效核电荷（effective nuclear charge）降低，削弱了核电荷对该电子的吸引作用，这种抵消了一部分核电荷的作用称为屏蔽效应（screening effect）。

若有效核电荷用符号 Z^* 表示，核电荷用 Z 表示，被抵消的核电荷数用符号 σ 表示，则它们有以下的关系：

$$Z^* = Z - \sigma \tag{7-11}$$

式中，σ 为屏蔽常数（screening constant），它与主量子数 n 和角量子数 l 有关。对于多电子原子中的一个电子，其能量的计算式为：

$$E_n = -\frac{2.179 \times 10^{-18}(Z-\sigma)^2}{n^2} \tag{7-12}$$

从式（7-12）可以看出，如果屏蔽常数 σ 愈大，屏蔽效应就愈大，则电子受到的有效核电荷 Z^* 减少，电子的能量就升高。显然，如果能计算原子中其他电子对某个电子的屏蔽常数 σ，就可求得该电子的近似能量。以此方法，即可求得多电子原子中各轨道能级的近似能量。屏蔽常数的计算，可用斯莱脱（J. C. Slater）提出的经验公式，本课程不作要求。

通常认为：内层电子对外层电子屏蔽效应大，同层电子屏蔽效应小，外层电子的径向分布图在离核附近尽管也有小峰出现，但因其屏蔽作用很小，可视其对内层电子不产生屏蔽效应。

（2）钻穿效应

根据电子云概率密度径向分布图，由于角量子数 l 不同，出现的峰数不同，会有钻穿现象发生，电子钻得离核距离越近，在原子核附近电子出现的概率越大，可更多地避免其余电子的屏蔽，核对其吸引力增加得越多，其能级能量降低得越多。这种由于角量子数 l 不同，电子云概率密度径向分布不同而引起的能级能量的变化称为钻穿效应（drill through effect）。

在多电子原子中，原子轨道的能级能量变化用屏蔽效应和钻穿效应能得到满意的解释。多电子原子的原子轨道能级能量的变化可归纳为以下三种：

① 主量子数 n 相同、角量子数 l 不同时，能级能量随角量子数 l 的增大而升高。当主量子数 n 相同时，角量子数 l 越小，峰越多，钻得就越深，离核就越近，受核的吸引力就越强。由于钻穿能力 $n\text{s}>n\text{p}>n\text{d}>n\text{f}$，所以核对电子的吸引能力 $n\text{s}>n\text{p}>n\text{d}>n\text{f}$。角量子数 l 增大，轨道离核较远，受同层其他电子的屏蔽效应就大，能级升高，核对该轨道上的电子吸引力相应减弱。如 $E_{4\text{s}}<E_{4\text{p}}<E_{4\text{d}}<E_{4\text{f}}$。

② 主量子数 n 不同、角量子数 l 相同时，能级能量随主量子数 n 的增大而升高。n 不同、l 相同的能级，n 越大，轨道离核越远，外层电子受内层的屏蔽效应也越大，能级越高，核对该轨道上的电子吸引力就越弱。如 $E_{1\text{s}}<E_{2\text{s}}<E_{3\text{s}}<E_{4\text{s}}$。

③ 主量子数 n 不同、角量子数 l 不同的能级，可能出现能级交错现象。如 $E_{4\text{s}}<E_{3\text{d}}$；$E_{5\text{s}}<E_{4\text{d}}$；$E_{6\text{s}}<E_{4\text{f}}<E_{5\text{d}}$ 等。这种情况可用钻穿效应加以解释。例如 $E_{4\text{s}}<E_{3\text{d}}$，从电子云概率密度径向分布图可以看出，4s 离核最近的小峰，钻得很深，核对它的吸引力增强，使轨道能级降低的作用超过了主量子数增大使轨道能级升高的作用，故 $E_{4\text{s}}<E_{3\text{d}}$，使能级发生错位。

要注意的是，鲍林的原子轨道能级图是他假设所有不同元素原子的能级高低次序完全一样提出的，所以是近似能级图，它解释不清原子轨道能级交错现象，更不能反映多电子中性原子的原子轨道能级与原子序数的变化关系。科顿原子轨道能级图能说明这些问题。

7.3.1.2　科顿原子轨道能级图（阅读）

科顿（F. A. Cotton）的原子轨道能级图（图 7-19）是在量子力学理论和光谱实验的基础上总结出来的，该图较好地反映了各轨道能级顺序与原子序数的关系。

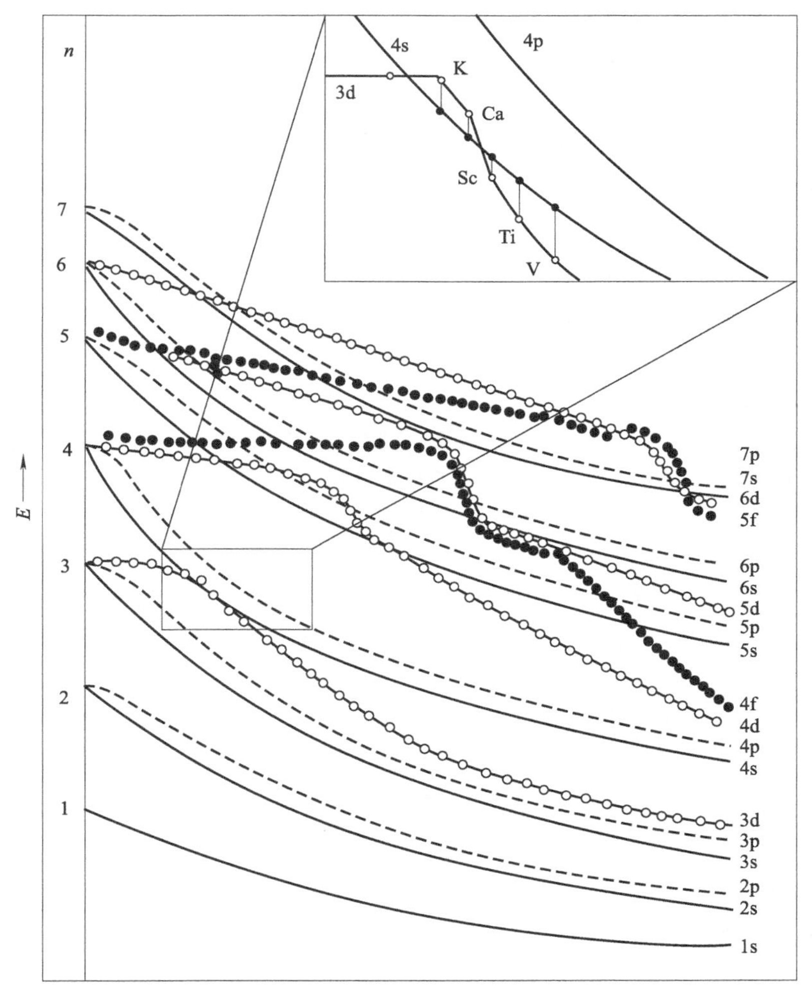

图 7-19　科顿原子轨道能级图

从图 7-19 中可以看到：

① 单电子原子如^{1}H，轨道能级由主量子数 n 来决定。

② 多电子原子，如^{3}Li、^{19}K 等轨道的能量则是由主量子数 n 和角量子数 l 决定。

③ 对于 ns、np 轨道的能级随原子序数的增加而降低的坡度较为正常。而 nd，nf 降低的过程就很特殊，由于原子轨道能级降低的坡度不同，出现了能级交错的现象。

以 3d 和 4s 能级曲线为例：

当原子序数	$Z=1\sim14$	$E_{4s}>E_{3d}$	正常
	$Z=15\sim20$	$E_{4s}<E_{3d}$	能级交错
	$Z\geqslant21$	$E_{4s}>E_{3d}$	正常

例如，^{19}K 电子结构为 $1s^2 2s^2 2p^6 3s^2 3p^6 3d^0 4s^1$，由于 3d 轨道上没有电子，核对 4s 轨道

上的电子吸引力大，故 $E_{4s}<E_{3d}$。又如^{26}Fe电子结构为 $1s^2 2s^2 2p^6 3s^2 3p^6 3d^6 4s^2$，由于内层3d轨道上有电子，对外层4s轨道上的电子有屏蔽作用，故 $E_{4s}>E_{3d}$。原子序数$Z=31\sim57$时，$E_{6s}<E_{4f}<E_{5d}$。

以上这些能级交错现象很好地反映在科顿原子轨道能级图中，为了近似地解释这种现象，才提出了屏蔽效应和钻穿效应。

7.3.2 基态原子的电子层结构

本教材采用鲍林原子轨道近似能级图，因它在解决原子核外电子排布时方便有效，更重要的是可以根据近似能级图，写出元素周期表（periodic table of the elements）中绝大多数基态原子的电子层结构（atomic electron structure），因此它被广泛用于化学教学中。

7.3.2.1 核外电子排布原则

根据光谱实验结果和对元素周期律的分析，绝大多数元素的原子，其核外电子排布应遵循以下三个原则：

（1）能量最低原理

电子在原子轨道填充的顺序，应先从最低能级1s轨道开始，依次往能级高的轨道上填充，以使原子处于能量最低的稳定状态，称为能量最低原理（lowest energy principle）。

多电子原子在基态时，核外电子总是尽可能分布到能量最低的轨道。

（2）泡里不相容原理

1925年奥地利科学家泡里（W. Pauli）在光谱实验现象的基础上，提出了一个后来被实验所证实的一个假设，即在一个原子中不可能存在四个量子数完全相同的两个电子，称为泡里不相容原理（exclusion principle）。

按照泡里不相容原理，每一个原子轨道包括两种运动状态，即最多能容纳两个电子，这两个电子的运动状态自旋量子数的取值分别为力 $s_i=+1/2$ 和 $s_i=-1/2$，或用“↓↑”表示，即一个为顺时针自旋，另一个为逆时针自旋。因每个电子层中原子轨道的总数为 n^2 个，故可推算出各电子层中电子的最大容量为 $2n^2$ 个。

（3）洪特规则

1925年，德国科学家洪特（F. Hund）根据大量光谱实验数据总结出，在 n 和 l 相同的等价轨道中，电子尽可能分占各等价轨道，且自旋方向相同，称为洪特规则（Hund's rule），也称为等价轨道原理。量子力学计算证实，在等价轨道中按洪特规则分布，自旋方向相同的单电子越多，能量就越低，体系就越稳定。

洪特规则的特例：在等价轨道中电子排布全充满、半充满和全空状态时，体系能量最低，体系最稳定。全充满为 p^6，d^{10}，f^{14}；半充满为 p^3，d^5，f^7；全空为 p^0，d^0，f^0。

7.3.2.2 原子的电子层结构式

原子的电子层结构式主要是根据核外电子排布三原则和光谱实验的结果书写的，有时也用电子轨道式来表示。

按照鲍林原子轨道近似能级图，电子填充各能级轨道的先后顺序为：

1s　2s2p　3s3p　4s3d4p　5s4d5p　6s4f5d6p　7s5f6d7p…

【例 7-2】　写出原子序数为8、18的元素原子的符号及电子层结构式和电子轨道式。

解　根据核外电子排布原则：

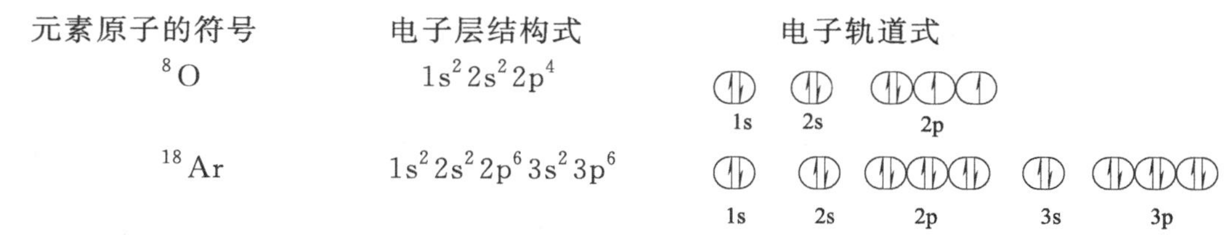

【例 7-3】 写出 Cu 原子和 Cu^{2+} 的电子层结构式，并分别画出它们的价电子层电子轨道式。

解 根据核外电子排布原则：

$_{29}Cu$ 电子层结构式为：$1s^22s^22p^63s^23p^64s^13d^{10}$（不是 $3d^94s^2$），d 轨道全充满状态体系稳定。

当电子排布完后，体系的能量就会发生变化。如 Cu 原子次外层 3d 轨道上填充电子后，就会对最外层 4s 上的电子有屏蔽效应，使 4s 轨道上的电子能量升高，所以，此时 $E_{3d}<E_{4s}$。而电子的失去和得到都是从能量高的最外层开始的，所以要将相同主量子数排在一起进行调整，调整后的电子排布可清晰地反映各轨道能量顺序，同时便于写出它们的离子电子层结构。为避免电子层结构式过长，可将前面与稀有气体元素电子层结构相同的部分以相应的稀有气体元素符号来表示，并用“[]”括起来，称为原子实体。有时也可省略原子实体，写成价电子层结构式。价电子是填充在最高能级组轨道中的电子。价电子所在的电子层称为价电子层，是参与反应的电子层。

^{29}Cu 电子层结构式调整后为：$1s^22s^22p^63s^23p^63d^{10}4s^1$　　[Ar] $3d^{10}4s^1$

价电子层电子轨道式：3d 4s 或 $3d^{10}4s^1$

Cu^{2+}（失去 2 个电子）电子层结构式：$1s^22s^22p^63s^23p^63d^9$

价电子层电子轨道式：3d 或 $3d^9$

同理，^{24}Cr 的电子层结构为 [Ar]$3d^54s^1$ 而不是 [Ar]$3d^44s^2$，这是因为半充满的 d^5 体系非常稳定。原子序数为 9 的 F 原子，电子层结构为 $1s^22s^22p^5$，F^- 电子层结构为 $1s^22s^22p^6$，只需在最外层加一个电子即可。

7.3.3 原子的电子层结构和元素周期系

7.3.3.1 原子的电子层结构

根据核外电子排布的三原则和光谱实验的结果，可以得到周期系中各元素原子的电子层结构。要注意的是核外电子排布的三原则对绝大多数原子是适用的。随着核外电子的数目逐渐增多，电子间的相互作用增强，核外电子的排布就越显复杂。对某些元素，如第五周期，尤其是第六周期镧系元素和第七周期锕系的某些元素，光谱实验测定的结果常出现“例外”的情况。如：

	元素	按三原则排布	实际
第五周期	铌 ^{41}Nb	[Kr] $4d^35s^2$	[Kr] $4d^45s^1$
	钌 ^{44}Ru	[Kr] $4d^65s^2$	[Kr] $4d^75s^1$
第六周期	钆 ^{64}Gd	[Xe] $4f^86s^2$	[Xe] $4f^75d^16s^2$

因此，对某些元素原子的电子排布，还应该尊重实验事实，加以确定。

7.3.3.2 原子的电子层结构与周期的划分

为什么元素性质会有周期性的变化呢？人们发现，随着原子序数（核电荷）的增加，不断有新的电子层出现，并且最外层的电子填充始终是从 ns^1 开始到 ns^2np^6 结束（除第一周期外），即都是从碱金属开始到稀有气体结束，重复出现。由于最外电子层的结构决定了元素的化学性质，因此元素性质呈现周期性变化。同时表明，元素性质呈现周期性的变化规律（周期律）是由原子的电子层结构呈现周期性所造成的。

原子的电子层结构、能级组的划分、周期的划分（表 7-3）有以下的关系：

周期数＝能级组数＝电子层数

表 7-3 周期数与能级组数和最大电子容量关系

能级组	1s	2s2p	3s3p	4s3d4p	5s4d5p	6s4f5d6p	7s5f6d7p
能级组数	1	2	3	4	5	6	7
周期数	1	2	3	4	5	6	7
电子层数（最外层主量子数）	1	2	3	4	5	6	7
元素数目	2	8	8	18	18	32	32
最大电子容量	2	8	8	18	18	32	32

由能级组和周期的关系可知，能级组的划分是导致周期表中各元素能划分为周期的本质原因。到目前为止，第七周期已全部填满。

7.3.3.3 原子的电子层结构与族的划分

按长周期表（见附页），族的划分是把元素分为 16 个族，排成 18 个纵行，其中：

8 个主族（A 族）：ⅠA～ⅧA（0 族），ⅧA 族为稀有气体元素。

8 个副族（B 族）：ⅠB～ⅧB（Ⅷ族），ⅧB 族占了三个纵行。

族数＝价电子层上电子数（参与反应的电子）＝最高氧化值

ⅧB 族只有 Ru 和 Os 元素的氧化值可达＋8，ⅠB 族有例外。价电子层为参与反应的电子层，主族的价电子层为 $nsnp$，副族的价电子层为 $(n-1)dns$。族数与价层电子构型（electron configuration）的关系见表 7-4。

表 7-4 族数与价层电子构型的关系

族数	价电子层	价层电子构型	实例		
			价电子层上电子数	属	最高氧化值
ⅠA	外层	ns^1	$2s^1$，$3s^1$	ⅠA	+1
ⅡA	外层	ns^2	$2s^2$，$3s^2$	ⅡA	+2
ⅢA～ⅦA	外层	$ns^2np^{1\sim6}$	$3s^23p^1$，$3s^23p^4$	ⅢA，ⅥA	+3，+6
ⅠB	次外层＋外层	$(n-1)d^{10}ns^1$	$4d^{10}5s^1$	ⅠB	+1，有例外
ⅡB	次外层＋外层	$(n-1)d^{10}ns^2$	$3d^{10}4s^2$	ⅡB	+2
ⅢB～ⅦB	次外层＋外层	$(n-1)d^{1\sim5}ns^{1\sim2}$	$3d^14s^2$，$3d^54s^2$	ⅢB，ⅦB	+3，+7
ⅧB 较复杂	次外层＋外层	$(n-1)d^{6\sim9}ns^{1\sim2}$，电子数 8～10 个（除 Pd：$4d^{10}$ 外）	$3d^64s^2$，$3d^74s^2$，$5d^94s^1$	ⅧB	只有 Ru，Os 可达＋8

要特别注意，ⅠB、ⅡB 族与ⅠA、ⅡA 族的主要区别在于ⅠB、ⅡB 族次外层 d 轨道上电子是全满的，而ⅠA、ⅡA 族从第四周期开始元素才出现次外层 d 轨道，且还未填充电子。

同一族的元素价电子层构型相似，故它们的化学性质十分相似。

7.3.3.4　原子的电子层结构与元素的分区

根据各元素原子的核外电子排布以及价电子层构型的特点，可将长式周期表中的元素分为五个区。如图 7-20 所示。

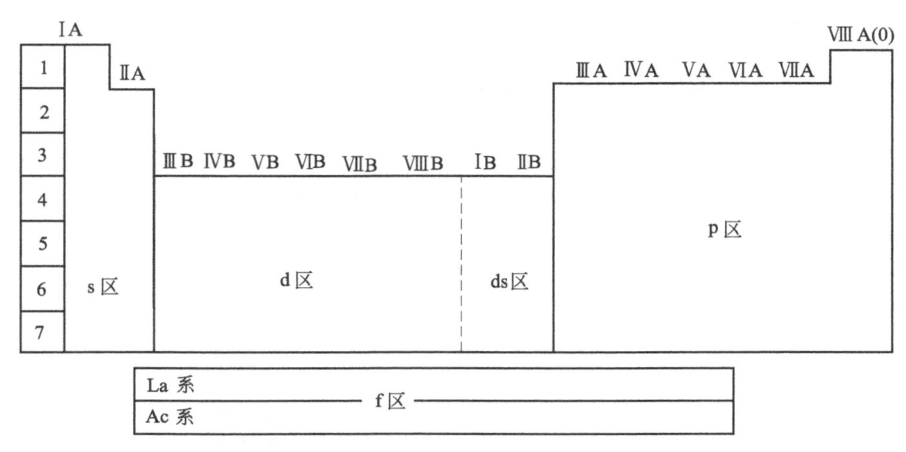

图 7-20　周期表中元素分区

① s 区元素　最后一个电子填充在 s 轨道上的元素属 s 区元素，包括ⅠA 族和ⅡA 族元素，价层电子构型为 $ns^{1\sim2}$。ⅠA 族元素称为碱金属元素；ⅡA 族元素称为碱土金属元素，它们都是活泼金属。

② p 区元素　最后一个电子填充在 p 轨道上的元素属 p 区元素，包括ⅢA～ⅧA 族（0 族）元素，价层电子构型为 $ns^2np^{1\sim6}$，分别称为硼族元素（ⅢA)、碳族元素（ⅣA)、氮族元素（ⅤA)、氧族元素（ⅥA)、卤族元素（ⅦA）和稀有气体元素（ⅧA 或 0 族，亦称惰性气体元素)，大部分为非金属元素。

③ d 区元素　最后一个电子填充在 d 轨道上的元素属 d 区元素，包括ⅢB～ⅧB 族元素，ⅢB～ⅦB 族价层电子构型为 $(n-1)d^{1\sim5}ns^{1\sim2}$，ⅧB 族价层电子构型为 $(n-1)d^{6\sim9}ns^{1\sim2}$。d 区元素位于周期表中的中间位置。通常 d 区元素又称过渡元素，其含义是指从 s 区的金属元素向 p 区非金属元素过渡，也有的指从能级不完全的电子填充到完全填充的过渡。d 区元素都是金属元素。

④ ds 区元素　最后一个电子填充在 d 轨道上或 s 轨道上，且能级达全满状态的元素称 ds 区元素，包括ⅠB 族和ⅡB 族元素。ⅠB 族称为铜分族元素，价层电子构型为 $(n-1)d^{10}ns^1$；ⅡB 族称为锌分族元素，价层电子构型为 $(n-1)d^{10}ns^2$，它们紧靠 d 区元素，特点是次外层 d 轨道能级上的电子排布是全满的。ds 区元素均为金属。有些教科书将 ds 区元素和 d 区元素统称为过渡元素。

⑤ f 区元素　最后一个电子填充在 f 轨道上的元素称为 f 区元素，其电子构型是 $(n-2)f^{1\sim14}(n-1)d^{0\sim2}ns^2$，包括镧系元素（57～71 号元素）和锕系元素（89～103 号元素)。由于外层和次外层上的电子数几乎相同，只是倒数第三层 f 轨道上电子数不同，所以，每系各元素的化学性质极为相似。

下面通过一个例子来运用和熟悉以上所学的知识。

【例 7-4】 已知某元素的原子序数是 47，试写出该元素的价层电子构型，指出该元素位于周期表中哪个周期？哪一族？哪一区？并写出该元素的名称和化学符号。

答 原子序数为 47 的元素，电子层结构式为：$1s^2 2s^2 2p^6 3s^2 3p^6 4s^2 3d^{10} 4p^6 5s^1 4d^{10}$。调整后为：$1s^2 2s^2 2p^6 3s^2 3p^6 3d^{10} 4s^2 4p^6 4d^{10} 5s^1$。

根据：周期数＝能级组数，族数＝价层电子数

因为第 5 能级组为 5s4d5p，调整后为 4d5s5p，所以该元素价层电子构型为 $(n-1)d^{10}ns^1$。属于第五周期，ⅠB 族元素，位于 ds 区，元素名称为银，化学符号为 Ag。

7.4 元素某些性质的周期性（自学）

元素的化学性质很大程度上取决于价电子数。在同一族中，不同元素虽然电子层数不相同，然而都有相同数目的价电子数，因此同一族元素性质非常相似。由于元素的电子层结构呈现周期性，因此与电子层结构有关的元素的某些性质如原子半径、电离势、电子亲和势、电负性等也显现出明显的周期性。

7.4.1 原子半径

从量子力学理论观点考虑，电子云没有明确的界限，因此严格来讲，原子半径有不确定的含义，也就是说要给出一个准确的原子半径是不可能的。原子半径是假设原子为球形，根据实验测定和间接计算方法求得的。常用的原子半径有三种，即共价半径、范德华半径和金属半径，可用于不同的情况下。

（1）共价半径

同种元素的两个原子以共价单键结合时（如 H_2，Cl_2 等），它们核间距离的一半称为原子的共价半径，如图 7-21 所示。给出的如果是以共价双键或共价三键结合的共价半径，必须要加以注明。

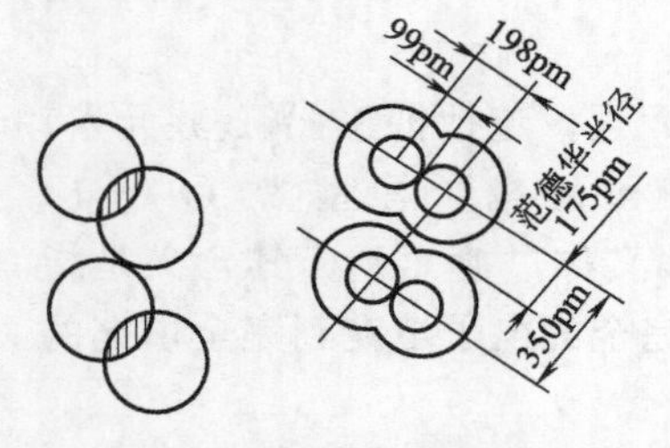

图 7-21 氯的共价半径和范德华半径

（2）范德华半径

在分子晶体中，相邻分子间两个相邻的非成键原子的核间距离的一半称为范德华半径，也称为分子接触半径，如图 7-21 所示。

（3）金属半径

将金属晶体看成是由球状的金属原子堆积而成，则在金属晶体中，相邻的两个接触原子的核间距离的一半称该原子的金属半径。

通常情况下，范德华半径都比较大，而金属半径比共价半径大一些。在比较元素的某些性质时，原子半径取值应用同一套数据。在讨论原子半径在周期系中的变化时，采用的是共价半径。而稀有气体（ⅧA 族元素）通常为单原子分子，只能用范德华半径。图 7-22 为原子半径在周期系中变化示意图。

7.4.1.1 同一周期元素原子半径的变化

① 短周期 是指周期表中第 1、2、3 周期的元素。在同一短周期中，从左到右由于增加的电子同在外层，电子层数不变，而原子的有效核电荷逐渐增大，对核外电子的吸引力逐渐增强，故原子半径依次变小，而最后一个稀有气体的原子半径突然增大，这是由于稀有气

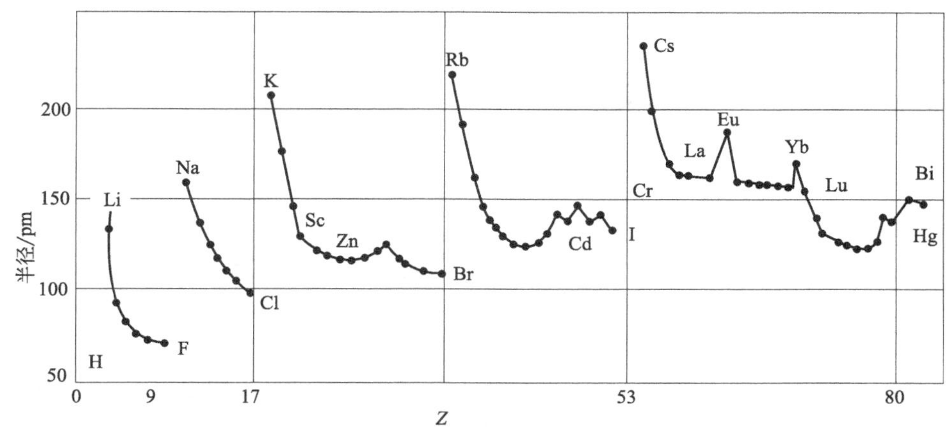

图 7-22　原子半径周期性变化示意图

体的原子半径采用范德华半径所致。

② 长周期　在同一长周期中，从左到右，原子半径的变化总体趋势与短周期相似，也是从左到右依次变小的。但过渡元素的变化不太规律，由于所增加的电子填充在次外层的 d 轨道上，对外层电子的屏蔽效应增大，原子的有效核电荷有所降低，对核外电子的吸引力有所下降。但核电荷的增加还是占主导的，所以，过渡元素的原子半径依次变小的幅度很缓慢，但电子填充至 d^{10} 全满的稳定状态时，对外层电子的屏蔽效应更强，故原子半径有所变大。如：

第四周期过渡元素	Co	Ni	Cu	Zn
			$3d^{10}4s^1$	$3d^{10}4s^2$
原子半径	116pm	115pm	117pm	125pm

7.4.1.2　同一族元素原子半径的变化

① 主族元素　从上至下电子层逐渐增加所起的作用大于有效核电荷增加的作用，所以原子半径逐渐增大。

② 副族元素　从上至下原子半径的变化趋势总体上与主族元素相似，但原子半径增大不很明显，主要原因是内过渡元素的镧系收缩（lanthanide contraction）现象，收缩的原子半径约为 11pm。如：

第五周期	锆 Zr 145pm	铌 Nb 134pm	钼 Mo 130pm
第六周期（镧系收缩）	铪 Hf 144pm	钽 Ta 134pm	钨 W 130pm

内过渡元素新增加的电子填充在 $(n-2)$f 轨道上，使有效核电荷增加得更缓慢，原子半径变小幅度更小，使得上下两元素的原子半径非常接近，性质相似，分离困难。

7.4.2　电离势

原子若失去电子成为正离子，需要克服原子核对电子的吸引力而消耗一定的能量。

元素的一个气态原子在基态时失去一个电子成为气态的正一价离子时所消耗的能量，称为该元素的第一电离势（first ionization energy），常用符号 I_1 表示，单位为 kJ・mol^{-1}。

若从气态的正一价离子再失去一个电子成为气态的正二价离子时，所消耗的能量就称为第二电离势 I_2，依此类推，分别称 I_3、I_4、…，通常情况下 $I_1<I_2<I_3<I_4<\cdots$，这是因为气态正离子的价数越高，核外电子数越少，且离子的半径也越小，外层电子受有效核电荷

作用就越大，故失去电子越困难，所消耗的能量就越大。一般高于正三价的气态离子很少存在。

例如：$H(g)-e^- \longrightarrow H^+(g)$　　$I_1=1312kJ \cdot mol^{-1}$

$Li(g)-e^- \longrightarrow Li^+(g)$　　$I_1=520kJ \cdot mol^{-1}$

$Li^+(g)-e^- \longrightarrow Li^{2+}(g)$　　$I_2=7298kJ \cdot mol^{-1}$

$Li^{2+}(g)-e^- \longrightarrow Li^{3+}(g)$　　$I_3=11815kJ \cdot mol^{-1}$

电离势的大小可表示原子失去电子的倾向，可说明元素的金属性。如电离势越小表示原子失去电子所消耗能量越少，就越易失去电子，则该元素在气态时金属性就越强。

元素的电离势可以从元素的发射光谱实验测得。通常情况下，常使用的是第一电离势。元素的电离势在周期表中呈现明显的周期性变化。表 7-5 列出了周期系中各元素的第一电离势数据。图 7-23 为元素的第一电离势周期性变化示意图。

元素的第一电离势 I_1 的大小与原子的核外电子层数和原子半径及有效核电荷有关。

表 7-5　元素的第一电离势　　单位：$kJ \cdot mol^{-1}$

ⅠA	ⅡA	ⅢB	ⅣB	ⅤB	ⅥB	ⅦB		ⅧB		ⅠB	ⅡB	ⅢA	ⅣA	ⅤA	ⅥA	ⅦA	ⅧA
H																	He
1312																	2372
Li	Be											B	C	N	O	F	Ne
520	900											801	1086	1402	1314	1681	2081
Na	Mg											Al	Si	P	S	Cl	Ar
496	738											578	787	1012	1000	1251	1521
K	Ca	Sc	Ti	V	Cr	Mn	Fe	Co	Ni	Cu	Zn	Ga	Ge	As	Se	Br	Kr
419	590	631	658	650	653	717	759	758	737	746	906	579	762	944	941	1140	1351
Rb	Sr	Y	Zr	Nb	Mo	Tc	Ru	Rh	Pd	Ag	Cd	In	Sn	Sb	Te	I	Xe
403	550	616	660	664	685	702	711	720	805	731	868	558	709	832	869	1008	1170
Cs	Ba	La	Hf	Ta	W	Re	Os	Ir	Pt	Au	Hg	Tl	Pb	Bi	Po	Ar	Rn
376	503	538	654	761	770	760	840	880	870	890	1007	589	716	703	812	912	1037

La	Ce	Pr	Nd	Pm	Eu	Gd	Tb	Dy	Ho	Er	Tm	Yb	Lu
538	528	523	530	536	547	592	564	572	581	589	597	603	524

注：数据录自：James E，Huheey. Inorganic Chemistry Principles of Structure and Reactivity，2nd ed.

7.4.2.1　同一周期元素电离势的变化

① 短周期　同一短周期的元素具有相同的核外电子层数，从左到右，有效核电荷逐渐增大，原子半径逐渐减小，则核对外层电子的吸引力逐渐增强，所以元素第一电离势总的趋势是逐渐增大的，失去电子的趋势逐渐减弱，故非金属性逐渐增强。但也有些例外情况，如第二周期：

元素	Li	Be	B	C	N	O	F	Ne
$I_1/kJ \cdot mol^{-1}$	520	900	801	1086	1402	1314	1681	2081
		$1s^2 2s^2$			$1s^2 2s^2 2p^3$			

Be 和 N 元素的 I_1 突然增大，而后又减小，这主要是因为它们的外层处于全充满或半充满的稳定状态，难以失去电子，故 I_1 增大。这种现象也存在于其他周期中。

② 长周期　同一周期，从左到右，第一电离势总体趋势也是逐渐增大的，到ⅡB 族时

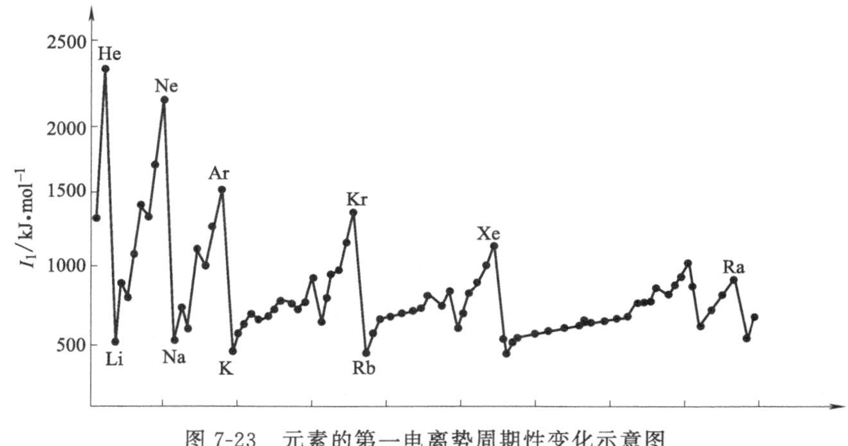

图 7-23　元素的第一电离势周期性变化示意图

增大幅度变大，进入 p 区元素时第一电离势 I_1 又突然减小，而后又增大，这与它们的电子层结构有关。这是由于过渡元素新增加的电子填充到次外层（$n-1$)d 轨道，原子半径变小的趋势减弱，核对外层电子吸引力增大所致。到了ⅡB 族（$n-1$)$d^{10}ns^2$ 全满的稳定状态，电子更不易失去，故第一电离势增大明显。进入 p 区ⅢA 族元素，由于电子填在最外层，尽管原子半径有所变小，因轨道上只有一个电子且不稳定，易失去，故第一电离势减小明显，而后随原子半径减小而增大。

每一周期末的稀有气体元素的第一电离势都很大，这是由于它们都具有稳定的 8 电子结构。

7.4.2.2　同一族元素电离势的变化

① 主族元素　同一主族元素从上至下，核外电子层逐渐增多，原子半径变大的趋势大于有效核电荷增大的趋势，故第一电离势 I_1 逐渐减小，元素的金属性依次增强。

② 副族元素　同一副族元素从上至下，第一电离势的变化幅度较小且不规则，主要原因是新增加的电子填充在次外层（$n-1$)d 轨道，外层 ns 轨道电子数相近，以及镧系收缩。

7.4.3　电子亲和势

与原子失去电子需消耗一定的能量正好相反，电子亲和势是指原子获得电子所放出的能量。

元素的一个气态原子在基态时获得一个电子成为气态的负一价离子所放出的能量，称为该元素的第一电子亲和势（first electron affinity）。与此类推，也可得到第二、第三电子亲和势。第一电子亲和势用符号 E_1 表示，单位为 kJ·mol^{-1}，如：

$$Cl(g)+e^- \longrightarrow Cl^-(g) \qquad E_1=+348.7kJ\cdot mol^{-1}$$

大多数元素的第一电子亲和势都是正值（放出能量），也有的元素为负值（吸收能量）。这说明这种元素的原子获得电子成为负离子比较困难，如：

$$O(g)+e^- \longrightarrow O^-(g) \qquad E_1=+141kJ\cdot mol^{-1}$$

$$O^-(g)+e^- \longrightarrow O^{2-}(g) \qquad E_2=-780kJ\cdot mol^{-1}$$

这是因为负离子获得电子是一个强制过程，很困难，须消耗很大能量。

元素的电子亲和势数据目前还不完整。

电子亲和势的大小也与核外电子层数、原子半径、有效核电荷数有关。元素的电子亲和

势也可衡量元素的非金属性，电子亲和势的值越小，说明元素的原子获得电子形成负离子的趋势越小，所以非金属性越弱。

7.4.3.1 同一周期元素第一电子亲和势的变化

由于数据不完整，以主族元素作一比较。

同一周期，从左到右元素的第一电子亲和势 E_1 总体趋势是增大的。由于核外电子层未增加，随着有效核电荷的增加，原子半径变小，失去电子的倾向减弱，而获得电子的倾向增强，故元素的第一电子亲和势增大，非金属性增强。但也有反常的现象，这与它们的电子层结构有关。如碱土金属元素（ns^2）、ⅤA 族元素（ns^2np^3）以及稀有气体元素（ns^2np^6），它们都具有半充满、全充满的稳定结构，因此获得电子很困难，需要消耗能量，所以第一电子亲和势一般都为负值，或比相邻的元素要小，获得电子倾向降低。

7.4.3.2 同一族元素第一电子亲和势的变化

同一族元素，从上至下，由于核外电子层的增加趋势大于有效核电荷的增加趋势。故原子半径依次变大，电子亲和势总体来说逐渐减小，获得电子的能力依次减弱，非金属性减弱。

同一主族元素第一电子亲和势也有反常现象。如第二周期ⅥA 族元素氧和Ⅶ族元素氟要比第三周期同一族的硫元素和氯元素要小，这是因为氧原子和氟原子的原子半径为同族中最小，电子云密度大，因此当获得电子时电子间的相互排斥力大，放出的能量小，不易形成负离子，而硫原子和氯原子的半径要比同一族的氧原子和氟原子要大，获得电子时电子间的相互排斥力小，放出能量大，更易形成负离子。

7.4.4 元素的电负性

1923 年，鲍林首先提出：在分子中，元素原子吸引成键电子的能力叫作元素的电负性（electronegativity），用符号 X_p 表示，并指定氟的电负性为 4.0，根据热化学的方法可求出其他元素的相对电负性，故元素的电负性没有单位。元素的电负性周期性变化见图 7-24。

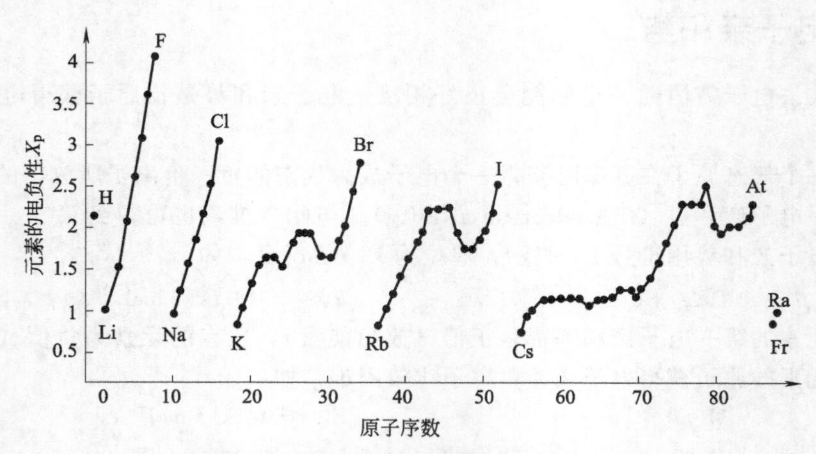

图 7-24 元素的电负性周期性变化示意图

1934 年密立根（R. S. Mulliken）综合考虑了元素的电离势和电子亲和势，提出了元素的电负性新的计算方法。

$$X_M = \frac{1}{2}(I+E)$$

这样计算求得的电负性数值为绝对的电负性。密立根的电负性（X_M）由于没有完整的电子亲和势数据，应用上受到限制。

1957 年阿莱（A. L. Allred）和罗周（E. G. Rochow）根据原子核对电子的静电引力，也提出了计算元素的电负性的公式，并得到了一套与鲍林的元素的电负性数值相吻合的数据。

$$X_{A,R} = (0.359Z^* / r^2) + 0.744$$

元素的电负性是衡量分子中原子吸引成键电子能力大小的一种标度。尽管目前有各种不同的电负性标度，数据不尽相同，但在周期系中呈现出周期性变化的规律是一致的。电负性可以综合衡量各种元素的金属性和非金属性。本课程采用的是鲍林电负性标度，简便、实用。

7.4.4.1　同一周期元素的电负性的变化

① 短周期　同一周期，从左到右，元素的电负性逐渐增大，原子吸引电子的能力趋强，元素的非金属性逐渐增强。在所有元素中氟的电负性最大，是非金属性最强的元素。

② 长周期　同一周期，从左到右，元素的电负性总体趋势是逐渐增大，非金属性趋强。但过渡元素变化趋势不是很规律，这与电子层结构有关，如电子填充次外层 d 轨道，使原子半径变化趋弱；电子结构处于 $(n-1)d^5ns^{1\sim2}$ 和 $(n-1)d^{10}ns^{1\sim2}$ 半充满和全充满的稳定状态等。

7.4.4.2　同一族元素的电负性的变化

① 主族元素　从上至下，元素的电负性逐渐减小，原子吸引电子的能力趋弱，相反，失电子的能力趋强，故非金属性依次减弱，金属性依次增强。在所有元素中铯的电负性最小，是金属性最强的元素。

② 副族元素　从上至下，元素的电负性没有明显的变化规律，这还是与过渡元素的电子层结构有关。而且第三过渡元素（第六周期）与同族的第二过渡元素（第五周期）除ⅠB 族和ⅡB 族元素外，元素的电负性非常接近，这仍然是由镧系收缩的影响所致。

通常情况下，金属元素的电负性在 2.0 以下，非金属元素的电负性在 2.0 以上，但它们没有严格的界限。

元素的电离势、电子亲和势和电负性在衡量元素的金属性和非金属性强弱时结果大致相同。但因为元素的电负性的大小是表示分子中原子吸引成键电子的能力大小，所以它能方便地定性反映元素的某些性质，如金属性与非金属性、氧化还原性、估计化合物中化学键的类型、键的极性等，故它在化学领域中被广泛地运用。

小结

本章通过玻尔原子模型叙述了有关原子结构理论的某些背景和发展过程；讲述了原子的近代量子力学模型的基础；波函数的含义，原子轨道，四个量子数、电子云的概念，介绍了电子结构，并用它解释了元素某些化学性质和物理性质周期性变化的原因。现小结如下：

1. 核外电子运动状态的特征

主要是两点：①量子化特性；②波粒二象性。电子波是一种概率波，具有统计性特征。

2. 波函数 ψ 和原子轨道

波函数 ψ（又称为原子轨道）：由三个量子数（n，l，m）确定，是描述原子中单电子运动状态的数学表达式，它的图像反映在空间范围内电子出现的概率分布，不是固定的运动轨道。

3. 概率密度 $|\psi|^2$ 和电子云

概率密度 $|\psi|^2$：是指核外某处单位微体积中电子出现的概率。

电子云：是指概率密度 $|\psi|^2$ 分布的具体图形，是用统计方法来描述在不同方向上电子出现概率密度的大小。

4. 原子轨道角度分布图

波动方程可化简为以下数学表达式：

$$\psi_{n,l,m}(r,\theta,\varphi)=R_{n,l}(r)Y_{l,m}(\theta,\varphi)$$

如果将 $Y_{l,m}(\theta, \varphi)$ 随 θ、φ 角度变化作图，得到的图像为 Y 的球坐标图，称为原子轨道角度分布图。如 s 轨道是球形对称的，只有一种取向；p 轨道是哑铃形的，有三种取向；d 轨道是花瓣形的，有五种取向。原子轨道角度分布图胖些，并有“+”和“−”值，是根据 Y 的函数计算而来的，不是指带“+”电或“−”电，在讨论原子轨道形成化学键时非常有用。

5. 电子云角度分布图

若将 $Y^2_{l,m}(\theta, \varphi)$ 随 θ、φ 角度变化作图，得到的图像为 Y^2 的球坐标图，称为电子云概率密度角度分布图。其在空间的形状和取向与其原子轨道角度分布图相同，但要“瘦”些，均为“+”值。

6. 电子概率密度径向分布图

若以 $R^2(r)$ 对 r 作图，就能得到电子的概率密度随半径 r 的变化图，称为电子概率密度径向分布图。

7. 电子云的实际图形

如果将径向部分 $R^2_{n,l}(r)$ 与电子云的角度部分 $Y^2_{l,m}(\theta, \varphi)$ 两者结合起来考虑，得到的图像即为电子云的实际图像。

8. 电子云概率密度径向分布图

将壳层概率 $r^2R^2(r)$ 随半径 r 的变化作图，可得到氢原子 s、p、d 各电子云电子的壳层概率随半径 r 的变化图，称为电子云概率密度径向分布图或壳层概率径向分布图。该图可说明：

① 氢原子 1s 电子最大壳层概率半径为 52.9pm，恰好等于玻尔半径（a_0）。

② 核外电子可看作是分层的。

③ 钻穿效应。

9. 屏蔽效应与钻穿效应

屏蔽效应：是指将其他电子对某一选定电子的排斥作用，归结为有效核电荷的降低，削弱了核电荷对该电子的吸引力。有效核电荷 $Z^*=Z-\sigma$，外层电子对内层电子可以认为不产生屏蔽效应。

钻穿效应：是指由于电子云概率密度径向分布的不同而引起的轨道能级的变化。钻穿能力：ns＞np＞nd＞nf。

10. 四个量子数

主量子数 n：表示原子轨道离核的远近，为决定原子轨道能量的主要因素。n 越大，轨道能量越高。n 又称电子层，每一个电子层最多容纳电子数为 $2n^2$。

角量子数 l：决定原子轨道的形状，也是决定多电子原子轨道能量的一个因素。

取值 n 一定时，$l=0$，1，2，3，4，…，$(n-1)$，共可取 n 个值。数值上：$l<n$。

轨道符号：s、p、d、f、g、…。

当 n、l 取值相同时，则电子的能量相同。

磁量子数 m：决定原子轨道的方向。

取值 l 一定时，$m=0$，±1，±2，±3，…，$\pm l$。数值上：$|m|\leqslant l$。

自旋量子数 s_i：描述电子的自旋运动状态，取值 $s_i=+1/2$、$-1/2$ 或"↓↑"。

量子数取值相互限约，每一个电子的运动状态都可以用四个量子数来描述。在原子中不存在四个量子数完全相同的两个电子，称为泡里不相容原理。

11. 核外电子排布的三原则

绝大多数元素的基态原子核外电子排布可采用鲍林原子轨道近似能级图。电子排布依次顺序是：

1s　2s2p　3s3p　4s3d4p　5s4d5p　6s4f5d6p　7s5f6d7p…

电子排布三原则：①能量最低原理；②泡里不相容原理；③洪特规则。特例：p、d、f 轨道处于全空、半充满、全充满状态，体系稳定。

12. 原子轨道的能级

由 n 和 l 表示的各原子轨道，其能量不同，称为能级。如 1s 能级、2p 能级、3d 能级等。

氢原子及类氢原子（单电子）轨道能级的高低由主量子数 n 决定。

多电子原子的轨道能级高低是由主量子数 n 和角量子数 l 决定。当 n、l 一定时，原子轨道的能级基本相等，称等价（或简并）轨道，如 p 有 3 个等价轨道，d 有 5 个等价轨道，f 有 7 个等价轨道等。

13. 原子的电子层结构与周期、族、区的划分

元素原子的最外层电子结构呈现周期性变化是导致元素性质呈现周期性变化的本质原因。

周期数等于能级组数，因此可以确定每一周期最多可容纳的元素数目。

族数＝价层电子数＝最高氧化值（ⅧB 族，只有 Ru、Os 可达＋8，ⅠB 族有例外）。周期表中的元素分为 16 个族，其中 8 个主族，8 个副族。

最后一个电子所填充的轨道是导致区的划分的本质原因。

周期表中的元素可分为 5 个区，它们是 s 区、p 区、d 区、ds 区和 f 区。

区	包括的族	价层电子构型
s 区	ⅠA、ⅡA 族	$ns^{1\sim2}$
p 区	ⅢA～ⅧA 族	$ns^2np^{1\sim6}$
d 区	ⅢB～ⅧB 族	$(n-1)d^{1\sim9}ns^{1\sim2}$
ds 区	ⅠB、ⅡB 族	$(n-1)d^{10}ns^{1\sim2}$
f 区	镧系、锕系元素	$(n-2)f^{1\sim14}(n-1)d^{0\sim2}ns^2$

主族元素包括 s 区、p 区元素。副族元素包括 d 区、ds 区和 f 区元素。

14. 原子半径、电离势、电子亲和势、电负性等元素性质呈现周期性变化

原子半径、电离势、电子亲和势、电负性等元素性质呈现周期性变化，是原子的电子层结构周期性变化所导致，它们可衡量原子得失电子的能力，可说明周期表中元素金属性和非金属性的递变规律。

1. 核外电子的运动有何特征？应采用什么方法描述核外电子的运动状态？

2. 玻尔原子模型理论的缺陷之处是什么？

3. 量子力学原子模型是如何描述核外电子运动状态的？

4. 根据原子的电子层结构，周期表中的元素可分为几个周期？几个区？几个族？分别写出每个区的价电子构型。

习　题

1. 氢原子光谱实验和电子的衍射实验证明了什么？

【参考答案：电子运动的能量是不连续的，即量子化的；电子运动具有波动性】

2. 当氢原子的一个电子从第二能级跃迁至第一能级时，发射出光子的波长是 121.6nm，试计算：

(1) 氢原子中电子的第二能级与第一能级的能量差。

(2) 氢原子中电子的第三能级与第二能级的能量差。

【参考答案：(1) 第二能级与第一能级的能量差 ΔE 为：

$$\Delta E = E_2 - E_1 = \frac{hc}{\lambda} = \frac{6.626\times10^{-34}\,\mathrm{J\cdot s}\times3\times10^{8}\,\mathrm{m\cdot s^{-1}}}{121.6\times10^{-9}\,\mathrm{m}} = 1.63\times10^{-18}\,\mathrm{J}$$

(2) 第三能级与第二能级的能量差 ΔE 为：

氢原子中电子的第二能级，第三能级分别为：

$$E_2 = \frac{-2.179\times10^{-18}}{2^2}\,\mathrm{J}$$

$$E_3 = \frac{-2.179\times10^{-18}}{3^2}\,\mathrm{J}$$

则 $\Delta E = E_3 - E_2 = \frac{-2.179\times10^{-18}}{3^2}\,\mathrm{J} - \frac{-2.179\times10^{-18}}{2^2}\,\mathrm{J} = -3.027\times10^{-19}\,\mathrm{J}$】

3. 在量子力学原子模型理论中波函数 ψ 和 $|\psi|^2$ 的含义是什么？

【参考答案：在量子力学原子模型理论中，波函数 ψ 是描述电子在空间概率分布的概率波；$|\psi|^2$ 是描述电子在空间的概率密度，即电子在离核半径 r 点处单位微体积中电子出现的概率。该理论否定了电子在固定轨道上运动，较好地反映了电子的运动状态】

4. 下列说法是否正确？并说明原因。

(1) 波函数描述核外电子在固定轨道中的运动状态。

(2) 自旋量子数只能取两个值，即 $s_i = +1/2$ 和 $s_i = -1/2$，表明有自旋相反的两个轨道。

(3) 多电子原子轨道的能量由 n、l 确定。

(4) 在多电子原子中，当主量子数为 4 时，共有 4s、4p、4d、4f 四个能级。

（5）在多电子原子中，当角量子数为 2 时，有 5 种取向，且能量不同。

（6）每个原子轨道只能容纳两个电子，且自旋方向相反。

【参考答案：（1）不正确。波函数 $\psi_{n,l,m}$ 是量子力学中所代表的某个电子概率的波动，是一个描述波的数学函数式，每一个电子都可用波函数来描述，它表征在空间找到电子的概率分布。虽然 $\psi_{n,l,m}$ 称为原子轨道，但它与宏观物体的运动轨道和玻尔假设的固定轨道的概念是不同的。

（2）不正确。$s_i=+1/2$ 和 $s_i=-1/2$，表明有自旋相反的两个电子。

（3）正确。

（4）正确。

（5）不正确。当 $l=2$ 时，$m=+2$、$+1$、0、-1、-2，d 轨道有 5 种取向，即有 5 个等价的 d 轨道。

（6）正确】

5. 每个电子的运动状态可用四个量子数来描述，指出下列哪一个电子运动状态是合理的？哪一个电子运动状态是不合理的？为什么？

（1）$n=2$　$l=1$　$m=1$　$s_i=+1/2$

（2）$n=3$　$l=3$　$m=0$　$s_i=-1/2$

（3）$n=3$　$l=2$　$m=-2$　$s_i=+1/2$

（4）$n=4$　$l=3$　$m=4$　$s_i=+1/2$

（5）$n=2$　$l=1$　$m=0$　$s_i=-2$

【参考答案：根据量子数取值相互限制性，它们的取值是：$l<n$，$|m|\leqslant l$，$s_i=+1/2$ 或 $-1/2$，由此可以判断。

（1）合理。

（2）不合理，因取值 $l=n$，错。

（3）合理。

（4）不合理，因取值 $|m|>l$，错。

（5）不合理，因 s_i 只能取 $+1/2$ 或 $-1/2$】

6. 写出下列各组中缺损的量子数。

（1）$n=4$　$l=$　$m=2$　$s_i=-1/2$

（2）$n=$　$l=4$　$m=4$　$s_i=+1/2$

（3）$n=3$　$l=2$　$m=$　$s_i=-1/2$

（4）$n=4$　$l=3$　$m=2$　$s_i=$

（5）$n=1$　$l=$　$m=$　$s_i=$

【参考答案：（1）0，1，2，3；（2）大于 4 的正整数；（3）0，$+1$ 或 -1，$+2$ 或 -2；（4）$+1/2$ 或 $-1/2$；（5）0；0；$+1/2$ 或 $-1/2$】

7. 将下列各轨道按能级由高到低的顺序（小题号代替）用大于号排列，能量相同的用等号排在一起。

（1）$n=3$　$l=2$　$m=1$　$s_i=+1/2$

（2）$n=2$　$l=1$　$m=1$　$s_i=-1/2$

（3）$n=3$　$l=1$　$m=-1$　$s_i=-1/2$

（4）$n=2$　$l=0$　$m=0$　$s_i=-1/2$

（5）$n=3$　$l=2$　$m=-2$　$s_i=+1/2$

(6) $n=2$　　$l=1$　　$m=0$　　$s_i=-1/2$

【参考答案：(1) ＝ (5) ＞ (3) ＞ (2) ＝ (6) ＞ (4)】

8.当主量子数 $n=3$ 时，共有几个能级？每个能级分别有几个轨道？该电子层最多可容纳多少个电子？

【参考答案：当 $n=3$ 时有3s、3p、3d共3个能级，分别有1个、3个、5个轨道，分别容纳2个、6个、10个电子，该电子层最多可容纳18个电子】

9.何为屏蔽效应？何为钻穿效应？并用这两个效应解释为何钾原子的 $E_{3d}>E_{4s}$？而铬原子的 $E_{3d}<E_{4s}$？

【参考答案：在多电子原子中，将其他电子对某一电子排斥的作用归结为是它们抵消了一部分核电荷，使有效核电荷降低，削弱了核电荷对该电子的吸引作用，这种抵消一部分核电荷的作用称为屏蔽效应。

由于角量子数 l 不同，其电子云径向分布不同而引起的能级能量的变化称为钻穿效应。^{19}K电子结构式为 $1s^2 2s^2 2p^6 3s^2 3p^6 4s^1 3d$，由于次外层3d轨道未填充电子，核对4s轨道上的电子吸引力大，故 $E_{3d}>E_{4s}$。

^{24}Cr电子结构式为 $1s^2 2s^2 2p^6 3s^2 3p^6 4s^1 3d^5$，调整后为 $1s^2 2s^2 2p^6 3s^2 3p^6 3d^5 4s^1$，由于次外层3d轨道已填充电子，对外层4s轨道上的电子有屏蔽效应，降低了核对4s轨道上的电子吸引力，故 $E_{3d}<E_{4s}$】

10.分别画出氢原子s、p、d各原子轨道的角度分布剖面图和电子云的角度分布剖面图，并指出这些图形的主要区别是什么？

【参考答案：原子轨道角度分布图“胖”些，且有“＋”和“－”值，而电子云的角度分布图要“瘦”些，且均为“＋”值】

11.何谓电子云概率密度径向分布图？该图能说明什么？分别在坐标图中画出下列分布图（每一小题画在同一坐标图中）。

(1) 1s、2s、3s的电子云概率密度径向分布图。

(2) 2p、3p、4p的电子云概率密度径向分布图。

(3) 3d、4s、4d、4f的电子云概率密度径向分布图。

【参考答案：电子云概率密度径向分布图又称壳层概率径向分布图，壳层概率是指离核半径为 r，厚度为 dr 的薄层球壳体积（$d\tau$）中电子出现的概率，若以壳层概率对 r 作图，这种图称为电子云概率密度径向分布图】

12.何谓电子云？

【参考答案：所谓电子云是指概率密度 $|\psi|^2$ 的具体图形，它是从统计的概念出发，对核外电子出现的概率密度大小用小黑点的疏、密形象化地描述】

13. $\psi^2_{n,l,m}(r,\theta,\varphi)$ 的空间图像表示什么含义？它是由哪两部分结合而成？每部分的含义是什么？

【参考答案：$\psi^2_{n,l,m}(r,\theta,\varphi)$ 在空间的图像表示电子云的形状，它是由径向部分 $R^2_{n,l}(r)$（即概率密度随半径的变化图，通常说的电子概率密度径向分布图）和角度部分 $Y^2_{n,l}(\theta,\varphi)$（即概率密度随角度变化图，通常说的电子云角度分布图）两部分结合而成】

14.写出下列各族元素的价电子层构型。

ⅠA族　　ⅠB族　　ⅦB族　　ⅣA族　　ⅦA族

【参考答案：ⅠA族：ns^1；ⅠB族：$(n-1)d^{10}ns^1$；ⅦB族：$(n-1)d^5ns^2$；ⅣA族：ns^2np^4；ⅦA族：ns^2np^5】

15. 写出下列元素的原子的电子层结构和价电子层结构及其离子的电子层结构。

(1) S 和 S^{2-}　　(2) Fe 和 Fe^{3+}

(3) Cu 和 Cu^{2+}　　(4) F 和 F^{-}

【参考答案：(1) S 和 S^{2-}

^{16}S 电子层结构：$1s^2 2s^2 2p^6 3s^2 3p^4$　　价电子层结构：$3s^2 3p^4$

S^{2-} 电子层结构：$1s^2 2s^2 2p^6 3s^2 3p^6$

(2) Fe 和 Fe^{3+}

^{26}Fe 电子层结构：$1s^2 2s^2 2p^6 3s^2 3p^6 3d^6 4s^2$　　价电子层结构：$3d^6 4s^2$

Fe^{3+} 电子层结构：$1s^2 2s^2 2p^6 3s^2 3p^6 4s^1 3d^5$

(3) Cu 和 Cu^{2+}

^{29}Cu 电子层结构：$1s^2 2s^2 2p^6 3s^2 3p^6 3d^{10} 4s^1$　　价电子层结构：$3d^{10} 4s^1$

Cu^{2+} 电子层结构：$1s^2 2s^2 2p^6 3s^2 3p^6 3d^9$

(4) F 和 F^{-}

^{9}F 电子层结构：$1s^2 2s^2 2p^5$　　价电子层结构：$2s^2 2p^5$

F^{-} 电子层结构：$1s^2 2s^2 2p^6$】

16. 根据下列元素的价电子层结构，分别指出它们属于第几周期？第几族？最高氧化值是多少？

(1) $2s^2$　(2) $2s^2 2p^3$　(3) $3s^2 3p^2$　(4) $3d^5 4s^1$　(5) $5d^{10} 6s^2$

【参考答案：根据周期数＝能级组数，族数＝价电子层数＝最高氧化值，则：

(1) $2s^2$ 属第二周期、ⅡA 族元素，最高氧化值为＋2。

(2) $2s^2 2p^3$ 属第二周期、ⅤA 族元素，最高氧化值为＋5。

(3) $3s^2 3p^2$ 属第三周期、ⅣA 族元素，最高氧化值为＋4。

(4) $3d^5 4s^1$ 属第四周期、ⅥB 族元素，最高氧化值为＋6。

(5) $5d^{10} 6s^2$ 属第六周期、ⅡB 族元素，最高氧化值为＋2】

17. 根据表中要求填表

原子序数	电子层结构(长式)	周期	族	区	金属或非金属
16					
20					
25					
48					
53					

【参考答案：

原子序数	电子层结构(长式)	周期	族	区	金属或非金属
16	$1s^2 2s^2 2p^6 3s^2 3p^4$	3	ⅣA	p	非金属
20	$1s^2 2s^2 2p^6 3s^2 3p^6 4s^2$	4	ⅡA	s	金属
25	$1s^2 2s^2 2p^6 3s^2 3p^6 3d^5 4s^2$	4	ⅦB	d	金属
48	$1s^2 2s^2 2p^6 3s^2 3p^6 3d^{10} 4s^2 4p^6 4d^{10} 5s^2$	5	ⅡB	ds	金属
53	$1s^2 2s^2 2p^6 3s^2 3p^6 3d^{10} 4s^2 4p^6 4d^{10} 5s^2 5p^5$	5	ⅦA	p	非金属

】

18.说明周期表中同一周期和同一族中，原子半径变化的趋势。并解释为何铜原子的原子半径比镍原子的要大。

【参考答案：同一周期原子的电子层数未增加，对短周期来说，从左到右（除稀有气体外），由于有效核电荷增加，原子半径变小显著。对长周期来说，从左到右，主族元素（s区和p区）原子半径的变化规律同短周期。副族元素（d区、ds区），由于增加的电子在次外层，有效核电荷增加不是很大，故原子半径变小较慢。当d轨道的电子处于d^5半充满和d^{10}全充满稳定状态时，对外层电子的屏蔽效应大，原子半径有所变大，而f区元素增加的电子是在倒数第三层的f轨道上，有效核电荷几乎没有增加，原子半径变小不明显。故同周期副族元素原子半径的变化看上去有点不规则。

对同一族元素来讲，从上至下，电子层增加，内层电子对外层电子的屏蔽效应要大于核电荷增加的趋势，故从总体趋势来说，原子半径是逐渐变大的，其中主族元素原子半径变大明显。而第五周期和第六周期的同副族元素受镧系元素收缩的影响，原子半径相差很小，故同副族元素原子半径变大看上去不如主族元素明显。

铜的电子结构为$3d^{10}4s^1$，镍的电子结构为$3d^8 4s^2$，由于铜元素3d轨道是全充满的稳定状态，对外层4s轨道上的电子屏蔽效应大，核对外层电子的吸引力降低，故铜原子的半径比镍原子的大】

19.下列各对元素中，第一电离势大小哪些是正确的？哪些是错误的？

(1) C<N　(2) Li<Be　(3) Be<B

(4) O<F　(5) Cu>Zn　(6) S>P

【参考答案：(1) 正确；(2) 正确；(3) 错误；(4) 正确；(5) 错误；(6) 错误】

20.下列各对元素中，电负性大小哪些是正确的？哪些是错误的？

(1) Mg>Ca　(2) P>Cl　(3) O>N

(4) Co>Ni　(5) Cu>Zn　(6) Br>F

【参考答案：(1) 正确；(2) 错误；(3) 正确；(4) 错误；(5) 正确；(6) 错误】

第8章 分子结构

Chapter 08

学习要求

掌握 共价键的特征、键型、键的极性和分子的极性；熟练应用价层电子对互斥理论预测分子的空间构型，能采用杂化轨道理论合理解释分子的成键情况与空间构型，会应用分子轨道理论合理解释分子的整体性质。

熟悉 离子键理论、现代价键理论、分子轨道理论和分子间作用力的产生以及氢键的形成条件。

了解 离子键和共价键的形成条件、形成过程和成键本质特点；分子间作用力和氢键的形成过程、类型和本质特点，以及对物质的物理性质的影响。

分子是保持物质性质的最小微粒，也是参与化学反应的基本单元，物质的化学性质主要决定于分子的性质，而分子的性质与分子结构密切相关。讨论原子如何组成分子是现代化学的中心问题。

研究分子结构的主要内容是研究原子是如何结合成分子的，即化学键问题。化学键一般可分为离子键、共价键、金属键，本章重点讨论前两者。

由于物质的性质与分子结构有关，因此，介绍一些物质的性质，如分子极性、磁性、分子间作用力等。

8.1 离子键

1916年德国化学家科塞尔（W. Kossel）根据稀有气体具有稳定结构的事实，提出了离子键理论（theory of ionic bond），对离子型化合物（ionic compound）的形成及性质作出了科学的解释。

8.1.1 离子键的形成

当电负性小的活泼金属原子与电负性大的活泼非金属原子，如钠原子与氯原子相遇时，

Na 是活泼的金属原子，最外层电子排布式为 $3s^1$，容易失去 1 个电子而成为 Na^+；Cl 是活泼的非金属原子，最外层电子排布式为 $3s^2 3p^5$，容易获得 1 个电子形成 Cl^-，使它们的最外层都达到 8 电子的稳定结构，形成离子型化合物 NaCl，如图 8-1 所示。

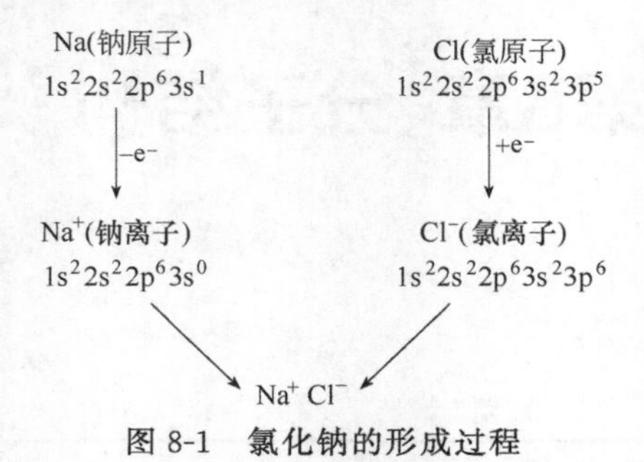

图 8-1　氯化钠的形成过程

氯化钠的形成过程，可以用电子式表示如下：

$$Na^{\times} + \cdot\ddot{\underset{..}{Cl}}: \longrightarrow Na^+ [\overset{..}{\underset{..}{{}^{\times}_{\cdot}Cl}}:]^-$$

这种由原子间发生电子的转移生成阴、阳离子，通过静电作用所形成的化学键叫做离子键（ionic bond）。当电负性小的活泼金属原子（如 K、Na、Ca 等）与电负性大的活泼非金属原子（如 Cl、Br 等）相遇时，都能形成离子键。一般地说，两种元素的电负性差值 $\Delta X>1.7$，就可以认为两元素的原子间能形成离子键。

这种由离子键形成的化合物叫离子型化合物。这类化合物包括大多数的无机盐类和许多金属氧化物。在通常情况下，离子型化合物主要以晶体的形式存在，它们具有较高的熔点和沸点，在熔融状态或溶于水后均能导电。

需要指出的是，键的离子性大小由成键元素的电负性差值（ΔX）决定，ΔX 越大，键的离子性百分数就越大。表 8-1 给出 AB 型化合物键的离子性百分数与 A 和 B 两种元素电负性差值 ΔX 之间的关系。

表 8-1　单键离子性百分数与元素电负性差值（ΔX）之间的关系

ΔX	离子性百分数/%	ΔX	离子性百分数/%
0.2	1	1.8	55
0.4	4	2.0	63
0.6	9	2.2	70
0.8	15	2.4	76
1.0	22	2.6	82
1.2	30	2.8	86
1.4	39	3.0	89
1.6	47	3.2	92

美国化学家鲍林（Pauling）认为，当 $\Delta X>1.7$，单键的离子性>50%时，此键为离子键；$\Delta X=0$ 时，键的离子性百分数为 0，该键是非极性共价键；当 $0<\Delta X<1.7$ 时，主要形成极性共价键。例如在 CsF 中，$\Delta X=3.2$，则 CsF 中键的离子性百分数约为 92%，说明 CsF 是一个典型的离子型化合物。需要注意的是，由于影响化学键极性的因素比较复杂，单用 ΔX 来判断化学键的键型并不总是可靠的。例如 HF 中，$\Delta X=1.9$，但 H—F 键是典型的

共价键。因此，$\Delta X=1.7$ 只是一个判断离子型化合物与共价型化合物分界的近似标准，是一个有用的参考数据。

8.1.2　离子键的特征

8.1.2.1　离子键没有饱和性

在离子型化合物的晶体中，当离子周围的空间条件许可时，每一个离子都可以同时与尽可能多的异电荷离子互相吸引形成离子键，所以说离子键没有饱和性。因为在离子型化合物的晶体中，每个离子周围总是排列着一定数目的异电荷离子，并不存在单个的分子，所以“NaCl”并不是氯化钠的分子式，它仅表示在氯化钠晶体中钠离子和氯离子的最简个数比是 1∶1。

8.1.2.2　离子键没有方向性

由于离子键是由阴、阳离子通过静电作用结合形成的，而阴、阳离子的电荷分布是球形对称的，它在空间各个方向上的静电作用是相同的，在空间任何方向上与异电荷离子互相吸引的能力相同。在离子晶体中，每一离子周围排列电荷相反离子的数目是固定的。例如，在 NaCl 晶体中，每个 Na^{+} 周围有 6 个 Cl^{-}，每个 Cl^{-} 周围也有 6 个 Na^{+}，如图 8-2（a）所示；在 CsCl 晶体中，每个 Cs^{+} 周围有 8 个 Cl^{-}，每个 Cl^{-} 周围有 8 个 Cs^{+}，如图 8-2（b）所示。每个离子与 1 个异电荷离子相互吸引后，并没有减弱它与其他异电荷离子的静电作用力，这种现象说明离子并非只在某一个方向，而是在所有方向上都与异电荷离子发生静电作用，所以说离子键没有方向性。

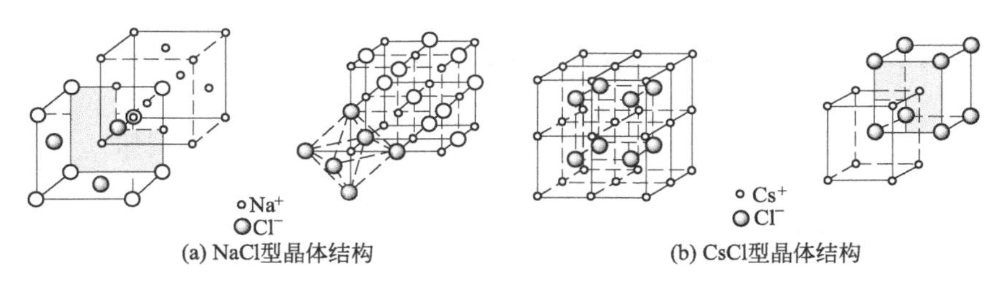

(a) NaCl型晶体结构　　(b) CsCl型晶体结构

图 8-2　NaCl 和 CsCl 晶体示意图

8.1.3　离子的特征

离子是离子型化合物的基本结构单元，离子的性质决定着离子键的强度和离子型化合物的性质。离子一般具有三个重要的特征：离子电荷、离子半径和离子的电子构型。

8.1.3.1　离子电荷

离子化合物形成过程中相应原子失去或得到的电子数称为离子电荷（ionic charge）。离子电荷往往会影响离子化合物的一些化学性质和物理性质。例如 Co^{2+} 和 Co^{3+}，尽管是同种元素形成的离子，但由于电荷不同，性质差别较大，前者在水溶液中可以稳定存在，后者具有极强的氧化性，在水溶液中不能存在。另外根据库仑定律，离子电荷越高，对异电荷离子的吸引力越大，形成的离子键越强，离子化合物的熔点和沸点就越高。例如，NaCl 的熔点约为 1074K，而 MgO 的熔点约为 3073K，说明离子型化合物电荷越高，相互作用力越强，熔点越高。

8.1.3.2 离子半径

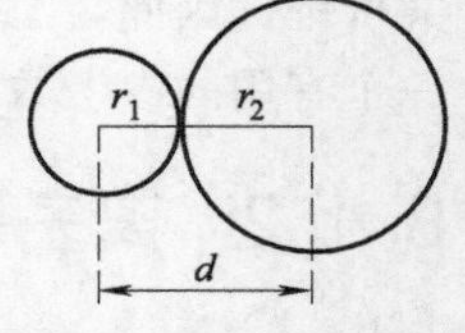

图 8-3 离子半径与核间距关系

按离子键模型，处于平衡位置的阳、阴离子，可近似看做是两个半径不同、相互接触的带电小球，如图 8-3 所示，核间距 $d=r_1+r_2$。正、负离子的核间距 d 可以通过 X 射线衍射实验测定。

如果已知一个离子的半径，则可以通过 d 值求出另一个离子的半径。表 8-2 列出一些常见简单离子的半径。

表 8-2 一些常见简单离子的离子半径 r 单位：pm

离子	半径	离子	半径	离子	半径	离子	半径
Li^+	60	Sc^{3+}	81	Fe^{3+}	60	As^{3+}	47
Na^+	95	Y^{3+}	93	Co^{2+}	72	Sb^{3+}	90
K^+	133	La^{3+}	106	Mn^{2+}	80	F^-	136
Rb^+	148	Cu^+	96	Mn^{7+}	46	Cl^-	181
Cs^+	169	Ag^+	126	B^{3+}	20	Br^-	195
Be^{2+}	31	Au^+	137	Al^{3+}	50	I^-	216
Mg^{2+}	65	Zn^{2+}	74	Ga^{3+}	62	O^{2-}	140
Ca^{2+}	99	Cd^{2+}	97	H^-	208	S^{2-}	184
Sr^{2+}	113	Hg^{2+}	110	N^{3-}	171	Se^{2-}	198
Ba^{2+}	135	Fe^{2+}	75	P^{3-}	212	Te^{2-}	221

从原子结构的关于原子半径在元素周期表中的递变规律，不难得出离子半径变化的一些规律：

① 各主族元素离子半径从上而下随电子层数的依次增多而递增。例如：

$$r(F^-)<r(Cl^-)<r(Br^-)<r(I^-)$$

② 同一周期主族元素正离子半径随族数递增而减小。例如：

$$r(Na^+)>r(Mg^{2+})>r(Al^{3+})$$

③ 若同一元素能形成几种不同电荷的阳离子时，则高价离子的半径小于低价离子的半径。例如：

$$r(Fe^{3+})(64\text{pm})<r(Fe^{2+})(76\text{pm})$$

离子半径的大小可近似反映离子的相对大小，是分析离子型化合物物理性质的重要依据之一。离子半径越小，离子间引力越大，离子化合物的熔、沸点越高。如 MgO，CaO，SrO，BaO 熔点依次降低。

8.1.3.3 离子的电子构型

离子的电子构型（electron configuration）是指原子失去或得到电子后的外层电子构型。原子获得电子趋于使其电子构型与相应的稀有气体原子相同，因此常见的简单负离子一般都具有稳定稀有气体构型，即 8 电子构型，如 F^-、Cl^-、O^{2-}、S^{2-} 等。原子失去电子时，由于失去的价电子数不同，而使正离子的电子构型比较多样化，正离子一般具有下列五种电子构型：

① 2 电子构型（$1s^2$） 最外层有 2 个电子的离子，如 Li^+、Be^{2+} 等。

② 8 电子构型（ns^2np^6） 最外层有 8 个电子的离子，如 Na^+、Mg^{2+}、Al^{3+} 等。

③ 不规则电子构型（$ns^2np^6nd^{1\sim9}$）　最外层有 9～17 个电子的离子，具有不饱和电子构型，如 Mn^{2+}、Fe^{2+}、Fe^{3+}、Co^{2+}、Ni^{2+}等 d 区元素的离子。

④ 18 电子构型（$ns^2np^6nd^{10}$）　最外层有 18 个电子的离子，如 Zn^{2+}、Cd^{2+}、Hg^{2+}、Cu^+、Ag^+、Au^+等 ds 区元素的离子，Sn^{4+}、Pb^{4+}、Bi^{3+}等 p 区高氧化数金属离子。

⑤ 18+2 电子构型［$(n-1)s^2(n-1)p^6(n-1)d^{10}ns^2$］　次外层有 18 个电子，最外层有 2 个电子的离子，如 Sn^{2+}、Pb^{2+}、Sb^{3+}、Bi^{3+}等 p 区低氧化数金属离子。

离子的电子构型对离子的性质及离子之间的相互作用具有一定影响，从而影响离子化合物的性质。例如碱金属与铜分族都能形成+1 价离子，但形成的离子分别是 8 电子构型和 18 电子构型，导致两族元素形成化合物的性质有较大差异。

8.2　共价键理论

离子键理论可以很好地说明离子型化合物的形成，却无法说明两个相同原子或电负性相差不大的原子间的成键问题。为了说明同种元素的原子之间以及电负性相近原子间的结合力问题，1916 年美国化学家路易斯（G. N. Lewis）提出了经典的共价键理论，认为这类原子间是通过共用电子对结合成键的。在分子中，每个原子应达到稳定的稀有气体 8 电子外层电子结构（He 为 2 电子）。这种靠共用电子对形成的化学键叫共价键（covalent bond），形成的分子称为共价分子，例如，H_2、N_2 和 NH_3 的电子配对等情况可表示为：

H:H　　:N⋮⋮N:　　H:N̈:H
　　　　　　　　　　 H

路易斯用共价键概念初步解释了一些简单非金属元素原子间的成键，但在说明共价化合物的成键原因时遇到了一些困难：为何两个带负电的电子不相互排斥，反而能互相配对形成共价键？对某些化合物如 BCl_3 和 PCl_5 等，中心原子周围的价电子总数不足 8 或超过 8，为什么仍然能稳定存在？这说明路易斯的共价键概念虽然能初步说明共价键的形成，但对共价键的本质尚未认识清楚。尽管路易斯共价键概念有许多不尽人意的地方，但电子配对的共价键概念为现代共价键理论奠定了重要基础，人们将路易斯的共价键概念称为经典共价键理论。

现代共价键理论（modern covalent bond theory）是在量子力学阐述共价键本质的基础上发展起来的。美国化学家鲍林等人在共价键本质阐述的基础上加以发展和补充，建立了现代共价键理论（价键理论和杂化轨道理论）。1932 年洪特（Hund）等同样在共价键本质阐述的基础上，把成键分子看成一个整体，提出共价键的分子轨道理论。这些现代共价键理论从不同方面反映了共价键的本质。

8.2.1　价键理论

8.2.1.1　共价键的形成和本质

1927 年英国化学家海特勒（Heitler）和德国化学家伦敦（London）首先运用量子力学原理处理 H_2 分子的形成过程中体系能量以及电子云密度的变化规律，成功地得到了两个 H 原子的相互作用能（E）与它们核间距（R）的关系曲线，如图 8-4 所示。

结果表明，电子自旋方向相反的两个 H 原子相互接近时，体系能量逐步降低，当核间距 R_0 为 74pm 时，体系能量达到最低，在这一点的吸引能为 $438kJ \cdot mol^{-1}$（图 8-4 中曲线

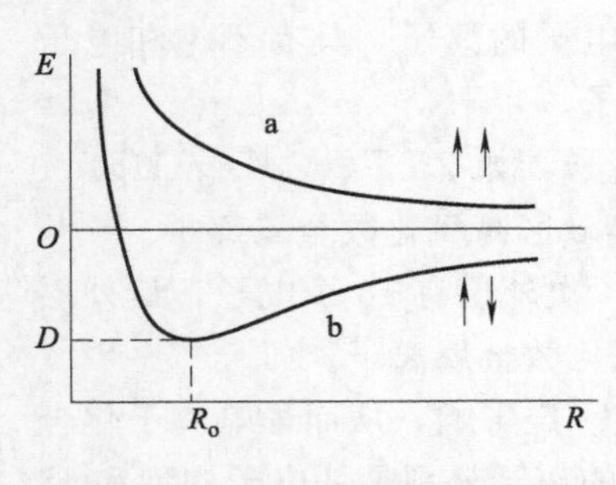

图 8-4　H_2 分子形成过程的能量 E 随核间距 R 变化示意图

b)。两个 H 原子继续靠近时，排斥力显著增大，能量急剧上升。说明两个 H 原子在核间距 R_0 处形成了稳定的 H_2 分子，该状态称为 H_2 分子的基态。基态的形成是因为两个 H 原子的原子轨道发生了重叠，两核间电子云密度增大，如图 8-5（a）所示。该电子云密集区一方面加强了核中心正电荷对核外电子云的吸引；另一方面使得两核正电荷互相“屏蔽”，将两个带正电的原子核牢固地吸引在一起，这两方面都有利于体系能量降低，从而形成了稳定的 H_2 分子。

当电子自旋同向的 2 个 H 原子相互接近时（图 8-4 曲线 a），体系的能量始终高于 2 个 H 原子单独存在的能量和，这样不能形成稳定的 H_2 分子，只能以两个游离的 H 原子存在，这种不稳定的状态称为 H_2 分子的排斥态。图 8-5（b）也表明，排斥态中两核间电子云密度几乎为零，体系能量较高，不能成键。

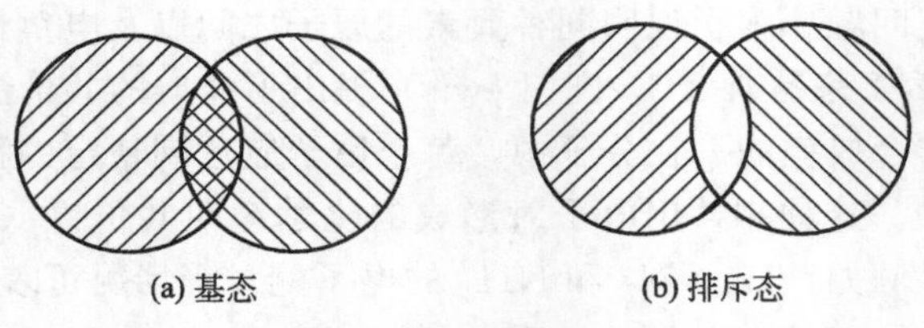

图 8-5　H_2 分子两种状态的电子云示意图

量子力学处理 H_2 分子的结果表明，共价键的本质是原子轨道的重叠（或波函数相加）使体系能量降低而成键。价键理论继承了路易斯共享电子对的概念，又在量子力学理论的基础上，指出共价键的本质是由于原子轨道重叠，原子核间电子概率密度增大，增强对原子核吸引而成键。

8.2.1.2　价键理论的基本要点

1931 年美国化学家鲍林等人在共价键本质阐述的基础上提出了价键理论（valence bond theory）。其要点如下：

① 具有自旋相反的未成对电子的原子相互接近时，原子的未成对电子可以相互配对形成共价键，称为电子配对原理。如果成键原子各有 1 个单电子，则形成共价单键，如果有 2 个或 3 个单电子，则形成共价双键或三键。

② 成键电子所在的原子轨道重叠程度越大，两核间电子概率密度越大，形成的共价键越稳定，称为原子轨道最大重叠原理。

8.2.1.3　共价键的特征

① 共价键具有饱和性　一个原子能提供的未成对电子的数目是确定的，所以原子形成共价键的数目也是确定的，因此共价键具有饱和性。

② 共价键具有方向性　由于共价键的形成需原子轨道最大重叠，以增加核间电子云密度，形成稳定的共价键。而除 s 原子轨道外，p、d、f 等原子轨道在空间均有一定取向。因此在核间距一定的情况下，原子轨道总是沿着电子概率密度最大的方向重叠，以获取最大的键能，因此共价键具有方向性。

例如，H 原子与 F 原子共用电子形成 H—F 键时，由于 H 原子 1s 轨道的角度分布图是球形的，而 F 原子的 2p 轨道有一个未成对电子（假设处于 $2p_x$ 轨道），则成键应该是 H 原子的 1s 轨道与 F 原子 $2p_x$ 轨道的重叠。两个原子轨道有如图 8-6 所示的三种可能重叠方式，但只有 H 原子的 1s 轨道沿着 F 原子 $2p_x$ 轨道的最大值方向（x 轴方向）的重叠才能实现最大程度的重叠，形成稳定的 HCl 分子［图 8-6（a）］。

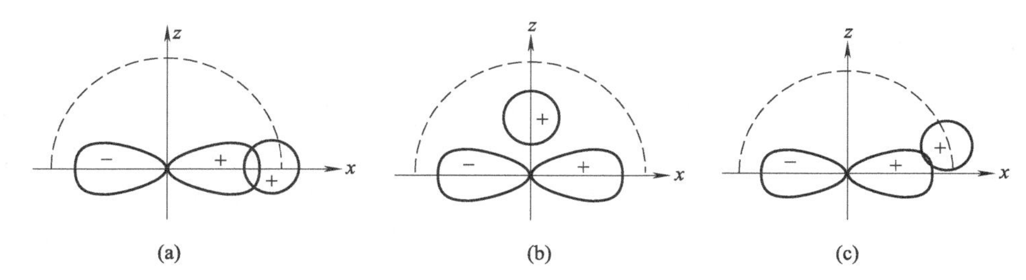

图 8-6　s 轨道与 p 轨道的几种可能重叠方式

8.2.1.4　共价键的类型

根据原子轨道的重叠方式不同，可将共价键分成不同类型，最常见的是 σ 键和 π 键。

① σ 键　两个原子轨道沿键轴方向（键合原子核连线）以“头碰头”方式重叠，轨道重叠部分对键轴呈圆柱形对称，即沿键轴方向旋转任何角度，轨道形状、符号都不变，如此形成的共价键叫 σ 键。当假定 x 轴为键轴时，s-s、s-p_x、p_x-p_x 原子轨道重叠均可以形成 σ 键，如图 8-7 所示。例如 H_2、Cl_2、HCl 分子的共价单键均为 σ 键。

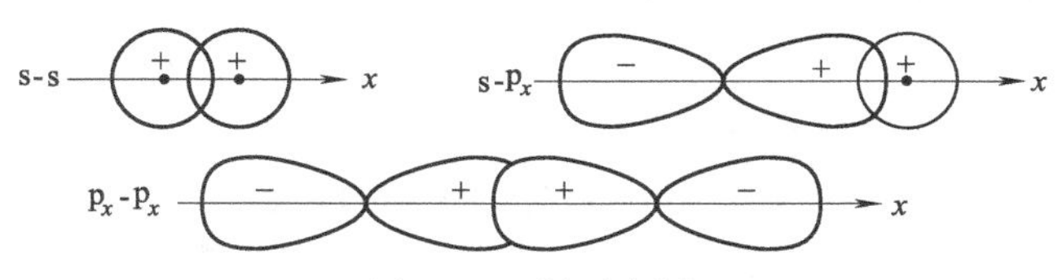

图 8-7　σ 键示意图

② π 键　两个原子轨道沿键轴方向以“肩并肩”方式重叠，轨道重叠部分对键轴所在的平面呈镜面反对称，即轨道重叠部分在键轴所在的平面上下两部分形状相同、符号相反，由此形成的共价键叫 π 键。p_y-p_y、p_z-p_z 原子轨道重叠形成 π 键，如图 8-8 所示。

以 N_2 为例说明 π 键的形成。N 原子的价电子结构为 $2s^2 2p_x^{\ 1} 2p_y^{\ 1} 2p_z^{\ 1}$，当两个 N 原子沿 x 轴接近时，两个 N 原子的 p_x 轨道以“头碰头”方式重叠，形成一个 σ 键；同时两个 N 原子相互平行的 p_y 轨道以及 p_z 轨道只能以“肩并肩”方式重叠，形成两个相互垂直的 π 键，如图 8-9 所示。

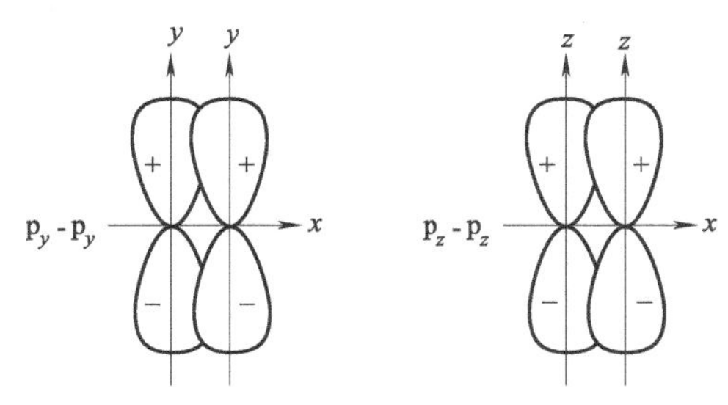

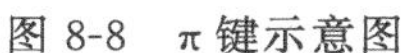

图 8-8　π 键示意图

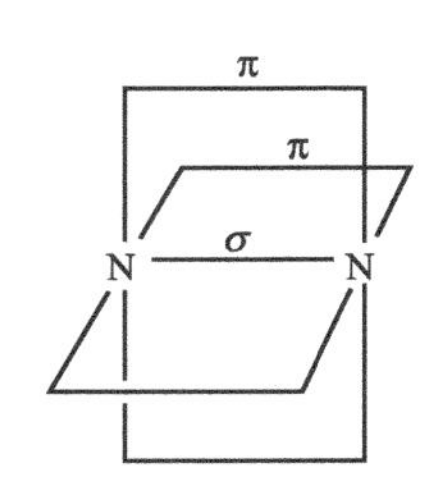

图 8-9　N_2 分子中的 σ 键和 π 键示意图

需要指出的是，如果两个原子以共价单键结合，此键必为 σ 键；若以共价多重键结合，如共价双键和三键，其中只有一个是σ键，其余为π键。因为形成π键时，原子轨道的重叠程度小于σ键，且π键电子云分布在键轴平面两侧，容易受外电场的影响而变形，所以π键一般不如σ键稳定。表现在π电子比σ电子活泼，容易参加化学反应，如烯烃、炔烃中的π键易断裂发生加成反应。

8.2.2 杂化轨道理论

价键理论可以成功地说明共价键的成键本质和特点，但按照价键理论去解释一些多原子分子的形成及空间构型时遇到了困难。例如基态C原子只有两个未成对电子，为何不形成CH_2而形成CH_4的甲烷分子呢？形成H_2O分子时，O原子中两个相互垂直的2p轨道与两个H原子的1s轨道分别重叠，形成两个O—H键，其夹角应该是90°，而实测值为104.5°。为了合理解释多原子分子体系的价键形成和几何构型，1932年鲍林在价键理论的基础上提出了杂化轨道理论（hybrid orbital theory），该理论丰富和发展了价键理论，后来经过不断的补充和完善，发展成化学键理论的重要组成部分。

8.2.2.1 杂化及杂化轨道的概念

杂化轨道理论认为，在形成分子的过程中，为了实现轨道最大程度的重叠以提高成键能力，分子的中心原子不同类型、能量相近的原子轨道倾向于重新组合，形成新轨道，这种轨道的重新组合过程叫杂化（hybridation），重新组合形成的新轨道叫杂化轨道。

8.2.2.2 杂化轨道理论的基本要点

① 在形成分子的过程中，为了提高成键能力，中心原子能量相近（通常是同层或同一能级组）的原子轨道进行重新组合即杂化。

② 参加杂化的原子轨道的数目与形成的杂化轨道的数目相等。

③ 杂化轨道在空间的取向以轨道间排斥力最小为原则，轨道尽可能远离，即轨道间夹角最大，对称性最好，以保持体系能量较低，因此，杂化轨道的类型与分子的空间构型有关。

8.2.2.3 杂化轨道的类型

由于参加杂化的原子轨道的种类和数量不同，杂化轨道的类型也不同。下面仅通过s轨道和p轨道的杂化（简称s-p型杂化）来说明杂化轨道的形成和类型。

① sp杂化　中心原子的1个ns轨道和1个np轨道的组合称为sp杂化，形成2个等价的sp杂化轨道。每个sp杂化轨道中含有$\frac{1}{2}$s轨道和$\frac{1}{2}$p轨道的成分。杂化轨道的形状为葫芦状，因此更利于成键。2个sp杂化轨道的极大值分布方向相反，夹角为180°，呈直线形分布，如图8-10所示。未参加杂化的2个np轨道（夹角为90°）均与杂化轨道垂直。

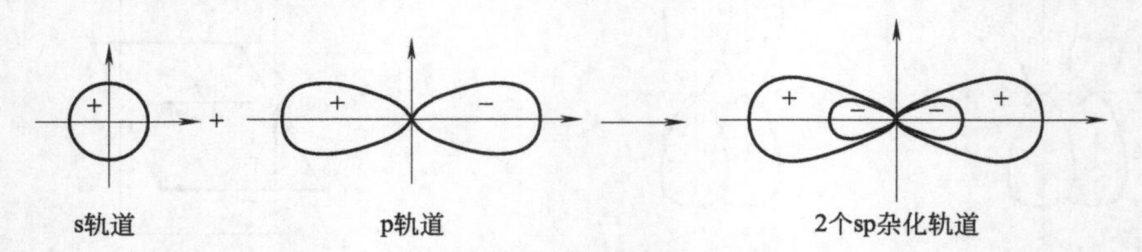

图8-10　sp杂化轨道形成及空间取向示意图

例如$BeCl_2$分子的形成，实验测得$BeCl_2$是直线形分子。中心原子Be的外层电子构型

为 $2s^2 2p^0$。杂化轨道理论认为，当 Be 原子与 Cl 原子形成 $BeCl_2$ 分子时，Be 原子 2s 轨道上的 1 个电子激发到 2p 轨道上，2s 轨道和 2p 轨道杂化，形成 2 个 sp 杂化轨道。2 个 sp 杂化轨道分别与 2 个 Cl 原子的 p 轨道重叠形成 2 个 σ 键（Be—Cl 键），构成直线形 $BeCl_2$ 分子，如图 8-11 所示。

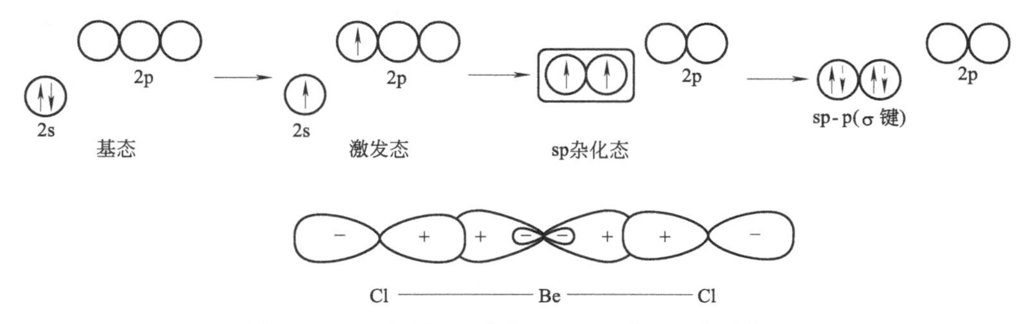

图 8-11　Be 原子的 sp 杂化及 $BeCl_2$ 分子形成示意图

又如乙炔 C_2H_2 分子的形成，实验测得 C_2H_2 分子为直线形。中心原子 C 的外层电子构型为 $2s^2 2p^2$。杂化轨道理论认为，在形成 C_2H_2 分子的过程中，每个基态 C 原子 2s 轨道上的 1 个电子激发到 2p 轨道上。各含有 1 个电子的 2s 轨道和 2p 轨道杂化，形成 2 个 sp 杂化轨道。2 个 C 原子之间以其中的 1 个 sp 杂化轨道互相重叠形成 σ 键（即 C—C 键）；每个 C 原子还各以另一个 sp 杂化轨道与氢原子的 s 轨道重叠形成 σ 键（即 C—H 键），构成 C_2H_2 分子的直线形骨架结构。C 原子中其余 2 个未参加杂化的 p 轨道分别与另一个 C 原子的 2 个未参加杂化的 p 轨道重叠形成 2 个相互垂直的 π 键，如图 8-12 所示。

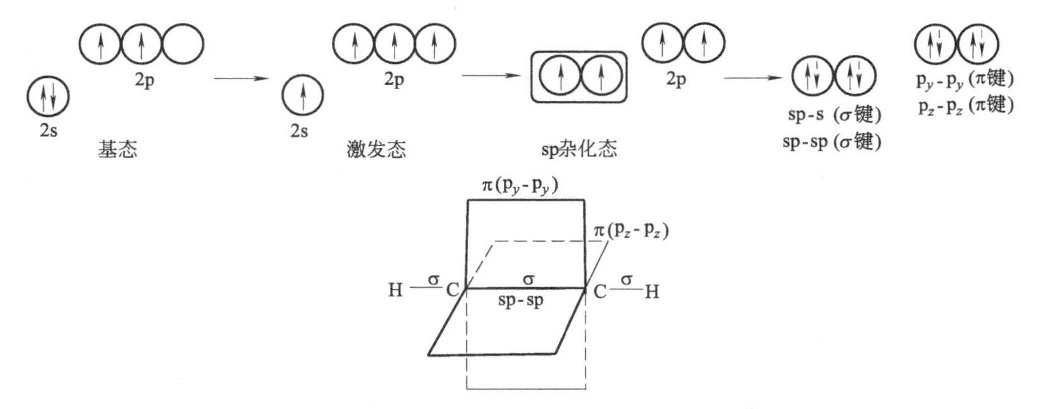

图 8-12　C 原子的 sp 杂化及 C_2H_2 分子形成示意图

② sp^2 杂化　中心原子的 1 个 ns 轨道和 2 个 np 轨道的组合称为 sp^2 杂化，形成 3 个等价的 sp^2 杂化轨道，每个 sp^2 杂化轨道中含有 $\frac{1}{3}$ s 轨道和 $\frac{2}{3}$ p 轨道的成分，形状仍为葫芦状。3 个 sp^2 杂化轨道在一个平面上互成 120°夹角，空间构型为平面三角形，如图 8-13 所示。未参加杂化的 1 个 np 轨道与该平面垂直。

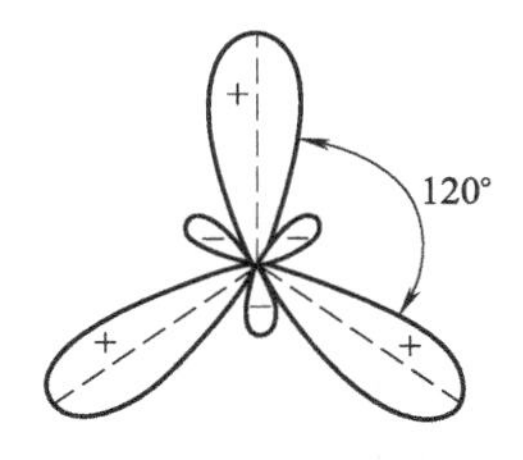

图 8-13　sp^2 杂化轨道空间取向示意图

以 BF_3 为例，实验测得 BF_3 是平面正三角形构型。中心原子 B 的外层电子构型为 $2s^2 2p^1$。在形成 BF_3 分子的过程中，中心原子 B 的 2s

轨道上的 1 个电子激发到 2p 轨道上，1 个 2s 轨道和 2 个 2p 轨道组合，形成 3 个 sp^2 杂化轨道。3 个 sp^2 杂化轨道呈平面三角形分布，分别与 3 个 F 原子的 p 轨道重叠形成 3 个 σ 键（B—F 键）。所以 BF_3 为平面三角形结构，如图 8-14 所示。

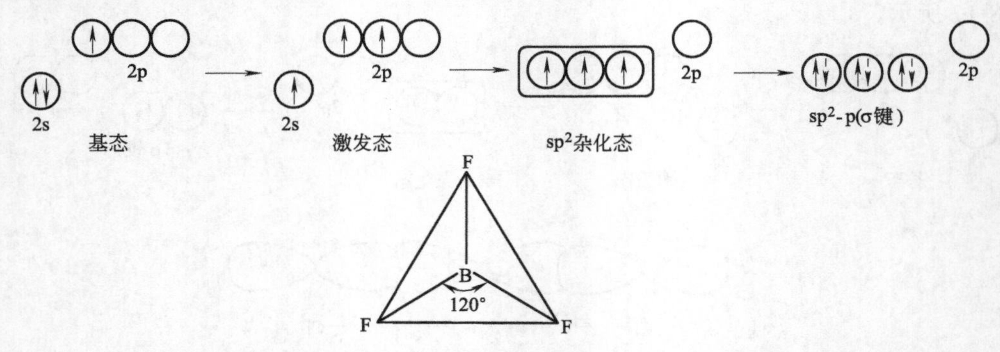

图 8-14 B 原子的 sp^2 杂化及 BF_3 分子形成示意图

此外有机化合物中的烯烃 C 原子也是采取 sp^2 杂化成键的，例如乙烯分子。实验测得乙烯 C_2H_4 分子中，6 个原子在 1 个平面内，且相邻化学键的夹角均约为 120°。杂化轨道理论认为，乙烯分子中的每个 C 原子采取 sp^2 杂化，形成 3 个 sp^2 杂化轨道。2 个 C 原子间各用 1 个 sp^2 杂化轨道相互重叠形成 1 个 σ 键（即 C—C 键）；而每个 C 原子余下的 2 个 sp^2 杂化轨道再分别与 2 个氢原子的 1s 原子轨道重叠，形成 2 个 σ 键（即 C—H 键），这 6 个碳氢原子形成的 5 个 σ 键构成 C_2H_4 分子的平面型结构。每个 C 原子还各剩下 1 个未参与杂化的 2p 轨道，它们垂直于 6 个碳氢原子所在的平面，并相互重叠形成 π 键，如图 8-15 所示。

③ sp^3 杂化　中心原子的 1 个 ns 轨道和 3 个 np 轨道的组合称为 sp^3 杂化。sp^3 杂化形成 4 个等价的 sp^3 杂化轨道，每个 sp^3 杂化轨道中含有 $\frac{1}{4}$s 轨道和 $\frac{3}{4}$p 轨道成分，4 个 sp^3 杂化轨道分别指向四面体的 4 个顶点方向，sp^3 杂化轨道间夹角均为 109°28′，呈正四面体形分布，如图 8-16 所示。

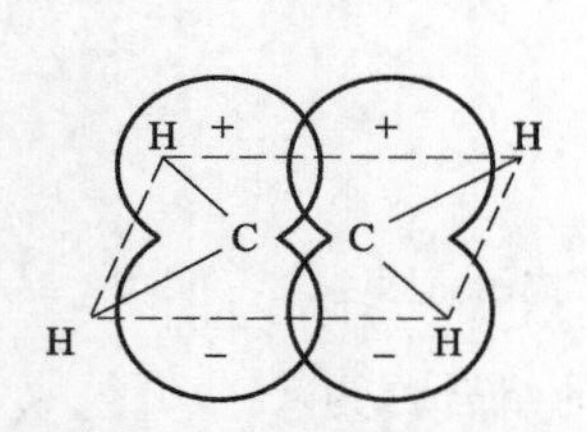

图 8-15 乙烯分子结构示意图

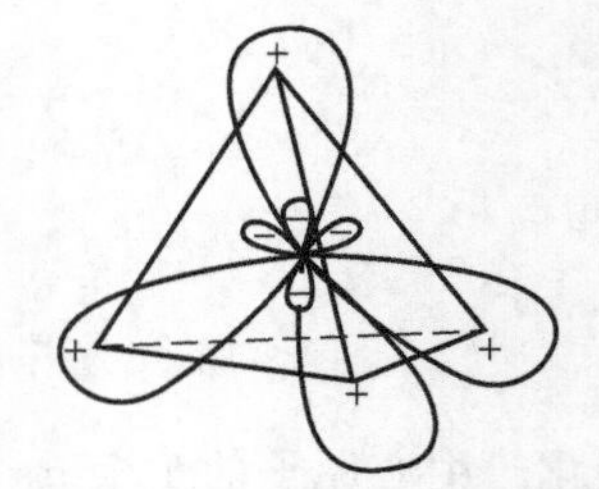

图 8-16 sp^3 杂化轨道空间取向示意图

以甲烷为例，实验测得 CH_4 是正四面体构型。杂化轨道理论认为，在形成 CH_4 分子的过程中，中心原子 C 的 2s 轨道上的 1 个电子激发到 2p 轨道上，各含有 1 个电子的 2s 轨道和 3 个 2p 轨道杂化，形成 4 个 sp^3 杂化轨道。4 个 sp^3 杂化轨道分别与氢原子 1s 原子轨道重叠形成 σ 键（C—H 键），构成 CH_4 的正四面体骨架结构，如图 8-17 所示。

④ 等性杂化与不等性杂化　根据参加杂化的原子轨道中是否含有孤对电子，可将杂化分成等性杂化和不等性杂化。

a. 等性杂化　上述介绍的三种类型杂化的特点是参加杂化的原子轨道中均含有 1 个未成对

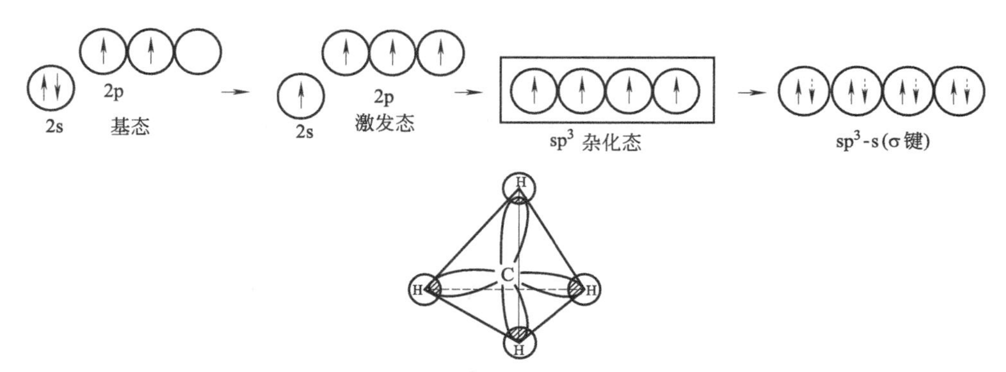

图 8-17　C 原子的 sp^3 杂化及 CH_4 分子结构示意图

电子（或均不含电子），生成的各杂化轨道成分相同，则能量相同，这种杂化称为等性杂化。

b. 不等性杂化　如果参与杂化的原子轨道不仅含有未成对电子，同时含有成对电子，则杂化后的轨道由于所含电子数不同，被成对电子占据的杂化轨道与其他杂化轨道的成分稍有不同，因而导致杂化轨道的能量不完全相同，这样的杂化称为不等性杂化。

例如 NH_3 分子的形成。实验测得 NH_3 分子为三角锥形，键角为 107°18′。杂化轨道理论认为，NH_3 分子中的 N 原子采取 sp^3 不等性杂化，形成 4 个杂化轨道，杂化轨道的空间取向为四面体形。其中 3 个杂化轨道均含有 1 个电子，1 个杂化轨道含有 1 对电子。3 个含有未成对电子的杂化轨道分别与 H 原子的 1s 原子轨道重叠形成 σ 键（N—H 键）。含有成对电子的杂化轨道不参与成键，但由于成对电子只受到 N 原子核的吸引，电子云密集于 N 原子周围，对成键电子有较大的排斥力，故 NH_3 分子中 N—H 键间夹角从 109°28′被压缩至 107°18′，分子呈三角锥形，如图 8-18 所示。

又如 H_2O 分子的形成。实验测得 H_2O 分子为角形结构，键角为 104°45′。杂化轨道理论认为，O 原子采取 sp^3 不等性杂化，形成 4 个杂化轨道，杂化轨道的空间取向为四面体形。其中 2 个杂化轨道有成对电子，另外 2 个含有未成对电子的杂化轨道分别与 H 原子的 1s 轨道重叠形成 σ 键（O—H 键）。同样由于两对成对电子的排斥作用，使 H_2O 分子中 O—H 键间的夹角被压缩至 104°45′，分子呈 V 形（或角形）结构，如图 8-19 所示。

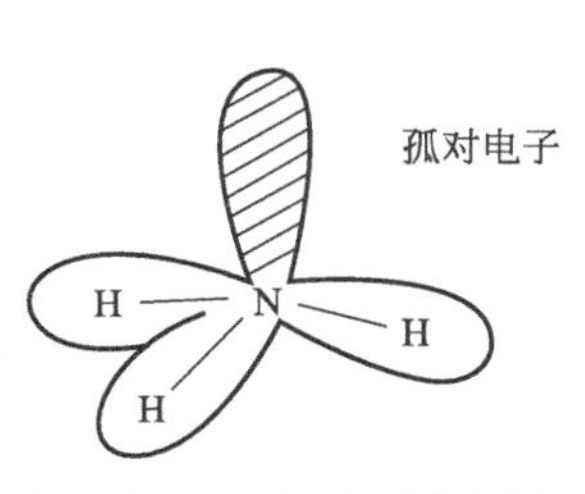

图 8-18　NH_3 分子的结构

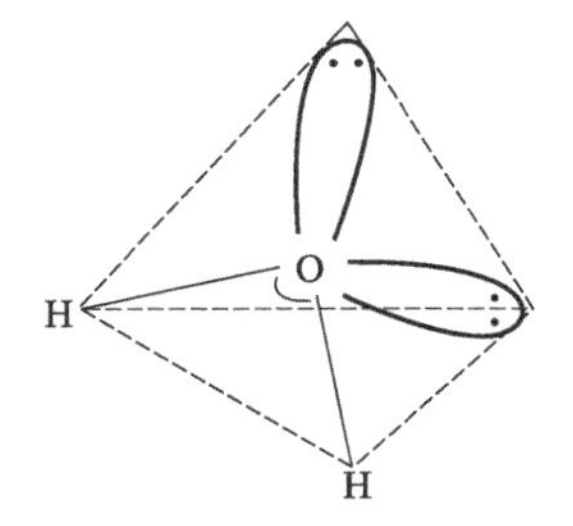

图 8-19　H_2O 分子的结构

除了以上介绍的 s-p 型杂化外，还有 d-s-p 型和 s-p-d 型杂化，这些类型的杂化将在配合物一章介绍。

综上所述，杂化轨道理论较好地解释了一些多原子分子的成键原理以及几何构型。但杂化轨道理论只能解释实验的结论，即已知分子的空间构型，才能确定中心原子的杂化类型，而用该理论去预测分子的空间构型比较困难。现在测定分子空间构型的实验技术已有了很大发展，同时在理论上通过量子化学的计算也可以得到分子空间构型的一些数据。

8.2.3 价层电子对互斥理论（阅读）

为了预测分子的几何构型，1940年美国化学家西奇维克（Sidgwick）和鲍威尔（Powell）等相继提出价层电子对互斥理论（valence shell electron-pair repulsion theory），简称VSEPR理论。

8.2.3.1 理论要点

① 在一个多原子共价分子或原子团中，中心原子的价层电子对包括成键电子对和孤电子对。

② 价层电子对彼此排斥，它们趋向于尽可能地远离，但同时都受到原子核的吸引，分子最稳定的构型是这两种作用的平衡决定的各价层电子对的排布位置，如表8-3所示。

表8-3 价层电子对的空间排布方式

价层电子对数	2	3	4	5	6
电子对排布方式	直线形	三角形	四面体	三角双锥	八面体

③ 价层电子对间排斥力的大小与电子对离核远近、电子对之间的夹角有关。首先，价层电子对越靠近中心原子，相互间排斥力越大。由于孤电子对离核最近，因此孤电子对之间的斥力最大，孤电子对与成键电子对间斥力次之，成键电子对间斥力最小。即价层电子对间排斥力大小的顺序为：

孤电子对－孤电子对＞孤电子对－成键电子对＞成键电子对-成键电子对。

其次，价层电子对间夹角越小，斥力越大。因此在分子中，稳定的构型应该是：

孤电子对－孤电子对的最小夹角的数目＜孤电子对－成键电子对的最小夹角的数目＜成键电子对－成键电子对的最小夹角的数目。

由价层电子对互斥理论的要点可知，用该理论判断分子几何构型的关键是确定中心原子的价层电子对数。

8.2.3.2 价层电子对数的确定

一般来说，在多原子共价分子或原子团中，中心原子是电负性小或原子数少的原子。中心原子的价层电子对数按下式计算：

$$\text{价层电子对数}=\frac{\text{中心原子价电子数}+\text{配位原子提供的电子数}}{2}$$

确定中心原子的价层电子对数应注意以下问题：

① 共价分子或原子团一般由p区元素形成，p区元素为中心原子时，其价电子数等于其所在的族数；

② 配位原子通常为H、O、S和卤素原子，H和卤素原子各提供1个电子，O或S原子不提供电子；

③ 若分子中存在双键或三键时，可将重键当做单键（即当作一对成键电子）看待；

④ 对复杂原子团，在计算中心原子价层电子总数时，还应减去正离子或加上负离子所带电荷数，如NH_4^+、NO_3^-、SO_4^{2-}、CO_3^{2-}等；

⑤ 若算出的中心原子价层电子对数出现小数时，则在原整数位进1，按整数计算。例如在NO_2分子中，N原子的价层电子对数$=\frac{7+3}{2}=5$，则N原子的价层电子对数按3对

计算。

中心原子的价层电子对数确定以后，根据价层电子对互斥理论的基本要点，则可以判断分子的几何形状了。中心原子价层电子对排布方式与分子空间构型的关系如表 8-4 所示。

表 8-4　中心原子价层电子对排布方式与分子的空间构型

中心原子价层电子对数	成键电子对数	孤电子对数	化学式及实例	中心原子价层电子排布方式	分子空间构型
2	2	0	AX_2：CO_2	:—A—:	直线形
3	3	0	AX_3：BCl_3	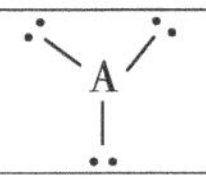	平面三角形
	2	1	AX_2：SO_2		V 形或角形
4	4	0	AX_4：CCl_4	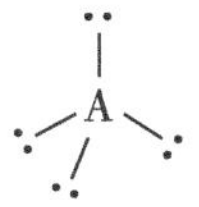	四面体
	3	1	AX_3：NH_3		三角锥形
	2	2	AX_2：H_2O		角形
5	5	0	AX_5：PCl_5	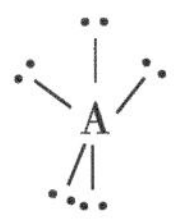	三角双锥形
	4	1	AX_4：$TeCl_4$		变形四面体
	3	2	AX_3：ClF_3		T 形
	2	3	AX_2：XeF_2		直线形
6	6	0	AX_6：SF_6	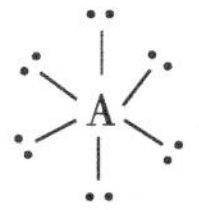	八面体
	5	1	AX_5：IF_5		四角锥形
	4	2	AX_4：XeF_4		平面四方形

8.2.3.3　分子空间构型判断实例

下面通过一些实例来说明价层电子对互斥理论如何判断分子的空间构型。

① $BeCl_2$ 分子　在 $BeCl_2$ 分子中，中心原子 Be 的价层电子对数 $=\frac{2+2}{2}=2$。由于 Be 原子有 2 个配位原子，则 2 对价层电子对全部为成键电子对。根据表 8-4 可知，Be 原子的价层电子对排布应为直线形，所以 $BeCl_2$ 分子为直线形。

② NH_4^+　在 NH_4^+ 中，中心原子 N 的价层电子对数 $=\frac{5+4-1}{2}=4$。由于 N 原子有 4 个配位原子，则 4 对价层电子对全部为成键电子对。根据表 8-4 可知，N 原子的价层电子对排布应为四面体形，所以 NH_4^+ 应为四面体构型。

③ H_2O 分子　在 H_2O 分子中，中心原子 O 的价层电子对数 $=\frac{6+2}{2}=4$。由于 O 原子有 2 个配位原子，则 4 对价层电子对有 2 对为成键电子对，2 对为孤电子对。根据表 8-4 可知，O 原子的价层电子对排布应为四面体形。其中有 2 个顶点被成键电子对占据，另外 2 个顶点被孤电子对占据。因此 H_2O 分子应为 V 形或角形结构。

④ ClF_3 分子　在 ClF_3 分子中，中心原子 Cl 的价层电子对数 $=\frac{7+3}{2}=5$，其中 3 对为成键电子对，2 对为孤电子对。价层电子对的空间构型为三角双锥形，三角双锥的 5 个顶角有 3 个被成键电子对占据，2 个被孤电子对占据。因此，ClF_3 分子有三种可能的结构，如图 8-20 所示。

在图 8-20（a）、（b）、（c）三种结构中，最小夹角为 90°，所以只考虑 90°角的排斥作用。由于图 8-20（a）、（b）两种结构中没有夹角为 90°的孤电子对-孤电子对排斥作用，应比图 8-20（c）的稳定；而图 8-20（a）结构和图 8-20（b）结构相比，图 8-20（a）的夹角 90°的孤电子对-成键电子对数最少，因此在这三种结构中图 8-20（a）是最稳定的结构，ClF_3 分子的结构应为图 8-20（a），即 T 形。

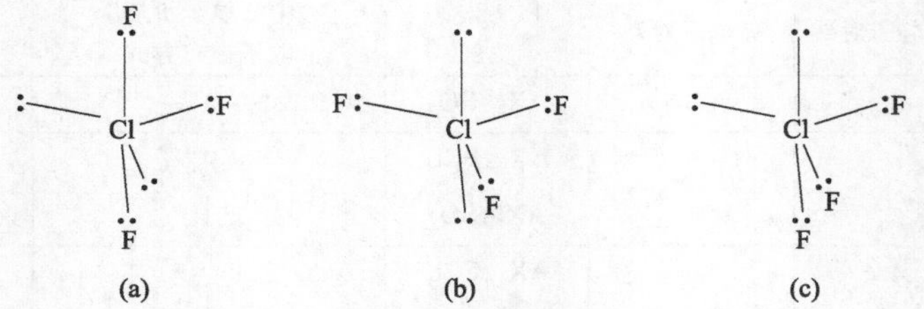

(a)　　(b)　　(c)

图 8-20　ClF_3 分子的三种可能结构

综上所述，价层电子对互斥理论能简明、直观地判断共价分子或原子团的几何构型，且与杂化轨道理论所得的结果一致。但 VSEPR 理论也有一定的局限性，它只适用于主族元素为中心的简单分子或原子团几何构型的判断，而且这一理论也不能说明原子结合时的成键原理以及键的强度。因此在讨论以主族元素为中心的共价分子或原子团的结构时，往往先用 VSEPR 理论确定分子或原子团的几何构型，而后用杂化轨道理论说明成键原理。

8.2.4　分子轨道理论（阅读）

价键理论和杂化轨道理论虽然可以较好地解释共价分子的价键形成及几何构型，但由于只是强调分子中相邻原子间的原子轨道或杂化轨道的重叠成键而表现出局限性。1932 年美国化学家密立根（Muliiken）和德国化学家洪特（Hund）等创立了分子轨道理论（molecular orbital theory），也称 MO 法。分子轨道理论着眼于分子整体，认为原子形成分子后，分子中的电子不再属于组成分子的原子，而为整个分子所共有。该理论更全面、更科学，可以解释诸如 O_2 分子的顺磁性、H_2^+ 中存在单电子键的实验事实。分子轨道理论经过化学家的探索和研究，已经成为重要的现代共价键理论。随着计算机虚拟仿真技术的不断应用，分子轨道理论发展很快，在药物设计等领域得到了广泛应用。

8.2.4.1　分子轨道理论要点

分子轨道理论认为，原子形成分子后，分子中的电子则处于所有原子核和其他电子所构成的势场中，形成了代表分子中电子运动状态、具有对应能量的若干波函数 Ψ。这些波函数 Ψ 可以描述分子中电子的空间运动状态，称为分子轨道（molecular orbital）。分子轨道理论的基本要点如下：

① 分子轨道由原子轨道线性组合而成，即用原子轨道相加、相减组成分子轨道；组合形成的分子轨道数目等于组合前原子轨道数目，其中一半是成键分子轨道，一半是反键分子轨道。

以 H_2 为例。当两个 H 原子（分别标为 a、b）结合形成分子时，2 个 H 原子的 1s 原子轨道有两种组合方式。一种是原子轨道相加 $\{\Psi_{1s}=c_1[\Psi_{1s(a)}+\Psi_{1s(b)}]\}$，两个原子轨道相加，电子在两原子核间概率密度增大，其能量低于原来原子轨道的能量，该种组合方式形成成键分子轨道（bonding molecular orbital）。另一种组合方式是两个原子轨道相减

{$\Psi_{1s}^* = c_2 [\Psi_{1s(a)} - \Psi_{1s(b)}]$}，由于电子在两原子核间概率密度减小，其能量高于原来原子轨道的能量，该种组合方式形成反键分子轨道（注意反键不表示不能成键）。

由于用原子轨道波函数相加、减得到的分子轨道波函数是原子轨道波函数的一次函数，所以称分子轨道由原子轨道线性组合（linear combination of atomic orbitals）而成，简称 LCAO。

② 原子轨道为有效组成分子轨道，必须满足能量相近、对称性匹配和轨道最大重叠等条件。

a. 能量相近　是指只有能量相近的原子轨道才能有效地组成分子轨道，而且能量越接近越好。如两个氧原子形成氧分子时，氧原子的 1s 原子轨道能量相同，可以组成两个分子轨道；它们的 2s 原子轨道也可以组成两个分子轨道；而 1s 轨道与 2s 轨道或 2p 轨道由于能量相差太大，则不能有效地组成分子轨道。

b. 对称性匹配　是指只有对称性相同的原子轨道才能组成分子轨道。若原子轨道对键轴来说具有相同的对称性，则原子轨道对称性相同或匹配。例如 s 轨道与 p_x 轨道对键轴（一般规定为 x 轴）具有相同的对称性（均具有圆柱形对称），则 s 轨道与 p_x 轨道是对称性相同的轨道，或对称性匹配，可以组成分子轨道，如图 8-21（a）所示。而 s 轨道与 p_y 或 p_z 轨道对键轴的对称性不同（p_y 或 p_z 轨道对键轴呈镜面反对称），则 s 轨道与 p_y 或 p_z 轨道是对称性不相同的轨道，或对称性不匹配，不能组成分子轨道，如图 8-21（b）所示。另外 p_x 轨道与 p_x 轨道、p_y 轨道与 p_y 轨道以及 p_z 轨道与 p_z 轨道均是对称性相同的原子轨道，可以组成分子轨道，如图 8-21（c）所示。而 p_x 轨道与 p_y（或 p_z 轨道）是对称性不相同的轨道，不能组成分子轨道，如图 8-21（d）所示。

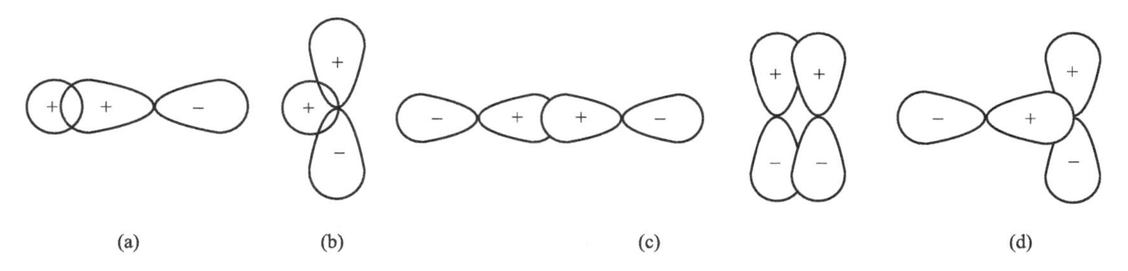

图 8-21　原子轨道对称性匹配和对称性不匹配示例

c. 轨道最大重叠　与价键理论相同，是指在对称性匹配的条件下，两个原子轨道的重叠程度越大，形成的分子轨道能量越低，形成的化学键越牢固。

在上述三个组合原则中，对称性原则是首要原则，它决定原子轨道是否能组合成分子轨道，而能量相近与轨道最大重叠原则决定组合效率。

③ 分子中所有的电子将遵循原子轨道电子填充三原则分配在各个分子轨道上，从而得到分子的基态电子构型。

8.2.4.2　几种简单分子轨道的形成

根据对称性匹配原则，原子轨道的组合主要有 s-s 组合、s-p 组合和 p-p 组合等方式。此外，根据原子轨道的重叠方式，分子轨道可分为 σ 轨道和 π 轨道。

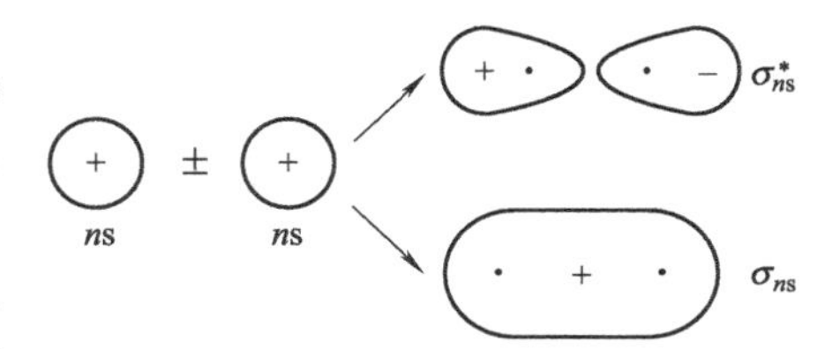

图 8-22　ns-ns 原子轨道组成分子轨道示意图

① s 轨道与 s 轨道的组合　当 2 个原子的 ns 原子轨道能量相等或相近时，原子轨道只能以“头碰头”方式重叠形成 σ 分子轨道。若 ns 原子轨道相加（下称原子轨

道同号重叠），两核间电子云密度较大，有助于两个原子的结合，形成的分子轨道能量低于原子轨道，为成键分子轨道，用 σ_{ns} 表示。若 ns 轨道相减（下称原子轨道异号重叠），两核间电子云密度较小或电子云偏向两核的外侧，不利于两个原子的结合，形成的分子轨道能量高于原子轨道，为反键分子轨道，用 σ_{ns}^* 表示。ns 原子轨道的组合过程及分子轨道电子云角度分布图如图 8-22 所示。

② s 轨道与 p 轨道的组合　当一个原子的 ns 轨道与另一个原子的 np 轨道能量相等或相近时，ns 轨道与 $n\mathrm{p}_x$ 轨道为对称性匹配轨道，可以组成分子轨道。当 ns 轨道与 $n\mathrm{p}_x$ 轨道同号重叠时，形成一个能量较低的成键分子轨道 σ_{sp}，当两轨道异号重叠时形成一个反键分子轨道 σ_{sp}^*。这种 s-p 组合形成的分子轨道如图 8-23 所示。

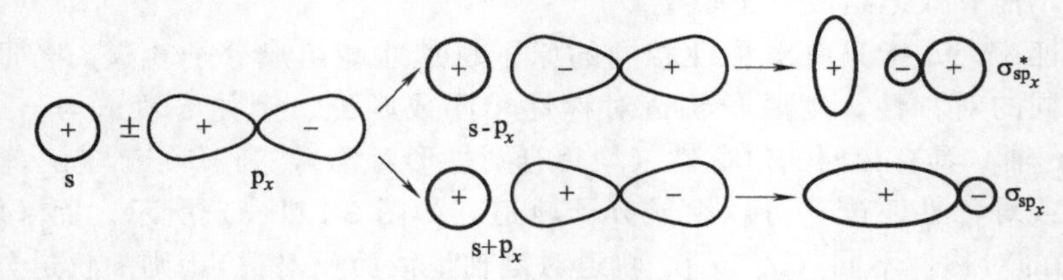

图 8-23　s-p_x 原子轨道组成分子轨道示意图

③ p 轨道与 p 轨道的组合　每个原子的 np 轨道共有三个：$n\mathrm{p}_x$、$n\mathrm{p}_y$ 和 $n\mathrm{p}_z$，它们在空间的分布是互相垂直的。因此，不同原子的 np 轨道有两种重叠方式，即“头碰头”和“肩并肩”方式。

两个原子的 $n\mathrm{p}_x$ 的轨道沿键轴方向以“头碰头”方式组合，形成两个分子轨道：$\sigma_{n\mathrm{p}_x}$ 和 $\sigma_{n\mathrm{p}_x}^*$，如图 8-24 所示。

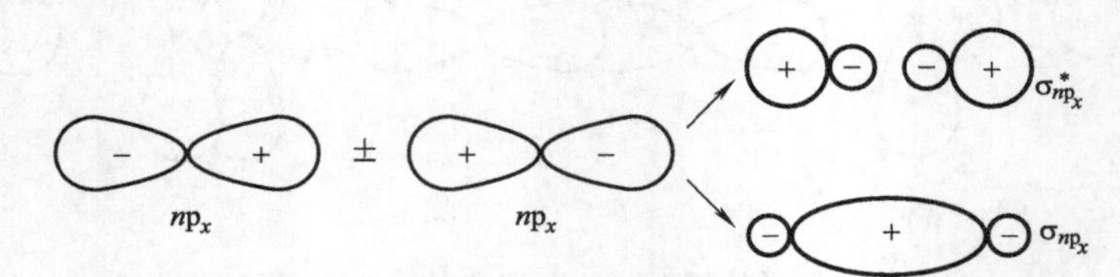

图 8-24　$n\mathrm{p}_x$-$n\mathrm{p}_x$ 原子轨道组成分子轨道示意图

与此同时，这两个原子的 p_y-p_y 或 p_z-p_z 将以“肩并肩”方式发生重叠，形成成键 π 分子轨道 $\pi_{n\mathrm{p}_y}$ 或 $\pi_{n\mathrm{p}_z}$，反键 π 分子轨道 $\pi_{n\mathrm{p}_y}^*$ 或 $\pi_{n\mathrm{p}_z}^*$，如图 8-25 所示。

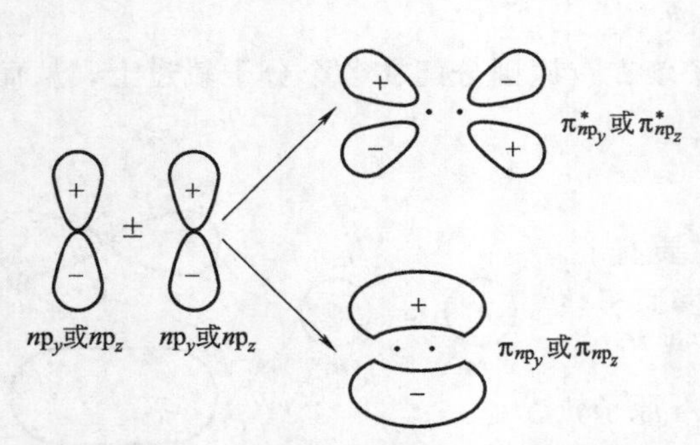

图 8-25　$n\mathrm{p}_y$（$n\mathrm{p}_z$）-$n\mathrm{p}_y$（$n\mathrm{p}_z$）原子轨道组成分子轨道示意图

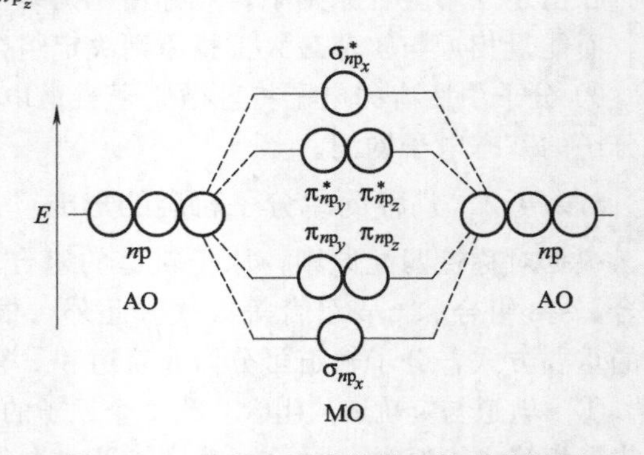

图 8-26　np 组合形成的分子轨道能级图

这样，两个原子的 np 轨道组合共形成六个分子轨道：σ_{np_x} 和 $\sigma^*_{np_x}$，π_{np_y} 和 $\pi^*_{np_y}$，π_{np_z} 和 $\pi^*_{np_z}$。其中 σ_{np_x} 轨道因重叠程度较大能量最低，π_{np_y} 和 π_{np_z} 轨道或 $\pi^*_{np_y}$ 和 $\pi^*_{np_z}$ 轨道的形状及能量完全相同，是简并轨道，只是在空间位置上相差 90°而已。np 轨道形成的分子轨道的能量关系汇总于图 8-26。需要注意的是，图 8-26 提供的只是一般情况，不同分子的分子轨道的能量关系不会都相同，正如原子轨道能级图存在能级交错现象，分子轨道能级图也有能级交错现象。

分子轨道的类型还有许多，在此不一一介绍。

8.2.4.3　第二周期同核双原子分子的结构

① 第二周期同核双原子分子的分子轨道能级像原子轨道一样，尽管分子轨道的能量可以通过求解薛定谔方程得到，但实际上，除了最简单的 H_2 分子外，其他分子的薛定谔方程还不能精确求解。目前，分子轨道能量高低的次序主要是根据分子光谱的实验数据来确定的。把分子中各分子轨道按能级高低顺序排列，即可得到分子轨道能级图。图 8-27 是第二周期同核双原子分子的分子轨道能级图。

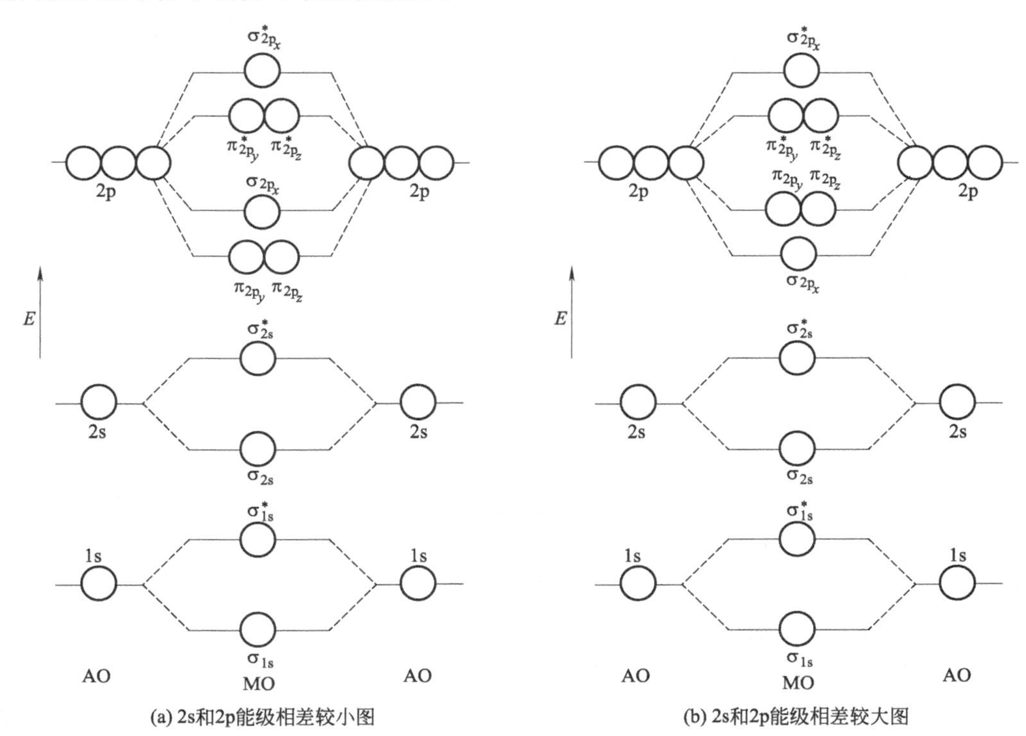

图 8-27　第二周期同核双原子分子的两种分子轨道能级图

当原子的 2s 和 2p 轨道能量差较大时，2s 和 2p 轨道之间影响较小，形成如图 8-27 (b) 所示的能级顺序，此时，π_{2p} 轨道的能量高于 σ_{2p}；如果原子的 2s 和 2p 轨道能量差较小时，当原子相互接近时，不仅会发生 s-s 重叠和 p-p 重叠，还会发生 s-p 重叠，以至于改变了分子轨道的能级顺序，发生了能级交错现象，形成如图 8-27 (a) 所示的能级顺序，此时，π_{2p} 轨道的能量低于 σ_{2p}。

第二周期共有 8 个元素，其中只有 O 元素原子和 F 元素原子的 2s 和 2p 能级相差较大，在形成 O_2 和 F_2 分子时，其分子轨道按图 8-27 (b) 能级顺序排列。其他双原子分子如 N_2、B_2 等，其分子轨道按图 8-27 (a) 所示的能级顺序排列。

分子轨道能级顺序有两种表示方法，一种是如图 8-27 所示的分子轨道能级图；另一种是分子轨道表示式，按分子轨道能量由低至高顺序依次排列，括号内的为简并轨道。如第二周期同核双原子分子的两种分子轨道表示式分别为：

$[\sigma_{1s}\sigma_{1s}^{*}\sigma_{2s}\sigma_{2s}^{*}(\pi_{2p_y}\pi_{2p_z})\ \sigma_{2p_x}(\pi_{2p_y}^{*}\pi_{2p_z}^{*})\sigma_{2p_x}^{*}]$ 适用于从 Li_2 到 N_2

$[\sigma_{1s}\sigma_{1s}^{*}\sigma_{2s}\sigma_{2s}^{*}\sigma_{2p_x}(\pi_{2p_y}\pi_{2p_z})\ (\pi_{2p_y}^{*}\pi_{2p_z}^{*})\sigma_{2p_x}^{*}]$ 适用于 O_2 到 F_2

② 第一、二周期同核双原子分子的分子轨道能级示例：

a. H_2，H_2^+，He_2 和 He_2^+　2 个 H 原子的 1s 原子轨道组成 2 个分子轨道 σ_{1s} 和 σ_{1s}^{*}。H_2 分子中的 2 个电子按能量最低原理自旋相反进入 σ_{1s} 轨道，组成分子后系统的能量比组成分子前系统的能量要低，因此 H_2 分子可以稳定存在。σ_{1s} 轨道上的 1 对电子形成 1 个 σ 键，见图 8-28 (a)。

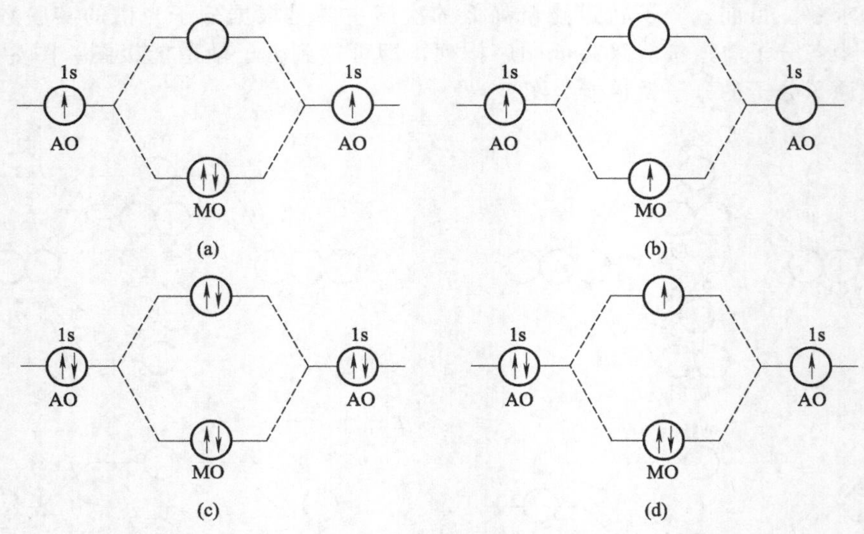

图 8-28　H_2，H_2^+，He_2 和 He_2^+ 分子轨道能级示意图

由 H_2 的分子轨道能级示意图，我们可以很容易得到 H_2^+、He_2 和 He_2^+ 的分子轨道能级图。由图 8-28 (b) 可知，在 H_2^+ 分子离子中，有 1 个电子进入 σ_{1s} 分子轨道，所以 H_2^+ 分子离子有共价键能，即形成 1 个单电子 σ 键，可以稳定存在。而用价键理论则无法说明其存在的事实，这说明分子轨道理论比价键理论更全面。

分子轨道理论认为，假如 He 能形成双原子分子 He_2，则应有如图 8-28 (c) 所示的电子排布，即 σ_{1s} 和 σ_{1s}^{*} 轨道填满电子。因为成键轨道上电子的能量与反键轨道上电子的能量抵消，分子体系能量净增加为零，所以 He 原子没有形成双原子分子的倾向，事实上氦气是单原子气体。

由图 8-28 (d) 可知，He_2^+ 分子离子中成键轨道上电子的能量与反键轨道上电子的能量未完全抵消，He_2^+ 分子离子中存在一个三电子 σ 键，事实上在宇宙空间中可以发现 He_2^+ 分子离子的存在。

H_2、H_2^+ 和 He_2^+ 的分子轨道表示式如下：

$$H_2:[(\sigma_{1s})^2]\qquad H_2^+:[(\sigma_{1s})^1]\qquad He_2^+:[(\sigma_{1s})^2(\sigma_{1s}^{*})^1]$$

b. Li_2 分子　Li 的 1s、2s 原子轨道组成相应的分子轨道，其能级顺序如图 8-29 所示。双原子 Li_2 分子中共有 8 个电子，它们分别进入 σ_{1s}、σ_{1s}^{*} 和 σ_{2s} 轨道，在 σ_{1s} 和 σ_{1s}^{*} 轨道上分

布的电子能量相互抵消，对成键不起作用；只有进入 σ_{2s} 轨道上的 2 个电子对成键有贡献，所以图 8-29 只给出外层 2 个 2s 原子轨道组成的分子轨道及电子在其中分布的情况（下面对其他分子也做类似处理）。因此 Li_2 分子可以存在，分子中有 1 个 σ 键，事实上在锂蒸气中确实存在 Li_2 分子。Li_2 分子的分子轨道表示式为：$[(\sigma_{1s})^2(\sigma_{1s}^*)^2(\sigma_{2s})^2]$ 或 $[KK(\sigma_{2s})^2]$（KK 代表内层已填满的分子轨道）。

c. O_2 分子　O 的 1s、2s、2p 原子轨道组成相应的分子轨道，其能级顺序如图 8-30 所示。

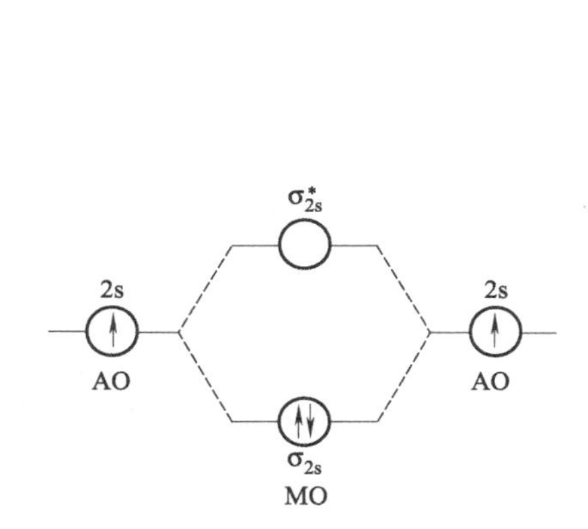

图 8-29　Li_2 分子轨道能级示意图

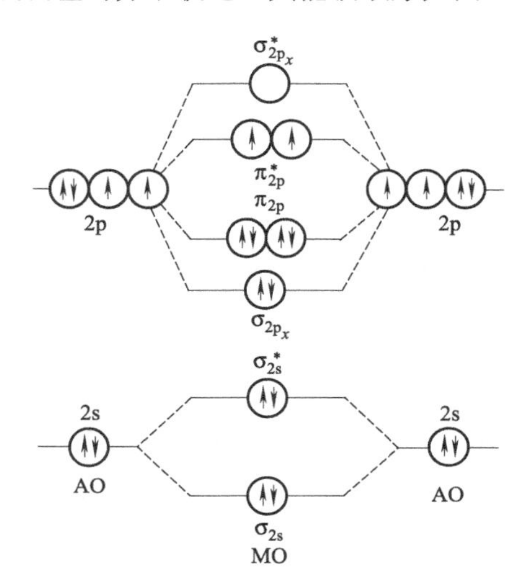

图 8-30　O_2 分子轨道能级示意图

O_2 分子中的 16 个电子依次进入分子轨道，其分子轨道表示式为：$[(\sigma_{1s})^2\ (\sigma_{1s}^*)^2\ (\sigma_{2s})^2\ (\sigma_{2s}^*)^2\ (\sigma_{2p})^2\ (\pi_{2p_y})^2\ (\pi_{2p_z})^2\ (\pi_{2p_y}^*)^1\ (\pi_{2p_z}^*)^1]$ 或 $[KK\ (\sigma_{2s})^2\ (\sigma_{2s}^*)^2\ (\sigma_{2p})^2\ (\pi_{2p})^4\ (\pi_{2p}^*)^2]$。

按分子轨道电子填充原则，O_2 分子中的最后 2 个电子以自旋平行方式分别占据 $\pi_{2p_y}^*$ 和 $\pi_{2p_z}^*$ 分子轨道，分子中有 2 个成单电子，因此 O_2 分子应有顺磁性，这与 O_2 分子的磁性实验事实相符。

在 O_2 分子中，σ_{2p_x} 轨道上的 2 个电子对成键有贡献，形成 1 个 σ 键，而 $(\pi_{2p_y})^2\ (\pi_{2p_y}^*)^1$ 和 $(\pi_{2p_z})^2\ (\pi_{2p_z}^*)^1$ 各有 3 个电子，可认为形成 2 个三电子 π 键，简记为：:O$\overset{\cdots}{\underset{\cdots}{—}}$O:，中间实线代表 σ 键，上下各 3 个点代表 2 个三电子 π 键。由于每个三电子 π 键中有 2 个电子在成键轨道上，1 个电子在反键轨道上，所以每个三电子 π 键相当于半个 π 键，2 个三电子 π 键相当于 1 个正常 π 键，O_2 分子中仍相当于形成 1 个双键，这与价键理论的结论是一致的。O_2 分子的活泼性与其分子中存在的三电子 π 键有一定关系。分子轨道理论对 O_2 分子顺磁性和活泼性的解释证明了分子轨道理论的成功。

d. N_2 分子　N_2 分子的分子轨道能级如图 8-31 所示。

共有 14 个电子进入分子轨道，其分子轨道表示式为：$[(\sigma_{1s})^2\ (\sigma_{1s}^*)^2\ (\sigma_{2s})^2\ (\sigma_{2s}^*)^2\ (\pi_{2p_y})^2\ (\pi_{2p_z})^2\ (\sigma_{2p})^2]$ 或 $[KK\ (\sigma_{2s})^2\ (\sigma_{2s}^*)^2\ (\pi_{2p})^4\ (\sigma_{2p})^2]$。

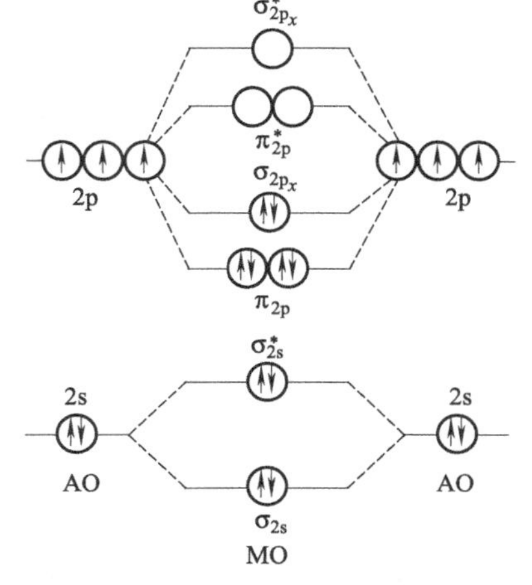

图 8-31　N_2 分子轨道能级示意图

在 N_2 分子中，$(\pi_{2p_y})^2$、$(\pi_{2p_z})^2$ 和 $(\sigma_{2p_x})^2$ 轨道上的电

子对成键有贡献，构成 N_2 分子中的 1 个 σ 键和 2 个 π 键。由于 N_2 分子存在三重键，2 个 π 分子轨道能量较低，所以欲破坏 N_2 的化学键需要很高的能量，致使 N_2 分子具有特殊的稳定性。

8.3 键参数（自学）

共价键的性质可以通过一些物理量来描述，如键级、键能、键长、键角和键的极性等，这些表征共价键性质的物理量统称为键参数（bond references）。键参数可以由实验直接或间接测定，也可以由分子的运动状态通过理论计算求得。下面分别讨论一些键参数。

8.3.1 键级

按照分子轨道理论，占据成键轨道的电子使体系能量降低，对成键有贡献，而反键轨道上的电子使体系能量升高，对成键起抵消作用，因此分子中净的成键电子数可以说明成键的强度。故分子轨道理论常用键级（bond order）来衡量成键的强度，双原子分子键级的定义式为：

$$\text{键级}=\frac{\text{成键轨道中的电子总数}-\text{反键轨道中的电子总数}}{2}$$

可见，键级是衡量共价键相对强弱的参数。一般来说，同周期同区元素组成的双原子分子，键级愈大，键的强度愈大，分子愈稳定。若键级为零，意味着不能形成稳定的分子。如 He_2 分子的键级为零，因此可以预期该分子不能稳定存在。H_2、He_2、O_2、N_2 分子的键级分别为：

$$H_2\text{ 的键级}=\frac{2-0}{2}=1，He_2\text{ 的键级}=\frac{2-2}{2}=0$$

$$O_2\text{ 的键级}=\frac{8-4}{2}=2，N_2\text{ 的键级}=\frac{10-4}{2}=3$$

8.3.2 键能

原子间形成的共价键的强度可以用键断裂时所需的能量大小来衡量。在 298K 和 100kPa 下，将 1mol 气态共价双原子分子 AB 拆开成气态 A 原子和 B 原子所吸收的能量称为 AB 键的离解能，用符号 D 表示。即：

$$AB(g)\longrightarrow A(g)+B(g) \qquad D_{(A-B)}$$

键能（bond energy）通常是指在 298K 和 100kPa 下将 1mol 气态分子拆开成气态原子时，每个键所需能量的平均值，键能用 E 表示。

显然对双原子分子 AB 来说，键能 E 在数值上就等于键的离解能 D，即 $E_{A-B}=D_{A-B}$。

例如：$Cl_2(g)\longrightarrow 2Cl(g) \qquad E_{Cl-Cl}=D_{Cl-Cl}=242kJ\cdot mol^{-1}$

而对于多原子分子，键能是一种平均值。例如，H_2O 分子中有两个 O—H 键，H_2O、OH 中的 O—H 键所处的化学环境不同，则显示不同的离解能：

$$H_2O(g)\longrightarrow H(g)+OH(g) \qquad D_1=502.1kJ\cdot mol^{-1}$$

$$OH(g)\longrightarrow H(g)+O(g) \qquad D_2=423.7kJ\cdot mol^{-1}$$

$$H_2O(g)\longrightarrow 2H(g)+O(g) \qquad D=\frac{D_1+D_2}{2}=462.8(kJ\cdot mol^{-1})=E_{O-H}$$

一般化学手册上给出 $E_{O-H}=485kJ\cdot mol^{-1}$，这是测定一系列化合物中的 O—H 键的离解能取其平均值得到的。所以键能数据不是直接测定的，而是根据大量实验数据综合得到的一种近似平均值。

一般来说，键能越大，表明键越牢固，该键构成的分子就越稳定。因此化学键键能的数据是常用的物理和化学参数之一。表 8-5 列出一些常见共价键的平均键能数据。

表 8-5　常见共价键的键能和键长数据（298K，100kPa）

共价键	键能 E/kJ·mol^{-1}	键长 l/pm	共价键	键能 E/kJ·mol^{-1}	键长 l/pm
H—H	438	74	Br—Br	193	228.4
H—F	585	92	I—I	151	266.6
H—Cl	431	127.4	O—H	485	96
H—Br	388	140.8	N—H	389	101
H—I	297	160.8	C—C	348	154
F—F	155	141.4	C═C	802	134
Cl—Cl	243	198.8	C≡C	835	120

8.3.3　键长

分子中两个成键的原子核之间的平衡距离称为键长（bond length），常用单位为 pm。在理论上可以用量子力学近似法计算出键长，但由于分子结构的复杂性，实际上，键长往往是通过光谱或衍射等实验方法测定的。

例如 H_2 分子中两个氢原子的核间距为 74pm，所以 H—H 键的键长为 74pm。Cl_2 分子中两个 Cl 原子的核间距为 198.8pm，所以 Cl—Cl 键的键长为 198.8pm。

键长与键的强度（即键能）有关，键能越大，键长越短；随着共用电子对数目的增加，键长缩短，键的强度增加。由表 8-5 中数据可见，H—F、H—Cl、H—Br、H—I 的键能逐渐减小，而键长逐渐增大；单键、双键及三键的键能是逐渐增大的，键长是逐渐缩短的，但并非成倍的关系。

键长和键能虽然可以判断化学键的强弱，但要了解分子的几何形状，还需要键角的参数。

8.3.4　键角

分子中相邻两个键的夹角称为键角（bond angle）。键角往往通过光谱等实验技术确定，键角和键长都是表征分子空间构型的重要参数。常见分子的空间构型与键角如图 8-32 所示。

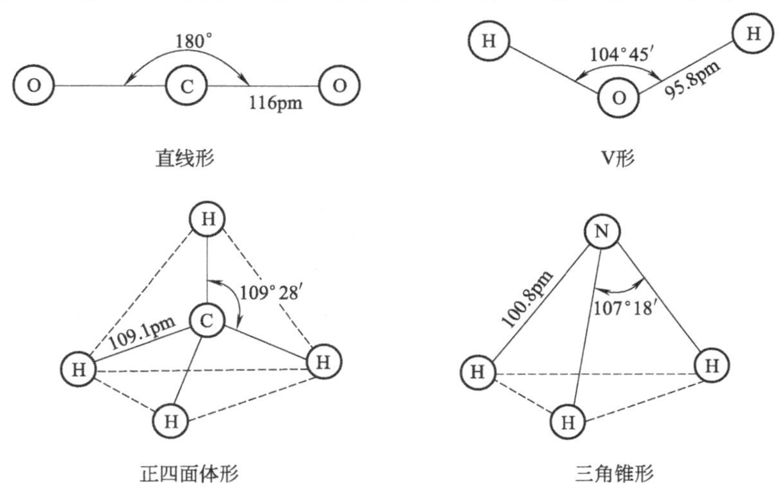

图 8-32　CO_2、H_2O、CH_4 和 NH_3 分子的几何构型与键角

在上述四个键参数中，键级、键能和键长是表征化学键强度的，键长又和键角一起可以确定分子的几何构型。而下面介绍的键的极性是表征化学键基本性质的另一个参数。

8.4 键的极性与分子的极性（阅读）

8.4.1 键的极性

根据成键原子电负性的不同，可将共价键分成非极性共价键和极性共价键。

同种元素的两原子形成共价键时，由于它们的电负性相同，共用电子对将均匀地绕两原子核运动，电子云均匀分布在两原子核间，键两端的电性是一样的，这种共价键称为非极性共价键。例如，H_2、N_2、O_2 等同核双原子分子中的共价键均为非极性共价键。

当成键原子的电负性不同时，成键电子对（或共用电子对）将偏向电负性大的原子一方，化学键就在该原子的一端显负电，另一端显正电，这样形成的共价键具有极性，这种共价键称为极性共价键。如 HBr 分子中 Br 的电负性大于 H 的电负性，则 H—Br 键中 Br 端为负，H 端为正，HBr 分子中的 H—Br 键为极性共价键。

可以用键矩 $\vec{\mu}$ 来衡量化学键的极性大小。键矩的定义式如下：

$$\vec{\mu}=qd$$

式中，$\vec{\mu}$ 为键矩，是一个矢量，其方向规定为从正级到负级。其大小等于共价键正、负两极的电量 q（C，库仑）与两极中心间的距离 d（m，米）的乘积。键矩 $\vec{\mu}$ 的单位是德拜，以 D 表示。$1D=3.33\times10^{-30}C\cdot m$，键矩的数值一般在 $10^{-30}C\cdot m$ 数量级。

不难理解，成键原子的电负性差值越大，键矩越大，键的极性就越大。当成键原子电负性差值很大时，可认为成键电子对几乎完全偏向电负性大的原子一端，使其变成阴离子，另一方成为阳离子，此时共价键就转化成离子键。而若成键原子的电负性相同时，成键电子对不偏向任何一方，则该共价键的键矩为零，即为非极性共价键。因此随着成键元素原子电负性差值减小，化学键将由离子键经过极性共价键向非极性共价键过渡。

8.4.2 分子的极性和偶极矩

在任何分子中都有带正电荷的原子核和带负电荷的电子，由于正、负电荷数量相等，整个分子是电中性的。但是对每一种电荷来说，都可以设想为集中于某点上，该点叫电荷中心。根据正、负电荷中心是否重合，可将共价分子分为极性分子和非极性分子。分子中正、负电荷中心重合的分子叫非极性分子（non-polar molecule)，如 H_2、F_2 分子等。与之相反，正、负电荷中心不重合的分子叫极性分子（polar molecule)，如 HF 分子等。

正如键的极性大小可以用键矩来衡量，分子极性的强弱可以用偶极矩（dipole moment）来表示。偶极矩的概念是美国物理学家 Debye 在 1912 年提出的。与键矩相同，偶极矩也是矢量，其方向规定为从正到负，用符号 $\vec{\mu}$ 表示。偶极矩的大小等于分子中正、负电荷中心间的距离 d（m，米）与偶极电量 q（C，库仑）的乘积，即 $\vec{\mu}=q\times d$，偶极矩与键矩的单位同为 Debye。不难理解，分子的偶极矩越大，分子的极性越大。偶极矩为零的分子，是非极性分子。

分子的偶极矩为分子中各化学键键矩的矢量和。因此分子的偶极矩不仅与分子中化学键的键矩有关，还应与分子的几何构型有关。表 8-6 给出某些分子的偶极矩和几何构型。从表 8-6 可知，双原子分子的极性只与键的极性有关，键有（无）极性，分子就有（无）极性；但在多原子分子中，键的极性与分子的极性不完全一致。例如，H_2O 和 CCl_4 分子中 O—H 键和 C—Cl 键都有极性，但 H_2O 是极性分子，而 CCl_4 是非极性分子。因此多原子分子的极性不仅与键的极性有关，还与分子几何构型的对称性有关。如果分子呈直线、平面正三角形或正四面体等中心对称结构时，由于各键的极性可以互相抵消，即各键矩的矢量和为零，分子则无极性，如 CS_2（或 CO_2），BF_3 以及 CCl_4 等分子。而具有另一些对称性结构的分子，如 V 形、三角锥形以及变形四面体等无中心对称成分的构型，由于键的极性不能抵消，即各键矩的矢量和不为零，因此分子有极性，如 H_2O、NH_3 和 H_2S 分子等。

表 8-6　分子的偶极矩和几何构型

分子	$\vec{\mu}/10^{-30}C\cdot m$	几何构型	分子	$\vec{\mu}/10^{-30}C\cdot m$	几何构型
H_2	0	直线	HCl	3.44	直线
CS_2	0	直线	NH_3	4.90	三角锥形
BF_3	0	平面正三角形	H_2O	6.17	角形
CCl_4	0	正四面体	H_2S	3.67	角形

分子是否有极性以及极性的大小对分子的性质有明显的影响，这是因为分子的极性不同，分子间的作用力则不同。

8.5　分子间的作用力与氢键（课堂讨论）

化学键（离子键、共价键）是分子中相邻原子之间的较强烈的相互作用力。除了这种原子间较强的作用力外，在分子与分子之间还存在着一种较弱的作用力。气体分子能凝聚成液体，直至固体；气体凝聚成固体后，具有一定的形状和体积；F_2、Cl_2、Br_2、I_2 的状态依次由气态、液态变到固态，主要就是靠分子之间的这种作用。

荷兰物理学家范德华（van der Waals）第一个提出这种作用力的存在，并对此进行了卓有成效的研究，所以人们又称分子之间的作用力为范德华力。与化学键相比，分子间力要弱得多，一般只有化学键强度的百分之几到十分之几。然而，分子间力是决定物质的熔点、沸点和溶解度等物理化学性质的一个重要因素。

8.5.1　分子间的作用力

伦敦（London）应用量子力学原理研究表明，分子间力（intermolecular forces）是一种静电力，即分子间偶极与偶极之间的静电力。根据产生的原因，一般将分子间力分为三种类型：取向力、诱导力和色散力。

① 取向力　取向力存在于极性分子之间。极性分子由于正、负电荷中心不重合，始终存在一个正极和负极，极性分子本身存在的这种偶极称为固有偶极或永久偶极。当极性分子彼此靠近时，最稳定的排列方式是一个分子的正极与相邻分子的负极尽可能地靠近，这样就使得极性分子有按一定方向排列的趋势，这种固有偶极之间产生的作用力称为取向力（orientation force）。取向力的产生如图 8-33 所示，分子的极性越大，分子间的取向力就越大。

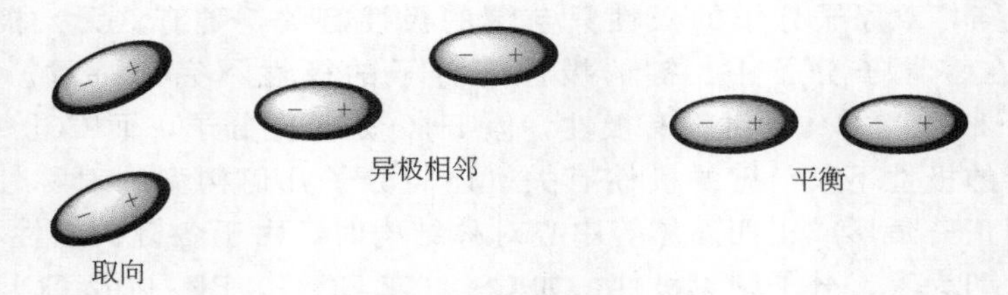

图 8-33　取向力示意图

② 诱导力　诱导力存在于极性分子之间、极性分子与非极性分子之间。非极性分子中正、负电荷中心是重合在一起的，但在外电场（可以是极性分子或离子）影响下，带正电的原子核被引向负极而电子云被引向正极，结果电子云与核产生了相对位移，分子发生了变形，导致非极性分子在外电场作用下产生了诱导偶极，如图 8-34（a）所示。这种诱导偶极与固有偶极之间的作用力叫诱导力（induction force）。同样极性分子在外电场（可以是邻近的极性分子或离子）影响下电子云也可以发生变形，产生诱导偶极，如图 8-34（b）所示。诱导偶极的产生使极性分子的偶极矩增大，进一步加强了它们之间的吸引力，因此极性分子之间也有诱导力。

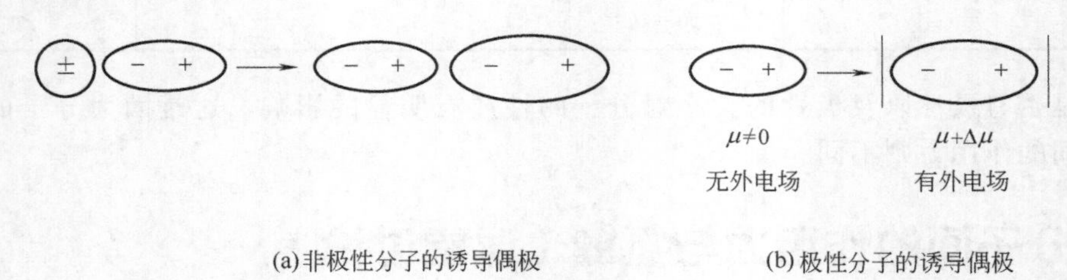

(a)非极性分子的诱导偶极　　(b)极性分子的诱导偶极

图 8-34　诱导偶极示意图

极性分子的极性越大，非极性分子越容易变形，它们之间的诱导力越大。

③ 色散力　色散力存在于任何共价分子之间。由于每个分子中的电子在核外无规则运动，任何一个瞬间都不可能在核周围对称分布，可以发生瞬时的电子与原子核之间的相对位移，造成正、负电荷中心的分离，这样产生的偶极称为瞬时偶极。这种由于存在瞬时偶极而产生的相互作用力称为色散力（dispertion force）。分子越容易变形，瞬时偶极越大，色散力越大。不难理解，只要分子能变形，不论其原来是否存在偶极，都会有瞬时偶极产生，因此色散力是普遍存在的。

色散力的强度与分子的大小有关，在大分子中，电子离原子核较远，因此在外电场作用下容易变形而被极化。一般说来，分子大小是随分子量递变的。分子的分子量越大，分子内的电子总数越多，分子的变形性越大，分子间的色散力也越大。

综上所述，取向力、诱导力和色散力统称分子间作用力（也叫范德华力），其中取向力和诱导力只有极性分子参与作用时才存在，而色散力普遍存在于任何相互作用的共价分子中。

④ 分子间力的特点　首先，分子间力来源于分子中各种偶极之间的作用，因此，作用力的本质是静电力。其次，分子间力是一种短程力，作用范围很小，一般是 0.3～0.5nm。因此，在液态和固态的情况下，分子间作用力比较显著；在气态时，分子间作用力往往可以忽略，将其视为理想气体。此外，对大多数分子来说，色散力是最主要的作用力。只有偶极矩很大的分子（如水分子），取向力才显得很重要，而诱导力通常都是很小的，表 8-7 的数据表明，即使在 HCl 这样强的极性分子间的作用力中，色散力仍高达 79%。

表 8-7　一些分子的分子间作用能组成

分子	$\vec{\mu}$ /10^{-30}C·m	$E_{取向力}$ /kJ·mol^{-1}	$E_{诱导力}$ /kJ·mol^{-1}	$E_{色散力}$ /kJ·mol^{-1}	$E_{总}$ /kJ·mol^{-1}	$E_{色散力}/E_{总}$
Ar	0	0	0	8.50	8.50	100%
HCl	3.60	3.31	1.00	16.83	21.14	79.61%
HBr	2.67	0.69	0.502	21.94	23.11	94.93%
HI	1.40	0.025	0.113	25.87	26.00	99.5%
NH_3	4.90	13.31	1.55	14.73	29.59	49.78%
H_2O	6.17	36.39	1.93	9.00	47.32	19%

分子间作用力虽然比较小（与化学键相比），但可以影响物质的许多物理性质，通常物质的分子间作用力越大，沸点、熔点越高。

对结构相似的同系物，如稀有气体、卤素单质、直链烷烃、直链烯烃等，分子间作用力大小由色散力决定，故这些同系物的熔点和沸点都随着分子量的增大而升高。

对于分子量相近而极性不同的分子，极性物质的熔点和沸点往往高于非极性物质。如 CO 和 N_2 的分子量相近，但 CO 的熔点和沸点高于 N_2。这是因为前者除存在色散力外，还有取向力和诱导力。

8.5.2　氢键

分子之间除了存在范德华力外，还有一种特殊的作用力，称为氢键（hydrogen bond）。如果按照分子量增加沸点升高的原则，H_2O 的沸点应该比 H_2S 低，但事实正好相反；另外 HF 在卤化氢系列中，NH_3 在氮族氢化物中也有类似的反常现象。这说明在 H_2O、HF 和 NH_3 分子中除了前面讨论过的范德华力外，还有一种特殊的作用力存在，即氢键。

① 氢键的形成　研究结果表明，当 H 原子与电负性很大、半径又很小的原子 X（如 F、O、N）结合形成共价型氢化物时，由于成键电子对强烈偏向这些元素，使得氢原子几乎呈质子状态。由于质子的半径特别小（30pm），正电荷密度特别高，可以吸引另一个电负性大且含有孤对电子的原子 Y（如 F、O、N），产生静电吸引作用，即 X — H…Y，这种引力称为氢键。

② 氢键的类型和特点　氢键可分成分子间氢键和分子内氢键两类。分子间氢键是由分子 X — H（X 为 F、O、N）与另一个含有 Y 原子（Y 为 F、O、N）的分子之间形成的氢键，用 X — H…Y 表示。分子间氢键的存在使简单分子聚合在一起，这种由于分子间氢键而结合的现象称为缔合。图 8-35 表示出 HF 分子间、甲酸分子间的氢键。

某分子的 X—H 键与其分子内部的 Y 原子在位置适合时形成的氢键称为分子内氢键。例如 HNO_3 分子中存在如图 8-36（a）所示的分子内氢键。分子内氢键还常见于邻位有合适取代基的芳香族化合物，如邻硝基苯酚［图 8-36（b）］、邻羟基二酚［图 8-36（c）］等。分子内氢键往往在分子内形成较稳定的多原子环状结构，使化合物的极性下降，因而熔点和沸点降低，由此可以理解为什么硝酸是低沸点酸（83℃），而硫酸是高沸点酸（338℃，形成分子间氢键）。

氢键与范德华力不同，具有饱和性和方向性。氢键的饱和性是由于氢原子的体积较小，当 X—H 中的 H 与 Y 形成氢键后，另一个电负性较大的原子就难以再向它靠近，即 X—H 只能与 1 个 Y 原子形成氢键，这就是氢键的饱和性。氢键的方向性是由于 H 原子体积小，为了减少 X 和 Y 之间的斥力，它们尽量远离，键角接近 180°，即 X—H…Y 在一直线上，但分子内氢键的键角不是 180°。

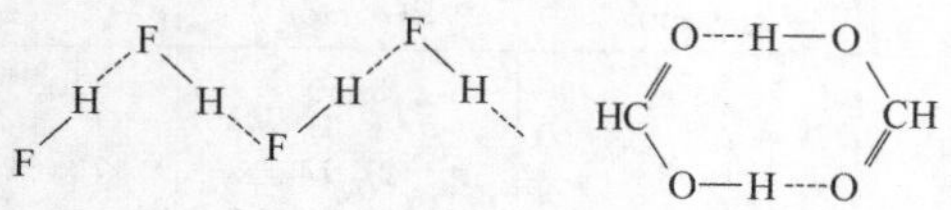

图 8-35　分子间氢键示例

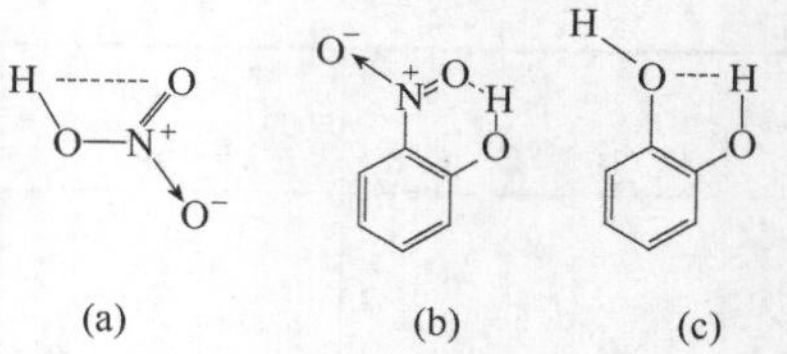

图 8-36　分子内氢键示例

③ 氢键对物质性质的影响　尽管氢键比共价键弱得多，但它比分子间作用力要强，因而对含有氢键物质的性质产生很大的影响。

a. 对熔点、沸点的影响　分子间氢键的形成会使物质的熔点和沸点显著升高。例如 H_2O 的沸点显著高于氧族其他氢化物，这是因为 H_2O 汽化时，除了克服范德华力外，还要破坏氢键，需要消耗较多的能量，所以导致 H_2O 的沸点显著高于氧族其他氢化物。同样 HF 和 NH_3 的沸点与同族其他元素氢化物相比较异常偏高也是这个原因。

分子内氢键的形成，常使其熔点和沸点低于同类化合物。如邻硝基苯酚的沸点是 45℃，而间位和对位硝基苯酚分别为 98℃和 114℃。

b. 对溶解度的影响　如果溶质分子和溶剂分子间能形成分子间氢键，将有利于溶质的溶解。例如 H_2O_2 与 H_2O 可以以任意比例混溶，NH_3 易溶于 H_2O 都是由于形成分子间氢键的结果。若溶质能形成分子内氢键，则其在极性溶剂中的溶解度降低。如邻硝基苯酚在水中的溶解度小于对硝基苯酚。

c. 水的一些反常性质　水的一些不同寻常的性质是氢键作用的直接结果。例如，水比其他液体或固体的比热大，反映了破坏氢键需要很大的能量。当温度升高时，氢键的数目将减少，但仍然有足够多的氢键，使得水的蒸发热大于其他液体的蒸发热。另外冰的密度比水小也是源于氢键的作用。

d. 对生物体的影响　虽然氢键的形成条件比较苛刻，但在生命体中含有氢键的物质很多，除了常见的水、醇、羧酸等简单化合物外，一些对生命具有重要意义的基础物质，如 DNA（脱氧核糖核酸）、蛋白质、脂肪及糖类等，都含有氢键。氢键在生命活动过程中具有非常重要的意义，许多生物大分子都含有 N—H 键和 O—H 键，所以在这类物质中氢键非常普遍，并且对这些物质的性质产生重要的影响。如 DNA（脱氧核糖核酸）是由具有两根主链的双螺旋结构组成，两个主链间以大量的氢键连接形成螺旋状的立体构型。一旦氢键被破坏，分子的空间构型就要改变，其生物活性就会丧失。

8.6　离子的极化（阅读）

离子极化理论认为，正、负离子之间除了存在静电引力外，还存在相互极化作用，这种相互极化作用将导致离子的电子云发生变形，使离子键的组成发生变化，从而对化合物的性质产生影响。

8.6.1　离子极化的产生

离子极化（ionic polarization）是指离子在外电场影响下发生变形而产生诱导偶极的现象。孤立的简单离子的电荷分布是球形对称的，离子的正、负电荷中心重合，所以无偶极存在［图 8-37（a）］。但离子在外电场的影响下，原子核与电子云会发生相对位移，即电子云发生了变形，偏离了球形对称，产生了诱导偶极[图 8-37（b）]。实际上离子带电荷本身就可以产生电场，使其相邻带有异电荷的离子产生诱导偶极而变形。

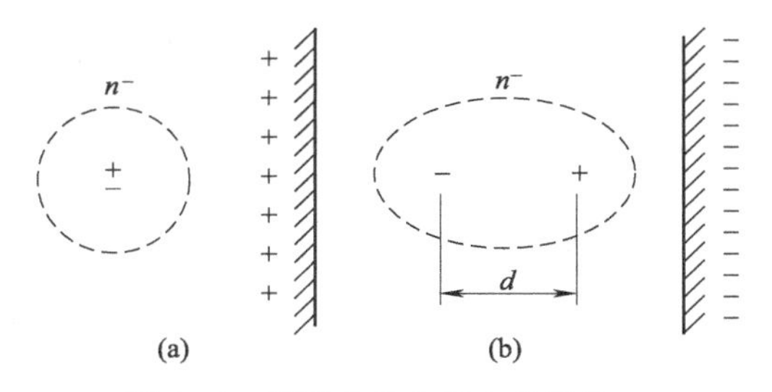

图 8-37　离子在外电场中的极化

在离子晶体中，每个离子都处于邻近带异电荷离子产生的电场中，因此离子极化现象在离子晶体中普遍存在。正离子产生的电场，可以使负离子极化而变形；负离子产生的电场也可使正离子极化而变形。正、负离子相互极化的结果，使正、负离子都产生了诱导偶极（图 8-38）。

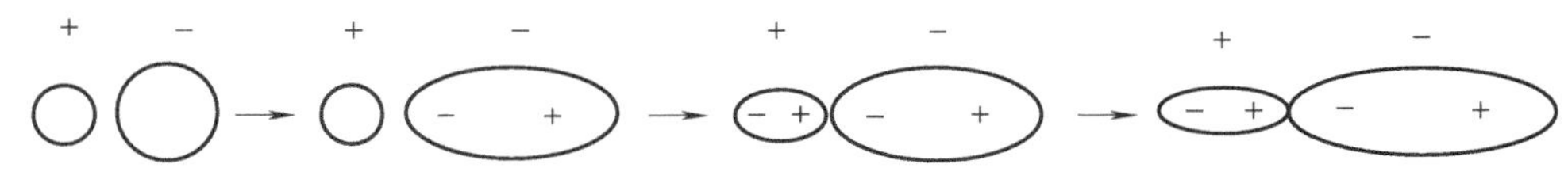

图 8-38　离子的相互极化过程

8.6.2　离子的极化作用、变形性

某离子使异电荷离子产生诱导偶极而变形的能力叫离子的极化作用（polarization power）；一种离子在异电荷离子的极化作用下发生电子云变形的能力叫离子的变形性（distortion）。显然，无论正离子或负离子都具有极化作用和变形性两个方面的能力，但是正离子半径一般小于负离子半径，所以正离子通常表现出较强的极化作用，而负离子通常表现出较强的变形性。

离子的极化作用具有如下规律：

① 一般来说，正离子的电荷数越多，离子半径越小，其极化作用越强；负离子半径越小，电荷越多，极化作用越强。

② 在离子电荷相同、半径相近的情况下，不同电子构型正离子极化作用的变化规律是：8 电子构型＜9～17 电子构型＜18 或（18＋2）电子构型。

③ 一般来说，复杂负离子的极化作用较小。

离子的变形性具有如下规律：

① 正离子电荷越少，半径越大，越容易变形；负离子电荷越多，半径越大，越容易变形。

② 在离子电荷相同、半径相近的情况下，不同电子构型正离子变形性的变化规律是：8 电子构型＜9～17 电子构型＜18 或（18＋2）电子构型。

③ 一般来说，复杂负离子的变形性较小。

8.6.3　离子的附加极化作用

从上述两种作用的分析可以看出，当正离子的电子构型为 18 或（18＋2）、9～17 电子构型时，极化作用和变形性都很大，此时的正离子既要考虑其极化作用，也要考虑它的变形性。例如 AgCl 虽然是由 Ag^+ 和 Cl^- 组成，但却表现出某些共价化合物的性质，如溶解度较小。这是因为 Ag^+ 为 18 电子构型，极化作用强，使 Cl^- 的电子云变形，而 Ag^+ 的变形性也较大，其电子云变形后产生的诱导偶极反过来又加强了对 Cl^- 的极化能力。由于这种附加极化作用的结果，正、负离子的电子云均产生较大程度的变形，导致正、负离子的电子云发生重叠，致使键的极性减弱。随着正、负离子相互极化作用的增强，键的类型开始向共价型过渡，离子型晶体转变成共价型晶体。图 8-39 表示出离子相互极化作用导致离子键逐步向共价键过渡的情况示意图。

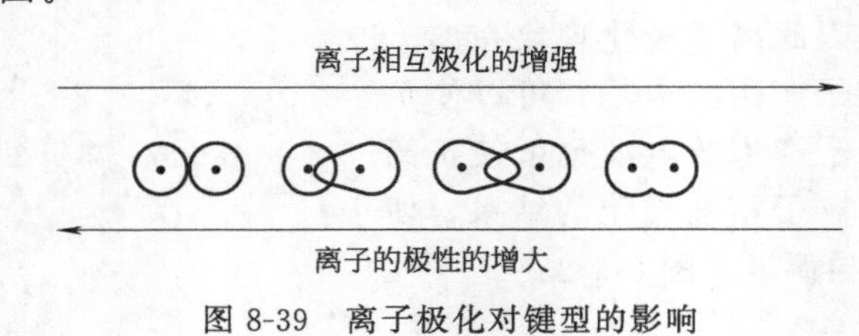

图 8-39 离子极化对键型的影响

8.6.4 离子极化对物质性质的影响

① 离子极化对物质熔点、沸点的影响　离子型化合物一般具有较高的熔点和沸点，而共价型化合物的熔点和沸点较低。由于离子极化作用导致离子键向共价键过渡，因此随着离子极化作用的增强，物质的熔、沸点相应下降。如 $AlCl_3$ 和 NaCl，Na^+ 和 Al^{3+} 均属于 8 电子构型，但由于 Al^{3+} 的电荷高于 Na^+ 的电荷，而且 Al^{3+} 的半径也比较小，因此 Al^{3+} 的极化能力比较强，可以使 Cl^- 发生比较显著的变形，故 $AlCl_3$ 的熔点（463K）显著低于 NaCl 的熔点（1074K）。又如 $HgCl_2$，Hg^{2+} 半径较大，同时 Hg^{2+} 属于 18 电子构型，因此 Hg^{2+} 的极化能力和变形性均比较强，Cl^- 也具有一定的变形性，离子的相互极化使得 $HgCl_2$ 的化学键具有显著的共价性，导致 $HgCl_2$ 的熔点（550K）和沸点（577K）都很低。

② 离子极化对物质溶解度的影响　由于离子极化作用的结果使化学键由离子键向共价键过渡，键的极性减小，导致物质在极性溶剂水中的溶解度下降，表 8-8 列出 AgX 的溶解度变化规律。从 AgF 至 AgI，卤素离子半径依次增大，其变形性增加，Ag^+ 与 X^- 之间的相互极化作用增强。AgF 基本属于离子键，易溶于水。而其他 AgX，由于离子极化作用的逐渐增强，键型向共价键过渡，键的极性减小，溶解度也随之减小。又如 NaCl 和 CuCl，尽管 Cu^+ 和 Na^+ 电荷相同，离子半径相近，但 Cu^+ 是 18 电子构型，极化作用和变形性都很强，Na^+ 是 8 电子构型，极化作用和变形性都很弱。因此 NaCl 易溶于水，是典型的离子型化合物，而 CuCl 具有较大的共价性，难溶于水。

表 8-8　离子极化对 AgX 性质的影响

AgX	溶解度(质量分数)	颜色	键型
AgF	14%	白	离子键
AgCl	1.3×10^{-5}	白	过渡型
AgBr	7.1×10^{-7}	浅黄	过渡型
AgI	9.2×10^{-9}	黄	共价键

③ 离子极化对物质颜色的影响　颜色的产生与离子的变形性有关，离子容易变形则价电子活动范围加大，与核结合松弛，基态与激发态的能量差变小，可吸收部分可见光而使化合物具有颜色或颜色加深。离子极化作用强的化合物颜色比较深。表 8-8 列出 AgX 的颜色变化规律，从 AgF 至 AgI，由于离子极化作用的逐渐增强，颜色逐渐加深。又如，因为

S^{2-} 的变形性强于 O^{2-}，所以硫化物的颜色通常比氧化物深。

综上所述，离子极化理论从离子键理论出发，把化合物的组成元素看成正、负离子，并在此基础上讨论正、负离子之间的相互作用，因此离子极化理论是离子键理论的重要补充，在无机化学中具有一定的实用价值。但该理论也存在一定的局限性，仅仅是一个粗略的定性理论，一般只适用于同系列物质性质的定性比较。

小结

1. 化学键的概念

分子和晶体中相邻原子之间强烈的相互吸引作用称为化学键。

在本章中涉及的化学键类型是离子键和共价键。

离子键是指参加成键的两个原子由于电子的得失而变成阴、阳离子，靠静电引力结合起来的化学键，其特点是没有饱和性和方向性。

共价键是指参加成键的原子由于成键电子的原子轨道重叠而形成的化学键，其特点是具有饱和性和方向性。

2. 共价键的分类

现代价键理论认为，只有两个原子的电子自旋方向相反，轨道发生最大重叠，才能形成稳定的共价键。共价键具有饱和性与方向性的特点。根据原子轨道重叠方式的不同可将共价键分为：σ 键和 π 键。按键的极性可分为：极性共价键和非极性共价键。

σ 键的特点是原子轨道沿键轴（两原子间连线）方向以“头碰头”的方式发生轨道重叠，轨道重叠部分是沿着键轴呈圆柱形对称分布的。

π 键的特点是原子轨道沿键轴（两原子间连线）方向以“肩并肩”方式发生轨道重叠，轨道重叠部分对通过一个键轴的平面具有镜面反对称性。

3. 杂化轨道理论

杂化理论能合理解释多原子分子（或离子）的空间几何构型与成键情况。常见原子轨道杂化类型有等性 sp、sp^2、sp^3 杂化和不等性杂化，杂化轨道的成键能力比原来未杂化的轨道的成键能力强，这是因为杂化后原子轨道的形状发生变化，电子云分布集中在某一方向上，把电子云密集（或波瓣肥大）的一端指向外端，有利于与配原子的原子轨道发生空间上的更大的重叠，形成的化学键稳定。杂化轨道类型决定分子的几何构型。

4. 价层电子对互斥理论

价层电子对互斥理论可以解释、判断和预测主族元素的原子形成的一中心多原子分子（或离子）的空间构型，该理论比较简单和直观。中心原子价层电子数与配位原子的价电子数之和的一半就是中心原子的价层电子对数，中心原子的价层电子对之间尽可能远离，以使斥力最小，并由此决定了分子的空间构型。

5. 分子轨道理论

分子轨道是由原子轨道的线性组合形成的，有几个原子轨道参加组合就有效地生成几个分子轨道，其中一半成键轨道，一半反键轨道。原子轨道有效组合成为分子轨道的三原则是：对称性匹配原则、能量近似原则、电子云最大重叠原则。

电子填入分子轨道时，遵循原子轨道排布的三原则，即能量最低原则、洪特规则和泡利不相容原理。

6. 键参数

键级、键能、键长、键角和键的极性等概念是衡量化学键性质重要的参数。

分子的极性取决于共价键的极性和分子的空间构型，分子的极性大小可用实验测定的偶极矩来度量。

7.分子间力与氢键

分子间力包括取向力、诱导力和色散力，其作用能小于化学键，没有饱和性和方向性。

氢键是一种特殊的分子间力，在于其作用能与分子间力相仿，但与分子间力有所不同。氢键的特点是：①具有饱和性和方向性；②只存在于某些特殊的含有氢原子的分子中。与分子间力相同，主要影响物质的物理性质，如溶解度、存在状态、熔点、沸点、颜色等。

思考题

1.说明离子的基本特征有哪些？举例说明它们如何影响离子化合物的性质？

2.价键理论的基本要点是什么？结合 HF 分子的形成，说明共价键形成的条件？共价键为什么具有饱和性和方向性的特征？

3.什么叫轨道的杂化？为什么中心原子在成键时要进行杂化？用杂化轨道理论解释 BF_3 分子的空间构型是平面正三角形，而 NF_3 是三角锥形。

4.请简述杂化轨道理论的要点。并举例说明何为等性杂化和不等性杂化？

5.原子轨道有效组合成分子轨道需满足哪些条件？

6.请简述分子轨道理论的进步意义。

7.请举例说明什么是极性分子，什么是非极性分子？它们与键的极性有何不同？

8.分子间作用力包括哪些力？它们如何影响物质的性质？

9.分子间氢键与分子内氢键对化合物的沸点和熔点有什么影响？请举例说明。

习　题

1.试比较下列哪个物质的熔点高？并合理解释原因。

（1）NaCl 和 NaI；（2）NaF 和 MgO；（3）$BaCl_2$ 和 MgF_2；（4）CaO 和 MgO。

【参考答案：（1）NaCl 的熔点高，因为 Cl^- 的半径小于 I^- 的半径；（2）MgO 的熔点高，因为 MgO 的核间距小于 NaF 的核间距，且 Mg^{2+} 和 O^{2-} 均带两个电荷，比 NaF 中两个离子所带电荷要高；（3）MgF_2 的熔点高，因为 Mg^{2+} 和 F^- 的半径分别小于 Ba^{2+} 和 Cl^- 的半径；（4）MgO 的熔点高，因为 Mg^{2+} 的半径小于 Ca^{2+} 的半径】

2.下列轨道沿 x 轴方向分别形成何种共价键？

（1）p_y-p_y；（2）p_x-p_x；（3）s-p_x；（4）p_z-p_z；（5）s-s。

【参考答案：（1）π 键；（2）σ 键；（3）σ 键；（4）π 键；（5）σ 键】

3.请指出下列分子中，中心原子所采取的杂化类型：

（1）SO_2；（2）NO_2；（3）CH_2O；（4）$CH\equiv CH$；（5）$CH_2=CH-CH_3$。

【参考答案：（1）sp^2 杂化；（2）sp^2 杂化；（3）sp^2 杂化；（4）sp 杂化；（5）从左到右 sp^2 杂化，sp^2 杂化，sp^3 杂化】

4.试用价层电子对互斥理论推断下列分子或离子的空间构型，并用杂化轨道理论合理解释它们的空间构型与成键情况。

（1）XeF_4；（2）SiF_4；（3）BF_3；（4）PH_3；（5）SO_2；（6）CO_2；（7）$SnCl_2$；（8）NO_2；（9）NH_4^+；（10）IF_2^-。

【参考答案：(1) 平面四方形；sp^3d^2 杂化。(2) 正四面体；sp^3 杂化。(3) 正三角形；sp^2 杂化。(4) 三角锥形；sp^3 杂化。(5) V形或角形；sp^2 杂化。(6) 直线形；sp 杂化。(7) V形或角形；sp^2 杂化。(8) V形或角形；sp^2 杂化。(9) 正四面体；sp^3 杂化。(10) 直线形；sp^3d 杂化】

5. 请用分子轨道理论合理解释下列现象：

(1) Ne_2 分子不存在

(2) B_2 为顺磁性物质

(3) N_2 分子比 N_2^{2-} 稳定

【参考答案：(1) Ne_2 分子的分子轨道排布式为：$[KK(\sigma_{2s})^2(\sigma_{2s}^*)^2(\sigma_{2p})^2(\pi_{2p})^4(\pi_{2p}^*)^2(\sigma_{2p})^2]$，键级为 0，所以 Ne_2 分子不存在。

(2) B_2 分子的分子轨道排布式为：$[KK(\sigma_{2s})^2(\sigma_{2s}^*)^2(\pi_{2p_y})^1(\pi_{2p_z})^1]$，$(\pi_{2p_y})^1(\pi_{2p_z})^1$，轨道上有两个单电子，所以是顺磁性的。

(3) N_2 的分子轨道排布式为：$[KK(\sigma_{2s})^2(\sigma_{2s}^*)^2(\pi_{2p})^4(\sigma_{2p})^2]$，键级为 3；$N_2^{2-}$ 的分子轨道排布式为 $[KK(\sigma_{2s})^2(\sigma_{2s}^*)^2(\pi_{2p})^4(\sigma_{2p}^*)^2(\pi_{2p}^*)^2]$，键级为 2，键级越大分子越稳定，所以 N_2 分子比 N_2^{2-} 稳定】

6. 试判断下列共价键极性的大小。

(1) HCl、HBr、HI；(2) H_2O、OF_2、H_2Se；(3) NH_3、PH_3、AsH_3。

【参考答案：极性：(1) HCl>HBr>HI；(2) $H_2O > OF_2 > H_2Se$；(3) $NH_3 > AsH_3 > PH_3$。由电负性差值来计算】

7. 请指出下列分子是极性分子还是非极性分子，并说明原因。

(1) CH_3Cl；(2) H_2S：(3) PCl_5；(4) SO_2；(5) SF_2；(6) CS_2；(7) BrF_5；(8) SF_6。

【参考答案：(1) 极性分子。分子是变形四面体形，因为 C—Cl 键的键矩与 C—H 键的键矩不相等，故分子的偶极矩不等于零。

(2) 极性分子。S 采用 sp^3 不等性杂化，分子空间构型为 V 形，故分子偶极矩不为零。

(3) 非极性分子。分子空间构型为三角双锥形，各键矩矢量和为零，即分子偶极矩为零。

(4) 极性分子。分子空间构型为 V 形，不对称，偶极矩不为零。

(5) 极性分子。分子空间构型为 V 形，不对称，偶极矩不为零。

(6) 非极性分子。直线型，分子构型的对称性使键矩矢量和为零，即分子偶极矩为零。

(7) 极性分子。分子构型为四角锥形，偶极矩不为零。

(8) 非极性分子。分子的构型为正八面体，分子构型的对称性使键矩矢量和为零，即分子偶极矩为零】

8. 请指出下列分子间存在的作用力。

(1) CH_3CH_2OH 和 H_2O；(2) I_2 和 H_2O；(3) C_6H_6 和 CCl_4；(4) HBr 和 HI；(5) He 和 H_2O；(6) CO_2 和 CH_4。

【参考答案：(1) 取向力、诱导力、色散力和氢键；(2) 诱导力和色散力；(3) 色散力；(4) 取向力、诱导力和色散力；(5) 诱导力和色散力；(6) 色散力】

9. 请指出下列物质中是否存在氢键？如果存在氢键，请指出氢键的类型。

(1) HF；(2) CH_3COOH；(3) HNO_3；(4) 邻硝基苯酚；(5) CH_3F；(6) H_3BO_3。

【参考答案：(1) 分子间氢键；(2) 分子间氢键；(3) 分子内氢键；(4) 分子内氢键；(5) 无氢键；(6) 分子间氢键】

10. 请解释以下现象。

（1）乙醇的沸点比二甲醚的高；

（2）邻羟基苯甲酸的熔点低于对羟基苯甲酸；

（3）室温下水是液体而 H_2S 是气体；

（4）BF_3 是非极性分子而 NF_3 是极性分子；

（5）P 元素可以形成 PCl_3 和 PCl_5，而 N 元素只能形成 NCl_3。

【参考答案：（1）乙醇会形成分子间氢键而二甲醚不会形成氢键，破坏分子间氢键需要能量，故乙醇的沸点比二甲醚高。（2）邻羟基苯甲酸形成分子内氢键后不会再形成分子间氢键，对羟基苯甲酸形成分子间氢键，使分子间作用力增大，因而对羟基苯甲酸熔点较高。（3）水分子间除了分子间作用力外还存在分子间氢键，故熔、沸点较高，在室温下为液体，而 H_2S 不存在氢键，分子间作用力较弱，室温下为气体。（4）BF_3 采用 sp^2 杂化，分子空间构型为平面正三角形，正、负电荷中心重合，为非极性分子；NF_3 采用 sp^3 不等性杂化，分子空间构型为三角锥形，正、负电荷中心不重合，偶极矩不为零，故为极性分子。（5）P 元素的价层有 3s、3p、3d 轨道，可采用 sp^3 不等性杂化形成 PCl_3，也可采用 sp^3d 杂化形成 PCl_5，N 价层只有 2s、2p 轨道，故只可采用 sp^3 不等性杂化形成 NCl_3。】

11. 指出下列说法是否正确，并合理说明判断理由。

（1）离子型化合物的化学键中没有任何共价键成分。

（2）凡是中心原子采用 sp^2 杂化轨道成键的分子，其空间构型必定为平面正三角形。

（3）根据杂化轨道理论，由于杂化轨道的电子云角度分布的特点，杂化轨道只能形成 σ 键，而 π 键是由未参加杂化的 p 轨道以“肩并肩”的方式重叠形成。

（4）任何能量相近的原子轨道都能有效地组合成分子轨道。

（5）非极性分子中也可能含有极性共价键。

（6）影响共价型化合物熔、沸点的主要因素是分子间作用力，具体来说是分子量和分子的极性。

【参考答案：（1）错误；（2）错误；（3）正确；（4）错误；（5）正确；（6）正确】

12. 指出下列分子中化学键的类型，哪些分子中有 π 键？键是否有极性？分子是否有极性？

（1）Cl_2；（2）N_2；（3）HI；（4）CO_2；（5）NH_3；（6）NaF；（7）C_2H_4。

【参考答案：NaF 分子中的化学键是离子键；其余分子中的化学键均为共价键。分子中有 π 键：N_2、CO_2、C_2H_4。分子中键有极性：HI、CO_2、NH_3、NaF、C_2H_4。极性分子：HI、NH_3、NaF。非极性分子：Cl_2、N_2、CO_2、C_2H_4】

13. 某一化合物的分子式为 AB_2，A 属于第ⅥA 族元素，B 属于第ⅦA 族元素，A 和 B 在同一周期，它们的电负性分别为 3.44 和 3.98，试回答下列问题：

（1）已知 AB_2 分子键角为 103.3°，试推测 AB_2 分子中心原子 A 成键时采用的杂化轨道类型及 AB_2 的空间构型。

（2）A—B 键的极性如何？AB_2 分子的极性如何？

（3）AB_2 分子间的作用力是什么？

（4）AB_2 和 H_2O 分子相比，哪一个的熔、沸点更高？

【参考答案：（1）中心原子 A 成键时采用 sp^3 不等性杂化，分子空间构型为 V 形。（2）A—B 键为极性共价键，AB_2 分子为极性分子。（3）AB_2 分子间的作用力有取向力、诱导力和色散力。（4）H_2O 分子间除了有取向力、诱导力和色散力，还存在氢键，因此，AB_2 和 H_2O 分子相比，H_2O 的熔、沸点更高】

第9章 配位化合物

学习要求

掌握	配合物的定义、组成和命名；配合物价键理论的基本要点，配合物稳定常数的概念及简单计算；配位平衡和酸碱平衡、沉淀平衡、氧化还原平衡的关系。
熟悉	配合物的空间构型与中心原子杂化轨道类型的关系；配合物的轨型与磁性；沉淀平衡和氧化还原平衡与配位平衡的综合计算。
了解	配合物的晶体场理论的基本内容；配合物取代反应及活动性。

配位化合物（coordination compound）简称配合物。人们很早就开始接触配合物，最早记载的配合物普鲁士蓝是1704年普鲁士人狄斯巴赫（Diesbach）在染料作坊中制得的一种蓝色染料，是用黄血盐[$K_4Fe(CN)_6 \cdot 3H_2O$] 检验三价铁离子的反应产物：

$$K^+ + Fe^{3+} + [Fe(CN)_6]^{4-} \xlongequal{} KFe[Fe(CN)_6]$$

配合物是一类存在非常广泛的重要的化合物，由于种类繁多，性能独特，在科学研究、生产实践中应用极为广泛，近年来对它的研究也越来越深入。当前，配合物已成为现代无机化学中的重要研究领域，并发展成为一门独立的分支学科——配位化学。而且由于配位化学与物理化学、有机化学、生物化学、固体化学、材料化学和环境科学的相互渗透，使配位化学成为联系和沟通化学各学科的纽带和桥梁。本章主要介绍配合物的基本概念、配合物的化学键理论以及配合物在溶液中的配位平衡。

9.1 配位化合物的基本概念

9.1.1 配位化合物的定义

$CuSO_4$ 溶液中若加入 Ba^{2+} 会有白色沉淀生成，而加入稀 NaOH 则会出现蓝色的 $Cu(OH)_2$ 沉淀，说明其中存在着游离的 Cu^{2+} 和 SO_4^{2-}。而向 $CuSO_4$ 溶液中加入过量的氨水，可得到深蓝色的 $[Cu(NH_3)_4]SO_4$ 溶液，此时溶液中几乎检查不出 Cu^{2+} 的存在，取而代之的是复杂离子 $[Cu(NH_3)_4]^{2+}$。说明 $[Cu(NH_3)_4]SO_4$ 在水中的解离不同于简单化合物，而是：

$$[Cu(NH_3)_4]SO_4 = [Cu(NH_3)_4]^{2+} + SO_4^{2-}$$

又如，在 $HgCl_2$ 溶液中加入过量 KI，可生成 $K_2[HgI_4]$，其在水溶液中的解离方程式为：

$$K_2[HgI_4] = 2K^+ + [HgI_4]^{2-}$$

以上例子说明复杂离子，如$[Cu(NH_3)_4]^{2+}$和$[HgI_4]^{2-}$在水溶液中可以稳定存在。我们将方括号中由一个金属离子或原子和一定数目的阴离子或中性分子结合而成的相对稳定的复杂离子或分子称为配位单元，也称配位个体。配位单元具有相对稳定性，既可以存在于溶液中，也可以存在于晶体中。根据现代结构理论可知，配位单元中存在配位键。如$[Cu(NH_3)_4]^{2+}$中，每个 NH_3 分子中的 N 原子均提供一对孤对电子，进入 Cu^{2+} 外层的空轨道，形成四个配位键。凡是由配位单元组成的化合物统称为配位化合物。

另外，还有一类有别于配合物的复杂化合物，如明矾 $[KAl(SO_4)_2 \cdot 12H_2O]$，在明矾晶体中仅含有 K^+、Al^{3+} 和 SO_4^{2-} 等简单离子，而没有配位单元的存在，溶于水后完全解离成简单的 K^+、Al^{3+}、SO_4^{2-}，其性质无异于 K_2SO_4 和 $Al_2(SO_4)_3$ 的混合水溶液。我们称这样的化合物为复盐（double salts）。复盐和配合物的区别就在于复盐在水溶液中全部解离成简单离子，而配合物除解离出简单离子外，尚存在稳定的配离子。然而复盐和配合物并没有绝对的界限，在它们之间存在大量的处于中间状态的复杂化合物。

9.1.2 配位化合物的组成

配合物在组成上分为内界（inner sphere）和外界（outer sphere）两个部分。内界是配合物的特征部分（配位单元），包括中心原子或离子（统称中心原子）和一定数目的配位体，内界若带电荷又称为配离子，如配合物 $[Cu(NH_3)_4]SO_4$ 和 $K_2[HgI_4]$ 的内界分别是 $[Cu(NH_3)_4]^{2+}$和 $[HgI_4]^{2-}$配离子。在用化学式表示时，常把配合物的内界写在方括号内。而方括号以外的部分构成配合物的外界，它由一定数目带相反电荷的离子组成，外界离子与内界配离子结合，配合物呈电中性，如这两种配合物的外界分别是 SO_4^{2-} 和 K^+。配合物的内界和外界之间以离子键结合，在水溶液中完全解离。现以 $[Cu(NH_3)_4]SO_4$ 为例来说明配合物的组成。

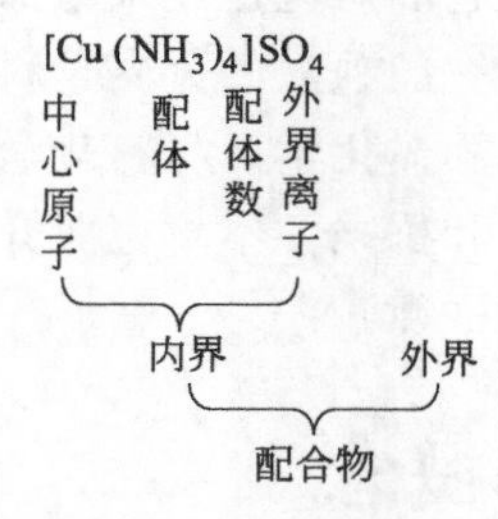

有的配合物无外界，又称为配位分子，如 $[PtCl_2(NH_3)_2]$、$[CoCl_3(NH_3)_3]$ 等。

9.1.2.1 中心原子

中心原子（central atom）是配合物的形成体，位于配离子的中心，具有空的价电子轨道，能够接受配体所给予的孤对电子。常见的中心原子是过渡金属元素的阳离子或原子，例如 $[Co(NH_3)_6]Cl_3$ 中的 Co^{3+} 和 $[Ni(CO)_4]$ 中的 Ni 原子。此外，少数具有高氧化值的非金属元素也能作为形成体，如 $K_2[SiF_6]$ 中的 Si(Ⅳ) 和 $Na[BF_4]$ 中的 B(Ⅲ)。

9.1.2.2　配位体与配位原子

配位体（ligand）简称配体，是指与中心原子以配位键结合的分子或离子，如 NH_3、H_2O、CO、CN^-、SCN^-、OH^-、X^-（卤素离子）等。配体中直接键合于中心原子的原子称为配位原子，如 NH_3 分子中的 N 原子，CO 分子中的 C 原子。配位原子必须具有孤对电子，常见的配位原子是电负性较大的非金属元素的原子，如 N、O、S、X（F、Cl、Br、I）及 C 等。此外，负氢离子（H^-）也可以作为配体与ⅢA 族的硼、铝等形成配合物，如 $Na[BH_4]$、$Li[AlH_4]$。

根据配体中所含的配位原子数目的不同，可将配体分为单齿配体和多齿配体。每个配体中只以一个配位原子与中心原子键合的配体称为单齿配体（monodentate ligand），如 Cl^- 和 NH_3 等；每个配体中以两个或两个以上配位原子同时与中心原子键合的配体称为多齿配体（polydentate ligand），如乙二胺 $H_2N—CH_2—CH_2—NH_2$（缩写为 en）中的两个氮原子、草酸根 $C_2O_4^{2-}$（缩写为 ox）中的两个氧原子，分别与同一个中心原子同时配位。大多数多齿配体为有机配体，其配位原子以 O、N、S 最为常见。

有些配体虽然具有多个配位原子，但在一定条件下，仅有一个配位原子与中心原子键合，这类配体称为两可配体（ambidentate ligand）。例如，在配离子 $[Ag(SCN)_2]^-$ 和 $[Fe(NCS)_6]^{3-}$ 中，配体分别为以 S 原子配位的硫氰酸根 SCN^- 和以 N 原子配位的异硫氰酸根 NCS^-（配位原子写在前面）。另一对常见的两可配体是以 O 原子配位的亚硝酸根 ONO^- 和以 N 原子配位的硝基 NO_2^-。这些两可配体，实际上仍起到单齿配体的作用。

表 9-1 中列出了一些常见的配体及其常见的配位齿数。

表 9-1　常见配体

项目	中文名称	化学式	缩写符号	配位齿数
单齿配体	卤素离子	F^-、Cl^-、Br^-、I^-	—	1
	水	H_2O:	—	1
	羟基	:OH^-	—	1
	氨	:NH_3	—	1
	氨基	:NH_2^-	—	1
	甲胺	$CH_3\ddot{N}H_2$	—	1
	羰基	:CO	—	1
	氰根	:CN^-	—	1
	异氰根	:NC^-	—	1
	硫氰酸根	:SCN^-	—	1
	异硫氰酸根	:NCS^-	—	1
	硝基	:NO_2^-	—	1
	亚硝酸根	:ONO^-	—	1
多齿配体	草酸根	$^-\ddot{O}(O=)C—C(=O)\ddot{O}^-$	ox	2
	乙二胺	$H_2\ddot{N}—CH_2—CH_2—\ddot{N}H_2$	en	2

续表

项目	中文名称	化学式	缩写符号	配位齿数
多齿配体	1,10-菲罗啉	N: :N	phen	2
	乙二胺四乙酸根	$:\ddot{O}-\overset{O}{\overset{\|}{C}}-CH_2$ ⟩N—CH_2—CH_2—N⟨ $CH_2-\overset{O}{\overset{\|}{C}}-\ddot{O}:$ $:\ddot{O}-\underset{O}{\underset{\|}{C}}-CH_2$ $CH_2-\underset{O}{\underset{\|}{C}}-\ddot{O}:$	EDTA,常用 Y^{4-} 表示	6

9.1.2.3 配位数

在配合物中，直接与中心原子形成配位键的配位原子的总数目称为该中心原子的配位数（coordination number）。若配合物中所有的配体都是单齿配体，则配位数等于配体数。例如，$[Ag(NH_3)_2]^+$ 中 Ag^+ 的配位数是 2；$[PtCl_2(NH_3)_2]$ 中 Pt^{2+} 的配位数是 4；$[Co(NH_3)_5(H_2O)]^{3+}$ 中 Co^{3+} 的配位数是 6。若配体为多齿配体，则配位数不等于配体数。例如，配离子 $[Pt(en)_2]^{2+}$ 中，乙二胺（en）是双齿配体，即每个 en 有两个 N 原子与 Pt^{2+} 配位，故 Pt^{2+} 的配位数是 4 而不是 2。因此，应注意配位数与配体数的区别。

较常见的中心原子配位数为 2，4，6。中心原子的配位数通常可在一定范围内变化，例如，Zn^{2+} 的配位数通常为 4，但它与 EDTA 结合时可达到 6。中心原子配位数的多少主要取决于中心原子和配体的性质，如电荷、电子层结构、离子半径以及它们之间相互影响的情况；另外，成键时的温度和浓度等外部条件也会影响中心原子的配位数。一般有以下规律：

① 对同一配体，中心原子的正电荷越多，吸引配体孤对电子的能力越强，配位数就越大，如 $[Cu(NH_3)_2]^+$ 和 $[Cu(NH_3)_4]^{2+}$；中心原子的半径越大，其周围可容纳的配体数越多，配位数越大，如 $[AlF_6]^{3-}$ 和 $[BF_4]^-$。

② 对同一中心原子，配体半径越大，中心原子周围可容纳的配体数越少，故配位数越少，如 $[AlF_6]^{3-}$ 和 $[AlCl_4]^-$；配体的负电荷越高，虽然增加了与中心原子的引力，但同时又增加了配体之间的斥力，配位数反而越少，如 SiO_4^{4-} 中 Si(Ⅳ) 的配位数比 SiF_6^{2-} 少。

③ 配合物形成时的条件，特别是浓度和温度也会影响配位数。一般来说，配体的浓度越大，温度越低，越有利于形成配位数较大的配合物。

9.1.2.4 配离子的电荷

配离子的电荷数等于中心原子和配体所带电荷的代数和。例如，$Na_3[AlF_6]$ 中配离子的电荷数可根据 Al^{3+} 和 6 个 F^- 电荷的代数和计算：$(+3)+6\times(-1)=-3$。$[Ag(NH_3)_2]Cl$ 中配离子的电荷则为：$(+1)+2\times0=+1$。另外，由于配合物呈电中性，可根据外界离子的电荷推算配离子的电荷数，从而推知中心原子的氧化值。例如，$K_3[Fe(CN)_6]$ 可根据外界离子（3 个 K^+）的电荷数判定 $[Fe(CN)_6]^{3-}$ 的电荷数为 -3，从而判断出中心原子是 Fe^{3+}。对于配位单元为电中性的配合物，可根据配体的电荷数推知中心原子的氧化值。例如，$[CoCl_3(NH_3)_3]$ 的中心原子为 Co^{3+}。

9.1.3 配位化合物的命名

配合物的数目众多，组成也比较复杂，需要按统一的规则，以系统命名法命名。

9.1.3.1　配体的名称

大部分配体的名称与其原来的名称相同，但有某些例外。例如：

化学式	阴离子名称	配体名称	化学式	阴离子名称	配体名称
F^-	氟离子	氟	S^{2-}	硫离子	硫
Cl^-	氯离子	氯	OH^-	氢氧根	羟
Br^-	溴离子	溴	CN^-	氰根	氰
I^-	碘离子	碘	H^-	负氢离子	氢

9.1.3.2　内界（配位单元）的命名

① 命名内界时，配体的名称列在中心原子之前，二者之间以“合”字连接。配体的数目以倍数词头二、三、四等表示；中心原子的氧化数则以带括号的罗马数字表示在中心原子的名称后面。

其命名顺序为：配体数→配体名称→“合”→中心原子（以罗马数字表示的中心原子的氧化数）。例如：

$[Co(NH_3)_6]^{3+}$　　六氨合钴(Ⅲ)离子

$[Fe(CN)_6]^{4-}$　　六氰合铁(Ⅱ)离子

② 当内界含两种或两种以上的配体时，不同配体的名称之间要用符号“·”分开。不同配体的排列顺序采用下列原则：

a. 当无机配体和有机配体同时存在时，无机配体命名在先，有机配体［例如吡啶(Py)］命名在后。例如：

$[PtCl_2(Py)_2]$　　二氯·二吡啶合铂(Ⅱ)

b. 在无机配体中有中性分子和阴离子同时存在时，阴离子命名在先，中性分子命名在后。例如：

$[PtCl_2(NH_3)_2]$　　二氯·二氨合铂(Ⅱ)

c. 同类配体，按配位原子元素符号的英文字母顺序排列。例如：

$[Co(NH_3)_5(H_2O)]^{3+}$　　五氨·一水合钴(Ⅲ)离子

d. 同类配体且配位原子相同时，含原子数少的配体命名在先，含原子数多的配体命名在后。例如：

$[Pt(NO_2)NH_3(NH_2OH)(Py)]^+$　　硝基·氨·羟氨·吡啶合铂(Ⅱ)离子

e. 同类配体且配位原子及所含原子数都相同时，则按在结构式中与配位原子相连的原子元素符号的英文字母顺序排列。例如：

$[Pt(NH_2)(NO_2)(NH_3)_2]$　　氨基·硝基·二氨合铂(Ⅱ)

9.1.3.3　配合物的命名

① 内界为阳离子时，将其看做简单金属离子，外界为酸根离子，则配合物看做一种盐；外界为 OH^- 时，配合物看做一种碱，例如：

$[Cu(NH_3)_4]SO_4$　　硫酸四氨合铜(Ⅱ)

$[CoCl_2(NH_3)_3(H_2O)]Cl$　　氯化二氯·三氨·一水合钴(Ⅲ)

$[Ag(NH_3)_2]OH$　　氢氧化二氨合银(Ⅰ)

② 内界为阴离子时，将其看做含氧酸根，例如：

$K[PtCl_3(NH_3)]$　　三氯·氨合铂(Ⅱ)酸钾

$NH_4[Cr(NCS)_4(NH_3)_2]$	四(异硫氰酸根)·二氨合铬(Ⅲ)酸铵
$H_2[PtCl_6]$	六氯合铂(Ⅳ)酸

没有外界的配合物按内界命名方法命名，中心原子的氧化数可不必标明。如 $[Ni(CO)_4]$ 的命名为：四羰基合镍。

除系统命名法外，有些配合物至今还沿用习惯叫法和俗名，如 $[Cu(NH_3)_4]^{2+}$ 称为铜氨配离子；$[Ag(NH_3)_2]^+$ 称为银氨配离子；$K_3[Fe(CN)_6]$ 称为铁氰化钾（赤血盐）；$K_4[Fe(CN)_6]$ 称为亚铁氰化钾(黄血盐)；$H_2[SiF_6]$ 称为氟硅酸；$K_2[PtCl_6]$ 称为氯铂酸钾等。

9.1.4 配位化合物的类型

按中心原子的数目、配体的种类，可将常见的配合物大致分为以下几种类型。

9.1.4.1 简单配位化合物

由一个中心原子与若干个单齿配体所形成的配合物称为简单配位化合物。本章前面所提到的那些配合物如 $[Cu(NH_3)_4]SO_4$、$K_2[HgI_4]$、$NH_4[Cr(NCS)_4(NH_3)_2]$ 及 $K[PtCl_3(NH_3)]$ 等均属于这种类型。简单配合物的中心原子与每个配体之间只形成一个配位键，无法形成环状结构，在溶液中常发生逐级生成和逐级解离现象，如：

$$Ag^+ + NH_3 \rightleftharpoons [Ag(NH_3)]^+$$
$$[Ag(NH_3)]^+ + NH_3 \rightleftharpoons [Ag(NH_3)_2]^+$$

9.1.4.2 螯合物

螯合物（chelate）又称内配合物，是由一个中心原子和多齿配体结合而成的具有环状结构的配合物。在螯合物中，多齿配体通过两个或两个以上配位原子与中心原子键合，犹如龙虾的双螯钳住中心原子，形成一个或多个包括中心原子在内的环。例如，双齿配体$(H_2N—CH_2—COO)^-$(氨基乙酸根）和 Cu^{2+} 形成的螯合物是具有两个包括 Cu^{2+} 在内的五原子环，又称五元环。

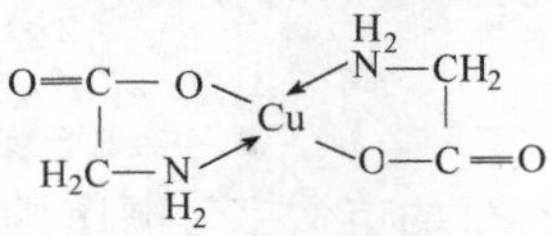

二氨基乙酸合铜（Ⅱ）

能与中心原子形成螯合物的多齿配体称为螯合剂（chelating agent)。作为螯合剂一般应具备下列条件：每个分子或离子中含有两个或两个以上的配位原子，通常是 O、N、S 等；配位原子之间应该间隔两个或三个其他原子，以形成稳定的五元环或六元环。三元环因张力太大，一般难以形成，$NH_2—NH_2$（联氨）虽有两个配位原子 N，但彼此没有间隔其他原子，故不能形成稳定的螯合物。

乙二胺四乙酸（以 H_4Y 表示，简称 EDTA)，是一种应用广泛的螯合剂。由于 EDTA 在水中的溶解度比较小，通常采用其二钠盐 $Na_2H_2Y \cdot 2H_2O$（含两分子结晶水)。乙二胺四乙酸及其金属螯合物的结构式见图 9-1。乙二胺四乙酸根（Y^{4-}）是一种六齿配体，有很强的配位能力。在溶液中它几乎能与所有金属离子形成螯合物，其中四个羧基氧原子和两个氨基氮原子共提供六对孤对电子，可与绝大多数金属离子形成中心原子与配体数目为 1∶1 的具有五个五元环的、十分稳定的螯合物。

由于此类配合物稳定性强，组成简单，在分析化学上被用作掩蔽剂和配位滴定的滴定剂。在分析化学中采用 EDTA-2Na 标准溶液可以测定几十种金属离子的含量。

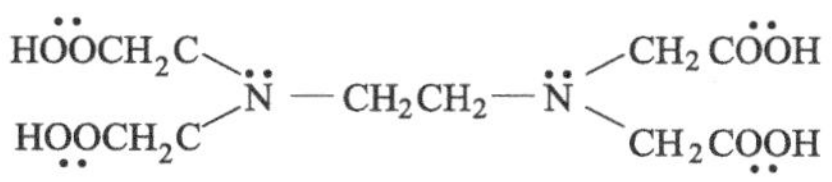

乙二胺四乙酸 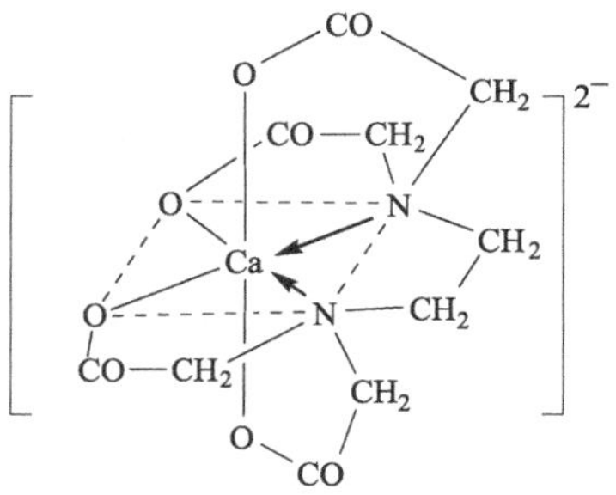　　　　乙二胺四乙酸根合钙（Ⅱ）离子

图 9-1 乙二胺四乙酸及其金属螯合物结构式

金属螯合物的稳定性高，很少有逐级解离现象，一般具有特征性颜色，并且这些螯合物可以溶解于有机溶剂中。利用这些特点，可以进行沉淀、溶剂萃取分离、比色定量分析等方面工作。

9.1.4.3 多核配合物

含有两个或两个以上中心原子的配合物称为多核配合物。中心原子数为 2 时，称为双核配合物；中心原子数为 3，称为三核配合物，以此类推。多核配合物一般指各中心原子间通过配体连接的配合物。在中心原子间起“搭桥”作用的配体称为桥联原子或桥联基团，简称桥基。可作桥基的配体很多，如 OH^-、NH_2、Cl^- 等，它们可以给出两对或两对以上孤对电子，与两个或两个以上的中心原子键合，起“搭桥”作用，如：

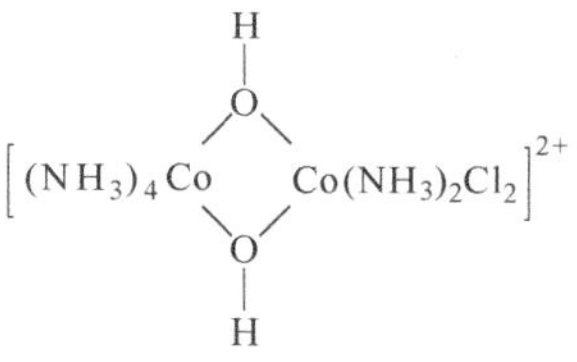

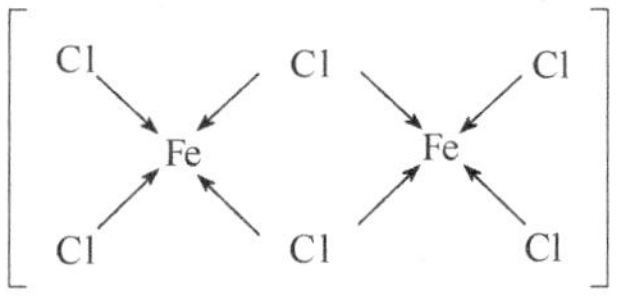

$$[(NH_3)_4Co(\mu\text{-}OH)_2Co(NH_3)_2Cl_2]^{2+} \qquad [Cl_2Fe(\mu\text{-}Cl)_2FeCl_2]$$

实际上最常遇到的重要的多核配合物是以 OH^- 为桥基的多核羟桥配合物，它们可以在金属离子水解过程中形成。

9.2 配位化合物的化学键理论

配合物的化学键理论主要有价键理论（valence bond theory，VBT）、晶体场理论（crystal field theory，CFT）和分子轨道理论等。这些理论用来解释配合物中化学键的本性，配合物的结构和稳定性，以及配合物的一般性质，如磁性、颜色等，本章重点介绍配合物的价键理论和晶体场理论。

9.2.1 价键理论

将杂化轨道理论应用于配合物的结构研究，形成了配合物的价键理论。其实质是配体中配位原子的孤对电子填入到中心原子的空杂化轨道形成配位键。配合物的空间构型由中心原子的杂化方式决定。

9.2.1.1 价键理论的基本要点

① 中心原子和配体之间通过配位键结合形成配合物。配体的配位原子单方面提供孤对

电子，中心原子提供空轨道来接受孤对电子，形成配位键。

② 形成配合物时，中心原子提供的某些能量相近的空轨道首先进行杂化（hybridization），形成一组数目相同、能量相等的杂化新轨道，以接受配体的孤对电子而形成配位键，中心原子的杂化方式决定了配合物的空间构型和中心原子的配位数。

9.2.1.2 外轨型和内轨型配合物

对于中心原子来说，能量相近的空轨道有两组，一组是 ns 轨道、np 轨道和 nd 轨道；另一组是（$n-1$)d 轨道、ns 轨道和 np 轨道。根据中心原子采取的杂化方式不同，可将配合物分为内轨型和外轨型两种类型。

（1）外轨型配合物

只用外层空轨道（如 ns、np、nd）杂化的中心原子和配体结合所形成的配合物称为外轨型配合物（outer orbital complex）。一般来说该类配合物的配位原子的电负性较大，如卤素、氧等，不易给出孤对电子，对中心原子内层电子结构影响不大，中心原子原有的电子层构型不变，以最外层的 ns、np、nd 空轨道进行杂化，与配体形成外轨型配合物。这类配合物常见的中心原子杂化方式有：sp 杂化、sp^2 杂化、sp^3 杂化、sp^3d 杂化或 sp^3d^2 杂化。

在$[FeF_6]^{3-}$配离子中，Fe^{3+} 的价电子层结构为 $3d^5$，它原有的电子层结构不变，仅用最外层的空轨道（1 个 4s 轨道、3 个 4p 轨道和 2 个 4d 轨道）进行杂化，形成 6 个能量等同的 sp^3d^2 杂化轨道，分别接受 6 个 F^- 所提供的 6 对孤对电子，形成含 6 个配位键，空间构型为正八面体的外轨型配离子。形成过程如图 9-2 所示：

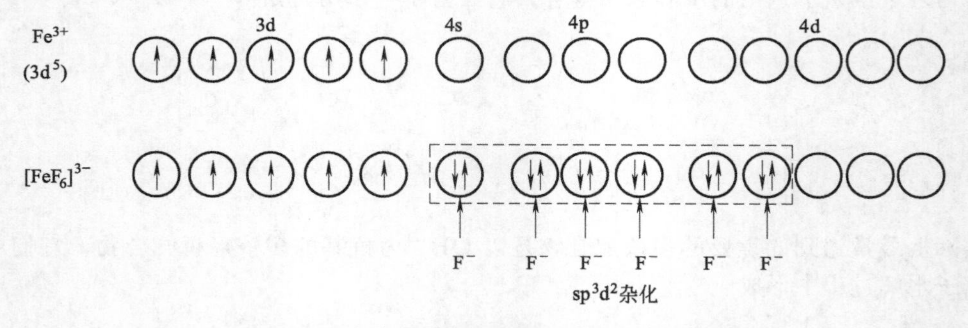

图 9-2 Fe^{3+} 价电子构型及$[FeF_6]^{3-}$的杂化轨道

又如，在 $[NiCl_4]^{2-}$ 配离子中，Ni^{2+} 的价电子层结构为 $3d^8$，它仅用最外层空轨道（1 个 4s 轨道和 3 个 4p 轨道）进行杂化，形成 4 个 sp^3 杂化轨道，分别接受来自 4 个 Cl^- 所提供的 4 对孤对电子，形成含 4 个配位键，空间构型为正四面体的外轨型配离子。形成过程如图 9-3 所示：

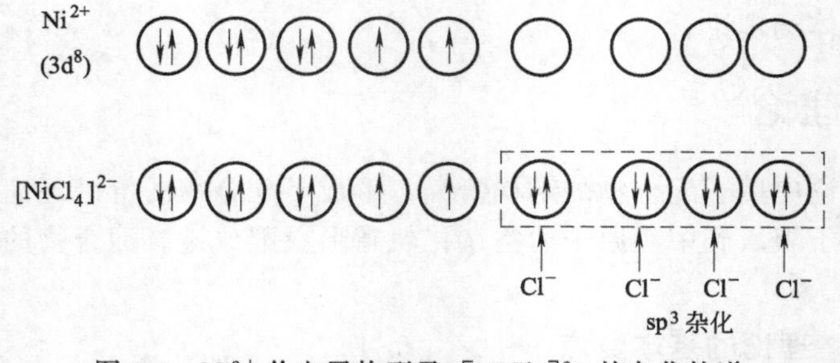

图 9-3 Ni^{2+} 价电子构型及 $[NiCl_4]^{2-}$ 的杂化轨道

而在 $[Ag(NH_3)_2]^+$ 配离子中，由于 Ag^+ 的 4d 轨道全充满，不论是何种配体，只能用最外层空轨道（1 个 5s 轨道和 1 个 5p 轨道）进行杂化，形成 2 个 sp 杂化轨道，分别接受来自 2 个 NH_3 中 N 上的孤对电子，形成含 2 个配位键，空间构型为直线形的外轨型配离子。形成过程如图 9-4 所示：

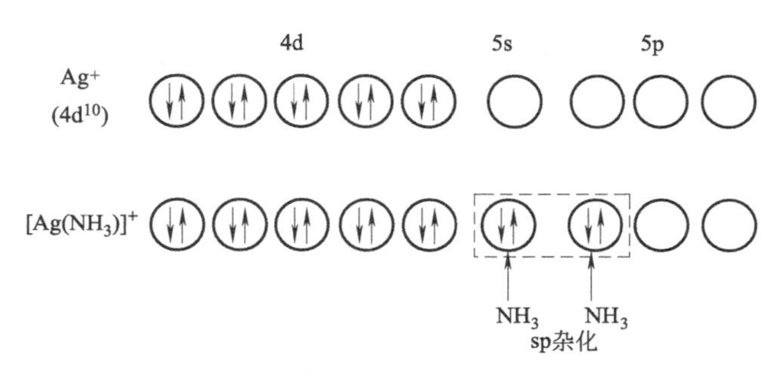

图 9-4　Ag^+ 价电子构型及 $[Ag(NH_3)_2]^+$ 的杂化轨道

（2）内轨型配合物

提供内层空轨道 $(n-1)$d 与外层空轨道（如 ns、np）杂化的中心原子和配体结合所形成的配合物称为内轨型配合物（inner orbital complex）。一般来说，该类配合物的配位原子的电负性较小，如碳、氮等，较易给出孤对电子，对中心原子内层 $(n-1)$d 轨道影响较大，使 d 电子发生重排，成单电子被强行配对，空出的次外层 $(n-1)$d 轨道与最外层的 ns、np 轨道杂化，与配体形成内轨型配合物。该类配合物常见的中心原子杂化方式有：dsp^2 杂化、dsp^3 杂化、d^2sp^2 杂化或 d^2sp^3 杂化。

在 $[Fe(CN)_6]^{3-}$ 配离子中，Fe^{3+} 在配体 CN^- 的影响下，3d 轨道中 5 个成单电子重排挤入 3 个 3d 轨道，其余 2 个 3d 空轨道与外层的 1 个 4s 轨道和 3 个 4p 轨道杂化形成 6 个 d^2sp^3 杂化轨道，分别与 6 个 CN^- 形成 6 个配位键，形成空间构型为正八面体的内轨型配离子。形成过程如图 9-5 所示：

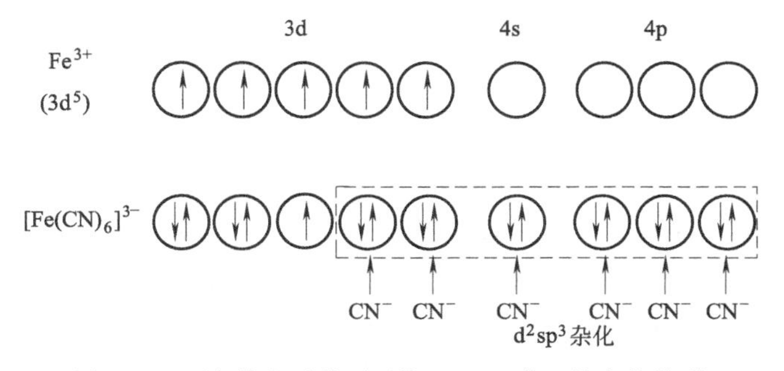

图 9-5　Fe^{3+} 价电子构型及 $[Fe(CN)_6]^{3-}$ 的杂化轨道

又如，在 $[Ni(CN)_4]^{2-}$ 配离子中，Ni^{2+} 在 CN^- 的影响下，次外层 8 个 3d 电子发生重排，挤入 4 个 3d 轨道，空出 1 个 3d 轨道与最外层 1 个 4s 和 2 个 4p 轨道杂化形成 4 个 dsp^2 杂化轨道，分别与 4 个 CN^- 形成 4 个配位键，从而形成空间构型为平面正方形的内轨型配离子。形成过程如图 9-6 所示：

由于内层 $(n-1)$d 轨道能量较低，形成的配位键的键能较大，在扣除未成对电子成对所需能量之后，形成的内轨型配合物的总键能往往大于相应的外轨型配合物。因此，对同类配合物来说，内轨型配合物一般比外轨型配合物稳定。例如，$[FeF_6]^{3-}$ ($\lg K^{\ominus}_{稳}=14.3$) 倾

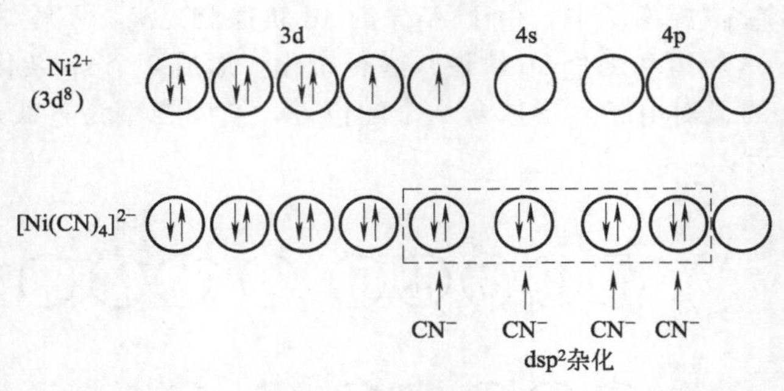

图 9-6　Ni^{2+} 价电子构型及 $[Ni(CN)_4]^{2-}$ 的杂化轨道

向于转变成更稳定的$[Fe(CN)_6]^{3-}$（$\lg K^{\ominus}_{稳}=52.6$）。

中心原子与配体究竟形成外轨型配合物（采用 ns-np-nd 杂化）还是内轨型配合物［采用 $(n-1)$d-ns-np 杂化］，主要取决于中心原子的价电子构型和配位原子电负性的大小。

当中心原子的 d 电子数≤3 时，该 d 轨道至少有 2 个空轨道，因此总是生成内轨型配合物。例如，Cr^{3+} 的电子构型为 $3d^3$，$[Cr(H_2O)_6]^{3+}$ 中 Cr^{3+} 采取 d^2sp^3 杂化；V^{3+} 的电子构型为 $3d^2$，$[V(H_2O)_6]^{3+}$ 中 V^{3+} 采取 d^4sp 杂化，其空间构型为三方棱柱形。

而具有 d^{10} 构型的中心原子，由于 $(n-1)$d 轨道全充满，只能用最外层轨道杂化形成外轨型配合物。例如，Zn^{2+}、Cd^{2+}、Hg^{2+} 价电子结构依次为 $3d^{10}$、$4d^{10}$、$5d^{10}$，当形成配位数是 4 的配合物时，以 sp^3 杂化轨道成键，形成（正）四面体形结构；配位数是 3 的 $[CuCl_3]^{2-}$ 配离子为平面三角形结构；配位数是 2 的 $[Ag(NH_3)_2]^+$ 配离子为直线型结构。

只有当中心原子的电子构型为 $d^{4\sim8}$ 时，中心原子既可形成外轨型杂化又可形成内轨型杂化，究竟采用何种杂化主要取决于配体是否使中心原子 $(n-1)$d 轨道上的电子发生重排。例如，当中心原子电子构型为 d^8 时，在 $(n-1)$d 轨道上有 2 个未成对电子，在形成配位数为 4 的配离子时，若配体是含电负性较小的 C 原子的 CN^- 时，则采用 dsp^2 杂化，形成内轨型平面正方形配合物，如 $[Ni(CN)_4]^{2-}$；若配体是含电负性较大的 Cl^- 时，则采用 sp^3 杂化，形成外轨型四面体形配合物，如 $[NiCl_4]^{2-}$。

（3）磁矩

判断一个配合物是外轨型还是内轨型，一般可以通过磁矩数据来确定。物质的磁性强弱（用磁矩 μ 表示）与物质内部未成对电子数（n）有近似关系：$\mu=\sqrt{n(n+2)}\mu_B$。式中，n 为中心原子未成对电子数；μ_B 为玻尔磁子（Bohr magneton，BM，$1\mu_B\approx9.274\times10^{-24}$ $A\cdot m^2$）。通过磁矩可以估算出未成对电子数，从而确定轨道杂化类型。外轨型配合物中心原子用外层空轨道杂化成键，内层 d 轨道未成对电子数不变；而内轨型配合物，中心原子为了"腾出"内层 d 轨道参与杂化，要将 d 电子挤入少数轨道，故未成对电子数较少，相应的磁矩也变小。因此，通常可由磁矩的降低来判断内轨型配合物的生成。表 9-2 列出了 $n=1\sim5$ 时相对应磁矩的理论值。

表 9-2　未成对电子数（n）与磁矩（μ）的关系

未成对电子数(n)	1	2	3	4	5
磁矩(μ)/BM	1.73	2.83	3.87	4.90	5.92

例如，Fe^{3+} 的 3d 轨道上有 5 个未成对电子，实验测得$[FeF_6]^{3-}$ 的磁矩为 $5.88\mu_B$（计算值为 $5.92\mu_B$）。由此可知，$[FeF_6]^{3-}$ 中 Fe^{3+} 仍保留 5 个未成对电子，Fe^{3+} 采用 sp^3d^2 杂

化形成外轨型配合物。而由实验测得$[Fe(CN)_6]^{3-}$的磁矩为$2.32\mu_B$，此数值与具有1个未成对电子的磁矩的理论值$1.73\mu_B$较接近，说明配离子中未成对电子数减少，推知$[Fe(CN)_6]^{3-}$中Fe^{3+}采用d^2sp^3杂化形成是内轨型配合物。

9.2.1.3　配离子的空间结构

配体围绕中心原子按一定的空间位置分布，这种分布称为配离子（或配位单元）的空间结构或空间构型。价键理论认为，配离子的配位数、空间结构等与中心原子的杂化轨道类型有关，即中心原子杂化轨道的数目等于配位数，杂化轨道的空间伸展方向应和配离子的空间结构一致。现将一些常见的配位数和中心原子杂化轨道类型及配离子的空间构型列于表9-3中。

表9-3　轨道杂化类型与配合物的空间构型

配位数	杂化轨道类型	空间构型	实例
2	sp	直线形	$[Ag(NH_3)_2]^+$，$[Cu(NH_3)_2]^+$，$[Ag(CN)_2]^-$
3	sp^2	平面三角形	$[Cu(CN)_3]^{2-}$，$[HgI_3]^-$，$[CuCl_3]^{2-}$
4	sp^3	正四面体形	$[Zn(NH_3)_4]^{2+}$，$[Ni(NH_3)_4]^{2+}$，$[Cd(NH_3)_4]^{2+}$，$[HgI_4]^{2-}$，$[Co(SCN)_4]^{2-}$，$[FeCl_4]^-$
	dsp^2 (sp^2d)	平面正方形	$[Ni(CN)_4]^{2-}$，$[PtCl_4]^{2-}$，$[PtCl_2(NH_3)_2]$，$[PdCl_4]^{2-}$ (sp^2d)
5	dsp^3 (sp^3d)	三角双锥形	$[Ni(CN)_5]^{3-}$，$Fe(CO)_5$，$[Fe(SCN)_5]^{2-}$ (sp^3d)
	d^2sp^2 (d^4s)	正方锥形	$[SbF_5]^{2-}$，$[InCl_5]^{2-}$，$[TiF_5]^{2-}$ (d^4s)

续表

配位数	杂化轨道类型	空间构型	实例
6	sp^3d^2	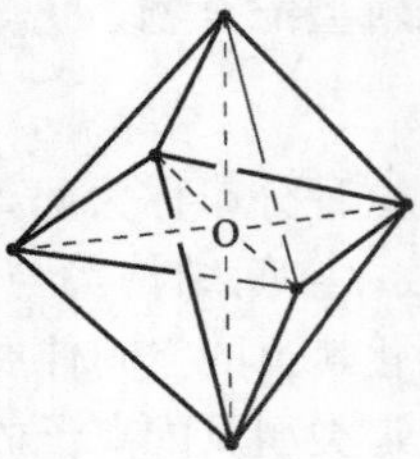 八面体形	$[FeF_6]^{3-}$，$[Fe(H_2O)_6]^{3+}$，$[Fe(NCS)_6]^{3-}$
	d^2sp^3		$[Fe(CN)_6]^{3-}$，$[Co(NH_3)_6]^{3+}$
	d^4sp	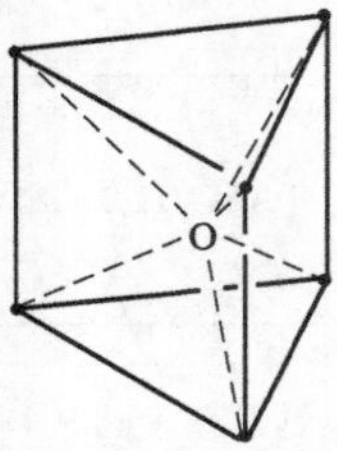 三方棱柱形	$[V(H_2O)_6]^{3+}$

注：“O”代表中心原子，“·”代表配体。

9.2.1.4 配离子的几何异构

配离子的组成相同而配体的空间位置分布不同所产生的异构现象，称为几何异构现象，相应的异构体称为几何异构体。几何异构体主要发生在配位数为 4 的平面正方形配合物和配位数为 6 的八面体配合物中，在配位数为 2、3 或 4（正四面体）的配合物中是不可能存在的。以平面正方形配合物二氯·二氨合铂（Ⅱ）为例，它们各自存在两种几何异构体。两个 Cl^- 处于相邻位置上，形成的配合物为顺式（*cis-*）；两个 Cl^- 处于相对位置上，形成的配合物为反式（*trans-*）。配合物这类几何异构也常被称为顺反异构。上述两种铂配合物分别写作 *cis-*$[PtCl_2(NH_3)_2]$ 和 *trans-*$[PtCl_2(NH_3)_2]$，分别简称为顺铂和反铂。顺铂和反铂不但具有不同的化学性质，而且显示出不同的生理活性。顺铂是一种广泛使用的抗癌药物，能与 DNA 的碱基结合；而反铂则不具有抗癌活性。

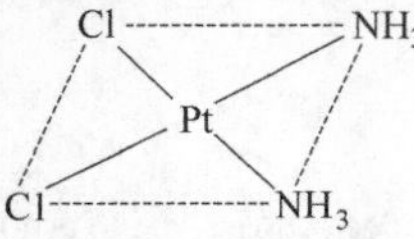

cis–$[PtCl_2(NH_3)_2]$ 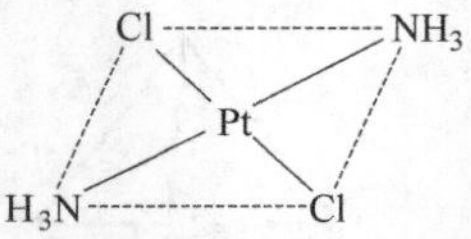　　*trans*–$[PtCl_2(NH_3)_2]$

配位数为 6 的八面体配合物也存在类似的顺反异构体，例如 $[CoCl_2(NH_3)_4]^+$，两个 Cl^- 处于八面体相邻顶角者为顺式；处于相对顶角者为反式。

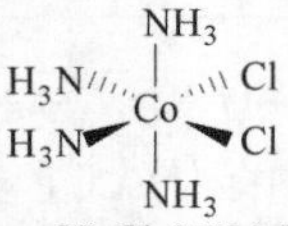

cis–$[CoCl_2(NH_3)_4]^+$（紫色） 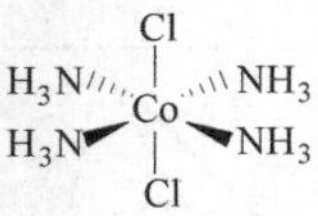　　*trans*–$[CoCl_2(NH_3)_4]^+$（红色）

从上述讨论可知，配合物的价键理论简单明了，能成功地说明中心原子与配体结合力的本质，能根据配离子所采用的杂化轨道类型说明配离子的空间构型和中心原子的配位数，解释外轨型配合物和内轨型配合物的磁性和稳定性的差别，但其应用仍有很大的局限性。它只是定性理论，不能定量或半定量地说明配合物的性质，只能说明配合物的基态性质，对激发态却无能为力，故对于许多过渡元素配离子具有的颜色无法说明。价键理论的根本缺点是没有考虑配体对中心原子的影响，特别是配合物中的配体对中心原子 d 电子的电子云分布及能量变化的影响。而这些问题用晶体场理论可以得到满意的解释。

9.2.2 晶体场理论（阅读）

晶体场理论从纯静电力出发，将金属离子（中心离子）与配体之间的相互作用完全看作是静电的吸引和排斥，着重考虑配体静电场对中心离子 d 轨道能级的影响。它成功地解释了配离子的光学、磁学等性质。

9.2.2.1 晶体场理论的基本要点

① 在配合物中，中心离子处于配体（负离子或极性分子）形成的晶体场（crystal field）中，金属离子中心离子与配体之间以静电引力结合，类似于离子晶体中阴、阳离子间的相互作用力。

② 在配体晶体场的作用下，中心离子原来能量相同的 5 个简并 d 轨道发生了能级分裂，有些 d 轨道能量升高，有些 d 轨道能量降低（以球形场中的能级为基准）。

③ 由于 d 轨道能级的分裂，必然造成 d 电子的重新排布，d 电子优先占据能量较低的轨道，使系统的总能量降低，产生额外的晶体场稳定化能，形成稳定的配合物。

9.2.2.2 中心离子 d 轨道的能级分裂

（1） d 轨道在正八面体场中的分裂

配合物的中心离子价电子层有 5 个简并的 d 轨道，d 轨道在空间有 5 种取向：d_{xy}、d_{yz}、d_{xz}、d_{z^2} 和 $d_{x^2-y^2}$，其中 $d_{x^2-y^2}$ 轨道沿 x 轴和 y 轴伸展，d_{z^2} 轨道沿 z 轴伸展，d_{xy}、d_{yz} 和 d_{xz} 轨道分别沿 x、y、z 轴的夹角平分线伸展。在自由离子中，虽然它们的伸展方向不同，但这些轨道的能量是相等的。如果中心离子处于一个球形对称的负电场包围的球心上，负电场对 5 个简并 d 轨道的静电斥力也是均匀的，尽管使 d 轨道能量有所升高，但不会发生能级分裂。

在八面体形的配合物中，如果将中心离子置于直角坐标系的原点，6 个配体分别占据八面体的 6 个顶点，当 6 个配体分别沿 $\pm x$，$\pm y$，$\pm z$ 轴方向接近中心离子时，由于 5 个 d 轨道的空间取向不同，八面体场对这些 d 轨道的作用也有差异。由图 9-7 可以看出，d_{z^2} 和 $d_{x^2-y^2}$ 轨道的电子云最大密度处恰好对着 $\pm x$，$\pm y$，$\pm z$ 上的 6 个配体，受到配体电子云的排斥作用增大，相互作用较强，于是能量升高较多；而 d_{xy}、d_{yz} 和 d_{xz} 轨道的电子云最大密度处指向坐标轴的对角线处，离 $\pm x$，$\pm y$，$\pm z$ 上的配体的距离远，受到配体电子云的排斥作用小，所以能量升高较少。也就是说，在自由的气态金属离子和球形场中五重简并的 d 轨道，在对称性降低的八面体场中分裂成两组：一组为能量较高的 d_{z^2} 和 $d_{x^2-y^2}$ 轨道，合称为 d_γ 或 e_g 轨道，它们二者的能量相等；另一组为能量较低的 d_{xy}、d_{yz} 和 d_{xz} 轨道，合称为 d_ε 或 t_{2g} 轨道，它们三者的能量相等。

中心离子 5 个 d 轨道的能量在正八面体场中的分裂见图 9-8。这两组轨道能级之间的差值称为晶体场分裂能（crystal field splitting energy），用 Δ_o 表示（下标 o 表示八面体，octahedron）。在数值上 Δ_o 相当于一个电子由 d_ε 轨道跃迁至 d_γ 轨道所需的能量，该能量可通过光谱实验测得。

$$E(d_\gamma)-E(d_\varepsilon)=\Delta_o=10Dq$$

量子力学原理指出，d 轨道分裂前后的总能量不变。为简便计，令球形场中 5 个简并 d 轨道的相对能量为 0Dq，则有 2 个 d_γ 轨道升高的总能量（正值）和 3 个 d_ε 轨道降低的总能量（负值）的代数和为零，即：

$$2E(d_\gamma)+3E(d_\varepsilon)=0$$

联立上面两式，解得分裂后这两组 d 轨道相对于球形场的能量分别为：

$$E(d_\gamma)=3/5\Delta_o=6\ Dq$$

$$E(d_\varepsilon)=-2/5\Delta_o=-4\ Dq$$

可见，在正八面体场中 d 轨道能级分裂的结果与球形场中简并 d 轨道能级相比较，d_γ 轨道升高了 6 Dq，而 d_ε 轨道能量降低了 4 Dq。

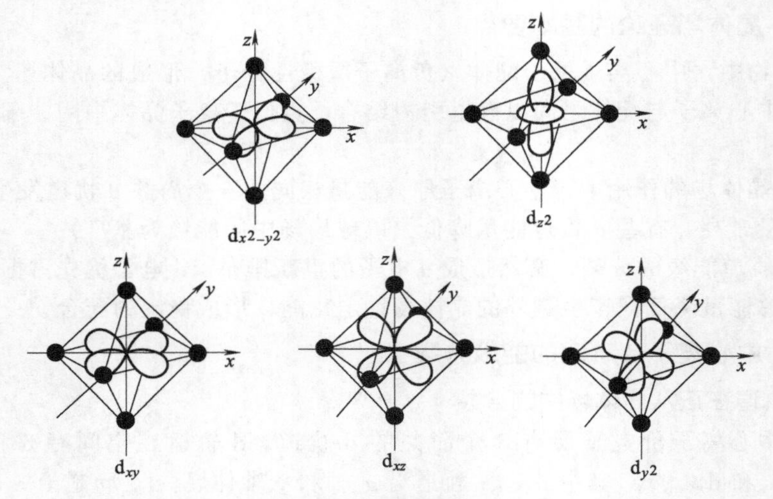

图 9-7　正八面体场中的 d 轨道

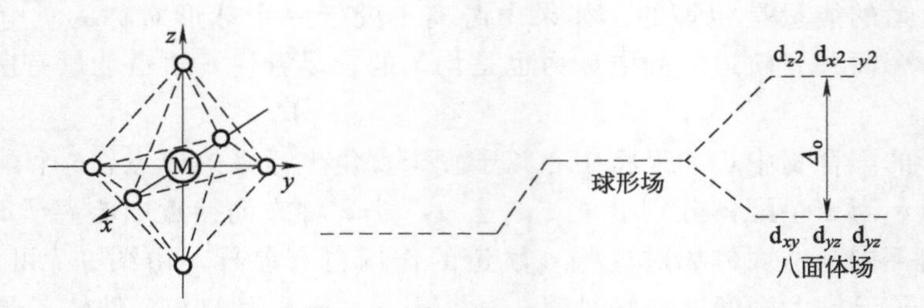

图 9-8　d 轨道在正八面体场中的能级分裂

（2）d 轨道在正四面体场中的分裂

在正四面体场中，将中心离子置于立方体的中心，直角坐标系的 x、y、z 轴分别指向立方体的面心，8 个角上每隔 1 个角放 1 个配体，即可得到正四面体形的配合物。由图 9-9 可知，d_{xy}、d_{yz} 和 d_{xz} 3 个原子轨道电子云最大密度处分别指向立方体 4 个平行的棱的中点，距配体较近。d_{z^2} 与 $d_{x^2-y^2}$ 原子轨道的电子云最大密度处分别指向立方体的面心，距配体较远。在四面体场影响之下，中心离子 d 轨道也分裂为两组，其分裂方式与八面体场相反，d_{xy}、d_{yz} 和 d_{xz} 原子轨道上的电子受到配体提供的电子对的排斥作用大，其原子轨道的能量升高，形成能量较高的三重简并的 d_ε 或 t_{2g} 轨道；而 d_{z^2} 与 $d_{x^2-y^2}$ 原子轨道上的电子受到配体提供的电子对的排斥作用小，其原子轨道的能量降低，形成能量较低的二重简并的 d_γ 或

e_g 轨道。5个d轨道在正四面体场中的分裂见图9-9。四面体场中，由于d轨道和配体的电子云不是迎头相碰，相互排斥作用较小，其分裂能 Δ_t（下标t表示四面体，tetrahedron）较小，仅为八面体分裂能 Δ_o 的4/9。因此有：

$$2E(d_\gamma)+3E(d_\varepsilon)=0$$

$$E(d_\varepsilon)-E(d_\gamma)=\frac{4}{9}\Delta_o=\frac{4}{9}\times 10Dq=4.45\ Dq$$

$$E(d_\varepsilon)=+1.78\ Dq$$

$$E(d_\gamma)=-2.67\ Dq$$

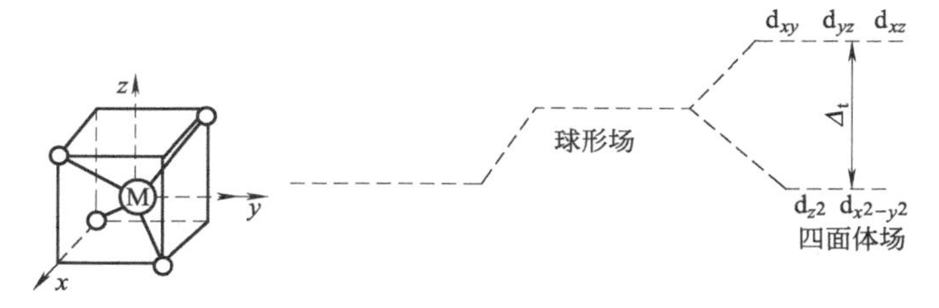

图9-9 d轨道在正四面体场中的能级分裂

（3） d轨道在平面正方形场中的分裂

平面正方形配合物的四个配体分别沿 $\pm x$ 和 $+y$ 的方向向中心离子接近。d轨道分裂成四组，中心离子的 $d_{x^2-y^2}$ 轨道由于与配体迎头相碰，因而受配体负电排斥最强，能量升高最多，其次是 d_{xy} 轨道，而 d_{z^2} 又次之，d_{yz} 和 d_{xz} 能量最低，其分裂能为 Δ_s（下标s表示平面正方形，square planar）。

同样也可以算出平面正方形场中四组轨道的相对能量为：

$E(d_{x^2-y^2})=+12.28\ Dq$　　　　$E(d_{xy})=+2.28\ Dq$

$E(d_{z^2})=-4.28\ Dq$　　　　$E(d_{xz})=E(d_{yz})=-5.14\ Dq$

$$\Delta_s=17.42\ Dq$$

（4）分裂能Δ值的决定因素

① 配合物的空间构型　配合物的空间构型与分裂能的关系是：

$$\Delta_s>\Delta_o>\Delta_t$$

这可从前面讲述的17.42 Dq>10 Dq>4.45 Dq看出。

② 中心离子的电荷　配体相同时，中心离子的正电荷越高，对配体的吸引力越大，配体更靠近中心离子，中心离子d电子与配体之间的斥力增大，从而使分裂能Δ值增大。例如：

$[Fe(H_2O)_6]^{2+}$　　　　$\Delta_o=124kJ\cdot mol^{-1}$

$[Fe(H_2O)_6]^{3+}$　　　　$\Delta_o=164kJ\cdot mol^{-1}$

③ 元素所在的周期数　同族过渡金属元素，若中心离子电荷、配体种类和数目以及配合物几何构型都相同，则配合物的Δ值随中心离子在周期表中所处的周期数而递增。这是由于同族元素随主量子数增大，半径增大，d轨道离核越远，越容易在外电场作用之下改变能量，使分裂能增大。例如：

$[CrCl_6]^{3-}$　　　　$\Delta_o=163kJ\cdot mol^{-1}$

$[MoCl_6]^{3-}$　　　　$\Delta_o=230kJ\cdot mol^{-1}$

④ 配体的性质　由同一中心离子生成构型相同的配合物，其分裂能 Δ_o 随配体场强弱不

同而发生变化，配体场由弱到强，分裂能 Δ_o 值由小到大的顺序排列如下：

$I^- < Br^- < Cl^- < SCN^- < F^- < OH^- < C_2O_4^{2-} < H_2O < NCS^- < NH_3 < en < SO_3^{2-} < NO_2^- \ll CN^- < CO$

这个顺序是从配合物的光谱实验确定的，故称为光谱化学序（spectrochemical series）。它代表了配位场的强弱顺序。

这一序列主要适用于第一过渡系列的金属离子。光谱化学序中以 H_2O 为界，前部的配体是弱场配体（weak field ligand），如 X^-，分裂能小；序列中以 NH_3 为界，后部的配体是强场配体（strong field ligand），如 NO_2^-、CN^-，分裂能大。对于不同的中心离子，以上顺序可能略有变化。

从光谱化学序可以粗略地看出，按配位原子来说，Δ 的大小为：

卤素＜氧＜氮＜碳

9.2.2.3 晶体场中 d 电子的排布

现以八面体配合物为例来讨论晶体场中 d 电子的排布情况。中心离子的 d 轨道在八面体场中分裂为两组，即能量较低的 d_ε 轨道和能量较高的 d_γ 轨道，d 电子进入分裂后的 d 轨道时，进入 d_ε 轨道还是进入 d_γ 轨道，要看不同的中心离子在配位场中的能量对哪一种排布方式有利。

对于具有 $d^1 \sim d^3$ 构型的中心离子，当其形成八面体配合物时，根据能量最低原理和 Hund 规则，d 电子将优先分布在 d_ε 轨道上，并以自旋平行的方式分占不同的轨道。

对于具有 $d^4 \sim d^7$ 构型的中心离子，当其形成八面体配合物时，可能有两种排布方式。一种是根据能量最低原理，第 4 个电子进入已有 1 个电子的 d_ε 轨道并和这个电子成对，此时需要克服与原有电子自旋配对而产生的排斥作用，所需能量称为电子成对能（electron pairing energy），用 E_P 表示。另一种是根据 Hund 规则进入较高能级的 d_γ 空轨道，这时需要克服分裂能 Δ_o。如果配体的晶体场较弱，$\Delta_o < E_P$，电子排斥作用会阻止电子自旋配对，使后来的电子进入能级较高的 d_γ 轨道，d 电子尽可能占据较多的轨道，生成单电子数较多的高自旋配合物；如果配体的晶体场较强，分裂能 Δ_o 足够大，$\Delta_o > E_P$，后来的电子会进入 d_ε 轨道，d 电子尽可能占据能量较低的轨道，生成单电子数较少的低自旋配合物。例如，$[Fe(H_2O)_6]^{2+}$ 和 $[Fe(CN)_6]^{4-}$ 都是正八面体配离子。

对于 $[Fe(H_2O)_6]^{2+}$：$\Delta_o = 124 kJ \cdot mol^{-1}$，$E_P = 210 kJ \cdot mol^{-1}$，$\Delta_o < E_P$

对于 $[Fe(CN)_6]^{4-}$：$\Delta_o = 311 kJ \cdot mol^{-1}$，$E_P = 210 kJ \cdot mol^{-1}$，$\Delta_o > E_P$

因此，6 个 3d 电子在 $[Fe(H_2O)_6]^{2+}$ 中的排布方式为 $d_\varepsilon^4 d_\gamma^2$，有 4 个单电子，高自旋，表现为顺磁性；在 $[Fe(CN)_6]^{4-}$ 中的排布方式为 $d_\varepsilon^6 d_\gamma^0$，没有单电子，低自旋，表现为反磁性。

由以上讨论可知，中心离子 d 轨道上的电子究竟按哪种方式分布取决于分裂能 Δ 和电子成对能 E_P 的相对大小。在强场配体（如 CN^-）作用下，分裂能 Δ 较大，此时，$\Delta > E_P$，易形成低自旋配合物。在弱场配体（如 H_2O、F^-）作用下，分裂能 Δ 较小，此时，$\Delta < E_P$，则易形成高自旋配合物。

对于八面体配合物，在 d^1、d^2、d^3、d^8、d^9、d^{10} 情况下，不论强场或弱场，电子排布只有一种方式。在 $d^4 \sim d^7$ 的情况下，中心离子在强场和弱场中的电子排布不同，配合物有高、低自旋之分，如表 9-4 所示。

在四面体配合物中，由于分裂能小（$\Delta_t = \frac{4}{9}\Delta_o$），$\Delta_t < E_P$，因此，已知的四面体配合

物都是高自旋的。

表 9-4　八面体场中 d 电子在 d_γ 和 d_ε 轨道中的分布

d 电子数	弱场配体，$\Delta_o < E_P$		强场配体 $\Delta_o > E_P$	
	d_ε	d_γ	d_ε	d_γ
1	↑ — —	— —	↑ — —	— —
2	↑ ↑ —	— —	↑ ↑ —	— —
2	↑ ↑ ↑	— —	↑ ↑ ↑	— —
4	↑ ↑ ↑	↑ —	↑↓ ↑ ↑	— —
5	↑ ↑ ↑	↑ ↑	↑↓ ↑↓ ↑	— —
6	↑↓ ↑ ↑	↑ ↑	↑↓ ↑↓ ↑↓	— —
7	↑↓ ↑↓ ↑	↑ ↑	↑↓ ↑↓ ↑↓	↑ —
8	↑↓ ↑↓ ↑↓	↑ ↑	↑↓ ↑↓ ↑↓	↑ ↑
9	↑↓ ↑↓ ↑↓	↑↓ ↑	↑↓ ↑↓ ↑↓	↑↓ ↑
10	↑↓ ↑↓ ↑↓	↑↓ ↑↓	↑↓ ↑↓ ↑↓	↑↓ ↑↓

9.2.2.4　晶体场稳定化能

在晶体场影响下，中心离子的 d 轨道发生能级分裂，电子优先占据能量较低的轨道。d 电子从未分裂前的 d 轨道转入分裂后的 d 轨道所产生的总能量下降值，称为晶体场稳定化能 (crystal field stabilization energy，CFSE)。晶体场稳定化能越大，配合物越稳定。例如，在八面体场中，中心离子 d 轨道分裂为低能级的 d_ε 轨道和高能级的 d_γ 轨道，若有 1 个电子进入 d_ε 轨道，能量将比未分裂前降低 4 Dq，使配合物稳定性增强。若有 1 个电子进入 d_γ 轨道，能量将比未分裂前升高 6 Dq，使配合物稳定性减弱。所以，根据 d_ε 和 d_γ 的相对能量和进入其中的电子数，就可以计算八面体配合物的晶体场稳定化能：

$$\text{CFSE(八面体)}=n_1E(d_\varepsilon)+n_2E(d_\gamma)=6\ \text{Dq}\times n_2-4\ \text{Dq}\times n_1$$

式中，n_1 和 n_2 分别为进入 d_ε 和 d_γ 轨道中的电子数。

例如，$[Fe(H_2O)_6]^{2+}$ 配离子中，d 电子排布为 $d_\varepsilon^4 d_\gamma^2$，CFSE $=6\ \text{Dq}\times 2-4\ \text{Dq}\times 4=-4\text{Dq}$。晶体场稳定化能为负值，表明分裂后的能量比未分裂时的能量降低了 4 Dq。对于 $[Fe(CN)_6]^{4-}$ 配离子，d 电子排布为 $d_\varepsilon^6 d_\gamma^0$，CFSE $=6\ \text{Dq}\times 0-4\ \text{Dq}\times 6=-24\ \text{Dq}$，可见，$[Fe(CN)_6]^{4-}$ 的能量更低，配合物更稳定。

同理，四面体配合物的晶体场稳定化能由下式计算：

$$\text{EFSE(四面体)}=1.78\ \text{Dq}\times n_1-2.67\ \text{Dq}\times n_2$$

式中，n_1 和 n_2 分别为 d_ε 和 d_γ 轨道中的电子数。

通过类似计算，不同 d 电子构型的离子在几种常见配位场中的 CFSE 列于表 9-5。

表 9-5 的数据表明，d^0、d^{10} 和弱场 d^5 电子构型的离子的 CFSE=0，其他 d 电子构型的中心离子形成配合物时，均可获得晶体场稳定化能，从而获得额外的稳定性。在弱场配体的作用下，晶体场稳定化能对形成正四面体配合物不利。在强场配体作用下，晶体场稳定化能有利于八面体和平面正方形配合物的形成。d^6 电子构型在强八面体场中的稳定化能高达 -24 Dq，所以具有 d^6 电子构型的 Fe^{2+} 和 Co^{3+} 能与许多强场配体形成稳定的逆磁性的八面

体配合物。d^8 体系在平面正方形强场中的晶体场稳定化能特别高，所以属于 d^8 电子构型的 Ni^{2+}、Pt^{2+}、Au^{3+} 等离子容易形成具有平面正方形结构的低自旋配合物（强场）。d^3 电子构型在弱场或强场八面体中的晶体场稳定化能都是 −12 Dq，所以属于 d^3 电子构型的 Cr^{3+} 能与绝大多数配体形成相当稳定的六配位八面体配合物。

表 9-5 晶体场中过渡金属离子的稳定化能 单位：Dq

d^n	弱场			强场		
	八面体	四面体	平面正方形	八面体	四面体	平面正方形
d^0	0	0	0	0	0	0
d^1	−4	−2.67	−5.14	−4	−2.67	−5.14
d^2	−8	−5.34	−10.28	−8	−5.34	−10.28
d^3	−12	−3.56	−14.56	−12	−8.01	−14.56
d^4	−6	−1.78	−12.2	−16	−10.68	−19.70
d^5	0	0	0	−20	−8.90	−24.84
d^6	−4	−2.67	−5.14	−24	−6.12	−29.12
d^7	−8	−5.34	−10.28	−18	−5.34	−26.84
d^8	−12	−3.56	−14.56	−12	−3.56	−24.56
d^9	−6	−1.78	−12.2	−6	−1.78	−12.28
d^{10}	0	0	0	0	0	0

注：本表中计算的稳定化能均未扣除成对能（E_P），而且是以八面体的 Δ_O 为基准比较所得的相对值。

需要注意的是晶体场稳定化能只占总成键效应的很小一部分（约 5%），只有在主成键效应基本相同的情况下，才能用晶体场稳定化能讨论配合物的稳定性。

9.2.2.5 配合物的颜色和吸收光谱

凡是能吸收某种波长的可见光，并将未被吸收的那部分光反射（或透射）出来的物质都能呈现颜色。物质显示的颜色是物质吸收特定波长（即特定能量）的可见光后留下来的互补色，二者的关系列于表 9-6。

表 9-6 物质吸收的可见光波长与物质颜色的关系

吸收波长(λ)/nm	波数/cm^{-1}	吸收可见光的颜色	物质呈现的颜色
400～435	25000～23000	紫	绿黄
435～480	23000～20800	蓝	黄
480～490	20800～20400	绿蓝	橙
490～500	20400～20000	蓝绿	红
500～560	20000～17900	绿	红紫
560～580	17900～17200	黄绿	紫
580～595	17200～16800	黄	蓝
595～605	16800～16500	橙	绿蓝
605～750	16500～13333	红	蓝绿

晶体场理论能较好地解释配合物的颜色。过渡金属水合离子为配离子，其中心离子在配体水分子的影响下，d 轨道能级分裂。而 d 轨道又常没有填满电子，当配离子吸收可见光区某一部分波长的光时，d 电子可以从低能级的 d 轨道跃迁到能级较高的 d 轨道［例如八面体场中由 d_ε 轨道跃迁到 d_γ 轨道］，这种跃迁称为 d-d 跃迁。配离子吸收可见光的能量一般在 10000～30000cm^{-1} 范围内，它包括全部可见光（14000～25000cm^{-1}），所以配离子常有特

征颜色。

发生 d-d 跃迁所需要的能量即为轨道的分裂能（Δ）即

$$\Delta = h\nu = hc/\lambda$$

式中，h 为普朗克常数，$h = 6.626 \times 10^{-34} J \cdot s^{-1}$；$\lambda$ 为波长，nm；c 为光速；$1/\lambda$ 为波数。

可见，分裂能 Δ 越大，电子跃迁所需要的能量就越大，相应吸收光的波长就越短。例如 $[Ti(H_2O)_6]^{3+}$，中心离子 Ti^{3+} 的 d 电子在 d_ε 与 d_γ 之间跃迁所需的能量在 $20400cm^{-1}$ 附近，与黄绿色光（约 500nm）相当，因此 Ti^{3+} 的水溶液呈现与黄绿色光相应的补色——紫红色。

对于不同中心离子的水合配离子，虽然配体相同（都是水分子），但 d_γ 和 d_ε 能级差不同，d-d 跃迁时吸收不同波长的可见光，所以显不同的颜色。第一过渡系金属的水合配离子（配位数为 6）的颜色分别为：

离子	Ti^{3+}	V^{3+}	Cr^{3+}	Cr^{2+}	Mn^{2+}	Fe^{2+}	Co^{2+}	Ni^{2+}	Cu^{2+}
d 电子构型	d^1	d^2	d^3	d^4	d^5	d^6	d^7	d^8	d^9
颜色	紫红	绿	紫	天蓝	浅粉	淡绿	粉红	绿	蓝

如果中心离子 d 轨道全空（d^0）或全充满（d^{10}），则不存在 d-d 跃迁，因此其水合离子是无色的，如 $[Sc(H_2O)_6]^{3+}$，$[Zn(H_2O)_6]^{2+}$ 等。

晶体场理论与价键理论相比，能较好地解释配合物的颜色、磁性和稳定性。但这一理论只考虑了中心离子和配体之间的静电作用，而忽略了两者之间存在着不同程度的共价作用。因此，对 $Ni(CO)_4$、$Fe(CO)_5$、$Fe(C_2H_5)_2$ 等以共价作用为主的配合物就无法说明；也不能完全满意地解释光谱化学序，如为什么 NH_3 分子的场强比带负电荷的卤素离子强，以及为什么 CO 和 CN^- 配体场最强。从 1952 年开始，人们把晶体场理论和分子轨道理论结合起来，不仅考虑中心离子与配体之间的静电作用，也考虑到它们之间的轨道重叠会使配位键具有共价成分，从而提出配位场理论（ligand field theory）。

9.3 配位化合物的稳定性

9.3.1 配位化合物的稳定常数

9.3.1.1 稳定常数与不稳定常数

由配合物的特征可知，配离子与外界离子以离子键结合，在水溶液中可完全解离，而配离子的中心离子与配体之间则是以配位键结合，以配位个体的形式存在于溶液中，在水溶液中很少解离。例如，在 $[Cu(NH_3)_4]SO_4$ 的溶液中，若加入 $BaCl_2$ 溶液，会产生 $BaSO_4$ 沉淀；若加入少量 NaOH 溶液，却得不到 $Cu(OH)_2$ 沉淀，说明内界$[Cu(NH_3)_4]^{2+}$比较稳定。但当加入 Na_2S 溶液时，则可得到黑色的 CuS 沉淀。这说明 $[Cu(NH_3)_4]^{2+}$ 虽具有相当的稳定性，但在水溶液中仍能微弱地解离出 Cu^{2+} 和 NH_3。换句话说，溶液中既存在 Cu^{2+} 和 NH_3 分子形成 $[Cu(NH_3)_4]^{2+}$ 配离子的反应，也存在 $[Cu(NH_3)_4]^{2+}$ 配离子的解离反应。当形成速率和解离速率相等时，达到平衡状态，称为配位平衡，可表示如下：

$$Cu^{2+} + 4NH_3 \rightleftharpoons [Cu(NH_3)_4]^{2+}$$

根据化学平衡原理，其平衡常数表达式为：

$$K^{\ominus}_{稳}=\frac{c_{eq}[Cu(NH_3)_4^{2+}]}{c_{eq}(Cu^{2+})[c_{eq}(NH_3)]^4}$$

这种表示配离子的总生成反应的标准平衡常数称为配合物的稳定常数（stability constant），以 $K^{\ominus}_{稳}$ 表示，平衡常数表达式中的各物种浓度均为相对平衡浓度。$K^{\ominus}_{稳}$ 值不仅反映了配离子在溶液中稳定性的大小，也反映了配离子形成反应的趋势和程度。$K^{\ominus}_{稳}$ 越大，表明配离子生成的趋势越大，而解离的趋势越小，即在溶液中越稳定。

除稳定常数外，还可以用不稳定常数来表示配离子在溶液中的稳定性：

$$[Cu(NH_3)_4]^{2+} \rightleftharpoons Cu^{2+} + 4NH_3 \quad K^{\ominus}_{不稳}=\frac{c_{eq}(Cu^{2+})[c_{eq}(NH_3)]^4}{c_{eq}[Cu(NH_3)_4^{2+}]}$$

这种表示配离子的总解离反应的标准平衡常数称为不稳定常数（instability constant），用 $K^{\ominus}_{不稳}$ 表示。$K^{\ominus}_{不稳}$ 越大，表明配离子越易解离，即配离子越不稳定。

显然，配离子的稳定常 $K^{\ominus}_{稳}$ 和不稳定常数 $K^{\ominus}_{不稳}$ 互为倒数关系：

$$K^{\ominus}_{稳}=1/K^{\ominus}_{不稳}$$

在利用稳定常数 $K^{\ominus}_{稳}$ 比较配离子的稳定性（是否容易解离）时必须注意配离子的类型，配体数相同才能直接比较。例如，$[Ag(NH_3)_2]^+$ 的 $\lg K^{\ominus}_{稳}=7.05$，$[Ag(CN)_2]^-$ 的 $\lg K^{\ominus}_{稳}=21.10$，数据表明，浓度相同的配离子，如 $[Ag(NH_3)_2]^+$ 和 $[Ag(CN)_2]^-$ 溶液中，$[Ag(CN)_2]^-$ 溶液中 c（Ag^+）较小，即后者比前者稳定得多。对不同类型的配离子不能简单地利用 $K^{\ominus}_{稳}$ 来比较它们的稳定性，要通过计算同浓度时溶液中中心离子的浓度来比较。一些常见的配离子的 $K^{\ominus}_{稳}$ 和 $\lg K^{\ominus}_{稳}$ 值列于表 9-7。

表 9-7　一些常见配离子的稳定常数

	配离子	$K^{\ominus}_{稳}$	$\lg K^{\ominus}_{稳}$		配离子	$K^{\ominus}_{稳}$	$\lg K^{\ominus}_{稳}$
1∶1	$[CuY]^{2-}$	5.0×10^{18}	18.7	1∶4	$[Cu(NH_3)_4]^{2+}$	2.1×10^{13}	13.32
	$[MgY]^{2-}$	4.4×10^{8}	8.64		$[Zn(NH_3)_4]^{2+}$	2.9×10^{9}	9.46
	$[CaY]^{2-}$	1.0×10^{11}	11.0		$[HgCl_4]^{2-}$	1.2×10^{15}	15.07
	$[ZnY]^{2-}$	2.5×10^{16}	16.4		$[HgI_4]^{2-}$	6.8×10^{29}	29.83
	$[AlY]^{2-}$	1.3×10^{16}	16.11		$[Ni(CN)_4]^{2-}$	2.0×10^{31}	31.3
1∶2	$[Ag(NH_3)_2]^+$	1.1×10^{7}	7.05		$[Co(SCN)_4]^{2-}$	1.0×10^{3}	3.0
	$[Ag(S_2O_3)_2]^{3-}$	2.9×10^{13}	13.5	1∶6	$[Co(NH_3)_6]^{2+}$	1.3×10^{5}	5.11
	$[Ag(CN)_2]^-$	1.3×10^{21}	21.1		$[Co(NH_3)_6]^{3+}$	1.6×10^{35}	35.2
	$[Cu(en)_2]^{2+}$	1.0×10^{20}	20.0		$[Ni(NH_3)_6]^{3+}$	5.5×10^{8}	8.74
	$[Cu(CN)_2]^-$	2.0×10^{38}	38.3		$[AlF_6]^{3-}$	6.9×10^{19}	19.8
1∶3	$[Fe(C_2O_4)_3]^{3-}$	1.6×10^{20}	20.2		$[FeF_6]^{3-}$	2.0×10^{14}	14.3
	$[Ni(en)_3]^{2+}$	4.0×10^{18}	18.6		$[Fe(CN)_6]^{3-}$	1.0×10^{42}	42.0
					$[Fe(CN)_6]^{4-}$	1.0×10^{35}	35.0

注：表中 Y^{4-} 表示 EDTA 的酸根；en 表示乙二胺。

9.3.1.2　逐级稳定常数和累积稳定常数

配离子在溶液中的生成或解离是分步进行的。例如 $[Cu(NH_3)_4]^{2+}$ 的生成分四步进行：

$$Cu^{2+} + NH_3 \rightleftharpoons [Cu(NH_3)]^{2+} \quad K^{\ominus}_1=\frac{c_{eq}[Cu(NH_3)^{2+}]}{c_{eq}(Cu^{2+})c_{eq}(NH_3)}=10^{4.31}$$

$$[Cu(NH_3)]^{2+} + NH_3 \rightleftharpoons [Cu(NH_3)_2]^{2+} \quad K_2^{\ominus} = \frac{c_{eq}[Cu(NH_3)_2^{2+}]}{c_{eq}[Cu(NH_3)^{2+}]c_{eq}(NH_3)} = 4.68 \times 10^{3.67}$$

$$[Cu(NH_3)_2]^{2+} + NH_3 \rightleftharpoons [Cu(NH_3)_3]^{2+} \quad K_3^{\ominus} = \frac{c_{eq}[Cu(NH_3)_3^{2+}]}{c_{eq}[Cu(NH_3)_2^{2+}]c_{eq}(NH_3)} = 1.10 \times 10^{3.04}$$

$$[Cu(NH_3)_3]^{2+} + NH_3 \rightleftharpoons [Cu(NH_3)_4]^{2+} \quad K_4^{\ominus} = \frac{c_{eq}[Cu(NH_3)_4^{2+}]}{c_{eq}[Cu(NH_3)_3^{2+}]c_{eq}(NH_3)} = 10^{2.30}$$

$K_1^{\ominus}$、$K_2^{\ominus}$、$K_3^{\ominus}$、$K_4^{\ominus}$ 分别为各级配离子的逐级稳定常数。其特点是，各相邻的逐级稳定常数之间一般相差较小。

根据多重平衡规则，配离子的稳定常数 $K_{稳}^{\ominus}$ 等于逐级稳定常数的乘积：

$$K_{稳}^{\ominus} = K_1^{\ominus} K_2^{\ominus} K_3^{\ominus} K_4^{\ominus}$$

表 9-8 列出几种常见金属氨配离子的逐级稳定常数的 $\lg K^{\ominus}$ 值。

表 9-8　几种金属氨配离子的逐级稳定常数的 $\lg K^{\ominus}$ 值

配离子	$\lg K_1^{\ominus}$	$\lg K_2^{\ominus}$	$\lg K_3^{\ominus}$	$\lg K_4^{\ominus}$	$\lg K_5^{\ominus}$	$\lg K_6^{\ominus}$
$[Ag(NH_3)_2]^+$	3.24	3.81	—	—	—	—
$[Zn(NH_3)_4]^{2+}$	2.37	2.44	2.50	2.15	—	—
$[Cu(NH_3)_4]^{2+}$	4.31	3.67	3.04	2.30	—	—
$[Ni(NH_3)_6]^{3+}$	2.80	2.24	1.73	1.19	0.75	0.03

由表 9-8 所列数据可见，配离子的逐级稳定常数之间一般相差不大，因此，严格讲在计算离子的浓度时，应考虑各级配离子的存在。但在实际工作中一般使用过量的配位剂，此时中心离子基本上处于最高配位数的状态，而其他低配位数的各级配离子可忽略不计。因此，若利用配离子的稳定常数 $K_{稳}^{\ominus}$ 计算未配位的金属离子的浓度，只需按总反应进行计算，不必考虑逐级平衡。

此外，还常用累积稳定常数 $\beta_n^{\ominus}$ 来表示配位平衡的标准平衡常数。累积稳定常数是某一级配离子的总生成反应的标准平衡常数。例如：

$$Cu^{2+} + NH_3 \rightleftharpoons [Cu(NH_3)]^{2+} \quad \beta_1^{\ominus} = \frac{c_{eq}[Cu(NH_3)^{2+}]}{c_{eq}(Cu^{2+})c_{eq}(NH_3)} = 10^{4.31}$$

$$Cu^{2+} + 2NH_3 \rightleftharpoons [Cu(NH_3)_2]^{2+} \quad \beta_2^{\ominus} = \frac{c_{eq}[Cu(NH_3)_2^{2+}]}{c_{eq}(Cu^{2+})[c_{eq}(NH_3)]^2} = 10^{7.98}$$

$$Cu^{2+} + 3NH_3 \rightleftharpoons [Cu(NH_3)_3]^{2+} \quad \beta_3^{\ominus} = \frac{c_{eq}[Cu(NH_3)_3^{2+}]}{c_{eq}(Cu^{2+})[c_{eq}(NH_3)]^3} = 10^{11.02}$$

$$Cu^{2+} + 4NH_3 \rightleftharpoons [Cu(NH_3)_4]^{2+} \quad \beta_4^{\ominus} = \frac{c_{eq}[Cu(NH_3)_4^{2+}]}{c_{eq}(Cu^{2+})[c_{eq}(NH_3)]^4} = 10^{13.32}$$

根据多重平衡原理，逐级稳定常数和累积稳定常数之间存在一定的关系。以 $[Cu(NH_3)_4]^{2+}$ 为例，则：

$$\beta_1^{\ominus} = K_1^{\ominus}, \beta_2^{\ominus} = K_1^{\ominus} K_2^{\ominus}, \beta_3^{\ominus} = K_1^{\ominus} K_2^{\ominus} K_3^{\ominus}, \beta_4^{\ominus} = K_1^{\ominus} K_2^{\ominus} K_3^{\ominus} K_4^{\ominus}$$

附录 12 中列出了一些配离子的稳定常数（以 $\lg\beta_n^{\ominus}$ 表示）。查阅时应注意 $\lg\beta_n^{\ominus}$ 与 $\lg K_{稳}^{\ominus}$ 之间的关系。

【例 9-1】 在 10.0mL 0.040mol·L^{-1} $AgNO_3$ 溶液中，加入 10.0mL 2.0mol·L^{-1} NH_3 溶液，计算平衡后溶液中 Ag^+ 的浓度（已知：$[Ag(NH_3)_2]^+$ 的 $K_{稳}^{\ominus} = 1.1 \times 10^7$）。

解　等体积混合后，浓度减半：

$$c(Ag^+)=0.020mol \cdot L^{-1}, c(NH_3)=1.0mol \cdot L^{-1}$$

两种溶液混合后，因为溶液中 NH_3 过量，Ag^+ 能定量地转化为 $[Ag(NH_3)_2]^+$，且每形成 1mol $[Ag(NH_3)_2]^+$ 要消耗 2mol NH_3。

设平衡时游离的 Ag^+ 浓度为 $x$mol·L^{-1}，则：

	Ag^+ +	$2NH_3$	$\rightleftharpoons$ $[Ag(NH_3)_2]^+$
相对起始浓度	0.020	1.0	0
相对平衡浓度	x	$1.0-2\times0.020+2x=0.96+2x$	$0.020-x$

因为 x 很小，得：　$0.96+2x\approx0.96$，$0.020-x\approx0.020$

$$K^{\ominus}_{稳}=\frac{c_{eq}[Ag(NH_3)_2^+]}{c_{eq}(Ag^+)[c_{eq}(NH_3)]^2}=\frac{0.020}{x0.96^2}$$

解得：
$$c(Ag^+)=x=\frac{0.020}{1.1\times10^7\times0.96^2}=2.0\times10^{-9}(mol \cdot L^{-1})$$

结果表明，$x\ll0.020mol \cdot L^{-1}$，将 $0.020-x$ 近似为 0.020 所引起的误差非常小。

需指出，只有在大量配体存在时才可按例 9-1 的方法计算配离子溶液中金属离子的浓度，否则不能按此方法。例如，在 0.020mol·L^{-1} $[Ag(NH_3)_2]^+$ 溶液中，没有过量 NH_3 存在时，因配离子的逐级解离，溶液中 $c_{eq}(Ag^+)\neq2c_{eq}(NH_3)$。此外，上述近似计算忽略了金属离子的水解、配体的水解或电离。

9.3.2 影响配位化合物稳定性的因素（课堂讨论）

配合物是由中心原子和配体组成的，所以中心原子和配体的性质是决定配合物稳定性的主要因素。其次才是浓度、温度等外因。下面主要讨论中心原子和配体的性质对配合物稳定性的影响。

9.3.2.1 中心原子的影响

（1）中心原子在周期表中的位置

中心原子的性质与该元素在周期表中的位置关系密切。图 9-10 中，按中心原子所处位置对其形成配合物的能力进行了初步划分。

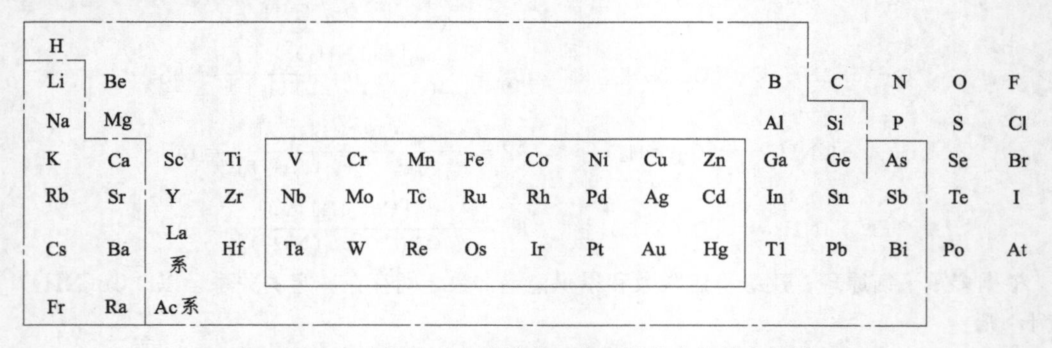

图 9-10　中心原子（金属元素）在周期表中的分布情况

图 9-10 的周期表中黑线范围内的元素的离子为 d^n 构型，是良好的中心原子形成体，该类离子最外层 d 轨道未充满（除ⅠB 和ⅡB 族金属离子外），能形成比较稳定的配合物。在虚线以外点线以内的元素即ⅠA 和ⅡA 的离子外层为稀有气体的 8 电子构型，其离子半径较大，电荷较低，形成配合物的能力较差，仅能形成少数螯合物。在黑线以外虚线以内的元素介于前两类之间，它们的简单配合物稳定性较差，但螯合物的稳定性较好。

一般来说，在周期表两端的金属元素形成配合物的能力较弱，特别是碱金属和碱土金属；而在中间的元素形成配合物的能力较强，特别是ⅧB族元素及其相邻近的一些B族元素，它们形成配合物的能力最强。

（2）中心原子的半径和电荷

对于中心原子和配体之间主要以静电作用力形成的配合物，在中心原子的价层电子构型相同时，中心原子的电荷越高，半径越小，形成的配合物越稳定，即稳定常数越大。例如，碱金属和碱土金属离子与 EDTA 形成的配合物，见表 9-9。

表 9-9　一些ⅠA、ⅡA 族金属离子的 EDTA 配合物的 $\lg K^{\ominus}_{稳}$（293K）

金属离子	Li^{+}	Na^{+}	K^{+}	Ca^{2+}	Sr^{2+}	Ba^{2+}
r/pm	60	95	133	99	113	135
$\lg K^{\ominus}_{稳}$	2.79	1.66	0.80	11.0	8.80	7.78

（3）中心原子的电子层构型

中心原子与配体之间结合的强弱，与中心原子的价电子构型、电荷、半径等有关，根据中心原子的电子构型不同，可分为如下四类：

① 8 电子构型的中心原子　这类中心原子又称稀有气体型中心原子，如碱金属、碱土金属离子及 Al^{3+}、Sc^{3+}、Y^{3+}、La^{3+}、Ti^{4+}、Zr^{4+}、Hf^{4+} 等。一般来说，这类金属离子形成配合物的能力较差，它们和配体主要以静电作用相结合，结合力主要是静电引力。结合力的大小可用 z/r 来衡量，z 为离子电荷数，r 为离子半径，z/r 称为离子势。因此，金属离子的半径和电荷对配合物的稳定性起着决定作用，在配体相同时，金属离子的电荷越高，半径越小，则离子势 z/r 越大，对配体上的孤对电子引力越大，形成的配合物越稳定。

② 18 电子构型的中心原子　这类中心原子又称为 d^{10} 型中心原子，如 Cu^{+}、Ag^{+}、Au^{+}、Zn^{2+}、Cd^{2+}、Hg^{2+}、Ga^{3+}、In^{3+}、Tl^{3+}、Ge^{4+}、Sn^{4+}、Pb^{4+} 等。由于 18 电子构型中心原子的配合物中通常存在一定程度的共价键的性质，所以这些配合物一般比电荷相同、半径相近的 8 电子构型中心原子的相应配合物稳定，但它们的稳定性的变化情况较复杂。例如，配体为 Cl^{-}、Br^{-}、I^{-} 时，Zn^{2+}、Cd^{2+}、Hg^{2+} 配合物的稳定性顺序为 $Zn^{2+} < Cd^{2+} < Hg^{2+}$，这是由于随半径增大，共价性增强（可从离子极化的观点来理解），配合物的稳定性增强；但 F^{-} 为配体时，配合物的稳定性顺序却为 $Zn^{2+} > Cd^{2+} < Hg^{2+}$，这是由于 F^{-} 与 Zn^{2+}、Cd^{2+} 形成配合物时以静电作用力为主，而 F^{-} 与 Hg^{2+} 之间有较大程度的共价键的性质。

③ (18＋2) 电子构型的中心原子　这类中心原子又称为 $(n-1)d^{10}ns^{2}$ 型中心原子，如 Ga^{+}、In^{+}、Tl^{+}、Ge^{2+}、Sn^{2+}、Pb^{2+}、As^{3+}、Sb^{3+}、Bi^{3+} 等。它们形成配合物时的情况一般与 18 电子构型的中心原子类似。

④ 9～17 电子构型的中心原子　这类中心原子具有未充满 d 轨道，容易接受配体的孤对电子，形成配合物的能力强。一般来讲，电荷较低、d 电子数较多的中心原子，如 Fe^{2+} (d^{6})、Co^{2+} (d^{7})、Ni^{2+} (d^{8})、Pd^{2+} (d^{8})、Pt^{2+} (d^{8})、Cu^{2+} (d^{9}) 等和配体之间的结合有较多共价键的性质，与 18 电子构型的中心原子较接近；而电荷高、d 电子数少的中心原子，如 Ti^{3+} (d^{1})、V^{3+} (d^{2})、V^{4+} (d^{1}) 等和配体之间的结合以静电作用为主，与 8 电子构型的中心原子较接近。另外，Mn^{2+} (d^{5})、Fe^{3+} (d^{5}) 等离子是半充满稳定状态，其性质也与 8 电子构型的中心原子较接近。

9.3.2.2 配体的影响

配合物的稳定性与配体的性质如酸碱性、螯合效应、空间位阻等因素有关。

（1）配体的碱性

配体的碱性愈强，给电子能力愈强，与中心原子的亲和能力愈强，形成的配合物就愈稳定。如 $[Cu(NH_3)_4]^{2+}$ 就比 $[Cu(H_2O)_4]^{2+}$ 稳定，因为 NH_3 碱性大于 H_2O，再如 $[CdX_4]^{2+}$ 不同配体的酸碱性与配离子的稳定性关系如表 9-10 所示。

表 9-10 $[CdX_4]^{2+}$ 不同配体的酸碱性与配离子的稳定性关系

X(配体)	吡啶	NH_3	乙二醇
$pK_a^\ominus$	5.229	9.24	9.928
$\lg K_{稳}^\ominus$	2.50	6.92	10.02

（2）螯合效应

多齿配体与中心原子的成环作用使螯合物的稳定性比组成和结构相近的非螯合物的稳定性大得多，这种现象称为螯合效应（chelate effect）。例如，$[Cu(en)_2]^{2+}$ 和 $[Cu(NH_3)_4]^{2+}$ 的 $\lg K_{稳}^\ominus$ 分别为 20 和 13.32，前者是螯合物，明显比后者稳定得多。

螯合效应与螯合环的结构有关（环的大小及多少）。一般来讲，具有五原子螯环或六原子螯环的螯合物在溶液中很稳定，而前者往往又比后者较稳定。以饱和五原子螯环形成的螯合物普遍比以饱和六原子螯环或更大的螯环形成的螯合物稳定，但如果螯环中存在着共轭体系时，则有六原子螯环的螯合物一般也很稳定。螯合效应还与整环的数目有关。一般来讲，形成螯环的数目越多，螯合物越稳定。如 EDTA 能与形成配合物能力较差的 Ca^{2+} 等 s 区元素形成螯合物，这与 EDTA 螯合物中一般有 5 个五原子螯环有关。若配体是大环，则与中心原子形成的配合物更加稳定，这种效应称为大环效应。其稳定性顺序为：单齿配体＜双齿螯合效应＜多齿螯合效应＜大环效应。

（3）位阻效应和邻位效应

如果在螯合剂的配位原子附近有体积较大的基团，会阻碍其与中心原子的配位，从而降低所形成的配合物的稳定性，这种现象称为位阻效应。配位原子的邻位基团产生的位阻效应特别显著，称为邻位效应。例如，8-羟基喹啉可和许多金属离子形成配合物，是一种重要的分析试剂，可与 Al^{3+} 生成沉淀（图 9-11）；如果在 N 的邻位引入甲基等基团后，就不能与 Al^{3+} 生成沉淀，但如果在其他位置引入甲基，则仍可生成沉淀。这是因为其他位置与配位原子 N 相距较远，不产生位阻现象。当然，位阻效应的产生及影响与中心原子亦密切相关，2-甲基-8-喹啉仍可跟 Be^{2+} 生成沉淀。这是由于 Al^{3+} 半径小，形成八面体配合物时位阻大，而 Be^{2+} 可形成四面体配合物，受位阻影响较小。

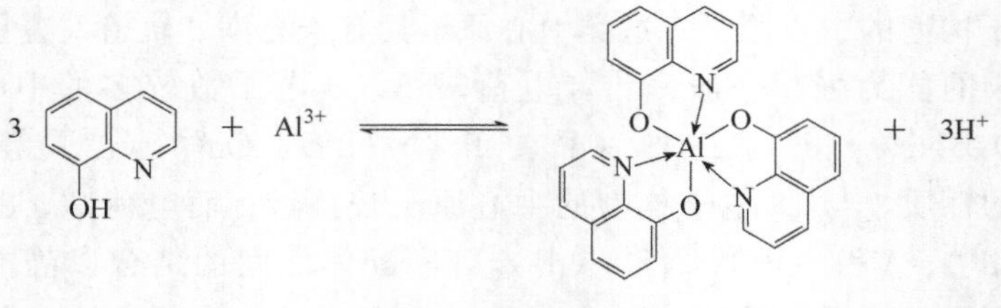

图 9-11 8-羟基喹啉与铝离子的反应式

9.3.3 软硬酸碱规则与配离子稳定性（阅读）

按照 Lewis 酸碱电子理论，能够接受电子对的物质是酸，能够给出电子对的物质是碱。于是，配合物的中心原子是电子对的接受体，可以看作 Lewis 酸；配体是电子对给予体，可以看作 Lewis 碱。配位反应从广义上看就是酸碱反应，酸和碱越容易反应，生成的配合物越稳定。虽然，酸碱受授电子的能力不同，使配合物的稳定性有很大差别，但存在一定的规律性。1963 年皮尔逊（Pearson）根据大量的实验材料提出了软硬酸碱（hard and soft acids and bases，HSAB）的概念。这里所谓的“硬”是形象化地表示分子或离子不易变形，而“软”表示容易变形。大体的分类原则如下：

① 硬酸　接受电子对的离子或原子体积小，电荷高，极化能力小，不易变形，没有易被激发的外层电子。硬酸对其价电子“抓得紧”。

② 软酸　接受电子对的离子或原子体积大，电荷低，极化作用强，易变形，有易被激发的外层电子（多数情况 d 电子）。软酸对其价电子“抓得松”。

③ 交界酸　介于硬酸和软酸之间。

④ 硬碱　给出电子对的原子或离子电负性大，对外层电子吸引力强，不易给出电子，变形性小。

⑤ 软碱　给出电子对的原子或离子电负性小，对外层电子吸引力弱，易给出电子，变形性大。

⑥ 交界碱　介于硬碱和软碱之间。

现将一些常见的金属离子（酸类）和常作配体的分子或离子（碱类）分类列在表 9-11 中。从表中可以看出，主族元素的金属离子一般属于硬酸，副族元素的低价金属离子一般属于软酸。

表 9-11　软硬酸碱的分类

项目	ⅠA	ⅡA	ⅢB	ⅣB	ⅤB	ⅥB	ⅦB	ⅧB	ⅠB	ⅡB	ⅢA	ⅣA	ⅤA
	H^+												
	Li^+	Be^{2+}	Sc^{3+}	Ti^{4+}	VO^{2+}	Cr^{3+}	Mn^{2+}	Fe^{3+}			Al^{3+}	Si^{4+}	
硬酸	Na^+	Mg^{2+}	Y^{3+}	Zr^{4+}	MnO^{2+}						Ga^{3+}		As^{3+}
	K^+	Ca^{2+}	Hf^{4+}								In^{3+}	Sn^{4+}	
	Ru^+	Sr^{2+}											
								Fe^{2+} Co^{3+} Ni^{2+}		Zn^{2+}			
交界酸								Ru^{2+} Rh^{2+}				Sn^{2+}	Sb^{3+}
								Os^{2+} Ir^{3+}				Pb^{2+}	Bi^{3+}
									Cu^+				
软酸								Pd^{2+}	Ag^+	Cd^{2+}			
								Pt^{2+} Pt^{4+}	Au^+	Hg^+ Hg^{2+}	Tl^{3+}		
硬碱	H_2O、OH^-、CH_3COO^-、PO_4^{3-}、SO_4^{2-}、CO_3^{2-}、NO_3^-、ROH、R_2O(醚)、F^-、Cl^-、NH_3												
交界碱	Br^-、N_3^-(叠氮酸根)、NO_2^-、SO_3^{2-}、N_2、C_5H_5N(吡啶)、$C_6H_5NH_2$(苯胺)												
软碱	SCN^-、$S_2O_3^{2-}$、I^-、CN^-、CO、C_6H_6(苯)、S^{2-}、C_2H_4(乙烯)												

注：表中 R 代表烷基。

根据大量实验事实总结出软硬酸碱规则："硬亲硬，软亲软，软硬交界就不管"。这一规则说明硬酸与硬碱、软酸与软碱都易形成稳定的配合物。硬酸与软碱或软酸与硬碱形成的配合物不够稳定。至于交界的酸碱不论对象是软还是硬都可同它反应，所形成配合物的稳定性差别不大。

应用软硬酸碱规则能对配合物的相对稳定性给予较好的解释和预测。例如，Al^{3+}（硬酸）和 F^-（硬碱）比 Al^{3+} 和 I^-（软碱）更容易结合形成配离子；$[Ag(CN)_2]^-$（软-软结合）的稳定性比 $[Ag(NH_3)_2]^+$（软-硬结合）大得多；Fe^{3+} 是硬酸，F^- 是硬碱，SCN^- 是软碱，若在 $[Fe(NCS)_6]^{3-}$ 的溶液中加入 F^-，则发生配体的取代反应，形成 $[FeF_6]^{3-}$ 配离子而使血红色的溶液褪色，显然 $[FeF_6]^{3-}$ 比 $[Fe(NCS)_6]^{3-}$ 更稳定。

软硬酸碱规则在生物学和医药学上也有应用，如治疗金属中毒，对于汞、金的中毒，常用含硫原子的药物，如2,3-二巯基丙醇（$HSCH_2—CHSH—CH_2OH$）等来治疗，而治疗铍中毒，则用含有氧原子的药物如精金三酸等。这是因为汞、金为软酸，与二巯基丙醇中给出电子对的S原子是软-软结合，而铍为硬酸，与精金三酸中给出电子对的O原子是硬-硬结合，这样均可使这些有害金属形成稳定的配合物排出体外，消除其毒害。

软硬酸碱规则的应用很广（不限于配合物），但它也有自身的缺陷：难于作出"软"、"硬"的定量的确定，而且有不少例外情况。影响配合物稳定性的因素很多，因此应用软硬酸碱规则来解释配合物的稳定性时须考虑到它的局限性。

9.4 配位平衡的移动

与前面所学到的酸碱平衡、沉淀溶解平衡、氧化还原平衡一致，金属离子 M^{n+} 和配体 L^- 在水溶液中生成配离子时存在如下配位平衡：

$$M^{n+} + xL^- \rightleftharpoons [ML_x]^{(n-x)}$$

根据平衡移动原理，改变金属离子或配体的浓度均会使上述平衡发生移动。若在上述平衡体系中加入某种试剂，如酸、碱、沉淀剂、氧化剂或还原剂，改变平衡中 M^{n+} 或 L^- 的浓度，即可导致上述配位平衡发生移动。这一过程涉及配位平衡与其他各种化学平衡相互联系的多重平衡，现将分别加以讨论。

9.4.1 配位平衡与酸碱平衡

9.4.1.1 配体的酸效应

大多数配体都是强度不同的碱，如 NH_3、F^-、CN^-、$C_2O_4^{2-}$ 等，根据酸碱质子理论，它们能与外加的酸生成相应的共轭酸，导致配体浓度降低，从而使配位平衡发生移动。当溶液的酸度增加时，由于配体同 H^+ 结合成弱酸而使配位平衡发生移动，导致配离子解离，这种现象称为酸效应（acid effect）。例如，在含有 $[FeF_6]^{3-}$ 的水溶液中加酸（$[H^+]>0.5\ mol\cdot L^{-1}$），此时溶液中同时存在两个平衡：

$$[FeF_6]^{3-} \rightleftharpoons Fe^{3+} + 6F^-$$

$$6F^- + 6H^+ \rightleftharpoons 6HF$$

总反应为：

$$[FeF_6]^{3-} + 6H^+ \rightleftharpoons Fe^{3+} + 6HF$$

$$K^{\ominus} = \frac{c_{eq}(Fe^{3+})[c_{eq}(HF)]^6}{c_{eq}\{[FeF_6]^{3-}\}[c_{eq}(H^+)]^6} = \frac{c_{eq}(Fe^{3+})[c_{eq}(HF)]^6[c_{eq}(F^-)]^6}{c_{eq}\{[FeF_6]^{3-}\}[c_{eq}(H^+)]^6[c_{eq}(F^-)]^6}$$

$$= \frac{1}{K^{\ominus}_{稳}(K^{\ominus}_{a})^6}$$

由平衡常数表达式可知，配离子越不稳定（$K^{\ominus}_{稳}$越小），配体的碱性越强（生成的酸越弱$K^{\ominus}_{a}$越小），总反应的平衡常数$K^{\ominus}$值越大，配离子越易被破坏。

如果配体是极弱的碱，则它基本上不与H^+结合，它的浓度基本上不受溶液酸度的影响，则酸度不会影响配合物的稳定性。例如，HSCN是强酸，其共轭碱SCN^-为弱碱，以SCN^-作配体的配合物$[Fe(NCS)_6]^{3-}$在强酸性溶液中仍很稳定。

9.4.1.2　金属离子的水解效应

大多数金属离子在水溶液中有明显的水解作用，从而降低了金属离子的浓度，使配位反应向解离方向移动，这一现象称为金属离子的水解效应（hydrolysis effect）。例如，在碱性介质中，由于Fe^{3+}水解成难溶的$Fe(OH)_3$沉淀而使$[FeF_6]^{3-}$配离子被破坏。

$$Fe^{3+}+3OH^- \rightleftharpoons Fe(OH)_3$$

$$[FeF_6]^{3-} \rightleftharpoons Fe^{3+}+6F^-$$

总反应为：

$$[FeF_6]^{3-}+3OH^- \rightleftharpoons Fe(OH)_3+6F^-$$

$$K^{\ominus}=\frac{[c_{eq}(F^-)]^6}{c_{eq}\{[FeF_6]^{3-}\}[c_{eq}(OH^-)]^3}=\frac{[c_{eq}(F^-)]^6 c_{eq}(Fe^{3+})}{c_{eq}\{[FeF_6]^{3-}\}[c_{eq}(OH^-)]^3 c_{eq}(Fe^{3+})}$$

$$=\frac{1}{K^{\ominus}_{稳}K^{\ominus}_{sp}}$$

由平衡常数表达式可知，配离子越不稳定（$K^{\ominus}_{稳}$越小），金属的水解程度越大（生成的氢氧化物沉淀的$K^{\ominus}_{sp}$越小），总反应的平衡常数$K^{\ominus}$值越大，配离子越易被破坏。

综上所述，酸度对配位平衡的影响是多方面的，酸效应和水解效应可同时存在。在某一酸度下，以哪种变化为主，要由配体的碱性，金属氢氧化物的溶度积以及配离子的稳定常数等因素决定。所以，为使配离子在溶液中稳定存在，溶液的酸度必须控制在一定的范围内，这在实际工作中十分有用。例如，Zn^{2+}、Ca^{2+}可与EDTA生成螯合物$[ZnY]^{2-}$、$[CaY]^{2-}$，但这两种螯合物的稳定性不同（它们的$\lg K^{\ominus}_{稳}$分别为16.4和11.0）。若控制溶液的pH值在4～5，则EDTA仅与Zn^{2+}反应，而不与Ca^{2+}作用，这样就能利用控制酸度提高反应的选择性。

9.4.2　配位平衡与沉淀-溶解平衡

配位平衡和沉淀平衡的关系是配位剂和沉淀剂共同争夺金属离子。

可以利用配位剂来促使沉淀溶解。例如，在AgCl沉淀中加入足量氨水，沉淀溶解，生成$[Ag(NH_3)_2]^+$配离子：

$$AgCl(s)+2NH_3 \rightleftharpoons [Ag(NH_3)_2]^+ +Cl^-$$

$$K^{\ominus}=\frac{c_{eq}\{[Ag(NH_3)_2]^+\}c_{eq}(Cl^-)c_{eq}(Ag^+)}{[c_{eq}(NH_3)]^2 c_{eq}(Ag^+)}=K^{\ominus}_{稳}K^{\ominus}_{sp}=1.77\times10^{-10}\times1.1\times10^7$$

$$=1.95\times10^{-3}$$

由平衡常数表达式可知，沉淀越易溶解（$K^{\ominus}_{sp}$越大），生成配离子越稳定（$K^{\ominus}_{稳}$越大），总反应的平衡常数$K^{\ominus}$值越大，沉淀越易被溶解。

而在含有配离子的溶液中加入沉淀剂，由于金属离子与沉淀剂生成难溶物质，又会使配位平衡向解离方向进行。例如，在$[Ag(NH_3)_2]^+$的溶液中加入NaBr溶液，会有AgBr沉淀生成，而使$[Ag(NH_3)_2]^+$配离子被破坏。

$$[Ag(NH_3)_2]^+ +Br^- \rightleftharpoons AgBr(s)+2NH_3$$

$$K^{\ominus}=\frac{[c_{eq}(NH_3)]^2c_{eq}(Ag^+)}{c_{eq}\{[Ag(NH_3)_2]^+\}c_{eq}(Br^-)c_{eq}(Ag^+)}=\frac{1}{K^{\ominus}_{稳}\ K^{\ominus}_{sp}}$$

$$=\frac{1}{5.35\times10^{-13}\times1.1\times10^7}=1.7\times10^5$$

由平衡常数表达式可知，配离子越不稳定（$K^{\ominus}_{稳}$越小），沉淀生成的程度越大（生成沉淀的 $K^{\ominus}_{sp}$ 越小），总反应的平衡常数 $K^{\ominus}$ 值越大，配离子越易被破坏。9.4.1 中所述的中心离子的水解效应的本质是沉淀剂沉淀中心离子的反应。

上述的两个例子讲述的是平衡的两个方向，推广到一般情况可以得到：

$$MX_n(s)+aL \rightleftharpoons [ML_a]+nX^- \quad K^{\ominus}=K^{\ominus}_{稳}\ K^{\ominus}_{sp}$$

一方面，配体（L）可促使沉淀平衡向溶解方向移动，$K^{\ominus}_{稳}$越大就越易使沉淀转化为配离子；另一方面，沉淀剂（X^-）可促使配位平衡向解离方向移动，$K^{\ominus}_{sp}$ 越小就越易使配离子转化为沉淀。究竟发生配位反应还是沉淀反应，取决于配位剂的配位能力和沉淀剂的沉淀能力大小。

由于一些难溶盐往往因形成配合物而溶解。利用平衡常数可计算难溶物质在有配位剂存在时的溶解度，以及全部转化为配离子时所需配位剂的最低浓度。

【例 9-2】 计算 298K 时 AgCl 在 6.0mol·L^{-1} 氨水中的溶解度（mol·L^{-1}）{已知：AgCl 的 $K^{\ominus}_{sp}=1.77\times10^{-10}$，$[Ag(NH_3)_2]^+$ 的 $K^{\ominus}_{稳}=1.1\times10^7$}。

解 设 AgCl 在 6.0mol·L^{-1} 氨水中的溶解度为 $x$mol·L^{-1}。

	$AgCl(s)$	+	$2NH_3$	$\rightleftharpoons$	$[Ag(NH_3)_2]^+$	+	Cl^-
相对平衡浓度			$6.0-2x$		x		x

$$K^{\ominus}=\frac{c_{eq}\{[Ag(NH_3)_2]^+\}c_{eq}(Cl)}{[c_{eq}(NH_3)]^2}=K^{\ominus}_{稳}\ K^{\ominus}_{sp}=1.77\times10^{-10}\times1.1\times10^7=1.95\times10^{-3}$$

将相对浓度带入平衡常数表达式，得：

$$K^{\ominus}=\frac{x^2}{(6-2x)^2}=1.95\times10^{-3}$$

解得 $x=0.24$，即 AgCl 在 6.0mol·L^{-1} 氨水中的溶解度为 0.24mol·L^{-1}。

【例 9-3】 向含有 0.20mol·L^{-1} 氨和 0.30mol·L^{-1} NH_4Cl 的混合溶液中，加入等体积 0.30mol·L^{-1} $[Cu(NH_3)_4]^{2+}$ 溶液，混合后是否会生成 $Cu(OH)_2$ 沉淀{已知：$[Cu(NH_3)_4]^{2+}$ 的 $K^{\ominus}_{稳}=2.1\times10^{13}$，$NH_3$ 的 $K^{\ominus}_{b}=1.74\times10^{-5}$，$Cu(OH)_2$ 的 $K^{\ominus}_{sp}=2.2\times10^{-20}$}？

解 等体积混合后，各物质浓度为：

$c(NH_3)=0.10$mol·L^{-1}，$c(NH_4^+)=0.15$mol·L^{-1}，$c([Cu(NH_3)_4]^{2+})=0.15$mol·L^{-1}

此混合溶液中存在三个主要的平衡反应：氨水的质子传递平衡，$[Cu(NH_3)_4]^{2+}$ 的配位平衡和 $Cu(OH)_2$ 的沉淀平衡。

根据氨水的质子传递平衡求 $[OH^-]$，设 OH^- 的平衡浓度为 $x$mol·L^{-1}：

	NH_3+H_2O	$\rightleftharpoons$	NH_4^+	+	OH^-
相对平衡浓度	$0.10-x$		$0.15+x$		x
	≈0.1		≈0.15		

将相对浓度带入平衡常数表达式，得：

$$K^{\ominus}_{b}=\frac{c_{eq}(NH_4^+)c_{eq}(OH^-)}{c_{eq}(NH_3)}=\frac{0.15x}{0.10}=1.74\times10^{-5}$$

解得：　　　　　　　$c_{eq}(OH^-)=x=1.16\times10^{-5}mol\cdot L^{-1}$

根据 $[Cu(NH_3)_4]^{2+}$ 的配位平衡求 $[Cu^{2+}]$，设 Cu^{2+} 的平衡浓度为 $y\,mol\cdot L^{-1}$：

$$Cu^{2+} + 4NH_3 \rightleftharpoons [Cu(NH_3)_4]^{2+}$$

	Cu^{2+}	$4NH_3$	$[Cu(NH_3)_4]^{2+}$
相对平衡浓度	y	$0.10+4y$ ≈0.10	$0.15-y$ ≈0.15

将相对浓度带入平衡常数表达式，得：

$$K^{\ominus}_{稳}=\frac{c_{eq}\{[Cu(NH_3)_4]^{2+}\}}{c_{eq}(Cu^{2+})[c_{eq}(NH_3)]^4}=\frac{0.15}{0.10^4y}=2.1\times10^{13}$$

解得：　　　　　　　$c_{eq}(Cu^{2+})=y=7.14\times10^{-11}mol\cdot L^{-1}$

根据 $Cu(OH)_2$ 的沉淀平衡求离子积 J：

$$Cu(OH)_2(s)\rightleftharpoons Cu^{2+}+2OH^-$$

$$J=c(Cu^{2+})c(OH^-)^2=7.14\times10^{-11}\times(1.16\times10^{-5})^2=9.60\times10^{-21}$$

因为 $J<K^{\ominus}_{sp}=2.2\times10^{-20}$，所以溶液中没有 $Cu(OH)_2$ 沉淀生成。

9.4.3　配位平衡与氧化还原平衡

配合物的形成可使溶液中金属离子的浓度降低，导致氧化还原电对的电极电势发生变化，进而会改变金属离子的氧化还原能力。金属离子与配位剂形成配合物后，有两种类型。

9.4.3.1　金属离子及其单质组成的电对（M^{n+}/M）

当金属离子及其单质组成电对时，氧化型 M^{n+} 可与配体形成配合物（配离子），M^{n+} 浓度降低，导致其电极电势降低。所形成的配离子越稳定（$K^{\ominus}_{稳}$ 越大），则电对的电极电势值越小。配离子比相应的金属离子的氧化能力低，见表 9-12。

【例 9-4】 已知 298K 时，$E^{\ominus}(Ag^+/Ag)=0.7996\ V$，$[Ag(NH_3)_2]^+$ 的 $K^{\ominus}_{稳}=1.1\times10^7$，计算 $[Ag(NH_3)_2]^++e^-\rightleftharpoons Ag+2NH_3$ 的 $E^{\ominus}$。

解：$[Ag(NH_3)_2]^++e^-\rightleftharpoons Ag+2NH_3$ 可分解为两个平衡：

$$\begin{cases} Ag^++e^- \rightleftharpoons Ag \\ [Ag(NH_3)_2]^+ \rightleftharpoons Ag^++2NH_3 \end{cases}$$

根据 Nernst 方程式：$E(Ag^+/Ag)=E^{\ominus}(Ag^+/Ag)+\frac{0.0592}{1}\lg c(Ag^+)$

根据 $[Ag(NH_3)_2^+]$ 的解离平衡可知：$c_{eq}(Ag^+)=\frac{c_{eq}\{[Ag(NH_3)_2]^+\}}{K^{\ominus}_{稳}[c_{eq}(NH_3)]^2}$

将该式带入 Nernst 方程式：

$$E(Ag^+/Ag)=E^{\ominus}(Ag^+/Ag)+\frac{0.0592}{1}\lg\frac{c_{eq}\{[Ag(NH_3)_2]^+\}}{K^{\ominus}_{稳}[c_{eq}(NH_3)]^2}$$

当 $c\{[Ag(NH_3)_2]^+\}=[NH_3]=1.0mol\cdot L^{-1}$ 时：$c_{eq}(Ag^+)=\frac{1}{K^{\ominus}_{稳}}=9.1\times10^{-8}$ $mol\cdot L^{-1}$

此时电对的电极电势为 $[Ag(NH_3)_2]^+/Ag$ 的标准电极电势：

$$E^{\ominus}\{[Ag(NH_3)_2]^+/Ag\}=E(Ag^+/Ag)=E^{\ominus}(Ag^+/Ag)+\frac{0.0592}{1}\lg\frac{1}{K^{\ominus}_{稳}}$$

$$=0.7996+\frac{0.0592}{1}\lg(9.1\times10^{-8})$$

$$=0.3828\ (V)$$

由此例可以看出，当 Ag^+ 形成配离子以后，$E^\ominus\{[Ag(NH_3)_2]^+/Ag\}<E^\ominus(Ag^+/Ag)$，相应的电对的 $E^\ominus$ 值由 0.7996V 降至 0.3828V，即银的还原能力增强，易被氧化为 $[Ag(NH_3)_2]^+$ 配离子。

推广到一般的情况：$[ML_a]^{n-a}+ne^-\rightleftharpoons M+aL$

$$E^\ominus\{[ML_a]^{n-a}/M\}=E^\ominus(M^{n+}/M)+\frac{0.0592}{n}\lg\frac{1}{K^\ominus_{稳}}$$

$$或\quad E^\ominus\{[ML_a]^{n-a}/M\}=E^\ominus(M^{n+}/M)-\frac{0.0592}{n}\lg K^\ominus_{稳}$$

9.4.3.2 同一金属离子的两种价态离子组成的电对（M^{n+}/M^{m+}）

当同一金属的两种不同价态的离子组成电对，而且这两种价态的离子都可以与一种配位剂形成相同类型的配合物时（引入两个 $K^\ominus_{稳}$），情况就比较复杂。例如 Co^{3+}/Co^{2+} 电对：

$$Co^{3+}+e^-\rightleftharpoons Co^{2+}\qquad E^\ominus(Co^{3+}/Co^{2+})=1.92V$$

由于标准电极电势很高，说明在标准状态下 Co^{3+} 是很强的氧化剂，它在水溶液中能氧化 H_2O 放出 $O_2[E^\ominus(O_2/H_2O)=1.229V$，酸性介质]；而 Co^{2+} 则是很弱的还原剂。如果在上述含有 Co^{3+} 和 Co^{2+} 的溶液中加入足量氨水，NH_3 将分别与 Co^{3+} 和 Co^{2+} 生成配合物：

$$Co^{3+}+6NH_3\rightleftharpoons[Co(NH_3)_6]^{3+}\qquad K^\ominus_{稳}=1.6\times10^{35}$$

$$Co^{2+}+6NH_3\rightleftharpoons[Co(NH_3)_6]^{2+}\qquad K^\ominus_{稳}{}'=1.3\times10^{5}$$

溶液中 Co^{3+} 和 Co^{2+} 浓度分别为：

$$c_{eq}(Co^{3+})=\frac{c_{eq}\{[Co(NH_3)_6]^{3+}\}}{K^\ominus_{稳}[c_{eq}(NH_3)]^6},\qquad c_{eq}(Co^{2+})=\frac{c_{eq}\{[Co(NH_3)_6]^{2+}\}}{K^\ominus_{稳}{}'[c_{eq}(NH_3)]^6}$$

当配离子及配体浓度均为 $1.0mol\cdot L^{-1}$ 时，则：

$$E(Co^{3+}/Co^{2+})=E^\ominus\{[Co(NH_3)_6]^{3+}/[Co(NH_3)_6]^{2+}\}$$

$$E^\ominus\{[Co(NH_3)_6]^{3+}/[Co(NH_3)_6]^{2+}\}=E^\ominus(Co^{3+}/Co^{2+})+\frac{0.0592}{1}\lg\frac{c(Co^{3+})}{c(Co^{2+})}$$

$$=1.92+\frac{0.0592}{1}\lg\frac{K^\ominus_{稳}{}'}{K^\ominus_{稳}}$$

$$=1.92+\frac{0.0592}{1}\lg\frac{1.3\times10^5}{1.6\times10^{35}}=0.14(V)$$

电极反应 $[Co(NH_3)_6]^{3+}+e^-\rightleftharpoons[Co(NH_3)_6]^{2+}$ 的 $E^\ominus\{[Co(NH_3)_6]^{3+}/[Co(NH_3)_6]^{2+}\}$ 为 0.14V。

可见，由于氧化态 Co^{3+} 形成的配离子比还原态 Co^{2+} 形成的配离子更稳定，配离子电对的标准电极电势 $E^\ominus\{[Co(NH_3)_6]^{3+}/[Co(NH_3)_6]^{2+}\}$ 相对于金属离子电对的标准电极电势 $E^\ominus(Co^{3+}/Co^{2+})$ 显著降低，甚至低于 $E^\ominus(O_2/OH^-)[E^\ominus(O_2/OH^-)=0.401V$，碱性介质]，因此空气中 O_2 可将 $[Co(NH_3)_6]^{2+}$ 氧化成 $[Co(NH_3)_6]^{3+}$。

推广到一般的情况：$[ML_a]^{n+}+(n-m)e^-\rightleftharpoons[ML_a]^{m+}$

$$E^\ominus\{[ML_a]^{n+}/[ML_a]^{m+}\}=E^\ominus(M^{n+}/M^{m+})+\frac{0.0592}{n-m}\lg\frac{K^\ominus_{稳}(ML_a{}^{m+})}{K^\ominus_{稳}(ML_a{}^{n+})}$$

由上式可以看出，若氧化型生成配合物的稳定常数大，则 $E^\ominus\{[ML_a]^{n+}/[ML_a]^{m+}\}$ 值减小，反之亦然，这一规律体现在表 9-12 中 Fe^{3+} 和 Fe^{2+} 系统标准电极电势的差异中。当配体为 CN^- 时，$[Fe(CN)_6]^{3-}$ 的稳定常数大于 $[Fe(CN)_6]^{4-}$ 的稳定常数，所以 $E^\ominus\{[Fe(CN)_6]^{3-}/[Fe(CN)_6]^{4-}\}$ 值小于 $E^\ominus(Fe^{3+}/Fe^{2+})$。当配体为 1,10-菲罗啉（phen）时，情况恰恰相

反，$E^{\ominus}\{[Fe(phen)_3]^{3+}/[Fe(phen)_3]^{2+}\}$值大于$E^{\ominus}(Fe^{3+}/Fe^{2+})$。

表 9-12 一些配离子的 $K^{\ominus}_{稳}$ 值和 $E^{\ominus}$ 值

电极反应	$E^{\ominus}$/V	$\lg K^{\ominus}_{稳}$	
		氧化态	还原态
$Zn^{2+}+2e^- \rightleftharpoons Zn$	−0.7628	—	—
$[Zn(NH_3)_4]^{2+}+2e^- \rightleftharpoons Zn+4NH_3$	−1.04	9.46	—
$[Zn(CN)_4]^{2-}+2e^- \rightleftharpoons Zn+4CN^-$	−1.26	16.89	—
$Cd^{2+}+2e^- \rightleftharpoons Cd$	−0.4029	—	—
$[Cd(NH_3)_4]^{2+}+2e^- \rightleftharpoons Cd+4NH_3$	−0.613	7.12	—
$[Cd(CN)_4]^{2-}+2e^- \rightleftharpoons Cd+4CN^-$	−1.028	18.85	—
$Hg^{2+}+2e^- \rightleftharpoons Hg$	+0.85	—	—
$[HgBr_4]^{2-}+2e^- \rightleftharpoons Hg+4Br^-$	+0.223	21.00	—
$[Hg(CN)_4]^{2-}+2e^- \rightleftharpoons Hg+4CN^-$	−0.37	41.4	—
$Ag^++e^- \rightleftharpoons Ag$	+0.7996	—	—
$[Ag(NH_3)_2]^++e^- \rightleftharpoons Ag+2NH_3$	+0.373	7.05	—
$[Ag(CN)_2]^-+e^- \rightleftharpoons Ag+2CN^-$	−0.31	21.10	—
$Co^{3+}+e^- \rightleftharpoons Co^{2+}$	+1.92	—	—
$[Co(EDTA)]^-+e^- \rightleftharpoons [Co(EDTA)]^{2-}$	+0.60	36	16.1
$[Co(NH_3)_6]^{3+}+e^- \rightleftharpoons [Co(NH_3)_6]^{2+}$	+0.14	35.2	5.14
$[Co(en)_3]^{3+}+e^- \rightleftharpoons [Co(en)_3]^{2+}$	−0.26	48.7	13.82
$Fe^{3+}+e^- \rightleftharpoons Fe^{2+}$	+0.77	—	—
$[Fe(C_2O_4)_3]^{3-}+e^- \rightleftharpoons [Fe(C_2O_4)_3]^{4-}$	+0.02	20.2	5.22
$[Fe(CN)_6]^{3-}+e^- \rightleftharpoons [Fe(CN)_6]^{4-}$	+0.36	43.9	36.9
$[Fe(bpy)_3]^{3+}+e^- \rightleftharpoons [Fe(bpy)_3]^{2+}$	+1.03	—	—
$[Fe(phen)_3]^{3+}+e^- \rightleftharpoons [Fe(phen)_3]^{2+}$	+1.12	14.1	21.4

9.4.4 配合物的取代反应与配合物的活动性（课堂讨论）

9.4.4.1 取代反应

配合物的取代反应有两种类型：配体取代反应和金属离子取代反应。

（1）配体的取代反应

若在一种配合物的溶液中，加入另一种能与中心离子生成更稳定配合物的配位剂，则发生配体的取代反应。实际上水溶液中的金属离子是以水为配体的配离子，因此其配合反应的实质也是配体取代反应：

$$[Cu(H_2O)_4]^{2+}+4NH_3 \rightleftharpoons [Cu(NH_3)_4]^{2+}+4\ H_2O$$

再如，向含有 $[Ag(NH_3)_2]^+$ 的溶液中加入 KCN 溶液，发生如下反应：

$$[Ag(NH_3)_2]^+ \rightleftharpoons Ag^++2NH_3$$

$$Ag^++2CN^- \rightleftharpoons [Ag(CN)_2]^-$$

总反应为：$[Ag(NH_3)_2]^++2CN^- \rightleftharpoons [Ag(CN)_2]^-+2NH_3$

平衡常数表达式为：

$$K^{\ominus}=\frac{c_{eq}\{[Ag(CN)_2]^-\}[c_{eq}(NH_3)]^2}{c_{eq}\{[Ag(NH_3)_2]^+\}[c_{eq}(CN^-)]^2}=\frac{c_{eq}\{[Ag(CN)_2]^-\}[c_{eq}(NH_3)]^2c_{eq}(Ag^+)}{c_{eq}\{[Ag(NH_3)_2]^+\}[c_{eq}(CN^-)]^2c_{eq}(Ag^+)}$$

$$=\frac{K^{\ominus}_{稳}\{[Ag(CN)_2]^-\}}{K_{稳}\{[Ag(NH_3)_2]^+\}}$$

已知 $[Ag(NH_3)_2]^+$ 和 $[Ag(CN)_2]^-$ 的 $K^{\ominus}_{稳}$ 分别为 1.1×10^7 和 1.3×10^{21}，则代入上式：

$$K^{\ominus}=\frac{1.3\times10^{21}}{1.1\times10^{7}}=1.2\times10^{14}$$

由计算出的 $K^{\ominus}$ 值可看出，上述配位反应向着生成 $[Ag(CN)_2]^-$ 的方向进行的趋势很大。因此，在含有 $[Ag(NH_3)_2]^+$ 的溶液中，加入足够的 CN^- 时，$[Ag(NH_3)_2]^+$ 被破坏而生成 $[Ag(CN)_2]^-$。

从上式可以推出配体取代反应进行的平衡常数与两种配合物的稳定常数的关系：

$$K^{\ominus}=\frac{K^{\ominus}_{稳}(新)}{K^{\ominus}_{稳}(旧)}$$

由此式可以看出新生成的配合物稳定性越大，取代反应越易进行。

（2）中心离子的取代

中心离子的取代有两种情况：

① 配合物中原有的金属离子被新的金属离子所取代（非氧化还原反应）。例如，向含有 $[Mn(en)_3]^{2+}$ 的溶液中加入 Ni^{2+}，发生如下反应：

$$[Mn(en)_3]^{2+}+Ni^{2+}\rightleftharpoons[Ni(en)_3]^{2+}+Mn^{2+}$$

与配体取代反应一致，该反应的平衡平衡常数为：

$$K^{\ominus}=\frac{K^{\ominus}_{稳}\{[Ni(en)_3]^{2+}\}}{K^{\ominus}_{稳}\{[Mn(en)_3]^{2+}\}}$$

已知 $K^{\ominus}_{稳}\{[Ni(en)_3]^{2+}\}=10^{18.33}$，$K^{\ominus}_{稳}\{[Mn(en)_3]^{2+}\}=10^{5.76}$，代入上式，得到 $K^{\ominus}=5.57\times10^{12}$。从反应平衡常数来看，该反应进行得很彻底。

② 配合物的中心离子发生置换（氧化还原反应）。例如，向含有 $[Cu(NH_3)_4]^{2+}$ 的溶液（蓝色）中加入 Zn 粉，则 $[Cu(NH_3)_4]^{2+}$ 可以完全转化为 $[Zn(NH_3)_4]^{2+}$（无色）。

$$[Cu(NH_3)_4]^{2+}+Zn\rightleftharpoons[Zn(NH_3)_4]^{2+}+Cu$$

$$\lg K^{\ominus}=\frac{2E^{\ominus}\{[Cu(NH_3)_4]^{2+}/Cu\}-2E^{\ominus}\{[Zn(NH_3)_4]^{2+}/Zn\}}{0.0592}$$

$$\lg K^{\ominus}=\frac{2\times[(-0.0200V)-(-1.02V)]}{0.0592V}=33.78;K^{\ominus}=\frac{[Zn(NH_3)_4]^{2+}}{[Cu(NH_3)_4]^{2+}}=6.1\times10^{33}$$

从平衡常数看，该置换反应能进行得很完全。

9.4.4.2　配合物的活动性

上面内容是从化学平衡角度探讨了配合物的取代反应，而本部分的配合物的“活动性”则着重讨论配合物取代反应速率方面的性质（动力学性质）。

根据配合物取代反应速率的快慢，可将配合物分为两类：取代反应快速进行的配合物称为活性配合物；而取代反应缓慢的配合物，其活动性小，称为惰性配合物。活性配合物与惰性配合物间没有严格的界限。目前国际上采用淘比（H. Taube）所建议的标准：在298.15K 时各反应物浓度均为 $0.1mol\cdot L^{-1}$ 的条件下，取代反应能在 1min 内能完成的配合物称为活性配合物，否则为惰性配合物。

应注意，配合物的活动性和配合物的热力学稳定性是不同范畴的性质。热力学稳定的配合物在动力学上可能是惰性的，而热力学不稳定的配合物有可能动力学上是活性的。

例如，CN^- 加入 Ni^{2+} 溶液中后可能形成稳定的配合物：

$$[Ni(H_2O)_6]^{2+}+4CN^-\rightleftharpoons[Ni(CN)_4]^{2-}+6H_2O$$

其稳定常数约为 10^{22}，说明 $[Ni(CN)_4]^{2-}$ 在热力学上是稳定的配合物，但是如果在此溶液中，加入 $^*CN^-$（用 ^{14}C 作标记原子），$^*CN^-$ 差不多立即就结合在配合物中：

$$[Ni(CN)_4]^{2-} + 4\,^*CN^- \rightleftharpoons [Ni(^*CN)_4]^{2-} + 4CN^-$$

由此说明：$[Ni(CN)_4]^{2-}$ 是一个稳定的化合物，但从动力学角度考虑它是一个活性配合物。

相反地，$[Co(NH_3)_6]^{3+}$ 配离子在酸性溶液中很不稳定，易发生下列反应：

$$[Co(NH_3)_6]^{3+} + 6H_3O^+ \rightleftharpoons [Co(H_2O)_6]^{3+} + 6NH_4^+$$

反应的平衡常数（约为 10^{25}）很大，达平衡时，$[Co(NH_3)_6]^{3+}$ 几乎完全转变为 $[Co(H_2O)_6]^{3+}$。但在室温下，$[Co(NH_3)_6]^{3+}$ 配离子在酸性溶液中经过数日也无显著的反应。这说明 $[Co(NH_3)_6]^{3+}$ 中的 NH_3 被 H_2O 取代的速率很小，即从动力学角度来看，$[Co(NH_3)_6]^{3+}$ 是惰性的。

9.5 配位化合物的性质解读（阅读）

在溶液中形成配合物时，常常出现颜色的改变，溶解度的改变，电极电势的改变，pH 值的改变等现象。根据这些性质的变化，可以帮助确定是否有配合物生成。在科研和生产中，常利用金属离子形成配合物后的性质变化进行物质的分析和分离。

9.5.1 溶解度

在我们前面学习的沉淀平衡中，沉淀溶解的一个重要方法是配位溶解，例如氯化银溶于过量的浓盐酸或氨水中，溴化银溶于硫代硫酸钠溶液中等等。王水之所以能溶解金和铂，与浓盐酸的配位有很大关系。

$$Au + HNO_3 + 4HCl = H[AuCl_4] + NO\uparrow + 2H_2O$$

$$3Pt + 4HNO_3 + 18HCl = 3H_2[PtCl_6] + 4NO\uparrow + 8H_2O$$

另外，要注意沉淀剂的配位作用对沉淀生成的影响。沉淀反应中，为了使沉淀完全，要加入适当量沉淀剂，过量的沉淀剂反而可能导致沉淀重新溶解。例如，硫酸铝或氯化锌和氢氧化钠在水溶液中反应所形成的氢氧化铝或氢氧化锌沉淀，会重新溶解于过量的氢氧化钠溶液中。硝酸银、氯化锌和氰化钾在水溶液中反应形成的氰化银、氰化锌等沉淀，也会溶于过量的氰化钾溶液。这是因为许多金属离子能与 OH^-、CN^- 等离子形成配合物。

9.5.2 氧化还原性

生成配离子可引起金属离子电对的电极电势改变，从而影响氧化还原反应的方向，例如，金（Au）的氧化。

通常情况下，氧不能氧化金：$E^\ominus(O_2/H_2O)=1.229V$，$E^\ominus(O_2/OH^-)=0.40V$，$E^\ominus(Au^+/Au)=1.69V$，从电极电势可以看出，无论在酸性还是碱性条件下，$O_2$ 均无法氧化 Au。

但在 KCN 的存在下，由于 Au 可形成 $[Au(CN)_2]^-$ 配离子，电极电势降低，$E^\ominus\{[Au(CN)_2]^-/Au\}=-0.572V<E^\ominus(O_2/OH^-)$，Au 可被 O_2 氧化：

$$2Au + 4CN^- + \frac{1}{2}O_2 + H_2O = 2[Au(CN)_2]^- + 2OH^-$$

该反应被广泛应用于金矿沙中提取金，并用金属锌通过取代反应从 $[Au(CN)_2]^-$ 中置换出金。

$$2[Au(CN)_2]^- + Zn \rightleftharpoons [Zn(CN)_2]^{2-} + 2Au$$

再如，电对 Hg^{2+}/Hg 的标准电极电势为 +0.85V，加入 CN^- 使 Hg^{2+} 形成了 $[Hg(CN)_4]^{2-}$ 配离子。$[Hg(CN)_4]^{2-}/Hg$ 的电极电势为 −0.37V。这可以充分说明氧化型的金属离子形成配离子后，其标准电极电势值降低。同时稳定性不同的配离子，其标准电极电势值降低的大小也不同，见表 9-13。

氧化型配离子越稳定（稳定常数越大），它的标准电极电势越低，从而配离子越难得到电子，越难被还原。事实上在 $[HgCl_4]^{2-}$ 溶液中投入铜片 $[E^{\ominus}(Cu^{2+}/Cu) = 0.3419V]$，立即会镀上一层汞，而在 $[Hg(CN)_4]^{2-}$ 溶液中就不会发生这种现象。而对于一些难以用氧化溶解的金属如金、银、铂等，其离子形成配合物后，氧化溶解就变得相对容易多了。

表 9-13　HgX_4^{2-}/Hg 的标准电极电势与稳定常数

电极反应	$E^{\ominus}$/V	$\lg K^{\ominus}_{稳}[HgX_4^{2-}]$
$Hg^{2+} + 2e^- \rightleftharpoons Hg$	+0.85	—
$HgCl_4^{2-} + 2e^- \rightleftharpoons Hg + 4Cl^-$	+0.38	15.2
$HgBr_4^{2-} + 2e^- \rightleftharpoons Hg + 4Br^-$	+0.12	21.6
$HgI_4^{2-} + 2e^- \rightleftharpoons Hg + 4I^-$	−0.04	29.6
$Hg(CN)_4^{2-} + 2e^- \rightleftharpoons Hg + 4CN^-$	−0.37	41.5

9.5.3　酸碱性

一些较弱的酸如 HF、HCN 等在它们形成配合酸后，酸性往往变强。例如 HF 与 BF_3 作用而生成配合酸 $H[BF_4]$，而四氟合硼酸的碱金属盐溶在水中呈中性，这就说明 $H[BF_4]$ 应为强酸。又如弱酸 HCN 与 AgCN 形成的配合酸 $H[Ag(CN)_2]$ 也由极弱酸变成了强酸。这种现象是由于中心原子与弱酸的酸根离子形成较强的配键，从而迫使 H^+ 移到配合物的外界，因而变得容易解离，所以酸性增强。

同一金属离子氢氧化物的碱性因形成配离子而有变化，如 $[Cu(NH_3)_4](OH)_2$ 的碱性就大于 $Cu(OH)_2$。原因是 $[Cu(NH_3)_4]^{2+}$ 的半径大于 Cu^{2+} 半径，和 OH^- 的结合能力较弱，OH^- 易于解离。另外，许多金属的氢氧化物难溶，若配离子的稳定性较小，在碱性溶液中金属离子会生成氢氧化物沉淀而破坏配离子。

9.5.4　颜色的改变

当简单离子形成配离子时，其性质往往发生很大变化，颜色也会发生变化，根据颜色的变化就可以判断配离子是否生成。如 Fe^{3+} 与 SCN^- 在溶液中可生成配位数为 1 ～ 6 的血红色的铁的异硫氰酸根配离子，Co^{2+} 和 SCN^- 生成蓝色易溶于有机溶剂的 $[Co(SCN)_4]^{2-}$，反应式如下：

$$Fe^{3+} + nSCN^- \rightleftharpoons [Fe(NCS)_n]^{3-n}\ (n=1\sim6)$$

$$Co^{2+} + 4\ SCN^- \rightleftharpoons [Co(SCN)_4]^{2-}$$

9.6　配位化合物的应用（阅读）

9.6.1　检验离子的特效试剂

不少金属离子与配位剂的反应具有很高的灵敏性和专属性，且能生成具有特征颜色的配合物，因而常用作金属元素的比色分析和鉴定某种离子的特效试剂。如 Fe^{2+} 和菲罗啉形成深红色的配离子$[Fe(phen)_3]^{2+}$，它可以用作亚铁离子的光度比色分析；在弱碱性条件下，Ni^{2+} 和二甲基乙二肟形成鲜红色的难溶配合物 $Ni(C_4H_7N_2O_2)_2$，常用于 Ni^{2+} 的鉴定。

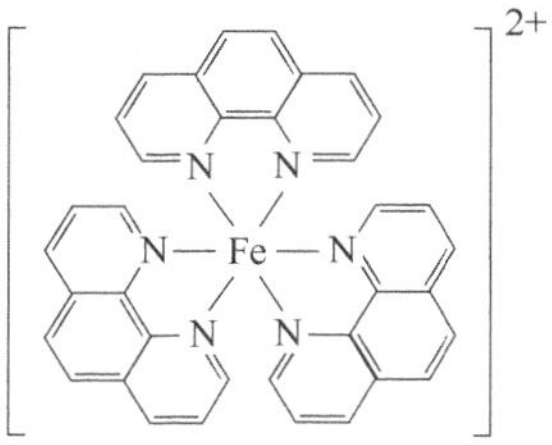

三(菲罗啉)合铁(Ⅱ)离子 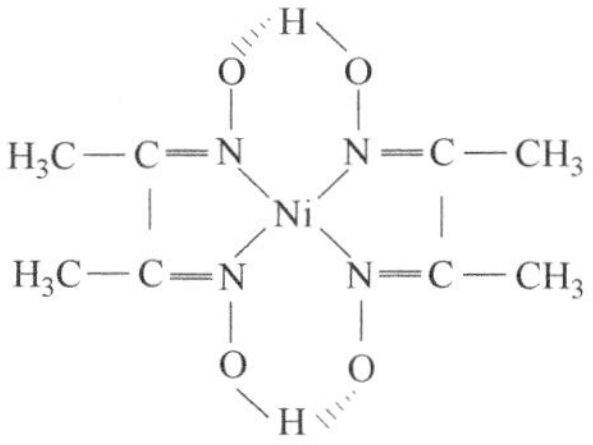　　二(二甲基乙二肟)合镍(Ⅱ)

9.6.2 作掩蔽剂、沉淀剂

多种金属离子共存时，若要测定其中某一金属离子，其他金属离子往往会与试剂发生同类反应而干扰测定。例如，Co^{2+} 的鉴定是在丙酮存在的条件下，加入 KSCN 生成蓝色的$[Co(SCN)_4]^{2-}$配离子。

$$Co^{2+} + 4SCN^- \rightleftharpoons [Co(SCN)_4]^{2-}$$

但溶液中若同时含有 Fe^{3+}，则 Fe^{3+} 也可与 SCN^- 反应，形成血红色的$[Fe(NCS)_n]^{3-n}$（$n=1\sim6$）配离子，会干扰 Co^{2+} 的鉴定反应。此时可加入足量的配位剂 NaF，使 Fe^{3+} 形成更为稳定的无色配离子$[FeF_6]^{3-}$，这样就可以消除 Fe^{3+} 对 Co^{2+} 鉴定反应的干扰。

某些有机螯合剂能和金属离子在水中形成溶解度极小的螯合物沉淀，且沉淀的分子量大、组成固定。利用这些有机螯合剂作沉淀剂，少量的金属离子便可产生相当大量的沉淀，因此，可以大大提高重量分析的精确度。例如，8-羟基喹啉能从热的 CH_3COOH—CH_3COO^-缓冲溶液中定量沉淀 Cu^{2+}、Al^{3+}、Fe^{3+}、Ni^{2+}、Co^{2+}、Zn^{2+}、Mn^{2+}等。

9.6.3 在医药方面的应用

大多数金属能够与生物配体（酶、蛋白质、氨基酸、核苷酸等）形成金属有机化合物，干扰各种器官系统的功能，如中枢神经系统（CNS）、造血系统、肝脏、肾脏等。在医学上，常利用配位反应治疗 Hg、Pb、Cd、As 等重金属中毒。一般选用含—SH、—NH_2 等官能团的多齿配体（螯合剂）从金属离子与生物配体形成的配合物中取代生物配体，形成无毒的可溶性配合物，经肾脏排出体外。例如，二巯基丙醇（BAL）和 D 青霉胺是汞等重金属的有效解毒剂；EDTA 合钙（Ⅱ）的钠盐是人体铅中毒的高效解毒剂。对于铅中毒的患者，可注射溶于生理盐水或葡萄糖溶液的 $Na_2[CaY]$，这是因为 $Pb^{2+} + [CaY]^{2-} \longrightarrow [PbY]^{2-} + Ca^{2+}$，$[PbY]^{2-}$ 及剩余的 $[CaY]^{2-}$ 均可随尿排出体外，从而达到解铅毒的目的。必须注意，在采用螯合剂排除体内的有害金属离子时，由于任何螯合剂都只有相对的选择性，在排除有害金属离子的同时，也会螯合一部分其他生命必需金属离子而一并排出体外，干扰人体正常的生理平衡，引起不同程度的副作用。例如，当用 Na_2H_2Y 排除体内的铅时，常会导致血钙水平的降低而引起痉挛，但改用 $Na_2[CaY]$ 时，则可顺利排铅而保持血钙基本不受影响。

近年来，以铂为代表的金属配合物抗癌药物的研究推动了金属配合物在整个医学领域的发展。1969年罗森博格（B. Rosenberg）首先报道了顺-[$PtCl_2(NH_3)_2$]（顺铂）有显著的肿瘤抑制作用。顺铂有选择地与DNA结合，抑制DNA的复制，阻止癌细胞的分裂，对人体生殖泌尿系统、头颈部及软组织的恶性肿瘤具有显著疗效，和其他抗癌药联合作用时有明显的协同作用，于1978年应用于临床，目前仍是抗肿瘤的一线药物。顺铂也有缓解期短、肾毒性较大、水溶性较小、胃肠道反应严重等缺点。通过在分子水平研究铂配合物的作用机制，人们对顺铂的结构进行了修饰，第二代铂族抗肿瘤药物卡铂（carboplatin）、第三代铂族抗肿瘤药物奥沙利铂（oxaliplatin）分别于1986年和1996年先后上市，改善了顺铂的毒性，并扩大了其活性谱。随着金属抗癌配合物的深入研究，人们开始寻找毒性低的、非铂类金属配合物用于肿瘤的治疗，如Ru、Pd、Ir、Cu、Ni、Fe等元素的配合物。

小结

1. 配合物的定义、组成及命名方法

① 配位化合物的定义和组成

a. 定义　由中心原子和一定数目的阴离子或中性分子通过配位键结合而成的具有一定空间构型的复杂离子或分子称为配位单元，凡是由配位单元组成的化合物都统称为配位化合物。

b. 组成　由内界和外界组成，通常又把内界部分称为配位单元或配位个体，是由中心原子与一定数目的配体（阴离子或中性分子）以配位键相结合而成的复杂离子（或分子），以方括号表示。其余部分称为外界，外界可为金属阳离子或酸根阴离子。

② 配合物的命名　配合物的命名遵循一般无机物的命名原则，但也有特别之处。其内界命名原则：无机配体先于有机配体，阴离子配体先于中性分子配体。

2. 配合物的化学键理论

① 配合物的价键理论

a. 价键理论的要点　中心原子有空的价层轨道，配体有可提供孤对电子的配位原子。配体单方面提供孤对电子形成配位键。

在形成配合物（或配离子）时，中心原子的空轨道在接受配体中配位原子的孤对电子之前首先进行杂化，中心原子的杂化方式决定了配合物的空间构型、磁性和相对稳定性。

b. 内轨型配合物和外轨型配合物　根据中心原子参与杂化的价层轨道全部是外层轨道或是还有部分内层轨道，可将配合物分成外轨型配合物和内轨型配合物。对于相同中心原子的同类型配合物，内轨型配合物的稳定性大于外轨型配合物。究竟形成何种类型，取决于中心离子的电子构型、配位数的多少、配体的强弱等因素。

通过对配合物磁矩的测定，可以推知中心离子形成配合物后的未成对电子数，进而可以推断配合物的空间结构，以及该配合物是属于内轨型还是外轨型。

配合物的磁性强弱（用磁矩μ表示）与其内部未成对电子数（n）有下列近似关系：

$$\mu \approx \sqrt{n(n+2)}$$

② 配合物的晶体场理论　中心离子的d轨道在配体组成的晶体场作用下发生能级分裂，中心离子的d电子在分裂后的能级上重新排列，使体系总能量降低，产生了额外的晶体场稳定化能。晶体场理论很好地解释了配合物的稳定性及光谱性质。

3. 配合物的稳定性

配合物的稳定性可用总生成反应的平衡常数即稳定常数$K^{\ominus}_{稳}$来衡量。对同类型的配合物，$K^{\ominus}_{稳}$越大越稳定。不同类型配合物的稳定性应通过计算判断。

配合物的稳定性不仅与中心、配体的性质有关，还与中心原子和配位原子的关系有关，软硬酸碱原则能在一定程度上预测配合物的稳定性。

4. 配位平衡的移动

配位平衡的移动与酸碱平衡、沉淀平衡及氧化还原平衡均有关系，利用 $K^{\ominus}_{稳}$、$K^{\ominus}_{sp}$ 及 $E^{\ominus}$可进行简单计算。

① 配位平衡与酸碱平衡

a. 酸效应　在增加溶液的酸度时，由于配体同 H^{+}结合成弱酸而使配位平衡发生移动，导致配离子解离，这种现象称为酸效应。配离子越不稳定（$K^{\ominus}_{稳}$越小），配体的碱性越强（生成的酸越弱，$K^{\ominus}_{a}$ 越小），配离子越易被破坏。

b. 水解效应　大多数金属离子在水溶液中有明显的水解作用，从而降低了金属离子的浓度，使配位反应向解离方向移动，这一现象称为金属离子的水解效应。配离子越不稳定（$K^{\ominus}_{稳}$越小），金属的水解程度越大（生成的氢氧化物沉淀的 $K^{\ominus}_{sp}$ 越小），配离子越易被破坏。

② 配位平衡与沉淀平衡

$$MX_n(s) + a\,L \rightleftharpoons [ML_a] + n\,X^-$$
$$K^{\ominus} = K^{\ominus}_{稳}\,K^{\ominus}_{sp}$$

由沉淀平衡与配位平衡的关系式可知：沉淀越易溶解（$K^{\ominus}_{sp}$ 越大），生成配离子越稳定（$K^{\ominus}_{稳}$越大），总反应的平衡常数 $K^{\ominus}$ 值越大，沉淀越易被溶解。反之，沉淀越不易溶解（$K^{\ominus}_{sp}$ 越小），生成配离子越不稳定（$K^{\ominus}_{稳}$越小），配离子越易被破坏。

③ 配位平衡与氧化还原平衡

a. 金属离子及其单质组成的电对（M^{n+}/M）

$$[ML_a]^{n-a} + n\,e^- \rightleftharpoons M + a\,L$$

$$E^{\ominus}\{[ML_a]^{n-a}/M\} = E^{\ominus}(M^{n+}/M) + \frac{0.0592}{n}\lg\frac{1}{K^{\ominus}_{稳}}$$

由金属离子与其单质组成的电对，金属离子形成的配离子越稳定（$K^{\ominus}_{稳}$越大），则电对的电极电势值越小，配离子比相应的金属离子的氧化能力低。

b. 同一金属离子的两种价态离子组成的电对（M^{n+}/M^{m+}）

$$[ML_a]^{n+} + (n-m)e^- \rightleftharpoons [ML_a]^{m+}$$

$$E^{\ominus}\{[ML_a]^{n+}/[ML_a]^{m+}\} = E^{\ominus}(M^{n+}/M^{m+}) + \frac{0.0592}{n-m}\lg\frac{K^{\ominus}_{稳}(ML_a{}^{m+})}{K^{\ominus}_{稳}(ML_a{}^{n+})}$$

当两种价态的离子都可以与同一种配体形成相同类型的配合物时，其电对的标准电极电势与其稳定常数的比值有关，如果高价配合物比低价配合物更稳定，则配离子电对的电极电势小于其相应金属离子电对的电极电势。反之，如果低价配合物比高价配合物更稳定，则配离子电对的电极电势大于其相应金属离子电对的电极电势。

④ 配合物的取代反应

$$K^{\ominus} = \frac{K^{\ominus}_{稳}(新)}{K^{\ominus}_{稳}(旧)}$$

新生成的配合物稳定性越大，取代反应越易进行。

思考题

1. 在 $[Cu(NH_3)_4]SO_4$ 溶液中，分别加入少量下列物质，试问$[Cu(NH_3)_4]^{2+} \rightleftharpoons$

$Cu^{2+}+4NH_3$ 的平衡将怎样移动？

(1) 盐酸　　(2) 氨水

(3) Na_2S 溶液　　(4) KCN 溶液

2.预测下列各配体中，哪一种能同相应的金属离子生成更稳定的配离子？

(1) Cl^-，F^- 与 Al^{3+}　　(2) RSH，ROH 与 Pb^{2+}

(3) NH_3，py 与 Cu^{2+}　　(4) Cl^-，Br^- 与 Hg^{2+}

(5) NH_2CH_2COOH，CH_3COOH 与 Cu^{2+}

3.用配平的化学反应式解释下列实验现象：

(1) AgCl 可溶于氨水，而 AgI 不溶，但 AgI 可溶于 KCN 溶液。

(2) 向 KI/CCl_4 溶液中加入 $FeCl_3$ 溶液，振荡后 CCl_4 层会出现紫色，若加入少量的 NH_4F 或草酸铵或 Na_2H_2Y (EDTA) 溶液，振荡后紫色消失或变浅了。

(3) 在 $FeCl_3$溶液中，加入少量 KSCN 溶液被会有血红色出现，再加 Na_2H_2Y 溶液则血红色消失。

习　题

1.命名下列配合物，并指出中心离子的配位数和配体的配位原子。

(1) $K_2[Co(NCS)_4]$　　(2) $[Co(NH_3)_4(H_2O)_2]_2(SO_4)_3$

(3) $Na_2[SiF_6]$　　(4) $[CrCl_2(H_2O)_4]Cl$

(5) $[Ni(en)_3]Cl_2$　　(6) $[CoCl(NO_2)(NH_3)_4]^+$

【参考答案：见下表】

配合物	中心离子	配位原子	配位数	命名
$K_2[Co(NCS)_4]$	Co^{2+}	N	4	四异硫氰合钴(Ⅱ)酸钾
$[Co(NH_3)_4(H_2O)_2]_2(SO_4)_3$	Co^{3+}	N,O	6	硫酸四氨·二水合钴(Ⅲ)
$Na_2[SiF_6]$	Si^{4+}	F	6	六氟合硅(Ⅳ)酸钠
$[CrCl_2(H_2O)_4]Cl$	Cr^{3+}	O、Cl	6	氯化二氯·四水合铬(Ⅲ)
$[Ni(en)_3]Cl_2$	Ni^{2+}	N	6	氯化三乙二胺合镍(Ⅱ)
$[CoCl(NO_2)(NH_3)_4]^+$	Co^{3+}	Cl、N	6	一氯·一硝基·四氨合钴(Ⅲ)离子

2.写出下列配合物的化学式。

(1) 二硫代硫酸合银(Ⅰ)酸钠　　(2) 三硝基·三氨合钴(Ⅲ)

(3) 氯化二氯·三氨·一水合钴(Ⅲ)　　(4) 二氯·二羟基·二氨合铂(Ⅳ)

(5) 硫酸一氯·一氨·二(乙二胺)合铬(Ⅲ)

(6) 二氯·一草酸根·一(乙二胺)合铁(Ⅲ)离子

【参考答案：(1)$Na_3[Ag(S_2O_3)_2]$；(2)$[Co(NO_2)_3(NH_3)_3]$；(3)$[CoCl_2(NH_3)_3(H_2O)]Cl$；(4) $[PtCl_2(OH)_2(NH_3)_2]$；(5) $[CrCl(NH_3)(en)_2]SO_4$；(6) $[FeCl_2(C_2O_4)(en)]^-$】

3.根据价键理论指出下列配离子的成键情况和空间构型。

(1) $[Fe(CN)_6]^{3-}$　　(2) $[FeF_6]^{3-}$

(3) $[CrCl(H_2O)_5]^{2+}$　　(4) $[Ni(CN)_4]^{2-}$

【参考答案：(1) d^2sp^3 杂化，正八面体；(2) sp^3d^2 杂化，正八面体；(3) d^2sp^3 杂化，

八面体；（4）dsp^2 杂化，平面正方形】

4. 根据实验测得的有效磁矩，确定下列配合物是内轨型还是外轨型配合物，说明理由。

（1）$[Mn(SCN)_6]^{4-}$，$\mu=6.1\mu_B$　　（2）$[Mn(CN)_6]^{4-}$，$\mu=1.8\mu_B$

（3）$[Co(NO_2)_6]^{3-}$，$\mu=0\mu_B$　　（4）$[Co(SCN)_4]^{2-}$，$\mu=4.3\mu_B$

（5）$K_3[FeF_6]$，$\mu=5.9\mu_B$　　（6）$K_3[Fe(CN)_6]$，$\mu=2.3\mu_B$

【参考答案：（1）外轨型，sp^3d^2 杂化；（2）内轨型，d^2sp^3 杂化；（3）内轨型，d^2sp^3 杂化；（4）外轨型，sp^3 杂化；（5）外轨型，sp^3d^2 杂化；（6）内轨型，d^2sp^3 杂化】

5. 已知的 $[PtCl_4]^{2-}$ 空间构型为平面正方形，$[HgI_4]^{2-}$ 为四面体形，画出它们的电子分布情况并指出它们采取哪种杂化轨道成键。

【参考答案：$[PtCl_4]^{2-}$ 中 Pt^{2+}（$5d^8$）采用 dsp^2 杂化轨道成键；$[HgI_4]^{2-}$ 中 Hg^{2+}（$5d^{10}$）采用 sp^3 杂化轨道成键】

6. 用晶体场理论说明为什么八面体配离子 $[CoF_6]^{3-}$ 是高自旋，而 $[Co(NH_3)_6]^{3+}$ 是低自旋。并判断它们稳定性的大小。

【参考答案：F^- 为弱场配体，高自旋状态：$d_\varepsilon^4d_\gamma^2$，CFSE＝6 Dq×2－4 Dq×4＝－4 Dq；NH_3 的场强于 F^-，低自旋状态：$d_\varepsilon^6d_\gamma^0$，CFSE＝6 Dq×0－4Dq×6＝－24 Dq；因而 $[Co(NH_3)_6]^{3+}$ 的稳定性大于 $[CoF_6]^{3-}$】

7. 实验测得 $[Co(NH_3)_6]^{3+}$ 配离子是逆磁性的，问：

（1）它的空间构型是什么？根据价键理论 Co^{3+} 采取何种杂化轨道与配体 NH_3 分子形成配位键？

（2）根据晶体场理论绘出此配离子可能的 d 电子构型，标明它们的高低自旋和磁性情况。

（3）当 $[Co(NH_3)_6]^{3+}$ 被还原为 $[Co(NH_3)_6]^{2+}$ 时，磁矩约为 4～5BM，绘出可能的电子构型，说明它们的磁性。

【参考答案：（1）正八面体型，d^2sp^3 杂化；（2）d 电子构型为 $d_\varepsilon^6d_\gamma^0$，低自旋，逆磁性；（3）d 电子构型为 $d_\varepsilon^5d_\gamma^2$，顺磁性】

8. 已经测知水溶液中的 Co(Ⅱ) 形成一种带有三个未成对电子、具有顺磁性的八面体配离子。下面哪一种说法与上述结论一致，并说明理由。

（1）$[Co(NH_3)_6]^{2+}$ 的晶体场分裂能（Δ_o）大于电子成对能（E_P）。

（2）d 轨道分裂后，电子填充情况是 $d_\varepsilon^5d_\gamma^2$。

（3）d 轨道分裂后，电子填充情况是 $d_\varepsilon^6d_\gamma^1$。

【参考答案：（1）错误；（2）正确；（3）错误】

9. Cr^{3+}、Cr^{2+}、Mn^{2+}、Fe^{2+} 在八面体强场和八面体弱场中各有多少未成对电子，并写出 d_ε 和 d_γ 轨道的电子数目。

【参考答案：见下表】

中心离子	价电子构型	强场	弱场
Cr^{3+}	$3d^3$	$d_\varepsilon^3d_\gamma^0$	$d_\varepsilon^3d_\gamma^0$
Cr^{2+}	$3d^4$	$d_\varepsilon^4d_\gamma^0$	$d_\varepsilon^3d_\gamma^1$
Mn^{2+}	$3d^5$	$d_\varepsilon^5d_\gamma^0$	$d_\varepsilon^3d_\gamma^2$
Fe^{2+}	$3d^6$	$d_\varepsilon^6d_\gamma^0$	$d_\varepsilon^4d_\gamma^2$

10. 在稀 $AgNO_3$ 溶液中依次加入 NaCl、NH_3、KBr、$Na_2S_2O_3$、KCN 和 Na_2S，会导致沉淀和溶解交替产生。请用软硬酸碱规则解释原因，并写出化学反应方程式。

【参考答案：这些 Lewis 碱的软度由小到大的顺序为：$Cl^- < NH_3 < Br^- < S_2O_3^{2-} < CN^- < S^{2-}$。$Ag^+$ 为软酸，根据软硬酸碱规则，结合产物稳定性依次增加。化学反应方程式略】

11. 下列化合物中，哪些可能作为有效的螯合剂？

(1) H_2O　　(2) HO—OH

(3) $H_2N—CH_2—CH_2—CH_2—NH_2$　　(4) $(CH_3)_2N—NH_2$

【参考答案：(3)】

12. 在 50mL $0.10mol \cdot L^{-1}$ $AgNO_3$ 溶液中，加入 30mL 密度为 $0.932g \cdot cm^{-3}$、含 NH_3 18.24% 的氨水，再加水稀释至 100mL，求该溶液中的 $c_{eq}(Ag^+)$、$c_{eq}\{[Ag(NH_3)_2]^+\}$ 和 $c_{eq}(NH_3)$。结合在 $[Ag(NH_3)_2]^+$ 中的 Ag^+ 占 Ag^+ 总浓度的百分之几？已知 $[Ag(NH_3)_2]^+$ 的 $K^{\ominus}_{稳}=1.1\times10^7$。

【参考答案：$c_{eq}(Ag^+)=5.35\times10^{-10}mol \cdot L^{-1}$；$c_{eq}\{[Ag(NH_3)_2]^+\}=0.05mol \cdot L^{-1}$；$c_{eq}(NH_3)=2.9mol \cdot L^{-1}$；100%】

13. 通过计算比较 1.0 L $6.0mol \cdot L^{-1}$ 氨水与 1.0 L $1.0mol \cdot L^{-1}$ KCN 溶液，哪一个可溶解较多的 AgI。已知 $[Ag(NH_3)_2]^+$ 的 $K^{\ominus}_{稳}=1.1\times10^7$，$[Ag(CN)_2]^-$ 的 $K^{\ominus}_{稳}=1.3\times10^{21}$，AgI 的 $K^{\ominus}_{sp}=8.52\times10^{-17}$。

【参考答案：$s(NH_3 \cdot H_2O)=1.84\times10^{-4}mol \cdot L^{-1}$；$s(KCN)=0.50mol \cdot L^{-1}$；KCN 溶液可溶解较多的 AgI】

14. 欲使 0.100mol AgCl 溶于 1.00 L 氨水中，所需氨水的最低浓度是多少？已知 AgCl 的 $K^{\ominus}_{sp}=1.77\times10^{-10}$，$[Ag(NH_3)_2]^+$ 的 $K^{\ominus}_{稳}=1.1\times10^7$。

【参考答案：$c(NH_3 \cdot H_2O) \geqslant 2.46mol \cdot L^{-1}$】

15. 通过计算说明当溶液中 $S_2O_3^{2-}$、$[Ag(S_2O_3)_2]^{3-}$ 的浓度均为 $0.10mol \cdot L^{-1}$ 时，加入 KI 固体使 $c(I^-)=0.010mol \cdot L^{-1}$（忽略体积变化），是否产生 AgI 沉淀？已知 $Ag(S_2O_3)_2^{3-}$ 的 $K^{\ominus}_{稳}=2.9\times10^{13}$，AgI 的 $K^{\ominus}_{sp}=8.3\times10^{-17}$。

【参考答案：$J=3.45\times10^{-15}>K^{\ominus}_{sp}$(AgI)，产生 AgI 沉淀】

16. 已知 $Ag^+ + e^- \rightleftharpoons Ag$ 的 $E^{\ominus}=0.800V$，$[Ag(CN)_2]^-$ 的 $K^{\ominus}_{稳}=1.3\times10^{21}$，$[Ag(NH_3)_2]^+$ 的 $K^{\ominus}_{稳}=1.1\times10^7$，试计算 298K 时，下列电对的标准电极电势。

(1) $[Ag(CN)_2]^- + e^- \rightleftharpoons Ag + 2CN^-$　　(2) $[Ag(NH_3)_2]^+ + e^- \rightleftharpoons Ag + 2NH_3$

【参考答案：(1) $E^{\ominus}=-0.450V$；(2) $E^{\ominus}=0.383V$】

17. 已知 $E^{\ominus}(Fe^{3+}/Fe^{2+})=0.771V$，$E^{\ominus}([Fe(CN)_6]^{3-}/[Fe(CN)_6]^{4-})=0.361V$，$[Fe(CN)_6]^{4-}$ 的 $\lg K^{\ominus}_{稳}=35.00$，试计算 $[Fe(CN)_6]^{3-}$ 的 $K^{\ominus}_{稳}$。

【参考答案：$K^{\ominus}_{稳}=8.43\times10^{41}$】

18. 某原电池的一个电极由锌片插到 $0.10mol \cdot L^{-1}$ $ZnSO_4$ 溶液中构成；另一个电极由锌片插到混合溶液中构成，该溶液的 $c\{[Zn(NH_3)_4]^{2+}\}=0.10mol \cdot L^{-1}$，$c(NH_3)=1.0mol \cdot L^{-1}$，测得原电池的电动势为 0.278V，试求 $[Zn(NH_3)_4]^{2+}$ 的 $K^{\ominus}_{稳}$ [已知 $E^{\ominus}(Zn^{2+}/Zn)=-0.763$ V]。

【参考答案：$K^{\ominus}_{稳}=2.46\times10^9$】

19. 298K 时，$[Cu(NH_3)_2]^+$ 的 $\lg K^{\ominus}_{稳}=10.86$，$[Cu(CN)_2]^-$ 的 $\lg K^{\ominus}_{稳}=24.0$，$[Cu(NH_3)_4]^{2+}$

的 $\lg K^{\ominus}_{稳}=13.32$，$[Zn(NH_3)_4]^{2+}$ 的 $\lg K^{\ominus}_{稳}=9.46$，$E^{\ominus}(Zn^{2+}/Zn)=-0.763V$，$E^{\ominus}(Cu^{2+}/Cu)=0.342\ V$，判断下列反应进行的方向，并作说明。

(1) $[Cu(NH_3)_2]^{+}+2CN^{-} \rightleftharpoons [Cu(CN)_2]^{-}+2NH_3$

(2) $[Cu(NH_3)_4]^{2+}+Zn^{2+} \rightleftharpoons [Zn(NH_3)_4]^{2+}+Cu^{2+}$

(3) $[Cu(NH_3)_4]^{2+}+Zn \rightleftharpoons [Zn(NH_3)_4]^{2+}+Cu$

【参考答案：(1) $K^{\ominus}=1.38\times10^{13}$，标准态时反应正向进行；(2) $K^{\ominus}=1.38\times10^{-4}$，标准态时反应逆向进行；(3) $K^{\ominus}=2.96\times10^{33}$，标准态时反应正向进行】

第10章 元素分区各论

10 Chapter

学习要求

掌握 各区元素重要化合物的基本性质。

熟悉 各区元素的通性与其电子层结构的关系。

了解 各区元素在医药中的应用。

10.1 s区元素（课堂讨论）

周期系第ⅠA和第ⅡA主族元素的价层电子构型分别为ns^1和ns^2，它们的原子最外层有1～2个电子，这些元素称为s区元素。ⅠA族元素包括锂、钠、钾、铷、铯、钫，这六种元素被称为碱金属（alkali metals）。ⅡA族元素包括铍、镁、钙、锶、钡、镭，这六种元素被称为碱土金属（alkaline earth metals）。锂、铷、铯、铍是稀有金属元素，钫和镭是放射性元素。

10.1.1 s区元素的通性

碱金属和碱土金属的基本性质分别列于表10-1和表10-2中。

表10-1 碱金属的基本性质

项目	锂	钠	钾	铷	铯
元素符号	Li	Na	K	Rb	Cs
原子序数	3	11	19	37	55
价电子构型	$2s^1$	$3s^1$	$4s^1$	$5s^1$	$6s^1$
金属半径/pm	152	186	227	248	265
沸点/K	1603	1165	1033	961	963

续表

项目	锂	钠	钾	铷	铯
熔点/K	453.5	370.8	336.7	311.9	301.7
电负性	0.98	0.93	0.82	0.82	0.79
第一电离势/$kJ\cdot mol^{-1}$	521	499	421	405	371
硬度(金刚石=10)	0.6	0.4	0.5	0.3	0.2
导电性(Hg=1)	11	21	14	8	8
氧化数	+1	+1	+1	+1	+1

s区元素是同一周期最活泼的金属元素。碱金属原子最外层只有一个ns电子，而次外层是8电子结构（Li的次外层是2个电子），它们的原子半径在同周期元素中（稀有气体除外）是最大的，而核电荷在同周期元素中是最小的。由于内层电子的屏蔽作用较显著，故这些元素很容易失去最外层的1个s电子，从而使碱金属的第一电离势在同周期元素中最低。因此，碱金属是同周期元素中金属性最强的元素。碱土金属的核电荷比碱金属大，原子半径比碱金属小，金属性比碱金属略差一些。

s区同族元素自上而下性质的变化是有规律的。随着核电荷的增加，原子半径逐渐增大，电离势和电负性逐渐减小，金属性和还原性逐渐增强。但第二周期的元素（如Li）表现出一定的特殊性。s区元素的一个重要特点是各族元素通常只有一种稳定的氧化值。碱金属的第一电离能较小，很容易失去一个电子，故氧化数为+1。碱土金属的第一、第二电离能较小，容易失去2个电子，因此氧化数为+2。

表10-2　碱土金属的基本性质

项目	铍	镁	钙	锶	钡
元素符号	Be	Mg	Ca	Sr	Ba
原子序数	4	12	20	38	56
价电子构型	$2s^2$	$3s^2$	$4s^2$	$5s^2$	$6s^2$
金属半径/pm	111.3	160	197.3	215.1	217.3
沸点/K	3243	1380	1760	1653	1913
熔点/K	1550	923	1111	1041	987
电负性	1.57	1.31	1.00	0.95	0.89
第一电离势/$kJ\cdot mol^{-1}$	905	742	593	552	564
第二电离势/$kJ\cdot mol^{-1}$	1768	1460	1152	1070	971
硬度(金刚石=10)	4.0	2.0	1.5	1.8	—
导电性(Hg=1)	5.2	21.4	20.8	4.2	—
氧化数	+2	+2	+2	+2	+2

s区元素单质都是具有金属光泽的银白色金属，它们的物理性质的主要特点是：轻、软、低熔点。锂的密度最低（$0.53g\cdot cm^{-3}$），是最轻的金属，即使密度最大的镭，其密度也小于$5g\cdot cm^{-3}$。碱金属、碱土金属的硬度很小，除铍和镁外，它们的硬度都小于2。碱金属和钙、锶、钡可以用刀切割，但铍较特殊，其硬度足以划破玻璃。碱金属原子半径较大，又只有1个价电子，形成的金属键很弱，因此其熔点、沸点较低。碱土金属由于原子半

径较小，具有2个价电子，金属键的强度比碱金属的强，故熔点、沸点相对较高。在碱金属和碱土金属的晶体中有活动性较高的自由电子，因而它们都具有良好的导电性、导热性，如利用光照时，金属表面电子逸出所产生的光电效应，铯（也可用钾、铷）被用于制造光电管。此外，碱金属还可以互相溶解形成液体合金，也可与汞形成汞齐，用于无机合成和有机合成的还原剂，如钾、钠合金，钠汞齐等。

s区元素的单质是化学活泼性最强的金属，它们能直接或间接地与电负性较大的非金属如卤素、硫、氧、磷、氮和氢等形成相应的化合物，除了锂、铍和镁的某些化合物（例如它们的卤化物）具有明显的共价键性质外，一般是以离子键相结合。除了铍、镁外，s区元素都较易与水反应，形成稳定的氢氧化物，这些氢氧化物大多是强碱。s区元素所形成的化合物大多是离子型的。第二周期的锂和铍的离子半径小，极化作用较强，形成的化合物基本上是共价型的，少数镁的化合物也是共价型的；也有一部分锂的化合物是离子型的。常温下s区元素的盐类在水溶液中大都不发生水解反应。s区元素中的钙、锶、钡及其挥发性碱金属化合物在高温火焰中灼烧，电子易被激发。当电子从较高的能级回到较低的能级时，便分别发射出一定波长的光，使火焰呈现特征颜色，称为焰色反应。不同的原子因为结构不同而产生不同颜色的火焰。常见的几种碱金属、碱土金属的火焰颜色列于表10-3中。分析化学上常利用焰色反应来鉴定这些元素的存在。

表10-3　s区元素的火焰颜色

元素	Li	Na	K	Rb	Cs	Ca	Sr	Ba
颜色	红	黄	紫	红紫	蓝	橙红	深红	绿
波长/nm	670.8	589.2	766.5	780.0	455.5	714.9	687.8	553.5

10.1.2　s区元素的重要化合物

10.1.2.1　氧化物

碱金属、碱土金属与氧能形成多种类型的氧化物：普通氧化物（含O^{2-}）、过氧化物（含O_2^{2-}）、超氧化物（含O_2^-）和臭氧化物（含O_3^-）。

① 普通氧化物　碱金属中的锂和碱土金属在空气中燃烧时，生成正常氧化物Li_2O和MO。其他碱金属的普通氧化物是用金属与它们的过氧化物或硝酸盐作用而得的。例如：

$$Na_2O_2 + 2Na \xlongequal{} 2Na_2O$$

$$2KNO_3 + 10K \xlongequal{} 6K_2O + N_2\uparrow$$

碱土金属的碳酸盐、硝酸盐、氢氧化物等热分解也能得到氧化物MO。例如：

$$MCO_3 \xlongequal{} MO + CO_2\uparrow$$

碱金属氧化物的颜色从Li_2O到Cs_2O逐渐加深，它们的熔点比碱土金属氧化物的熔点低得多。碱金属氧化物与水反应生成相应的氢氧化物：

$$M_2O + H_2O \xlongequal{} 2MOH$$

上述反应的程度从Li_2O到Cs_2O依次加强，Li_2O与水反应很慢，Rb_2O到Cs_2O与水反应发生燃烧甚至爆炸。

碱土金属的氧化物全部是白色固体。与M^+相比，M^{2+}的电荷多，离子半径小，所以碱土金属氧化物具有较大的晶格能，熔点都很高，硬度也较大，难于受热分解，如BeO和MgO常用于制造耐火材料。CaO俗称生石灰，常用作干燥剂，BeO几乎不与水反应，MgO

与水缓慢反应生成相应的碱。CaO、SrO、BaO遇水都能发生剧烈反应，生成相应的碱，并放出大量的热。

② 过氧化物 过氧化物是含有过氧离子O_2^{2-}的化合物，可看做是H_2O_2的盐。除Be外，碱金属和碱土金属元素在一定条件下都能形成过氧化物。过氧离子O_2^{2-}的结构式如下：

$$[:\ddot{\underset{\cdot\cdot}{O}}:\ddot{\underset{\cdot\cdot}{O}}:]^{2-} \quad 或 \quad [—O—O—]^{2-}$$

按照分子轨道理论，O_2^{2-}的分子轨道电子排布式为：

$$(\sigma_{1s})^2(\sigma_{1s}^*)^2(\sigma_{2s})^2(\sigma_{2s}^*)^2(\sigma_{2p_x})^2(\pi_{2p_y})^2(\pi_{2p_z})^2(\pi_{2p_y}^*)^2(\pi_{2p_z}^*)^2$$

过氧离子O_2^{2-}中有一个σ键，键级为1。由于电子均成对，因而O_2^{2-}具有反磁性。

过氧化钠是最常见的碱金属过氧化物。工业上制备过氧化钠的方法是：将金属钠在铝制容器中加热到300℃，并通入不含二氧化碳的干空气，即可制得淡黄色粉末Na_2O_2。

过氧化钠与水或稀酸在室温下反应生成过氧化氢：

$$Na_2O_2+2H_2O = 2NaOH+H_2O_2$$

$$Na_2O_2+H_2SO_4(稀) = Na_2SO_4+H_2O_2$$

过氧化氢不稳定，立即分解放出氧气，因此过氧化钠可作氧化剂、氧气发生剂和漂白剂。当过氧化钠遇到棉花、木炭或铝粉等还原性物质时，就会发生爆炸，使用Na_2O_2时应当注意安全。

过氧化钠与二氧化碳反应，放出氧气：

$$2Na_2O_2+2CO_2 = 2Na_2CO_3+O_2\uparrow$$

在防毒面具、高空飞行和潜艇中常用Na_2O_2作CO_2的吸收剂和供氧剂。

③ 超氧化物 除了锂、铍、镁外，其余碱金属和碱土金属都能形成超氧化物MO_2和$M(O_2)_2$。其中，钾、铷、铯在空气中燃烧能直接生成超氧化物MO_2。超氧化物中含有超氧离子O_2^-，结构式为：

$$[:\underset{\cdot\cdot}{O}\overset{\cdots}{—}\underset{\cdot\cdot}{O}:]^-$$

按照分子轨道理论，O_2^-的分子轨道电子排布式为：

$$(\sigma_{1s})^2(\sigma_{1s}^*)^2(\sigma_{2s})^2(\sigma_{2s}^*)^2(\sigma_{2p_x})^2(\pi_{2p_y})^2(\pi_{2p_z})^2(\pi_{2p_y}^*)^2(\pi_{2p_z}^*)^1$$

O_2^-中含有一个σ键和一个三电子π键，键级为3/2。由于含有一个未成对电子，因而O_2^-具有顺磁性，并呈现出颜色。KO_2为橙黄色，RbO_2为深棕色，CsO_2为深黄色。

超氧化物是很强的氧化剂，与水剧烈反应，放出氧气：

$$2MO_2+2H_2O = 2MOH+H_2O_2+O_2\uparrow$$

超氧化物也能与CO_2反应放出氧气：

$$4MO_2+2CO_2 = 2M_2CO_3+3O_2\uparrow$$

KO_2较易制备，常用于急救器和消防队员的空气背包中，利用上述反应除去呼出的CO_2和湿气并提供氧气。

④ 臭氧化物 钾、铷、铯的氢氧化物与臭氧O_3反应，可以制得臭氧化物，例如：

$$3KOH(s)+2O_3(g) = 2KO_3(s)+KOH\cdot H_2O(s)+\frac{1}{2}O_2(g)$$

产物在液氨中结晶，可得到橘红色KO_3晶体，室温下放置，它会缓慢分解为KO_2和O_2。

10.1.2.2 氢氧化物

碱金属和碱土金属的氧化物（除BeO和MgO外）与水作用，即可得到相应的氢氧化物：

$$M_2O+H_2O \longrightarrow 2MOH$$
$$MO+H_2O \longrightarrow M(OH)_2$$

碱金属和碱土金属的氢氧化物都是白色固体，它们的基本性质列于表 10-4 中。

表 10-4　碱金属和碱土金属氢氧化物的溶解度和碱性

氢氧化物	LiOH	NaOH	KOH	RbOH	CsOH
溶解度(288K)/mol·L^{-1}	5.3	26.4	19.1	17.9	25.8
碱性	中强碱	强碱	强碱	强碱	强碱
氢氧化物	$Be(OH)_2$	$Mg(OH)_2$	$Ca(OH)_2$	$Sr(OH)_2$	$Ba(OH)_2$
溶解度(293K)/mol·L^{-1}	8×10^{-6}	5×10^{-4}	1.8×10^{-2}	6.7×10^{-2}	2×10^{-1}
碱性	两性	中强碱	强碱	强碱	强碱

碱金属的氢氧化物在水中都是易溶的，溶解时还放出大量的热。碱土金属的氢氧化物的溶解度则较小，其中 $Be(OH)_2$ 和 $Mg(OH)_2$ 是难溶的氢氧化物。它们在空气中易吸水而潮解，故固体 NaOH 和 $Ca(OH)_2$ 常用作干燥剂。碱金属、碱土金属的氢氧化物中，除 $Be(OH)_2$ 为两性氢氧化物外，其他氢氧化物都是强碱和中强碱。

碱金属的氢氧化物中，较重要的是氢氧化钠。因为它对纤维和皮肤有强烈的腐蚀作用，所以又称它为烧碱、火碱及苛性碱，是重要的化工原料，应用很广泛。工业上制备 NaOH 采用电解食盐水溶液的方法，常用隔膜电解法和离子交换膜电解法。用碳酸钠和熟石灰反应（苛化法）也可以制备氢氧化钠：

$$Na_2CO_3+Ca(OH)_2 \longrightarrow CaCO_3\downarrow+2NaOH$$

碱土金属的氢氧化物中较为重要的是氢氧化钙，俗称熟石灰或消石灰，它可由 CaO 与水反应制得。$Ca(OH)_2$ 价格低廉，大量用于化工和建筑工业。

10.1.2.3　氢化物

碱金属和碱土金属中 Mg、Ca、Sr、Ba 在氢气流中加热，可以分别生成离子型氢化物 MH 和 MH_2。这些氢化物都是白色的盐型化合物，电解它们的熔融盐，在阳极上放出氢气，证明在这类氢化物中氢是带负电的部分。

碱金属和碱土金属的氢化物有两个基本特征。一个特征是大多数氢化物不稳定，加热分解放出氢气，因此可做储氢材料。储氢时，用它们与氢反应生成金属氢化物；用氢时，把金属氢化物加热，将氢放出来，以供使用。另一特征是具有还原性，LiH、NaH、CaH_2 等在有机合成中常用作还原剂。例如，氢化锂和无水三氯化铝在乙醚溶液中相互作用，生成氢化铝锂：

$$4LiH+AlCl_3 \xrightarrow{\text{无水乙醚}} Li[AlH_4]+3LiCl$$

$Li[AlH_4]$ 具有很强的还原性，能将许多有机官能团还原。

在水溶液中，由于它们能迅速还原水，放出氢气，因此不易作还原剂还原水溶液中的其他物质，但可利用此性质制氢气：

$$MH+H_2O \longrightarrow MOH+H_2\uparrow$$
$$MH_2+2H_2O \longrightarrow M(OH)_2+2H_2\uparrow$$

CaH_2 常用作军事和气象野外作业的生氢剂。

10.1.3　s 区元素在医药中的应用

10.1.3.1　卤化物

卤化物中用途最广的是氯化钠，来源于海盐、岩盐和井盐。氯化钠除供食用外，还是重要的化工原料，可用于制备 $NaOH$、Cl_2、Na_2CO_3 和 HCl 等。氯化钠与冰的混合物可用作制冷剂。氯化钠（$NaCl$）矿物药名为大青盐，是维持体液平衡的重要盐分，缺乏时会引起恶心、呕吐、衰竭和肌痉。故常把氯化钠配制成生理盐水（0.85%～0.9%），供流血或失水过多的患者补充体液。氯化钾用于低血钾症及洋地黄中毒引起的心律不齐。氯化钙是常用的钙盐之一，$CaCl_2 \cdot 6H_2O$ 和冰的混合物是实验室常用的制冷剂。无水氯化钙是有强吸水性的重要干燥剂，氯化钙与氨或乙醇能生成加合物，所以不能干燥乙醇和氨气。氯化钙等用于治疗钙缺乏症，也可用于抗过敏药和消炎药。氯化钡是重要的可溶性钡盐，可用于医药、灭鼠剂和鉴定 SO_4^{2-} 的试剂。氯化钡有剧毒，切忌入口。

10.1.3.2　硫酸盐

碱金属的硫酸盐都易溶于水，其中以硫酸钠最为重要。十水硫酸钠 $Na_2SO_4 \cdot 10H_2O$（俗称芒硝）在空气中易风化脱水变为无水硫酸钠。无水硫酸钠作中药用称为玄明粉，为白色粉末，有潮解性。在医药上，芒硝和玄明粉都用作缓泻剂，芒硝还有清热消肿作用。

碱土金属的硫酸盐大都难溶于水，重要的硫酸盐有二水硫酸钙 $CaSO_4 \cdot 2H_2O$（俗称生石膏）受热脱去部分水生成烧石膏（煅石膏、熟石膏）。

$$CaSO_4 \cdot 2H_2O \xrightarrow{120℃} CaSO_4 \cdot \frac{1}{2}H_2O \xrightarrow{>400℃} CaSO_4 \xrightarrow{\triangle} xCaSO_4 \cdot yCaO$$

当熟石膏与水混合成糊状后放置一段时间会逐渐硬化并膨胀，重新生成生石膏，在医疗上用作石膏绷带。生石膏内服有清热泻火的功效。熟石膏有解热消炎的作用，是中医治疗流行性乙脑炎“白虎汤”的主药之一。

七水硫酸镁 $MgSO_4 \cdot 7H_2O$（俗称泻盐）内服作缓泻剂和十二指肠引流剂。它的注射剂主要用于抗惊厥。硫酸钡又叫重晶石，是唯一无毒的钡盐，由于它不溶于胃酸，同时有强烈的吸收 X 射线的能力，可在医学上用于胃肠 X 射线透视造影。

10.1.3.3　碳酸盐

碱金属的碳酸盐中，除碳酸锂外，其余均溶于水。除锂外，其他碱金属都能形成固态碳酸氢盐。例如，碳酸氢钠俗称小苏打，它的水溶液呈弱碱性，常用于治疗胃酸过多和酸中毒，在空气中会慢慢分解生成碳酸钠，应密闭保存于干燥处。由于它与酒石酸氢钾在溶液中反应生成 CO_2，它们的混合物是发酵粉的主要成分。碳酸锂有一种神奇的医学功能，可用于治疗狂躁型抑郁症。碳酸钠俗称纯碱或苏打，是一种重要的化工原料，大量用于玻璃、肥皂、纺织品、洗涤剂的生产和有色金属的冶炼中。

碱土金属的碳酸盐，除 $BeCO_3$ 外，都难溶于水，但它们可溶于稀的强酸溶液中，并放出 CO_2，故实验室常用 $CaCO_3$ 制备 CO_2。碱土金属的碳酸盐中碳酸钙最为重要。碳酸钙是石灰石、大理石的主要成分，也是中药珍珠、钟乳石、海蛤壳的主要成分。

10.1.4　对角线规则

在 s 区和 p 区元素中，除了同族元素的性质相似外，还有一些元素及其化合物的性质呈现出对角线相似性。所谓对角线相似即ⅠA族的Li与ⅡA族的Mg、ⅡA族的Be与ⅢA族的Al、ⅢA族的B与ⅣA族的Si性质相似，这三对元素在周期表中处于对角线位置：

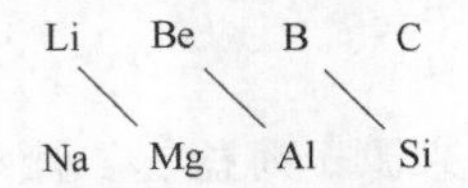

周期表中，某元素及其化合物的性质与它左上方或右下方元素及其化合物性质的相似性就称为对角线规则。

对角线规则是从有关元素及其化合物的许多性质中总结出来的经验规律；对此可以用离子极化的观点加以粗略的说明。同一周期最外层电子构型相同的金属离子，从左至右随离子电荷的增加而引起极化作用的增强；同一族电荷相同的金属离子，自上而下随离子半径的增大而使得极化作用减弱。因此，处于周期表中左上右下对角线位置上的邻近两个元素，由于电荷和半径的影响恰好相反，它们的离子极化作用比较相近，从而使它们的化学性质比较相似。由此反映出物质的结构与性质之间的内在联系。

锂和镁的相似性：锂、镁在过量的氧气中燃烧时并不生成过氧化物，而生成普通氧化物；锂和镁都能与氮和碳直接化合生成氮化物和碳化物；锂和镁与水反应均较缓慢；锂和镁的氢氧化物是中强碱，溶解度都不大，在加热时可分解为 Li_2O 和 MgO；锂和镁的某些盐类和氟化物、碳酸盐、磷酸盐难溶于水；锂和镁的碳酸盐在加热下均能分解为相应的氧化物和二氧化碳；锂和镁的氯化物均能溶于有机溶剂中，表现出共价特征。

10.2 p区元素

p区元素位于周期表的右侧，包括第ⅢA～ⅦA族元素。周期表中的非金属元素，除氢外，其余都集中在p区。ⅧA族是完整的典型非金属，其他各族都是由典型的非金属元素过渡到典型金属元素。本节简要介绍p区元素中的一部分。

10.2.1 卤族元素

10.2.1.1 卤族元素的通性

周期表第ⅦA族元素包括氟、氯、溴、碘和砹5种元素，总称为卤素。卤素在希腊原文中为成盐元素的意思。卤素是非金属元素，其中氟是所有元素中非金属性最强的，碘具有微弱的金属性，砹是放射性元素。卤族元素的基本性质列于表10-5中。

表10-5 卤族元素的基本性质

项目	氟	氯	溴	碘
元素符号	F	Cl	Br	I
原子序数	9	17	35	53
价层电子构型	$2s^22p^5$	$3s^23p^5$	$4s^24p^5$	$5s^25p^5$
主要氧化值	−1	−1,+1,+3,+5,+7	−1,+1,+3,+5,+7	−1,+1,+3,+5,+7
共价半径/pm	64	99	114	133
X^- 半径/pm	136	181	196	216
电负性	3.98	3.16	2.96	2.66
电子亲和能/$kJ \cdot mol^{-1}$	322	348.7	324.5	295
第一电离能/$kJ \cdot mol^{-1}$	1681	1251	1140	1008
X^- 的水合能/$kJ \cdot mol^{-1}$	−507	−368	−335	−293

卤素是各周期中原子半径最小，电负性、电子亲和势和第一电离势（除稀有气体）最大的元素，因而卤素是同周期中最活泼的非金属元素。卤素单质的熔点、沸点、原子半径等都随原子序数的增大而增大。

卤素的价层电子构型为 ns^2np^5，只要获得一个电子就能成为稳定的8电子构型。因此，卤素原子的电子亲和能的绝对值很大。在每一周期元素中，除稀有气体外，卤素的第一电离能最大，因而卤素原子不易失去一个电子形成 X^+。除氟外，其他卤素原子的价电子层都有空的 nd 轨道可以容纳电子，从而形成配位数大于4的高氧化值的卤素化合物。氯、溴、碘的氧化值多为奇数，即＋1、＋3、＋5、＋7。

卤素单质都是非极性的双原子分子，分子间仅存在色散力，易溶于有机溶剂。随着分子量的增大，分子间的色散力也逐渐增强。因此，卤素单质的密度、熔点、沸点、临界温度、临界压力和汽化热等物理性质按 $F_2 \rightarrow I_2$ 顺序依次增大。

卤素单质最突出的化学性质是都具有强氧化性，均能与金属、非金属、水和碱溶液反应。随着原子序数的增加，卤素单质的氧化能力依次减弱。

水溶液中卤素的标准电极电势图如下：

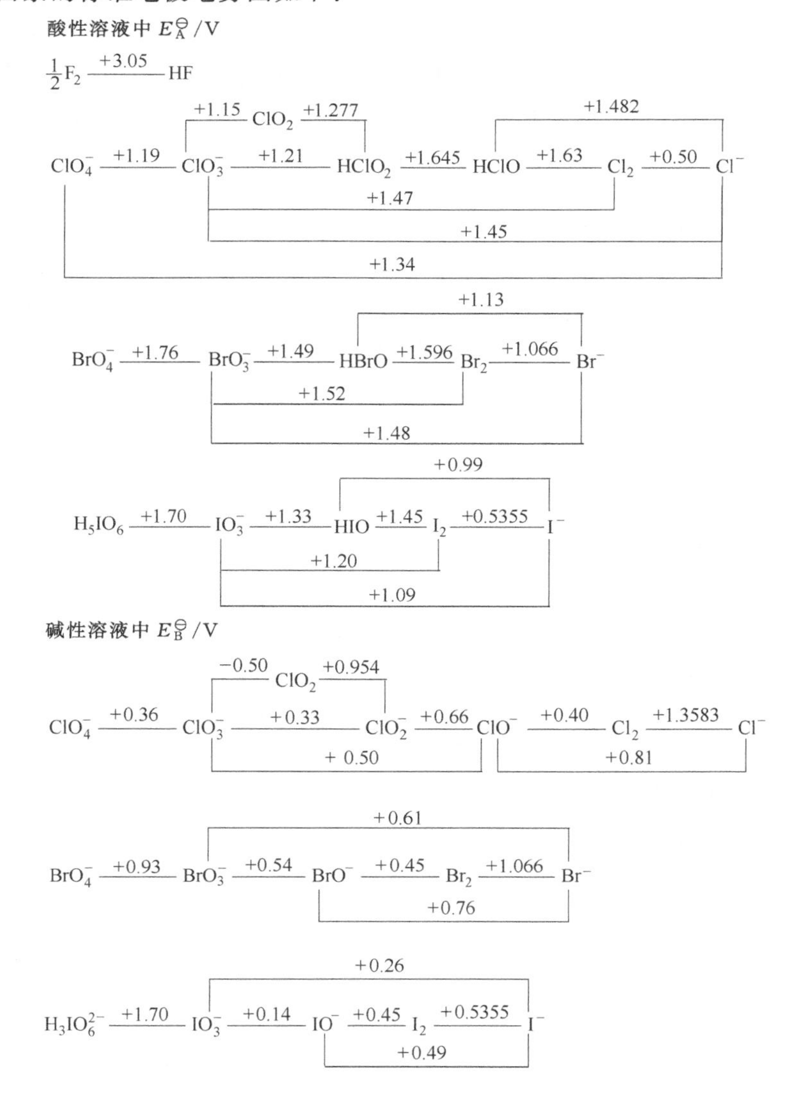

10.2.1.2 卤族元素的重要化合物

① 卤化氢和氢卤酸 常温下卤化氢都是无色、有刺激性气味的气体。卤化氢分子都是共价型的极性分子，分子的极性按 HF→HI 的顺序减弱，极易溶于水形成氢卤酸，在空气中与水蒸气结合形成细小的酸雾而发烟。卤化氢的熔、沸点按 HCl→HI 顺序逐渐增大，但由于 HF 分子间氢键的存在而异常。卤化氢有较高的热稳定性，对热的稳定性按 HF→HI 的顺序下降。

除氢氟酸没有还原性外，其他氢卤酸都具有还原性，其还原能力按 HF→HI 依次增强。盐酸可以被强氧化剂 $KMnO_4$、$K_2Cr_2O_7$ 等氧化，氢溴酸可被浓 H_2SO_4 氧化，而空气中的氧就能氧化氢碘酸：

$$2Br^- + 2H^+ + H_2SO_4(\text{浓}) = Br_2 + SO_2\uparrow + 2H_2O$$

$$8I^- + 8H^+ + H_2SO_4(\text{浓}) = 4I_2 + H_2S\uparrow + 4H_2O$$

$$4I^- + 4H^+ + O_2 = 2I_2 + 2H_2O$$

氢卤酸的酸性按 HF→HI 的顺序依次增强。其中，氢氟酸因具有特别大的键能而呈现弱酸性（$K_a^\ominus = 6.9\times10^{-4}$），其他氢卤酸都是强酸。氢氟酸可以刻蚀玻璃，因此通常用聚乙烯塑料容器储存。另外，卤化氢和氢卤酸均有毒，能强烈刺激呼吸系统。特别是浓氢氟酸会把皮肤灼伤，难以治愈，使用时应注意安全。如发现皮肤沾有氢氟酸，应立即用大量氨水或清水冲洗。

② 卤化物和多卤代物 卤素与电负性比它小的元素形成的化合物称为卤化物。卤化物可以分为金属卤化物和非金属卤化物两类。根据卤化物的键型，又可分为离子型卤化物和共价型卤化物。低价态的金属离子与卤素形成离子型卤化物，如 KCl、$CaCl_2$、$FeCl_2$ 等。离子型卤化物具有较高的熔点和沸点，能溶于极性溶剂。非金属元素和高价态的金属离子与卤素形成共价型卤化物，如 $AlCl_3$、CCl_4、PCl_3 等。共价型卤化物具有较低的熔、沸点。

除 AgX、Hg_2X_2、PbX_2 外，大多数金属卤化物易溶于水。同一金属的不同卤化物，离子型卤化物的溶解度按 F→I 顺序增大；共价型卤化物的溶解度按 F→I 顺序而减小。共价型卤化物以及一些金属卤化物遇水发生水解反应，产物类型常常不同，一般生成含氧酸、碱式盐或卤氧化物。如卤化磷水解得到氢卤酸。

$$PX_3 + 3H_2O = H_3PO_3 + 3HX$$

这个方法可用于实验室中制备 HBr 和 HI。

金属卤化物能与卤素单质或卤素互化物加合生成多卤化物，例如：

$$KI + I_2 = KI_3$$

配制药用碘酒（碘酊）时，加入适量的KI可使碘的溶解度增大，保持了碘的消毒杀菌作用。

③ 卤素含氧酸及其盐 除了氟以外，其他卤素可以形成四种类型的含氧酸，分别为次卤酸（HXO）、亚卤酸（HXO_2）、卤酸（HXO_3）和高卤酸（HXO_4）。除 $HClO_4$、HIO_3、高碘酸（HIO_4 或 H_5IO_6）外，其余均存在于溶液中，且能形成稳定的盐。这些卤素含氧酸都很不稳定，且有较强的氧化性。各种卤素含氧酸根离子的结构除了 IO_6^{5-} 中卤素原子是 sp^3d^2 杂化外，其余均为 sp^3 杂化类型。

卤素的含氧酸及其盐中，以氯的含氧酸最重要。氯的含氧酸热稳定性和氧化性变化有如下规律：

氧化性 ←――――――――――

HClO　$HClO_2^*$　$HClO_3$　$HClO_4$

酸性、热稳定性 ――――――――――→

这是因为在氯的含氧酸中，随着氯的氧化值的增加，氯和氧之间化学键数目增加，因此热稳定性增加，氧化性减弱。其中，$HClO_2$ 有些例外，氧化性大于 HClO，热稳定性小于 HClO。

次卤酸都是弱酸，其酸性随卤素原子电负性的减小而减弱。次卤酸极不稳定，仅能存在于水溶液中，通常有两种分解方式：

$$2HXO = 2HX + O_2 \quad (1)$$

$$3HXO = 2HX + HXO_3 \quad (2)$$

在光照下，HXO 的分解几乎按式（1）进行，所以 HXO 都是强氧化剂。加热能促进 HXO 按式（2）发生歧化分解反应。漂白粉是 Cl_2 与 $Ca(OH)_2$ 反应所得的混合物。漂白粉的漂白作用就是基于 ClO^- 的氧化性。而氯气之所以有漂白作用，就是由于它和水作用生成次氯酸的缘故，干燥氯气是没有漂白能力的。

$$2Cl_2 + 2Ca(OH)_2 = Ca(ClO)_2 + CaCl_2 + 2H_2O$$

卤酸比次卤酸稳定，常温下氯酸和溴酸只能存在于稀溶液中，浓度较高时剧烈分解。碘酸为白色晶体，常温下较为稳定。卤酸都是强酸，其酸性随卤素原子序数的升高而减弱。$HClO_3$ 是强酸，也是强氧化剂，它能把 I_2 氧化成 HIO_3，而本身的还原产物决定于其用量。

$$2HClO_3(\text{过量}) + I_2 = 2HIO_3 + Cl_2$$

$$5HClO_3 + 3I_2(\text{过量}) + 3H_2O = 6HIO_3 + 5HCl$$

$HClO_3$ 与 HCl 反应可放出 Cl_2：

$$HClO_3 + 5HCl = 3Cl_2 + 3H_2O$$

卤酸盐的热稳定性皆高于相应的酸。它们在水溶液中氧化能力较弱，在酸性溶液中都是强氧化剂。其中最为重要的是氯酸钾，它与易燃物质，如碳、硫、磷或有机物质混合后，一受撞击即引起爆炸着火，因此氯酸钾大量用于制造火柴、信号弹、焰火等。在有催化剂存在时，$KClO_3$ 受热分解为 KCl 和 O_2；若无催化剂，则发生歧化反应。

$$4KClO_3 = 3KClO_4 + KCl$$

高氯酸是最强的无机酸。其稀溶液比较稳定，氧化能力不及 $HClO_3$，但浓 $HClO_4$ 溶液是强的氧化剂，与有机物质接触会发生爆炸，使用时必须十分小心。

高氯酸盐是氯的含氧酸盐中最稳定的，高氯酸盐受热时都能分解为氯化物和氧气：

$$KClO_4 = KCl + 2O_2\uparrow$$

因此，固态高氯酸盐在高温下是一个强氧化剂，但氧化能力比氯酸盐弱，所以高氯酸盐用于制造较为安全的炸药。高氯酸镁和高氯酸钡是很好的吸水剂和干燥剂。

10.2.2 氧族元素

10.2.2.1 氧族元素的通性

周期表第ⅥA 族元素包括氧、硫、硒、碲、钋 5 种元素，总称为氧族元素。氧和硫是典型的非金属元素，硒和碲为准金属元素，钋是具有放射性的金属元素。氧族元素的基本性质列于表 10-6 中。

氧族元素的价层电子构型为 ns^2np^4，有获得两个电子达到稀有气体的稳定结构的趋势，表现出较强的非金属性。从电子亲和能的数据来看，氧族元素的原子结合第二个电子需要吸收能量。因此，本族元素的原子获得两个电子形成简单阴离子 X^{2-} 的倾向要比卤素原子形成 X^- 的倾向小得多。由于氧的电负性很大，仅次于氟，所以只有当它和氟化合时，其氧化值为正值，在一般的化合物中氧的氧化值为 −2。其他氧族元素在与电负性大的元素结合时，可以形成氧化值为+2，+4，+6的化合物。

表 10-6　氧族元素的基本性质

项目	氧	硫	硒	碲	钋
元素符号	O	S	Se	Te	Po
原子序数	8	16	34	52	84
价层电子构型	$2s^2 2p^4$	$3s^2 3p^4$	$4s^2 4p^4$	$5s^2 5p^4$	$6s^2 6p^4$
主要氧化值	−2	−2,+2,+4,+6	−2,+2,+4,+6	−2,+2,+4,+6	—
共价半径/pm	66	104	117	137	167
X^{2-}半径/pm	140	184	198	221	230
电负性	3.44	2.58	2.55	2.10	2.00
第一电子亲和能/$kJ \cdot mol^{-1}$	141	200	195	190	183
第二电子亲和能/$kJ \cdot mol^{-1}$	−780	−590	−420	−295	—
第一电离能/$kJ \cdot mol^{-1}$	1314	1000	941	869	812

氧、硫元素的电势图如下：

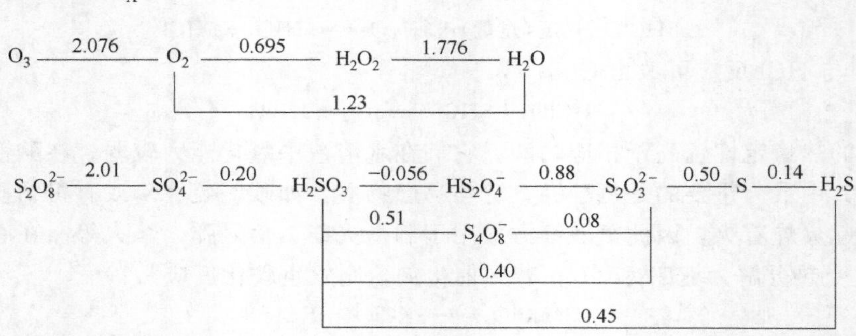

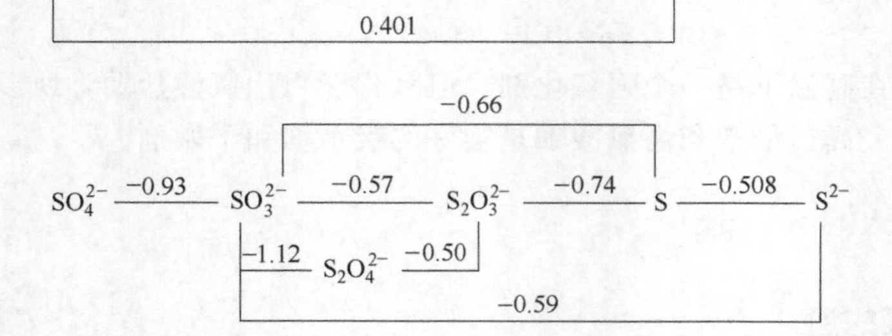

10.2.2.2　氧族元素的重要化合物

① 过氧化氢　纯的过氧化氢（H_2O_2）是一种淡蓝色的黏稠液体，可与水以任意比互溶。过氧化氢的水溶液又称为双氧水，含量在3%～30%之间。

H_2O_2 的分子结构如图 10-1 所示。分子中有 1 个过氧链（—O—O—），2 个氧原子都以不等性 sp^3 杂化轨道成键，除相互连接形成 O—O 键外，还各与 1 个氢原子相连。因此，过氧化氢并不是直线形分子。

过氧化氢的化学性质主要表现为对热的不稳定性、弱酸性和氧化还原性。

高纯度的 H_2O_2 在低温下是比较稳定的，其分解作用比较平稳。当加热到 426K 以上，发生爆炸性分解：

$$2H_2O_2(l) = 2H_2O(l) + O_2$$

光照、碱性介质和少量重金属离子的存在，都将大大加快其分解速度。因此，H_2O_2 应储存在棕色瓶中，置于阴凉处。

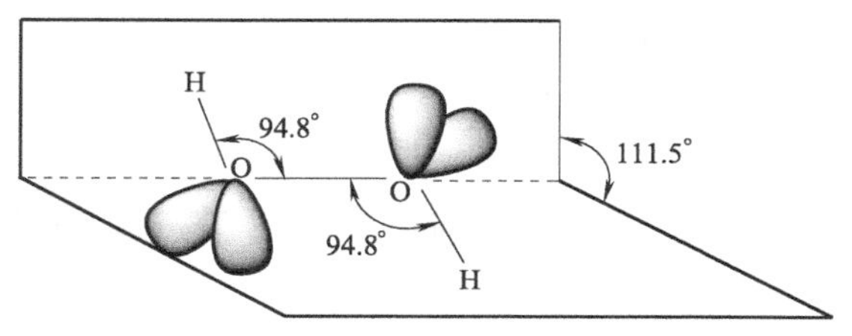

图 10-1　过氧化氢的分子结构

过氧化氢是一种极弱的酸（$K_{a_1}^{\ominus} = 2.0 \times 10^{-12}$）。它能与某些金属氢氧化物反应，生成过氧化物和水。例如：

$$H_2O_2 + Ba(OH)_2 = BaO_2 + 2H_2O$$

过氧化氢中氧的氧化值为 -1，处于中间价态，所以它既有氧化性又有还原性。由氧的电势图可知，H_2O_2 在碱性介质中是中等强度氧化剂，在酸性溶液中是一种强氧化剂。当遇到强氧化剂时，H_2O_2 表现出还原性。

$$H_2O_2 + 2H^+ + 2Fe^{2+} = 2Fe^{3+} + 2H_2O$$

$$3H_2O_2 + 2CrO_2^- + 2OH^- = 2CrO_4^{2-} + 4H_2O$$

$$2KMnO_4 + 5H_2O_2 + 3H_2SO_4 = 2MnSO_4 + 5O_2 + K_2SO_4 + 8H_2O$$

过氧化氢还可将黑色的 PbS 氧化为白色的 $PbSO_4$：

$$PbS + 4H_2O_2 = PbSO_4 + 4H_2O$$

过氧化氢也是一种不造成二次污染的氧化剂，所以常用作杀菌剂、漂白剂等。注意：浓度稍大的双氧水会灼伤皮肤，使用时应格外小心！

过氧化氢的定性鉴别方法（药典法）是利用它在酸性溶液中能与 $K_2Cr_2O_7$ 作用生成蓝紫色过氧化铬的反应。

$$4H_2O_2 + Cr_2O_7^{2-} + 2H^+ = 2CrO_5 + 5H_2O$$

② 硫化氢和金属硫化物　硫化氢是一种无色有臭味的有毒气体，当空气中含有 0.1%时会引起头晕，大量吸入会造成死亡，经常接触 H_2S 则会引起慢性中毒。所以在制取和使用 H_2S 时要注意通风。

硫化氢为弱极性分子，微溶于水，其水溶液称为氢硫酸。20℃时，1 体积水约可溶解 2.6 体积的硫化氢，所得溶液的浓度约为 $0.1mol \cdot L^{-1}$。氢硫酸是一种二元弱酸，可分两步解离。溶液中 S^{2-} 的浓度大小与氢离子的浓度成正比，在定性分析中可通过控制溶液的酸碱度来控制 S^{2-} 浓度，使溶解度不同的硫化物沉淀分离。

H_2S 中硫的氧化值最低，为 -2，它有较强的还原性。H_2S 能被空气中的 O_2 氧化成单质硫，与强氧化剂反应时，可被氧化为硫酸。

$$2H_2S + O_2 = 2S\downarrow + 2H_2O$$

$$4Cl_2 + H_2S + 4H_2O = H_2SO_4 + 8HCl$$

电负性较小的元素与硫形成的化合物称为硫化物，其中绝大多数为金属硫化物。难溶性和水解性是金属硫化物的两大特征。在金属硫化物中，碱金属硫化物和硫化铵是易溶于水的，其余大多数硫化物都难溶于水，是具有特征颜色的固体。在药物制造上，常利用金属硫化物的不同溶解性及颜色，鉴别、分离和判断重金属离子的含量限度。

硫化物与盐酸作用，放出 H_2S 气体，它可使乙酸铅试纸变黑，这也是鉴别 S^{2-} 的方法之一。

$$ZnS + 2HCl = ZnCl_2 + H_2S\uparrow$$

$$Pb(Ac)_2 + H_2S = PbS\downarrow(黑) + 2HAc$$

③ 硫的含氧酸及其盐　硫能形成多种含氧酸，但许多不能以自由酸的形式存在，只能以盐的形式存在，见表 10-7。

表 10-7　硫的含氧酸及其盐

名称	化学式	硫的氧化值	结构式	存在形式
亚硫酸	H_2SO_3	+4	$HO-\overset{\overset{O}{\Vert}}{S}-OH$	盐
焦亚硫酸	$H_2S_2O_5$	+4	$HO-\overset{\overset{O}{\Vert}}{S}-O-\overset{\overset{O}{\Vert}}{S}-OH$	盐
连二亚硫酸	$H_2S_2O_4$	+3	$HO-\overset{\overset{O}{\Vert}}{S}-\overset{\overset{O}{\Vert}}{S}-OH$	盐
硫酸	H_2SO_4	+6	$HO-\underset{\underset{O}{\Vert}}{\overset{\overset{O}{\Vert}}{S}}-OH$	酸、盐
焦硫酸	$H_2S_2O_7$	+6	$HO-\underset{\underset{O}{\Vert}}{\overset{\overset{O}{\Vert}}{S}}-O-\underset{\underset{O}{\Vert}}{\overset{\overset{O}{\Vert}}{S}}-OH$	酸、盐
硫代硫酸	$H_2S_2O_3$	+2	$HO-\underset{\underset{O}{\Vert}}{\overset{\overset{S}{\Vert}}{S}}-OH$	盐
过一硫酸	H_2SO_5	+8	$HO-O-\underset{\underset{O}{\Vert}}{\overset{\overset{O}{\Vert}}{S}}-OH$	酸、盐
过二硫酸	$H_2S_2O_8$	+7	$HO-\underset{\underset{O}{\Vert}}{\overset{\overset{O}{\Vert}}{S}}-O-O-\underset{\underset{O}{\Vert}}{\overset{\overset{O}{\Vert}}{S}}-OH$	酸、盐

二氧化硫溶于水，水溶液称为亚硫酸（H_2SO_3）。H_2SO_3 很不稳定，仅存在于溶液中，它是一个中强酸，在溶液中分步离解：

$$H_2SO_3 \rightleftharpoons H^+ + HSO_3^- \qquad K_{a1}^{\ominus}=1.54\times10^{-2}$$

$$HSO_3^- \rightleftharpoons H^+ + SO_3^{2-} \qquad K_{a2}^{\ominus}=1.02\times10^{-7}$$

亚硫酸可形成两类盐，即正盐和酸式盐，如 Na_2SO_3、$Ca(HSO_3)_2$ 等。

由于在二氧化硫、亚硫酸及其盐中，硫的氧化值为+4，所以既有氧化性，也有还原性，但以还原性为主，只有遇到强还原剂时，才表现氧化性。例如：

$$2H_2S+2H^+ +SO_3^{2-} = 3S\downarrow +3H_2O$$

还原性以亚硫酸盐为最强，其次为亚硫酸，二氧化硫最弱。空气中的 O_2 可氧化亚硫酸及亚硫酸盐：

$$2Na_2SO_3 + O_2 = 2Na_2SO_4$$

因此，保存亚硫酸或亚硫酸盐时，应防止空气进入。亚硫酸钠常作为抗氧化剂用于注射液中，以保护药品中的主要成分不被氧化。

纯浓硫酸是无色透明的油状液体，凝固点为 283.4K，常压下组成恒沸溶液，沸点为 611K（质量分数为 98%）。

浓硫酸有强烈的吸水作用，同时放出大量的热。据研究，H_2SO_4 和水能形成一系列水合物，如 $H_2SO_4 \cdot H_2O$，$H_2SO_4 \cdot 2H_2O$，$H_2SO_4 \cdot 6H_2O$ 等。因此，浓 H_2SO_4 是工业和实验室常用的干燥剂，能干燥不与它反应的氮气、氢气和二氧化碳等气体。浓 H_2SO_4 具有强的脱水作用，能从有机化合物（如棉布、糖、油脂）中脱除与水分子组成相当的氢和氧，使这些有机物炭化。浓 H_2SO_4 能严重灼伤皮肤，万一误溅，应先用软布或纸轻轻沾去，再用大量水冲洗，最后用2%的小苏打水或稀氨水浸泡片刻。浓 H_2SO_4 具有氧化性，加热时氧化性增强，可以氧化许多金属（Au、Pt 除外）和非金属，自身被还原为 SO_2，若遇活泼金属，会析出 S，甚至生成 H_2S。例如：

$$C+2H_2SO_4(浓) = CO_2+2SO_2+2H_2O$$

$$3Zn+4H_2SO_4(浓) = 3ZnSO_4+S\downarrow+4H_2O$$

$$4Zn+5H_2SO_4(浓) = 4ZnSO_4+H_2S+4H_2O$$

硫酸是二元酸中酸性最强的酸，第二步电离是部分电离（$K_{a_2}^{\ominus}=1.2\times10^{-2}$）。所以硫酸能生成两类盐，正盐和酸式盐。除碱金属和氨能得到酸式盐外，其他金属只能得到正盐。酸式硫酸盐和大多数硫酸盐都易溶于水，但 $PbSO_4$、$CaSO_4$ 等难溶于水，而 $BaSO_4$ 几乎不溶于水也不溶于酸。因此，常用可溶性的钡盐溶液鉴定溶液中是否存在 SO_4^{2-}。

硫酸是化学工业最重要的产品之一。它的用途极广，硫酸大量用以制造化肥，也大量用于炸药生产、石油炼制上。硫酸还用来制造其他各种酸、各种矾类及颜料、染料等。

硫代硫酸（$H_2S_2O_3$）极不稳定，只能存在于175K以下，但它的盐却能稳定存在。其中最重要的是硫代硫酸钠 $Na_2S_2O_3 \cdot 5H_2O$，俗称海波或大苏打。它是无色晶体，无臭，有清凉带苦的味道，易溶于水，在潮湿的空气中潮解，在干燥空气中易风化。

$Na_2S_2O_3$ 晶体热稳定性高，在中性或碱性水溶液中很稳定，但在酸性溶液中易分解：

$$Na_2S_2O_3+2HCl = 2NaCl+S\downarrow+SO_2+H_2O$$

由于生成具有高度杀菌能力的 S 和 SO_2，医学上可用来治疗疥疮。定影液遇酸失效，也是基于此反应。

$Na_2S_2O_3$ 具有还原性，是中等强度的还原剂，例如：

$$Na_2S_2O_3+4Cl_2+5H_2O = 2H_2SO_4+2NaCl+6HCl$$

$$2Na_2S_2O_3+I_2 = Na_2S_4O_6+2NaI$$

因此 $Na_2S_2O_3$ 在纺织、造纸等工业中用作除氯剂；$Na_2S_2O_3$ 还原 I_2 生成连四硫酸钠（$Na_2S_4O_6$）的反应在定量分析中可定量测碘。$Na_2S_2O_3$ 的应用非常广泛，在照相业中作定影剂，在采矿业中用来从矿石中萃取银，在三废治理中用于处理含 CN^- 的废水，在医药行业中也可用来做重金属、砷化物、氰化物的解毒剂。

过二硫酸是过氧化氢（H—O—O—H）中的 H 被2个磺酸基（—SO_3H）所取代的衍生物。过二硫酸是白色晶体，化学性质与浓硫酸相似，但不稳定。因此常用的是过二硫酸盐，如 $K_2S_2O_8$ 或 $(NH_4)_2S_2O_8$。$S_2O_8^{2-}$ 是强氧化剂，在 Ag^+ 催化下，将 Mn^{2+} 氧化成 MnO_4^-。

酸式硫酸盐受热可以生成焦硫酸盐，焦硫酸盐极易吸潮，遇水又水解成酸式硫酸盐，故须密闭保存。$K_2S_2O_7$ 用作分析试剂和助溶剂。例如，某些金属氧化物矿如 Al_2O_3，Cr_2O_3 等，它们既不溶于水，也不溶于酸、碱溶液，但可与 $K_2S_2O_7$ 共熔，生成可溶性硫酸盐。

10.2.3　氮族元素

10.2.3.1　氮族元素的通性

周期表第ⅤA族元素包括氮、磷、砷、锑、铋5种元素，总称为氮族元素。氮和磷是典型的非金属元素，砷和锑为准金属元素，铋是金属元素。氮族元素表现出从典型非金属元素到典型金属元素的完整过渡。氮族元素的基本性质列于表 10-8 中。

表 10-8　氮族元素的基本性质

项目	氮	磷	砷	锑	铋
元素符号	N	P	As	Sb	Bi
原子序数	7	15	33	51	83
价层电子构型	$2s^22p^3$	$3s^23p^3$	$4s^24p^3$	$5s^25p^3$	$6s^26p^3$
主要氧化值	±1,±2,±3,+4,+5	±3,+5	±3,+5	−3,+3,+5	−3,+3,+5
共价半径/pm	70	110	121	141	146
电负性	3.04	2.19	2.18	2.05	2.02
第一电子亲和能/$kJ\cdot mol^{-1}$	−7	72	78	103	110
第一电离能/$kJ\cdot mol^{-1}$	1402	1012	944	832	703

氮族元素的价层电子构型为 ns^2np^3。由于氮族元素最外层有 5 个电子，价电子层中具有半充满的 p 轨道，其结构比较稳定，电离能比较高，因此形成共价化合物，是本族元素的特征。氮、磷主要形成氧化值为 +5 的化合物，砷和锑氧化值为 +3、+5 的化合物都是最常见的，而铋的氧化值为 +3 化合物要比氧化值为 +5 的化合物稳定的多，因此氧化值为 +5 的化合物有很强的氧化性。

这种自上而下低氧化值比高氧化值化合物稳定的现象，在化学上称为惰性电子对效应 (inertia electron pair effect)。这种现象常归因于电子对由上而下稳定性增加，不易参与成键，成为惰性电子对。

氮族元素的相关电势图如下：

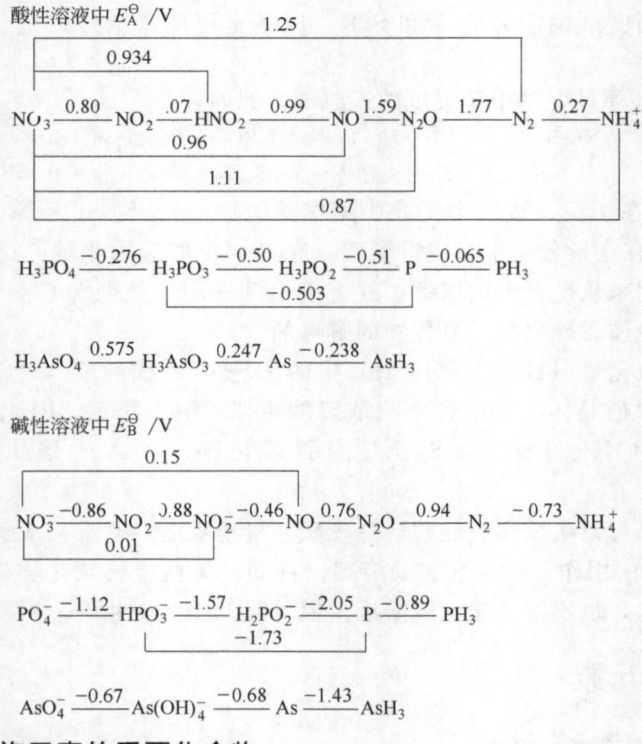

10.2.3.2　氮族元素的重要化合物

① 氮的化合物　在氨分子中氮原子采取不等性 sp^3 杂化，呈三角锥形。

氨是无色气体，有特殊刺激性气味，溶于水呈碱性。由于氨分子是极性分子，同时在液态或固态氨中还有氢键存在，所以在同族各元素的氢化物 MH_3 中，具有最高的凝固点、熔点、沸点和溶解度。液态氨的汽化焓较大，故液氨可用作制冷剂。

氨的化学性质活泼，能与许多物质发生反应。这些反应基本上分为三种类型，即加合反应、取代反应和氧化还原反应。

氨分子中氮原子上含有孤对电子，作为 Lewis 碱，能与许多含有空轨道的分子或离子形成各种形式的加合物。如与 Ag^+、Cu^{2+} 等离子加合而形成 $[Ag(NH_3)_2]^+$、$[Cu(NH_3)_4]^{2+}$ 等配离子。

氨分子中有 3 个氢原子，在一定条件下，氨分子中的氢原子可依次被取代，生成氨基、亚氨基和氮化物等。例如，金属钠可与氨反应生成氨基钠：

$$2NH_3+2Na \longrightarrow 2NaNH_2+H_2\uparrow$$

氨分子中氮的氧化值为−3，是氮的最低氧化值，所以氨具有还原性，在一定的条件下能被多种氧化剂氧化，生成氮气或氧化值较高的氮的化合物。例如：

$$4NH_3+3O_2 \longrightarrow 6H_2O+2N_2$$

氨和酸作用可形成无色易溶于水的铵盐。由于氨呈弱碱性，所以铵盐在水中都有一定程度的水解。铵盐的热稳定性差，受热极易分解，分解的情况因组成铵盐的酸的性质不同而异。

$$(NH_4)_2SO_4 \longrightarrow NH_3\uparrow+NH_4HSO_4 \quad \text{(不挥发无氧化性酸)}$$

$$(NH_4)_2CO_3 \longrightarrow 2NH_3\uparrow+H_2O+CO_2\uparrow \quad \text{(易挥发无氧化性酸)}$$

$$2NH_4NO_3 \longrightarrow 2N_2\uparrow+O_2\uparrow+4H_2O \quad \text{(氧化性酸)}$$

NH_4NO_3 分解时产生大量的热量和气体，因此可用于制造炸药。

氮可以形成多种氧化物，最主要的是 NO 和 NO_2，一氧化氮是无色气体，它在水中的溶解度较小，而且与水不发生反应，常温下 NO 很容易氧化为 NO_2：

$$2NO+O_2 \longrightarrow 2NO_2$$

二氧化氮是红棕色气体，具有特殊臭味并有毒，NO_2 与水反应生成硝酸和一氧化氮。工业废气、燃料燃烧以及汽车尾气中都有 NO 及 NO_2。NO_2 能与空气中的水分发生反应生成硝酸，对人体、金属和植物都有害。目前处理废气中氮的氧化物的方法之一是用碱液吸收：

$$NO+NO_2+2NaOH \longrightarrow 2NaNO_2+H_2O$$

氮的含氧酸有两种，即亚硝酸和硝酸。亚硝酸（HNO_2）是一种弱酸（$K_a^\ominus=5.13\times10^{-4}$），它只存在于冷的稀溶液中，浓度稍大或微热立即分解：

$$2HNO_2 \longrightarrow NO_2\uparrow\text{(红棕色)}+NO\uparrow+H_2O$$

HNO_2 虽不稳定，但它的盐相当稳定。$NaNO_2$ 和 KNO_2 是两种常用的盐。当亚硝酸盐遇到了强氧化剂时，可被氧化成硝酸盐。例如：

$$5KNO_2+2KMnO_4+3H_2SO_4 \longrightarrow 2MnSO_4+5KNO_3+K_2SO_4+3H_2O$$

必须注意，固体亚硝酸盐与有机物接触，易引起燃烧和爆炸；亚硝酸盐有毒！且是当今公认的强致癌物之一。

HNO_3 是无色透明的液体，它是制造化肥、炸药、染料、人造纤维、药剂、塑料和分离贵金属的重要化工原料。市售硝酸的质量分数为 69.29%，相当于 $15mol\cdot L^{-1}$。

在硝酸分子中，氮原子采用 sp^3 杂化轨道与三个氧原子形成三个 σ 键，呈平面三角形分布。此外，氮原子上余下的一个未参与杂化的 p 轨道相重叠，在 O—N—O 间形成三中心四电子离域 π 键（π_3^4）。在非羟基氧和氢原子之间还存在一个分子内氢键，如图 10-2 所示。在

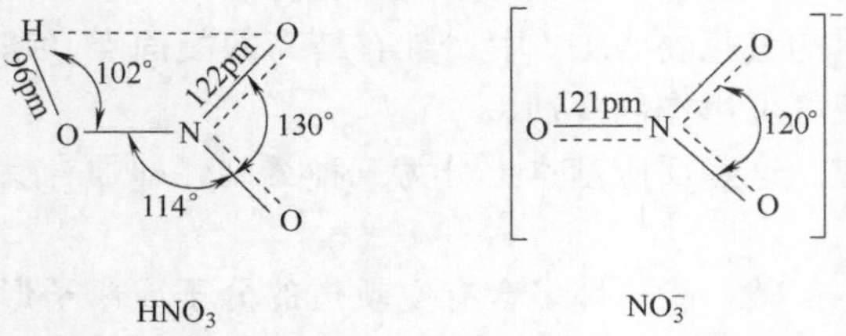

HNO$_3$　　NO_3^-

图 10-2　硝酸和硝酸根离子的结构

NO_3^- 中，氮原子与三个氧原子形成了一个四中心六电子离域 π 键（π_4^6）。

硝酸可以任何比例与水混合，稀硝酸较稳定，浓硝酸见光或加热会按下式分解：

$$4HNO_3 = 4NO_2 + O_2 + 2H_2O$$

分解产生的 NO_2 溶于浓硝酸中，使它的颜色呈现黄色或棕红色。所以实验室通常把浓 HNO_3 盛于棕色瓶中，存放于阴凉处。

硝酸最突出的性质是它的强氧化性。硝酸可以氧化金属和非金属，生成一系列较低氧化值的氮的氧化物。凡是有硝酸参加的反应往往同时生成多种还原产物，究竟以何种还原产物为主，取决于硝酸的浓度、还原剂的本性和反应温度。硝酸与非金属硫、磷、碳、硼等反应时，不论浓硝酸、稀硝酸，还原产物主要为 NO。硝酸与大多数金属反应时，其还原产物较复杂，浓硝酸一般被还原成 NO_2，稀硝酸可被还原成 NO、N_2O 等。一般来说，硝酸愈稀，金属愈活泼，硝酸被还原的程度愈大。例如：

$$Cu + 4HNO_3(浓) = Cu(NO_3)_2 + 2NO_2 + 2H_2O$$

$$Mg + 4HNO_3(浓) = Mg(NO_3)_2 + 2NO_2 + 2H_2O$$

$$3Cu + 8HNO_3(稀) = 3Cu(NO_3)_2 + 2NO + 4H_2O$$

$$4Mg + 10HNO_3(稀) = 4Mg(NO_3)_2 + N_2O + 5H_2O$$

$$4Mg + 10HNO_3(极稀) = 4Mg(NO_3)_2 + NH_4NO_3 + 3H_2O$$

体积比为 1∶3 的浓硝酸和浓盐酸的混合液称为王水，具有比硝酸更强的氧化性，它还具有强的配位性（Cl^-），可溶解金、铂等惰性金属。

硝酸是强酸，在稀溶液中完全电离。硝酸和碱作用生成硝酸盐，其水溶液没有氧化性；其晶体多数为无色晶体，易溶于水。固体硝酸盐在常温下比较稳定，受热能分解，有些带结晶水的硝酸盐受热时先失去结晶水，同时熔化或水解，最后才分解。活泼金属（比 Mg 活泼的碱金属和碱土金属）的硝酸盐受热分解放出 O_2，并生成亚硝酸盐，活泼性较小的金属（在金属活动顺序表中处在 Mg 与 Hg 之间）的硝酸盐，分解时得到相应的氧化物、NO_2 和 O_2，活泼性更小的金属（活泼性比 Hg 差）的硝酸盐，则生成金属单质、NO_2 和 O_2。

$$2NaNO_3 = 2NaNO_2 + O_2\uparrow$$

$$2Pb(NO_3)_2 = 2PbO + 4NO_2\uparrow + O_2\uparrow$$

$$2AgNO_3 = 2Ag + 2NO_2\uparrow + O_2\uparrow$$

② 磷的化合物　磷的化合物最为重要的是其含氧酸及其盐。磷能形成多种含氧酸，按氧化值不同可分为次磷酸（H_3PO_2）、亚磷酸（H_3PO_3）和磷酸（H_3PO_4），其中磷的氧化值分别为＋1、＋3 和＋5。根据磷的含氧酸脱水的数目不同，又分为正、偏、聚、焦磷酸等。磷的含氧酸中以磷酸最为稳定。

纯净的磷酸为无色晶体，熔点为 42.3℃，是一种高沸点酸，易溶于水。市售磷酸是无挥发性的黏稠状浓溶液，磷酸含量为 83%～98%。磷酸是一种无氧化性的中强酸。

磷酸可形成三种类型的盐，即磷酸二氢盐、磷酸一氢盐和正磷酸盐。所有磷酸二氢盐都能溶于水，而在磷酸一氢盐和正磷酸盐中，只有铵盐和碱金属盐（除锂外）可溶于水。可溶性磷酸盐在水溶液中有不同程度的水解，使溶液显示不同的 pH 值，用以配制几种不同 pH 值的标准缓冲溶液，如磷酸二氢钠-磷酸一氢钠。

PO_4^{3-} 具有较强的配位能力，能与很多金属离子形成可溶性配合物。例如，Fe^{3+} 与

PO_4^{3-} 形成无色的 $H_3[Fe(PO_4)_2]$、$H[Fe(HPO_4)_2]$，在分析化学上常用 PO_4^{3-} 作为 Fe^{3+} 的掩蔽剂。

磷酸盐与过量的钼酸铵及适量的浓硝酸混合后加热，可慢慢生成黄色的磷钼酸铵沉淀：

$$PO_4^{3-} + 12MoO_4^{2-} + 24H^+ + 3NH_4^+ \longrightarrow (NH_4)_3PO_4 \cdot 12MoO_3 \cdot 6H_2O(s) + 6H_2O$$

这一反应可用来鉴定 PO_4^{3-}。

③ 砷、锑、铋的化合物　氮族元素中的砷、锑、铋又称为砷分族，由于它们次外层电子构型为 18 电子，而与氮、磷次外层 8 电子构型不同，因此，砷、锑、铋在性质上有更多的相似之处。现仅介绍其中最重要的砷。

砷的氧化物有 As_2O_3 和 As_2O_5 两类，它们都是白色的固体。As_2O_3 俗称砒霜，有剧毒，致死量约为 0.1g，它主要用于制造杀虫剂、除草剂以及含砷药物。As_2O_3 微溶于水，生成亚砷酸（H_3AsO_3）。它是两性偏酸的氢氧化物，溶于碱生成亚砷酸盐，溶于浓盐酸生成三价砷盐。As_2O_5 溶于水生成砷酸（H_3AsO_4）。H_3AsO_4 是一种较弱的氧化剂，在强酸性介质中才能将 I^- 氧化，如果溶液酸性减弱，H_3AsO_3 反而会被 I_2 氧化。

$$AsO_3^{3-} + I_2 + 2OH^- \longrightarrow AsO_4^{3-} + 2I^- + H_2O$$

铋酸钠（$NaBiO_3$）是一种很强的氧化剂。在酸性溶液中，能把 Mn^{2+} 氧化为 MnO_4^-。

$$2Mn^{2+} + 5NaBiO_3(s) + 14H^+ \longrightarrow 2MnO_4^- + 5Bi^{3+} + 5Na^+ + 7H_2O$$

由于生成 MnO_4^- 使溶液呈特征的紫红色，这一反应常用来鉴定 Mn^{2+}。

10.2.4 碳族元素

10.2.4.1 碳族元素的通性

周期表第ⅣA 族元素包括碳、硅、锗、锡、铅 5 种元素，总称为碳族元素。碳为非金属元素，硅是具有金属外貌的非金属元素，锗是准金属元素，锡和铅是金属元素。碳族元素的基本性质列于表 10-9 中。

表 10-9 碳族元素的基本性质

项目	碳	硅	锗	锡	铅
元素符号	C	Si	Ge	Sn	Pb
原子序数	6	14	32	50	82
价层电子构型	$2s^22p^2$	$3s^23p^2$	$4s^24p^2$	$5s^25p^2$	$6s^26p^2$
主要氧化值	−2,−4,+2,+4	+2,+4	+2,+4	+2,+4	+2,+4
共价半径/pm	77	117	122	140	147
电负性	2.55	1.99	2.01	1.96	2.33
第一电子亲和能/$kJ \cdot mol^{-1}$	−122	−137	−116	−116	−100
第一电离能/$kJ \cdot mol^{-1}$	1093	793	767	715	722

碳族元素的价层电子构型为 ns^2np^2，价电子数目与价电子轨道数相等。碳族元素的电离能较大，因此形成共价化合物是本族元素的特征。随着原子序数的增大，氧化值为+4 的化合物的稳定性降低，惰性电子对效应表现得比较明显。例如，铅主要以+2 氧化值的化合物存在，而+4 氧化值的铅化合物氧化性较强，稳定性差。

10.2.4.2 碳族元素的重要化合物

① 碳酸及其盐　碳酸很不稳定，常温下易分解，只存在于水溶液中。碳酸为二元弱酸

($K_{a_1}^{\ominus}=4.17\times10^{-7}$，$K_{a_2}^{\ominus}=5.16\times10^{-11}$)。碳酸可形成正盐和酸式盐两种类型的盐。铵和碱金属（锂除外）的碳酸盐易溶于水，其他金属的碳酸盐难溶于水。难溶碳酸盐相对应的碳酸氢盐有较大的溶解度。由于 CO_3^{2-} 有较强的水解性，其酸式盐和碱金属的碳酸盐都易发生水解。当碱金属的碳酸盐与水解性强的金属离子反应时，由于相互促进水解，得到的产物可能是碱式碳酸盐或氢氧化物。水解性极强的，氢氧化物 K_{sp} 小的金属离子如 Al^{3+}、Fe^{3+} 等，可沉淀为氢氧化物。氢氧化物碱性较弱的，且氢氧化物和碳酸盐的溶解度相差较小的金属离子如 Cu^{2+}、Zn^{2+} 等，可沉淀为碱式碳酸盐。如果金属离子的氢氧化物溶解度大于金属离子碳酸盐的溶解度如 Ca^{2+}、Ag^{+} 等，可沉淀为碳酸盐。

$$2Cu^{2+}+2CO_3^{2-}+H_2O = Cu_2(OH)_2CO_3\downarrow+CO_2\uparrow$$

$$2Fe^{3+}+3CO_3^{2-}+3H_2O = 2Fe(OH)_3\downarrow+3CO_2\uparrow$$

碳酸盐和碳酸氢盐另一个重要性质是热稳定性较差，它们在高温下均会分解：

$$M(HCO_3)_2 = MCO_3+H_2O+CO_2\uparrow$$

$$MCO_3 = MO+CO_2\uparrow$$

在碳酸盐中，以钠、钾、钙的碳酸盐最为重要。钠盐俗名纯碱。碳酸氢盐中以 $NaHCO_3$（小苏打）最为重要，在食品工业中，它与碳酸氢铵、碳酸铵等作膨松剂。

② 硅酸及其盐　硅酸 H_2SiO_3 的酸性比碳酸弱（$K_{a_1}^{\ominus}=3.0\times10^{-10}$，$K_{a_2}^{\ominus}=2.0\times10^{-12}$）。用硅酸钠与盐酸作用制得硅酸：

$$Na_2SiO_3+2HCl = H_2SiO_3+2NaCl$$

由于开始生成的单分子硅酸可溶于水，所以生成的硅酸并不立即沉淀。当这些单分子硅酸逐渐聚合成多硅酸 $x SiO_2 \cdot y H_2O$ 时，则形成硅酸溶胶。若在溶胶中加入电解质，干燥、活化后，成为白色透明多孔性的固体，称为硅胶。硅胶有强烈的吸附能力，是很好的干燥剂、吸附剂。用 $CoCl_2$ 溶液浸泡硅胶，烘干后可制得变色硅胶。

硅酸盐按其溶解性分为可溶性和不溶性两大类。常见的硅酸盐 Na_2SiO_3 和 K_2SiO_3 是易溶于水的，其水溶液因 SiO_3^{2-} 水解而显碱性。俗称水玻璃的是硅酸钠的水溶液，广泛用于催化剂、黏合剂、纺织、造纸等工业。天然存在的硅酸盐都是不溶性的，分布极广，其中最重要的是沸石类铝硅酸盐（$Na_2O\cdot Al_2O_3\cdot 2SiO_2\cdot nH_2O$）。它具有由 SiO_4 四面体和 AlO_4 四面体通过共用顶角氧原子连接而成的立体骨架结构，其中有许多笼状空穴和孔径均匀的孔道。这种结构使它很容易可逆地吸收或失去水分子及其他小分子，如氨和甲醇等，但它不能吸收那些直径比孔道大的分子，起到筛选分子的作用，故有分子筛之称。分子筛是一类优良的吸附剂，已广泛用于医疗、食品、化工、环保等方面。

③ 锡和铅的化合物　锡、铅都能形成氧化值为+4和+2的化合物。下面仅以二氯化锡和氧化铅为例作一简要介绍。

二氯化锡（$SnCl_2$）是有机合成中重要的还原剂和常用的分析试剂。$SnCl_2$ 溶于水并随即离解：

$$SnCl_2+H_2O = Sn(OH)Cl\downarrow+HCl$$

当向 $HgCl_2$ 溶液中逐滴加入 $SnCl_2$ 溶液时，可生成 Hg_2Cl_2 白色沉淀：

$$2HgCl_2+SnCl_2 = SnCl_4+Hg_2Cl_2\downarrow \quad (白)$$

$$Hg_2Cl_2+SnCl_2 = SnCl_4+2Hg\downarrow \quad (灰黑)$$

这一反应很灵敏，常用于鉴定 Hg^{2+} 或 Sn^{2+}。

铅的氧化物主要有 PbO 和 PbO_2，还有混合氧化物 Pb_2O_3 和 Pb_3O_4（俗称铅丹）。PbO 俗称密陀僧，为黄色粉末，大量用于制造铅蓄电池、铅玻璃和铅的化合物。而 PbO_2 在酸性溶液中是一个强氧化剂，能把浓盐酸氧化为氯气。PbO_2 加热后分解为鲜红色的 Pb_3O_4 和 O_2。

$$PbO_2 + 4HCl = PbCl_2 + 2H_2O + Cl_2\uparrow$$
$$3PbO_2 = Pb_3O_4 + O_2\uparrow$$

10.2.5　硼族元素

10.2.5.1　硼族元素的通性

周期表第ⅢA 族元素包括硼、铝、镓、铟、铊 5 种元素，总称为硼族元素。硼为非金属元素，其他都是金属元素。硼族元素的基本性质列于表 10-10 中。

表 10-10　硼族元素的基本性质

项目	硼	铝	镓	铟	铊
元素符号	B	Al	Ga	In	Tl
原子序数	5	13	31	49	81
价层电子构型	$2s^22p^1$	$3s^23p^1$	$4s^24p^1$	$5s^25p^1$	$6s^26p^1$
主要氧化值	+3	+3	+1,+3	+1,+3	+1,+3
共价半径/pm	88	143	122	163	170
电负性	2.04	1.61	1.81	1.78	2.04
第一电子亲和能/$kJ\cdot mol^{-1}$	−23	−42.5	−28.9	−28.9	−50
第一电离能/$kJ\cdot mol^{-1}$	807	583	585	541	596

硼族元素的价层电子构型为 ns^2np^1，即价电子数少于价电子轨道数，被称为“缺电子原子”。它们一般形成氧化值为+3 的化合物，还有一个空轨道，被称为“缺电子化合物”。硼族元素有非常强的继续接受电子对的能力，这种能力表现在分子自身的聚合以及和 Lewis 碱形成配合物等。随着原子序数的增加，由于惰性电子效应的影响，硼族元素从硼到铊稳定氧化值由+3 变为+1。

10.2.5.2　硼族元素的重要化合物

① 乙硼烷　硼能生成一系列共价氢化物（称硼烷），其中最简单也是最重要的是乙硼烷（B_2H_6）。硼烷的生成焓都是正值，所以都不能用硼和氢直接合成，而只能用间接方法制得。例如，用硼的卤化物在乙醚或二甲基乙醚等溶液中与强还原剂反应取得：

$$4BCl_3 + 3Li[AlH_4] \xlongequal{乙醚} 3LiCl + 3AlCl_3 + 2B_2H_6$$

硼烷分子结构都很独特。B_2H_6 是缺电子化合物，其分子结构如图 10-3 所示。B 为不等性 sp^3 杂化，每个 B 原子用两个杂化轨道分别与两个 H 原子以 σ 键相连接，六个原子共处于同一平面上。另外两个 H 原子分别在平面的上、下方，各和两个 B 原子相连接，形成垂直于平面的两个二电子三中心键，又称氢桥键。该键形成也体现了硼原子的缺电子特性。

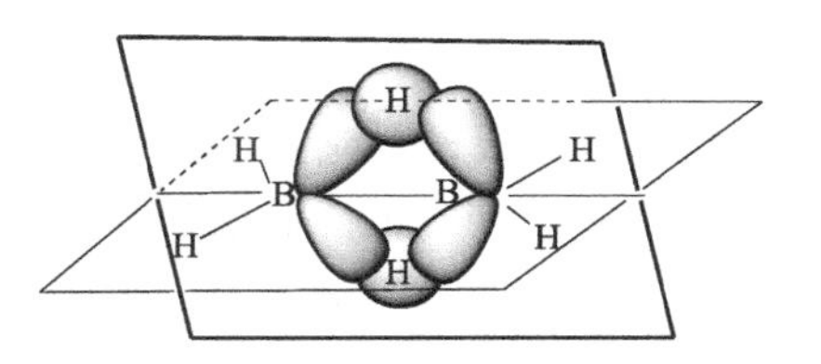

图 10-3　乙硼烷的分子结构

常温下 B_2H_6 为气体，有剧毒，毒性远远超过氰化物、光气等毒物。B_2H_6 中含有氢桥键，不稳定，在空气中激烈燃烧且释放大量的热量。B_2H_6 遇水，水解生成硼酸和氢气：

$$B_2H_6+6H_2O = 2H_3BO_3+6H_2$$

B_2H_6 具有强的还原性，如在有机反应中能将羰基选择性地还原为羟基。

② 硼酸　硼酸是白色、有光泽的鳞片状晶体，微溶于水，有滑腻感，可作润滑剂。H_3BO_3 是一元弱酸，$K_a^\ominus=5.8\times10^{-10}$。硼酸的酸性并不是它本身给出质子，而是由硼原子缺电子性所引起的。H_3BO_3 在溶液中加合了来自 H_2O 分子中的 OH^- 而释放出 H^+：

$$H_3BO_3+H_2O \rightleftharpoons [HO-\overset{\displaystyle OH}{\underset{\displaystyle OH}{B}}\leftarrow OH]^-+H^+$$

硼酸主要应用于玻璃、陶瓷工业。硼酸在食品工业上用作防腐剂，医药上用作消毒剂。

③ 硼砂　硼酸盐有偏硼酸盐、正硼酸盐和多硼酸盐等多种，其中最重要的是四硼酸钠，俗称硼砂。习惯上硼砂的化学式写成 $Na_2B_4O_7\cdot10H_2O$，熔融的硼砂可以溶解许多金属氧化物形成具有特征颜色的偏硼酸复盐。如：

$$Na_2B_4O_7+CoO = Co(BO_2)_2\cdot2NaBO_2\text{（宝石蓝色）}$$

$$Na_2B_4O_7+NiO = Ni(BO_2)_2\cdot2NaBO_2\quad\text{（热时紫色，冷时棕色）}$$

利用这一类反应可以鉴定某些金属离子，在分析化学上称为硼砂珠试验。

硼砂在水中离解先生成偏硼酸钠，偏硼酸钠进一步离解生成 NaOH 和 H_3BO_3，溶液显碱性：

$$Na_2B_4O_7+3H_2O = 2NaBO_2+2H_3BO_3$$

$$2NaBO_2+4H_2O = 2NaOH+2H_3BO_3$$

硼酸盐在分析化学中可作基准物质，可以作消毒剂、防腐剂及洗涤剂的填料，并利用它的稳定性作耐热材料、绝缘材料等。硼砂可用来配制标准缓冲溶液，也可用于制造耐温度骤变的特种玻璃和光学玻璃。

10.2.6　p区元素在医药中的应用（课堂讨论）

常见药物中有很多是p区元素的一些化合物。

卤素中，碘可以直接供药用，配制碘酊外用作消毒剂，内服复方碘溶液可治疗甲状腺肿大。含 HCl 9.5%～10.5%（$g\cdot mL^{-1}$）的盐酸溶液，内服可治疗胃酸缺乏症。人体牙齿珐琅质中含氟（CaF_2）约为0.5%。氟的缺乏是产生龋齿的原因之一。用氟化锡（SnF_2）制成药物牙膏，可增强珐琅质的抗腐蚀能力和起到预防龋齿的作用。漂白粉的有效成分是 $Ca(ClO)_2$，可作杀菌消毒剂。

含有氧、硫、硒的药物较多。医疗上，在没有氧气瓶的情况下，可利用 H_2O_2 和 $KMnO_4$ 的反应设计输氧装置。H_2O_2 有消毒、防腐、除臭等功效，医疗上常用3%的 H_2O_2 清洗疮口，治疗口腔炎、化脓性中耳炎等。升华硫可配制10%的硫黄软膏，外用治疗疥疮、真菌感染等。硫代硫酸钠可内服或外用，内服作为卤素和重金属的解毒剂，外用治疗疥疮。硒是人必需的微量元素。亚硒酸钠是一种补硒药物，具有降低肿瘤发病率和防治克山病等作用。

含氮化合物中氨水、亚硝酸钠等是我国药典法定的药物。氨能兴奋呼吸和循环中枢，用来治疗虚脱和休克。亚硝酸钠能使血管扩张，用于治疗心绞痛、高血压等症状。磷酸的盐类中作为药物的主要有磷酸氢钙、磷酸二氢钠和磷酸氢二钠等。磷酸氢钙可提供人体所需的钙质和磷质，有助于儿童骨骼的生长。NaH_2PO_4 用作缓泻剂，也用于治疗一般的尿道传染性病症。近年来临床用砒霜和亚砷酸钠内服治疗白血病，取得重大进展。

含碳的化合物许多是有机药物，无机药物中主要有碳酸的盐类，如碳酸氢钠（$NaHCO_3$，俗称小苏打）用作制酸剂，服后能暂时迅速解除胃溃疡患者的疼痛感。药用活性炭具有强烈的吸附作用，内服后能吸收胃肠内种种有害物质，可用于治疗各种胃肠充气（作抗发酵剂）和作解毒剂，制药工业中大量用作脱色剂。炉甘石（主要成分为 $ZnCO_3$）有燥湿、收敛、防腐、生肌功能，外用治疗创伤出血、皮肤溃疡、湿疹等。三硅酸二镁（$2MgO \cdot 3SiO_2 \cdot nH_2O$）可以中和胃酸并生成胶状沉淀（硅酸），对溃疡面有保护作用，主要治疗胃酸过多、胃和十二指肠溃疡等胃病。

硼和铝的化合物有药用价值。硼酸为消毒防腐剂，2%～5%的硼酸水溶液可用于洗眼、漱口等，10%的软膏用于治疗皮肤溃疡。用硼酸作原料与甘油制成的硼酸甘油是治疗中耳炎的滴耳剂。硼砂在中药上称为蓬砂、盆砂，外用作用与硼酸相似。硼砂是治疗口腔炎、咽喉炎的药物冰硼散和复方硼砂含漱剂的主要成分。氢氧化铝能中和胃酸，保护胃黏膜，用于治疗胃酸过多、胃溃疡等症状。

10.3　d 区元素

10.3.1　d 区元素的通性

d 区元素包括元素周期表中从第ⅢB 族到ⅧB 族的 24 个元素（镧系、锕系元素除外）。d 区元素的原子结构上的共同特点是随着核电荷的增加，电子依次填充在次外层的 d 轨道上，而最外层只有 1～2 个电子，其价电子层构型为 $(n-1)d^{1\sim8}ns^{1\sim2}$（钯例外，其价电子结构为 $4d^{10}5s^0$）。由于 d 区元素的原子最外层只有 1～2 个电子，较易失去电子，所以它们是金属元素。d 区元素在结构上的某些特征，导致它们有许多特性。第四周期 d 区元素的一些基本性质列于表 10-11 中。

表 10-11　第四周期 d 区元素的基本性质

项目	钪	钛	钒	铬	锰	铁	钴	镍
元素符号	Sc	Ti	V	Cr	Mn	Fe	Co	Ni
原子序数	21	22	23	24	25	26	27	28
价层电子构型	$3d^14s^2$	$3d^24s^2$	$3d^34s^2$	$3d^54s^1$	$3d^54s^2$	$3d^64s^2$	$3d^74s^2$	$3d^84s^2$
主要氧化值	**+3**	+2,+3,**+4**	+2,+3,+4,**+5**	+2,**+3**,+4,+5,**+6**	**+2**,+3,**+4**,+5,+6,**+7**	**+2**,**+3**,+4,+5,+6	**+2**,+3,+4,+5	**+2**,+3,+4
共价半径/pm	144	132	122	117	117	116.5	116	115
电负性	1.3	1.5	1.6	1.6	1.5	1.8	1.9	1.9
第一电离能/$kJ \cdot mol^{-1}$	631	658	650	653	717	759	758	737
熔点/K	1814	1933	2163	2130	1517	1808	1768	1728
沸点/K	3109	3560	3653	2945	2235	3023	3143	3003

注：表中黑体数字为常见的稳定氧化数。

d 区元素的物理性质非常相似。由于外层 s 电子和 d 电子都参与形成金属键，所以它们的金属晶格能比较高，原子堆积紧密。因此，它们大都是高熔点、高沸点、密度大、导电和导热性能良好的金属。它们被广泛地用在冶金工业上制造合金钢，例如不锈钢（含镍和铬）、弹簧钢（含钒）、锰钢等。熔点最高的单质是钨，硬度最大的单质是铬，密度最大的单质是锇。

钪 Sc、钇 Y、镧 La 是过渡元素中最活泼的金属。例如，在空气中 Sc、Y、La 能迅速地被氧化，与水作用放出氢气。Sc、Y、La 的性质之所以比较活泼，是因为它们的原子次外层 d 轨道中仅有一个电子，这个电子对它们的影响尚不显著，所以它们的性质较活泼并接近于碱土金属。

同一族的过渡元素除ⅢB 族外，其他各族都是自上而下活泼性降低。一般认为这是由于同族元素自上而下原子半径增加不大，而核电荷数却增加较多，对电子吸引增强，所以第二、三过渡系元素的活泼性急剧下降。特别是镧以后的第三过渡系的元素，又受镧系收缩的影响，它们的原子半径与第二过渡系相应的元素的原子半径几乎相等。因此第二、三过渡系的同族元素及其化合物，在性质上很相似。例如，锆与铪在自然界中彼此共生在一起，把它们的化合物分离开比较困难。铌和钽也是这样。同一过渡系的元素在化学活泼性上，总的来说自左向右减弱，但是减弱的程度不大。

过渡元素的原子或离子都具有空的价电子轨道，这种电子构型为接受配位体的孤对电子形成配位键创造了条件；同时，由于 d 区元素的离子半径较小，最外层一般为未填满的 d^x 结构，而 d 电子对核的屏蔽作用较小，有效核电荷较大，对配体有较强的吸引力和极化作用，因此它们的原子或离子都有很强的形成配合物的倾向。

d 区元素的化合物或离子普遍具有颜色，这些水合离子之所以具有颜色，与它们的离子具有未成对的 d 电子有关。没有未成对 d 电子的离子如 Sc^{3+}、Zn^{2+}、Ag^{+}、Cu^{+} 等都是无色的，而具有未成对 d 电子的离子则呈现出颜色，如 V^{3+}（绿）、Cr^{3+}（紫）、Mn^{2+}（浅粉）、Co^{2+}（桃红）、Fe^{2+}（绿）、Ni^{2+}（绿）等。

d 区元素的相关电势图如下：

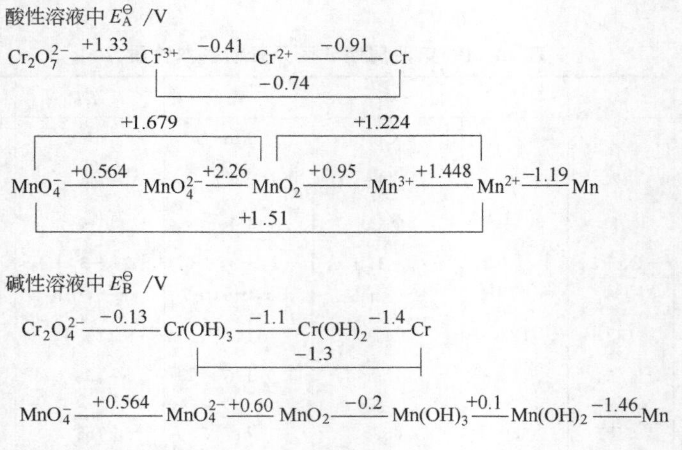

酸性溶液中 $E_A^{\ominus}$ /V

$$Cr_2O_7^{2-} \xrightarrow{+1.33} Cr^{3+} \xrightarrow{-0.41} Cr^{2+} \xrightarrow{-0.91} Cr$$

（Cr^{3+}—Cr：-0.74）

$$MnO_4^- \xrightarrow{+0.564} MnO_4^{2-} \xrightarrow{+2.26} MnO_2 \xrightarrow{+0.95} Mn^{3+} \xrightarrow{+1.448} Mn^{2+} \xrightarrow{-1.19} Mn$$

（MnO_4^-—MnO_2：$+1.679$；MnO_2—Mn^{2+}：$+1.224$；MnO_4^-—Mn^{2+}：$+1.51$）

碱性溶液中 $E_B^{\ominus}$ /V

$$Cr_2O_4^{2-} \xrightarrow{-0.13} Cr(OH)_3 \xrightarrow{-1.1} Cr(OH)_2 \xrightarrow{-1.4} Cr$$

（$Cr(OH)_3$—Cr：-1.3）

$$MnO_4^- \xrightarrow{+0.564} MnO_4^{2-} \xrightarrow{+0.60} MnO_2 \xrightarrow{-0.2} Mn(OH)_3 \xrightarrow{+0.1} Mn(OH)_2 \xrightarrow{-1.46} Mn$$

10.3.2 d 区元素的重要化合物

10.3.2.1 铬的重要化合物

铬原子的价电子层结构为 $3d^5 4s^1$。铬具有从＋2 到＋6 的各种氧化值，最重要的是氧化数为＋6 和＋3 的化合物。铬由于它漂亮的色泽及很高的硬度，因此常被镀在其他金属表面起装饰和保护作用。铬可以形成合金，在各种类型的不锈钢中几乎都有较高比例的铬。当钢中含有铬 14%左右，这便是不锈钢。

① 铬的氧化物和含氧酸　铬的氧化物主要是 Cr_2O_3 和 CrO_3。Cr_2O_3 微溶于水，易溶

于酸，熔点较高（2275℃）。灼烧过的 Cr_2O_3 不溶于水，也不溶于酸。Cr_2O_3 是制备其他铬化合物的原料，也常作为绿色颜料而广泛应用于陶瓷、玻璃、涂料等工业。CrO_3 俗名铬酐，有毒，熔点较低（196℃），对热不稳定，加热超过其熔点则分解生成 Cr_2O_3 和 O_2。CrO_3 有强氧化性，与有机化合物（如乙醇）可剧烈反应，甚至着火、爆炸，因此广泛用作有机反应的氧化剂。CrO_3 易潮解，溶于水主要生成铬酸（H_2CrO_4），溶于碱则生成铬酸盐：

$$CrO_3 + 2NaOH = Na_2CrO_4 + H_2O$$

② 铬的含氧酸及其盐　铬酸（H_2CrO_4）和重铬酸（$H_2Cr_2O_7$）均为强酸，只存在于水溶液中，$H_2Cr_2O_7$ 比 H_2CrO_4 的酸性还强些。

钾、钠的铬酸盐都是黄色晶体，而它们的重铬酸盐都是橙红色晶体，其中 $K_2Cr_2O_7$（俗称红矾钾）在低温下溶解度极小，又不含结晶水，而且不易潮解，常用作定量分析中的基准物质。

当向铬酸溶液中加入酸时，溶液由黄色变为红色；反之，当向重铬酸盐溶液中加入碱时，溶液由橙红色变为黄色，水溶液中存在下列平衡：

$$\underset{\text{(黄色)}}{2CrO_4^{2-}} + 2H^+ = 2HCrO_4^- = \underset{\text{(橙红色)}}{Cr_2O_7^{2-}} + H_2O$$

铬酸盐的溶解度一般比重铬酸盐小，且可与 Ba^{2+}、Pb^{2+}、Ag^+ 生成相应的 $BaCrO_4$（柠檬黄色）、$PbCrO_4$（黄色）、Ag_2CrO_4（砖红色）沉淀，常被用来检验 Ba^{2+}、Pb^{2+}、Ag^+ 的存在。另外，在酸性溶液中，与 H_2O_2 作用生成深蓝色的过氧化铬 CrO_5：

$$Cr_2O_7^{2-} + 4H_2O_2 + 2H^+ = 2CrO_5 + 5H_2O$$

CrO_5（过氧化铬，结构如图 10-4 所示）很不稳定，极易分解放出 O_2，但它在乙醚或戊醇溶液中较稳定。利用此反应可检验 Cr(Ⅵ) 或 H_2O_2 的存在。

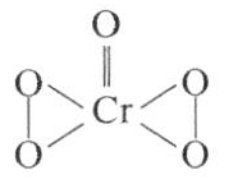

图 10-4　过氧化铬 CrO_5 的结构

六水合氯化铬（$CrCl_3 \cdot 6H_2O$，绿色或紫色），十八水合硫酸铬 $Cr_2(SO_4)_3 \cdot 18H_2O$（紫色）以及铬钒钾 $KCr(SO_4)_2 \cdot 12H_2O$（蓝紫色）均易溶于水。Cr^{3+} 的盐溶液在不同的条件下会显示不同的颜色。在碱性介质中，Cr^{3+} 可被稀的 H_2O_2 溶液氧化，溶液由绿色变为黄色。这一反应常被用于 Cr^{3+} 的鉴定：

$$\underset{\text{(亮绿色)}}{2[Cr(OH)_4]^-} + 2OH^- + 3H_2O_2 = \underset{\text{(黄色)}}{2CrO_4^{2-}} + 8H_2O$$

$Cr(OH)_3$ 是用适量的碱作用于铬盐溶液（pH 值约为 5.3）而生成的灰蓝色沉淀。$Cr(OH)_3$ 是两性氢氧化物，既可溶于酸生成水合铬离子也可溶于碱生成四羟基合铬（Ⅲ）酸盐。由于 $Cr(OH)_3$ 的酸性和碱性都较弱，因此铬（Ⅲ）盐和四羟基合铬（Ⅲ）酸盐等在水中均水解。

$$Cr(OH)_3 + 3H^+ = Cr^{3+} + 3H_2O$$

$$Cr(OH)_3 + OH^- = [Cr(OH)_4]^- \quad \text{(亮绿色)}$$

③ 铬的配合物　Cr^{3+} 的价电子构型是 $3d^3$，有 6 个空轨道，能形成 d^2sp^3 八面体形的配合物。这些配合物中 d_γ 轨道全空，在可见光照射下极易发生 d-d 跃迁，所以 Cr(Ⅲ) 的配合物大都有颜色。Cr^{3+} 可与 H_2O、Cl^-、OH^-、SCN^- 等形成单配体配合物及含有两种或两种以上配体的配合物。

10.3.2.2　锰的重要化合物

锰是第四周期ⅦB 族元素，价电子层结构为 $3d^54s^2$，常见的氧化值为 +2、+3、+4、

+6及+7。锰为金属元素，在地壳中含量为0.085%，其外形似铁，粉末状为灰色，块状为银白色，工业上主要用于生产锰合金钢。

① 锰的氧化物和氢氧化物　锰的氧化物主要指二氧化锰（MnO_2），它是不溶于水的黑色固体物质，在自然界中是软锰矿的主要成分，也是制备其他锰的化合物及金属锰的主要原料。由于Mn(Ⅳ）处于锰元素中间氧化值，因此它既能被氧化也能被还原，但以氧化性为主，特别是在酸性介质中，MnO_2 是个强氧化剂。如实验室利用它与盐酸反应制备氯气，MnO_2 也可与浓硫酸反应放出氧气：

$$2MnO_2+2H_2SO_4(浓) = 2MnSO_4+2H_2O+O_2\uparrow$$

MnO_2 的用途很广，如大量用作干电池中的去极化剂，玻璃工业中的脱色剂，火柴工业中的助燃剂，油漆油墨的干燥剂，有机反应的催化剂、氧化剂等。

在 Mn^{2+} 的盐溶液中加入碱，可得到白色胶状 $Mn(OH)_2$ 沉淀。$Mn(OH)_2$ 的碱性较强，酸性较弱，极易被空气氧化成棕色的 $MnO(OH)_2$。

② 锰的盐　金属锰与稀的非氧化性酸作用，可得到 Mn^{2+} 盐。Mn^{2+} 的强酸盐均溶于水，只有少数弱酸盐如 $MnCO_3$、MnS 等难溶于水。从水溶液中结晶出来的锰盐，均为带有结晶水的粉红色晶体。Mn^{2+} 在酸性溶液中相当稳定，只有强氧化剂如 $NaBiO_3$、PbO_2、$(NH_4)_2S_2O_8$ 等，才能将其氧化成 MnO_4^-，颜色由无色变为紫色，故可用此反应来鉴别 Mn^{2+} 的存在。

$$5NaBiO_3+2Mn^{2+}+14H^+ = 5Na^++5Bi^{3+}+2MnO_4^-+7H_2O$$

锰酸盐中比较重要的是锰酸钾，深绿色固体，可由 MnO_2 同 KOH 共熔而制得：

$$2MnO_2+4KOH+O_2 \xlongequal{熔融} 2K_2MnO_4+2H_2O$$

锰酸钾在强碱性溶液中比较稳定，在酸性溶液中易发生歧化反应：

$$3MnO_4^{2-}+4H^+ = MnO_2+2MnO_4^-+2H_2O$$

高锰酸盐中应用最广的盐是高锰酸钾 $KMnO_4$，俗称灰锰氧，是暗紫色晶体。$KMnO_4$ 固体加热至200℃以上时会分解，可利用此反应制备少量氧气：

$$2KMnO_4 = MnO_2+K_2MnO_4+O_2\uparrow$$

$KMnO_4$ 在酸性溶液中缓慢分解，在中性溶液中分解极慢，但光和 MnO_2 对其分解起催化作用，故配制好的 $KMnO_4$ 溶液应保存在棕色瓶中，放置一段时间后，需过滤除去 MnO_2。

$$4MnO_4^-+4H^+ = 4MnO_2\downarrow+3O_2\uparrow+2H_2O$$

$KMnO_4$ 无论在酸性、中性或碱性溶液中皆有氧化性，其还原产物因溶液的酸碱性不同而异，如无色的 Mn^{2+}（酸性）、棕褐色的 MnO_2 沉淀（中性或弱碱性）或绿色的 MnO_4^-（强碱性）。因此，高锰酸钾是化学上常用的氧化剂，在医药上也用作防腐剂、消毒剂、除臭剂及解毒剂等。

10.3.2.3　铁、钴、镍的重要化合物

铁、钴、镍是第四周期ⅧB元素，性质非常相似，统称为铁系元素。铁、钴、镍原子的价电子层结构分别为 $3d^64s^2$、$3d^74s^2$、$3d^84s^2$，铁常见的氧化值为+2、+3，钴的氧化值为+2、+3，镍的氧化值为+2。

① 铁、镍、钴的氢氧化物　往 Fe^{2+} 的盐溶液中加入强碱，即生成白色的 $Fe(OH)_2$ 沉淀，$Fe(OH)_2$ 极不稳定，与空气接触后很快变成暗绿色，继而变成红棕色的氧化铁水合物 $Fe_2O_3\cdot nH_2O$，习惯上写作 $Fe(OH)_3$。

$$4Fe(OH)_2+O_2+2H_2O = 4Fe(OH)_3$$

$Fe(OH)_2$ 和 $Fe(OH)_3$ 均难溶于水。$Fe(OH)_2$ 呈碱性，可溶于强酸形成亚铁盐；$Fe(OH)_3$ 显两性，以碱性为主，溶于酸生成相应的铁盐，溶于热浓强碱溶液生成铁酸盐：

$$Fe(OH)_3+NaOH = NaFeO_2+2H_2O$$

在 Co^{2+} 盐溶液中加入碱，室温时先得到蓝色的 $Co(OH)_2$ 沉淀，在水中长期放置或加热即转变为粉红色沉淀：

$$Co^{2+}+2OH^- = Co(OH)_2\downarrow \quad (粉红色)$$

$Co(OH)_2$ 溶解度很小，呈微弱的两性，既可溶于酸也可溶于碱。$Co(OH)_2$ 在碱性介质中可逐渐被空气氧化为棕褐色的 $Co(OH)_3$：

$$4Co(OH)_2+O_2+2H_2O = 4Co(OH)_3$$

$Co(OH)_3$ 具有氧化性，与盐酸作用放出 Cl_2，与硫酸作用放出 O_2：

$$2Co(OH)_3+2Cl^-+6H^+ = 2Co^{2+}+6H_2O+Cl_2\uparrow$$

$$4Co(OH)_3+8H^+ = 4Co^{2+}+10H_2O+O_2\uparrow$$

在 Ni^{2+} 盐溶液中加入碱，得到苹果绿色的 $Ni(OH)_2$ 沉淀：

$$Ni^{2+}+2OH^- = Ni(OH)_2\downarrow (苹果绿色)$$

$Ni(OH)_2$ 为碱性，溶于酸生成 Ni^{2+}（绿色），它与 $Fe(OH)_2$ 及 $Co(OH)_2$ 不同，在空气中放置不会被氧化，但用 Br_2、Cl_2、NaClO 等可将 $Ni(OH)_2$ 氧化为棕褐色的 $Ni(OH)_3$：

$$2Ni(OH)_2+ClO^-+H_2O = 2Ni(OH)_3+Cl^-$$

与 $Co(OH)_3$ 相同，$Ni(OH)_3$ 也具有氧化性，与盐酸作用放出 Cl_2，与硫酸作用放出 O_2，这也是 $Ni(OH)_3$、$Co(OH)_3$ 区别于 $Fe(OH)_3$ 之处。

② 铁、镍、钴的盐　最重要的铁盐是硫酸亚铁和氯化铁。七水硫酸亚铁 $FeSO_4\cdot 7H_2O$，俗称绿矾，为淡绿色晶体，中药上称为皂矾，农业上用于防治虫害，医学上用于治疗缺铁性贫血。硫酸亚铁遇强热则分解为三氧化二铁，而在空气中可逐渐风化而失去一部分水，并且表面容易被氧化，生成黄褐色碱式硫酸铁：

$$2FeSO_4 \overset{\triangle}{=} Fe_2O_3+SO_2\uparrow+SO_3\uparrow$$

$$4FeSO_4+O_2+2H_2O = 4Fe(OH)SO_4$$

硫酸亚铁能与碱金属及铵的硫酸盐形成复盐，如 $(NH_4)_2SO_4\cdot FeSO_4\cdot 6H_2O$，称为莫尔盐，它比 $FeSO_4$ 稳定，易保存，是分析化学中常用的还原剂，用来标定 $K_2Cr_2O_7$ 溶液或 $KMnO_4$ 溶液。无水三氯化铁为棕褐色的共价化合物，易升华，400℃时呈蒸气状态，以双聚分子 Fe_2Cl_6 存在。从溶液中制得的一般为 $FeCl_3\cdot 6H_2O$，呈深黄色。Fe^{3+} 在酸性水溶液中通常以淡紫色的 $[Fe(H_2O)_6]^{3+}$ 形式存在，它很容易水解而显黄色。此外，在酸性溶液中，Fe^{3+} 是中等强度的氧化剂，能把 I^-、$SnCl_2$、SO_3、H_2S、Fe、Cu 等氧化，而本身还原为 Fe^{2+}。

常见的钴盐是 $CoCl_2\cdot 6H_2O$，它随所含结晶水的数目不同而呈现多种不同的颜色：

$$\underset{(粉红)}{CoCl_2\cdot 6H_2O} \xrightarrow{52.3℃} \underset{(紫红)}{CoCl_2\cdot 2H_2O} \xrightarrow{90℃} \underset{(蓝紫)}{CoCl_2\cdot H_2O} \xrightarrow{120℃} \underset{(蓝)}{CoCl_2}$$

作干燥剂的硅胶常浸有 $CoCl_2$ 的水溶液，利用其吸水和脱水过程中颜色的变化，来表示硅胶的吸湿情况。当硅胶干燥剂由蓝色变为粉红色时，表示吸水已饱和，再经烘干脱水又能重复使用。常见的镍盐有暗绿色 $NiCl_2\cdot 7H_2O$、草绿色 $NiCl_2\cdot 6H_2O$、绿色 $Ni(NO_3)_2\cdot 6H_2O$ 及其复盐 $(NH_4)_2SO_4\cdot NiSO_4\cdot 6H_2O$ 等。

③ 铁、镍、钴的配合物　Fe^{2+}、Fe^{3+} 易形成配位数为 6 的多种八面体形配合物，最常

见的配体有 CN^- 和 SCN^-。

亚铁氰化钾 {$K_4[Fe(CN)_6]$} 为黄色晶体，俗称黄血盐。铁氰化钾 {$K_3[Fe(CN)_6]$} 为深红色晶体，俗称赤血盐。这两类铁氰配合物都易溶于水，且在水中相当稳定。在含 Fe^{2+} 的溶液中加入 $K_3[Fe(CN)_6]$ 或在含 Fe^{3+} 的溶液中加入 $K_4[Fe(CN)_6]$，均能生成蓝色沉淀，此反应常用来鉴定 Fe^{2+} 和 Fe^{3+}：

$$K^+ + Fe^{2+} + [Fe(CN)_6]^{3-} = KFe[Fe(CN)_6]\downarrow \quad (藤氏蓝)$$

$$K^+ + Fe^{3+} + [Fe(CN)_6]^{4-} = KFe[Fe(CN)_6]\downarrow \quad (普鲁士蓝)$$

Fe^{3+} 与 SCN^- 反应，生成血红色的 $[Fe(SCN)_n]^{3-n}$，n 值随溶液中 SCN^- 浓度和酸度而定，由于此反应很灵敏，常用于 Fe^{3+} 的鉴定：

$$Fe^{3+} + nSCN^- = [Fe(SCN)_n]^{3-n} \quad (n=1\sim6)$$

Fe^{2+} 难以形成稳定的氨合物，而 Fe^{3+} 由于强烈水解，在其水溶液中加入氨时，往往生成 $Fe(OH)_3$ 沉淀，不形成氨合物。

Co(Ⅲ) 配合物大都是配位数为 6 的八面体构型，常见的配合物中除 $[CoF_6]^{3-}$ 是高自旋以外，其他 $[Co(NH_3)_5 \cdot H_2O]^{3+}$（粉红色）、$[Co(NH_3)_5Cl]^{2+}$（紫）、$[Co(NO_2)_6]^{3-}$（黄）等均为低自旋的配合物，它们在溶液或晶体中均十分稳定。Co^{2+} 与 SCN^- 生成的蓝色配合物 $[Co(SCN)_4]^{2-}$ 在丙酮中比较稳定，利用此反应可以鉴定 Co^{2+}。而 Ni(Ⅱ) 配合物的构型比较多样化，有八面体形的 $[Ni(NH_3)_6]^{2+}$（紫色）、平面正方形的 $[Ni(CN)_4]^{2-}$（红色）、四面体形的 $[NiCl_4]^{2-}$（深蓝色）等。Ni^{2+} 与丁二酮肟的弱碱溶液反应生成 $[Ni(DMG)_2]$ 鲜红色沉淀，可用于鉴定 Ni^{2+}。

10.3.3 d 区元素在医药中的应用（课堂讨论）

在自然界的近百种元素中，在人体中发现了 60 多种。人体中最重要的元素是 O、C、H 和 N 共 4 种，它们约占人体总质量的 96%。此外，Ca、S、P、Na、K、Cl 和 Mg 7 种元素约占 3.95%。这 11 种元素占了 99.95%，称为人体的宏量元素。剩下的 50 多种元素总共只占人体总质量的 0.05%左右，称为人体的微量元素。这些微量元素，许多是 d 区的过渡元素，如 Fe、Mn、Co、Mo、Cr、V、Ni 等。

常用药物中也有一些是 d 区元素的化合物。

$KMnO_4$ 是重要的也是最常用的氧化剂之一，它的稀溶液（0.1%）可用于器械设备的消毒，它的 0.5%溶液可治疗轻度烫伤。

Co^{2+} 的重要螯合物是维生素 B_{12}。它是 Co(Ⅲ) 六配位配合物。维生素 B_{12} 是唯一已知的含有金属离子的维生素。它参与蛋白质的合成，叶酸的储存及硫醇酶的活化等。其主要功能是促使红细胞成熟，如果没有它，血液中就会出现一种没有细胞核的巨红细胞，引起恶心贫血。它还可用于治疗肝炎、肝硬化、多发性神经炎及银屑病等。

由两个或多个同种简单含氧酸分子缩合而成的酸称为同多酸。钼、钨及许多其他元素不仅形成简单含氧酸，而且在一定条件下还能缩水形成同多酸及杂多酸，这是钼、钨化学的一个突出特点。能够形成同多酸的元素有 V、Cr、Mo、W、Nd、Ta、U、B、Si、P 等。目前关于多酸化合物作为抗艾滋病（HIV-1）、抗肿瘤、抗病毒的无机药物的研究开发备受瞩目。有已申请专利的、可作为抗 HIV-1 药物的杂多酸化合物，有杂多酸盐 $K_7PW_{10}Ti_2O_{40}$、$SiW_{12}O_{40}^{4-}$、$BW_{12}O_{40}^{5-}$、$W_{10}O_{32}^{4-}$ 和杂多阴离子的盐类或酸、钨锑杂多化合物及含铌的杂多化合物等。具有抗肿瘤活性且无细胞毒性的同多和杂多化合物有 $[Mo_7O_{24}]^{6-}$、

$[XMo_6O_{24}]^{n-}$（X=I，Pt，Co，Cr，…）等。铂系元素容易生成配合物，水溶液中几乎全是配合物。二氯·二氨合铂 $[PtCl_2(NH_3)_2]$ 为反磁性物质，其结构为平面正方形。它有两种几何异构体——顺式结构和反式结构。顺式结构的称为顺铂，具有抗癌性能，用作治癌药物，反式结构的称为反铂，无治癌作用。顺铂的抗癌机理一般认为，顺铂攻击的主要靶分子是DNA。顺铂水解后，与肿瘤细胞中的DNA碱基的氮原子配位，形成链内交联的Pt-DNA配合物，从而抑制DNA的复制。由于顺铂与DNA的特异性相互作用，最终导致癌细胞死亡。

矿物药是中药的重要组成部分之一，其中d区中的铁元素的阳离子化合物在矿物药中种类较多。铁类矿物药中铁散粉、生铁落饮、七味铁屑丸、御史散、磁朱丸等主要成分为 Fe_3O_4；更年安、绛矾丸等主要成分为 $FeSO_4 \cdot 7H_2O$；旋覆代赭汤的主要成分是 Fe_2O_3；蛇黄丸的主要成分为 $Fe_2O_3 \cdot xH_2O$；黄矾丸的主要成分是 $Fe_2(SO_4)_3 \cdot 10H_2O$；神效太乙丸、震灵丹的主要成分是 $Fe_2O_3 \cdot xH_2O$ 和 FeS_2。

10.4　ds区元素

10.4.1　ds区元素的通性

ds区元素包括元素周期表中第ⅠB族元素Cu、Ag、Au（又称铜族元素）和第ⅡB族元素Zn、Cd、Hg（又称锌族元素）。ds区元素的一些基本性质列于表10-12中。

表10-12　第四周期ds区元素的基本性质

项目	铜	银	金	锌	镉	汞
元素符号	Cu	Ag	Au	Zn	Cd	Hg
原子序数	29	47	79	30	48	80
价层电子构型	$3d^{10}4s^1$	$4d^{10}5s^1$	$5d^{10}6s^1$	$3d^{10}4s^2$	$4d^{10}5s^2$	$5d^{10}6s^2$
金属半径/pm	128	144	144	133.2	148.9	160
主要氧化值	**+1**,**+2**,+3	**+1**,+2,+3	**+1**,**+3**	**+2**	**+2**	**+1**,**+2**
电负性	1.9	1.9	1.9	1.6	1.7	1.9
第一电离能/kJ·mol^{-1}	745.3	730.8	889.9	915	873	1013
第二电离能/kJ·mol^{-1}	1957.3	2072.6	1973.3	1743	1641	1820
熔点/K	1358	1236	1338	693	594	234
沸点/K	2835	2438	3129	1180	1038	630

注：表中黑体数字为常见的稳定氧化数。

ds区元素的价电子层构型分别为 $(n-1)d^{10}ns^1$ 和 $(n-1)d^{10}ns^2$。铜族和锌族元素的次外层都是18电子结构，所以当它们分别形成与族数相同的氧化数的化合物时，相应的离子都是18电子构型，有很强的极化能力和较大的变形性，所以这些元素易形成共价化合物；另外，ds区元素离子的d、s、p有能量较低的空轨道，故形成配位化合物的能力较强，但由于ⅡB族元素的离子（M^{2+}）d轨道已填满，电子不能发生d-d跃迁，因此它们的配合物一般无色。

常温下，ds区元素的单质除汞为液体外，其余五种均为固体，金、银、铜是人们最早知道和使用的货币金属，熔、沸点较其他过渡元素低，这与其原子半径大、次外层电子不参与形成金属键有关。金的延展性最好，而银的导电、传热性最好，铜仅次于银。因而在电器中广泛采用铜作为导电材料，要求高的场合，如触点、电极等可采用银。锌的表面容易在空气中生成一层致密的碱式碳酸盐 $Zn_2(OH)_2CO_3$，而使锌有抗御腐蚀的性质，所以常用锌来镀薄铁板。镉既耐大气腐蚀，又对碱和海水有较好的抗腐蚀性，有良好的延展性，也易于焊接，且能长久保持金属光泽，因此，广泛应用于飞机和船舶零件的防腐镀层。汞是室温下唯一的液态金属，具有挥发性和毒害作用，应特别小心。锌、镉、汞之间或与其他金属可形成合金。例如汞能溶解金属形成汞齐，如汞和钠的合金（钠汞齐）与水接触时，其中的汞仍保持其惰性，而钠则与水反应放出氢气。不过与纯的金属相比，反应进行得比较平稳。根据此性质，钠汞齐在有机合成中常用作还原剂。

ds 区元素中，锌族元素比同周期的铜族元素活泼，具体顺序是：Zn＞Cd＞Cu＞Hg＞Ag＞Au。Cu、Ag、Au 的化学活泼性较差，室温下看不出它们能与氧或水作用，但在含有 CO_2 的潮湿空气中，Cu 的表面会逐渐蒙上绿色的铜锈（俗称铜绿），主要成分为 $Cu_2(OH)_2CO_3$：

$$2Cu+O_2+H_2O+CO_2 = Cu_2(OH)_2CO_3$$

再如 Ag 和含 H_2S 的空气接触即生成 Ag_2S 而变暗：

$$4Ag+O_2+2H_2S = 2Ag_2S+2H_2O$$

10.4.2 ds 区元素的重要化合物

10.4.2.1 铜的化合物

① 铜的氧化物和氢氧化物　铜的氧化物主要有 Cu_2O 和 CuO 两种。Cu_2O 为共价化合物，有毒，难溶于水，对热稳定。其固体颜色随颗粒大小的不同呈现黄色、红色、砖红色到深棕色。Cu_2O 具有半导体性质，可制作亚铜整流器，也可用作油漆颜料。Cu_2O 是赤铜矿的主要成分。暗红色粉末状的 Cu_2O 可以用氢气还原 CuO 得到：

$$2CuO+H_2 \xrightarrow{150℃} Cu_2O+H_2O\uparrow$$

而黑色的 CuO 粉末，可由某些含氧酸盐受热分解或在氧气中加热铜粉而制得：

$$Cu_2(OH)_2CO_3 = 2CuO+H_2O\uparrow+CO_2\uparrow$$

Cu_2O 和 CuO 都是碱性氧化物。CuO 可溶于酸，热稳定性极高。而 Cu_2O 溶于稀酸即发生歧化反应，生成 Cu^{2+} 和 Cu：

$$Cu_2O+2H^+ = Cu^{2+}+Cu\downarrow+H_2O$$

在 Cu^{2+} 溶液中加入强碱，即产生蓝色絮状的 $Cu(OH)_2$ 沉淀。$Cu(OH)_2$ 呈两性偏碱性，易溶于酸，也能溶于强碱生成亮蓝色的 $[Cu(OH)_4]^{2-}$。氢氧化亚铜（CuOH）很不稳定，易脱水生成 Cu_2O。

② 铜的盐　无水硫酸铜（$CuSO_4$）为白色粉末，不溶于乙醇和乙醚，具有很强的吸水性，吸水后为蓝色，可用这一性质检验或除去乙醇、乙醚等溶剂中的少量水（用作干燥剂）。$CuSO_4$ 遇到少量氨水会生成浅蓝色的碱式碳酸铜沉淀，继续加氨水，沉淀溶解，得到深蓝色的四氨合铜配离子。

$$CuSO_4+NH_3\cdot H_2O \longrightarrow (NH_4)_2SO_4+Cu_2(OH)_2SO_4\downarrow \xrightarrow{NH_3} [Cu(NH_3)_4]SO_4$$

$CuSO_4$ 溶液因 Cu^{2+} 水解而显酸性。在铜氨溶液中加甲醇即得到深蓝色晶体

$[Cu(NH_3)_4]SO_4 \cdot H_2O$，铜氨溶液能溶解纤维，加酸后纤维又会析出，利用此性质在工业上制造人造丝。在农业上以 $CuSO_4 \cdot 5H_2O : CaO : H_2O = 1 : 1 : 100$ 混合制备波尔多液用作果园、农作物的杀虫杀菌剂。

无水氯化铜（$CuCl_2$）呈棕黄色，在很浓的溶液中生成黄色的 $[CuCl_4]^{2-}$，在稀溶液中主要显 $[Cu(H_2O)_4]^{2+}$ 的蓝色，因此 $CuCl_2$ 溶液常因二者共存而显黄绿色或绿色。$CuCl_2$ 为链状共价分子，能潮解，易溶于水、乙醇和丙酮等溶剂，加热至 773K 时分解：

$$2CuCl_2 \xrightarrow{773K} 2CuCl + Cl_2 \uparrow$$

在 Cu^{2+} 溶液中，通入 H_2S 气体，即得黑色 CuS 沉淀。CuS 难溶于水，也不溶于非氧化性酸，但能溶于热的稀硝酸或浓硝酸中。而 Cu_2S 只溶于浓硝酸或氰化钠中。

$$3Cu_2S + 16HNO_3(浓,热) = 6Cu(NO_3)_2 + 3S\downarrow + 4NO\uparrow + 8H_2O$$

$$Cu_2S + 4CN^- = 2[Cu(CN)_2]^- + S^{2-}$$

③ 铜的配合物　Cu^{2+} 的价电子构型为 $3s^23p^63d^9$，带 2 个正电荷，比 Cu^+ 更容易形成配合物，配位数为 4 和 6，配位数为 6 的如 $[Cu(NH_3)_4(H_2O)_2]^{2+}$、$[CuY]^{2-}$ 等一般为变形八面体结构，配位数为 4 时，Cu^{2+} 以 dsp^2 杂化轨道成键，形成平面四边形配离子如 $[Cu(NH_3)_4]^{2+}$、$[Cu(OH)_4]^{2-}$、$[Cu(H_2O)_4]^{2+}$、$[Cu(en)_2]^{2+}$（深蓝紫色）、$[CuCl_4]^{2-}$（淡黄色）及配合物如 $Cu(CH_3COO)_2 \cdot H_2O$ 等。但 $[CuX_4]^{2-}$ 稳定性较差。酒石酸、柠檬酸等有机试剂也能与 $Cu(OH)_2$ 形成稳定的配合物，其水溶液分别称为斐林试剂（Fehling）和班尼特（Banedit）试剂。

Cu^+ 为 d^{10} 构型，外层有 4s、4p 空轨道，可分别采取 sp、sp^2、sp^3 杂化方式与配体形成配位数分别为 2、3、4 的直线形、平面三角形、四面体形配合物，以配位数为 2 最为常见。如 $[CuX_2]^-$（F^- 除外）、$[Cu(CN)_2]^-$、$[Cu(NH_3)_2]^+$、$[Cu(CN)_4]^{3-}$ 等。

10.4.2.2 银的化合物

① 银的氧化物和氢氧化物　氧化银（Ag_2O）为碱性氧化物，难溶于水，易溶于硝酸和氨水中。Ag_2O 不稳定，加热到 573K 时就完全分解为 Ag 和 O_2。Ag_2O 具有一定的氧化性，可将 CO 氧化成 CO_2 或将 H_2O_2 氧化为 O_2。

$$Ag_2O + H_2O_2 = 2Ag + O_2\uparrow + H_2O$$

通常在 $AgNO_3$ 溶液中加入 NaOH 溶液，首先析出白色 AgOH 沉淀，常温下 AgOH 极不稳定，立即脱水生成暗棕色的 Ag_2O。若用 $AgNO_3$ 的 90%乙醇溶液与 KOH 溶液在低于 228K 下反应，则可得到白色的 AgOH 沉淀。

② 银的盐　纯净的硝酸银（$AgNO_3$）为无色菱形片状晶体，沸点为 481.5K，易溶于水、甘油，可溶于乙醇，加热或见光易分解，故硝酸银晶体或溶液应保存在棕色瓶中。

硝酸银固体及其溶液都是氧化剂，可与许多有机物反应变成黑色的银，$AgNO_3$ 对有机组织有腐蚀和破坏作用，在医药上用作消毒剂和腐蚀剂。如 0.25%～0.5%的 $AgNO_3$ 溶液用于治疗眼科炎症，更高浓度的 $AgNO_3$ 溶液用于口腔、宫颈及其他组织炎症的治疗。

可利用银盐大多难溶的特性来鉴定阴离子。如 AgCl（白色）、AgCN（白色）、AgBr（浅黄）、AgI（黄色）、Ag_2S（黑色）、Ag_2SO_4（白色）、Ag_2CrO_4（砖红）、Ag_2CO_3（白色）、CH_3COOAg（白色）等。

③ 银的配合物　具有 d^{10} 构型的 Ag^+ 可与 X^-（F^- 除外）、NH_3、$S_2O_3^{2-}$、CN^- 等易变形的配体形成配位数为 2 的稳定性不同的直线型配离子。$K^{\ominus}_{稳}$ 大小顺序如下：

$$[AgCl_2]^- < [Ag(NH_3)_2]^+ < [Ag(S_2O_3)_2]^{3-} < [Ag(CN)_2]^-$$

其中 $[Ag(NH_3)_2]^+$ 溶液（又称为 Tollen 试剂）可被醛类或葡萄糖等还原为银而用于制造保温瓶和镜子镀银（银镜反应），也可用来检查醛类化合物。反应式为：

$$2[Ag(NH_3)_2]^+ + RCHO + 2OH^- = 2Ag\downarrow + RCOONH_4 + 3NH_3 + H_2O$$

注意：银氨溶液不能久储，因久置天热时不到一天就会析出 Ag_3N、Ag_2NH、$AgNH_2$ 等沉淀。可加盐酸使其转化为沉淀，或用羟氨还原为银而回收。

$$2NH_2OH + 2AgCl = N_2\uparrow + 2Ag\downarrow + 2HCl + 2H_2O$$

10.4.2.3 汞的化合物

① 汞的氧化物和氢氧化物　根据制备方法和条件的不同，氧化汞有黄色和红色两种不同的变体，二者均难溶于水，且有毒，720K 时分解为黑色的汞和氧气。黄色的 HgO 可用汞盐与碱作用制得。

$$Hg^{2+} + 2OH^- = HgO\downarrow(\text{黄色}) + H_2O$$

红色的 HgO 可由 $Hg(NO_3)_2$ 的热分解或在约 620K 时于氧气中加热汞制得。黄色的 HgO 在低于 570K 加热时，可转变为红色的 HgO，这两种变体的结构相同，颜色的差别完全是由其颗粒的大小不同所致，黄色晶粒细小、红色颗粒较大。

② 汞的盐　氯化汞（$HgCl_2$）是低熔点、易升华的白色固体，熔点为 549K，俗称升汞（白降丹），可溶于水，有剧毒。其稀溶液有杀菌作用，外科用作消毒剂。$HgCl_2$ 是直线形的共价分子，较难电离，易溶于有机溶剂，在水中稍微水解，在氨中氨解。

在酸性溶液中 $HgCl_2$ 有氧化性，与一些还原剂如 $SnCl_2$ 反应可被还原成 Hg_2Cl_2（白色沉淀），$SnCl_2$ 过量时，可进一步还原为黑色的汞，因此，$HgCl_2$ 和 $SnCl_2$ 的反应来检验 Hg^{2+} 或 Sn^{2+}。

$$2HgCl_2 + SnCl_2 + 2HCl = H_2[SnCl_6] + Hg_2Cl_2\downarrow(\text{白色})$$

氯化亚汞（Hg_2Cl_2）是共价型的直线分子，Hg^+ 采取 sp 杂化轨道成键，以双聚体 $Hg^+ : Hg^+$ 存在。Hg_2Cl_2 是难溶于水的白色固体，略微甘，俗称甘汞，为中药轻粉的主要成分，少量毒性较低，常用来制作甘汞电极。将 $HgCl_2$ 与金属 Hg 一起研磨可制得 Hg_2Cl_2，但 Hg_2Cl_2 见光易分解生成 $HgCl_2$ 和 Hg，故常保存于棕色瓶中。

汞的硝酸盐易溶于水，且能水解，对热都不稳定，易分解为 HgO 和 Hg。

$$2Hg(NO_3)_2 \xlongequal{\text{低温}} 2HgO(\text{红色}) + 4NO_2\uparrow + O_2\uparrow$$

$$Hg(NO_3)_2 \xlongequal{\text{高温}} Hg(\text{黑色}) + 2NO_2\uparrow + O_2\uparrow$$

天然的硫化汞矿物叫做朱砂或丹砂，呈朱红色，具有镇静安神和解毒的功效。人工制备的硫化汞是由汞和硫加热升华而得的。HgS 是最难溶的金属硫化物，它不溶于盐酸和硝酸，但可溶于王水、盐酸和 KI 的混合液或过量的 Na_2S 溶液：

$$HgS + 2H^+ + 4I^- = [HgI_4]^{2-} + H_2S$$

$$HgS + Na_2S(\text{浓}) = Na_2[HgS_2]$$

③ 汞的配合物　Hg_2^{2+} 形成配合物的能力较小，而 Hg^{2+} 却能与 Cl^-、Br^-、I^-、CN^-、SCN^-、S^{2-} 等离子形成较为稳定的配合物，其中 $K_2[HgI_4]$ 的 KOH 溶液称为奈斯勒（Nessler）试剂，用于微量 NH_4^+ 的鉴定：

$$NH_4Cl + 2K_2[HgI_4] + 4KOH = [Hg_2ONH_2]I(\text{红棕色}) + KCl + 7KI + 3H_2O$$

10.4.3　ds区元素在医药中的应用（课堂讨论）

10.4.3.1　铜、锌的生物学效应

铜是人体必需的微量元素，正常人体内总铜量为80～120mg·(70kg)$^{-1}$。铜主要以血浆铜蓝蛋白的形式存在。铜的人体日需量为2～5mg，以从食物中摄取为主，主要在肠道内吸收，通过胆汁、尿液排泄。铜也是超氧歧化酶（SOD）、细胞色素C氧化酶等生物大分子配合物的组成元素，SOD的主要功能是催化超氧阴离子O_2^{2-}发生歧化反应，使其分解为氧气和过氧化氢，避免O_2^{2-}对人体细胞造成毒性和辐射损伤，延缓机体的衰老和肿瘤的发生。另外，铜还对造血系统和神经系统的发育、对骨骼和结缔组织的形成都有重要的影响。与铜代谢有关的人类遗传性疾病有Menkes综合征和Wilson病。缺铜会导致免疫功能低下、小细胞低色素性贫血、肝脏肿大、骨骼变形、白癜风等。但铜过量也会引起中毒，急性铜中毒主要表现为消化道症状，也会出现血尿、尿闭、溶血性黄疸、呕血等症状。中毒严重者可因肾功能衰竭而死亡。职业性中毒会出现呼吸、神经、消化、内分泌系统等不同程度的病变，严重危害人体健康。

锌也是人体必需的微量元素，其含量仅次于微量元素铁，正常成人体内含锌总量约为2300mg·(70kg)$^{-1}$。锌主要分布在肌细胞和骨骼中，主要在肠道内吸收，经粪便和尿液排泄。锌的人体日摄取量为12～16mg。人体中的锌主要与生物大分子如核酸、蛋白质形成配合物，以酶的形式参与众多的生理生化反应，现在已知道有80多种酶的生物活性与锌有关。近年来的研究表明：锌蛋白直接参与DNA的转录和复制，对机体的生长发育具有控制作用；其次，锌与蛋白质和核酸的代谢、生物膜的结构与稳定性、激素的分泌与活性、细胞的免疫功能状态等密切相关。锌缺乏会造成儿童生长发育不良，如侏儒症、智力低下，可引起严重的贫血、嗜睡、皮肤及眼科疾患等。锌的毒性较小，但大剂量服用也会造成中毒，甚至死亡。

10.4.3.2　汞、镉的生物毒性

镉有剧毒，主要累积在人的骨骼、肾和肝脏内，会引起肾脏损害，导致肾功能不良。另外镉对钙的吸收及在骨骼中的沉积有拮抗作用，会导致骨钙流失，引起骨骼软化和骨质疏松，而产生使人无法忍受的骨疼痛，人称“疼痛病”。镉还可置换锌酶中的锌而破坏其作用，引起高血压、心血管疾病等。镉的主要来源是环境污染尤其是水污染。

汞蒸气可通过呼吸道吸入，或经过消化道误食，也可经皮肤直接吸收而中毒。汞主要积蓄在人的大脑、肾、肝脏等器官中。急性汞中毒的症状表现为严重口腔炎、恶心呕吐、腹痛腹泻、尿量减少或尿闭，很快死亡。慢性汞中毒主要以消化系统和神经系统症状为主，表现为口腔黏膜溃烂、头痛、记忆力减退、语言失常，严重者可有各种精神障碍。有机汞化合物中毒比金属汞和无机汞化合物中毒更加危险，尤其是甲基汞离子$HgMe^+$中毒。

10.4.3.3　临床常见药物

① 硫酸铜（$CuSO_4 \cdot 5H_2O$）　俗称蓝矾，是中药胆矾的主要成分，$CuSO_4$对黏膜有收敛、刺激和腐蚀作用，具有较强的杀灭真菌的能力，其外用制剂可治疗真菌感染引起的皮肤病，眼科则用于沙眼引起的眼结膜滤泡，内服用作催吐药。

② 硝酸银（$AgNO_3$）　$AgNO_3$有收敛、腐蚀和杀菌的作用，0.25%～0.5%的$AgNO_3$用于治疗眼科炎症。更高浓度的溶液用于治疗口腔、宫颈及其他组织的炎症。

③ 硫酸锌（$ZnSO_4$）　最早使用的补锌药，目前被葡萄糖酸锌、甘草酸锌、枸橼酸锌、

精氨酸锌等取代，内服用于治疗锌缺乏引起的疾病。也可用0.3%～0.5%的 $ZnSO_4$ 治疗结膜炎；其复方制剂可促进伤口的愈合。

④ 氧化锌（ZnO） 俗称锌白粉，是中药煅炉甘石的主要成分，具有收敛，促进创面愈合的作用，用于配制外用复方散剂、混悬剂、软膏剂和糊剂等，治疗皮肤湿症及炎症。

⑤ 氧化汞和氯化氨基汞 黄色 HgO 俗称黄降汞，$HgNH_2Cl$ 俗称白降汞，二者都有较强的杀菌作用，外用治疗皮肤和黏膜感染。1%的黄降汞眼膏用于治疗眼部炎症。2%～5%的白降汞软膏用于治疗脓皮病和皮肤真菌感染。

⑥ 氯化汞和氯化亚汞 $HgCl_2$ 又名升汞，是中药白降丹的主要成分，杀菌力强，但毒性也较强，致死量为0.2～0.4g，主要用于非金属手术器械的消毒液。Hg_2Cl_2 俗称甘汞，是中药轻粉的主要成分，少量无毒，内服可作缓泻剂，外用可攻毒杀虫。Hg_2Cl_2 见光易分解为 Hg 和 $HgCl_2$，故易引起汞中毒，常保存于棕色瓶中。

⑦ 硫化汞 红色 HgS 中药称朱砂、丹砂或辰砂，具有镇静安神和解毒的功效，内服可治惊风、癫痫、失眠等症，外用其复方制剂具有消肿、解毒、止痛的功效。

小结

1.本章介绍了 s、p、d、ds 区元素价电子层构型和各区元素的通性。

2.本章介绍了各区元素重要化合物的结构、基本性质，以及各化合物之间的相互关系。

3.本章介绍了各区元素在医药中的应用。

思考题

1.金属钠着火时能否用水、二氧化碳、石棉毯和细砂扑救？为什么？

2.试比较碱金属和碱土金属物理性质的差异，并说明原因。

3.日光照射氯水时，会发生什么现象？氯水应该如何保存？写有关的化学反应方程式。

4.为什么硼族元素都是缺电子原子？

5.为什么碳和硅同属第ⅣA 族元素，碳的化合物有几百万种，而硅的化合物种类远不及碳的化合物那样多？为什么 ？

6.为什么 d 区元素的金属离子的水合离子都具有一定的颜色？

7.排列铜族和锌族这六种金属的活泼性顺序。

8.为什么氯化亚汞的分子式要写成 Hg_2Cl_2 而不能写成 HgCl?

9. Cu^+、Ag^+、Zn^{2+}、Cd^{2+}、Hg^{2+} 的配合物多是白色，为什么？

10. Hg^+ 在水溶液中的稳定性大于 Cu^+，为什么？

习 题

1.如何鉴别下列物质？

（1）Na_2CO_3、$NaHCO_3$ 和 NaOH；

（2）CaO、$Ca(OH)_2$ 和 $CaSO_4$。

【参考答案：（1）先加 $CaCl_2$ 溶液，后加稀盐酸；（2）先加水，后加酚酞】

2.能否用浓 H_2SO_4 与溴化钠、碘化钠分别制备溴化氢、碘化氢？为什么？

【参考答案：不能，因为浓 H_2SO_4 有强氧化性，会发生副反应生成 Br_2、I_2，可用浓磷酸代替】

3. 分别写出 Zn 使 HNO_3 还原为 NO_2、NO、N_2O 和 NH_4^+ 的反应式。

【参考答案：$Zn+4HNO_3$(浓)$=Zn(NO_3)_2+2NO_2\uparrow+2H_2O$

$3Zn+8HNO_3$(较浓)$=3Zn(NO_3)_2+2NO\uparrow+4H_2O$

$4Zn+10HNO_3$(稀)$=4Zn(NO_3)_2+N_2O\uparrow+5H_2O$

$4Zn+10HNO_3$(稀)$=4Zn(NO_3)_2+NH_4NO_3+3H_2O$】

4. 有一种盐 A，溶于水后加入稀盐酸有刺激性气体 B 产生，同时有黄色沉淀 C 析出。气体能使高锰酸钾溶液褪色，通入氯气于 A 溶液中，氯的黄绿色消失，生成溶液 D，D 与可溶性钡盐生成白色沉淀 E，试确定 A、B、C、D、E 各为何物，写出有关的反应方程式。

【参考答案：A 为硫代硫酸钠；B 为二氧化硫；C 为单质硫；D 为硫酸钠；E 为硫酸钡】

5. 配平并完成下列反应式

(1) Cl_2+OH^-(冷)$=$

(2) $Al^{3+}+CO_3^{2-}+H_2O=$

(3) $CrO_2^-+H_2O_2+OH^-=$

(4) $MnO_4^-+SO_3^{2-}+H^+=$

(5) $Na_2S_2O_3+HCl=$

(6) $Mn^{2+}+NaBiO_3(s)+H^+=$

(7) $[Co(NH_3)_6]^{2+}+O_2+H^+=$

(8) $Fe^{2+}+H_2O_2+H^+=$

(9) $Ag_2O+H_2SO_4$(浓)$=$

(10) $Cu_2O+NH_3+NH_4Cl+O_2=$

【参考答案：(1)Cl_2+2OH^-(冷)$=Cl^-+ClO^-+H_2O$

(2)$2Al^{3+}+3CO_3^{2-}+3H_2O=2Al(OH)_3\downarrow+3CO_2$

(3)$2CrO_2^-+3H_2O_2+2OH^-=4H_2O+2CrO_4^{2-}$

(4)$2MnO_4^-+5SO_3^{2-}+6H^+=2Mn^{2+}+5SO_4^{2-}+3H_2O$

(5)$Na_2S_2O_3+2HCl=S\downarrow+SO_2\uparrow+H_2O+2NaCl$

(6)$2Mn^{2+}+5NaBiO_3(s)+14H^+=2MnO_4^-+5Bi^{3+}+5Na^++7H_2O$

(7)$4[Co(NH_3)_6]^{2+}+O_2+4H^+=4[Co(NH_3)_6]^{3+}+2H_2O$

(8)$2Fe^{2+}+H_2O_2+2H^+=2Fe^{3+}+2H_2O$

(9)$Ag_2O+H_2SO_4$(浓)$=Ag_2SO_4+H_2O$

(10)$2Cu_2O+8NH_3+8NH_4Cl+O_2=4[Cu(NH_3)_4]Cl_2+4H_2O$】

6. 在 Fe^{2+}、Co^{2+}、Ni^{2+} 盐的溶液中，分别加入 NaOH 溶液，在空气中放置后，各得到什么产物？写出相关的化学反应式？

【参考答案：前两者的氢氧化物能被空气中的氧缓慢氧化为棕红色氢氧化铁和棕褐色氢氧化钴，后者生成苹果绿色氢氧化镍。方程式为：$2H_2O+4Fe(OH)_2+O_2=4Fe(OH)_3\downarrow$(红棕色)，$4Co(OH)_2+O_2+2H_2O=4Co(OH)_3\downarrow$(棕褐色)；$Ni^{2+}+2OH^-=Ni(OH)_2\downarrow$(苹果绿色)】

7. 铬的某化合物 A 是一橙红色溶于水的固体，将 A 用浓 HCl 处理产生黄绿色刺激性气体 B 和暗绿色溶液 C。在 C 中加入 KOH 溶液，先生成灰蓝色沉淀 D，继续加入过量的

KOH 溶液则沉淀消失，变为绿色溶液 E。在 E 中加入 H_2O_2，加热则生成黄色溶液 F，F 用稀酸酸化，又变为原来化合物 A 的溶液。问：A、B、C、D、E、F 各是什么物质？写出每步变化的反应方程式？

【参考答案：A 为 $K_2Cr_2O_7$；B 为 Cl_2；C 为 $CrCl_3$；D 为 $Cr(OH)_3$；E 为 $KCrO_2$；F 为 K_2CrO_4】

8. 在 $K_2Cr_2O_7$ 的饱和溶液中加入浓 H_2SO_4，并加热到 200℃时，发现溶液的颜色为蓝绿色，经检查反应开始时溶液中并无任何还原剂的存在，试说明上述变化的原因。

【参考答案：$K_2Cr_2O_7$ 与浓 H_2SO_4 作用生成 CrO_3，CrO_3 受热超过其熔点时分解为 Cr_2O_3 和 O_2，Cr_2O_3 又与 H_2SO_4 作用生成 Cr^{3+} 而呈蓝绿色】

9. 用化学反应方程式说明下列实验现象：

(1) 在绝对无氧的条件下，向含有 Fe^{2+} 的溶液中加入 NaOH 溶液后，生成白色沉淀，随后逐渐变成红棕色；

(2) 过滤后的沉淀溶于盐酸得到黄色溶液；

(3) 向黄色溶液中加几滴 KSCN 溶液，立即变血红色，再通入 SO_2，则红色消失；

(4) 向红色消失的溶液中滴加 $KMnO_4$ 溶液，其紫色褪去；

(5) 最后加入黄血盐溶液时，生成蓝色沉淀。

【参考答案：

(1) $Fe^{2+}+2OH^- = Fe(OH)_2\downarrow$(白色)；$2H_2O+4Fe(OH)_2+O_2 = 4Fe(OH)_3\downarrow$(红棕色)

(2) $Fe(OH)_3+3H^+ = Fe^{3+}+3H_2O$

(3) $Fe^{3+}+SCN^- = Fe(SCN)^{2+}$(血红色)；

$2Fe(SCN)^{2+}+SO_2+2H_2O = 2Fe^{2+}+SO_4^{2-}+4H^++2SCN^-$

(4) $5Fe^{2+}+MnO_4^-+8H^+ = Mn^{2+}+5Fe^{3+}+4H_2O$

(5) $Fe^{3+}+Fe(CN)_6^{4-}+K^+ = KFe[Fe(CN)_6]\downarrow$(蓝色)】

10. 解释下列问题：

(1) 钴（Ⅲ）盐不稳定而其配离子稳定，钴（Ⅱ）盐则相反。

(2) 当 Na_2CO_3 溶液与 $FeCl_3$ 溶液反应时，为什么得到的是氢氧化铁而不是碳酸铁？

(3) 为什么不能在水溶液中由 Fe^{3+} 盐和 KI 制得 FeI_3？

(4) Fe 与 Cl_2 可得到 $FeCl_3$，而 Fe 与 HCl 作用只得到 $FeCl_2$。

(5) Co 和 Ni 的原子量与原子序数的顺序为何相反？

(6) $CoCl_2$ 与 NaOH 作用所得沉淀久置后再加浓 HCl 有氯气产生？

【参考答案：(1) Co^{3+} 正电荷高，极化能力强，得电子能力强，极易得一个电子，因而 Co^{3+} 的简单盐不稳定，而 Co^{2+} 简单盐稳定，当与某些强场配体生成配合物时，$3d^6$ 电子构型的 Co^{3+} 在八面体场中 t_{2g} 轨道全充满，e_g 轨道全空，分裂能大，晶体场稳定化能很大，因而配离子很稳定，而 $3d^7$ 电子构型的 Co^{2+} 在八面体场中，高能量的 e_g 轨道上有一个电子，该电子能量高极易失去，因而配离子很不稳定。(2) Na_2CO_3 在水中发生水解生成 OH^-，且氢氧化铁的溶解度比碳酸铁小。(3) 在水溶液中 Fe^{3+} 可将 I^- 氧化成 I_2。(4) 因为 Cl_2 有较强的氧化性，所以会直接把铁氧化成＋3 价，而 HCl 则没有这样的氧化性。(5) 最稳定的镍是含有 30 个中子的镍 58 (68%)，其次是占 26% 的镍 60，镍元素的平均原子量主要由它们决定，而钴只有一种稳定同位素，就是含 32 个中子的钴 59。(6) $CoCl_2$ 与 NaOH 反应生成 $Co(OH)_2$，$Co(OH)_2$ 久置分解生成 CoO，然后氧化浓 HCl 发生类似二氧

化锰与浓 HCl 的反应生成氯气】

11.向一含有三种阴离子的混合溶液中滴加 $AgNO_3$ 溶液至不再有沉淀生成为止。过滤，当用稀硝酸处理沉淀时，砖红色沉淀溶解得到橙红色溶液，但仍有白色沉淀。滤液呈紫色，用硫酸酸化后，加入 Na_2SO_3，则紫色逐渐消失。指出上述溶液中含有哪三种阴离子，并写出有关反应方程式。

【参考答案：Cl^-、CrO_4^{2-}、MnO_4^-】

12.将 1.4820g 固体纯的碱金属氯化物样品溶于水后，加过量的 $AgNO_3$ 进行沉淀。将所得沉淀经过滤、干燥，称其质量为 2.8490g，该氯化物中氯的含量是多少？写出该氯化物的化学式。

【参考答案：47.55%，KCl】

13.(1) 用一种方法区别锌盐和铝盐；

(2) 用两种方法区别镁盐和锌盐；

(3) 用三种方法区别镁盐和锌盐。

【参考答案：(1) 过量氨水；(2) 过量的氨水或者焰色反应；(3) 加入铝片，或者先加氢氧化钠，后加过量氨水，或者焰色反应】

14.有一钴的配合物，其中各组分的含量分别为钴 23.16%，氢 4.71%，氮 33.01%，氧 25.15%，氯 13.95%。如将配合物加热则失去氨，失重为该配合物质量的 26.72%。试求该配合物中有几个氨分子，以及该配合物的最简式？

【参考答案：$Co(NH_3)_4(NO_2)_2Cl$】

实验篇

第11章 化学实验基础

11 Chapter

学习要求

掌握	化学实验基本操作技能与常用仪器的使用方法。
熟悉	化学实验室工作规则、学生实验守则、实验室安全守则等规章制度。
了解	化学实验常用仪器的规格、用途及注意事项。

11.1 无机化学实验守则

11.1.1 实验教学目的和要求

化学是一门以实验为基础的自然科学。实验教学是化学教学的重要组成部分，是培养学生动手能力、科学素养、综合素质的重要手段。在实验课中，学生是绝对的主体，在教师的指导下，学生自己动手操作，获得感性认知，不但加深了对理论知识的理解，得到了初步的科学试验训练；同时，通过接受科学合理的实验室现场管理，学生的科学素养和综合素质也在无形中获得了提升。

无机化学实验是药学及相关专业学生进入大学后的第一门化学实验课，学生在无机化学实验课程中养成的实验室习惯和安全意识、学到的操作手法和实验技能，必将对后续实验课程的学习及将来的科研工作带来深远的影响。

无机化学实验教学的目的主要有：

① 使学生获得无机化学相关知识点的感性认识，巩固和加深学生对无机化学基本概念、基本理论、基础知识的理解；

② 通过规范的实验操作训练，使学生掌握无机化学实验的基本操作方法和实验技能，为后续化学实验课程的学习奠定基础；

③ 培养学生独立操作、细心观察、实事求是记录数据的科学习惯以及严谨细致的工作作风，同时培养其正确处理实验数据、表达实验结果、撰写实验报告的能力；

④ 培养学生遵守实验室规则、遵守仪器设备操作规程、安全操作的科学实验意识；

⑤ 通过严格并持之以恒的现场管理与监督，促使学生自觉养成遵守纪律、细致认真、科学整理实验器材、保持工作场所整洁的良好工作习惯，提升其综合素质。

为达到上述教学目的，任课教师、实验准备员以及实验教学的主体——上课学生都必须积极努力。

从任课教师的角度，必须注意到实验教学不仅仅是教会学生基本的操作方法和实验技能，同时也是培养学生良好实验习惯、严谨科学研究作风、安全作业意识的重要过程。教师教学要言传身教，实验教学要遵照教学大纲的要求执行，不得随意更改；实验教学过程中要严格要求并督促学生遵守实验室规则，有序整理、摆放实验器材、试剂，保持实验室整洁卫生，要随时观察学生的操作是否规范，纠正学生的错误操作手法；教学时段教师决不能无故离开教学实验室，或者在教学实验室做与本次教学无关的工作，对学生的实验进程不闻不问，听之任之。对于学生实验数据的记录、处理，教师应予规范。

从实验准备员的角度，上课前必须整理好实验室，按照教学大纲、实验教材和相关教学要求准备实验器材、试剂，保证各种教学仪器能正常使用（玻璃仪器应放在非活动柜内，以防开关抽屉或实验柜时滑动碰撞而损坏）。教学过程中必须在实验准备室守候，随时处理实验过程中出现的试剂补充、器材损坏或仪器故障等问题。

从学生的角度，首先要学习、遵守实验室的相关规则、制度。对每一个实验，不仅要理解、掌握其原理，还必须认真学习、练习基本的实验操作，完全掌握课程中涉及的实验技能以及仪器使用方法，独立完成实验操作及内容。同时，实验过程也是培养科研及职业素养的过程，学生应保持实验台面整洁有序，实验室器材有序摆放，实验室干净整洁，实验废弃物归置入教师指定的收集桶或收集缸内，不乱扔乱倒。

11.1.2 学生守则

为顺利完成实验课程，养成良好的实验室习惯，学生必须做到：

① 上课前认真预习，搞懂弄清实验原理、实验内容与步骤、注意事项等，做到心中有数，决不能实验时边看书边做。对于实验内容中涉及的操作方法，应查阅资料，通过网络或其他渠道，观看、学习相关视频或材料。按照教师要求，认真写好预习报告。

② 上实验课时必须严格遵守实验室的各项规章制度，不得迟到、早退。

③ 进入实验室时，首先要熟悉实验室环境，了解实验室内水、电、燃气开关，消防器材的位置，严守实验室安全规则。不得在实验进行当中离开，以防发生意外事故无法及时处理。

④ 实验课上，教师讲解或演示相关操作时，必须安心认真听讲，细心观察，决不可东张西望、交头接耳。

⑤ 实验中要听从教师指导，按实验教材或教师的规定取用试剂，按规定步骤操作。如有新的设想，应与教师商讨并征得教师同意后方可实施，不可擅自改变实验步骤或试剂规格、用量。

⑥ 实验过程中应集中精力，认真观察、思考实验现象，如实、有条理地按教师规定的方式记录实验现象及数据，不可随便用散纸记录。

⑦ 实验后应及时分析讨论实验结果，撰写并及时上交实验报告。实验报告要清楚、整洁、简练，结论明确。

11.1.3　实验室工作规则

① 保持严肃、安静的实验室环境，不得在实验室内喧哗嬉戏。

② 实验前按教师要求清点仪器，若发现破损或缺失须向教师报告，按规定手续向实验准备员领取。实验过程中只能取用自己的仪器，不可动用他人的仪器。

③ 按规定用量、规格取用试剂，取用完毕必须放归原位，不可将试剂随意摆放。对于全实验室公用的试剂、药品或仪器，应到实验准备员摆放的位置移取或使用，严禁擅自移动或拿到自己的实验台上。

④ 实验过程中，必须保持实验室和实验台桌清洁整齐，实验用品摆放有序，暂时不用的器皿不要摆放在台桌上，以免碰倒损坏。

⑤ 实验废弃物必须按规定分类处置，倒入教师指定的各类废物或废液收集缸（桶）中，严禁倒入水槽中，以防堵塞或腐蚀水槽及下水管道；不可将易起危险反应的实验废弃物倒在一起，以防发生爆炸等意外事故。

⑥ 取用或称量药品时必须小心，不可将药品倾洒在实验台面上或称量仪器中，若不慎洒落，必须立即清理。

药品自瓶中取出后，不应倒回原瓶中，以免带入杂质造成污染；试剂瓶用过后，必须立即盖上盖子或塞子，不可与其他瓶子的盖子或塞子弄混。

从滴瓶中用滴管取液后，应立即将滴管盖到原滴瓶上，不同滴瓶上的滴管不可混用。

⑦ 使用精密仪器时，必须严格按照操作规程进行操作，细心谨慎，若发现仪器运行不正常或故障，应立即报告教师处理。

⑧ 实验结束，应清理实验台面，清洁实验器材，清洗使用过的器皿，并放归原处。

⑨ 值日生打扫整个实验室，并负责检查、关闭实验室的水、电、气，经教师检查同意后方可离开。

11.1.4　实验室安全守则

化学实验的药品有很多是易燃、易爆、有毒或者有腐蚀性的，做化学实验时经常会用到电、燃气（如煤气、液化气等），稍微疏忽就可能酿成事故。因此，在实验前必须充分了解安全注意事项，熟悉实验室安全守则，认真做好实验准备；要了解实验室安全用具放置的位置，熟悉各种安全用具（如灭火器、砂桶、急救箱等）的使用方法。实验中须集中注意力，遵守操作规程，避免安全事故的发生，保障实验的顺利进行。

① 严禁在实验室内饮食、吸烟，严禁将餐具带进实验场所。实验完毕，必须洗净双手，方可离开。

② 涉及使用燃气的实验或者实验室内储存有易燃易爆气体或者安装了易燃气体管道，实验前必须检查气路是否泄漏破损。

③ 不可用湿润的手去开启电闸和电器开关。凡是漏电的仪器、设备不要使用，以免触电。

④ 加热试管时，不可将管口对着自己或他人，不要俯视正在加热的液体，以免液体喷出伤害到人。

⑤ 使用酒精灯时，应随用随点燃，不用时盖上灯罩。不可用已点燃的酒精灯去点燃别的酒精灯，以防酒精溢出引发失火。

⑥ 嗅闻气体时，不要俯向容器直接嗅闻，应用手轻拂气体，扇向自己后再闻。

⑦ 浓酸、浓碱等强腐蚀性药品，切勿溅到衣服、皮肤上，尤其不能溅入眼睛中。若不慎溅上，立即用抹布抹去，再用大量水冲洗。稀释浓硫酸时，应将浓硫酸沿器壁缓慢倒入水中，不能将水倒入浓硫酸中，以防迸溅。

⑧ 乙醚、乙醇、丙酮、苯等易挥发易燃的有机溶剂，安放和使用时均须远离明火，取用完毕后立即盖紧瓶塞和瓶盖。

⑨ 制备或使用有毒或刺激性气体，或者使用能产生上述气体的溶液（如硝酸、盐酸、高氯酸、氨水、氢硫酸等），应在通风橱内进行。

⑩ 做危险性实验，应使用防护眼镜、面罩、手套等防护用具。

⑪ 实验室内任何化学药品，尤其是有毒药品，不得进入口内或接触伤口。

⑫ 绝不允许任意混合化学药品，以免发生事故。

⑬ 实验进行时不得擅离岗位。水、电、气等使用完毕后应立即关闭。实验结束离开实验室前必须再次检查并确保水、电、燃气关闭。

11.1.5 实验室意外事故的处理

① 割伤、擦伤　对小创伤，先取出伤口内异物，然后用药棉蘸碘伏清洗伤口 2～3min，再用 75%医用酒精脱碘，之后撒上消炎粉，用纱布包扎；或者取出伤口异物后用 3%双氧水清洗伤口，再撒消炎粉用纱布包扎。创伤较大时，先压迫止血，立即送医院治疗。

② 烫伤　首先应将烫伤部位衣服脱下或挽起，使烫伤部位暴露。若烫伤处皮肤未破损，迅速用低速凉水冲洗或将烫伤部位浸泡在凉水中 10～30min 降温，酒精消毒后再涂抹烧伤膏（如湿润烧伤膏、珍石烧伤膏、京万红软膏等）；但若皮肤破损，则切勿用水冲洗，以防细菌感染或冲出更大伤损，此时可用药棉蘸医用酒精在伤口外围清洗消毒，创面以无菌生理盐水清洁，清创后，将烧伤膏均匀涂于无菌纱布上，涂药厚约 1～2mm，敷于创面，包扎固定。严重者立即送医院治疗。

③ 酸碱腐蚀受伤　酸蚀伤时，先用大量水冲洗，然后用 3% $NaHCO_3$ 溶液洗，最后再用水冲洗。碱蚀伤时，先用大量水冲洗，再用约 2%乙酸溶液洗，最后再用水冲洗。如果酸或碱不慎溅入眼中，立即用洗眼器喷洒大量水冲洗，然后相应地用 1% 碳酸氢钠溶液或 1% 硼酸溶液冲洗，最后再用水洗。

④ 吸入刺激性、有毒气体　吸入氯气、氯化氢气体、溴蒸气时，可吸入少量酒精和乙醚的混合蒸气解毒。吸入硫化氢气体感到不适时，应立即到室外呼吸新鲜空气。

⑤ 毒物进入口中　若毒物尚未咽下，应立即吐出来，并用水反复洗漱口腔；若已咽下，应设法促使呕吐（如对非腐蚀性药物中毒，可口服 0.5% 硫酸铜溶液 100～200mL 催吐，并用手指伸入咽喉根部促使呕吐），并立即送医院救治。

⑥ 起火　若因酒精、苯等引起着火，立即用湿抹布、石棉布、灭火毯或砂子覆盖燃烧物；火势大时可用泡沫灭火器、干粉灭火器、二氧化碳灭火器或四氯化碳灭火器灭火。若遇电器设备引起的火灾，应先切断电源，用干粉灭火器、二氧化碳灭火器或四氯化碳灭火器灭火，不能用泡沫灭火器，以免触电。

⑦ 触电　首先切断电源，必要时进行人工呼吸。

⑧ 若伤势较重，应立即送医院医治。火势较大，则应立即报警。

急救用具：

① 消防器材　灭火器（泡沫灭火器、干粉灭火器、四氯化碳灭火器、二氧化碳灭火器

等）、灭火毯、黄沙等。

② 急救箱　碘伏（含有效碘 0.5%）、碘酊（2%）、3%双氧水、烫伤药膏、1%硼酸溶液、2%乙酸溶液、0.5%硫酸铜溶液、75%医用酒精、3%碳酸氢钠溶液、凡士林、消炎粉、橡皮膏、绷带、纱布、药棉、棉花签、医用镊子、剪刀等。

11.1.6　学生损坏实验仪器的赔偿制度

为增强学生责任心，促进规范安全操作，学生在实验过程中，因疏忽或过失（如违反操作规程）损坏仪器、设备或器皿，均应酌情赔偿。赔偿办法如下：

① 学生在实验过程中，损坏或遗失玻璃、陶瓷等低值仪器超过正常允许损耗的，超过部分照价赔偿。

② 因违规操作损坏仪器的，无论是否超过正常允许损耗，均应照价赔偿。

③ 损坏精密或贵重仪器、设备的，视情节及本人改正错误的表现折价赔偿。

④ 学生损坏或遗失仪器后，应及时向任课教师报告，办理补领手续，不得私自拿取别人的仪器使用充数；若损坏、遗失仪器后隐瞒不报，拿别人的仪器充数，教师应取消其本学期的容许损耗额度，所有损坏或遗失仪器均应照价赔偿，并酌情降低其实验课程成绩。

⑤ 学生损坏或遗失仪器需赔偿的，按学校赔偿收费手续按时办理。无故不按时办理的，取消其参加实验课资格，实验课程成绩按 0 分计算。确因家庭经济困难现时无法赔偿的，经学校批准，可延迟到毕业后补交。

⑥ 实验课程开课前，实验室应向学生公布本实验课程的正常允许损耗额度及各种仪器价格。经常损耗仪器的，酌情降低其实验课程成绩。

11.2　无机化学实验常用仪器介绍

无机化学实验中常用的仪器介绍见表 11-1。

表 11-1　无机化学实验常用仪器介绍

仪　器	规　　格	一般用途	使用注意事项
试管及试管架	试管：以管口直径×管长表示，如 25mm×150mm、15mm×150mm 等 试管架的材料是木料、塑料或金属	反应容器，便于操作、观察，用药量少用于承放试管	①试管可直接用火加热，但不能骤冷 ②加热时用试管夹夹持，管口不要对人，且要不断移动试管，使其受热均匀，盛放的液体不能超过试管容积的 1/3 ③小试管一般用水浴加热
10mL 离心管　普通试管	分有刻度和无刻度，以容积表示，如 25mL、15mL、10mL。材料：玻璃或塑料	少量沉淀的辨认和分离	不能直接用火加热

续表

仪器	规格	一般用途	使用注意事项
比色管	有无塞和有塞之分。以最大容积表示，如 25mL、50mL	用于目视比色	①不能用试管刷刷洗，以免划伤内壁。脏的比色管可用铬酸洗液浸泡 ②比色时比色管应放在特制的下面垫有白瓷板或镜子的架子上
250mL 烧杯	以容积表示，如 1000mL、600mL、400mL、250mL、100mL、50mL、25mL	反应容器。反应物较多时用	①可以加热至高温。使用时应注意勿使温度变化过于剧烈 ②加热时底部垫石棉网或用电加热套，使其受热均匀
250mL 烧瓶	以容积表示，如 500mL、250mL、100mL、50mL	反应容器。反应物较多，且需要长时间加热时用	①可以加热至高温。使用时应注意勿使温度变化过于剧烈 ②加热时底部垫石棉网或用电热套，使其受热均匀
锥形瓶（三角烧瓶）	以容积表示，如 500mL、250mL、100mL	反应容器。摇荡比较方便，适用于滴定操作	①可以加热至高温。使用时应注意勿使温度变化过于剧烈 ②加热时底部垫石棉网或用电热套，使其受热均匀
碘量瓶（三角烧瓶）	以容积表示，如 250mL、100mL	用于碘量法	①塞子及瓶口边缘的磨砂部分注意勿擦伤，以免产生漏隙 ②滴定时打开塞子，用蒸馏水将瓶口及塞子上的碘液洗入瓶中
100mL 10mL 量筒和量杯	以所能量度的最大容积表示。量筒：如 250mL、100mL、50mL、25mL、10mL。量杯：如 100mL、50mL、20mL、10mL	用于液体体积计量	禁止加热，不能长时间存放药品

续表

仪 器	规 格	一般用途	使用注意事项
吸量管 移液管	以所量的最大容积表示。吸量管:如 10mL、5mL、2mL、1mL。移液管:如 50mL、25mL、10mL、5mL、2mL、1mL	用于精确量取一定体积的液体	禁止加热
容量瓶	以容积表示,如 1000mL、500mL、250mL、100mL、50mL、25mL	配制准确浓度的溶液时用	①不能加热 ②不能在其中直接溶解固体
(a) (b) 滴定管和滴定管架	滴定管分碱式(a)和酸式(b),无色和棕色。以容积表示,如 50mL、25mL	①滴定管用于滴定操作或精确量取一定体积的溶液 ②滴定管架用于夹持滴定管	①碱式滴定管盛碱性溶液,酸式滴定管盛酸性溶液,二者不能混用 ②碱式滴定管不能盛氧化剂 ③见光易分解的滴定液宜用棕色滴定管 ④酸式滴定管旋塞应用橡皮筋固定,防止滑出跌碎
漏斗	以口径和漏斗颈长短表示,如 6cm 长颈漏斗、4cm 短颈漏斗	用于过滤或倾注液体	不能用火直接加热
分液漏斗和滴液漏斗	以容积和漏斗的形状(筒形、球形、梨形)表示,如 100mL 球形分液漏斗、60mL 筒形分液漏斗	①往反应体系中滴加较多的液体 ②分液漏斗用于互不相溶的液-液分离	旋塞应用细绳系于漏斗颈上,或套以小橡皮圈,防止滑出跌碎
(a) (b) 布氏漏斗和吸滤瓶	材料:瓷质或玻璃 规格:布氏漏斗以直径表示,如 10cm、8cm、6cm、4cm;吸滤瓶以容积表示,如 500mL、250mL、125mL	用于减压过滤	不能直接加热

续表

仪器	规格	一般用途	使用注意事项
玻璃砂(滤)坩埚	以坩埚的孔径的大小分为六种型号：G 1（20～30μm），G2（10～15μm），G3（4.9～9μm），G4（3～4μm），G5（1.5～2.5μm），G6（1.5μm以下）	用于过滤定量分析中只需低温干燥的沉淀	①应选择合适孔径的坩埚 ②干燥或烘烤沉淀时，最高不得超过500℃，最适用于只需在150℃以下烘干的沉淀 ③不宜用于过滤胶状沉淀或碱性较强的溶液
表面皿	以直径表示，如15cm、12cm、9cm、7cm	盖在蒸发皿或烧杯上以免液体溅出或灰尘落入	不能用火直接加热
(a) (b) 试剂瓶	材料：玻璃或塑料 规定：分广口(a)、细口(b)；无色、棕色。以容积表示，如1000mL、500mL、250mL、125mL	广口瓶盛放固体试剂，细口瓶盛放液体试剂	①不能加热 ②取用试剂时，瓶盖应倒放在桌上 ③盛碱性物质要用橡皮塞或塑料瓶 ④见光易分解的物质用棕色瓶
蒸发皿	材料：瓷质 规格：分有柄、无柄。以容积表示，如150mL、100mL、50mL	用于蒸发浓缩	可耐高温，能直接用火加热，高温时不能骤冷
坩埚	材料：瓷、石英、铁、银、镍、铂等 规格：以容积表示，如50mL、40mL、30mL	用于灼烧固体	①灼烧时放在泥三角上，直接用火加热，不用石棉网 ②取下的灼烧坩埚不能直接放在桌上，要放在石棉网上 ③灼烧的坩埚不能骤冷
泥三角	材料：瓷管和铁丝，有大小之分	用于承放加热的坩埚和小蒸发皿	①灼烧的泥三角不要滴上冷水，以免瓷管破裂 ②选择泥三角时，要使搁在上面的坩埚所露出的上部，不超过本身高度的1/3
坩埚钳	材料：铁或铜合金，表面常镀镍、铬	夹持坩埚和坩埚盖	①不要和化学品接触，以免腐蚀，放置时，应令其头部朝上，以免沾污 ②夹持高温坩埚时，钳尖需预热
干燥器	以直径表示，如18cm、15cm、10cm	①定量分析时，将灼烧过的坩埚置其中冷却 ②存放样品，以免样品吸收水汽	①灼烧过的物体放入干燥器前温度不能过高 ②使用前要检查干燥器内的干燥剂是否失效

续表

仪　器	规　　格	一般用途	使用注意事项
干燥管	有直形、弯形和普通、磨口之分。磨口的还按塞子大小分为几种规格，如 14# 磨口直形、19# 磨口弯形	内盛装干燥剂，当它与体系相连，既能使体系与大气相通，又可阻止大气中水汽进入体系	干燥剂置球形部分，不宜过多。小管与球形交界处填充少许玻璃棉
滴管	材料：由尖嘴玻璃管与橡皮乳头组成	①吸取或滴加少量(数滴或 1～2mL)液体 ②吸取沉淀的上清液以分离沉淀	①滴加时，保持垂直，避免倾斜，尤忌倒立 ②管尖不可接触其他物体，以免沾污
滴瓶	有无色、棕色之分，以容积表示，如 125mL、60mL	盛放每次使用只需数滴的液体试剂	①见光易分解的试剂要用棕色瓶盛放 ②碱性试剂要用带橡皮塞的滴瓶盛放 ③使用时切忌滴头与瓶身张冠李戴 ④其他使用注意事项同滴管
点滴板	材料：瓷质 规格：有白色和黑色两种，按凹穴数目分，有十二穴、九穴、六穴等	用于点滴反应，一般不需分离的沉淀反应，尤其是显色反应	①不能加热 ②白色沉淀用黑色板，有色沉淀用白色板
(a)　(b) 称量瓶	分高形(a)、扁形(b)，以外径×高表示，如高形 25mm×40mm，扁形 50mm×30mm	要求准确称取一定量的固体样品时用	①不能直接用火加热 ②盖与瓶配套，不能互换
(c) (b) (a) 铁架台	由铁架(a)、铁圈(b)和铁夹(c)组成	用于固定反应容器	应将铁夹等升至合适高度并旋紧螺丝，使之牢固后再进行实验
石棉网	以铁丝网边长表示，如 15cm×15cm、20cm×20cm 材料：石棉和铁丝网	加热玻璃反应容器时垫在容器的底部，能使加热均匀	不要与水接触，以免铁丝锈蚀，石棉脱落
试管刷	以大小和用途表示，如试管刷、烧杯刷 材料：铁丝、尼龙、鬃毛等	洗涤试管及其他仪器用	洗涤试管时，要把前部的毛捏住放入试管，以免铁丝顶端将试管底戳破

续表

仪 器	规 格	一般用途	使用注意事项
药匙	材料：牛角或塑料	取少量固体试剂时用	①取少量固体时用小的一端 ②药匙大小的选择，应以盛取试剂后能伸进容器口内为宜
研钵	材料：铁、瓷、玻璃、玛瑙等 规格：以钵口径表示，如12cm、9cm	研磨固体物质时用	①不能做反应容器 ②只能研磨，不能敲击（铁研钵除外）
洗瓶	材料：塑料 规格：多为500mL	用蒸馏水或去离子水洗涤沉淀和容器时用	—
三脚架	材料：铁	放置较大或较重的加热容器	—

11.3 无机化学实验基本操作

11.3.1 常用仪器的洗涤与干燥

11.3.1.1 常用仪器的洗涤

在无机、分析等化学实验中，所使用的仪器大部分是玻璃制品。而玻璃仪器的洁净程度是决定化学实验成功的关键。如果用不干净的玻璃仪器做化学实验，可能会混入杂质或者污物，使实验得不到正确的结果，甚至导致实验失败。因此，如果想获得比较准确的实验结果，必须保证所用仪器的洁净程度。玻璃仪器的洗涤同时也是做好无机化学实验的一个重要环节。参与化学实验的同学们应掌握常见玻璃仪器的洗涤方法。

玻璃仪器根据具体实验要求、污物的性质、玻璃器皿的污染程度以及玻璃仪器的类型和形状来确定合适的洗涤方法。通常，玻璃仪器洁净的标准就是用蒸馏水冲洗后，玻璃仪器内壁能均匀地被水浸润而不沾附水珠即认为洗涤完全。而有些情况下，比如一般无机物的制备、性质实验，对玻璃仪器的洁净程度要求不高，玻璃仪器只需刷洗洁净即可。同学们应根据具体实验情况确定玻璃仪器的清洗程度。

通常，常见的污物主要有粉尘、可溶性物质、难溶性物质、有机物等，因此，具体洗涤方法应根据污物的性质以及具体玻璃仪器的种类和形状来决定。

（1）一般污物的洗涤

① 水洗　通常，对于粉尘和可溶性污物，应用自来水冲洗，将玻璃仪器上的粉尘和可

溶性污物冲洗干净，对于试管、烧杯、量筒、漏斗等大口径的玻璃仪器，在用自来水洗涤的同时，可以选用合适的毛刷，对其内壁进行刷洗，最后再用水冲洗。判断玻璃仪器是否洗洁净的方法是将水倒出后，玻璃仪器内壁能被水均匀浸润既不聚集也不成股流下，则清洗干净，否则还需重新洗涤，直至洗涤洁净，最后用蒸馏水或去离子水再冲洗2～3次，原因是将自来水中含有的Ca^{2+}、Mg^{2+}、Cl^-等离子洗净。另外最后用蒸馏水或去离子水润洗时应采用“少量多次”的原则，即用洗瓶挤压喷出一股细流，均匀喷在玻璃仪器内壁并不断旋转玻璃仪器，再将水倒掉，重复上述步骤洗2～3次即可，这既提高效率又节约用水，还将玻璃仪器内外壁均能洗净。

② 洗涤剂洗　对于难溶性和不溶性的污物，应在自来水洗后，用毛刷蘸取少量的去污粉或合成洗涤剂进行刷洗，再用自来水冲洗干净，最后用蒸馏水或去离子水洗至玻璃仪器内外壁被水均匀润湿既不聚集成滴也不成股流下即可。

③ 铬酸洗液清洗　采用该洗液洗涤多用于一些形状特殊、容积精确且不宜用毛刷刷洗的玻璃仪器，比如容量瓶、滴定管、移液管等测量用的玻璃仪器。一般洗液是指重铬酸在浓硫酸中的饱和溶液，具有较强的酸性、腐蚀性和氧化性。因此，对于一些有还原性的有机污物和油污的去污能力非常强。使用步骤如下：玻璃仪器先用自来水冲洗，尽量将自来水倒净，以免稀释洗液或造成洗液液滴飞溅；然后向玻璃仪器中加入少量洗液，倾斜玻璃仪器，并将其慢慢旋转，使洗液完全润湿仪器内壁，重复2～3次即可。如果遇到特别难洗的污物，可用洗液将其浸润一段时间，或者将其轻微加热，这样洗涤效果会明显增强，将用过的洗液倒回原洗液瓶回收再使用；最后用大量自来水冲洗，再用蒸馏水或去离子水润洗2～3次即可。操作过程中，铬酸有毒，而且具有极强的腐蚀性，一定要注意安全，穿戴护目镜和实验服，切忌将其溅在皮肤、衣服上。

另外，除了铬酸洗液，有时还可以采用少量浓HNO_3或浓H_2SO_4以及王水（一体积浓硝酸和三体积浓盐酸混合）洗涤。氧化性污物多选用还原性洗液洗涤，而还原性污物则多选用氧化性洗液洗涤。一般实验室常见的洗液除了铬酸，还有$KMnO_4$碱性洗液、碱性酒精洗液和酒精-浓HNO_3洗液。这些洗液的配制方法和用途见表11-2。

表11-2　洗液的配制及用途

洗液种类	配制方法	用　途	备　注
铬酸洗液	50g重铬酸钾加热溶解在1L浓硫酸中即可，具体比例可调	油污、有机物	可反复使用，直至溶液变成绿色
$KMnO_4$碱性洗液	4g高锰酸钾溶于少量水中，将其缓缓加入100mL 10%的氢氧化钠溶液中	油污、有机物	洗后玻璃仪器内壁会附着MnO_2沉淀，可用亚铁溶液或亚硫酸钠溶液洗去
酒精-浓HNO_3洗液	先用酒精冲洗，再加入少量浓HNO_3润洗	结构较为复杂仪器中的油污、有机物、还原性污物	发生氧化还原反应，产生大量NO_2，将有机物氧化

注：本表引自曹凤岐．无机化学实验与指导（第2版）[M]．北京：中国医药科技出版社，2006。

（2）特殊污物的洗涤

对于其他一些污物用上述方法不能洗涤除去的，则必须通过化学反应将沾附在玻璃仪器内壁上的污物转换为可溶性的物质。因此，可根据污物的性质，选择合适的试剂，通过一些化学反应将其转换，再洗涤除去。一般常见污物的处理方法如表11-3所示。

表 11-3 常见污物的处理方法

污物	处理方法
碱土金属碳酸盐、$Fe(OH)_3$、一些氧化剂如 MnO_2 等	稀 HCl 处理，MnO_2 用 $6mol \cdot L^{-1}$ 的 HCl 处理
金属沉淀，如银、铜	HNO_3 处理
难溶性银盐（AgCl、Ag_2S）	$Na_2S_2O_3$ 洗涤，Ag_2S 用热、浓 HNO_3 处理
$KMnO_4$ 污物、含钴的化合物	草酸溶液处理
硫黄	煮沸的石灰水处理
陶瓷研钵内污渍	少量食盐对其研磨，再水洗
残留 Na_2SO_4、$NaHSO_4$ 固体	沸水将其溶解
碘渍	KI 浸泡；热稀 NaOH 或 $Na_2S_2O_3$ 处理
有机试剂染色的比色皿	体积比为 1∶2 的盐酸-乙醇溶液洗涤
有机反应残留的胶状或油状有机物	用低规格的有机溶剂（乙醇、丙酮、苯等）浸泡；稀 NaOH 或浓 HNO_3 煮沸处理
一般油污和有机物	常见洗液洗涤

注：本表引自曹凤岐. 无机化学实验与指导（第 2 版）[M]. 北京：中国医药科技出版社，2006。

除了上述所用的试剂清洗外，还可以用超声波清洗器辅助清洗，即将需清洗的玻璃仪器中导入适量洗涤剂，再将其放入超声波设备中，设定一定的功率、温度、超声时间等参数，利用超声振荡，将玻璃仪器洗净。

11.3.1.2 常用仪器的干燥

有些化学实验，需要在无水条件下进行，如无结晶水稀土配合物的合成、验证水分子存在的实验等，此时，所使用的所有参与反应的玻璃仪器必须是干燥的，根据不同的情况和实验要求，可采用不同的方法对玻璃仪器进行干燥处理。

（1）自然晾干

对于不急用的玻璃仪器，可将洗涤洁净的玻璃仪器倒置在适当的仪器架如试管架上，让其在空气中自然干燥，其中倒置的原因是让未倒尽的水从仪器中流出，另外也可防止灰尘、粉尘的落入。

（2）烘干

图 11-1 电热恒温干燥箱

将洗净的玻璃仪器放入电热恒温干燥箱内加热烘干。电热恒温干燥箱简称烘箱（图 11-1），是实验室常用仪器装置。烘箱一般主要用来干燥玻璃仪器或无腐蚀性、热稳定性比较好的药品，而一些挥发性易燃品或刚用酒精、丙酮冲洗过的仪器切勿放入烘箱，以免发生爆炸。

一般烘箱都带有自动控温装置，可根据具体实验需要选择不同的干燥温度，一般烘箱温度可达 250℃，常用温度为 60～150℃。

烘箱的使用方法如下：首先将电源接通，打开加热开关，设置好干燥温度，等烘箱升至所需温度后，打开烘箱，将洗净并尽量将水控干的玻璃仪器，平放或将仪器口朝上放置在烘箱内，如果有瓶塞的应打开瓶塞，将其在一定温度下干燥一段时间即可。干燥完成后，最好将烘箱关闭，待烘箱温度降至室温时，再将其拿出，如果还在加热温度时将其拿出，应注意用隔热手套将其取出，以免烫伤，而刚趁热拿出的玻璃仪器不能立即碰水或有机试剂，以防炸裂。而对于烘干的药品则应取出后立即放入干燥箱中保存，以免在空气中吸收水分。

(3) 吹干

用热或冷的空气流将玻璃仪器吹干，一般选用吹风机或者玻璃仪器气流干燥器（图11-2）。吹风机吹干时，一般先采用热风吹玻璃仪器的内壁，待干后再用冷风将其冷却。也可以在吹之前，先用低沸点的有机溶剂如乙醇、丙酮等润洗下，再用吹风机用冷风→热风→冷风的顺序将其吹干，可节省时间。另外，还可将洗净的玻璃仪器如烧杯、试管等直接倒置放在气流干燥器上干燥。

(4) 烤干

一般用酒精灯、电热套、煤气灯等实验室常见的烤干设备，对一些玻璃仪器进行干燥。比如烧杯、蒸发皿的干燥，可将这些玻璃仪器放置在石棉网上用小火进行烤干，烘烤前应将玻璃仪器外壁上的水珠擦拭干净，并且将试管口略微朝下，避免水珠倒流使试管炸裂。而且烘烤的时候，顺序是从试管底部开始，慢慢移向管口，一直到不见水珠后，再将试管口朝上，将水汽赶尽。

而对于一些带刻度的计量玻璃仪器，如容量瓶、移液管、滴定管等，则不宜用加热的方式将其干燥，因为热胀冷缩会影响该玻璃仪器的精密度。另外，对于玻璃磨口和带有活塞的仪器，洗净放置时，应在磨口或活塞处垫一张小纸片，防止长期放置粘上，使其不易打开。

11.3.1.3　干燥器的使用

干燥器是保持化学药品干燥的玻璃仪器，由厚质玻璃制成，如图11-3所示。干燥器上面是一个带磨口边的盖子，干燥器的底部一般放有硅胶或氯化钙等一些常见干燥剂，中部是一个可取出的，带有若干孔洞的圆形瓷板，上面放置一些用于干燥的实验药品。一般用于干燥的实验药品多是一些易吸水易潮解的固体药品或是灼烧后的坩埚等仪器。

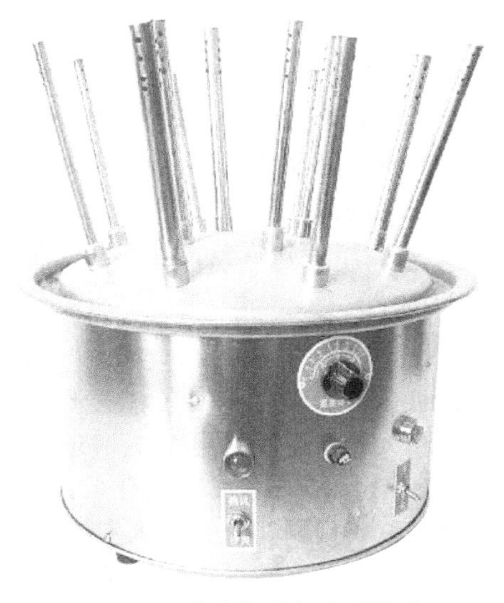

图11-2　玻璃仪器气流干燥器

图11-3　干燥器

另外，需要注意的是，在打开干燥器时，不应把盖子向上提，而是应该把盖子往水平方向移动，盖子打开后，将其翻过来放在实验台上，这时可以放入或取出实验药品或仪器，然后将盖子再拿起往前进行推移，使盖子的磨口和干燥器口对上吻合，必须将盖子盖好，防止空气中的水分混入干燥器中。在搬动干燥器时，必须用双手的大拇指将盖子按住，以防盖子滑动。另外，一般干燥剂多用硅胶，如果发现硅胶变色，要及时更换干燥剂，方可使化学药品达到干燥的目的。

11.3.2 酒精灯和煤气灯的使用

在有些化学实验操作中，需要进行加热操作，实验室常用的直接加热装置有酒精灯、酒精喷灯、煤气灯等，间接加热的装置有电热套、水浴锅、油浴锅等。下面介绍两种实验室常用的加热装置的使用。

11.3.2.1 酒精灯的使用

酒精灯是化学实验中使用频率最高的加热工具之一，其主要由灯罩、灯芯、灯壶三部分组成，如图 11-4 所示。酒精灯的使用操作和相关注意事项主要有如下几点：

① 使用前，要先检查灯芯，灯芯不要过紧，灯芯不齐或烧焦，应用剪刀剪齐；其次检查灯壶内酒精的使用情况，如果酒精体积小于灯壶体积的 1/2，则应在使用前加酒精，加酒精时一定要将酒精灯熄灭，牵出灯芯，借助漏斗将酒精注入，而且注入量不能超过灯壶的 2/3。

② 点燃酒精灯必须用火柴、打火机等，切勿用已点燃的酒精灯再去点燃别的酒精灯，避免洒落酒精引起火灾，见图 11-4。

③ 熄灭酒精灯时，切勿用口去吹，一定要用灯罩将其盖上，待灯口稍冷，再将灯罩打开一次，以免冷却后盖内负压使以后打开困难，另外也可防止灯口破裂。

④ 如果做熔点实验等需要长时间加热的实验时，最好用湿布将灯身包围，防止灯内酒精受热而大量挥发发生危险。

⑤ 用完酒精灯，应该盖上灯罩，避免灯内酒精挥发。

⑥ 酒精灯加热时，酒精灯的火焰有焰心、内焰和外焰，加热时最好用酒精灯的外焰，因为外焰温度最高，故调节好受热器和灯焰的距离。

⑦ 酒精灯的加热温度为 400～500℃，适用于不需太高加热温度的实验。

⑧ 酒精蒸气与空气混合的爆炸极限为 3.5%～20%，夏天无论是灯壶内还是酒精桶中都会自然形成达到爆炸极限的混合气体，因此，在点燃酒精灯时，必须注意这一点，使用酒精灯时必须注意补充酒精，防止形成爆炸极限的酒精蒸气与空气的混合气体。

⑨ 酒精和酒精蒸气易燃易爆，使用过程中一定要按上述操作步骤规范操作，切勿溢洒，防止引起火灾。最后，酒精易溶于水，着火时可用水扑灭。

11.3.2.2 煤气灯的使用

煤气灯是一种使用十分方便的加热装置，常常用于无机化学实验中。煤气灯主要是利用煤气或天然气为燃料气的实验室常用加热装置。其中煤气和天然气主要是由 CO、H_2、CH_4 以及不饱和烃等组成。煤气燃烧后的主要产物是 CO_2 和 H_2O。另外，煤气本身无色无味，且易燃易爆，还有毒，在使用完成和不用的时候，一定要关紧阀门，防止其逸入室内。为提高人们对煤气的警觉和识别能力，通常在煤气中会掺入少量的并且有特殊臭味的硫醇，一旦漏气，就可马上闻到气味，便于检查和排除。

煤气灯样式多样，但结构原理基本相同，一般都是由灯管和灯座组成，如图 11-5 所示。

图 11-4 酒精灯的使用

其中灯管下部有螺旋与灯座相连，并开有若干个分布均匀的作为空气入口的圆孔。通过旋转灯管，就可完全关闭或不同程度地开启圆孔，以此来调节空气的进入量。灯座的侧面是煤气入口，用橡皮管与煤气管道相连，灯座侧面或下面有螺旋形针阀，以此调节煤气的进入量。

煤气灯的操作说明如下：使用前应先关闭空气入口，因为空气进入量太大时，灯管口气体冲力太大，不易点燃；其次将点燃的火柴侧面移近灯管口，再打开煤气阀门即可点燃煤气灯，切勿先开气后点火；然后通过调节煤气阀门或螺旋针来控制煤气和空气的进入量，使两者的比例合适，得到分层的正常火焰。火焰大小可由管道上的开关控制，关闭煤气管道上的开关，即可熄灭煤气灯。

煤气在空气中不完全燃烧时，会部分分解产生炭。火焰因炭粒发光而呈现黄色，黄色的火焰温度不高。当煤气在空气中完全燃烧时，生成二氧化碳和水，产生正常火焰，正常火焰一般不发光呈近无色，由三部分组成，如图 11-6（a）所示，内焰（焰心）呈绿色，圆锥形，这部分煤气和空气仅仅混合，并没有燃烧，所以温度不高，约 300℃；中层（还原焰）呈现淡蓝色，这部分煤气和部分空气不完全燃烧，部分分解产生含碳的产物，具有还原性，温度约为 700℃；外层（氧化焰）呈现淡紫色，这部分煤气和空气完全接触充分燃烧，具有氧化性，温度约 1000℃。因此，一般逆时针旋转灯管，调节空气的进入量，使火焰呈现淡紫色。

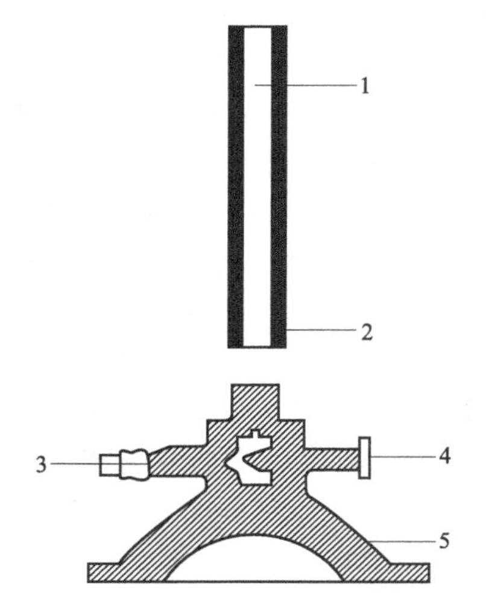

图 11-5 煤气灯的结构

1—灯管；2—空气入口；3—煤气入口；4—螺丝；5—灯座

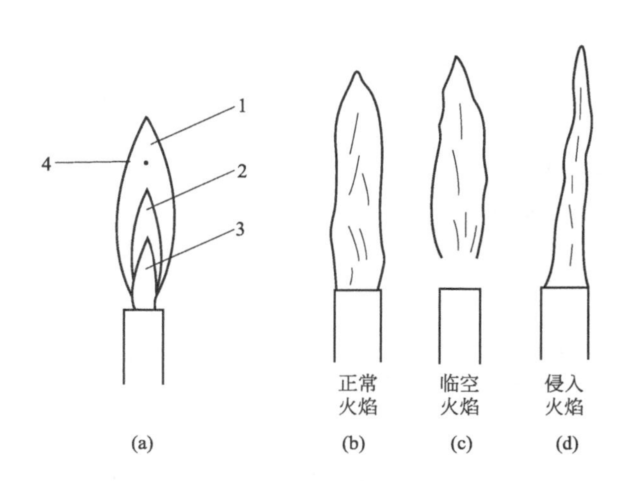

图 11-6 煤气灯的火焰组成及不正常火焰

1—外层（氧化焰）；2—中层（还原焰）；3—内层；4—加热点

如果煤气和空气的比例不是很恰当时，会产生不正常火焰。比如火焰如果呈现黄色且产生黑烟时，则说明煤气燃烧不完全，此时应加大空气的加入量；如果空气的进入量较大，火焰会脱离灯管口上方临空燃烧，成为临空火焰［图 11-6（c）］，这种火焰容易自行熄灭；若煤气进入量小或煤气突然降压而至空气比例很高时，煤气会在灯管内燃烧，在灯口上方能看到一束细长的火焰并能听到特殊的嘶嘶声，这叫侵入火焰［图 11-6（d）］，一会就能把灯管烧热，会烫伤手。如果遇到这两种情况，应立即关闭煤气阀，重新调节后再点燃。

由于煤气有毒，在使用煤气灯时需注意：第一，煤气中的一氧化碳有毒，而且可燃，当其与空气混合到一定比例时，遇火源即可发生爆炸，因此，操作完成和不用的时候，一定要关闭煤气阀门；第二，点燃时，一定要先点火再开煤气，而且点火时还要先关闭空气入口，否则会因为空气孔太大，管口气体冲力太大，不易点燃，且易产生侵入火焰，容易造成不必要的烫伤，因此在使用酒精灯时，需严格控制煤气和空气的加入量，尽量使煤气完全燃烧，在正常火焰下进行加热操作。

另外，用酒精灯或煤气灯加热液体时，应控制液体的量不超过试管容积的 1/3，用试管夹夹持试管加热，并使管口稍微向上倾斜，注意管口不要对着自已和其他同学，以免被暴沸溅出的溶液烫伤。加热时，应先加热液体的中上部，再加热底部，并向下移动，使各部分液体均匀受热。如果是加热固体，由于温度高，不能直接用手拿试管进行加热，应用试管夹夹持或将其固定在铁架台上，管口略微向下倾斜，以防止凝结在管口的水珠倒流到灼热的试管底部使其炸裂。

11.3.3 电子天平的使用

电子天平是最新一代的天平，和之前用的托盘天平和半自动电光天平不同，电子天平凭借自动调零、自动校准、自动去皮和自动显示称量结果，有称量准确、迅速等优势，得到更广泛的应用。目前，大部分院校的实验室都采用电子天平进行称量。因此，这一节我们主要讲电子天平的使用操作和注意事项。

电子天平主要由高稳定性传感器和单片微机组成，通过利用电子装置完成电磁力补偿的调节，使物体在重力场中实现力的平衡，或通过电子力矩的调节，使物体在重力场中实现力矩的平衡。当被称物置于秤盘后，因重力向下，线圈上就会产生一个电磁力，与重力大小相等、方向相反。这时传感器输出电信号，经整流放大，改变线圈上的电流，直至线圈回位，其电流强度与被称物体的重力成正比。而这个重力正是物质的质量所产生的，由此产生的电信号通过模拟系统后，被称物品的质量显示在电子屏上。

目前，电子天平型号有很多，主要分成顶部承载式和底部承载式两类，实验室最常见的大多是顶部承载式的电子天平。下面介绍两种实验室常用的电子天平。

图 11-7　便携式电子天平

11.3.3.1 便携式电子天平

便携式电子天平（图 11-7）可用于精度要求不是特别高的一些实验，一般能精确至 0.1g 或 0.01g。

便携式电子天平的操作方法为：

① 插上电源，按下“ON/OFF”键，启动显示

屏，2s 后显示“0.2g”，待显示数值稳定后即可开始称量；

② 将容器或称量纸置于天平盘，此时显示容器或称量纸的质量（皮重），再按“ZERO”键，去皮清零；

③ 在称量纸上加要被称量的物质，当天平显示称量值达到所要求的数值并保持不动时，称量结束，读取稳定后的数值，即该物质的质量；

④ 将药品取出，长按“ON/OFF”键关掉电源，取出称量纸，打扫天平盘，防止化学药品腐蚀金属表面；

⑤ 拔下电源插头，完成称量。

11.3.3.2　电子分析天平

电子分析天平多适用于高精度的称量（图 11-8），称量精度可以高达 0.1mg。

电子分析天平的操作方法为：

① 使用之前，先看水平仪，如不水平，要通过水平调节脚调至水平状态，另外检查天平盘是否洁净，如果有异物，应先将天平盘清理干净。

② 接上电源，打开电源开关，预热约 30min。

③ 天平自检　开启天平按下“ON”键，系统开始自检，自检结束后显示屏会显示“0.0000g”，天平自检完即可开始称量。这里需要注意的是，天平不必每次都自检，可定期自检，或者经过搬动后，均需要自检。

④ 调整零点　按“TAR”键或开关键，待天平显示“0.0000g”即可。

⑤ 称量　将被称量物预先放置在和天平温度一致的地方，按下开关键，显示为零后，开启天平两边其中一个侧门，将被称物最好置于天平盘中央，待数字稳定后，显示屏的左下角的“。”标志消失，即可开始读取显示器上的数值，即为被测物的质量。需要注意放置物品时最好戴手套或用镊子夹取，不要用手拿取。

图 11-8　电子分析天平

⑥ 关闭天平，拔下电源，进行使用登记。如果较短时间（2h 之内）还是用天平，则不用按“OFF”键，等全部称量完，再关闭天平，拔下电源，这样可省去预热的时间。

天平的使用还需要注意以下几条：

① 如果天平长时间不用，或者被搬过换过地方，都应进行一次校准和调整零点。

② 电子天平体积较小，质量较轻，容易被碰移动而造成水平改变影响称量结果，因此，在使用时应特别注意，防止开门或放置时动作过重，导致水平改变，注意及时调整天平水平。

③ 避免可能引起天平示值变动性的各种因素，如空气对流、温度波动、容器不够干燥等。刚烘干的物体必须放在干燥器内冷却至室温，再进行称量，化学药品不能直接放在天平盘上进行称量。

关于用电子天平进行试样称取时，通常可采用固定质量称量法和差减称量法两种。

① 固定质量称量法　固定称量法又叫增量法，用于准确称量某一固定质量的试剂或试样，而且该试剂或试样不易吸水，且在空气中稳定存在，如金属、矿石、合金等。操作方法是将器皿放入天平盘上，去皮，然后用药匙将试样慢慢加入盛放试样的器皿中。当所加试样

与制定的质量相差不到10mg时，此时应将盛有试样的药匙置于容器上方2cm处，用食指轻弹勺柄，使试样慢慢抖入器皿中，使之与所需称量值相符。若不慎多加了试样，可用药匙取出多余的试样，再重复上述操作，直到满足实验要求为止。

② 差减称量法　差减称量法又称递减称量法，此法用于称量一定质量范围的样品和试剂。该方法常用于称量易吸水、易氧化或易与 CO_2 反应的物质和样品。操作方法是将称量瓶粗称试样后放在天平盘中央，关闭侧门，显示稳定后，按“TAR”键清零去皮，然后一手用洁净的纸条套住称量瓶取出，聚在要放试剂的容器上方，另一手用小纸片夹住瓶盖，打开瓶盖，将称量瓶一边慢慢地向下倾斜，一边用瓶盖轻轻敲击瓶口，使试样慢慢落入容器内(图 11-9)。当倾出的试样估计接近所要求的质量时，慢慢将称量瓶竖起，同时轻敲瓶口上部，使黏附在瓶口的试样落回瓶中，盖好瓶盖，再将称量瓶放回天平上称量，如果显示负数时，质量达到称量要求范围，即可记录容器中的试样称量结果。若需连续称取第二份试样，则再按“TAR”键，数字显示零后向第二个容器中转移试样，以此类推。

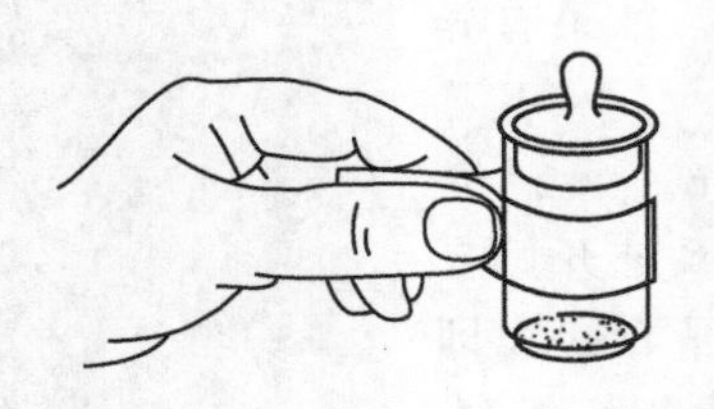
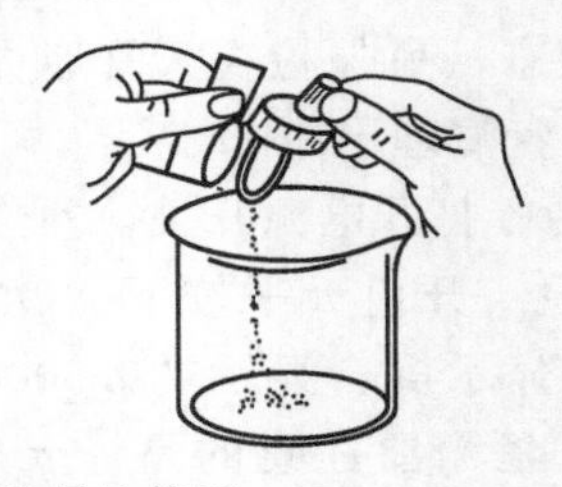

图 11-9　称量瓶拿法及差减称量法使用

11.3.4　固体、液体试剂的取用和估量

固体、液体试剂的取用应遵循两个原则，即不造成试剂污染和节约。在满足实验要求的前提下，尽量节约化学药品，多余的化学药品不应倒回原试剂瓶内，有回收价值的，或需处理后才能排放的，应放入指定的回收瓶中。

11.3.4.1　试剂取用的基本要求

① 看清试剂瓶的标签（名称、级别、浓度都要符合要求）；

② 细口瓶或广口瓶的瓶塞要顶部向下反放在附近的实验台或清洁的表面皿上；

③ 按量取用，多取出的试剂原则上不得再倒回原瓶（可用另一小烧杯收集，在旁人做对试剂质量要求不高的实验时可优先取用）；

④ 取用完试剂后，要马上盖严试剂瓶塞，不得“张冠李戴”；

⑤ 细口瓶等用完后要立即复位（放回原指定位置），滴瓶原则上不准拿起来（只持拿其滴管就可以使用）。

11.3.4.2　固体试剂的取用

(1) 药匙（角匙）的使用（取粉末或小颗粒试剂时）

① 应清洁干燥，专匙专用（药匙放在试剂瓶前对应的小烧杯，或固定在试剂瓶体上的小试管中）。

② 药匙一般有两个匙体，取较多试剂时，用大的匙体；取很微量的试剂时，用另一端的小匙体（图 11-10 左）。

(2) 往试管中加粉末状试剂的方法（图 11-10 右）

① 将试剂放入预先折好的水平放置的纸槽中；

② 纸槽伸入平放试管的 2/3 处；

③ 然后将试管直立。

图 11-10　固体试剂的取用

(3) 镊子的使用（夹取较大的块状且不腐蚀金属的固体）

① 一般将镊子放在试剂瓶前的表面皿上，或开合部向上用橡皮筋固定在试剂瓶体上；

② 往试管中放块状试剂时，要先将试管倾斜（与桌面成一个不大的夹角），待试剂放入后再稍增加试管与桌面的角度，以便试剂缓慢滑落至试管底部。

(4) 研钵的使用

① 钵体和研杵都应清洁、干燥；

② 试剂量不得超过钵体容量的 1/3；

③ 要用研杵做圆周运动来磨碎块状的试剂，大块的试剂也只能压碎，而不能捣碎；

④ 使用完毕后应立即清洗，一般水洗就可以，如果还有污迹，可先加入少量粗食盐、充分研磨后，再水洗。

11.3.4.3　液体试剂的取用

(1) 用细口瓶中向试管中添加试剂的倾注法

① 手握试剂瓶贴有标签的一面；

② 试剂瓶口的外沿搭在试管等容器的内壁处；

③ 在慢慢倾斜试剂瓶、让试剂沿管壁流下的同时，目光要注视试管底部的液面上升的速度，直至所需的体积；

④ 慢慢直立试剂瓶，当试剂瓶刚要脱离与试管口的接触时，轻提试管，用试管口将试剂瓶口外沾有的试液轻轻刮去。

(2) 滴瓶的用法

实际就是滴管的用法，如图 11-11 所示。

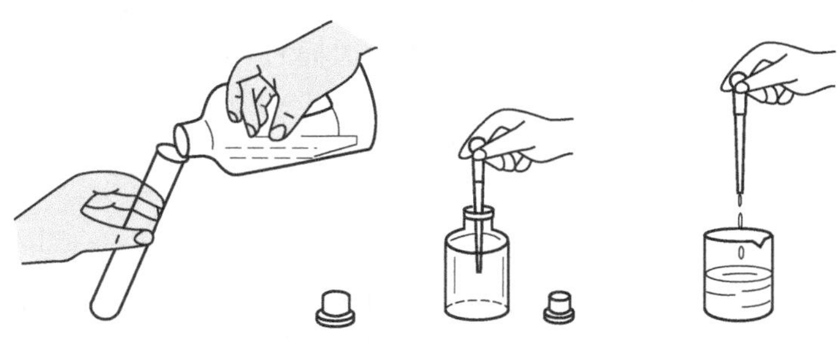

图 11-11　液体试剂的取用

① 滴管的持拿方法为小指在内、中指和无名指在外，夹住滴管的球形部位（起固定滴管的作用），大拇指和食指轻轻放在胶帽处（执行排放液体的动作）。当然，还可以采用其他的持拿方法。但原则是固定与移动滴管的手指要与操控吸排试液动作的手指要截然分开。不允许只用大拇指与无名指就完成把滴管拿起、并执行排放试液的操作。

② 吸入试剂前，先要将滴管的下尖口移出液面，排出其中的气体；然后再吸入试液

(不得在滴管尖嘴还处于液面下时就排气)。

③ 滴管在任何情况下都不能横放或倒置。

④ 在向某容器中滴加试液时，滴管的下尖口不得伸入该容器内。

⑤ 滴管在使用完后，要将所剩试液在原试剂瓶内排空，然后再将滴管复位。

(3) 自备滴管的洗涤和放置

当试剂装在细口瓶中，实验中又要求滴加该试剂时，就要用到自备的滴管。但原则上不允许将自备滴管直接伸入细口瓶中吸取试剂。而要将适量试液先倒入一个小烧杯，然后用自备的滴管从中吸取试剂。这样自备滴管的洗涤和放置在许多实验中都可能要用到。

① 当用自备滴管完成了涉及该试剂的所有实验后，先将滴管中剩余的试液排净（排入原来装试剂的烧杯或废液缸）。

② 预先要准备好一个盛有自来水的烧杯。先尽可能地排出滴管中的气体，然后将滴管下尖口稍微伸入自来水的液面（不要过深），并边插入、边吸自来水。在滴管吸满自来水后，再将其中的自来水完全排入废液缸。这就完成了对滴管的一次洗涤。如此，用自来水再洗两次（共三次）。

③ 预先还要准备好一个盛有蒸馏水的烧杯。用如上的方法再洗三次，就可以认为已将滴管清洗干净。然后就可以将滴管斜插在这个装有蒸馏水的烧杯中存放、以备取其他试液时再次使用。

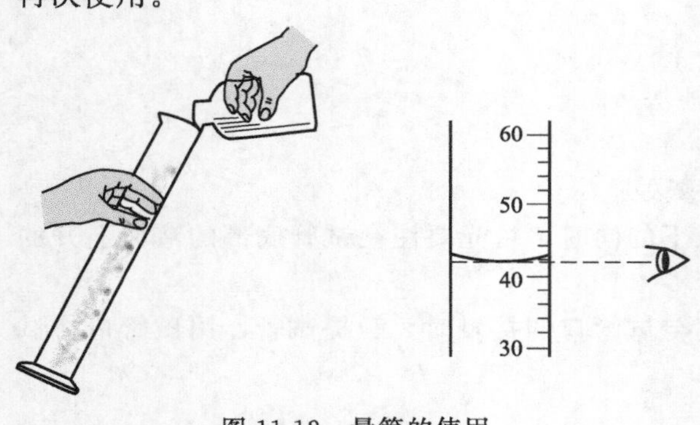

图 11-12　量筒的使用

(4) 量筒的使用（图 11-12）。

① 选用量程适宜的清洁量筒；

② 保持量筒垂直，量筒较粗时不得手持，用倾倒法向量筒中注入合适量的试液（与用细口瓶向试管中添加试剂的方法相同）；读取体积数（根据液体弯月面的下切面来读数）。如溶液过多，应倒至另一容器（烧杯或废液缸中）。如溶液还不足，则用倾倒法继续添加试剂，直至与所需的体积相符。

③ 将量筒的尖嘴搭在欲盛放试剂容器的上内沿，将试液沿容器的内壁慢慢倒出。待量筒内试液转移完成后，要再停 4～5s（有一个流出时间）。然后把量筒尖嘴在盛放容器上内沿轻轻地刮一下，再移开。

④ 不得直接用量筒来配制溶液，或作为反应容器。

11.3.4.4　试剂取用的估量

在基础化学实验中对于试剂的用量通常不是要求很准确，不必称量或量取，估量即可。

① 对于固体试剂，取少量如 0.5g 左右，可用药匙的小头来称取一平匙即可；也有部分实验要求是取出米粒、绿豆粒或黄豆粒大小等，可按所取量取出与之相当的量即可。对于浸润玻璃的透明液体，是看凹液面下部；对浸润玻璃的有色或不透明液体，要看凹液面上部；对于水银及其他不浸润玻璃的液体，则要看凸液面上部。

② 对于液体试剂，一般是用滴管取用，其用量为一滴管滴出 20～25 滴为 1mL。10mL 的试管中倒入约占体积 1/5 的试液，相当于试管量的 2mL。不同的滴管，每滴体积也都不同。可用滴管将液体滴入干燥的量筒，测量滴至 1mL 时的滴数，即可求算出 1 滴液体的体积即其毫升数。

11.3.5　试管实验操作

试管是学生实验中运用最多的玻璃仪器之一，因为它可以作为常温或加热时，少量试剂的反应容器，也可作为储存容器溶解少量固体，还可以收集少量气体，另外，还可以用于装置成小型气体的发生器。因此，试管的实验操作在化学实验中非常普遍，概括起来，主要介绍下面三种，如图 11-12 所示。

试管实验主要为试管的加热反应操作，有如下几点需要注意：

(1) 试管夹的用法（在短时间内用试管来加热液体时，一般要用到试管夹）

① 试管夹要从试管的底部套入试管（取下时当然也是从试管底部移出）；

② 要夹持在试管距管口 1/4～1/3 处；

③ 手持试管夹的不活动部位。

(2) 装有液体试剂试管的加热方法

① 液体量不得超过试管的 1/3；

② 试管与桌面成 60°的倾角；

③ 如试管外壁有水，须先擦干，不能骤热骤冷，一般要先均匀受热，先加热液体的中上部，不停地轻轻振荡，慢慢地加热试管下部，集中受热，防止试管受热不均而破裂；

④ 在整个加热过程中，试管口都不得对着自己和他人；

⑤ 完成加热后，应将试管夹移至试管的中部或偏下的部位，以便装有热液的试管在试管架上放置冷却时，试管底部不会触及试管架。

(3) 装有固体试剂试管的加热方法

① 固体试剂要平铺在试管的底部；

② 一般要用铁架台来固定试管，试管口要稍稍向下倾斜，估计加热中会有较多水等液体产生时，应在试管口下方先放一个蒸发皿；

③ 先用火焰在底部附近，沿试管轴向来回加热，然后固定在固体所在部位；

④ 加热操作完成后，移去加热装置，待其自然冷却。

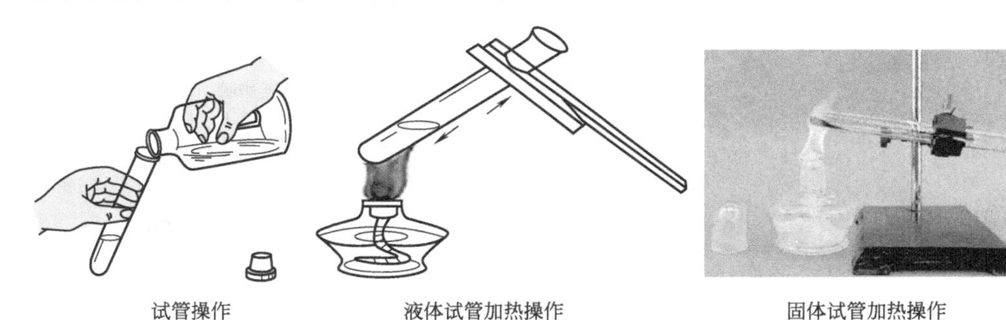

试管操作　　液体试管加热操作　　固体试管加热操作

图 11-13　试管的操作

(4) 试管的振荡和搅拌

试管实验的操作还包括将试管内的药品和试剂混合均匀，使其充分接触，操作方法是用拇指和中指或食指拿住试管的中上部，试管略微倾斜，手腕用力振荡。

(5) 试管实验分离

有时要将部分反应液取出，或将反应后的液体分做几次实验，就需将试管中的一部分液体倾倒在其他试管或烧杯中。倾倒时，试管口与试管口（或烧杯）要对齐，让液体沿管壁

（或烧杯壁）流下。倒完后，应将上面的试管往上提一下，并直立，免得管口液体流出壁外。

（6）试管用作收集气体装置

在有些化学实验中，需要将试管用来充当收集气体或者尾气处理的装置，在操作中应注意，无论是向上排气法还是向下排气法，都应将气管伸入试管底部，为了将空气赶尽，尾气处理时也应将气管伸入试管的液面范围以下，方便气体和溶液完全接触发生化学反应，起到尾气处理的作用。

11.3.6　温度计和试纸的使用

11.3.6.1　温度计的使用

温度是表示物体冷热程度的物理量，微观上来讲是物体分子热运动的剧烈程度。化学实验中，反应温度对化学反应有着显著的影响，温度作为影响化学反应的主要因素，对其测定就尤为重要。温度计就是判断和测量温度的仪器。化学实验中，我们常用的是液体温度计，即利用作为介质的感温液体随温度变化而体积发生变化与玻璃随温度变化而体积变化之差来测量温度。温度计所显示的示值即液体体积与玻璃毛细管体积变化的差值。玻璃液体温度计的结构基本上是由装有感温液（或称测温介质）的感温泡、玻璃毛细管和刻度标尺三部分组成，如图 11-14 所示。感温泡位于温度计的下端，是玻璃液体温度计感温的部分，可容纳绝大部分的感温液，所以也称为储液泡。感温泡直接由玻璃毛细管加工制成（称拉泡）或由焊接一段薄壁玻璃管制成（称接泡）。感温液是封装在温度计感温泡内的测温介质，具有体积膨胀系数大、黏度小、在高温下蒸气压低、化学性能稳定、不变质以及在较宽的温度范围内能保持液态等特点。常用的有水银以及甲苯、乙醇和煤油等有机液体。玻璃毛细管是连接在感温泡上的中心细玻璃管，感温液体随温度的变化在里面移动。标尺是将分度线直接刻在毛细管表面，同时标尺上标有数字和温度单位符号，用来表明所测温度的高低。根据不同感温液选择不同的量程，实验室常用的有酒精温度计、水银温度计、煤油温度计等。

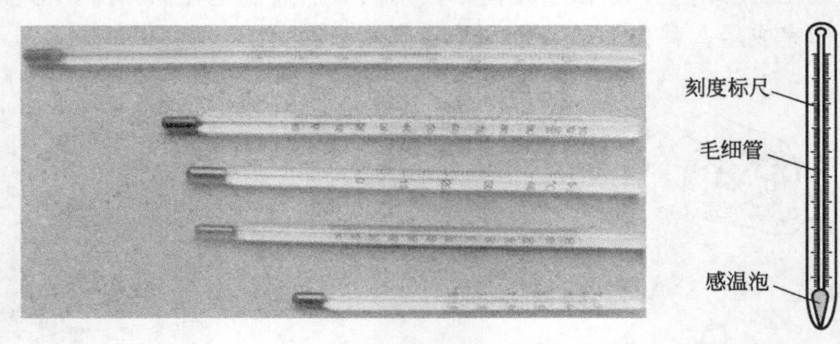

图 11-14　温度计的结构

在使用温度计测量液体温度时，其操作方法如下：

① 手拿着温度计的上端，温度计的感温泡全部浸入被测的液体中，不要碰到容器底或容器壁。

② 测量时使温度计的感温泡跟被测液体充分接触（要浸没在被测液体中），待温度计的示数稳定后再读数。

③ 读数时温度计的感温泡要继续留在液体中，视线要与温度计中液柱的上表面相平（用手拿温度表的一端，可以避免手的温度影响表内液体的胀缩。如果温度表的感温泡碰到容器的底或壁，测定的便不是水的温度；如果不等温度表内液柱停止升降就读数，或读数时

拿出水面，所读的都不是水的真正温度）。

临时测定室内外的温度时，其操作方法如下：

① 用手拿温度计的上端，等温度计内的液柱停止升降时，再读数；

② 读数时，视线也要与温度计的液柱顶端相平；

③ 如果长期测定室外的温度，要把温度计挂在背阴通风的地方。

使用温度计的时候，需要注意以下事项：

① 在测量之前要先估计被测液体的温度，并根据所估计的温度选择量程合适的温度计；

② 测量前，观察所要使用的温度计，了解它的量程（测量范围）和分度值（每一小格对应的温度值），避免读错示数；

③ 测温时，切勿甩温度计；

④ 如果是测量蒸气的温度，应将温度计的感温泡对着蒸馏支头的下沿。

11.3.6.2　试纸的使用

在无机化学实验及分析化学实验中，经常采用试纸来定性检验一些溶液的酸碱性或某些物质（气体）是否存在，这些试纸在化学实验中可进行快速、定性测定溶液或气体的某些性质。实验中使用试纸的最大的特点就是使用方便、反应快速。目前，化学实验中常用的试纸有石蕊试纸、pH 试纸、乙酸铅试纸和淀粉-碘化钾试纸等，如图 11-15 所示，使用这些试纸的时候，一定要注意密封保存，以免被污染而变质、失效。

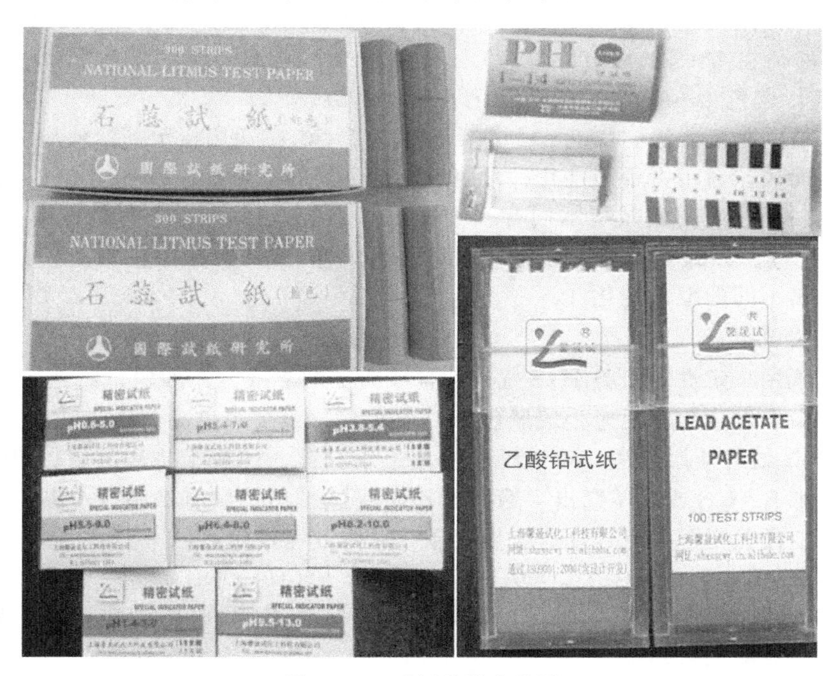

图 11-15　试纸种类实物图

下面介绍几种常见的试纸种类、使用及其制备方法

（1）石蕊（红色、蓝色）试纸

石蕊试纸用来定性地检验气体或溶液的酸碱性，常分为红色石蕊试纸和蓝色石蕊试纸两种。pH＜5 的溶液或酸性气体能使蓝色石蕊试纸变红色，即石蕊遇酸变红；pH＞8 的溶液或碱性气体能使红色石蕊试纸变蓝色，即石蕊遇碱变蓝。

① 石蕊试纸的使用方法　用镊子将一小块试纸放在干燥洁净的点滴板或表面皿上，再用玻璃棒蘸取待测的溶液，滴在试纸上，观察试纸的颜色变化（注意：不能将试纸放入待测液中检验）。如果检验的是气体，则先将试纸用去离子水润湿，再用镊子夹持横放在试管口上方，观察试纸颜色的变化。

② 石蕊试纸的制备方法　用热酒精处理市售石蕊以除去其中夹杂的红色素。倒掉浸液后将一份固体与六份水浸煮并不断摇荡，过滤滤掉不溶物。将滤液分成两份，一份加稀 H_3PO_4 或 H_2SO_4 至变红，另一份加稀 NaOH 至变蓝，然后将滤纸分别浸入这两种溶液中，取出后在避光且没有酸碱蒸气的房中晾干，剪成纸条即可。

（2） pH 试纸

pH 试纸用来粗略地测量溶液 pH 值的大小（或者酸碱性强弱）。pH 试纸遇到酸碱性强弱不同的溶液时，显示出不同的颜色，通常分为两类。一类是广泛 pH 试纸，变色范围是 pH＝1～14，用来粗略检验溶液的 pH 值；另一类是精密 pH 试纸，这种试纸在溶液 pH 变化较小的范围时就有颜色变化，因而可较精确地估计出溶液的 pH 值。根据其颜色变化范围可分为多种，如变色范围为 pH 值在 2.7～4.7、3.8～5.4、5.4～7.0、6.9～8.4、8.2～10.0、9.5～13.2 等等，可根据待测液的酸碱性，选用某一变色范围的试纸。

① pH 试纸的使用方法　与石蕊试纸基本相同，不同的是，在试纸颜色变化之后，要用标准色板进行比较，方能得出溶液的 pH 值或 pH 值范围。一般颜色对比比较的变化：红色为 pH 值在 1～2 的强酸性溶液，橙色为 pH 值在 3～4 的溶液，黄色为 pH 值在 5～6 的溶液，绿色为 pH 值在 7～8 的溶液，青色为 pH 值在 9～10 的溶液，蓝色则为 pH 值在 11～12 的碱性溶液，紫色为 pH 值在 13～14 的强碱性溶液。

② pH 试纸的制备方法　广泛 pH 试纸是将滤纸浸泡在通用指示剂溶液中，然后取出晾干，裁成小条而成。通用指示剂是几种常用酸碱指示剂的混合液，在不同 pH 的溶液中可显示不同的颜色。一般通用酸碱指示剂有多种配方，如酸碱指示剂 C 的配方为：0.05g 甲基橙、0.15g 甲基红、0.3g 溴百里酚蓝和 0.35g 酚酞，溶于 66％的酒精中。它在不同的酸碱性溶液中呈现出不同的颜色变化。

（3）乙酸铅试纸

乙酸铅试纸用来定性地检验 H_2S 气体和含硫离子的溶液。乙酸铅试纸遇 H_2S 气体或含硫离子溶液时，会发生化学反应生成黑色的 PbS 而使试纸变黑色。

① 乙酸铅试纸的使用方法　将试纸用去离子水润湿，加酸于待测液中，将试纸横置于试管口上方，如有 H_2S 或 S^{2-} 逸出，遇润湿乙酸铅试纸后，则有黑色（亮灰色）PbS 沉淀生成，使试纸变成黑褐色并且伴随有金属光泽，具体方程式如下：

$$Pb(CH_3COO)_2+H_2S=\!=\!=PbS+2CH_3COOH$$

② 乙酸铅试纸的制备方法　将滤纸浸入 3％$Pb(CH_3COO)_2$ 溶液中，取出后在无 H_2S 和 S^{2-} 处晾干，裁剪成条即可。

（4）淀粉-碘化钾试纸

淀粉-碘化钾试纸用于定性检验氧化性物质（如 Cl_2、Br_2）的存在。遇较强的氧化剂时，I^- 被氧化成 I_2，I_2 与淀粉作用使试纸变成蓝色，具体方程式如下：

$$2I^-+Cl_2=\!=\!=I_2+2Cl^-$$

如果气体氧化性很强，且浓度非常大，还可以进一步将 I_2 氧化成 IO_3^-（无色），使蓝色褪去，方程式如下：

$$I_2+5Cl_2+6H_2O=\!=\!=2HIO_3+10HCl$$

① 淀粉-碘化钾试纸的使用方法 先将试纸用去离子水润湿，将其横在试管口的上方，如有氧化性的气体（如 Cl_2、Br_2 等），则试纸变蓝。使用试纸时，需注意节约，使用前应将试纸裁成小条，用多少取多少，取用后，立即盖好瓶盖，防止试纸被污染而变质，用后的试纸需放在垃圾箱中，不要丢在水槽，避免管道堵塞。

② 淀粉-碘化钾试纸的制备方法 将 3g 淀粉与 25mL 水搅拌均匀，导入 225mL 沸水中，加 1g KI 及 1g $Na_2CO_3 \cdot 10H_2O$，用水稀释到 500mL，将滤纸浸入，取出在干燥室中晾干，裁成小条状即可。

（5）其他试纸

品红试纸用来定性检验某些具有漂白性的物质，遇到有漂白性或强氧化性的物质，品红试纸会褪色变白，其使用方法同石蕊试纸。$KMnO_4$ 试纸用来检验 SO_2 等还原性气体，如遇还原性气体，则紫色 $KMnO_4$ 试纸褪色。

试纸在使用过程中，需注意以下几点：

① 试纸不能直接深入溶液中；

② 试纸不可接触试管口、瓶口、导管口等；

③ 测定溶液的 pH 时，试纸不可事先用蒸馏水润湿，因为润湿试纸相当于稀释了被检测溶液，这会导致测量不准确；

④ 取出试纸后，应将盛放试纸的容器盖严，防止被实验室内的一些气体污染。

11.3.7 固体的溶解和沉淀的分离与洗涤

在化学实验中，为了使反应物混合均匀加速反应，或提纯固体，常需要将固体物质进行溶解；当液相反应生成难溶物质，亦需要将所生成的沉淀物从液相中分离出来，并进行洗涤。因此，固体的溶解和沉淀的分离都是常用的基本操作，应熟练掌握。

11.3.7.1 固体的溶解

把固体物质溶于水、酸或碱等物质中制成溶液称为溶解。块状固体或物质颗粒较大时，溶解前应在干燥、洁净的研钵中粉碎，研钵中所盛的固体量要小于研钵容积的 1/3。易潮解及易风化固体不可研磨。

溶解遵从相似相溶规律，因此需要根据试样性质和实验的要求选择适当的溶剂。所加溶剂量应能使固体完全溶解而又不致过量太多，必要时应根据固体的量及其在该温度下的溶解度计算或估算所需溶剂的量，再加入。

加入溶剂时应先适当倾斜烧杯，把量筒嘴靠近烧杯壁，让溶剂缓慢顺着杯壁流入；或通过玻璃棒慢慢引流，以防杯内溶液溅出。对溶解时会产生气体的试样，则应先用少量水将其润湿成糊状，用表面皿将烧杯盖好，然后用滴管将溶剂自杯嘴处逐滴加入，以防生成的气体将粉状的试样带出。

溶解试样时，为加速物质的溶解，常采用加热、搅拌等方法。

搅拌可加速物质的扩散速度，从而加快溶解速度。搅拌时注意手持玻璃棒，轻轻转动手腕，使玻璃棒在容器中部均匀转动（图 11-16）。在搅拌时不可用玻璃棒沿容器壁划动，更不能用力过猛，使玻璃棒碰撞容器底部及器壁，甚至使液体溅出或戳破容器。在试管中溶解固体时，可用振荡试管的方法加速溶解，不能上下振荡，也不能用手指堵住管口来回振荡。

图 11-16
搅拌溶解操作

对于需要加热溶解的试样，应根据物质对热的稳定性选用直接加热或水浴等间接加热方法，注意控制好温度。加热时要盖上表面皿，以防止溶液剧烈沸腾时迸溅；加热后用去离子水冲洗表面皿和烧杯内壁以免损失。

11.3.7.2 沉淀的分离与洗涤

溶液和沉淀的分离方法通常有：倾析法、离心分离法。

(1) 倾析法

当沉淀的密度相对较大或晶体的颗粒较大，静置后能较快沉降至容器的底部时，可采用倾析法进行沉淀的分离和洗涤。

具体操作是将烧杯中的混合物静置一段时间，待固体沉降后，将玻璃棒横放在烧杯嘴，小心倾斜烧杯，沿玻璃棒仔细将上层清液缓慢倾入另一烧杯内（图 11-17），使沉淀与溶液分离。留下的沉淀需继续洗涤除去残液：加入少量去离子水，充分搅拌后，静置沉降，倾去清液，如此重复 2～3 次即可。

(2) 离心分离法

如果被分离的溶液和沉淀的量很少时，可用离心机进行离心分离，简单迅速。目前常用的是电动离心机（图 11-18）。离心机高速旋转时，产生的离心力使沉淀紧密地聚集于试管底部，上面即得到澄清的溶液。

图 11-17 倾析法

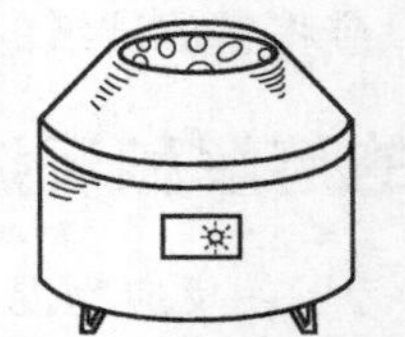

图 11-18 电动离心机

离心分离操作步骤及注意事项：

① 离心前，应在离心机套管底部垫入棉花，然后将盛有溶液和沉淀的混合物的离心管放入离心机的试管套筒内。当同时放入多支离心管时，位置要对称，重量要平衡，防止各管套中重量不均衡所引起的振动造成离心机机轴的损坏。若只有一支离心管的试样需要离心，那么在与之对称的另一套管内放入盛有等体积水的离心管即可。

② 启动离心机调速钮，逐渐加速，停止离心时，应逐渐减速让离心机自然停止转动，以防损坏。目前有些离心机具有定时或微电脑控制功能，操作更加简便。注意：切勿在离心机高速旋转时打开盖子，以免伤人；切不可用手强迫离心机停止转动，以防伤手。

③ 离心的转速和时间可根据沉淀性质调整：结晶形沉淀以 $1000r \cdot min^{-1}$ 的转速离心约 1～2min；无定形沉淀以 $2000r \cdot min^{-1}$ 的转速离心约 2～3min；如经 $2000r \cdot min^{-1}$ 的转速离心约 3～4min 后仍不能成功分离，应设法使沉淀大部分沉降（如加入电解质或加热等）后再进行离心。

④ 离心完毕后，用滴管把清液和沉淀分开。先捏紧滴管上的橡皮头，排出空气，然后将滴管轻轻插入清液。滴管尖端不可接触沉淀，以免将沉淀吸出；也不能再捏橡皮头，否则会冲起沉淀使溶液变浑。慢慢放松橡皮头，缓慢吸出溶液，滴管可随清液液面的下降而逐渐下移，但不能与沉淀接触。反复移取，直至溶液全部移出。

⑤ 洗涤离心后的沉淀，一般是加入 2～3 倍体积的洗涤液于沉淀中搅拌，再离心分离，吸出洗涤液。重复洗涤沉淀 2～3 次即可，每次洗后要尽量把洗涤液全部吸出。

此外，沉淀与溶液的分离还常用过滤法，方法详见 11.3.8。

11.3.8　蒸发、结晶和过滤

在溶液中，溶质形成晶体析出的过程叫结晶，可以用来除去溶剂得到固体产物或用来分离和提纯几种可溶性固体的混合物。为了使溶解在较大量溶剂中的溶质从溶液中分离出来，常采用蒸发浓缩和冷却结晶的方法。若晶体纯度不够还可进行重结晶。

11.3.8.1　蒸发浓缩

蒸发是加热使溶剂汽化，溶液浓缩，使溶质以晶体析出的方法。蒸发浓缩应视被加热物质的热稳定性采用直接加热或水浴加热的方法。对热稳定的无机物，可以直接加热。否则应用水浴等间接加热，因为水浴加热蒸发速度较慢，蒸发过程易控制。

常用的蒸发容器是蒸发皿，因其具有较大的表面，有利于液体蒸发。蒸发皿内的盛液量不应超过其容积的 2/3。加热时要用玻璃棒不断搅动溶液，防止由于局部温度过高，造成液滴飞溅。若需蒸发的溶液量较多，可随水分不断蒸发而逐次添加溶液，连续蒸发。应注意，不要使瓷蒸发皿骤冷，以免炸裂。

若需蒸发至干，应在蒸发近干时即停止加热，让残液靠余热自行蒸干，避免固体溅出。若固体产物需强热灼烧，则蒸发过程应在坩埚内进行，蒸干后放在小的泥三角上，先低温烘烧，然后用火焰的氧化焰加热。

11.3.8.2　结晶

结晶的原理是根据混合物中各成分在某种溶剂里的溶解度的不同，通过蒸发减少溶剂或降低温度使溶解度变小，从而使晶体析出。但不同物质的溶解度往往相差很大，所以控制好蒸发程度是非常重要的。蒸发程度应依据物质的溶解度及对晶粒大小的要求而定。当溶质的溶解度较大或随温度变化不大时，为了获得较多的晶体，应蒸发至有较多结晶析出时将溶液静置冷却至室温，便会得到大量的结晶和少量残液（母液）共存的混合物，经分离后得到所需的晶体；当物质的溶解度较小或溶解度随温度变化较大时，一般蒸发至溶液表面出现晶膜，冷却即可析出晶体。某些结晶水合物在不同温度下析出时所带结晶水数目不同，制备此类化合物时应注意要满足其结晶条件。

析出晶体的颗粒大小与结晶条件有关。如果溶液浓度高、溶质在水中的溶解度随温度下降而显著减小、快速冷却并加以搅拌摩擦器壁，则析出的晶体颗粒较小。这是由于短时间内产生了大量晶核，晶核形成速度大于晶体的生长速度。而浓度较低或静置溶液并缓慢冷却则有利于大晶体生成。从纯度上看，细小晶体易形成糊状物，颗粒尺寸不均匀，夹有较多母液，难以洗涤。大晶体由于结晶完美，表面积小，夹带的母液少，并易于洗净，纯度较高，但晶体量较少，母液中剩余的溶质较多，损失较大。

如果溶液容易发生过饱和现象，可以用摩擦器壁形成粗糙面或投入晶种等办法，使其形成结晶中心，过量的溶质便会析出。

晶体析出后可用过滤的方法除去母液，再用适当的溶液/纯水/无水乙醇来洗涤滤纸里面的晶体。抽滤后的晶体表面上吸附有少量溶剂，可根据重结晶所用的溶剂及结晶的性质来选择干燥方法：空气晾干；烘干（红外灯或烘箱）；用滤纸吸干；置于干燥器中干燥。

11.3.8.3　重结晶

如果第一次结晶所得物质的纯度不合要求，可进行重结晶以得到高纯度晶体。重结晶是提纯固体物质常用的方法之一，它适用于溶解度随温度有显著变化的化合物，对于溶解度受温度影响很小的化合物则不适用。此方法是在加热情况下将待提纯的物质溶于一定量的溶剂中，溶剂量为刚好形成饱和溶液，趁热过滤，除去不溶性杂质。再冷却滤液，溶质即结晶析出，杂质留在母液中，过滤便得到较纯净的物质。根据纯度要求可以进行多次重结晶。

11.3.8.4　显微结晶反应

由于各种晶体都有特征的晶形，故可用显微镜观察反应生成的晶体形状，并做出某种离子是否存在的结论。

显微结晶反应的操作方法如下：为了使晶形完整、颗粒粗大，反应需在稀溶液内进行，混合溶液时应避免立即全面接触；首先在干燥的显微镜载片上，相距 2cm 左右各滴试液与试剂一滴，然后用细的玻璃棒连通，使之相互缓慢混合、反应，在中间先生成晶体；观察晶形时，应将过多的溶液用滤纸吸去；载玻片放在显微镜载物台上之后，从侧面观察调节物镜，使物镜距载玻片约 1.5mm，然后一边观察一边将物镜向上移动，绝不允许在观察中向下移动物镜，以免物镜被溶液沾污。

如果溶液浓缩后才能结晶，则必须使溶液在载片上受热蒸发。操作方法是：先滴一滴试液于载片的中央，然后用试管夹夹持载片的一端在石棉网的上方来回移动使其受热，缓慢蒸发至干，冷却后在残渣上加一滴试剂，过一些时间就会生成晶体。

11.3.8.5　过滤

过滤法是固液分离较常用的方法。过滤时，固液混合物通过过滤器（如滤纸），沉淀留在过滤器上，溶液通过过滤器进入承接容器中，过滤后所得溶液叫滤液。溶液的黏度、温度，过滤时的压力，沉淀物的性质、状态，过滤器孔径大小都会影响过滤速度。热溶液比冷溶液容易过滤；溶液黏度越大，过滤越慢；减压过滤比常压过滤快。如果沉淀呈胶体状态，应先用加热等方法破坏胶体，以免穿过滤纸。

过滤沉淀的常用方法有：倾析法过滤、常压过滤、减压过滤、热过滤。可根据实际情况来选择不同的过滤方法。

(1) 常压过滤

此法较为简单、常用，使用玻璃漏斗和滤纸进行。

应选用锥体角度为 60°、颈口倾斜角度为 45°的长颈漏斗。颈长一般为 15～20cm，颈的内径以 3～5mm 为宜，不要太粗。选用的漏斗大小应以能容纳沉淀量为宜。若过滤后需要滤液，应按滤液的体积选择斗径适当的漏斗。

滤纸有定性滤纸和定量滤纸两种，除了做沉淀的质量分析外，一般选用定性滤纸。滤纸按孔隙大小可分为快速、中速、慢速三种。应根据沉淀的性质选择滤纸的类型，细晶形沉淀（如 $BaSO_4$ 等）可选用慢速滤纸；粗晶形沉淀（如 CaC_2O_4 等）可选用中速滤纸；胶状沉淀［如 $Fe(OH)_3$ 等］可选用快速滤纸。滤纸的大小根据沉淀量的多少选择，一般要求沉淀的总体积不得超过滤纸锥体高度的 1/3。

常压过滤操作步骤及注意事项：

① 折叠滤纸　取一合适大小的圆形滤纸或四方滤纸对折两次成四层，方滤纸折叠后还要剪成扇形，展开成圆锥形，一边是三层，一边是一层（图 11-19），内角成 60°，恰好能与漏斗内壁贴合。如果漏斗的角度大于或小于 60°，应适当改变滤纸折成的角度成钝角或锐角使之与漏斗壁贴合。注意：放入漏斗后的滤纸边缘，要比漏斗口边缘略低 0.5～1cm，若过大则要剪去多余的部分。折叠好的滤纸还要在三层纸那侧将外面两层撕去一小角（图 11-20），以保证滤纸上沿能与漏斗壁贴紧而无气泡。

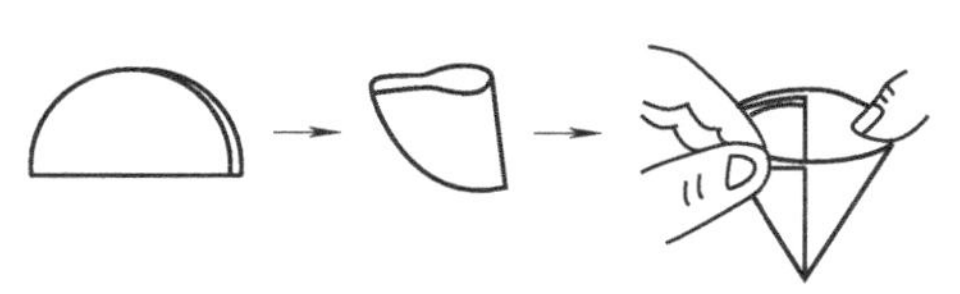
图 11-19 滤纸的折叠

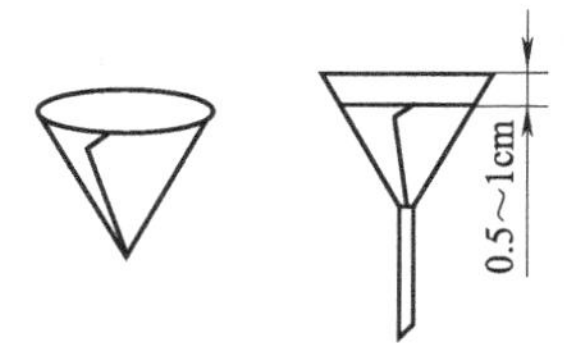

图 11-20 滤纸的撕角和安放

② 安放滤纸 用食指将滤纸按在漏斗内壁上，用少量去离子水润湿滤纸，用玻璃棒轻压滤纸四周，赶去滤纸与漏斗壁间的气泡，务必使滤纸紧贴在漏斗壁上。为加快过滤速度，在过滤全程中，应使漏斗颈部形成完整的水柱。为此，向漏斗中加去离子水至滤纸边缘，让水流下，漏斗颈部内应全部充满水。而且当滤纸上的水已全部流尽后，漏斗颈中的水柱仍能保留。若未形成完整水柱，可用手指堵住漏斗下口，稍掀起滤纸的一边用洗瓶向滤纸和漏斗间加水，直到漏斗颈和锥体大部分被水充满，而且颈内气泡完全排出。轻压紧滤纸边，放开堵住漏斗口的手指，即可形成水柱。

③ 将准备好的漏斗放在漏斗架或铁圈上，下面放一洁净容器（常用烧杯）承接滤液，容器溶剂为滤液总量的 5～10 倍。调整漏斗架或铁圈高度，使漏斗颈斜口尖端一边与烧杯内壁紧密接触，这样可以使滤液沿着烧杯内壁流下来，不致溅出。

④ 为避免滤纸孔隙过早被沉淀堵塞，过滤前不要搅拌，先倾倒溶液，后转移沉淀，可加快过滤速度。往漏斗中倾注液体必须用玻璃棒引流，玻璃棒的下端尽量靠近有三层滤纸的一侧，但不接触，注入液体的液面要低于滤纸的边缘（0.5cm 左右），防止溶液从漏斗和滤纸之间流下去，影响过滤质量（图 11-21）。待溶液转移完毕后，用洗瓶冲洗玻璃棒和烧杯内壁上的附着沉淀，充分搅拌后静置，用玻璃棒将上方清液引入漏斗过滤。如此重复两三遍，再向沉淀中加入少量去离子水，搅起沉淀，立即将固液混合物沿玻璃棒倾入漏斗中，如此反复几次，尽可能地将沉淀都转移到滤纸上。

⑤ 沉淀的洗涤 待漏斗中的溶液完全滤出后，为除去沉淀表面吸附的杂质和残留的母液，需洗涤沉淀。采取“少量多次”原则，用洗瓶吹出少量去离子水，从滤纸边沿稍下地方开始，按螺旋形向下移动（图 11-22），将沉淀集中到滤纸锥体下部。洗涤时应注意，切勿使洗涤液突然冲在沉淀上，以免沉淀溅出；每次洗涤后应尽量滤干。

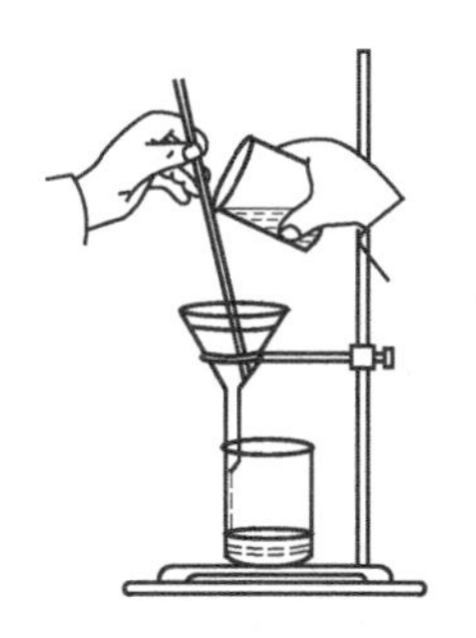
图 11-21 常压过滤

图 11-22 沉淀的洗涤

（2）减压过滤（抽滤）

减压过滤的优点是过滤速度快，液体和固体分离较完全，沉淀抽吸得较为干燥，但不宜用于过滤胶状沉淀和颗粒太小的沉淀。因为胶状沉淀在快速过滤时易穿透滤纸，颗粒太小的沉淀易堵塞滤孔形成密实的薄层，溶液不易透过。

减压过滤装置如图 11-23 所示，主要部件包括布氏漏斗、抽滤瓶、安全瓶和抽气减压装置（循环真空水泵或水流抽气泵）。

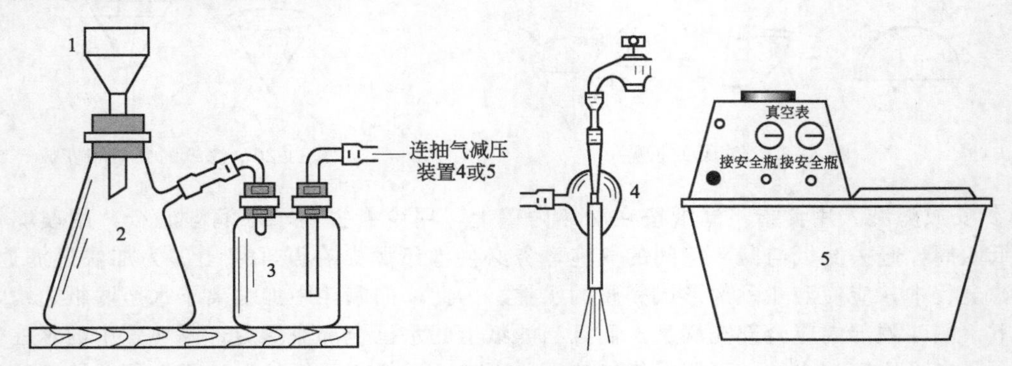

图 11-23　减压过滤装置

1—布氏漏斗；2—抽滤瓶；3—安全瓶；4—水流抽气泵；5—循环真空水泵

布氏漏斗为瓷质漏斗，内有一多孔平板，以便使溶液通过滤纸从小孔流出。漏斗颈必须插入单孔橡胶塞，与抽滤瓶相连。橡胶塞插入抽滤瓶内的部分不能超过塞子高度的 1/2。抽滤瓶用来承接滤液，其支管与减压装置相连接。

抽气泵带走空气使抽滤瓶内减压，造成瓶内与布氏漏斗液面上形成压力差而加快了过滤速度。

在抽滤瓶和抽气泵之间接安全瓶是为了防止关闭真空泵或水泵时，抽滤瓶内压力低于外界大气压而使真空泵中的水倒灌或自来水反吸入抽滤瓶内，污染滤液。

减压过滤操作步骤及注意事项：

① 连好装置并检查漏斗下端的斜口是否与抽滤瓶的支管相对；安全瓶的短管用橡胶管和抽滤瓶的支管相连接，长管则和水泵相连接。

② 强酸性、强碱性或强氧化性溶液过滤时，应在布氏漏斗的瓷板上铺石棉纤维来代替滤纸。玻璃砂漏斗可用于过滤具有强酸性或强氧化性的溶液，但不宜过滤强碱性溶液。

③ 贴好滤纸　滤纸的大小应剪得比布氏漏斗的内径略小，以能恰好盖住瓷板上的所有小孔为宜。先用少量溶剂润湿滤纸，开启抽气泵，使滤纸紧贴在漏斗的瓷板上，然后进行抽滤。

④ 保持减压，用倾析法将上清液沿玻璃棒倒入漏斗中，待溶液快流尽时再转移沉淀至漏斗中。未能完全转移的固体应用母液冲洗再转移而不能用溶剂，以减少沉淀的损失。

⑤ 要注意观察抽滤瓶内液面高度，瓶内的滤液面不能达到支管的水平位置，否则滤液会被抽出。当液面快上升达到支管口位置时，应拔掉抽滤瓶上的橡胶管，取下漏斗，从抽滤瓶上口倒出溶液（保持抽滤瓶的支管朝上）。抽滤瓶的支管口只作连接减压装置用，不可从中倒出溶液，以免污染溶液。

⑥ 抽滤过程中不得突然关闭抽气泵。中间需停止抽滤或抽滤完毕时，需先拔掉连接抽滤瓶和抽气泵的橡胶管，然后关闭抽气泵，以防倒吸。

⑦ 洗涤沉淀时，应拔掉抽滤瓶的橡胶管，让少量水或溶剂缓慢通过沉淀，再接上橡胶管，继续抽滤，如此重复几次，将沉淀尽量抽干。可以用干净的平顶瓶塞挤压沉淀，帮助抽干。洗涤结束后，拔掉橡胶管，取下漏斗，用玻璃棒轻轻揭起滤纸边缘，取出。或将漏斗颈口向上，轻轻敲打漏斗边缘，即可使滤饼脱离漏斗。将滤液从抽滤瓶上口倒出，清洗漏斗和抽滤瓶。

（3）热过滤

如果溶质在温度下降时容易析出大量晶体，为了避免在滤除难溶性杂质时，溶质结晶析出留在滤纸上，就要进行热过滤。热过滤与趁热过滤有一定的区别。趁热过滤指将温度较高的固液混合物直接使用常规过滤操作进行过滤，适合过滤能很快完成或过滤过程中溶液温度变化不大的情况；热过滤指使用区别于常规过滤的仪器、保持固液混合物温度在一定范围内的过滤过程，适合过滤时间长、过滤过程中溶液温度变化较大的情况。

将短颈玻璃漏斗放置于铜制的热漏斗内（图 11-24），热漏斗内装有热水以维持温度，必要时还可对热漏斗侧管处进行加热。玻璃漏斗的颈部要尽量短，以免过滤时溶液在漏斗颈内停留过久，散热降温，析出晶体使装置堵塞。还可以将漏斗置于水浴装置上方用蒸汽加热后，然后快速过滤。

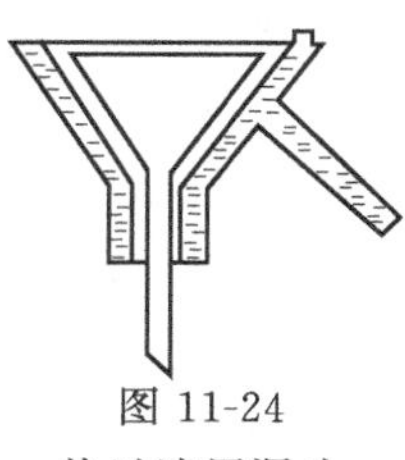

图 11-24
热过滤用漏斗

（4）倾析法过滤

过滤前，让沉淀充分沉降。过滤时，先用玻璃棒缓慢地将上层清液引流倾入漏斗中，使沉淀尽可能留在烧杯内，尽量不要搅起沉淀。漏斗颈的下端不能接触滤液。溶液的倾注操作必须在漏斗的正上方进行。若清液较多，不要等漏斗内液体流尽就应继续倾注。当清液倾注完毕，洗涤沉淀数次再将沉淀都转移到滤纸上。沉淀全部转移后，由洗瓶吹出少量去离子水洗涤沉淀 1～2 次。

11.3.9　玻璃量器的使用

化学实验室使用的玻璃器皿，统称为玻璃仪器。按照用途，可分为容器类、量器类及其他常用器皿。其中，玻璃量器是指对溶液体积进行计量的玻璃器皿，主要有量筒、容量瓶、移液管、滴定管等。玻璃量器的计量刻度值均是指标示温度（常为 20℃）时的数据，使用温度偏离标示温度时，会存在一定的系统误差。

11.3.9.1　量筒

量筒是较粗略的量器，用来量取要求不太严格的溶液体积。量筒有玻璃材质和塑料材质两大类，玻璃量筒常见规格有 5～2000mL 十余种，塑料量筒常见规格有 50～1000mL。量筒使用时应垂直放置，读数时视线应与液面水平，读取弯月面最低处刻度，读数时视线偏高或偏低都会产生误差。量筒不能加热，不允许量热的液体，以防量筒迸裂。量筒也不能用作溶解、稀释等的试验容器，更不能用作反应器皿。

量筒的上下口大小相同。下口小，上口大的圆台形玻璃量器，属于量杯。

11.3.9.2　容量瓶

容量瓶也称量瓶，是一种细颈梨形的平底磨口玻璃瓶，瓶颈部刻有环形标线，在标示温度下，瓶内溶液凹液面恰好与环形标线相切时，溶液体积即为标示体积。容量瓶属于精密量器，主要用于配制准确浓度的溶液或者定量稀释。容量瓶的规格有 1mL、2mL、5mL、10mL、25mL、50mL、100mL、200mL、250mL、500mL、1000mL、2000mL 等共 12 种，并有白、棕两色，棕色瓶用于配制见光易分解的试剂溶液。

容量瓶与其磨口塞要配套使用，除标准磨口塞或塑料塞外，瓶、塞不能调换。瓶塞要用橡皮筋或尼龙绳系在瓶颈上，以防摔碎或弄混。

容量瓶的使用方法如下：

① 容量瓶使用前须先检查瓶塞是否漏水，这一过程称为检漏。加自来水至标线附近，

盖好瓶塞，左手用食指按住瓶塞，其余手指拿住瓶颈标线以上部分，右手用指尖托住瓶底边缘，将瓶倒立 2min，观察瓶塞周围是否漏水［图 11-25（a)］，如不漏水，将瓶直立，转动瓶塞 180°后，再倒立 2min，仍不漏水，方可使用。

② 经检查不漏水的容量瓶，须先洗涤方可使用。先用自来水冲洗几次，倒出水后瓶内壁不挂水珠，再用蒸馏水荡洗 3 次即可。若自来水冲洗后瓶内壁挂水珠，则须用铬酸洗液洗涤，再用自来水充分冲洗直至内壁不挂水珠，最后用蒸馏水荡洗 3 次。

③ 配制溶液　将准确称量的试剂放入洁净的小烧杯中，加入少量蒸馏水或其他配制溶液所要求的溶剂，搅拌，使试剂完全溶解。用玻璃棒导流，将溶解后的溶液转移至容量瓶中［图 11-25（b)］；再用配制溶液所使用的溶剂冲洗玻璃棒和小烧杯 3～4 次，每次的洗液均用同样方法转移至容量瓶中。随后向容量瓶中加溶剂稀释，当溶液加至容量瓶体积的 2/3 左右时，拿起容量瓶，向同一方向摇动几周，使溶液初步混匀（切勿倒转容量瓶)。此后继续加入溶剂稀释，当溶剂加至接近标线时，需用细长滴管逐滴滴加溶剂，直至溶液弯液面下缘恰好与标线相切。盖紧瓶塞，左手用食指按住瓶塞，其余手指拿住瓶颈标线以上部分，右手用指尖托住瓶底边缘，倒转容量瓶，边倒转边摇动，使气泡上升到顶。振摇几次再倒转过来，如此反复多次，使瓶内溶液充分混匀［图 11-25（c)］。

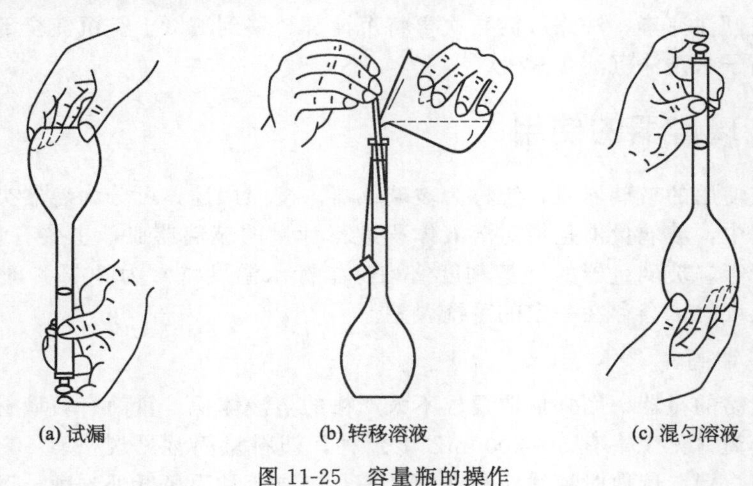

图 11-25　容量瓶的操作

稀释溶液时，用移液管准确移取一定体积的浓度准确已知的溶液，置入容量瓶中，直接加蒸馏水或其他溶剂，稀释至标线刻度，具体稀释操作同上。

容量瓶是量器，不是容器，不宜长期存放配好的溶液，尤其是碱性溶液或浓盐溶液。溶液配好后，应倒入洁净干燥的试剂瓶中储存。容量瓶用完后应及时清洗干净，并在瓶口与瓶塞之间衬小纸片，以防瓶、塞粘连。

11.3.9.3　移液管和吸量管

移液管和吸量管均是准确移取一定体积液体的精密容量仪器。其中，移液管［图 11-26（a)］是中间部分膨大（称为球部)，上下两段细长的玻璃管，上段刻有环形标线，球部标有容积和温度，俗称胖肚吸管、大肚吸管、胖肚移液管，常用规格有 5mL、10mL、20mL、25mL、50mL，另外还有 1mL、2mL、3mL、100mL 规格。移液管只能移取标示体积的溶液。吸量管［图 11-26（b)～(c)］是具有分刻度的直形玻璃管，又称刻度吸管，常用规格有 1mL、2mL、5mL、10mL 等。吸量管可以移取标示范围内任意体积的液体，但准确度较移液管稍有不如。按照《常用玻璃量器检定规程》(JJG 196—2006）规定，移液管的法定名称为“单标线吸量管”，吸量管的法定名称为“分度吸量管”。某些玻璃器材市场及教材上将移液管和吸量管统称为移液管。本书按较通行的习惯，仍分别称为移液管和吸量管。

移液管和吸量管在使用前必须进行洗涤。洗涤方法为：一般情况下，可以先吸取少量铬酸洗液洗涤数次；污渍严重的，先用铬酸洗液浸泡数小时，随后，沥干铬酸洗液，用自来水冲洗数次，直至内壁不挂水珠，再用蒸馏水冲洗 3 次，用滤纸将管外壁水分擦干，并将尖嘴残留的水吸掉，最后，用待吸取的溶液润洗 3 次。

使用移液管移取溶液的方法为：右手大拇指和中指拿住管颈上部，将移液管下端伸入溶液中，左手持洗耳球，捏瘪，将洗耳球尖嘴对准移液管口，慢慢放松洗耳球，使溶液吸入管内［图 11-27（a)］；待溶液上升到环形标线以上时，移开洗耳球，迅速用右手食指按住管口，将移液管下端提出液面，用事先准备的滤纸擦去移液管下端外壁所黏附的溶液，左手将原容器倾斜 45°，右手保持移液管垂直，并使移液管尖嘴紧贴原容器内壁，略微放松右手食指，让管内多余的溶液沿器壁慢慢放出，直至管内液体凹液面与环形标线相切；右手食指立即按紧瓶口，取出移液管，并将其置于接受容器中，左手拿接受容器，使之呈 45°倾斜，右手调节移液管位置，使之垂直且尖嘴紧贴接受容器内壁，松开右手食指，让管内溶液自由流出，全部流出后再停留约 15s，取出移液管即可［图 11-27（b)］。

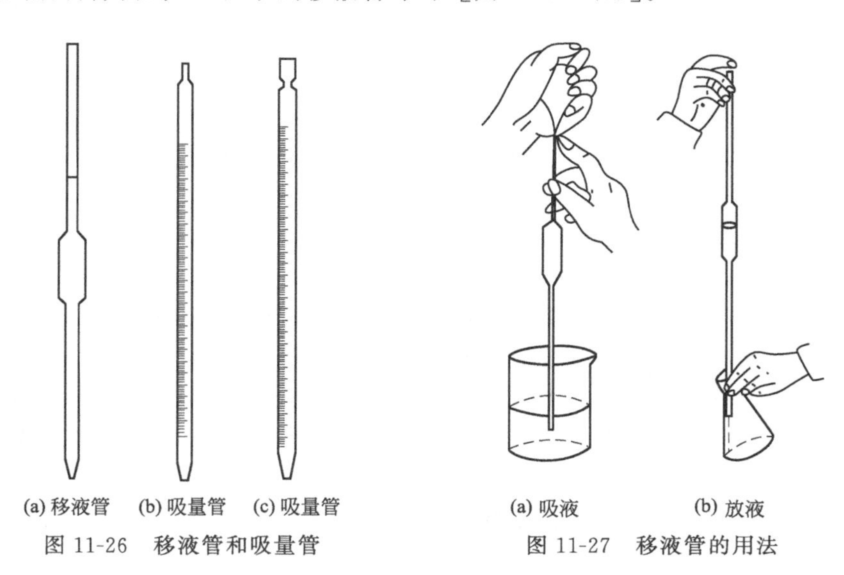

(a) 移液管　(b) 吸量管　(c) 吸量管

图 11-26　移液管和吸量管

(a) 吸液　(b) 放液

图 11-27　移液管的用法

一般移液管的标示体积以自由流出量为准，尖嘴末端残留的溶液未计入标示体积中，因此，尖嘴末端残留的溶液不能吹进接受容器内。个别移液管上标有“吹”字，则须用洗耳球将尖嘴残留溶液吹入接受容器中。

吸量管的使用方法与移液管大体相同。使用吸量管时，通常的做法是使液面从管内最高刻度下降到所需刻度，两刻度之间的体积即为所需体积。吸量管上常标有“吹”字，使用时，管尖嘴部的残留溶液须吹入接受容器。

移液管、吸量管使用后，应放在指定位置；实验结束，应及时用自来水、蒸馏水洗净，放在移液管架上。

11.3.9.4　滴定管

滴定管主要用于滴定分析，可准确测定滴定剂所消耗的体积，也可根据需要连续地放出不同准确体积的液体。根据容积、精确度的不同，滴定管可分为常量滴定管、半微量滴定管、微量滴定管。

常量分析滴定管是具有精密刻度、内径均匀的直形细长玻璃管。常量滴定管的容积有25mL、50mL、100mL三种规格，最小刻度为0.1mL，估读至0.01mL。半微量滴定管的结构一般与常量滴定管相同，为内径更细、长度较短的均匀直形玻璃管，其容积为10mL，最小刻度0.05mL，估读至0.01mL。微量滴定管的容积有1mL、2mL、3mL、5mL、10mL五种规格，最小刻度因规格不同而异，精度可准确至0.005mL以下（通常1mL、2mL、3mL容积规格的微量滴定管最小刻度为0.01mL，估读至0.001mL）。微量滴定管结构与常量滴定管不同，微量滴定管除滴定管外，还有用来加液体的旁管，旁管通过活塞与滴定管连通。微量滴定管又有座式和夹式之分。

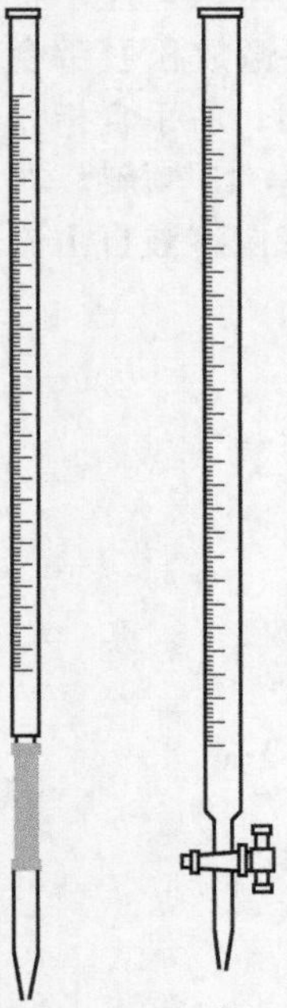

根据用途的不同，滴定管可分为酸式滴定管［图11-28（b）］、碱式滴定管［图11-28（a）］。酸式滴定管又称具塞滴定管，其下端有玻璃活塞开关，可盛装酸性、氧化性以及盐类溶液，不宜装碱性溶液。碱式滴定管又称无塞滴定管，其下端连接一根短橡皮管，管内有玻璃球，用以控制溶液的流出速度，橡皮管下端再连一尖嘴玻璃管。碱式滴定管可盛装碱性及无氧化性溶液，不能盛装能与橡皮管起反应的氧化性溶液（如$KMnO_4$、I_2等溶液）。

(a) (b)

图11-28 滴定管

酸式滴定管使用聚四氟乙烯活塞时，就成了通用型滴定管，可用于盛装碱液。

对于见光不稳定的溶液（如$AgNO_3$、$KMnO_4$等溶液），应使用棕色滴定管。

滴定管的使用方法如下：

（1）使用前的检查

对于酸式滴定管，首先应检查玻璃活塞是否契合紧密，转动是否灵活，如契合不紧密，则容易漏液，不宜使用；玻璃活塞转动有阻滞感，则须将活塞涂油，旋塞涂油可起润滑和密封作用。活塞涂油的方法为：取出活塞，用滤纸吸干活塞和活塞槽内的水分，用手指蘸少许凡士林（或真空活塞油脂）均匀涂在活塞上，形成薄薄均匀的一层，注意活塞孔的两旁少涂一些，以免堵塞活塞孔，将涂好凡士林的活塞插入旋塞槽内，向同一方向均匀转动，直至油膜均匀透明，最后用橡皮筋或橡皮圈固定活塞。

涂好凡士林的滴定管应检查是否漏液，试漏的方法为：关闭旋塞，往滴定管中注水至最高刻度，将滴定管垂直夹在滴定管架上，放置2min，观察尖嘴及旋塞两端是否有水渗出；转动旋塞180°，再放置2min。若前后两次均无水渗出，即可洗净使用。

对于碱式滴定管，首先应检查橡皮管是否老化、破损，玻璃球大小是否合适，组装后是否漏液。如不合要求，应及时更换。

（2）洗涤

对于酸式滴定管，洗涤方法为：先用自来水冲洗干净，再关闭活塞，加入铬酸洗液，打开活塞，放出少量洗液洗涤管尖，再关闭活塞，右手拿住滴定管上端无刻度部分，左手拿住活塞上部无刻度部分，边转动滴定管边使洗液向管口倾斜，使洗液布满全管，最后将洗液从管口放出，然后用自来水洗净，再用蒸馏水冲洗3次，每次使用蒸馏水体积约为滴定管标示容积的1/5～1/3。

对于碱式滴定管，用自来水冲洗干净后，取下橡皮管及玻璃尖嘴，管尖嘴和玻璃珠可放入洗液浸洗，将管身倒立于铬酸洗液中，原接橡皮管的端口朝上，用洗耳球从原接橡皮管的端口吸取洗液，使洗液从下至上几乎充满管身，移开洗耳球，待洗液完全流下后用自来水洗净管身，再将管尖嘴和玻璃珠从洗液中取出，用自来水冲洗干净之后安装完毕，最后用蒸馏水清洗滴定管。

（3）润洗

正式滴定前，须用待装入滴定管的溶液（以下称为操作溶液）润洗滴定管 2～3 次，每次用量为滴定管标示容积的 1/5～1/4。

（4）装液及排气泡

将操作溶液直接由试剂瓶注入滴定管中，检查酸式滴定管活塞周围及碱式滴定管橡皮管附近部分有无气泡，若有气泡将影响溶液体积的准确测量，必须排除。对于酸式滴定管，可用两手分别拿住管身上下端无刻度部分，使其倾斜约 30°角，打开活塞，使溶液快速冲出，将气泡带走；对于碱式滴定管，可把橡皮管向上弯曲，出口向上倾斜，挤捏玻璃珠，使溶液从尖嘴快速喷出，带走气泡（图 11-29）。排完气泡后，将滴定管垂直夹在滴定管架上，将操作溶液注入滴定管零线以上，调整液面至 0 刻度。

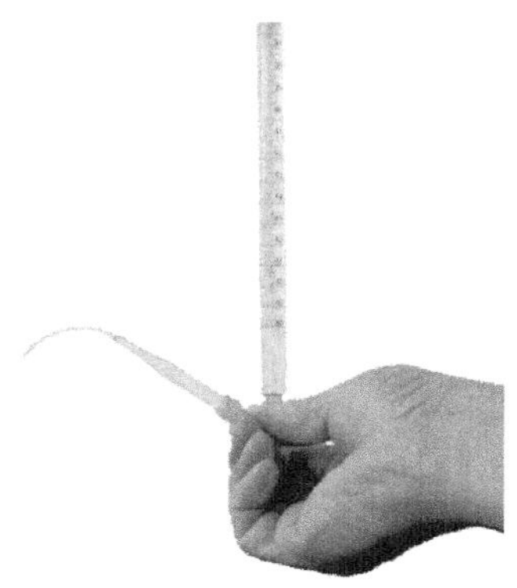

图 11-29　碱式滴定管排气泡

（5）滴定

滴定时，放有指示剂的被滴定溶液用锥形瓶装好，放于滴定管下方，滴定管尖嘴部分进入锥形瓶内空 1cm 左右。左手握管，右手持锥形瓶。

使用酸式滴定管时，左手握旋塞，无名指和小指向手心弯曲，轻贴活塞下方玻璃出口部分，其余三指控制活塞的转动（拇指在旋塞上方，食指和中指在下方）。转动旋塞时，手指弯曲，手掌要空［图 11-30（a）］。使用碱式滴定管时，左手食指和拇指捏住玻璃珠所在部位，其余三指辅助固定玻璃尖嘴，挤压玻璃珠上半部分右侧胶管，使玻璃珠偏向手心，胶管内壁和玻璃珠之间形成细小缝隙，溶液即可流出［图 11-30（b）］。

滴定时左手控制滴液速度，边滴边用右手向同一方向作圆周运动摇动锥形瓶，以防局部浓度过高。摇动锥形瓶时，右手大拇指在前，食指和中指在后，另外两个手指自然稍微弯曲靠在锥形瓶前侧，保持锥形瓶瓶口水平。

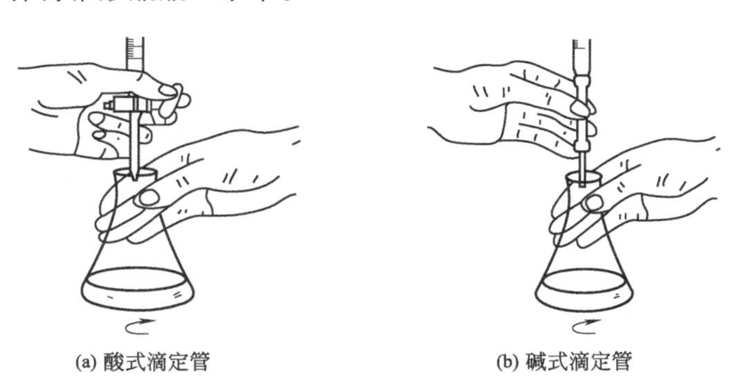

图 11-30　滴定管的操作方法

滴定速度直接影响滴定终点的观察和判断。滴定开始时，滴定速度可适当快点（视不同滴定反应而异），通常为每秒 3～4 滴。滴定时，仔细观察滴入点周围颜色的变化，颜色没变化或变化后消失速度快，说明离终点远；颜色变化后消失速度慢，说明离终点近。离终点较近时，应减慢滴定速度，控制逐滴地滴加，滴一滴，摇一摇，临近终点，应半滴或小半滴地滴加，并用洗瓶吹入少量蒸馏水清洗锥形瓶内壁，使内壁附着的溶液全部流下，摇动锥形瓶。当溶液颜色明显变化且 30s 内不褪色，即达到滴定终点。关闭活塞，读取滴定终点体积，其与滴定起始刻度读数之差即为消耗滴定剂溶液的体积。

平行试验时，每次滴定的起始刻度应相同，最好都从 0.00mL 开始。

（6）读数

读数时滴定管必须垂直放置，无论是注入还是放出溶液，都应等待 1～2min，待管壁上的溶液全部流下再读数。由于附着力和内聚力的影响，滴定管内溶液呈弯月形。对于无色或浅色溶液，应读凹液面下缘的最低点，读数时，视线应与凹液面下缘最低点保持在同一水平[图 11-31（a）]。对有色溶液，因弯月面不清晰，读数时视线应与液面两侧的最高点相切[图 11-31（b）]。对于蓝线滴定管，液面折射呈两个弯月面，读数时，可以两个弯月液面相交于蓝色带中线上的一点为准[图 11-31（c）]；因蓝线滴定管中装有溶液时，其蓝色边线会折射呈两根蓝色线段并相交，也可以读取相交点位置的刻度数值。

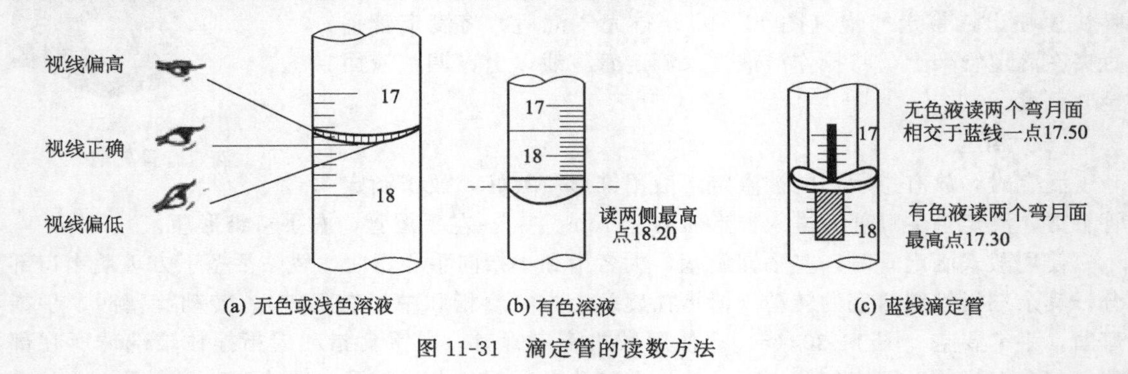

图 11-31　滴定管的读数方法

（7）清理

滴定结束，把滴定管中剩余的溶液倒入废液桶，依次用自来水和蒸馏水洗净后，垂直夹在滴定管架上，管口用管帽或用橡皮筋箍一白纸盖住，备用。

11.3.10　pH 计的使用

pH 计又称酸度计，是用来测量溶液 pH 值的常用仪器，此外，还可测量氧化还原电对的电极电势。不同类型的 pH 计都是由参比电极（如饱和甘汞电极、银-氯化银电极）、测量电极（玻璃电极）、精密电位计组成；测量电极又称为传感电极，将参比电极和测量电极合在一起制成的复合体称为复合电极。pH 计型号众多，如 pHS-25、pHS-2、pHS-3、pB-10 等，各种型号结构虽略有差别，但工作原理相同，操作方法也大同小异。

11.3.10.1　工作原理

pH 计参比电极的电极电势在一定温度下是定值，与溶液中 H^+ 的浓度无关；测量电极（传感电极）的电极电势随溶液中 H^+ 的浓度改变而变化。

pH 计测量 pH 值时，测量电极均为玻璃电极。玻璃电极的主要部分是其下端由特殊的敏感玻璃薄膜做成的薄玻璃球泡，该球泡薄膜对 H^+ 非常敏感。球泡内装有 H^+ 浓度不变的内缓冲溶液，球泡薄膜浸入待测溶液中时，因待测溶液中的 H^+ 作用，球泡内层与外层存在电势差，形成玻璃电极的电极电势。电极反应为：$H_2 \rightleftharpoons 2H^+ + 2e^-$。该电极电势决定于待测溶液的 H^+ 浓度，随待测溶液 H^+ 浓度的变化而变化。

测定 pH 时，参比电极、传感电极同时浸入溶液中，形成原电池，原电池的电动势可由精密电位计测定。

$$E_{MF}=E_{参比}-E_{传感}=E_{参比}-\left\{E^{\ominus}_{传感}+\frac{2.303RT}{2F}\times\lg\frac{\left[\frac{c_{eq}(H^+)}{c^{\ominus}}\right]^2}{\frac{p(H_2)}{p^{\ominus}}}\right\} \tag{11-1}$$

式中，R 为气体常数；F 为法拉第常数；T 为热力学温度。

298K 时：
$$pH=\frac{E_{MF}-E_{参比}+E^{\ominus}_{传感}}{0.0592} \tag{11-2}$$

其中，$E_{参比}$、$E^{\ominus}_{传感}$ 均为定值。

pH 计自动将测得的原电池电动势换算成 pH 值，显示于仪器显示屏上。

11.3.10.2　pH 计结构简介

以 Sartorius pB-10 型 pH 计为例：该仪器由主机和复合电极组成，主机面板上有设定键(Setup)、转换键（Mode)、确认键（Enter)、校正键（Standardize）共四个按钮，以及一个显示屏。主机背后除有电极插头外，还有温度探头插孔。pB-10 型 pH 计具有自动温度补偿功能，复合电极里带有 ATC 温度传感器，测量时显示屏会自动显示溶液温度。仪器的外观如图 11-32 所示。

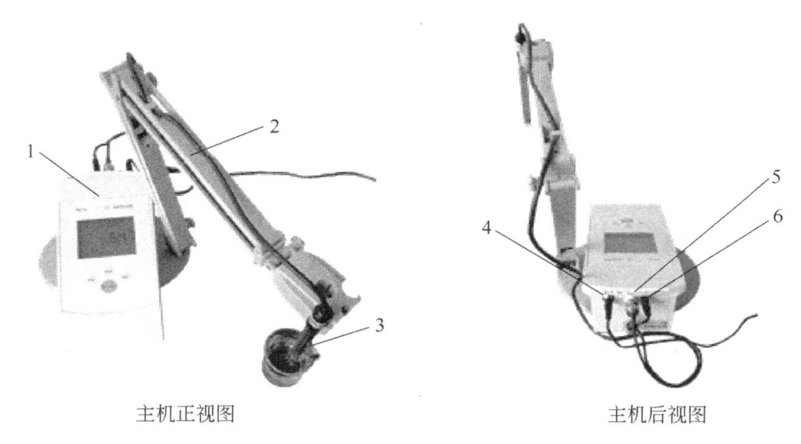

图 11-32　pB-10 型 pH 计结构图

1—主机；2—电机架；3—复合电极；4—电源插孔；5—复合电极插头；6—温度探头插孔

11.3.10.3　pB-10 型 pH 计操作指南

（1）准备

① 将复合电极与仪表的 BNC（电极）插头和 ATC（温度探头）输入孔连接。

② 用仪器配套变压器把仪表连接到电源。

③ 按转换键（Mode）设置 pH 模式。

（2）校准

① 按“Setup”键，显示屏显示“Clear buffer”，按“Enter”键确认，清除以前的校准数据。

② 按“Setup”键，直至显示屏显示缓冲液组“1.68，4.01，6.86，9.18，12.46”或所要求的其他缓冲液组，按“Enter”键确认。

③ 将复合电极用蒸馏水或去离子水清洗，滤纸吸干后浸入第一种缓冲液（6.86），等到数值达到稳定并出现“S”时，按“Standardize”键，仪器将自动校准。如果校准时间较长，可按“Enter”键手动校准。该点数值作为第一校准点被存储，显示“6.86”。

④ 用蒸馏水或去离子水清洗电极，滤纸吸干后浸入第二种缓冲液（4.01），等到数值达到稳定并出现“S”时，按“Standardize”键，仪器将自动校准。如果校准时间较长，可按“Enter”键手动校准。数值作为第二校准点被存储，显示“4.01　6.86”和信息“%Slope ××Good Electrode”。这里的“××”为测量的电极斜率值，该值如在90%～105%范围内，将显示“OK”。如与理论值有很大的偏差，将显示“Err”（错误），此时电极应清洗，或更换电极，并重复上述步骤重新校准。

⑤ 重复以上步骤，完成第三点（9.18）校准。

（3）测量

用蒸馏水或去离子水清洗电极，滤纸吸干后将电极浸入待测溶液，用玻璃棒搅拌溶液，使溶液均匀，等到数值稳定，出现“S”时，即可读取测量值，记录pH值数据。

重复上步骤，测量下一个样品。

（4）注意事项

① 为了校准pH计，须至少使用2种标准缓冲液，待测溶液的pH值应处于2种缓冲液pH值之间。pH计最多可用3种标准缓冲液校准。

② 测量前，应注意玻璃电极前端的球泡，球泡内应充满溶液，不能有气泡。若有气泡，将电极轻轻甩几下，赶走气泡。

③ 测量完成后，电极用蒸馏水或去离子水清洗后，浸入$3mol \cdot L^{-1}$的KCl溶液中保存。

④ 测量完成后，不用拔下变压器，应待机或关闭总电源，以保护仪器。

⑤ 如发现电极有问题，可用$0.1mol \cdot L^{-1}$的HCl溶液浸泡电极半小时，再放入$3mol \cdot L^{-1}$的KCl溶液中保存。

11.4 误差及有效数字的概念

11.4.1 测量中的误差

11.4.1.1 准确度和误差

（1）准确度

准确度指实验值（测定值）与真实值之间相符合的程度。准确度的高低常以误差的大小来衡量，即误差越小，表示实验值与真实值越接近，准确度越高；反之，误差越大，准确度越低。

（2）误差

误差有两种表示方法——绝对误差和相对误差。绝对误差指测定值与真实值之差；相对误差指绝对误差与真实值之比。即：

$$绝对误差=测定值-真实值$$

相对误差＝绝对误差/真实值

因为测定值可能大于真实值，也可能小于真实值，所以绝对误差和相对误差都可能有正有负。

11.4.1.2　精密度和偏差

精密度是表示多次重复测量某物理量时，所得到的测量值彼此之间相符合的程度。偏差一般是指测定值与平均值之差。精密度的大小用偏差来表示，偏差越小说明精密度越高。

精密度可用偏差、平均偏差、相对平均偏差、标准偏差与相对标准偏差表示。如果测定次数较少，在一般的化学实验中，可以用平均偏差或相对平均偏差表示。若测定次数较多，或要进行其他的统计处理，可以用标准绝对偏差或变异系数表示。

（1）绝对偏差与相对偏差

绝对偏差：　$d_{绝对}=X_i-\overline{X}$

相对偏差：　$d_{相对}=(d_{绝对}/\overline{X})\times 100\%$

式中　X_i——某次测定的平均值；

$\overline{X}$——n 次测定的平均值。

（2）平均偏差与相对平均偏差

平均偏差：　$\overline{d}_{平均}=(\sum_{i=1}^{n}|X_i-\overline{X}|)/n$

相对平均偏差：　$\overline{d}_{相对平均}=(\overline{d}_{平均}/\overline{X})\times 100\%$

式中，n 为测定次数。

（3）标准偏差（标准差）与相对标准偏差（变异系数）

标准差：　$S=\sqrt{[\sum_{i=1}^{n}(X-\overline{X}_i)^2]/(n-1)}$

相对标准差：　$RSD=(S/\overline{X})\times 100\%$

11.4.1.3　误差产生的原因

根据误差产生的原因及性质，误差可以分为系统误差、偶然误差以及过失误差三类。

（1）系统误差

系统误差又称为可定误差，是由某些可确定性原因所造成的，使测定结果系统偏高或偏低，重复测量时又会再现。这种误差的大小、正负往往可以测定出来，若设法找出原因就可以采取办法消除或校正。系统误差的主要原因有：

a. 计量或测定方法不够完善。

b. 仪器有缺陷或者没有调整到最佳状态。

c. 实验所用的试剂或纯水不符合要求。

d. 操作者自身的主观因素。

系统误差具有明显的规律。可以采用标准加入法，即在被测试样中加入已知量的被测组分，与被测试样同时进行测定，然后根据所加入组分回收率的高低来判断是否存在系统误差。

$$回收率=\frac{测定所得加入组分的质量}{加入组分的质量}\times 100\%$$

若计量或测定精度要求较高，应事先对所使用的仪器进行校正。由于试剂、纯水或所用的器皿引入被测组分或杂质产生的系统误差，可以通过空白试验来校正，即用纯水代替被测试样，按照同样的测定方法和步骤进行测定，所得到的结果为空白值，然后将试样的测定结果扣除空白值。当然空白值不能太大，若太大，应进一步找出原因，必要时应提纯试剂，或对纯水进一步处理，或更换器皿。

（2）偶然误差

偶然误差又称不定误差或称随机误差，造成偶然误差的原因有计量或测定过程中温度、湿度、电压、灰尘等外界因素微小的随机波动，计量读数时的不确定性以及操作上的微小差异。偶然误差与系统误差不同，即使条件不改变，它的大小及正负在同一实验室中都不是恒定的，很难找出产生的确切原因，也不能完全避免。误差的数值有时大些，有时小些，而且有时是正误差，有时是负误差。因此可以通过适当增加测定次数取其平均值的办法来减小偶然误差。

（3）过失误差

过失误差是由于操作不正确，粗心大意而造成的，例如加错试剂、看错刻度、溶液溅失等，皆可引起较大的误差。有较大误差的数值在找出原因后应弃去不用，绝不允许把过失误差当作偶然误差。

过失误差通过加强责任心，严格按操作规程认真操作可以避免。初学者应规范操作训练，多做多练，才能熟能生巧，消除过失误差。

11.4.2 有效数字及其有关规则

在化学实验中，经常要根据实验测得的数据进行化学计算，为了取得准确的结果，不仅要准确进行测量，而且还要正确记录与计算。正确记录是指正确记录数字的位数，因为数据的位数不仅表示数字的大小，也反映测量的准确程度。

所谓有效数字就是指能测到的数字，应当根据分析方法和仪器准确度来决定保留有效数字的位数，在有效数字中的最后一位是可疑的。例如，用一支 50mL 滴定管进行滴定操作，滴定管最小刻度为 0.1mL，所得滴定体积为 28.78mL。这个数据中，前三位都是准确可靠的，只有最后一位数因为没有刻度，是估读出来的，属于可疑数字，因而这个数据为四位有效数字。它不仅表示了具体的滴定体积，而且还表示了计量的精确度为±0.01mL。若滴定体积正好是 28.70mL，这时应注意，最后一位“0”应写上，不能省略，否则 28.7mL 表示计量的精确度只有±0.1mL，显然这样记录数据无形中就降低了测量精度。

从上面的例子可以看到，实验数据的有效数字与仪器的精确程度有关。同时还可以看到，有效数字中的最后一位数字已经不是十分准确的。因此，记录实验数据时应注意有效数字的位数要与计量的精度相对应。

除此之外，还应注意“0”的作用，“0”在有效数字中有两种意义：一种是作为数字定位，另一种是有效数字。例如下列各数的有效数字的位数：

试样重量	1.8064g	五位有效数字
滴定剂体积	25.50mL	四位有效数字
标准溶液浓度	0.0100mol	三位有效数字

“0”在以上数据中，起的作用是不同的，它可以是有效数字，也可以是只起定位作用。例如在 1.8064、25.50 中，“0”都是有效数字，而在 0.0100 中，前面两个“0”只起定位作用，后面两个“0”都是有效数字。

在数据处理过程中应注意以下几方面：

① 若测定结果是由几个测定值相加或相减所得，保留有效数字的位数取决于小数点后位数最少的一个；若测定结果是由几个测量值相乘除所得，则保留有效数字的位数取决于有

效数字位数最少的一个。

② 将多余的数字舍去，所采用的规则一般是“四舍六入五成双”。即当尾数≤4 时舍去，尾数≥6 时进位。当尾数恰为 5 时，则应视保留的末位数是奇数还是偶数，5 前为偶数应将 5 舍去，5 前为奇数时则将 5 进位。例如，2.1655、2.1645 修约成四位有效数字时应为 2.166、2.164。

11.5　实验报告的书写方法

11.5.1　实验结果的表达

11.5.1.1　列表法

对于实验得到的大量数据，应尽可能拟定富有表现力的表格，使其整齐有规律地表达出来，以便于运算与处理，也可减少差错。列表时应注意以下几点：

① 每一表格应有简明的名称及单位。

② 表格的每一行（列）应详细写明物理量名称及单位。以横向和纵向分别表示自变量和因变量。

③ 每一行（列）的数据，有效数字位数要一致，符合测量的准确度，并将小数点对齐。

④ 表中数据应化为最简形式，不可用指数或对数，如 lg6 等形式表示，对于小数位数多或用 $n\times10^{m}$ 表示的，可将行（列）名改写为物理量$\times10^{-m}$，表格中只写 n 的数值，即把指数放入行（列）名中，并把正负号易号。

⑤ 原始数据和处理结果可以并列在同一表格中，但应把数据处理的方法、运算公式等在表下注明或举例说明。

⑥ 当自变量选择有一定灵活性时，通常选择较简单变量为自变量，如温度、时间、浓度等。自变量最好是均匀地增加，否则，可先用测定数据作图，由图上读出等间隔增加的一套自变量新数据列表。

列表法简单，但不能表示出各数值间连续变化的规律及取得实验值范围内任意自变量和因变量的对应值。故实验数据常用作图法表示。

11.5.1.2　作图法

作图法不仅能直接显示变量间的连续变化关系，从图上易于找出所需数据，而且可以用来求实验的内插值、外推值、极值点、拐点及直线的斜率、截距、曲线某点的切线斜率，求解经验方程及直线方程常数等，应用很广，应认真掌握。为使所作图形准确，一般的步骤及规则如下：

（1）坐标纸和比例尺的选择

最常用的坐标纸为直角坐标纸，有时也用到对数坐标纸、半对数坐标纸和三角坐标纸等。图纸大小一般不小于 10cm×10cm；作图时以横坐标表示自变量，纵坐标表示因变量；纵横坐标不一定从“0”开始（求截距除外），应视实验数值范围而定。比例尺的选择非常重要，需遵守以下规则：

① 坐标纸刻度要能表示出全部有效数字，使从图中得到的数值的准确度与测量值的准确度相当。

② 所选定的坐标标度应便于从图上读出或计算出任一点的坐标值，通常使用单位坐标

格所代表的变量值为1、2、5或其倍数，而不用3、7、9或其倍数。

③ 充分利用坐标纸的全部面积，使全图分布均匀合理。

④ 若作直线求斜率，则比例尺的选择应使直线倾角接近45°，使斜率测求误差最小。

⑤ 若作曲线求特殊点，则比例尺的选择应使特殊点表现明显。

（2）画坐标轴

选定比例尺后，画上坐标轴，在轴旁标出所代表变量的名称及单位，在纵坐标轴的左侧及横纵标轴的下边，每隔一定距离标出该处变量应有的值，以便于作图及读数。但不可将实验结果写在轴旁或代表点旁。读数时，横坐标自左向右，纵坐标自下而上。

（3）作代表点

将相当于测量数值的各点绘于图上，在点的周围以圆点、圆圈、三角等不同符号在图上标出，点的大小可以粗略地表明测量误差范围。同一条件下，数据用同一符号。在一张图上有几种不同测量值时，其代表点应用不同符号加以区分，并在图下面加以说明。

（4）作曲线

作出各点后，用直尺或曲线尺作出尽可能接近于试验点的直线或曲线，线条应平滑均匀、细而清晰。画线不必通过所有的点，但各点应在线的两旁均匀分布，点线间的距离表示测量误差。

（5）作切线

最常用的方法是镜像法，即若要在曲线某点作切线，先取一平面镜（底部要齐整）垂直放于图纸上，使镜面与曲线的交线通过该点，并以该点为轴，旋转镜面，当镜外曲线和镜中曲线的像成为一条光滑的曲线（注意不要形成折线）时，沿镜面作一直线即为曲线在该点的法线，再将此镜面与另半段曲线同上法找出该点的法线，若两法线不重合则可取二法线的中线作为该点的法线。然后再通过该点作法线的垂线即为该点的切线。

（6）写图名

曲线作好后，通常应在图的正下方写明图序号、图的名称及作图所依据的条件。纵横坐标所代表的物理量比例尺及单位在坐标轴旁（纵左横下）予以说明。

11.5.2 实验报告的书写及格式

正确书写实验报告是实验教学的主要内容之一，也是基本技能训练的需要。因此，完成实验报告的过程，不仅仅是学习能力、书写能力、灵活运用知识能力的培养过程，而且也是培养基础科研能力的过程。因此，实验者必须严肃、认真、如实地写好实验报告。

11.5.2.1 实验报告的要求

一份完整的实验报告应包括以下几项内容：

① 实验目的　简述实验的目的和要求。

② 实验原理　简明扼要地说明实验有关的基本原理、性质、主要反应式及定量测定的方法原理。

③ 实验仪器与药品　记录实验过程所需仪器及药品。

④ 实验步骤　尽量用表格、框图、符号等形式，表达要清晰有条理，切忌照抄书本。在此项中还应写出实验的注意事项。

⑤ 实验现象和实验记录　表达实验现象要正确、全面，数据记录要规范、完整，决不允许主观臆造，弄虚作假。

⑥ 实验结果　对实验记录要做出简要的解释或者说明，要求做到科学严谨、简洁明确，写出主要化学反应式、离子方程式；数据计算结果可列入表格中，但计算公式、方程等要在表下举例说明；最后按需要分标题小结或最后得出结论或结果。

⑦ 问题与讨论　主要针对实验中遇到的疑难问题，提出自己的见解或体会；也可以对实验方法、检测手段、合成路线、实验内容等提出自己的意见，从而训练创新思维和创新能力。

11.5.2.2　实验报告的基本格式

实验报告的具体格式因实验类型而异，但大体应遵循一定的格式，常见的可分为物质制备、定量测定、物质性质、验证性和综合设计性实验五种报告类型，具体格式示例如下，仅供参考。

(1) 合成制备实验报告

实验序号、名称（如实验 5 药用氯化钠的制备）

一、实验目的：（略）

二、实验原理：（略）

三、实验步骤：

用方框和箭头表示制备各步骤所加试剂浓度、量，控制的条件和出现的现象。把整个制备过程表示在一张方框图中。

例如，药用氯化钠的制备：

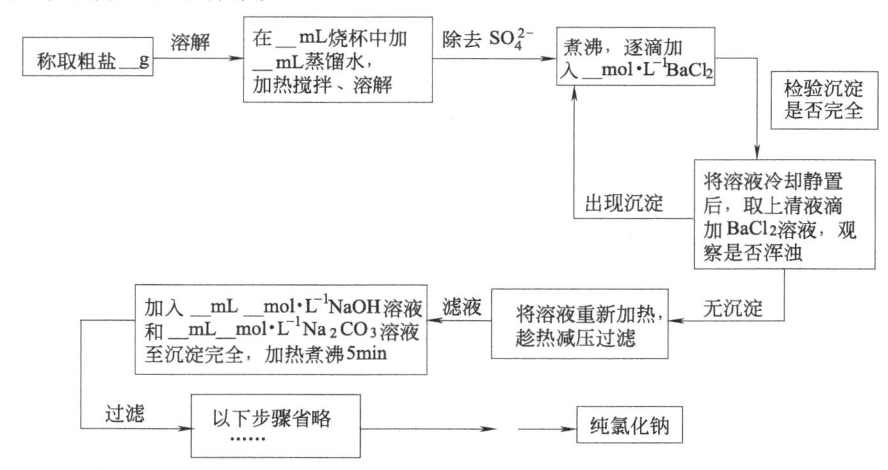

四、实验记录

1. 实验现象：外观，纯度的检验等。
2. 产量：纯 NaCl 结晶重________g。
3. 产率：纯 NaCl 产率=________。

五、讨论

（根据产率、纯度和本人在操作中遇到的问题简单谈谈实验后的体会。）

(2) 定量测定实验报告

实验序号、名称（略）

一、实验目的：（略）

二、实验原理：（主要方程式）

三、实验步骤：（简写）

四、数据记录：（按照实验教材的记录内容和格式记录有关实验数据，注意准确保留有效数字）

例如，乙酸电离度和电离平衡常数的测定：

编号	c	pH值	$c_{eq}(H^+)/c^{\ominus}$	$\alpha/\%$	$K_a^{\ominus}$
1					
2					
……					

实验平均值：$K_a^{\ominus}$

五、实验结果与讨论

1.包括实验中涉及的计算公式的推导、数据的代入及结果的计算过程；

2.将理论值和实验值对比，计算误差，然后对实验过程中的不足或误差产生的原因以及以后实验的改进措施或设想等进行总结。

（3）性质实验报告

实验序号、名称（略）

一、实验目的：（略）

二、实验原理：（略）

三、实验步骤（仅列部分内容作示例）

Cl^-、Br^-、I^-混合液的分离。

（1）分析简表

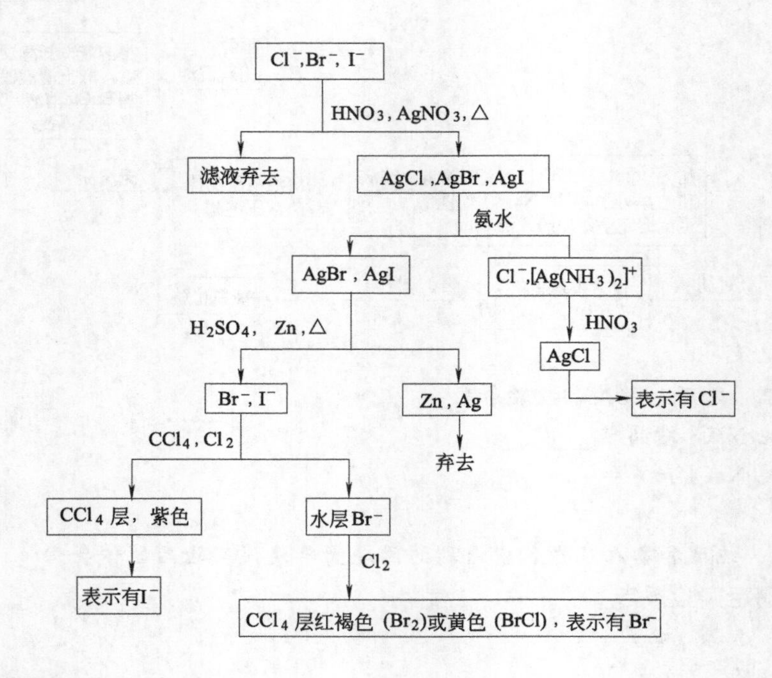

（2）分析步骤

离子：Cl^-、Br^-、I^-。颜色：无。

操作内容及步骤	现象	结论	反应方程式
(1)……	……	……	……
以下类推(略)	以下类推(略)	以下类推(略)	以下类推(略)

(4)验证性实验

实验序号、名称（略）

一、实验目的：(略)

二、实验原理：(略)

三、实验内容及结论：

实验内容		实验现象	实验结论 (包括必要的方程式)
一	1.(只写出反应物即可) 2. …… 3. ……	对应左格中的反应，写出颜色变化、气体或沉淀生成、吸放热等	根据左边两格信息，写出： 1. 实验涉及的反应方程式 2. 实验教材中提出的问题
以下类推		以下类推	以下类推

四、问题与讨论

(实验中一些尚未很好解决的问题及与本次实验有关的理论知识探讨。)

(5)综合、设计性实验

实验序号、名称（略）

一、实验目的：(略)

二、实验设计思路：(设计原理、设计方案及流程等)

三、实验步骤：(略)

四、关键技术分析：(略)

五、实验结果及分析：(略)

六、讨论：(略)

七、小结：(略)

第12章 化学实验内容

12.1 综合性实验

实验1 仪器的认领和基本操作训练

一、实验目的

(1) 认领无机化学实验常用仪器并熟悉其名称规格，了解使用注意事项；

(2) 练习常用仪器的洗涤和干燥方法；

(3) 通过提纯粗食盐，掌握固体的取用、称量、溶解、过滤、蒸发、浓缩、结晶、干燥等基本操作。

二、实验原理

粗食盐中的不溶性杂质（如泥沙等）可通过溶解和过滤的方法除去。粗食盐中的可溶性杂质主要是 Ca^{2+}、Mg^{2+}、K^{+} 和 SO_4^{2-} 等，选择适当的试剂使它们生成难溶化合物的沉淀而除去。

(1) 在粗食盐溶液中加入过量的 $BaCl_2$ 溶液，除去 SO_4^{2-}：

$$Ba^{2+} + SO_4^{2-} = BaSO_4 \downarrow$$

过滤，除去难溶化合物和 $BaSO_4$ 沉淀。

(2) 在滤液中加入 NaOH 和 Na_2CO_3 溶液，除去 Mg^{2+}、Ca^{2+} 和沉淀 SO_4^{2-} 时加入的过量 Ba^{2+}：

$$Mg^{2+} + 2OH^{-} = Mg(OH)_2 \downarrow$$

$$Ca^{2+} + CO_3^{2-} = CaCO_3 \downarrow$$

$$Ba^{2+} + CO_3^{2-} = BaCO_3 \downarrow$$

过滤除去沉淀。

(3) 溶液中过量的 NaOH 和 Na_2CO_3 可以用盐酸中和除去。

(4) 粗食盐中的 K^{+} 和上述的沉淀剂都不起作用。由于 KCl 的溶解度大于 NaCl 的溶解度，且含量较少，因此在蒸发和浓缩过程中，NaCl 先结晶出来，而 KCl 则留在溶液中。

三、仪器、药品及其他

(1) 仪器

台秤及砝码，研钵，三脚架，烧杯，量筒，滴管，普通漏斗，漏斗架，布氏漏斗，抽滤瓶，蒸发皿，石棉网，酒精灯，药匙。

(2) 试剂

粗食盐，HCl ($6mol \cdot L^{-1}$)，NaOH ($6mol \cdot L^{-1}$)，$BaCl_2$ ($1mol \cdot L^{-1}$)，Na_2CO_3 (饱和)，pH 试纸。

四、实验内容

1. 认领仪器

认领无机化学常用仪器，了解仪器用途，并进行清点。

2. 清洗仪器

(1) 水洗

用毛刷轻轻洗刷，再用自来水荡洗几次。

(2) 用洗涤剂洗

先用水湿润仪器，用毛刷蘸取洗涤剂，再用自来水冲洗，最后用蒸馏水荡洗。

3. 粗食盐的提纯

(1) 称取 5.0g 粗食盐，放在 100mL 烧杯中，加入 30mL 水，搅拌并加热使其溶解。在搅拌下逐滴加入 $1mol \cdot L^{-1}$ $BaCl_2$ 溶液至沉淀完全（约 2mL），继续加热少许，使 $BaSO_4$ 的颗粒长大而易于沉淀和过滤（为了试验沉淀是否完全，可将烧杯从石棉网上取下，待沉淀下降后，取少量上层清液放于试管中，滴加几滴 $6mol \cdot L^{-1}$ HCl，再加几滴 $1mol \cdot L^{-1}$ $BaCl_2$ 检验)，然后用普通漏斗过滤。

(2) 在滤液中加入 1～2mL $6mol \cdot L^{-1}$ NaOH 和饱和 Na_2CO_3，加热至沸，待沉淀下降后，取少量上层清液放在试管中，滴加 Na_2CO_3 溶液，检查有无沉淀生成。如不再产生沉淀，用普通漏斗过滤。

(3) 在滤液中逐滴加入 $6mol \cdot L^{-1}$ HCl，直至溶液呈微酸性为止（pH 值约为 6)。

(4) 将滤液倒入蒸发皿中，用小火加热蒸发，浓缩至稀粥状的稠液为止，切不可将溶液蒸干。

(5) 冷却后，用布氏漏斗过滤，尽量将结晶抽干。将结晶放回蒸发皿中，小火加热干燥，直至不冒水蒸气为止。

(6) 将精食盐冷至室温，称重。最后把精盐放入指定容器中。计算产率。

五、实验注意事项

(1) 粗食盐颗粒要研细；

(2) 食盐溶液浓缩时不可蒸干；

(3) 正确操作普通过滤与减压过滤。

六、预习要求及思考题

(1) 预习怎样除去粗食盐中不溶性的杂质。

(2) 试述除去过量的沉淀剂 $BaCl_2$、NaOH 和 Na_2CO_3 的方法。

(3) 在除去过量的沉淀剂 NaOH、Na_2CO_3 时，需用 HCl 调节溶液呈微酸性 ($pH \approx 6$)，为什么？若酸度或碱度过大，有何影响？

实验2 硫酸亚铁铵的制备

一、实验目的

(1) 了解复盐的一般特性和制备方法。

(2) 掌握水浴加热、常压过滤与减压过滤、蒸发与结晶等基本操作。

(3) 学习用目测比色法检验产品质量。

二、实验原理

过量的Fe溶于稀 H_2SO_4 生成硫酸亚铁：

$$Fe + H_2SO_4 = FeSO_4 + H_2\uparrow$$

等物质的量的硫酸亚铁与硫酸铵作用，能生成溶解度较小的硫酸亚铁铵 $(NH_4)_2SO_4 \cdot FeSO_4 \cdot 6H_2O$，商品名称为莫尔盐。

$$FeSO_4 + (NH_4)_2SO_4 + 6H_2O = (NH_4)_2SO_4 \cdot FeSO_4 \cdot 6H_2O$$

和其他复盐一样，硫酸亚铁铵在水中的溶解度比组成的每一种组分硫酸亚铁或硫酸铵的溶解度都要小。一般亚铁盐在空气中容易被氧化，但形成复盐后比较稳定，在定量分析中常用于配制亚铁离子的标准溶液。不同温度下三种盐的溶解度（g/100g 水）数据见表2-1。

表2-1 硫酸亚铁、硫酸铵和硫酸亚铁铵不同温度下的溶解度

温度/℃	$FeSO_4 \cdot 7H_2O$/(g/100g 水)	$(NH_4)_2SO_4$/(g/100g 水)	$(NH_4)_2SO_4 \cdot FeSO_4 \cdot 6H_2O$/(g/100g 水)
10	20.3	73.0	18.1
20	26.3	75.4	21.2
30	30.8	78.0	24.5
40	40.1	81.0	27.9
50	—	84.5	31.3
70	—	91.9	38.5

三、仪器和试剂

(1) 仪器

台秤，锥形瓶（150mL），250mL 烧杯，量筒（10mL、50mL），磨口抽滤漏斗及配套抽滤瓶，漏斗架，蒸发皿，水浴锅，比色管（25mL），石棉网，比色架，电炉，循环水式真空泵。

(2) 试剂

铁粉，HCl($2mol \cdot L^{-1}$)，H_2SO_4($3mol \cdot L^{-1}$)，$NH_4Fe(SO_4)_2 \cdot 12H_2O$，$(NH_4)_2SO_4$(s)，KSCN（$1mol \cdot L^{-1}$），无水乙醇，pH 试纸，蒸馏水。

四、实验内容

1. 硫酸亚铁的制备

称取2.0g 铁粉放入100mL 锥形瓶中，加入15mL $3mol \cdot L^{-1}$ H_2SO_4 溶液，于通风橱中水浴加热使铁屑与稀硫酸反应至不再冒出气泡为止。反应过程中适当补充水，以补充被蒸发的水分，保持原有体积。趁热用菊花形滤纸过滤，滤液承接于洁净的蒸发皿中。

2. 硫酸亚铁铵的制备

根据溶液中硫酸亚铁的理论产量，计算并称取所需固体——硫酸铵的用量，然后配制成硫酸铵的饱和溶液。将此饱和溶液加入上面所制得的硫酸亚铁溶液中，加热蒸发浓缩至溶液表面刚出现晶膜为止。取下蒸发皿，放置冷却，即有硫酸亚铁铵晶体析出。

将析出的硫酸亚铁铵晶体用布氏漏斗减压过滤除去母液，用少量乙醇洗去晶体表面所附着的水分。将晶体取出，置于两张洁净的滤纸之间，并轻压以吸干母液，观察晶体的颜色和形状，称重，计算理论产量和产率。

3. 产品检验

(1) 标准铁溶液的配制（由预备室配制）

称取 0.8634g $NH_4Fe(SO_4)_2 \cdot 12H_2O$ 溶于少量水中，加 2.5mL H_2SO_4，定容至 1000mL 容量瓶中，得 0.100mg·mL^{-1} 标准铁溶液。

(2) 标准色阶的配制

在 3 只 25mL 比色管中分别加入 2mL 2mol·L^{-1}HCl 和 1mL 1mol·L^{-1} KSCN 溶液，再用移液管分别加入 0.50mL、1.00mL、2.00mL 标准铁溶液（0.100mg·mL^{-1}），加不含氧的去离子水稀释到刻度并摇匀，配制成相当于一级试剂、二级试剂和三级试剂的标准液。上述 3 只比色管的溶液所对应的硫酸亚铁铵试剂规格分别为：含 Fe^{3+} 0.05mg，含 Fe^{3+} 0.10mg，含 Fe^{3+} 0.20mg。

(3) 产品级别的确定

称取 1.0g 产品置于 25mL 比色管中，加入 15mL 不含氧的去离子水溶解，加入 2mL 2mol·L^{-1} HCl 和 1mL 1mol·L^{-1} KSCN 溶液，摇匀后继续加去离子水稀释至刻度，充分摇匀。与标准色阶目视比色，确定产品级别。

五、思考题

(1) 在制备硫酸亚铁时，为何要补充少量水保持原有体积？

(2) 为什么制备硫酸亚铁铵晶体时，溶液要保持酸性？

(3) 蒸发浓缩硫酸亚铁铵溶液时是否需要一直搅拌？

实验3 乙酸电离度和电离平衡常数的测定

一、实验目的

(1) 测定乙酸溶液的电离度和电离平衡常数。

(2) 学会正确地使用 pH 计。

(3) 掌握容量瓶、移液管、吸量管和滴定管的基本操作方法。

二、实验原理

乙酸是弱电解质，在水溶液中存在着如下平衡：

$$\begin{array}{lcccc} & HAc & \rightleftharpoons & H^+ & + & Ac^- \\ \text{平衡时} & c-c\alpha & & c\alpha & & c\alpha \end{array}$$

c 为 CH_3COOH 的起始浓度，α 为电离度，则 CH_3COOH 的电离平衡常数为：

$$K_a^\ominus=\frac{c_{eq}(H^+)c_{eq}(Ac^-)}{c_{eq}(CH_3COOH)}=\frac{c\alpha^2}{1-\alpha}$$

式中，$c_{eq}(H^+)$、$c_{eq}(CH_3COO^-)$、c_{eq}（CH_3COOH）分别为当 CH_3COOH 达到电离平衡时 H^+、CH_3COO^-、CH_3COOH 的相对平衡浓度。通过测定已知浓度的乙酸溶液的 pH 值，计算出 $c_{eq}(H^+)$。

根据电离度 $\alpha=\frac{c_{eq}(H^+)}{c}\times100\%$，计算出电离度 α，再代入以上电离平衡常数的表达式中求得平衡常数。

三、仪器、药品

(1) 仪器

吸量管（5mL），移液管（25mL），容量瓶（50mL），锥形瓶（250mL），烧杯(50mL)，碱式滴定管，滴定管夹，滴定架，洗耳球，玻璃棒，Delta 320-S pH 计。

(2) 药品

CH_3COOH（约 0.1mol·L^{-1}），标准缓冲溶液（pH＝4.01，pH＝6.86），酚酞指示剂，标准 NaOH 溶液（约 0.1mol·L^{-1}）。

四、实验内容

1. 乙酸溶液浓度的标定

用移液管准确移取 25mL 约 0.1mol·L^{-1} CH_3COOH 溶液于 250mL 的锥形瓶中，加入 2～3 滴酚酞指示剂。用标准 NaOH 溶液滴定，边滴边摇，至溶液呈现浅红色，半分钟不褪色为止，记下所消耗 NaOH 溶液的体积，从而求得 CH_3COOH 溶液的精确浓度（保留四位有效数字）。平行做三份，计算出乙酸溶液浓度的平均值。

2. 乙酸溶液 pH 值的测定

用移液管或吸量管准确移取 2.5mL、5mL、25mL 已标定过的 CH_3COOH 溶液于三个 50mL 容量瓶中，用蒸馏水稀释至刻度，摇匀，得到三种不同浓度的乙酸溶液。分别取 30～40mL 上述三种浓度的 CH_3COOH 溶液及未经稀释的 CH_3COOH 溶液，置于四个干燥的 50mL 烧杯中，按浓度由稀到浓的顺序，分别用 pH 计测定它们的 pH 值（三位有效数字），并记录室温。

3. 乙酸电离度和电离平衡常数的确定

根据四种乙酸溶液的浓度和 pH 值计算电离度和电离平衡常数。具体数据记录和结果填入表中。

编号	V_{CH_3COOH}/mL	c_{CH_3COOH}/mol·L^{-1}	pH	$c_{eq}(H^+)$/mol·L^{-1}	α/%	$K_a^\ominus$	$\overline{K}_a^\ominus$
1	2.5						
2	5						
3	25						
4	50						

五、实验注意事项

(1) 测定 CH_3COOH 溶液 pH 值时，必须使用洁净、干燥的小烧杯，否则，会影响 CH_3COOH 起始浓度和所测得的 pH 值。

(2) pH 计使用时，每次测定完毕，都必须用蒸馏水将电极清洗干净，并用滤纸轻轻吸干（不要摩擦）。

(3) pH 电极的敏感玻璃膜非常容易破裂，使用时一定要小心，轻拿轻放。

(4) pH 计使用后，用蒸馏水将电极冲洗干净，吸干水分，装上盛有电解质溶液的套子，以免损坏。

六、预习要求及思考题

1. 预习要求

(1) 预习电离度和电离平衡常数的计算方法。

(2) 预习实验所用型号的 pH 计的使用方法。

2. 思考题

(1) 用 pH 计测定 CH_3COOH 溶液的 pH 值，为什么要按浓度由低到高的顺序进行？

(2) CH_3COOH 的电离度和电离平衡常数是否受 CH_3COOH 浓度变化的影响？

实验4　氯化铅溶度积常数的测定

一、实验目的

（1）了解离子交换法测定难溶电解质溶度积常数的原理和方法。

（2）学习离子交换树脂的一般使用方法。

（3）进一步训练酸碱滴定操作。

二、实验原理

在一定温度下，难溶电解质的饱和溶液中存在溶解平衡，该平衡常数 $K_{sp}^{\ominus}$ 称为溶度积常数（或简称溶度积），严格地讲，$K_{sp}^{\ominus}$ 为平衡时各离子活度以计量系数为幂次的乘积，但考虑到难溶电解质的饱和溶液中离子强度很小，各离子间相互作用小，可近似地用浓度来代替活度，这样，通过测定难溶电解质饱和溶液中各离子的浓度，即可计算出溶度积 $K_{sp}^{\ominus}$。

测量离子浓度的方法，主要包括滴定法、电导法、离子交换法、离子电极法、电极电势法以及分光光度法等，其中离子交换法由于具有操作简单、相对误差小等优点，是应用最广泛的方法之一。

离子交换法采用的离子交换树脂是指在分子中含有特殊活性基团，能与其他物质进行离子交换的一类人工合成的固态球状高分子聚合物，阳离子交换树脂含有酸性基团（如磺酸基—SO_3H、羧酸基—COOH），因而能与其他物质交换阳离子，而阴离子交换树脂则含有碱性基团（如—NH_3Cl），能与其他物质交换阴离子。

在实验中，通常采用强酸性阳离子交换树脂（用 R—SO_3H 表示）与饱和氯化铅溶液进行离子交换，测定室温下氯化铅的溶解度，从而确定其溶度积常数。

氯化铅是难溶电解质，在饱和溶液中存在如下溶解平衡：

$$PbCl_2 \longrightarrow Pb^{2+} + 2Cl^-$$

取一定量的饱和 $PbCl_2$ 溶液流经交换树脂时，发生交换反应，每个 Pb^{2+} 与阳离子交换树脂上的 2 个 H^+ 发生交换，即：

$$2R—SO_3H(s) + Pb^{2+} \longrightarrow (R—SO_3)_2Pb(s) + 2H^+$$

当两者充分接触后，上述交换反应能进行得很完全，即所取一定量的饱和 $PbCl_2$ 溶液中的 Pb^{2+} 全部被交换成 H^+，交换出的 H^+ 可采用酸碱滴定法，用 NaOH 标准溶液来滴定至终点，反应方程式为：

$$H^+ + OH^- \longrightarrow H_2O$$

根据上述相关反应方程式的计量关系，可确定饱和 $PbCl_2$ 溶液中 Pb^{2+} 的物质的量及浓度，即：

$$n_{H^+} : n_{OH^-} : n_{Pb^{2+}} = 2 : 2 : 1$$

$$n_{Pb^{2+}} = \frac{n_{H^+}}{2} = \frac{n_{OH^-}}{2}$$

$$c_{Pb^{2+}} = \frac{c_{NaOH}V_{NaOH}}{2V_{PbCl_2}}$$

由于

$$c_{Cl^-} = 2c_{Pb^{2+}}$$

因此，$PbCl_2$ 的溶度积常数为：

$$K_{sp}^{\ominus} = c_{Pb^{2+}}c_{Cl^-}^2 = 4c_{Pb^{2+}}^3 = 4\left(\frac{c_{NaOH}V_{NaOH}}{2V_{PbCl_2}}\right)^3$$

利用所量取的饱和 $PbCl_2$ 溶液的体积 V_{PbCl_2}，NaOH 标准溶液的浓度 c_{NaOH} 及滴定消耗

NaOH 标准溶液的体积 V_{NaOH}，即可求出 $PbCl_2$ 的溶度积常数。

三、仪器、药品及其他

分析天平，10mL 微量滴定管，移液管，树脂柱，强酸性阳离子交换树脂，$PbCl_2$ 固体，0.3mol・L^{-1}NaOH 标准溶液，6mol・L^{-1} 盐酸，2mol・L^{-1} 硝酸，溴百里酚蓝指示剂，重蒸馏水，广泛 pH 试纸。

四、实验内容

(1) 树脂处理

取阳离子交换树脂，除去杂质（应特别细心分离除去阴离子树脂），晾干，研碎，分取 100～200 目树脂粉，用 6mol・L^{-1} 盐酸浸泡两天，期间应搅拌几次，使树脂充分转型和溶解杂质，倾出酸液后，再加新鲜盐酸，搅拌，倾出酸液，如此反复酸洗几次，直至倾出的酸液无黄色为止，再加重蒸馏水装柱，柱中树脂层高度为 150～180mm 之间，装柱后用重蒸馏水洗至流出液无 Cl^-，且呈中性（用 pH 试纸检验）。

(2) 氯化铅饱和溶液的配制

将 1g 分析纯的 $PbCl_2$ 固体溶于约 70mL 重蒸馏水中，经充分搅拌和放置，使溶液达到平衡。使用前测量记录饱和溶液的温度，并用定量滤纸过滤，所用的玻璃棒、漏斗和容器必须是干净、干燥的。滤纸可用 $PbCl_2$ 饱和溶液润湿。

(3) 交换和洗涤

用移液管精确吸取 25.00mL $PbCl_2$ 饱和溶液，放入交换柱中。控制交换液的速度为 20～25 滴・min^{-1}，不宜太快。用洁净的锥形瓶承接馏出液。待 $PbCl_2$ 饱和溶液液面接近树脂层上表面时，用 50mL 重蒸馏水分批洗涤交换树脂，直至馏出液呈中性（馏出液仍用同一只锥形瓶承接）。整个交换和洗涤过程中，应注意勿使馏出液损失。

(4) 滴定

在全部馏出液中，加入 1～2 滴溴百里酚蓝指示剂，用标准 NaOH 溶液滴定至溶液由黄色变为蓝色为终点。记录消耗 NaOH 溶液的体积。

数据记录与结果处理：　　　　室温：________℃

项目	
$PbCl_2$ 饱和溶液的用量/mL	
NaOH 标准溶液的浓度/mol・L^{-1}	
NaOH 标准溶液的用量/mL	
$PbCl_2$ 饱和溶液的溶解度/mol・L^{-1}	
$PbCl_2$ 的 $K_{sp}^{\ominus}$ 测定值	
$PbCl_2$ 的 $K_{sp}^{\ominus}$ 参考值	
$K_{sp}^{\ominus}$ 的测定相对误差	

五、实验注意事项

(1) 制备 $PbCl_2$ 饱和溶液时，要用重蒸馏水。

(2) $PbCl_2$ 饱和溶液通过交换柱后，用纯水洗至 pH=7，并且不允许馏出液有所损失。

(3) $PbCl_2$ 在水中的溶解度（mol・L^{-1}）：288K 时为 3.26×10^{-2}；298K 时为 3.74×10^{-2}；308K 时为 4.73×10^{-2}。

六、预习要求及思考题

(1) 制备 $PbCl_2$ 饱和溶液时，为什么要用重蒸馏水？可以用普通蒸馏水吗？

(2) 离子交换过程中，为什么要控制溶液的流速不宜太快？为什么自始至终要保持液面高于离子交换树脂？

实验5　药用氯化钠的制备

一、实验目的

(1) 掌握药用氯化钠的制备方法。

(2) 练习和巩固称量、溶解、沉淀、过滤、蒸发浓缩等基本操作。

二、实验原理

粗食盐中除了含有泥沙等不溶性杂质外，还含有 K^+、Ca^{2+}、Mg^{2+} 和 SO_4^{2-} 等相应盐类的可溶性杂质。不溶性杂质可以用过滤的方法除去，Ca^{2+}、Mg^{2+} 和 SO_4^{2-} 则要用化学方法处理才能除去。

化学方法是先加入稍微过量的 $BaCl_2$ 溶液，使 SO_4^{2-} 转化为难溶的 $BaSO_4$ 沉淀而除去：

$$Ba^{2+}+SO_4^{2-} \xlongequal{} BaSO_4\downarrow$$

再向除去 $BaSO_4$ 沉淀后的溶液中加入 NaOH 和 Na_2CO_3 的混合溶液，Ca^{2+}、Mg^{2+} 及过量的 Ba^{2+} 都生成沉淀：

$$Ca^{2+}+CO_3^{2-} \xlongequal{} CaCO_3\downarrow$$

$$Ba^{2+}+CO_3^{2-} \xlongequal{} BaCO_3\downarrow$$

$$2Mg^{2+}+2OH^-+CO_3^{2-} \xlongequal{} Mg_2(OH)_2CO_3\downarrow$$

过滤后，原溶液中的 Mg^{2+}、Ca^{2+} 及 Ba^{2+} 都已除去，但又引入了过量的 CO_3^{2-} 和 OH^-，最后加入纯盐酸将溶液调至弱酸性，除去 CO_3^{2-} 和 OH^-：

$$CO_3^{2-}+2H^+ \xlongequal{} CO_2\uparrow+H_2O$$

$$OH^-+H^+ \xlongequal{} H_2O$$

对于存在的少量 KCl 等杂质，由于它们含量很少，而溶解度又很大，在最后的浓缩结晶过程中仍会留在母液中，不会和氯化钠同时结晶出来，从而与氯化钠分离。

三、仪器、试剂及其他

(1) 仪器

托盘天平，烧杯，量筒，布氏漏斗，吸滤瓶，真空泵，蒸发皿，玻璃漏斗，电炉，石棉网，玻璃棒等。

(2) 试剂

酸：饱和 H_2S 溶液，$2mol\cdot L^{-1}$ HCl。

碱：$2mol\cdot L^{-1}$ NaOH。

盐：粗食盐，25% $BaCl_2$ 溶液；饱和 Na_2CO_3 溶液。

(3) 其他

pH 试纸。

四、实验内容

(1) 称取粗食盐 50g，置于蒸发皿中，在电炉上炒至无爆裂声（或由实验室炒好粗食盐备用)。将炒好的粗食盐转移至烧杯中，加蒸馏水 150mL，搅拌，使粗食盐完全溶解，趁热常压过滤，滤渣弃去。

(2) 将所得滤液加热近沸，滴加 25% $BaCl_2$，边加边搅拌，直至不再有沉淀生成为止(大约需 10mL)。加热至沸，为了检验 SO_4^{2-} 是否沉淀完全，将烧杯从石棉网上取下，停止搅拌，待沉淀沉降后，沿烧杯壁滴加数滴 $BaCl_2$ 溶液，应无沉淀生成。待沉淀完全后，继续加热煮沸数分钟，过滤，弃去沉淀。

(3) 将所得滤液移至另一干净的烧杯中，加入饱和的 H_2S 溶液数滴，若无沉淀，不必再加 H_2S 溶液。逐滴加入 $2mol \cdot L^{-1}$ NaOH 和饱和 Na_2CO_3 所组成的混合溶液（其体积比为 1∶1)，将溶液的 pH 值调节至 11 左右，加热至沸，使反应完全，减压过滤，弃去沉淀。

(4) 将滤液移入蒸发皿中，滴加 $2mol \cdot L^{-1}$ HCl，调溶液的 pH 值至 4～5，缓慢加热蒸发，浓缩至糊状的稠液为止，停止搅拌，不可蒸干，趁热抽滤。

(5) 将所得 NaCl 晶体转移蒸发皿中，慢慢烘干。冷却后用托盘天平进行称量，计算产率。产品留作下次实验。

五、思考题

(1) 除去 SO_4^{2-}、Mg^{2+}、Ca^{2+} 的先后顺序是否可以倒置过来？如先除去 Ca^{2+} 和 Mg^{2+}，再除 SO_4^{2-}，有何不同？

(2) 粗盐中不溶性杂质和可溶性杂质如何除去？

(2) 为什么不能用重结晶方法提纯氯化钠？为什么最后的氯化钠溶液不能蒸干？

实验6 药用氯化钠的性质及杂质限量的检查

一、实验目的

(1) 了解《中国药典》对药用氯化钠的鉴别方法。

(2) 掌握《中国药典》中药用氯化钠部分杂质限量的检查原理和方法。

二、实验原理

(1) 鉴别试验是被检药品组成或其离子，即药用氯化钠的组成离子 Na^+ 和 Cl^- 的特征试验。

(2) 钡盐、钾盐、钙盐、镁盐、硫酸盐、铁盐的限度检验，是根据沉淀反应的原理，样品管和标准管在相同条件下进行比浊、比色试验，样品管的浊度和颜色不得比标准管的浊度和颜色更深。若样品管的颜色和浊度不深于标准管，则杂质含量低于药典规定的限度；否则杂质含量高于药典规定的限度。

(3) 重金属是指 Pb、Bi、Cu、Hg、Sb、Sn、Co、Zn 等金属离子，它们在弱酸性条件下能与 H_2S 或 Na_2S 作用而显色。《中国药典》规定是在弱酸条件下进行，用稀乙酸调节。实验证明，在 pH＝3 时，PbS 沉淀最完全。重金属的检查，是在相同条件下进行比色试验。

三、仪器与试剂

(1) 仪器

奈氏比色管（25mL)，电子天平（或托盘天平)，烧杯（100mL)，量筒（10mL、100mL)，试管，酒精灯（或加热套)，石棉网，铂丝。

(2) 试剂

药用氯化钠供试品（自制)，HCl 溶液（$0.02mol \cdot L^{-1}$、$0.05mol \cdot L^{-1}$、$0.1mol \cdot L^{-1}$、$6mol \cdot L^{-1}$)，H_2SO_4（$0.5mol \cdot L^{-1}$)，CH_3COOH（$1mol \cdot L^{-1}$)，HNO_3（$0.1mol \cdot L^{-1}$)，氨试液（$6mol \cdot L^{-1}$)，NaOH（$1mol \cdot L^{-1}$、$0.02mol \cdot L^{-1}$)，KI（10%)，KBr（10%)，$KMnO_4$（$0.1mol \cdot L^{-1}$)，Na_2HPO_4（$0.1mol \cdot L^{-1}$)，草酸铵试液（$0.25mol \cdot L^{-1}$)，硫氰酸铵溶液（30%)，$BaCl_2$ 溶液（25%)，$AgNO_3$（$0.1mol \cdot L^{-1}$)，标准硫酸钾溶液，标准铅溶液，标准铁溶液，四苯硼钠溶液，硫代乙酰胺试液，乙酸盐缓冲溶液（pH＝3.5)，过硫酸铵（s)，氯仿，氯水，溴麝香草酚蓝指示液，淀粉碘化钾试纸，广泛 pH 试纸。

四、实验内容

1.氯化钠的鉴别反应

(1) 钠盐的焰色反应

取铂丝，用盐酸湿润后，蘸取氯化钠，在无色火焰中燃烧，火焰出现持久黄色。

(2) Cl^- 的鉴别

① 取产品少许，加水溶解，加稀硝酸使其成酸性，滴加硝酸银试液，生成白色凝乳状沉淀；分离后沉淀加氨试液即溶解，再加稀硝酸溶液，沉淀又生成。

$$Cl^- + Ag^+ \longrightarrow AgCl \downarrow$$

② 取产品少许，加水溶解后，加 $KMnO_4$ 与稀 H_2SO_4 缓缓加热，即产生氯气，遇水润湿的淀粉碘化钾试纸显蓝色。

$$10Cl^- + 2MnO_4^- + 16H^+ \longrightarrow 5Cl_2 \uparrow + 2Mn^{2+} + 8H_2O$$

2.产品质量检查

成品氯化钠需进行以下各项质量检验。

(1) 溶液的澄清度

取本品2.5g，加水至12.5mL溶解后，溶液应无色澄清。

(2) 酸碱度

在上述澄清的溶液中继续加水至25mL后，加溴麝香草酚蓝指示液1滴，如显黄色，加氢氧化钠溶液（$0.02mol \cdot L^{-1}$）0.05mL，应变为蓝色；如显蓝色或绿色，加盐酸（$0.02mol \cdot L^{-1}$）0.10mL，应变为黄色。

氯化钠在水溶液中应呈中性。但在制备过程中，可能夹杂少量酸和碱，所以药典将其pH值限制在很小范围内。溴麝香草酚蓝指示液的变色范围是pH=6.6～7.6，由黄色到蓝色。

(3) 碘化物与溴化物

取本品1g，加蒸馏水3mL溶解后，加氯仿0.5mL，并加用等量蒸馏水稀释的氯水试液，边滴边振摇，氯仿层不得显紫红色、黄色或橙色。

对照试验：分别取碘化物和溴化物溶液各0.5mL，分置于2支试管内，同上法各加氯仿0.5mL，并滴加氯水试液，振摇。两试管中分别显示紫红色，黄色或红棕色。

$$2Br^- + Cl_2 \longrightarrow Br_2 + 2Cl^-$$

$$2I^- + Cl_2 \longrightarrow I_2 + 2Cl^-$$

(4) 钡盐

取本品2g，加蒸馏水10mL溶解，过滤，滤液分成两等份，一份中加稀H_2SO_4 1mL，另一份加水1mL，静置2h，两液应同样透明。

$$Ba^{2+} + SO_4^{2-} \longrightarrow BaSO_4 \downarrow$$

(5) 钾盐

取本品2.5g，加水10mL溶解后，定量转移置于25mL奈氏比色管中，加稀乙酸1滴，加四苯硼钠溶液（取四苯硼钠1.5g，置乳钵中，加水10mL后研磨，再加水40mL，研匀，用质密的滤纸过滤，即得）1mL，加水至25mL，如显浑浊，与标准硫酸钾溶液6.2mL用同一方法制成的对照液比较，不得更浓（0.02%），离子反应式为：

$$K^+ + B(C_6H_5)_4^- \longrightarrow KB(C_6H_5)_4 \downarrow \text{(白色)}$$

标准硫酸钾溶液的制备：精密称取在105℃干燥至恒重的硫酸钾0.181g，置于1000mL量瓶中，加水适量使其溶解并稀释至刻度，摇匀、即得（每1mL相当于81.1μg的钾）。

(6) 硫酸盐

取25mL奈氏比色管两支，甲管中加标准硫酸钾溶液0.5mL（每1mL标准硫酸钾溶液相当于100μg的SO_4^{2-}），加入蒸馏水稀释至约15mL后，加1mL $0.05mol \cdot L^{-1}$ HCl，置于30～35℃水浴中，保温10min，加25% $BaCl_2$溶液2.5mL，加适量水到25mL，摇匀，放置10min。

取本品2.5g置于乙管中，加入蒸馏水稀释至约15mL，溶液应透明，如不透明可过滤，于滤液中加稀HCl，置于30～35℃水浴中，保温10min，加25% $BaCl_2$溶液2.5mL，用蒸馏水稀释到25mL，摇匀，放置10min。

甲乙两管放置10min后，置于比色架上，在光线明亮处双眼由上而下透视，比较两管的混浊度，乙管发生的混浊度不得高于甲管（0.002%）。

(7) 钙盐与镁盐

取本品4g，加水20mL溶解后，加氨试液2mL摇匀，分成两等份。一份加草酸铵试液

1mL，另一份加磷酸氢二钠试液 1mL，5min 内均不得发生混浊。

对比试验：

① 取钙盐溶液 1mL，加草酸铵试液 1mL，滴加氨水至弱碱性，溶液有白色结晶析出。反应式为：

$$Ca^{2+} + C_2O_4^{2-} \longrightarrow CaC_2O_4 \downarrow \text{（白色）}$$

② 取镁盐溶液 1mL，加磷酸氢二钠溶液 1mL，加氨水 10 滴，有白色结晶析出。反应式为：

$$Mg^{2+} + HPO_4^{2-} + NH_3 \cdot H_2O \longrightarrow MgNH_4PO_4 \downarrow \text{（白色）} + H_2O$$

（8）铁盐

取本品 2.5g，置于 25mL 奈氏比色管中，加蒸馏水 15mL 溶解后，加 0.1mol・L^{-1} HCl 2mL、过硫酸铵 25mg，再加 30%硫氰酸铵试液 1.5mL，加适量蒸馏水到 25mL，摇匀。其所显颜色与 0.75mL 标准铁盐溶液用同法处理后制得的标准管颜色比较，不得更深（0.0003%）。反应式为：

$$Fe^{3+} + SCN^- \longrightarrow Fe(SCN)^{2+} \quad \text{（血红色）}$$

标准铁盐溶液的制备：精密称取未风化的硫酸铁铵 0.8630g，溶解后转入 1000mL 容量瓶中，加硫酸 2.5mL，加水稀释至刻度，摇匀。临用时精密量取 10mL，置于 100mL 的量瓶中，加水稀释至刻度，摇匀，即得 1mL 相当于 10μg 的 Fe。

（9）重金属

取 25mL 奈氏比色管 2 支，甲管加 1.0mL 标准铅溶液（10μg・mL^{-1}），加 2mL 乙酸盐缓冲溶液（pH＝3.5），加蒸馏水稀释至 25mL；取本品 5.0g，加水 20mL 溶解后，定量转移置乙管中，加 2mL 乙酸盐缓冲溶液，再加蒸馏水稀释至 25mL。两管中分别各加硫代乙酰胺试液各 2mL，摇匀，在暗处放置 2min，比较颜色，乙管中显色与甲管比较，不得更深（重金属含量不超过百万分之二）。

标准铅溶液的制备：精密称取在 105℃干燥至恒重的硝酸铅 0.1599g，加硝酸 5mL 与水 50mL 溶解后，置于 1000mL 容量瓶中，用水稀释至刻度，摇匀，作储备液。

精密量取储备液 10mL，置于 100mL 量瓶中，加水稀释至刻度，摇匀，即得 1mL 相当于 10μg 的铅。标准铅溶液应新鲜配制，配制与存用的玻璃容器不得含有铅。

五、思考题

（1）本实验中鉴别反应的原理是什么？

（2）何种分析方法称为限量分析，本实验中钡盐、钙盐及硫酸盐的限量检验，是依据什么原理？

（3）何种离子的检验可选用比色试验？

12.2 验证性实验

实验7　电解质溶液

一、实验目的

（1）掌握弱电解质的解离平衡及其平衡移动的基本原理。

（2）熟悉离子酸、离子碱与水的质子传递反应。

（3）熟悉沉淀溶解平衡的特点及其平衡移动。

（4）掌握酸碱指示剂和 pH 试纸的使用。

（5）掌握离心机的使用。

二、实验原理

1. 弱电解质的电离平衡及其平衡移动

电解质分为强电解质与弱电解质。强电解质在水中全部解离，而弱电解质在水中是部分解离的。弱酸 HA 和弱碱 B 在水溶液中存在如下质子传递平衡：

$$HA + H_2O \rightleftharpoons H_3O^+ + A^-$$

$$B + H_2O \rightleftharpoons BH^+ + OH^-$$

在一定的温度下，当弱酸（碱）达到质子传递平衡时，平衡常数为：

弱酸的解离常数：　$K_a^{\ominus}(HA) = \dfrac{c_{eq}(H_3O^+)c_{eq}(A^-)}{c(HA)}$

弱碱的解离常数：　$K_b^{\ominus}(B) = \dfrac{c_{eq}(BH^+)c_{eq}(OH^-)}{c(B)}$

在此平衡体系中，如果加入含有相同离子的强电解质，即增加 A^- 或 BH^+ 的浓度，则平衡将向生成 HA 分子或 B 分子的方向移动，使弱电解质的解离度降低，这种现象叫同离子效应。

2. 离子酸、离子碱与水的质子传递

离子酸或离子碱在水溶液中与水发生质子传递反应，从而可呈现酸碱性。例如：

$$CH_3COO^- + H_2O \rightleftharpoons CH_3COOH + OH^-$$

$$NH_4^+ + H_2O \rightleftharpoons NH_3 + H_3O^+$$

离子酸或离子碱与水的质子传递平衡会受到温度、浓度及溶液的 pH 值等因素的影响。

3. 难溶电解质的沉淀溶解平衡及溶度积规则

在难溶电解质的饱和溶液中，未溶解的固体及溶解的离子间存在着多相平衡，即沉淀溶解平衡。如：

$$AgCl \rightleftharpoons Ag^+ + Cl^-$$

此可逆反应的平衡常数为：$K_{sp}^{\ominus} = c_{eq}(Ag^+)c_{eq}(Cl^-)$。$K_{sp}^{\ominus}$ 表示在难溶电解质的饱和溶液中难溶电解质的离子浓度以其计量系数为指数的幂的乘积，叫溶度积常数，简称溶度积。

对任一难溶强电解质 A_aB_b，则：

$$K_{sp}^{\ominus} = [c_{eq}(A^{m+})]^a[c_{eq}(B^{n-})]^b$$

（1）沉淀的生成与溶解

根据溶度积规则，可以判断沉淀的生成和溶解，例如：

$[c(A^{m+})]^a[c(B^{n-})]^b > K_{sp}^{\ominus}(A_aB_b)$，有沉淀析出或溶液为过饱和；

$[c(A^{m+})]^a[c(B^{n-})]^b=K_{sp}^{\ominus}(A_aB_b)$，溶液恰好饱和或达到沉淀平衡；

$[c(A^{m+})]^a[c(B^{n-})]^b<K_{sp}^{\ominus}(A_aB_b)$，无沉淀或沉淀溶解。

根据此规则，在一定温度下，通过控制溶液中相应离子的浓度，就可以使难溶电解质生成沉淀或使其溶解。

（2）分步沉淀

如果溶液中有两种或两种以上的离子都能与同一试剂反应生成沉淀时，沉淀的先后顺序决定于各离子所需沉淀剂离子浓度的大小。需要沉淀剂离子浓度较小的先沉淀，需要沉淀剂离子浓度较大的后沉淀。这种按先后顺序沉淀的现象叫做分步沉淀。例如，在含有浓度相近的 I^- 和 Cl^- 的溶液中，逐滴加入沉淀剂（如 $AgNO_3$），由于 $K_{sp}^{\ominus}(AgCl)>K_{sp}^{\ominus}(AgI)$，$I^-$ 与 Ag^+ 的离子浓度乘积将先达到 AgI 的溶度积，AgI 先沉淀析出。继续加入 $AgNO_3$，至 Cl^- 与 Ag^+ 的离子浓度乘积达到 AgCl 的溶度积时，AgCl 才沉淀析出。

（3）沉淀的转化

在含有某难溶电解质的溶液中，加入沉淀剂使其与难溶电解质的某一组分离子结合，从而使该难溶电解质转化为另一种难溶电解质的过程，叫做沉淀的转化。一般来说，溶度积较大的难溶电解质容易转化为溶度积较小的难溶电解质。

三、仪器、药品及其他

（1）仪器

离心机，离心试管，烧杯，量筒，试管，试管架，酒精灯。

（2）试剂

酸：HCl（$0.1mol \cdot L^{-1}$，$6mol \cdot L^{-1}$），$0.1mol \cdot L^{-1}$ CH_3COOH

碱：$0.1mol \cdot L^{-1}$ NaOH，$NH_3 \cdot H_2O$（$0.1mol \cdot L^{-1}$，$2mol \cdot L^{-1}$）。

盐：$0.1mol \cdot L^{-1}$ NaCl，$0.1mol \cdot L^{-1}$ CH_3COONH_4，$0.1mol \cdot L^{-1}$ CH_3COONa，$0.1mol \cdot L^{-1}$ Na_2CO_3，$0.1mol \cdot L^{-1}$ $MgCl_2$，NH_4Cl（$0.1mol \cdot L^{-1}$，固体），$0.1mol \cdot L^{-1}$ Na_2HPO_4，$0.1mol \cdot L^{-1}$ NaH_2PO_4，$0.1mol \cdot L^{-1}$ $AgNO_3$，$0.1mol \cdot L^{-1}$ $FeCl_3$，KI（$0.01mol \cdot L^{-1}$，$0.1mol \cdot L^{-1}$），$Pb(NO_3)_2$（$0.01mol \cdot L^{-1}$，$0.1mol \cdot L^{-1}$），$0.1mol \cdot L^{-1}$ $CaCl_2$，$0.1mol \cdot L^{-1}$ $(NH_4)_2C_2O_4$，$0.1mol \cdot L^{-1}$ $H_2C_2O_4$，$0.1mol \cdot L^{-1}$ K_2CrO_4，$Bi(NO_3)_3$（固体），$0.1mol \cdot L^{-1}$ Na_2S。

（3）其他

1%酚酞指示剂，广泛 pH 试纸。

四、实验内容

1.强电解质与弱电解质溶液的比较

（1）取两支试管，分别加入少量 $0.1mol \cdot L^{-1}$ HCl 溶液和 $0.1mol \cdot L^{-1}$ CH_3COOH 溶液，用 pH 试纸测量溶液 pH 值，并比较。

（2）取两支试管，分别加入少量 $0.1mol \cdot L^{-1}$ NaOH 溶液和 $0.1mol \cdot L^{-1}$ $NH_3 \cdot H_2O$ 溶液，用 pH 试纸测量溶液 pH 值，并比较。

请根据实验现象，总结强电解质和弱电解质的区别。

2.同离子效应

（1）取两支试管，分别加入 1mL $0.1mol \cdot L^{-1}$ $NH_3 \cdot H_2O$ 溶液，再各加入 1 滴酚酞溶液，观察溶液颜色。然后在一支试管中加入少量固体 NH_4Cl，摇匀，对比两支试管中溶液的颜色。结合酚酞指示剂的变色范围，解释实验现象。

（2）取两支试管，每支试管中都加入1mL 0.1mol·L^{-1} $MgCl_2$ 溶液和1mL 2mol·L^{-1} $NH_3\cdot H_2O$ 溶液，振荡试管，观察现象。然后在其中一支试管中逐滴加入0.1mol·L^{-1} NH_4Cl 溶液，振荡试管，对比两支试管，解释实验现象。

3.离子酸、离子碱与水的质子传递

（1）用pH试纸测定下列溶液的酸碱性（浓度均为0.1mol·L^{-1}），指出哪些离子酸或离子碱与水发生了质子传递反应，写出反应式。Na_2CO_3、NaCl、CH_3COONH_4、Na_2S、CH_3COONa、Na_2HPO_4、NaH_2PO_4。

（2）取一支试管，加入少量CH_3COONa固体，然后加入少量水溶解。滴加1滴酚酞，观察溶液颜色。用酒精灯加热试管，观察溶液颜色变化，解释现象。

（3）取米粒大小的$Bi(NO_3)_3$固体至小烧杯中，加入2mL蒸馏水溶解，充分搅拌，有何现象？测定溶液的pH值。接着滴加6.0mol·L^{-1} HCl溶液，至溶液澄清为止，继续加入蒸馏水，又有什么现象？请用平衡移动原理解释这一系列现象。

4.难溶电解质的沉淀溶解平衡

（1）沉淀的生成与溶解

① 取两支试管，每支试管中加入2～3滴0.1mol·L^{-1} $AgNO_3$溶液。其中一支试管加入2～3滴0.1mol·L^{-1} NaCl溶液，另一支试管中加入2～3滴0.1mol·L^{-1} KI溶液，摇匀，观察沉淀的生成。然后在两支试管中分别加入数滴2mol·L^{-1} $NH_3\cdot H_2O$，摇匀，观察现象，比较两种沉淀溶度积的大小并解释。

② 取一支试管，加入5滴0.1mol·L^{-1} $Pb(NO_3)_2$溶液和5滴0.1mol·L^{-1} KI溶液，摇匀，观察现象。另取一个小烧杯，加入10mL蒸馏水，1滴0.01mol·L^{-1} $Pb(NO_3)_2$溶液，搅拌均匀后，再加入1滴0.01mol·L^{-1} KI溶液，观察现象。用溶度积规则解释两者的不同。

③ 取两支试管，一支加入1mL 0.1mol·L^{-1} $FeCl_3$溶液，另一支加入1mL 0.1mol·L^{-1} $MgCl_2$溶液，分别用pH试纸测量溶液pH值。继续在两支试管中加入0.1mol·L^{-1} NaOH溶液，同时振荡试管至刚出现氢氧化物沉淀为止。再次测量此时溶液pH值，比较沉淀前后溶液pH值的不同，并与出现沉淀的理论pH计算值对照。由实验现象说明，氢氧化物沉淀是否一定要在碱性条件下才能生成。

④ 取两支试管，各加入1mL 0.1mol·L^{-1} $CaCl_2$溶液。在一支试管中加入5滴0.1mol·L^{-1} $(NH_4)_2C_2O_4$溶液，在另一支试管加入5滴0.1mol·L^{-1} $H_2C_2O_4$溶液，摇匀，对比现象。然后在第一支试管中加入5滴6mol·L^{-1} HCl溶液，观察现象，并解释。

（2）分步沉淀

在一支试管中，加入5滴0.1mol·L^{-1} NaCl溶液和5滴0.1mol·L^{-1} K_2CrO_4溶液。然后一边振荡试管，一边缓慢加入数滴（1～5滴内）0.1mol·L^{-1} $AgNO_3$溶液，观察试管底部沉淀颜色。再滴加$AgNO_3$溶液，观察此时出现的沉淀颜色。根据沉淀颜色的变化及沉淀的溶度积常数，解释现象，说明哪一种难溶电解质先沉淀。

（3）沉淀的转化

取一支离心试管，加入5滴0.1mol·L^{-1} NaCl溶液和5滴0.1mol·L^{-1} $AgNO_3$溶液，有何现象？离心分离，弃去上层清液，然后向沉淀中滴入0.1mol·L^{-1} Na_2S溶液，振荡试管，观察沉淀颜色，解释现象。

五、实验注意事项

（1）不能用手直接拿取pH试纸，以防污染。

（2）观察现象时，注意区分沉淀和溶液本体的颜色。

（3）注意离心机的使用要求，以免损坏仪器。

（4）预习使用酒精灯的注意事项。

六、预习要求及思考题

1.预习要求

（1）预习本实验的原理、内容。

（2）总结本实验所需要的操作和仪器，整理仪器操作要求和注意事项。

2.思考题

（1）本实验中哪些内容验证了同离子效应对弱电解质的解离度和难溶电解质的溶解度的影响？

（2）解释为什么 NaH_2PO_4 溶液呈微酸性，Na_2HPO_4 溶液呈微碱性？

（3）如何判断沉淀的生成和溶解？

实验8　缓冲溶液的配制与性质

一、实验目的

（1）学习缓冲溶液的配制方法，加深对缓冲溶液性质的理解。

（2）了解影响缓冲容量大小的因素。

（3）练习吸量管的使用方法。

二、实验原理

缓冲溶液是一种能抵抗外加少量强酸、强碱和水的稀释而保持溶液的pH值基本不变的溶液。缓冲溶液具有抗少量强酸、抗少量强碱、抗少量水稀释的作用，此作用称为缓冲作用。

缓冲溶液由一对共轭酸碱组成，如CH_3COOH-CH_3COO^-、HCO_3^--CO_3^{2-}、NH_4^+-NH_3等，组成缓冲溶液的一对共轭酸碱称为缓冲对或缓冲系。

常见的缓冲对有：弱酸及其共轭碱，如CH_3COOH-CH_3COONa；弱碱及其共轭酸，如$NH_3 \cdot H_2O$-NH_4Cl；两性物质及其共轭酸碱，如$NaHCO_3$-Na_2CO_3、NaH_2PO_4-Na_2HPO_4等。

对于缓冲溶液，其pH值可由下式近似计算：

$$pH = pK_a^{\ominus} + \lg \frac{c(\text{共轭碱})}{c(\text{共轭酸})}$$

缓冲溶液的pH值，除主要决定于缓冲对中共轭酸的$pK_a^{\ominus}$外，还与缓冲对的浓度比有关。

配制缓冲溶液时，利用以上缓冲公式，计算出各组分需要的量。

缓冲溶液具有的抗酸、抗碱、抗稀释能力是有一定限度的。缓冲能力可用缓冲容量来衡量。缓冲容量在量值上等于单位体积（1L或1mL）缓冲溶液的pH值增大或减小1个单位时，所需加入强酸或强碱的物质的量（mol或mmol）。缓冲容量越大，缓冲作用越强，即抗酸、抗碱、抗稀释能力越强。缓冲容量的大小与缓冲溶液的总浓度、二组分的缓冲比有关。当缓冲溶液的总浓度一定时，缓冲比越接近1，缓冲容量越大。当缓冲比一定时，缓冲溶液的总浓度较大的，缓冲容量也较大。

三、仪器、药品及其他

（1）仪器

10mL吸量管，烧杯，试管，量筒，玻璃棒，点滴板。

（2）药品

$0.1mol \cdot L^{-1}$ CH_3COONa，$0.1mol \cdot L^{-1}$ CH_3COOH，$0.1mol \cdot L^{-1}$ $NH_3 \cdot H_2O$，$0.1mol \cdot L^{-1}$ NH_4Cl，$0.1mol \cdot L^{-1}$ HCl，$0.1mol \cdot L^{-1}$ NaOH，$1mol \cdot L^{-1}$ CH_3COONa，$1mol \cdot L^{-1}$ CH_3COOH。

（3）其他

甲基橙指示剂，甲基红指示剂，pH试纸。

四、实验内容

1.缓冲溶液的配制

（1）配制pH=5的缓冲溶液

在一只小烧杯中加入6.4mL $0.1mol \cdot L^{-1}$ CH_3COONa溶液和3.6mL $0.1mol \cdot L^{-1}$

CH_3COOH溶液，用玻璃棒搅匀，配制成pH=5的CH_3COOH-CH_3COONa缓冲溶液。用pH试纸测定该溶液的pH值，并与计算值比较。

(2) 配制pH=9的缓冲溶液

在一只小烧杯中加入3.6mL 0.1mol·L^{-1} $NH_3\cdot H_2O$溶液和6.4mL 0.1mol·L^{-1} NH_4Cl溶液，用玻璃棒搅匀，配制成pH=9的$NH_3\cdot H_2O$-NH_4Cl缓冲溶液。用pH试纸测定该溶液的pH值，并与计算值比较。

2.缓冲溶液的性质

(1) 抗酸作用

在三支试管中分别加入3mL蒸馏水、pH=5的CH_3COOH-CH_3COONa缓冲溶液、pH=9的$NH_3\cdot H_2O$-NH_4Cl缓冲溶液，再滴加1滴甲基橙指示剂，观察颜色并记录。再分别加入2滴0.1mol·L^{-1} HCl溶液，观察并比较颜色的变化情况。

(2) 抗碱作用

在三支试管中分别加入3mL蒸馏水、pH=5的CH_3COOH-CH_3COONa缓冲溶液、pH=9的$NH_3\cdot H_2O$-NH_4Cl缓冲溶液，再滴加1滴甲基橙指示剂，观察颜色并记录。再分别加入2滴0.1mol·L^{-1} NaOH溶液，观察并比较颜色的变化情况。

(3) 抗稀释作用

在三支试管中分别加入2mL蒸馏水、pH=5的CH_3COOH-CH_3COONa缓冲溶液、pH=9的$NH_3\cdot H_2O$-NH_4Cl缓冲溶液，再滴加1滴甲基橙指示剂，观察颜色并记录。再分别加入5mL蒸馏水，观察并比较颜色的变化情况。

分析以上实验结果，总结缓冲溶液的性质。

3.影响缓冲容量的因素

(1) 浓度的影响

在一支试管中加入0.1mol·L^{-1} CH_3COONa溶液和0.1mol·L^{-1} CH_3COOH溶液各2mL，加入1滴甲基红溶液，再滴加1mol·L^{-1} NaOH溶液至刚好变为黄色，观察并记录NaOH溶液的滴数。

在另一支试管中加入1mol·L^{-1} CH_3COONa溶液和1mol·L^{-1} CH_3COOH溶液各2mL，加入1滴甲基红溶液，再滴加1mol·L^{-1} NaOH溶液至刚好变为黄色，观察并记录NaOH溶液的滴数。

比较两者的滴数大小，并解释原因。

(2) 缓冲比的影响

在小烧杯中加入0.1mol·L^{-1} CH_3COONa溶液和0.1mol·L^{-1} CH_3COOH溶液各5mL，加入1滴甲基红溶液，再滴加1mol·L^{-1} HCl溶液至刚好变为红色，观察并记录HCl溶液的滴数。

在小烧杯中加入9mL 0.1mol·L^{-1} CH_3COONa溶液和1mL 0.1mol·L^{-1} CH_3COOH溶液，加入1滴甲基红溶液，再滴加1mol·L^{-1} HCl溶液至刚好变为红色，观察并记录HCl溶液的滴数。

比较两者的滴数大小，并解释原因。

五、实验注意事项

(1) 用pH试纸检测溶液的酸碱性时，将小片试纸放在点滴板上，不能把试纸放入被测试液中，要用洁净的玻璃棒蘸取待测溶液，滴在试纸上，观察颜色，对照标准比色卡，确定

pH 值。

(2) 用胶头滴管取用液体时，不能把滴管伸入试管内，不能用自己的滴管取用滴瓶中的试剂，以免污染试剂。

(3) 滴瓶中的滴管，使用后必须放回原瓶，不能放在实验台上，避免弄混造成试剂交叉污染。

六、预习要求及思考题

1. 预习要求

(1) 预习缓冲溶液的性质和缓冲作用原理。

(2) 预习缓冲溶液的选择与配制方法。

(3) 预习液体试剂的取用和估量的方法。

2. 思考题

(1) 缓冲溶液的 pH 值由哪些因素决定？

(2) 如何衡量缓冲溶液的缓冲能力大小？缓冲溶液的缓冲能力与什么因素有关？

实验9 氧化还原反应与电极电势

一、实验目的

(1) 掌握电极电势与氧化还原反应的关系。

(2) 掌握反应物浓度、介质酸度和反应温度对电极电势和氧化还原反应的影响。

(3) 了解氧化剂和还原剂的相对性。

(4) 了解原电池装置及原电池电动势的测定方法。

二、实验原理

在化学反应中，某些元素氧化值发生变化，即有电子得失的一类反应称为氧化还原反应。其中得到电子的物质称为氧化剂，失去电子的物质称为还原剂。这种得失电子能力的大小或者说物质氧化还原能力的强弱，可用它们氧化态/还原态（例如 Fe^{3+}/Fe^{2+}、I_2/I^-）所组成电对的电极电势的相对大小来衡量。电极电势愈大，电对中氧化型物质的氧化能力愈强，而相应的还原型物质的还原能力愈弱；反之亦然。所以根据电极电势的（$E^{\ominus}$）的大小，可判断一个氧化还原反应进行的方向。

电极电势的大小受溶液的浓度、酸度、温度等因素的影响。物质浓度对电极电势的影响可由电极反应的能斯特（Nernst）方程式表示（25℃）：

$$E=E^{\ominus}+\frac{0.0592}{n}\lg\frac{[c(\mathrm{Ox})]^a}{[c(\mathrm{Red})]^b}$$

当氧化型或还原型的浓度变化时，会改变电极电势 E 的数值，从而影响氧化剂和还原剂的相对强弱。特别是当有沉淀剂或配位剂存在时，溶液中某离子能够生成沉淀或配合物，使得该离子的浓度大大降低，进而使得电极电势的数值发生较大的改变，甚至可以改变氧化还原反应进行的方向。

对有 H^+ 或 OH^- 参与电极反应的电对，介质的 pH 也对电极电势产生影响，从而影响氧化还原反应的方向和产物。

氧化剂和还原剂的强弱都是相对的，有些含有中间氧化态原子的物质（如 H_2O_2），既可作氧化剂，又可作还原剂。在实际的反应中是发生氧化反应还是还原反应，决定于与它发生反应的另一物质的氧化还原能力的相对强弱。

利用氧化还原反应将化学能转化为电能的装置称为原电池。原电池由两个电极组成，其中负极发生氧化反应，给出电子，电子通过导线流入正极；正极得到电子，发生还原反应。

原电池的电动势（E_{MF}）为正、负两极的电极电势之差：$E_{MF}=E_{(+)}-E_{(-)}$。用伏特计可粗略地测量原电池电动势 E 的数值。

三、仪器、药品及其他

(1) 仪器

试管、烧杯、滴管、伏特计、水浴锅、导线、铜片电极和锌片电极、饱和甘汞电极、盐桥（充有琼胶和 KCl 饱和溶液的 U 形管）。

(2) 试剂

0.1mol · L^{-1}、0.5mol · L^{-1} KI，2.0mol · L^{-1}、3.0mol · L^{-1}、6.0mol · L^{-1} H_2SO_4，3% H_2O_2，0.01mol · L^{-1} $KMnO_4$，0.1mol · L^{-1} $FeCl_3$，0.1mol · L^{-1} KBr，0.1mol · L^{-1} $FeSO_4$，浓 HCl，1.0mol · L^{-1} HCl，6.0mol · L^{-1} CH_3COOH，0.1mol · L^{-1} Na_2SO_3，6.0mol · L^{-1} NaOH，0.1mol · L^{-1} KIO_3，0.01mol · L^{-1} $Na_2C_2O_4$，

0.2mol·L^{-1} $MnSO_4$，1.0mol·L^{-1} $CuSO_4$，1.0mol·L^{-1} $ZnSO_4$，1.0mol·L^{-1} NaCl，浓 $NH_3 \cdot H_2O$，MnO_2(s)，CCl_4，酚酞溶液，溴水，碘水，淀粉溶液［5%（质量分数)］。

（3）其他

砂纸，淀粉 KI 试纸。

四、实验内容

1.氧化还原反应与电极电势的关系

（1）往试管中加入 10 滴 0.1mol·L^{-1} 的 KI 溶液和 2 滴 0.1mol·L^{-1} $FeCl_3$ 溶液，再加入 10 滴 CCl_4，观察 CCl_4 层的颜色，写出所发生的反应。

（2）用 0.1mol·L^{-1} KBr 溶液代替 KI 溶液，进行上述实验，观察反应能否发生。

（3）在两支试管中各加入 10 滴 0.1mol·L^{-1} 的 $FeSO_4$ 溶液和 10 滴 CCl_4，然后分别滴加溴水和碘水各 2 滴，充分振荡后，观察两支试管的现象，写出反应式。

根据上述实验结果，定性地比较 $E(Br_2/Br^-)$、$E(I_2/I^-)$、$E(Fe^{3+}/Fe^{2+})$ 的相对大小，并指出哪一种物质是最强氧化剂，哪一种物质是最强还原剂。

2.浓度对氧化还原反应的影响

（1）在两支试管中分别加入浓 HCl 和 1.0mol·L^{-1} HCl 1mL，然后再分别加入少量 MnO_2 固体，观察反应现象，用淀粉 KI 试纸检验所产生的气体，写出反应式。

（2）在两支各盛有 1mL 蒸馏水的试管中，各加入 2 滴 2.0mol·L^{-1} H_2SO_4 溶液和 2 滴淀粉溶液，再在其中一支试管中加入 3 滴 0.1mol·L^{-1} 的 KI 溶液，另一支试管中加入 3 滴 0.5mol·L^{-1} 的 KI 溶液，然后分别在两支试管中加入 3% H_2O_2 溶液 5 滴，摇匀后静置，比较两支试管中出现蓝色的快慢。解释现象并写出反应式。

3.介质酸度对氧化还原反应的影响

（1）往两支各盛有 5 滴 0.1mol·L^{-1} 的 KBr 溶液的试管中，分别加 2 滴 6.0mol·L^{-1} CH_3COOH 溶液和 2 滴 6.0mol·L^{-1} H_2SO_4 溶液，然后各加入 2 滴 0.01mol·L^{-1} $KMnO_4$ 溶液，观察并比较紫红色褪去的快慢，写出反应方程式，并加以解释。

（2）取 3 支试管，各加 10 滴 0.1mol·L^{-1} Na_2SO_3 溶液，然后再分别加 10 滴 2.0 mol·L^{-1} H_2SO_4 溶液、蒸馏水和 6.0mol·L^{-1} NaOH 溶液，摇匀后，再在 3 支试管中各加 3 滴 0.01mol·L^{-1} $KMnO_4$ 溶液，观察现象并写出反应式。

（3）在试管中加入 10 滴 0.5mol·L^{-1} KI 溶液和 2 滴 0.1mol·L^{-1} KIO_3 溶液，再加入 2 滴淀粉溶液，摇匀后观察溶液颜色有无变化。然后滴加 2.0mol·L^{-1} H_2SO_4 溶液酸化混合物，观察有什么变化。再滴加 6.0mol·L^{-1} NaOH 溶液，使混合液呈碱性，观察现象并写出反应式。

4.温度对氧化还原反应的影响

在两支试管中分别加入 2mL 0.01mol·L^{-1} $Na_2C_2O_4$ 溶液、10 滴 3.0mol·L^{-1} H_2SO_4 溶液和 1 滴 0.01mol·L^{-1} $KMnO_4$ 溶液，摇匀，将其中一支试管放入 80℃ 的水浴中加热，另一支试管不加热，观察两试管中溶液褪色的快慢。写出反应方程式，并加以解释。

5.氧化还原能力的相对性

取一支试管，加 5 滴 0.1mol·L^{-1} KI 溶液、2 滴 2.0mol·L^{-1} H_2SO_4 溶液，然后滴加 3% H_2O_2 溶液 2 滴，振荡试管并观察现象；取另一支试管，加 2 滴 0.01mol·L^{-1} $KMnO_4$ 溶液、2 滴 2.0mol·L^{-1} H_2SO_4 溶液，然后滴加 3% H_2O_2 溶液 2 滴，振荡试管并

观察现象。指出在反应中 H_2O_2 是作氧化剂还是还原剂。

6. 原电池组装和电动势的测定

在两只50mL的烧杯中分别加入30mL 1.0mol·L^{-1} $ZnSO_4$ 溶液和30mL 1.0mol·L^{-1} $CuSO_4$ 溶液。在 $ZnSO_4$ 溶液中插入锌片，在 $CuSO_4$ 溶液中插入铜片，两烧杯以盐桥相连，组成一个原电池，再用导线将锌片和铜片分别与伏特计的负极和正极连接（图9-1），测量该原电池的电动势。

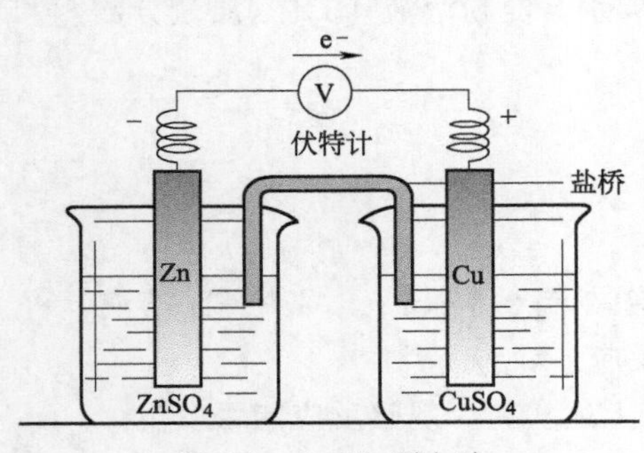

图 9-1　Cu-Zn 原电池

7. 浓度对电极电势的影响

在上面原电池的装置中，取下盛 $CuSO_4$ 溶液的烧杯，在 $CuSO_4$ 溶液中加入浓 $NH_3·H_2O$，搅拌，至出现的浅蓝色沉淀全部溶解为深蓝色溶液，再连接成原电池，测量该电池的电动势，观察电动势有何变化。然后再在 $ZnSO_4$ 溶液中加入浓 $NH_3·H_2O$，搅拌，至出现的白色沉淀全部溶解为无色溶液，观察电池电动势又有何变化。解释现象。

五、实验注意事项

（1）$KMnO_4$ 与 Na_2SO_3 在强碱性条件下反应时，Na_2SO_3 的用量不可过多。因过多的 Na_2SO_3 会与产物 MnO_4^{2-} 进一步发生氧化还原反应而生成 MnO_2；

（2）金属电极在使用前要用细砂纸擦去表面的氧化物；

（3）注意伏特计的偏向及数值。

六、预习要求及思考题

1. 预习要求

（1）水溶液中的氧化还原反应与电极电势的关系，利用电极电势判断氧化还原反应的方向。

（2）伏特计的使用和用伏特计测定原电池电动势的原理。

2. 思考题

（1）溶液的浓度、介质的酸度和温度对电极电势及氧化还原反应有何影响?

（2）为什么稀盐酸不能与 MnO_2 反应而浓盐酸则可以反应?

（3）为什么 H_2O_2 既具有氧化性，又具有还原性?试从电极电势予以说明。

（4）原电池中的盐桥有何作用?

实验10　配位化合物的生成、性质和应用

一、实验目的

（1）掌握几种不同类型配合物的生成，比较配离子和简单离子的区别；

（2）熟悉影响配位平衡移动的影响因素；

（3）了解配合物、螯合物的应用。

二、实验原理

配位化合物分子一般是由中心离子、配位体和外界所构成。中心离子和配位体组成配位离子（内界），例如：

$$[Cu(NH_3)_4]SO_4 \longrightarrow [Cu(NH_3)_4]^{2+} + SO_4^{2-} \qquad (完全解离)$$

$$[Cu(NH_3)_4]^{2+} \rightleftharpoons Cu^{2+} + 4\ NH_3 \qquad (部分解离)$$

$[Cu(NH_3)_4]^{2+}$称为配位离子（内界），其中Cu^{2+}为中心离子，NH_3为配位体，SO_4^{2-}为外界。

配位平衡也是一种动态平衡：

$$Cu^{2+} + 4\ NH_3 \rightleftharpoons [Cu(NH_3)_4]^{2+}$$

$$K_{稳}^{\ominus} = \frac{c_{eq}\{[Cu(NH_3)_4]^{2+}\}}{c_{eq}(Cu^{2+})[c_{eq}(NH_3)]^4}$$

其平衡常数$K_{稳}^{\ominus}$大小可以表示一个配合物的稳定性，对相同类型配离子，$K_{稳}^{\ominus}$越大，配合物的稳定性越高。配合物的稳定性与溶液的酸碱性、沉淀的生成、离子的氧化还原性及其他配体及金属离子的存在有关，反之，配合物的生成对溶液的酸碱性、难溶物的溶解性、物质的氧化还原性等也会产生影响。

金属离子与多齿配体形成具有环状结构的配合物称为螯合物，正是由于环状结构，使得螯合物比简单配合物具有特殊的稳定性和特殊的颜色，故可利用这些性质分离和鉴别金属离子，去除人体内的重金属离子以解重金属中毒。

本实验将通过有关项目让同学们去体会这些变化及应用，并探讨这些现象背后的化学原理及发生的化学反应。

三、仪器及药品

（1）仪器

普通试管，离心试管，试管架、烧杯、漏斗、滤纸（ϕ12mm）。

（2）药品

$2mol \cdot L^{-1} H_2SO_4$，$NH_3 \cdot H_2O$（$2mol \cdot L^{-1}$、$6mol \cdot L^{-1}$），$2mol \cdot L^{-1} NaOH$，$AgNO_3$、$CuSO_4$、$Al(NO_3)_3$、$NiSO_4$、$FeSO_4$、$K_3[Fe(CN)_6]$、$FeCl_3$、KBr、KSCN、KI、NaCl、EDTA（均为$0.1mol \cdot L^{-1}$），$Na_2S_2O_3$、$BaCl_2$（均为$1mol \cdot L^{-1}$），$(NH_4)_2C_2O_4$（饱和），无水乙醇，乙醚，1%镍试剂。

四、实验内容

1.配位化合物的生成

（1）在一支20mL的试管中加入2mL $0.1mol \cdot L^{-1}$ $CuSO_4$溶液，逐滴加入$6mol \cdot L^{-1} NH_3 \cdot H_2O$至生成深蓝色溶液，然后再加入无水乙醇至上清液几乎无色，普通漏斗过滤，得到一深蓝色晶体（这是什么物质呢）。保留此晶体，进行后面的实验，观察记录并解释上述实验现象，写出化学反应方程式。

（2）在一支 20mL 的试管中加入 1mL 0.1mol·L^{-1} $FeCl_3$ 溶液，加入 6mL 0.1mol·L^{-1} KSCN 溶液，然后再加入无水乙醇至上清液几乎无色，普通漏斗过滤，得到一血红色晶体（这是什么物质呢）。保留此晶体，进行后面的实验，记录上述实验现象，写出化学反应方程式。

2.配位化合物的组成

（1）取上一实验步骤（1）制备的深蓝色晶体 1/4 分别放入两支试管中，并加少量 2mol·$L^{-1}$$NH_3$·$H_2O$ 使之溶解，给其中一支试管中加入 2 滴 1mol·L^{-1} $BaCl_2$ 溶液，另一支试管中加入 2 滴 2mol·L^{-1} NaOH 溶液，观察记录并解释上述实验现象，写出化学反应方程式。

（2）在两支试管中各加入 10 滴 0.1mol·L^{-1} $CuSO_4$ 溶液，然后给其中一支试管中加入 2 滴 1mol·L^{-1} $BaCl_2$ 溶液，另一支试管中加入 2 滴 2mol·L^{-1} NaOH 溶液，观察记录并解释上述实验现象，写出化学反应方程式。

比较步骤（1）、（2）实验结果，说明简单离子与配位离子的区别。

3.影响配位平衡的因素

（1）配位平衡与酸碱平衡

① 取配位化合物的生成实验中步骤（1）制备的剩余的深蓝色晶体 1/2 并加少量 2 mol·$L^{-1}$$NH_3$·$H_2O$ 使之溶解，分成两等份放入两支试管中，给其中一支试管中滴加 2 滴 2mol·L^{-1} H_2SO_4 溶液，另一支试管中加入 2 滴 2mol·L^{-1} NaOH 溶液，观察记录并解释上述实验现象，写出化学反应方程式。

② 取配位化合物的生成实验中步骤（2）制备的剩余的血红色晶体 1/2 并加少量 H_2O 使之溶解，分成两等份放入两支试管中，给其中一支试管中滴加 2 滴 2mol·L^{-1} H_2SO_4 溶液，另一支试管中加入 2 滴 2mol·L^{-1} NaOH 溶液，观察记录并解释上述实验现象，写出化学反应方程式。

比较步骤①②实验结果，你得到了什么结论？

（2）配位平衡与沉淀-溶解平衡

往一支试管中加入 5 滴 0.1mol·L^{-1} $AgNO_3$ 溶液，然后按下列次序进行实验：

① 加入 1～2 滴 0.1mol·L^{-1} NaCl 溶液至生成白色沉淀。

② 滴加 6mol·L^{-1} NH_3·H_2O 溶液，边滴边振荡至沉淀刚溶解。

③ 加入 1～2 滴 0.1mol·L^{-1} KBr 溶液至生成浅黄色沉淀。

④ 滴加 1mol·L^{-1} $Na_2S_2O_3$ 溶液，边滴边振荡至沉淀刚溶解。

⑤ 加入 1～2 滴 0.1mol·L^{-1} KI 溶液至生成黄色沉淀。

观察记录并解释上述实验现象，写出化学反应方程式。

（3）配位平衡与氧化还原平衡

① 在试管中加入 5 滴 0.1mol·L^{-1} $FeCl_3$ 溶液，再加入 5 滴 0.1mol·L^{-1} KI，观察现象，然后逐滴加入饱和 $(NH_4)_2C_2O_4$ 溶液 20 滴，充分振荡后静置，观察记录现象并解释。写出化学反应方程式。

② 以铁氰化钾 {$K_3[Fe(CN)_6]$} 溶液代替 $FeCl_3$ 溶液进行上述实验，观察现象是否与上相同并解释。

（4）螯合物的生成、特性与应用

① 取剩余的配位化合物的生成实验中步骤（1）制备的深蓝色晶体，加少量 2mol·$L^{-1}$$NH_3$·$H_2O$ 使之溶解，分成两等份放入两支试管中，给其中一支试管中滴加入 0.1

mol・L^{-1} EDTA溶液，比较两支试管，观察记录并解释实验现象，写出化学反应方程式。

② 取剩余的配位化合物的生成实验中步骤（2）制备的血红色晶体并加少量 H_2O 使之溶解，分成两等份放入两支试管中，给其中一支试管中加10滴0.1mol・L^{-1} EDTA溶液，另一支试管中加入10滴饱和 $(NH_4)_2C_2O_4$ 溶液，振荡后观察记录并解释上述实验现象，写出化学反应方程式。

③ 在试管中加入2滴0.1mol・L^{-1} $NiSO_4$ 溶液和20滴蒸馏水和1滴2mol・L^{-1} $NH_3 \cdot H_2O$ 溶液，再加入2滴1%镍试剂溶液，观察现象，然后再加入1mL乙醚溶液，振荡，静置，观察记录现象并解释，写出化学反应方程式。

五、实验注意事项

严格控制每一步的反应溶液用量，过量或者用量不足对于配合物的生成以及配位平衡的移动均会产生影响。

六、预习要求及思考题

(1) 预习配位平衡的移动以及四大平衡的相互关联。

(2) 影响配位平衡的主要因素是什么？

(3) Fe^{3+} 可以将 I^- 氧化为 I_2，而自身被还原成 Fe^{2+}，但 Fe^{2+} 的配离子 $[Fe(CN)_6]^{4-}$ 又可以将 I_2 还原成 I^-，而自身被氧化成 $[Fe(CN)_6]^{3-}$，如何解释此现象？

实验11 铬、锰、铁

一、实验目的

(1) 掌握 $Cr(OH)_3$、$Mn(OH)_2$、$Fe(OH)_2$ 和 $Fe(OH)_3$ 的制备和性质。

(2) 熟悉铬（Ⅵ）、锰（Ⅶ）化合物的氧化还原性以及介质对氧化还原反应的影响。

(3) 了解铬、锰、铁各种常见氧化值之间的转化。

二、实验原理

铬、锰、铁依次属于ⅥB、ⅦB和ⅧB族元素，在化合物中，Cr常见氧化值为＋3、＋6；Mn常见氧化值为＋2、＋4、＋6、＋7；Fe常见氧化值为＋2、＋3。铬、锰、铁的常见氢氧化物如下：$Cr(OH)_3$ 灰绿色，两性；$Mn(OH)_2$ 白色，碱性；$Fe(OH)_2$ 白色，碱性；$Fe(OH)_3$ 棕色，两性极弱；$Mn(OH)_2$ 和 $Fe(OH)_2$ 极易被空气氧化为 $MnO(OH)_2$（棕黑）和 $Fe(OH)_3$（棕）。

铬、锰、铁常见氧化值之间的转化如下：

Cr(Ⅲ）氧化成Cr(Ⅵ）在碱性介质中进行，如：

$$2CrO_2^- + 3H_2O_2 + 2OH^- = 2CrO_4^{2-} + 4H_2O$$

Cr(Ⅵ）还原成Cr(Ⅲ）在酸性介质中进行，如：

$$Cr_2O_7^{2-} + 3S^{2-} + 14H^+ = 2Cr^{3+} + 3S\downarrow + 7H_2O$$

铬酸盐和重铬酸盐在溶液中存在下列平衡：

$$2CrO_4^{2-} + 2H^+ \rightleftharpoons Cr_2O_7^{2-} + H_2O$$

加酸或碱可使平衡移动。一般在 $K_2Cr_2O_7$ 溶液中加入 Pb^{2+}，生成 $PbCrO_4$ 黄色沉淀。

$KMnO_4$ 是强氧化剂，它的还原产物随介质酸碱性不同而异。MnO_4^- 在酸性溶液中被还原成无色的 Mn^{2+}，在中性溶液中被还原为棕色的 MnO_2 沉淀，在强碱性介质中被还原成绿色的 MnO_4^{2-}。绿色锰酸钾溶液极易歧化。

$$3K_2MnO_4 + 2H_2O = 2KMnO_4 + MnO_2\downarrow + 4KOH$$

Fe^{3+} 和 Fe^{2+} 均易和 CN^- 形成配合物，Fe^{3+} 与 $[Fe(CN)_6]^{4-}$ 反应、Fe^{2+} 与 $[Fe(CN)_6]^{3-}$ 反应均能生成蓝色沉淀 $[KFe(CN)_6Fe]$。

三、试剂

酸：$6mol \cdot L^{-1} H_2SO_4$，$1mol \cdot L^{-1} H_2SO_4$，$3\% H_2O_2$。

碱：$2mol \cdot L^{-1} NaOH$，$6mol \cdot L^{-1} NaOH$。

盐：$0.1mol \cdot L^{-1} CrCl_3$，$0.1mol \cdot L^{-1} K_2CrO_4$，$0.1mol \cdot L^{-1} K_2Cr_2O_7$，$0.1mol \cdot L^{-1} Pb(NO_3)_2$，$0.1mol \cdot L^{-1} KSCN$，$0.1mol \cdot L^{-1} MnCl_2$，$0.01mol \cdot L^{-1} KMnO_4$，$0.1mol \cdot L^{-1} FeCl_3$，$0.1mol \cdot L^{-1} KI$，$0.1mol \cdot L^{-1}$ $K_4[Fe(CN)_6]$，$0.1mol \cdot L^{-1} K_3[Fe(CN)_6]$，$0.1mol \cdot L^{-1} (NH_4)_2Fe(SO_4)_2$，$MnO_2$ 固体，Na_2SO_3 固体，$(NH_4)_2Fe(SO_4)_2 \cdot 6H_2O$ 晶体。

四、实验内容

1. Cr(Ⅲ）化合物

(1) $Cr(OH)_3$ 的产生及两性

取两支试管，均加入 $0.1mol \cdot L^{-1} CrCl_3$ 数滴和2滴 $2mol \cdot L^{-1} NaOH$，观察灰绿色 $Cr(OH)_3$ 沉淀生成。在第一支试管中滴加 $6mol \cdot L^{-1} H_2SO_4$，在第二支试管中滴加 $6mol \cdot$

L^{-1} NaOH，有何变化？观察记录现象，写出反应式。

（2）Cr(Ⅲ) 被氧化

向上面第二支试管中加入 3% H_2O_2 数滴并加热，观察现象变化，写出反应式。

2. Cr(Ⅵ) 化合物

（1）$Cr_2O_7^{2-}$ 与 CrO_4^{2-} 的相互转化

① 取一支试管，加入 0.1mol・L^{-1} $K_2Cr_2O_7$ 溶液数滴，滴入少许 2mol・L^{-1} NaOH 溶液，观察颜色变化。然后加入 1mol・L^{-1} H_2SO_4 酸化，观察溶液颜色又有何变化。解释现象，写出 $Cr_2O_7^{2-}$ 与 CrO_4^{2-} 之间的平衡方程式。

② 取一支试管，加入 0.1mol・L^{-1} $K_2Cr_2O_7$ 溶液，再滴加 0.1mol・L^{-1} $Pb(NO_3)_2$，为什么得到的沉淀不是 $PbCr_2O_7$？试解释之，写出反应方程式。

（2）Cr(Ⅵ) 的氧化性

取一支试管，加入 5 滴 0.1mol・L^{-1} KI 和 10 滴 CCl_4 溶液，再加入酸化的 0.1mol・L^{-1} $K_2Cr_2O_7$ 溶液 5 滴，振荡，观察现象变化，写出反应方程式。

3. 锰的化合物

（1）$Mn(OH)_2$ 的生成和性质

以 0.1mol・L^{-1} $MnCl_2$ 为原料，自行设计实验制备 $Mn(OH)_2$，并试验其是否具有两性。

把制得的一部分 $Mn(OH)_2$ 沉淀在空气中放置一段时间，注意沉淀颜色的变化，并解释之。

（2）K_2MnO_4 的生成和歧化

取 2mL 0.01mol・L^{-1} $KMnO_4$ 溶液，加入 1mL 6mol・L^{-1} NaOH 溶液，然后加入少量 MnO_2 固体，微热，不断摇动 2min，静置片刻，待 MnO_2 沉降后观察上层清液的颜色，写出反应方程式。

取出部分上层溶液，加入 1mol・L^{-1} H_2SO_4 酸化，观察溶液颜色的变化和沉淀的生成，说明 MnO_4^{2-} 的存在条件。

（3）$KMnO_4$ 不同介质下的还原产物

取三支试管，分别加入 2 滴 0.01mol・L^{-1} $KMnO_4$ 溶液，再各自加入数滴 2mol・L^{-1} H_2SO_4、水、6mol・L^{-1} NaOH，然后分别加入少许 Na_2SO_3 固体。观察各试管所发生的现象，写出不同介质下 $KMnO_4$ 的还原产物。

4. Fe(Ⅱ)、Fe(Ⅲ) 的化合物

（1）$Fe(OH)_2$ 的生成和性质

试管中加入 2mL 蒸馏水，煮沸后赶尽空气，冷气后加入 1～2 滴 2mol・L^{-1} H_2SO_4 酸化，然后加几粒 $(NH_4)_2Fe(SO_4)_2 \cdot 6H_2O$ 晶体，用玻璃棒轻轻搅动使其溶解；在另一支试管中煮沸 1mL 6mol・L^{-1} NaOH 溶液，冷却后用滴管吸取该溶液迅速加到上述 $FeSO_4$ 溶液的试管底部，慢慢放出 NaOH 溶液（整个操作都要避免将空气带入溶液），观察所生成沉淀的颜色。静置片刻后，观察沉淀颜色的变化，写出反应方程式。

（2）$Fe(OH)_3$ 的生成和 Fe^{3+} 的氧化性

取两支试管分别加入 0.1mol・L^{-1} $FeCl_3$ 溶液，分别滴加 2mol・L^{-1} NaOH 和 0.1mol・L^{-1} KI 溶液，观察现象并写出反应式。

5. Fe(Ⅱ)、Fe(Ⅲ) 的配合物

（1）在数滴 0.1mol・L^{-1} $FeCl_3$ 溶液中，滴加 0.1mol・L^{-1} $K_4[Fe(CN)]_6$，观察普鲁

士蓝的形成。

(2) 在数滴 0.1mol·L^{-1} $(NH_4)_2Fe(SO_4)_2$ 溶液中，滴加 0.1mol·L^{-1} $K_3[Fe(CN)]_6$，观察藤氏蓝的形成。

(3) 在数滴 0.1mol·L^{-1} $(NH_4)_2Fe(SO_4)_2$ 溶液中，加入 1 滴 2mol·L^{-1} H_2SO_4 及 0.1mol·L^{-1} KSCN 溶液数滴，观察有无变化。然后再滴加 3% H_2O_2 溶液数滴，观察颜色的变化。写出反应式。

五、实验注意事项

(1) 在试验 Cr^{3+} 还原性时，H_2O_2 为氧化剂，有时溶液会出现褐红色，这是由于生成过铬酸钠的缘故。

$$2CrCl_3 + 3H_2O_2 + 10NaOH = 2Na_2CrO_4(\text{黄色}) + 6NaCl + 8H_2O$$

$$2Na_2CrO_4 + 2NaOH + 7H_2O_2 = 2Na_3CrO_8(\text{褐红色}) + 8H_2O$$

(2) 在酸性溶液中，MnO_4^- 被还原成 Mn^{2+} 时有时会出现 MnO_2 棕色沉淀，这是因为溶液的酸度不够及 $KMnO_4$ 过量，与生成的 Mn^{2+} 反应所致：

$$2MnO_4^- + 3Mn^{2+} + 2H_2O = 5MnO_2\downarrow + 4H^+$$

(3) $[Fe(H_2O)_6]^{3+}$ 呈淡紫色，由于水解生成 $[Fe(H_2O)_5(OH)]^{2+}$ 而使溶液呈棕黄色。

六、思考题

(1) 从 Cr(Ⅲ)-Cr(Ⅵ)，Mn(Ⅱ)-Mn(Ⅳ)，Mn(Ⅳ)-Mn(Ⅵ) 的相互转化实验中，能否得出介质影响转化的规律？

(2) 如何鉴定 Cr^{3+} 或 Mn^{2+} 的存在？

(3) 在制备 $Fe(OH)_2$ 的实验中，为什么蒸馏水和 NaOH 溶液都要事先经过煮沸以赶尽空气？

(4) 总结鉴别 Fe^{3+} 和 Fe^{2+} 有哪些方法（至少列出四种）。

实验12　铜、银、汞

一、实验目的

（1）掌握铜、银、汞氧化物和氢氧化物、硫化物和配合物的制备及性质。

（2）熟悉 Cu^{2+} 与 Cu^{+} 之间、Hg^{2+} 与 Hg^{+} 之间的转化反应及条件。

（3）了解混合离子的分离和鉴定方法。

二、实验原理

铜、银、汞是人类认识和使用很早的元素。铜和银在化学元素周期表中是第ⅠB族元素，价层电子构型分别为 $3d^{10}4s^1$ 和 $4d^{10}5s^1$。铜的重要氧化值为＋1和＋2，银主要形成氧化值为＋1的化合物，而汞在化学元素周期表中是ⅡB族元素，价层电子构型为 $(n-1)d^{10}ns^2$，主要形成氧化值为＋2的化合物，也可形成氧化值为＋1的化合物。它们的许多性质都与d区元素相似，与相应的ⅠA和ⅡA族元素相比，除了形式上均可形成氧化值为＋1、＋2的化合物外，其性质却差别很大。由于它们的离子具有18电子构型，因而具有较强的强化力和变形性，更易于形成配合物。

铜、银、汞的氧化物主要为CuO（黑色）、Cu_2O（红色）、Ag_2O（棕色）、HgO（红色或黄色）、Hg_2O（黑色）。这些氧化物都难溶于水，但易溶于 HNO_3。

$Cu(OH)_2$ 是两性偏碱性的物质，可溶于酸和过量的浓碱溶液，生成蓝紫色的 $[Cu(OH)_4]^{2-}$：

$$Cu(OH)_2+2OH^- = [Cu(OH)_4]^{2-}$$

$Cu(OH)_2$ 在溶液中加热至353K时，即可脱水生成黑褐色的氧化铜（CuO）：

$$Cu(OH)_2 \xrightarrow{80\sim90℃} CuO+H_2O$$

AgOH、$Hg(OH)_2$、$Hg_2(OH)_2$ 都是明显呈碱性的，特别是AgOH接近于强碱性。AgOH、$Hg(OH)_2$、$Hg_2(OH)_2$ 很不稳定，从溶液中析出沉淀后，立即分解为他们的氧化物 Ag_2O、HgO、Hg_2O。

Cu^{+} 与 Cu^{2+} 和 Hg^{+} 与 Hg^{2+} 可在溶液中进行转化，由铜元素的电位图可知：

$$Cu^{2+} \xrightarrow{0.157V} Cu^{+} \xrightarrow{0.52V} Cu$$

$$2Cu^{+} \rightleftharpoons Cu^{2+}+Cu \quad K=1.2\times10^{6}$$

因为 Cu^{2+} 为弱氧化剂，当有Cu或其他还原剂存在时，能生成难溶的亚铜盐时才可以被还原。如 $CuCl_2$ 和铜屑加热可发生归中反应生成氯化亚铜（CuCl）沉淀。

而 Hg_2^{2+} 盐在一定条件下也可发生歧化反应。如 Hg_2Cl_2 与 NH_3 反应，先生成氨基氯化亚汞（Hg_2NH_2Cl）白色沉淀，Hg_2NH_2Cl 进一步歧化为氨基氯化汞（$HgNH_2Cl$）白色沉淀和黑色的Hg：

$$Hg_2Cl_2+2NH_3 \longrightarrow Hg_2NH_2Cl+NH_4Cl$$

$$Hg_2NH_2Cl \longrightarrow HgNH_2Cl+Hg$$

这个反应可以用来鉴定 Hg_2^{2+}。而且 Hg_2I_2（黄绿色）在过量的KI溶液中也可发生歧化反应，生成 $[HgI_4]^{2-}$ 和Hg。

铜、银、汞均能形成多种配合物，以氨水为例，Cu^{2+} 和 Ag^{+} 均能形成稳定的配合物，而 Hg^{2+} 与氨水的配合作用比较复杂，$HgCl_2$ 加入氨水生成氨基氯化亚汞（Hg_2NH_2Cl）白色沉淀，硝酸汞 $[Hg(NO_3)_2]$ 加入氨水后生成白色的（$HgO\cdot HgNH_2NO_3$）沉淀：

$$2Hg(NO_3)_2+4NH_3+H_2O = HgO \cdot HgNH_2NO_3+3NH_4NO_3$$

铜和汞还具有可变价态+1，其中 Cu^+ 在水溶液中容易发生歧化反应，只有在生成卤化物的沉淀或配合物时，Cu^+ 才能稳定存在，如下列反应：

$$2Cu^{2+}+4I^- = 2CuI\downarrow+I_2$$

$$Cu+Cu^{2+}+4Cl^- \xrightarrow{煮沸} 2[CuCl_2]^-$$

而 Hg^+ 在水溶液中能以 Hg_2^{2+} 形式稳定存在，只有生成 Hg^{2+} 的难溶物或配合物时才发生歧化反应，如：

$$Hg_2I_2(黄绿色)+2I^- = [HgI_4]^{2-}(无色)+Hg\downarrow(黑色)$$

铜、银、汞的硫化物是具有颜色的难溶物，如 CuS 是黑色的，AgS 是黑色的，HgS 也是黑色的，且这三种都是难溶于水的硫化物。

Cu^{2+} 在中性或酸性溶液中与黄血盐溶液 {$K_4[Fe(CN)_6]$} 作用，生成棕红色的 $Cu_2[Fe(CN)_6]$ 沉淀，而且该沉淀可以在碱性溶液中分解。可利用此反应鉴定 Cu^{2+}。另外，还以用 Cu^{2+} 与浓氨水作用，生成深蓝色的 $[Cu(NH_3)_4]^{2+}$ 配离子。

Ag^+ 能与 Cl^- 作用生成白色的 AgCl 沉淀，该沉淀可溶于过量氨水，生成 $[Ag(NH_3)_2]^+$。此反应是 Ag^+ 的分离、鉴定反应之一，Ag^+ 还可以用 AgI、银镜反应来鉴定。

Hg^{2+} 能被过量的 $SnCl_2$ 还原成白色 Hg_2Cl_2 沉淀，并进一步还原成黑色单质汞，这一反应可用来鉴定 Hg^{2+}。

$$2Hg^{2+}+[SnCl_4]^{2-}+4Cl^- = Hg_2Cl_2\downarrow(白色)+[SnCl_6]^{2-}$$

$$Hg_2Cl_2(s)+[SnCl_4]^{2-} = 2Hg\downarrow(黑色)+[SnCl_6]^{2-}$$

Hg_2^{2+} 的鉴定：Hg_2^{2+} 与 HCl 生成白色沉淀 Hg_2Cl_2，加入氨水后因汞的生成使沉淀转变成灰黑色。

三、仪器、药品及其他

(1) 仪器

试管、离心机、离心管、烧杯、滤纸、玻璃棒、试管夹、滴管、点滴板、水浴锅。

(2) 试剂

酸：HCl ($2mol \cdot L^{-1}$，浓)，H_2SO_4 ($1mol \cdot L^{-1}$，$2mol \cdot L^{-1}$)，HNO_3 ($6mol \cdot L^{-1}$)，CH_3COOH ($2mol \cdot L^{-1}$)。

碱：NaOH ($2mol \cdot L^{-1}$，$6mol \cdot L^{-1}$)，$NH_3 \cdot H_2O$ ($2mol \cdot L^{-1}$，$6mol \cdot L^{-1}$，浓)。

盐：NaCl ($0.2mol \cdot L^{-1}$)，$CuSO_4$ ($0.2mol \cdot L^{-1}$)，$AgNO_3$ ($0.2mol \cdot L^{-1}$)，$Hg(NO_3)_2$ ($0.2mol \cdot L^{-1}$)，$SnCl_2$ ($0.2mol \cdot L^{-1}$)，KI ($0.2mol \cdot L^{-1}$)；$AgNO_3$ ($0.1mol \cdot L^{-1}$)，KSCN ($0.1mol \cdot L^{-1}$)，$K_4[Fe(CN)_6]$ ($0.1mol \cdot L^{-1}$)，$Hg_2(NO_3)_2$ ($0.1mol \cdot L^{-1}$)，$HgCl_2$ ($0.1mol \cdot L^{-1}$)，KBr ($0.1mol \cdot L^{-1}$)，$Na_2S_2O_3$ ($0.5mol \cdot L^{-1}$)，$CuCl_2$ ($0.5mol \cdot L^{-1}$)，Na_2S ($1mol \cdot L^{-1}$)，葡萄糖溶液 (10%)，Cu^{2+}、Ag^+、Hg^{2+}、Hg_2^{2+} 四种试液浓度均为 $0.1mol \cdot L^{-1}$ (不贴标签)，淀粉溶液，四氯化碳溶液，pH 试纸。

固体：碘化钾，铜屑。

四、实验内容

1. 铜、银、汞氢氧化物或氧化物的制备及性质

(1) 氢氧化铜、氧化铜的制备和性质

取 1mL $0.2mol \cdot L^{-1}$ $CuSO_4$ 溶液，滴入新配制的 $2mol \cdot L^{-1}$ NaOH 溶液，观察 $Cu(OH)_2$ 的颜色和状态。将沉淀分成三份，其中两份分别加入 $1mol \cdot L^{-1}$ H_2SO_4 和过量

的 $6mol \cdot L^{-1}$ NaOH 溶液；另一份沉淀加热至固体变黑，冷却后加 $2mol \cdot L^{-1}$ HCl，观察现象，写出反应方程式。

（2）氧化银、氧化汞的制备和性质

取 0.5mL $0.1mol \cdot L^{-1}$ 的 $AgNO_3$ 溶液，滴加新配制的 $2mol \cdot L^{-1}$ NaOH 溶液，观察 Ag_2O 的颜色和状态。洗涤并离心分离沉淀，将沉淀分成两份，一份加入 $2mol \cdot L^{-1}$ HNO_3，另一份加 $2mol \cdot L^{-1}$ 氨水，观察现象，写出反应方程式；取 0.5mL $0.2mol \cdot L^{-1}$ 的 $Hg(NO_3)_2$ 溶液，滴加新配制的 $2mol \cdot L^{-1}$ NaOH 溶液，观察溶液颜色和状态。将沉淀分成两份，一份加入 $2mol \cdot L^{-1}$ HNO_3，另一份加 $6mol \cdot L^{-1}$ NaOH 溶液，观察现象，写出反应方程式。

2. 铜、银、汞硫化物的制备及性质

在三支分别配有 0.5mL 的 $0.2mol \cdot L^{-1}$ $CuSO_4$、$0.2mol \cdot L^{-1}$ $AgNO_3$、$0.2mol \cdot L^{-1}$ $Hg(NO_3)_2$ 的试管中滴加 $1mol \cdot L^{-1}$ Na_2S 溶液，观察实验现象，并写出化学方程式。将所得沉淀洗涤离心分离，分成三份，一份加入 $2mol \cdot L^{-1}$ HCl，一份加入 $6mol \cdot L^{-1}$ HCl，再一份加入王水（一份浓硝酸，三份浓盐酸，现配），分别进行水浴加热，观察沉淀是否溶解，并写出相应化学方程式。

3. 铜、银、汞配合物的制备及性质

（1）氨合物的制备

在三支分别盛有 0.5mL 的 $0.2mol \cdot L^{-1}$ $CuSO_4$、$0.2mol \cdot L^{-1}$ $AgNO_3$、$0.2mol \cdot L^{-1}$ $Hg(NO_3)_2$ 的试管中滴加 $2mol \cdot L^{-1}$ 氨水，观察实验现象，并写出化学方程式。继续再加入过量的 $2mol \cdot L^{-1}$ 氨水，再记录实验现象，并写出化学方程式。

（2）汞配合物的制备与应用

取 0.5mL 的 $0.2mol \cdot L^{-1}$ $Hg(NO_3)_2$ 溶液于试管中，滴加 $0.2mol \cdot L^{-1}$ KI 溶液，观察实验现象，写出化学方程式，再向沉淀中加入少量的 KI 固体至沉淀刚好溶解为止，观察实验现象，并写出化学方程式，在所得溶液中加入 $6mol \cdot L^{-1}$ NaOH 溶液，然后与氨水反应，观察实验现象并写出化学方程式。

另取 5 滴 $0.2mol \cdot L^{-1}$ $Hg(NO_3)_2$ 溶液于试管中，滴加 $0.1mol \cdot L^{-1}$ KSCN 溶液至有沉淀生成，继续滴加 KSCN 溶液至沉淀消失生成无色溶液，记录所有实验现象，写出所有相关化学方程式。

4. 铜、汞离子的转化及氧化还原反应

（1）氧化亚铜的制备与性质

取 0.5mL 的 $0.2mol \cdot L^{-1}$ $CuSO_4$ 溶液于试管中，逐滴滴加 $6mol \cdot L^{-1}$ NaOH 溶液，记录实验现象，写出化学方程式，然后在沉淀完全溶解后加入 1mL 10%葡萄糖溶液，混合均匀后水浴加热，观察实验现象，写出化学方程式。

将沉淀离心分离，洗涤分成两份，一份加入 $2mol \cdot L^{-1}$ H_2SO_4 溶液 1mL，静置观察实验现象，然后加热至沸，再观察其实验现象；另一份沉淀中加入 1mL $6mol \cdot L^{-1}$ 浓氨水，振荡后静置，观察实验现象，将其再放置一段时间，观察其实验现象。

（2）氯化亚铜的制备及性质

取 10mL 的 $0.2mol \cdot L^{-1}$ $CuCl_2$ 溶液于试管中，逐滴滴加 3mL 浓盐酸和少量铜屑，小火加热至沸腾，观察实验现象，写出化学方程式，取出几滴溶液注入 10mL 蒸馏水中，如有白色沉淀生成，则迅速把全部溶液倒入 100mL 蒸馏水中，将白色沉淀洗涤至无蓝色为止。取少量 CuCl 沉淀分成两份，一份加入 3mL 浓氨水中，另一份加入 3mL 浓盐酸中，观察实验现象并写出化学方程式。

(3) 碘化亚铜的制备与性质

取0.5mL的0.2mol·L^{-1} $CuSO_4$ 溶液于试管中，逐滴滴加0.2mol·L^{-1} KI溶液，边滴加边振荡，直至溶液变成棕黄色，再滴入适量的0.5mol·L^{-1} $Na_2S_2O_3$ 溶液，观察实验现象并记录，写出化学方程式，然后在沉淀完全溶解后加入1mL 10%葡萄糖溶液，混合均匀后水浴加热，观察实验现象，写出化学方程式。

(4) Hg^{2+} 和 Hg_2^{2+} 的相互转化

① Hg^{2+} 的氧化性

在5滴0.2mol·L^{-1} $Hg(NO_3)_2$ 溶液中，逐滴滴加0.2mol·L^{-1} $SnCl_2$ 溶液至过量，观察实验现象，写出对应的化学方程式。

② Hg^{2+} 转化为 Hg_2^{2+} 和 Hg_2^{2+} 的歧化反应

在0.5mL的0.2mol·L^{-1} $Hg(NO_3)_2$ 溶液中，加入一滴金属汞，充分振荡，用滴管把上清液滴入两支试管中（剩下的汞回收），在一支试管中加入0.2mol·L^{-1} NaCl，另一支试管中加入2mol·L^{-1} 氨水，观察实验现象，写出对应化学方程式。

5. 铜、银、汞离子的鉴定

在点滴板上分别滴加三种未贴标签的溶液各3～5滴，向其中加入2滴2mol·L^{-1} CH_3COOH 和2滴0.1mol·L^{-1} 的 $K_4[Fe(CN)_6]$ 溶液，有红棕色沉淀生成，再向其沉淀中加入6mol·L^{-1} 氨水，沉淀溶解且呈现深蓝色，则表示有 Cu^{2+} 的存在，剩下两种离子的鉴定可参考本节实验原理，自行设计实验鉴定。

五、实验注意事项

(1) 含汞的溶液均有毒，实验后应倒入回收瓶中，不得倒入洗手池，如不慎洒落在地面和实验台上，应用硫黄粉处理；

(2) 观察现象时，注意区分沉淀和溶液本体的颜色；

(3) 注意离心机的使用要求，以免损坏仪器。

六、思考题

(1) 在白色氯化亚铜沉淀中，加入浓氨水或浓盐酸后形成什么颜色的溶液？放置一段时间后变成蓝色，为什么？

【参考答案：加入浓氨水的话，亚铜离子会和氨水中的氨分子发生配位形成二氨合亚铜配离子，此离子是无色的：

$$Cu^{+} + 2NH_3 = [Cu(NH_3)_2]^{+}$$

这种离子虽然由于形成配合物而相对稳定存在，但放置一段时间的话，空气中的氧气会把里面的Cu(Ⅰ)氧化为Cu(Ⅱ)，而变成了深蓝色的溶液：

$$4[Cu(NH_3)_2]^{+} + 8NH_3 + O_2 + 2H_2O = 4[Cu(NH_3)_4]^{2+} + 4OH^{-}$$

加入浓盐酸的话，亚铜离子会和氯离子发生配位形成二氯合亚铜配离子，此离子也是无色的，但溶液中存在的亚铜离子会被氧化成铜离子，铜离子和氯离子配位得四氯合铜配离子，使得溶液由黄绿色到棕黄色：

$$Cu^{+} + 2Cl^{-} = [CuCl_2]^{-}$$

$$Cu^{2+} + 4Cl^{-} = [CuCl_4]^{2-}$$

(2) 用电极电势变化讨论为什么 Cu^{2+} 与 I^- 反应以及 Cu^{2+} 与浓盐酸和铜屑反应能进行？

【参考答案：$\varphi^{\ominus}(Cu^{2+}/Cu^{+}) = 0.153V$，$\varphi^{\ominus}(I_2/I^{-}) = 0.536V$，本来 Cu^{2+} 不能氧化 I^-，

但 CuI 难溶，促使反应进行。考虑电极反应：

$$Cu^{2+}+I^{-}+e^{\ominus}=CuI$$

$$\varphi^{\ominus}(Cu^{2+}/CuI)=\varphi^{\ominus}(Cu^{2+}/Cu^{+})-0.0592\times \lg K_{sp}(CuI)$$
$$=0.153-0.0592\times \lg(1.27\times 10^{-12})=0.857\ (V)$$

此电极电势超过 $\varphi^{\ominus}(I_2/I^{-})$，所以反应 $2Cu^{2+}+4I^{-}=2CuI\downarrow+I_2\downarrow$，可自发进行，电动势 $E^{\ominus}=0.321V$，平衡常数 $K^{\ominus}=7.1\times 10^{10}$，反应可以进行到底。定量分析中的碘量法就是利用了此反应。同理可得，Cu^{2+} 与浓盐酸和铜屑反应也能进行】

(3) 混合液中含有 Cu^{2+}、Ag^{+}、Hg^{2+}，如何将其分离鉴别出来？

【参考答案：首先加入大量的氯化物，先提取银离子然后加入大量氨水，提取出汞离子，有沉淀，铜离子变成四氨合铜离子，最后蓝色的锌离子也被氨络合，加入大量的氢氧化钠就能得到白色沉淀，加热后 ZnO 遇热变黄色】

(4) 用化学平衡原理预测在硝酸亚汞溶液中通入硫化氢气体后，生成的沉淀物是什么？为什么？

【参考答案：硝酸亚汞溶液中的亚汞离子有一个平衡存在：

$$Hg_2^{2+}\longrightarrow Hg^{2+}+Hg(l)$$

硫离子能和汞离子、亚汞离子分别形成硫化汞和硫化亚汞，但根据溶度积常数：

$$K_{sp}(Hg_2S)=1.0\times 10^{-47}$$
$$K_{sp}(HgS,黑色晶体)=1.6\times 10^{-52}$$
$$K_{sp}(HgS,红色晶体)=4.0\times 10^{-53}$$

可以看出硫化汞的溶度积常数更小，也就是说硫化汞比硫化亚汞更难溶，所以反应则趋向于生成硫化汞的方向，而并非硫化亚汞。

反应先是生成黑色硫化汞（很快，原因是它的离子积常数 K_{sp} 与原溶液浓度积 J_{sp} 数量级相差很大，有 10^{52} 之多）；然后缓慢地转变为红色硫化汞，这个反应就比较慢了，因为黑色硫化汞和红色硫化汞的溶度积相差不大，所以转化较慢，需要一定的时间】

12.3 设计实验

实验13 从废定影液中回收金属银

一、实验目的

(1) 熟悉从废定影液中回收金属银的原理和方法。

(2) 了解不同回收方法的应用条件，确定实验设计方案。

(3) 培养学生文献查阅、实验设计以及结果分析的综合能力。

二、实验原理

废定影液一般来源于照相行业和医院X线室，洗印时彩色感光材料的全部银和黑白感光材料80%的银溶解在定影液中，如不回收利用，不仅会造成贵重金属的流失，而且还会产生环境污染。废定影液中主要含 $Na_2S_2O_3$、$[Ag(S_2O_3)_2]^{3-}$，还有少量 Na_2SO_3、CH_3COOH、H_3BO_3 等杂质。从废定影液中回收金属银的一般方法有硫化物沉淀法、金属置换法、连二亚硫酸钠还原法及电解法等。

(1) 硫化物沉淀法

以 Na_2S 为沉淀剂将废定影液中的银以硫化银沉淀的形式析出，再经高温灼烧即可得金属银。反应方程式为：

$$2[Ag(S_2O_3)_2]^{3-}+S^{2-}=\!=\!=4S_2O_3^{2-}+Ag_2S\downarrow$$

$$Ag_2S+O_2\xlongequal{\triangle}2Ag+SO_2$$

(2) 金属置换法

按照金属活动次序表的排列，银可被铁和锌等多种金属置换，尤其是用铁置换更具有经济意义，金属铁可直接取代二硫代硫酸合银（Ⅰ）离子中的银，将银置换出来。亦可采用 Na_2S 沉淀银，形成的 Ag_2S 沉淀再与过量铁片经高温灼烧，得到金属 Ag。反应方程式为：

$$3[Ag(S_2O_3)_2]^{3-}+Fe=\!=\!=[Fe(S_2O_3)_3]^{3-}+3Ag\downarrow+3S_2O_3^{2-}$$

$$2[Ag(S_2O_3)_2]^{3-}+S^{2-}=\!=\!=4S_2O_3^{2-}+Ag_2S\downarrow$$

$$Ag_2S+Fe\xlongequal{\triangle}2Ag+FeS$$

(3) 连二亚硫酸钠还原法

$Na_2S_2O_4$是强还原剂，在碱性介质中可将二硫代硫酸合银（Ⅰ）离子中的银还原为金属银。

$$2[Ag(S_2O_3)_2]^{3-}+S_2O_4^{2-}+2OH^-=\!=\!=2Ag\downarrow+2HSO_3^-+4S_2O_3^{2-}$$

(4) 电解法

基于定影液中的银是以带负电 $[Ag(S_2O_3)_2]^{3-}$ 的状态存在，以碳棒为阳极，不锈钢片为阴极，通入直流电，在阴极上生成金属银。

阴极：

$$Ag^++e^-\rightleftharpoons Ag$$

$$[Ag(S_2O_3)_2]^{3-}\rightleftharpoons 2S_2O_3^{2-}+Ag^+$$

阳极：

$$4OH^-\rightleftharpoons 2H_2O+O_2+4e^-$$

三、实验要求

(1) 本实验为设计实验，实验之前必须认真查阅文献，自行设计方案，格式参照其他实验。

（2）进行实验之前，实验方案必须经过指导老师审核之后才可以按照方案执行，如果老师调整方案，必须按照老师调整之后的方案执行。

（3）实验要独立完成，实验过程要严格遵守实验规程，遵守实验室安全要求，有问题及时向指导老师提出。待解决后再执行下一步实验。

（4）实验结束后，不同实验组进行讨论，比较不同回收方法的优缺点。

（5）独立完成实验报告，除常规格式外，还要分析实验不足的原因并提出整改建议。

实验 14 矿物药的鉴别

一、实验目的

(1) 熟悉常见矿物药的化学鉴别方法。

(2) 了解矿物药的分类及各类矿物药的主要成分。

(3) 培养学生灵活运用已掌握的理论知识和实验技能，学会规范操作。

二、实验原理

我国现在药用的矿物约有 80 种。矿物药的分类方法较多，常见的有阴离子分类法、阳离子分类法、功能分类法和来源分类法。如按矿物药的功能，有清热解毒药、利水通淋药、理血药、潜阳安神药、补阳止泻药等；按来源分为原矿物药、矿物制品和矿物制剂等；按矿物药的主要阳离子种类分为汞化合物类、铁化合物类、铝化合物类、铜化合物类、铝化合物类、砷化合物类、硅化合物类、钙化合物类、镁化合物类、钠化合物类。《中国药典》2015 年版一部收载矿物药 25 种。

各种阳离子的化学反应原理如下：

1. 钠离子的鉴别

(1) 在含 Na^+ 的溶液中加入乙酸铀酰锌试剂，可得到黄色晶形沉淀，此沉淀在乙醇中溶解度较小：

$$Na^+ + Zn^{2+} + 3UO_2^{2+} + 8CH_3COOH^- + CH_3COOH + 9H_2O = CH_3COONa \cdot (CH_3COOH)_2Zn \cdot 3UO_2(CH_3COOH)_2 \cdot 9H_2O\downarrow + H^+$$

(2) Na^+ 进行焰色反应时，火焰为黄色。

2. 钾离子的鉴别

(1) 在含 K^+ 的溶液中加入四苯硼钠，可得白色沉淀：

$$K^+ + [B(C_6H_5)_4]^- = K[B(C_6H_5)_4]\downarrow$$

(2) K^+ 进行焰色反应时，火焰为紫色（隔着蓝色钴玻璃透视）。

3. 硝酸根离子的鉴别（棕色环实验）

在含有 NO_3^- 的溶液中，加入新配制的 $FeSO_4$ 溶液，试管倾斜后，沿管壁小心滴加浓 H_2SO_4，在溶液交界处可见一个棕色环：

$$NO_3^- + 3Fe^{2+} + 4H^+ = 3Fe^{3+} + NO + 2H_2O$$

$$NO + Fe^{2+} + SO_4^{2-} = [Fe(NO)]SO_4$$

4. 硫酸根离子的鉴别

硫酸根离子可与钡盐生成白色沉淀，此沉淀不溶于硝酸：

$$Ba^{2+} + SO_4^{2-} = BaSO_4\downarrow$$

5. 碳酸根离子的鉴别

碳酸根离子与稀盐酸反应有气体产生，该气体能使澄清石灰水变浑浊：

$$CO_3^{2-} + 2H^+ = CO_2\uparrow + H_2O$$

$$CO_2 + Ca(OH)_2 = CaCO_3\downarrow + H_2O$$

6. 锌离子的鉴别

锌离子与亚铁氰化钾反应生成白色沉淀，此沉淀在稀盐酸和稀硫酸中不溶解，但加入过量的 NaOH，沉淀溶解。

$$2Zn^{2+} + [Fe(CN)_6]^{4-} = Zn_2[Fe(CN)_6]\downarrow$$

$$Zn_2[Fe(CN)_6] + 8OH^- = [Fe(CN)_6]^{4-} + 2[Zn(OH)_4]^{2-}$$

7. 铅丹的鉴别

铅丹的主要成分为四氧化三铅（Pb_3O_4），或写成 $2PbO \cdot PbO_2$。

（1）Pb_3O_4 可以和 HNO_3 反应，生成 Pb^{2+} 和棕红色 PbO_2 沉淀，过滤取滤液，向滤液中加铬酸钾试液可产生黄色沉淀，再加入 $2mol \cdot L^{-1}$ 的氨水或 $2mol \cdot L^{-1}$ 稀硝酸沉淀均不溶解；而向沉淀中加入 $2mol \cdot L^{-1}$ 的氢氧化钠试液，沉淀立即溶解。向滤液中加入碘化钾试液有黄色沉淀生成，向沉淀中加入 $2mol \cdot L^{-1}$ 的乙酸钠试液，沉淀溶解：

$$Pb_3O_4 + 4HNO_3 = 2Pb(NO_3)_2 + PbO_2 \downarrow + 2H_2O$$

$$Pb^{2+} + CrO_4^{2-} = PbCrO_4 \downarrow$$

$$PbCrO_4 + 2OH^- = Pb(OH)_2 \downarrow + CrO_4^{2-}$$

$$Pb(OH)_2 + OH^- = [Pb(OH)_3]^-$$

$$Pb^{2+} + 2I^- = PbI_2 \downarrow$$

$$PbI_2 + 2CH_3COO^- = (CH_3COO)_2Pb + 2I^-$$

（2）铅丹加浓盐酸后，有氯气产生，可使湿润的碘化钾淀粉试纸变蓝色，并产生白色的氯化铅沉淀：

$$PbO_2 + 4HCl(\text{浓}) = PbCl_2 \downarrow + 2H_2O + Cl_2 \uparrow$$

$$Cl_2 + 2I^- = I_2 + 2Cl^-$$

8. 铁离子的鉴别

（1）铁离子与亚铁氰化钾反应立即生成深蓝色沉淀。

$$K^+ + Fe^{3+} + Fe(CN)_6^{4-} = KFe[Fe(CN)_6] \downarrow$$

（2）铁离子与硫氰化铵反应显血红色。

$$Fe^{3+} + nSCN^- = [Fe(SCN)_n]^{3-n} \ (n = 1 \sim 6)$$

9. 轻粉的鉴别

将轻粉 Hg_2Cl_2 和无水 Na_2CO_3 一起放在试管中共热后，在干燥的试管壁上有金属 Hg 析出：

$$Hg_2Cl_2 + Na_2CO_3(\text{无水}) = Hg \downarrow + HgO + 2NaCl + CO_2 \uparrow$$

三、实验要求

（1）本实验为设计实验，实验之前必须自己设计方案，格式参照其他实验。

（2）进行实验之前，实验方案必须经过指导老师审核之后才可以按照方案执行，如果老师有调整方案，必须按照老师调整之后的方案执行。

（3）实验要独立完成，实验过程要严格遵守试验规程，遵守实验室安全要求，有问题及时向指导老师提出。待解决后再执行下一步实验。

（4）实验结束后要完成实验报告，除常规格式外，还要分析试验不足的原因并提出整改建议。

12.4 虚拟仿真实验

实验15 无机化学实验基本操作训练

一、实验目的

（1）了解无机化学实验中的基本安全常识、基本要求和注意事项等。

（2）认知无机化学实验中常用的仪器，熟悉其名称、规格和使用方法。

（3）掌握试管、烧杯、酒精灯、蒸发皿、量筒、移液管、容量瓶、滴定管、托盘天平、离心机、减压抽滤泵、pH试纸、pH酸度计等常用仪器的使用及固体的称取、加热、移液、配液、离心、过滤等基本操作。

二、无机化学基本操作虚拟仿真实验软件简介

本套软件旨在为高等医药院校的学习无机化学课程的学生提供一个高仿真度的、高交互操作的、全程参与式的、可提供实时信息反馈与操作指导的操作平台，使学生通过在本平台上的操作练习，进一步熟悉实验室安全知识、专业基础知识，培训基本动手能力，为进行实际工作和实验奠定良好基础。

本套软件采用“程序为主，动画为辅”的设计思想对无机化学虚拟实验室进行了总体框架设计和功能设计，然后运用Flash CS3图形图像矢量技术建模，Flash CS3动画为辅、ActionScript 3.0程序设计为主成功模拟设计了实验室安全知识教育模块、无机化学实验常用仪器图库和仪器基本操作模块，构建了集场景型、交互式、在线评价为一体的无机化学虚拟仿真实验室，并包含16个完整的多步骤无机化学实验，操作步骤基本涵盖了大学无机化学实验的所有操作步骤。

本套软件运用“触敏”技术对虚拟实验装置进行搭建，实现了实验器皿之间的任意有效连接，大大加强了实验操作的交互性。在满足无机化学虚拟实验室基本功能的基础之上，又设计了“追踪记录”、“操作评价”等功能以加强本软件的人性化特征，同时，设计了“更换背景”等辅助功能以增强本软件的娱乐元素。

该软件为学生提供了一个自主发挥的平台，也为高等学校经费难等问题的解决提供了新思路、新方法及新手段，必将对高等院校教育教学的改革与发展起到积极的促进作用。

三、软件与软件的运行环境

（1）软件

大学基础化学网络虚拟实验室系列软件（大连微瑞科技发展有限公司）。

无机化学实验基本操作集锦（大连微瑞科技发展有限公司）。

（2）软件的运行环境

操作系统：XP、Win7、Server2008。

运行环境：内存≥1G；可用硬盘空间≥60G；服务器、中间件以及数据库系统正常运行。

插件：Flash Player 8.0及以上版本播放器；Virtools播放器；IE浏览器。

（3）软件的安装

① 软件安装　可将光盘上的文件夹直接拷贝到硬盘选择好的目录下，在安装好插件后运行。

② 插件安装　可将光盘上的文件夹直接拷贝到硬盘选择好的目录下进行安装，也可以

直接从网上下载并按照操作步骤进行安装。

四、虚拟仿真实验项目

1. 实验室安全知识教育

通过大学基础化学网络虚拟实验室系列软件中的实验室安全知识教育模块，如图 15-1 所示。熟悉无机化学实验室的实验环境，阅读实验室各项规章制度，了解实验室安全知识和注意事项。

（1）实验室安全知识教育模块

① 实验室常见问题处置方法。

② 实验室意外的处理。

③ 防火用具与设施。

④ 灭火方法。

⑤ 危害因素与注意事项。

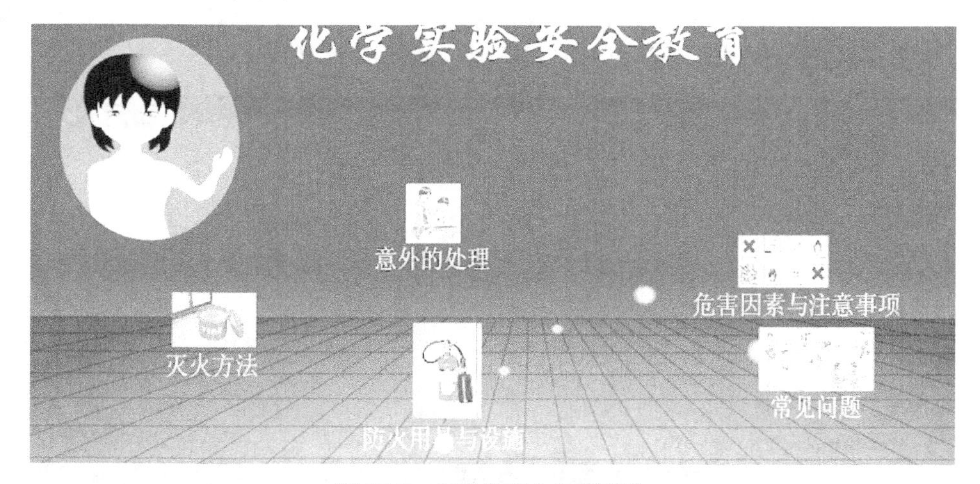

图 15-1　实验室安全知识模块

（2）无机化学实验室安全规则

① 无机化学实验是在大学化学实验教学中心实验室进行，实验室是大学生进行化学知识学习和科学研究的场所，必须严肃、认真。

② 在进入实验室前必须要熟悉和遵守实验安全准则。

③ 了解实验室水、电、气（煤气）总开关的地方，了解消防器材（消火栓、灭火器等）、紧急急救箱、紧急淋洗器、洗眼装置等的位置和正确使用方法以及安全通道。

④ 了解实验室的主要设施及布局，主要仪器设备以及通风实验柜的位置、开关和安全使用方法。

⑤ 做化学实验期间必须穿实验服（过膝、长袖），戴防护镜或自己的近视眼镜（包括隐形眼镜）。长发（过衣领）必须扎短或藏于帽内，不准穿拖鞋。

⑥ 严禁将任何灼热物品直接放在实验台上。

⑦ 产生危险和难闻气体的实验必须在通风柜中进行。

⑧ 取用化学试剂必须小心，在使用腐蚀性、有毒、易燃、易爆试剂（特别是有机试剂）之前，必须仔细阅读有关安全说明。使用移液管取液时，必须用洗耳球。

⑨ 一切废弃物必须放在指定的废物收集器内。

⑩ 使用玻璃仪器必须小心操作，以免打碎、划伤自己或他人。

⑪ 禁止在实验室内吃食品、喝水、咀嚼口香糖。实验后，吃饭前，必须洗手。

⑫ 实验后要将实验仪器清洗干净，关好水、电、气开关和做好清洁卫生。实验室备有公用手套供学生使用。

⑬ 一旦出现实验事故，如灼伤、化学试剂溅撒在皮肤上，应即时用药处理或立即用冷水冲洗，被污染的衣服要尽快脱掉。

⑭ 实验室所有的药品不得携带出室外。用剩的有毒药品要还给指导教师。

⑮ 在化学实验室进行实验不允许嬉闹、高声喧哗，也不允许戴耳机边听边做实验。

⑯ 实验完毕后，应洗净仪器，整理好实验用品，擦净桌面，由指导老师签字，方可离开实验室。

2. 仪器认知

通过大学基础化学网络虚拟实验室系列软件中 FLASH 虚拟仿真实验平台软件的交互模式，在常用仪器图库中选择与无机化学实验相关的常用仪器，自主探究，了解常用实验仪器的用途，熟悉其名称及规格，了解使用注意事项，如图 15-2 所示。

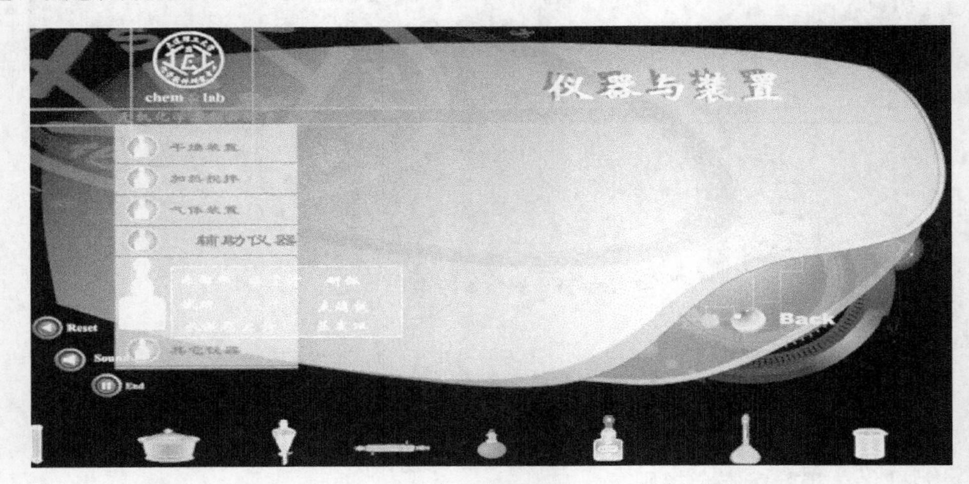

图 15-2 无机化学实验常用仪器与装置图库素材

无机化学实验常用仪器与装置图库素材：

①试管 ②离心试管 ③烧杯 ④锥形瓶 ⑤量筒
⑥漏斗 ⑦抽滤瓶 ⑧滴瓶 ⑨表面皿 ⑩试剂瓶
⑪容量瓶 ⑫移液管 ⑬滴定管 ⑭玻棒 ⑮酒精灯
⑯蒸发皿 ⑰托盘天平 ⑱研钵 ⑲铁架台 ⑳试管架
㉑试管夹 ㉒漏斗架 ㉓坩埚 ㉔坩埚钳 ㉕气体发生器
㉖石棉网 ㉗毛刷 ㉘水浴锅 ㉙药匙 ㉚三脚架

3. 基本操作训练

通过无机化学实验基本操作集锦软件中的实验基础操作模块的学习，帮助学生尽快掌握实验基础操作，实现实验预习和完全自主学习，提高学生的学习兴趣和动手能力，开创一种全新的实验预习模式。

(1) 酒精灯的使用

酒精灯是实验中常用的加热装置，其火焰温度通常可达 400～500℃。实验中要了解酒精灯的构造，掌握其正确的使用方法，练习使用酒精灯进行加热。将前面洗净并干燥过的试管里加入去离子水（水的体积不超过试管容积的1/3），用试管夹夹住试管，使试管与桌面成45°角进行加热，如图15-3所示。

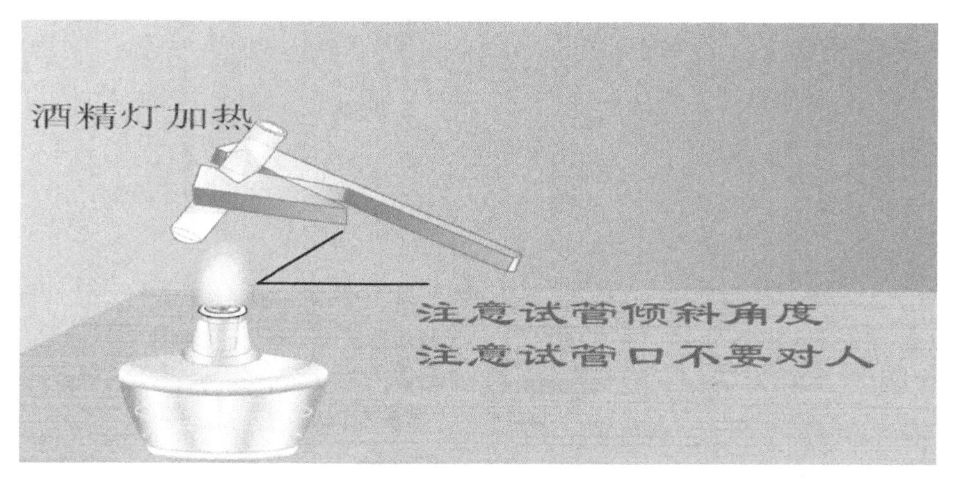

图15-3　酒精灯的使用

（2）托盘天平的使用

实验室常用托盘天平称量固体药品，其精度一般为0.01g。实验中要了解托盘天平的构造，掌握调零和称量操作，称量时遵循“左物右码”的原则，如图15-4所示。练习使用托盘天平称量3～5g（称准到0.1g）$CaCl_2$固体，放入前面洗净并干燥过的100mL烧杯中备用。

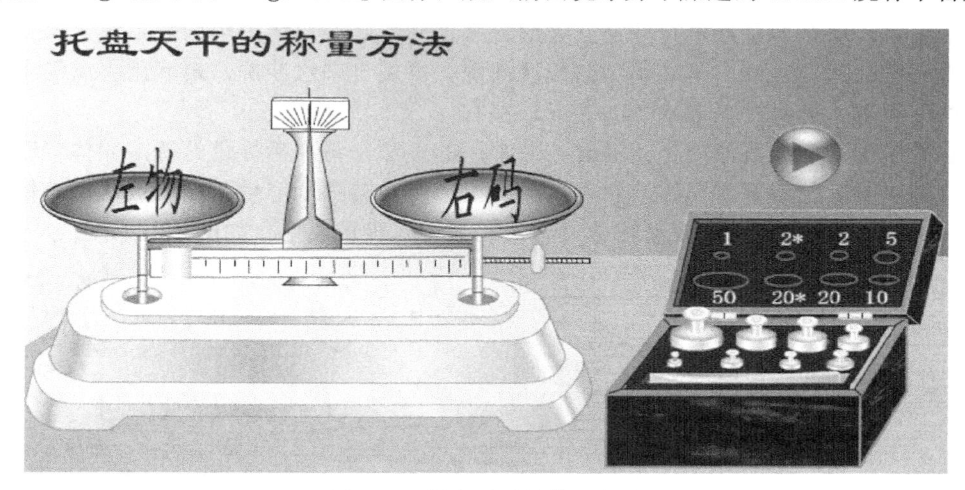

图15-4　托盘天平的使用方法

（3）量器和移液管的使用

① 用量筒量取100mL去离子水加入盛有$CaCl_2$固体的烧杯中，用玻璃棒进行搅拌使晶体溶解，配成$CaCl_2$溶液。也可采用加热的方法加速溶解，取三脚架，上面放石棉网，将烧杯置于石棉网上，在网下用酒精灯进行加热，边加热边搅拌，直至完全溶解为止。

② 用25mL移液管正确移取1.0mol·L^{-1} H_2SO_4溶液25mL放入50mL容量瓶中，如图15-5所示，按容量瓶的正确使用方法，加去离子水至刻度混合均匀。

（4）容量瓶的使用

容量瓶是配制标准溶液或样品溶液时使用的精密量器，它是一种细颈梨形的平底玻璃

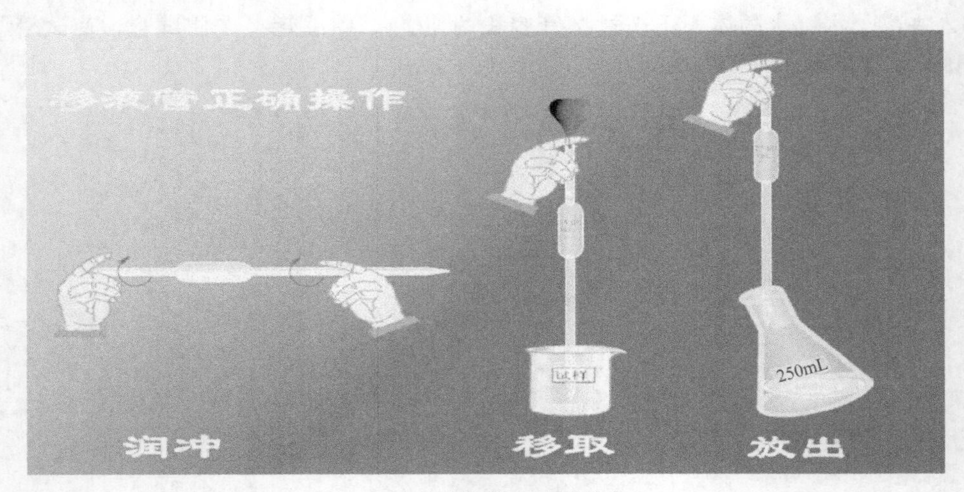

图 15-5 移液管的正确操作方法

瓶，带有磨口玻璃塞或塑料塞，颈部刻有环形标线，表示在 20℃时溶液满至标线时的容积。有 10mL、25mL、50mL、100mL、200mL、500mL 和 1000mL 等规格，并有白、棕两种颜色，棕色瓶用来盛装见光易分解的试剂溶液。

容量瓶使用前要先检查瓶塞是否漏水。加自来水至标线附近，盖好瓶塞，左手食指按住塞子，其余手指拿住瓶颈标线以上部位，右手指尖托住瓶底边缘，将瓶倒立 2min，如不漏水，将瓶子直立，旋转瓶塞 180°后，再倒立 2min，仍不漏水方可使用。

若不漏水，应对容量瓶进行洗涤。先用自来水冲洗几次，倒出后内壁不挂水珠，即可用去离子水荡洗三次。否则，就必须用铬酸洗液洗，再用自来水冲洗，最后用去离子水荡洗三次。为避免浪费，每次用蒸馏水 15～20mL 左右。

用容量瓶配制标准溶液或样品液时，最常用的方法是将准确称量的待溶固体置于小烧杯中，用蒸馏水或其他溶剂将固体溶解，然后将溶液定量转移至容量瓶中。然后用蒸馏水冲洗玻璃棒和烧杯 3～4 次，每次溶液按上述方法完全转入容量瓶中，如图 15-6 所示。

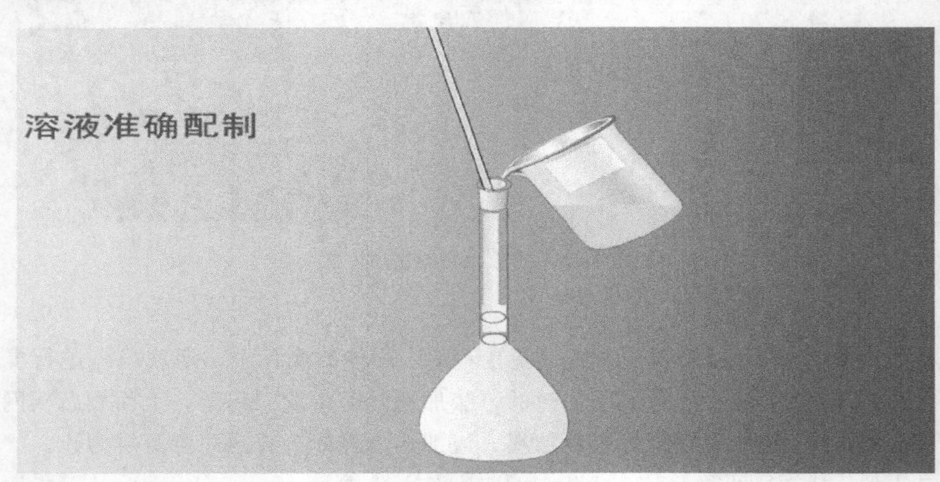

图 15-6 容量瓶配制标准溶液的方法

当加蒸馏水稀释至容积的 2/3 处时，用右手食指和中指夹住瓶塞扁头，将容量瓶拿起，向同一方向摇动几周使溶液初步混匀（切勿倒置容量瓶）。当加蒸馏水至标线下 1cm 左右时，等 1～2min，使附在瓶颈内壁的溶液流下，再用细长滴管滴加蒸馏水恰至刻度线。盖紧瓶塞，用食指压住瓶塞，另一只手托住容量瓶的底部，将容量瓶倒置，使气泡上升到顶。振摇几次再倒转过来，如此反复倒转摇动 15 次左右，使瓶内溶液混合均匀，如图 15-7 所示。

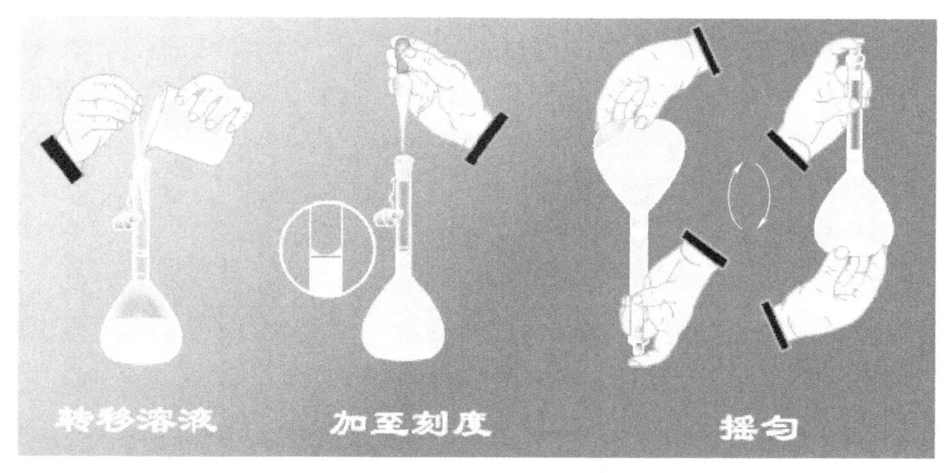

图 15-7　容量瓶的正确操作方法

(5) 酸碱滴定管的使用

滴定管一般分为两种，酸式滴定管和碱式滴定管。酸式滴定管又称具塞滴定管，它的下端有玻璃旋塞开关，用来装酸性溶液与氧化性溶液及盐类溶液，不能装碱性溶液如 NaOH 等。碱式滴定管又称无塞滴定管，它的下端有一根橡皮管，中间有一个玻璃珠，用来控制溶液的流速，它用来装碱性溶液与无氧化性溶液，凡可与橡皮管起作用的溶液（如 $KMnO_4$、$K_2Cr_2O_7$、碘液等）均不可装入碱式滴定管中。有些需要避光的溶液（如硝酸银、高锰酸钾溶液）应采用棕色滴定管。使用不怕碱的聚四氟乙烯活塞的酸式滴定管也可以用于盛装碱液。

滴定管洗净后，先检查旋塞转动是否灵活，是否漏水。先关闭旋塞，将滴定管充满水，用滤纸在旋塞周围和管尖处检查。然后将旋塞旋转 180°，直立 2min，再用滤纸检查。如漏水，酸式管涂凡士林；碱式滴定管使用前应先检查橡皮管是否老化，检查玻璃珠大小是否适当，若有问题，应及时更换。

滴定管使用前必须先洗涤，洗涤时以不损伤内壁为原则。酸式滴定管先用自来水冲洗干净后，关闭旋塞，倒入约 10mL 洗液，打开旋塞，放出少量洗液洗涤管尖，然后边转动边向管口倾斜，使洗液布满全管，最后从管口放出（也可用铬酸洗液浸洗）。然后用自来水冲净，再用蒸馏水洗三次，每次 10～15mL。碱式滴定管可以将管尖与玻璃珠取下，放入洗液浸洗。管体倒立入洗液中，用吸耳球将洗液吸上洗涤。滴定管在使用前还必须用操作溶液润洗三次，每次 10～15mL，润洗液弃去，如图 15-8 所示。

用操作溶液洗涤后直接将操作溶液注入至零线以上，检查活塞周围是否有气泡。若有，将酸式滴定管开大活塞使溶液冲出，排出气泡；碱式滴定管排气泡的方法将管体竖直，左手拇指捏住玻璃珠，使橡胶管弯曲，管尖斜向上约 45°，挤压玻璃珠处胶管，使溶液冲出，以排除气泡，如图 15-9 所示。

(6) 离心机的使用

离心机是利用离心力分离液体与固体颗粒或液体与液体的混合物中各组分的机械。离心机主要用于将悬浮液中的固体颗粒与液体分开；或将乳浊液中两种密度不同，又互不相溶的

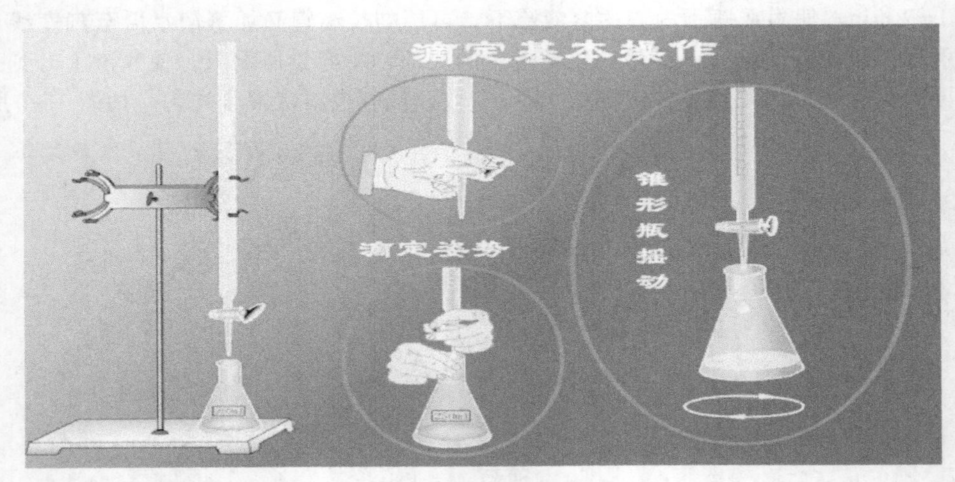

图 15-8 酸式滴定管的正确操作方法

图 15-9 碱式滴定管的气泡的排除方法

液体分开；也可用于排除湿固体中的液体。

台式电动离心机属常规实验室用离心机，最高转速 $4000r \cdot min^{-1}$，属低速台式离心机。该机由主机和附件组成。其中主机由机壳、离心室、驱动系统、控制系统等部分组成。

离心机使用方法：

① 打开门盖，先将内腔及转头擦拭干净；

② 将事先称量一致的离心管放入试管套内，并成偶数对称放入转子试管孔内；

③ 关闭离心机盖，设定定时时间，合上电源开关，调节调速旋钮，升至所需转速；

④ 确认转子完全停转后，方可打开门盖，小心取出离心管，完成整个分离过程；

⑤ 工作完毕必须将调速旋钮置于最小位置，定时器置零，关掉电源开关，切断电源，擦拭内腔及转头，关闭离心机盖。

取洗净的离心试管一只，用滴管滴加 $CaCl_2$ 溶液 1mL 和稀 H_2SO_4 溶液 0.5mL，边滴加边振摇；另取一只相同规格的离心试管，装入等体积的水，对称地放入离心机套管内，然后慢慢启动离心机，进行沉淀的离心操作。离心机如图 15-10 所示。

离心后，用一干净的胶头滴管将清液吸出，转移至另一支干净的试管中（注意滴管插入

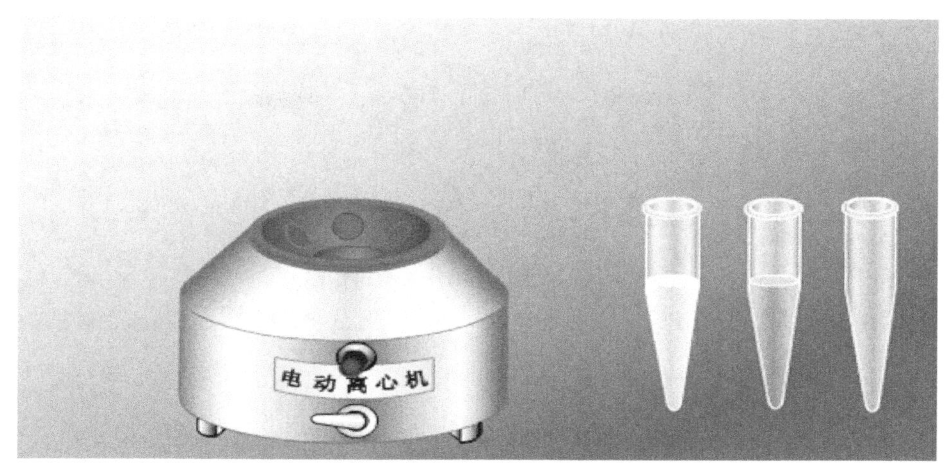

图 15-10　离心机

的深度，尖端不应接触沉淀)，这样就可将沉淀与清液分开。必要时还应对沉淀进行洗涤，即将少量的去离子水加入到沉淀中，轻轻搅拌均匀后，再离心操作。反复几次，直到达到要求为止。

(7) 常压过滤操作

常压过滤是一种最简单和常用的过滤方法，常压过滤的装置如图 15-11 所示。操作时应根据沉淀性质选择滤纸，一般粗大晶形沉淀用中速滤纸，细晶或无定形沉淀选用慢速滤纸，沉淀为胶体状时应用快速滤纸。使用滤纸时，沿圆心对折两次，呈直角扇形四层。按三层一层比例打开呈 60°角圆锥形，置于漏斗中应与漏斗夹角相吻合，且要求滤纸边缘应低于漏斗沿 0.5～1.0cm。撕去三层边的外两层滤纸折角的小角，手指压至滤纸与漏斗壁相贴，再用洗瓶加水润湿滤纸，并驱赶夹层气泡。然后加水到满，在漏斗颈内应形成水柱，以便过滤时该水柱重力可起到抽滤作用，加快过滤速度。

过滤时，置漏斗于漏斗架上，漏斗颈与接收容器紧靠，用玻璃棒贴近三层滤纸一边，首先沿玻棒倾入沉淀上层清液，漏斗中液面应低于滤纸上沿 0.5cm 左右。之后，将沉淀用少量洗涤液搅拌洗涤，静置沉淀，再如上法倾出上清液。如此多次洗涤沉淀后，即可加少量洗涤液混匀沉淀全部倾入漏斗中。最后洗涤烧杯中残余沉淀几次，分别倾入漏斗，使沉淀全部转移至滤纸上，达到固液分离，如图 15-11 所示。

(8) 减压过滤操作

取减压离心装置一套，如图 15-12 所示，将滤纸剪成直径略小于布氏漏斗内径（约 1～2mm）的圆形，平铺在布氏漏斗带孔的瓷板上，再用洗瓶挤少许去离子水湿润滤纸，接着开启循环水式真空泵，使滤纸紧贴在布氏漏斗的瓷板上。然后将待过滤的混合液慢慢地沿玻璃棒倾入布氏漏斗中，进行抽滤。过滤完毕，先将吸滤瓶和安全瓶拆开，再关闭循环水泵的开关。最后将布氏漏斗从吸滤瓶上拿下，用玻璃棒或药匙将沉淀移入盛器内。

(9) pH 试纸的使用

pH 试纸是用多色阶混合酸碱指示剂溶液浸渍滤纸制成的，能对一系列不同的 pH 值显示一系列不同的颜色。

常用的 pH 试纸可以检验气体或液体的酸碱性。用试纸测试溶液的酸碱性时，一般是将一小片试纸放在干净的点滴板上，用洗净并用蒸馏水冲洗过的玻璃棒蘸取待测试溶液滴在试纸上，观察其颜色的变化，将试纸所呈现的颜色与标准色板颜色比较，即可测得溶液的

图 15-11　常压过滤的操作方法

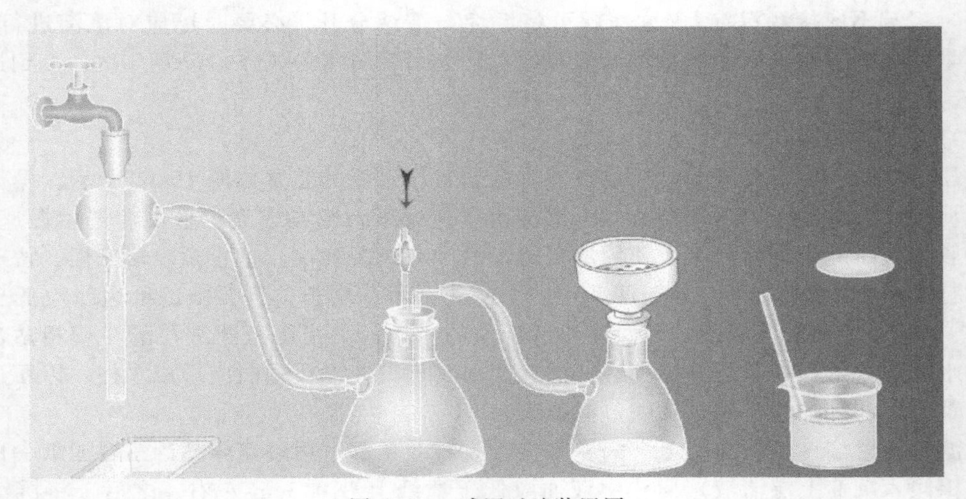

图 15-12　减压过滤装置图

pH，如图 15-13 所示。

(10) pH 酸度计的使用

酸度计又称 pH 计，是一种通过测量电势差的方法测定溶液 pH 的常用仪器。除可测量溶液的 pH 值外，还可用于测量氧化还原电对的电极电势及配合电磁搅拌器进行电位滴定等。酸度计都是由参比电极（饱和甘汞电极）、测量电极（玻璃电极）和精密电位计三部分组成，将参比电极和测量电极合并在一起制成的复合体称为复合电极。

酸度计的使用方法：

① 仪器接通电源，预热 30min，并将复合电极接到仪器上，固定在电极夹中。

② 标定把 pH-mV 开关转到 pH 位置，斜率调节旋钮调节在 100%的位置（顺时针旋到底）；按“温度”键，使仪器进入溶液温度调节状态（此时温度单位℃指示灯闪亮），按“△”键或“▽”键调节温度显示数值上升或下降，使温度显示值和标定溶液温度一致，然后按“确认”键，仪器确认溶液温度值后回到 pH 测量状态。

③ 把用蒸馏水或去离子水清洗过的电极插入 pH＝6.86 的标准缓冲溶液中，按“标定”键，此时显示实测的 mV 值，待读数稳定后按“确认”键（此时显示实测的 mV 值对应的

图 15-13　pH 试纸的正确使用方法

该温度下标准缓冲溶液的标称值)，然后再接“确认”键，仪器转入斜率标定状态。

④ 仪器在斜率标定状态下，把用蒸馏水或去离子水清洗过的电极插入 pH＝4.00（或 pH＝9.18）的标准缓冲溶液中，此时显示实测的 mV 值，待读数稳定后按“确认”键（此时显示实测的 mV 值对应的该温度下标准缓冲溶液的标称值)，然后再按“确认”键，仪器自动进入 pH 测量状态。

⑤ 用蒸馏水清洗电极后即可对被测溶液进行测量。一般情况下，在 24h 内仪器不需要再标定，如图 15-14 所示。

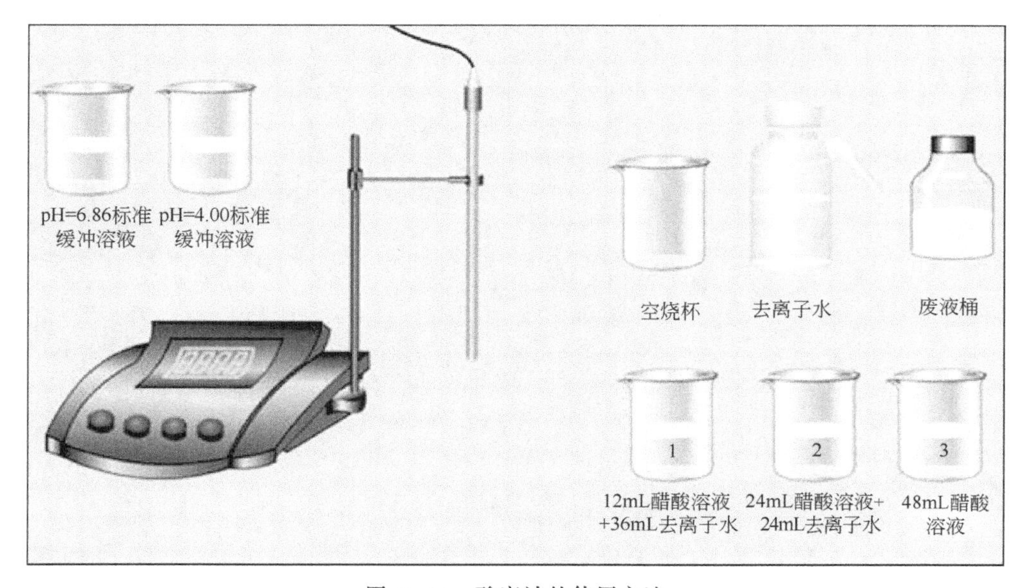

图 15-14　酸度计的使用方法

把电极用蒸馏水清洗，用滤纸吸干，然后插入待测溶液中，轻轻摇动烧杯，使待测液混合均匀，静置，读出该溶液的 pH 值。进行下一个新样品测定时，要重复上述步骤，再读数。

实验完成后，将电极取下浸入蒸馏水中，将短路插头插入输入端以保护仪器。

五、思考题

(1) 在实验室里硫化氢气体中毒该如何处置？若氯化氢气体中毒又该如何处置？在实验室中不小心打破水银温度计，又该如何处理？

(2) 洗液如何配制？怎样洗涤玻璃量器？使用时要注意什么？玻璃仪器洗净的标准是什么？

(3) 玻璃仪器的常用干燥方法有哪些？有刻度的玻璃仪器能用烤干法进行干燥吗？

(4) 怎样对离心后的沉淀进行洗涤？

(5) 减压过程中，安全瓶的作用是什么？

(6) pH 酸度计由哪几个主要部件组成？它有哪两个常用功能？在使用它测定溶液酸度之前，常用哪种方法矫正仪器？

实验16　元素及其化合物的性质

一、实验目的

（1）了解元素周期律、元素周期表的创制历史和元素周期表的周期、族、区的划分。

（2）熟悉元素的原子序数、元素符号、原子结构与核外电子构型，以及元素的基本性质在元素周期表中的递变规律。

（3）掌握主族、副族元素单质及其化合物的基本性质和重要的化学反应，以及常见离子的有关特性与它们的鉴别反应。

（4）进一步培养学生科学观察实验、理性分析实验现象和解决实际问题的能力。

二、无机化学基本操作虚拟仿真实验软件简介

本套系列软件旨在为高等医药院校的学生学习无机化学课程时，提供一个高仿真度的、高交互操作的、全程参与式的、可提供实时信息反馈与操作指导的操作平台，使学生通过在本平台上的虚拟实验操作练习，进一步了解元素周期律、元素周期表的创制历史和元素周期表的周期、族、区的划分。熟悉元素的原子序数、元素符号、原子结构与核外电子构型，以及元素的基本性质在元素周期表中的递变规律，掌握主族、副族元素单质及其化合物的基本性质和重要的化学反应，以及常见离子未知溶液的定性分析方法。

本套软件采用“程序为主，动画为辅”的设计思想对无机化学虚拟实验室进行了总体框架设计和功能设计，然后运用Flash CS3图形图像矢量技术建模，Flash CS3动画为辅、ActionScript 3.0程序设计为主成功模拟设计了“元素化学与元素周期表”、“元素鉴定与焰色反应动画演示系统”、“元素及其化合物的性质”和“元素性质实验视频演示系统”四大模块，构建了集场景型、交互式、在线评价为一体的元素化学虚拟仿真实验室。

本套软件运用“触敏”技术对虚拟实验装置进行搭建，实现了实验器皿之间的任意有效连接，大大加强了实验操作的交互性。在满足无机化学虚拟实验室基本功能的基础之上，又设计了“追踪记录”“操作评价”等功能以加强本软件的人性化特征，同时，设计了“更换背景”等辅助功能以增强本软件的娱乐元素。

该软件为学生提供了一个自主发挥的平台，也为高等学校经费难等问题的解决提供了新思路、新方法及新手段，必将对高等院校教育教学的改革与发展起到积极的促进作用。

三、软件与软件的运行环境

（1）软件

元素化学与元素周期表，元素鉴定与焰色反应动画演示系统，元素及其化合物的性质，元素性质实验视频演示系统。

（2）软件的运行环境

操作系统：XP、Win7、Server2008。

运行环境：内存≥1G；可用硬盘空间≥60G；服务器、中间件以及数据库系统正常运行。

插件：Flash Player 8.0及以上版本播放器；Virtools播放器；IE浏览器。

（3）软件的安装

① 软件安装　可将光盘上的文件夹直接拷贝到硬盘选择好的目录下，在安装好插件后运行。

② 插件安装　可将光盘上的文件夹直接拷贝到硬盘选择好的目录下进行安装，也可以直接从网上下载并按照操作步骤进行安装。

四、虚拟仿真实验项目

1.元素世界与元素周期表

（1）元素世界

通过“元素化学与元素周期表”中的元素世界模块，如图16-1所示，了解目前已知的所有元素的故事，从它们的发现、来源到它们的用途和传奇故事，感受化学元素摄人心魄的独特魅力与令人惊奇的广泛应用，激发学生学习无机化学的浓厚兴趣。

元素世界模块包含：

①元素趣谈；②神奇的化学元素；③特质元素；④贵族金属元素；⑤矿物药物中的元素化学；⑥微量元素与人体健康。

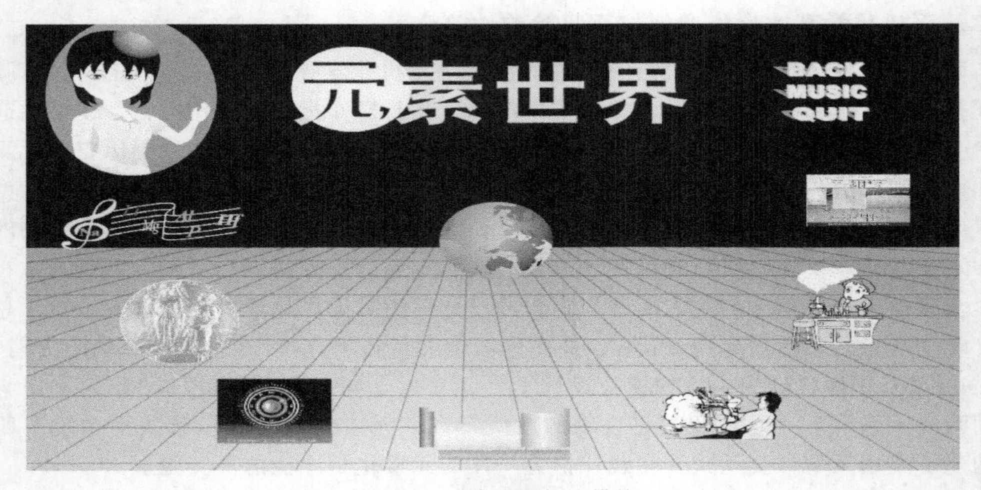

图16-1　元素世界知识模块

（2）元素周期表

通过“元素化学与元素周期表”中的元素周期表模块，如图16-2所示，了解元素周期律与元素周期表的创制历史，熟悉元素周期表的周期、族、区的划分，掌握元素的原子序数、元素符号、原子结构与核外电子构型，以及元素的基本性质（元素的原子半径、电离能、电子亲和能、电负性）在元素周期表中的递变规律。

图16-2　元素周期表模块

元素周期表模块包含：①标准式元素周期表；②积木式元素周期表；③花园式元素周期表；④球状式元素周期表；⑤建筑式元素周期表；⑥趣味式元素周期表。

2.焰色反应与离子鉴定

通过“元素鉴定与焰色反应动画演示系统”软件中FLASH虚拟仿真实验平台软件的交互模式，自主探究ⅠA、ⅡA形成的离子（Na^{+}、K^{+}、Ca^{2+}、Sr^{2+}、Ba^{2+}）的焰色反应，观察各种离子的特征焰色反应实验现象，总结实验规律，并完成焰色反应在离子鉴定的应用模块的实验考核。

（1）焰色反应

焰色反应是某些金属或它们的挥发性化合物在无色火焰中灼烧时使火焰呈现特征的颜色的反应。

① 钠离子的焰色反应　用洁净的表面皿盛装少许氯化钠固体，点燃一盏新的煤油喷灯，取一条细铂丝，一端绕成一小圈，再在煤油灯外焰上灼烧至无黄色火焰，用该端铂丝小圈沾一下水，再蘸少量氯化钠固体，置于煤油灯外焰上灼烧，观察火焰的颜色（黄色），如图16-3所示。

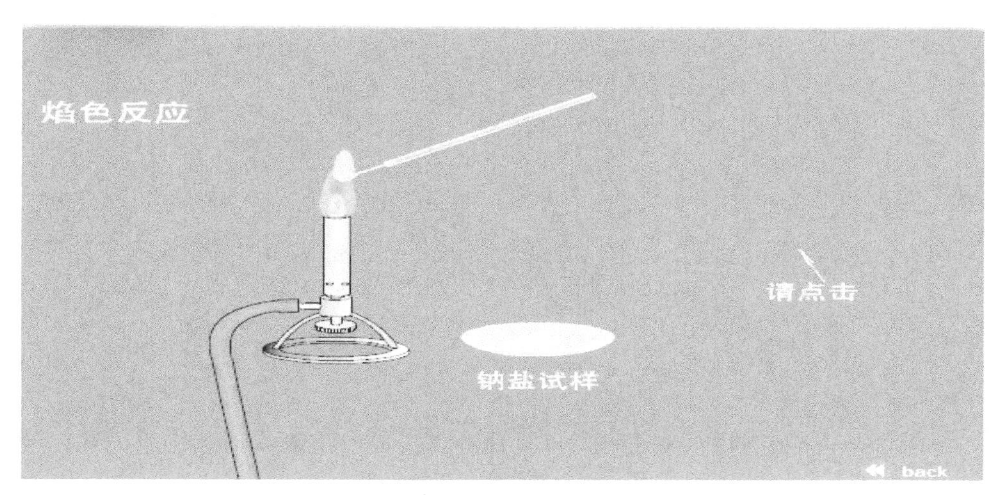

图16-3　钠离子的焰色反应

② 钾离子的焰色反应　将碳酸钾粉末充分研细，放置在洁净的表面皿中，点燃一盏新的煤油喷灯，取一条细铂丝，一端绕成一小圈，用该端铂丝小圈蘸一下水，再沾少量碳酸钾粉末，置于煤油灯外焰上灼烧，隔一块钴玻璃片观察火焰的颜色（紫色），如图16-4所示。

③ 钙离子的焰色反应　将无水氯化钙粉末充分研细，放置在洁净的表面皿中，点燃一盏新的煤油喷灯，取一条细铂丝，一端绕成一小圈，用该端铂丝小圈蘸一下水，再沾少量氯化钙粉末，置于煤油灯外焰上灼烧，观察火焰的颜色（砖红色），如图16-5所示。

④ 锶离子的焰色反应　将碳酸锶粉末充分研细，放置在洁净的表面皿中，点燃一盏新的煤油喷灯，取一条细铂丝，一端绕成一小圈，用该端铂丝小圈，蘸一下无水酒精，再沾少量碳酸锶粉末，置于煤油灯外焰上灼烧，观察火焰的颜色（洋红色），如图16-6所示。

图 16-4 钾离子的焰色反应

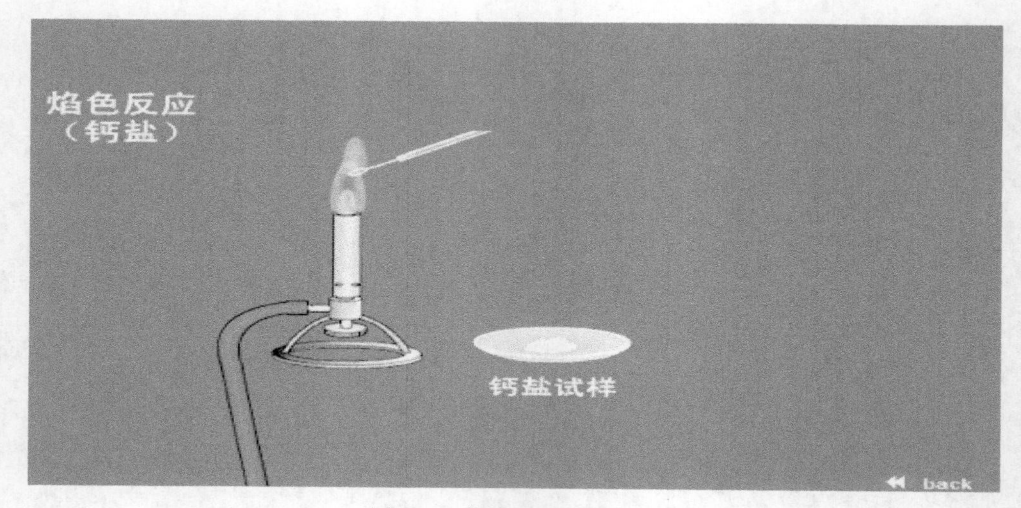

图 16-5 钙离子的焰色反应

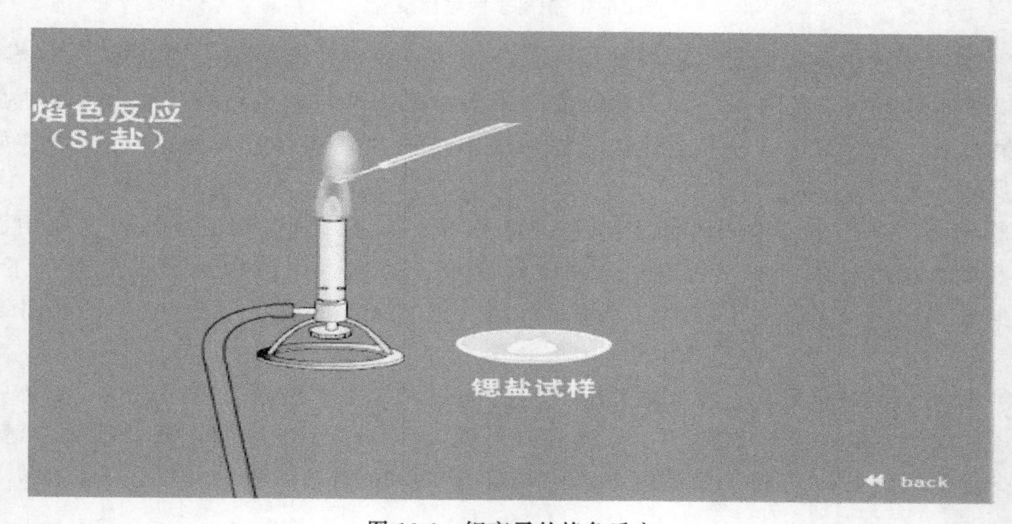

图 16-6 锶离子的焰色反应

⑤ 钡离子的焰色反应　将氯化钡粉末充分研细，放置在洁净的表面皿中，点燃一盏新的煤油喷灯，取一条细铂丝，一端绕成一小圈，用该端铂丝小圈，蘸一下水，再沾少量氯化钡粉末，置于煤油灯外焰上灼烧，观察火焰的颜色（黄绿色），如图 16-7 所示。

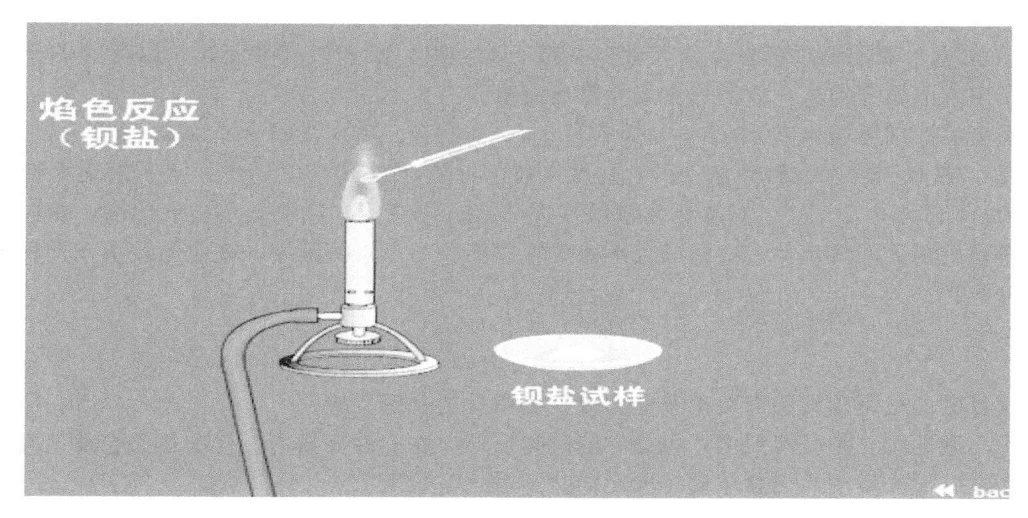

图 16-7　钡离子的焰色反应

（2）焰色反应在离子鉴定上的应用

从焰色反应的实验里所看到的特征焰色就是光谱谱线的颜色，每种元素的光谱都有一些特征谱线发出特征的颜色而使火焰着色，因此，可根据焰色判断某种元素在化合物中的存在。通过虚拟仿真实验操作，观察各种离子的特征焰色反应现象，总结实验规律，根据焰色反应所呈现的特征颜色，逐一将离子对应至方框里，完成焰色反应在离子鉴定的应用模块的实验考核，如图 16-8 所示。

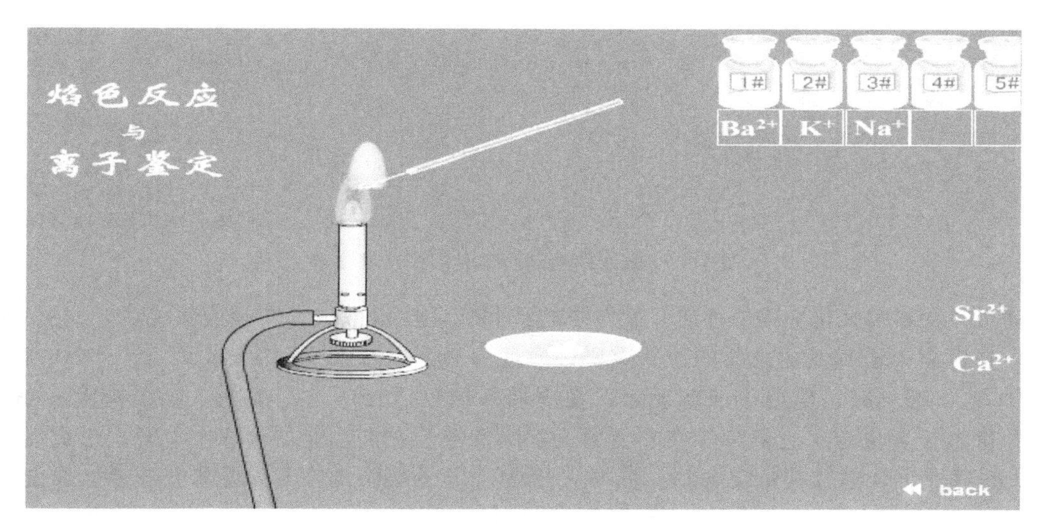

图 16-8　焰色反应在离子鉴定上的应用虚拟仿真实验模块

3.元素及其化合物的性质

通过“元素及其化合物的性质”软件中的系列验证性虚拟仿真实验操作模块的学习，帮助学生尽快熟悉元素单质及其化合物的基本性质，了解与之相关联的重要化学反应，掌握常见离子未知溶液的定性分析方法，实现实验预习和完全自主学习，提高学生的学习兴趣和动手能力，开创一种全新的绿色、高效虚拟仿真实验教学模式。

（1）主族元素（卤素、氧、硫、氮、磷、硼）的性质

① 卤素　周期表中第ⅦA族元素包括氟、氯、溴、碘和砹五种元素，因为它们都与碱金属作用生成典型的盐，故通称卤族元素或卤素。

卤素的标准电极电势：$E^{\ominus}_{Cl_2/Cl^-} > E^{\ominus}_{Br_2/Br^-} > E^{\ominus}_{I_2/I^-}$。单质的氧化性强弱顺序为：$Cl_2 > Br_2 > I_2$，氯水和溴水在碱性条件下，常发生歧化反应，如图 16-9 所示。离子的还原性强弱顺序为：$I^- > Br^- > Cl^-$。卤素的含氧酸盐都具有氧化性，次氯酸盐是强氧化剂，在酸性介质中表现出明显的氧化性。次卤酸极不稳定，仅能存在于水溶液中，在室温按下列两种方式进行分解：

$$2HXO \Longrightarrow 2HX + O_2$$

$$3HXO \Longrightarrow 2HX + HXO_3$$

次氯酸的强氧化性和漂白杀菌能力就是基于它的分解反应。

次卤酸的第二种分解反应，也是它的歧化反应。在中性介质中，仅次氯酸会发生歧化反应，而在碱性介质中，卤素单质、次卤酸盐都发生歧化反应。

$$X_2 + 2OH^- \Longrightarrow X^- + XO^- + H_2O$$

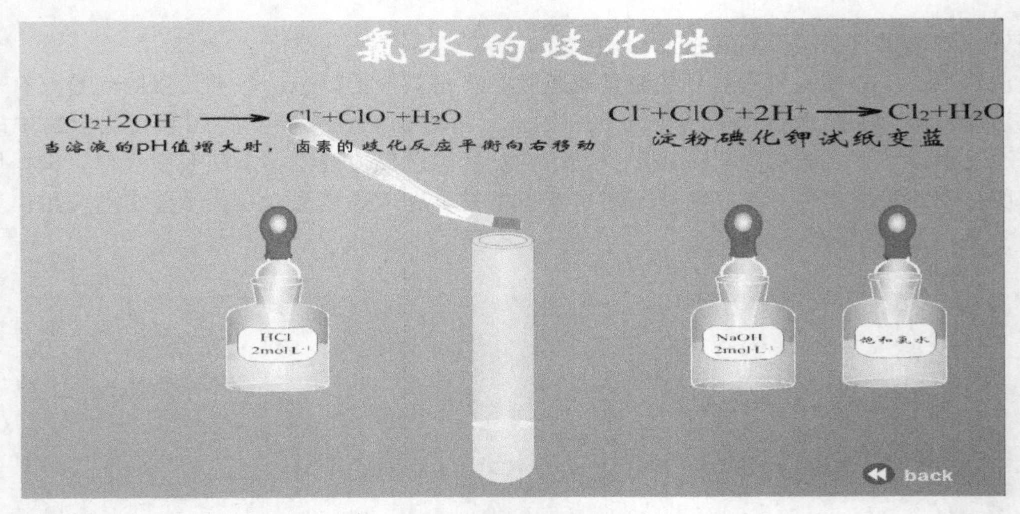

图 16-9　氯水的系列验证性虚拟仿真实验

通过“元素及其化合物的性质”软件中的系列验证性虚拟仿真实验操作模块，如图 16-10 所示，将卤素单质及其化合物的这些重要性质逐一验证。

② 氧、硫　氧、硫属于氧族元素，在周期系的第ⅥA族，其价电子层结构为 ns^2np^4，有 6 个价电子，决定了它们都具有非金属元素的特性。它们都能结合两个电子，形成氧化数为 −2 的离子化合物或共价化合物。同时，硫的价电子层中的空 nd 轨道也可参加成键，所以可显示 +2、+4、+6 氧化态。氧、硫所形成的重要化合物有：过氧化氢、硫化氢、金属硫化物和硫的含氧酸及其盐。其中，硫化氢和硫化物中的硫处于最低氧化态，因此只具有还原性，如图 16-11 所示。

$$2H_2S + H_2SO_3 \Longrightarrow 3S(\text{黄色}\downarrow) + 3H_2O$$

$$4Cl_2 + H_2S + 4H_2O \Longrightarrow H_2SO_4 + 8HCl$$

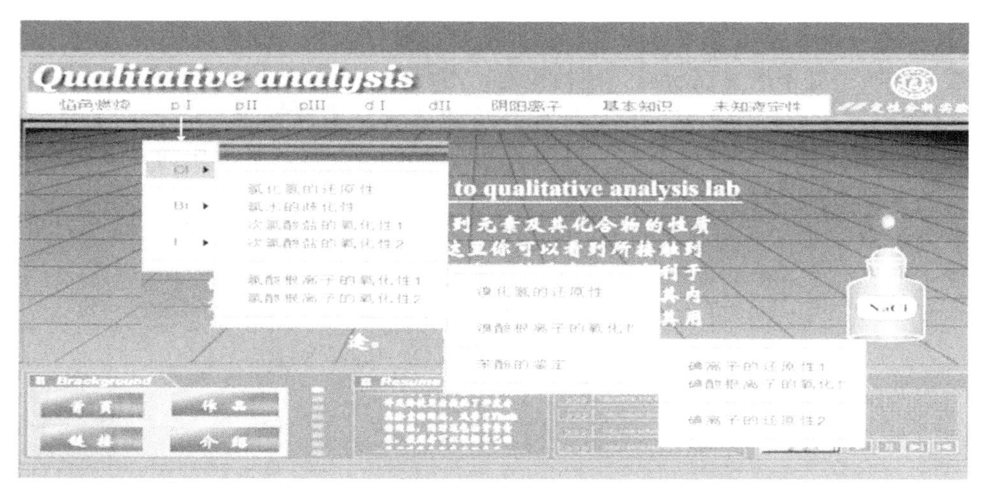

图 16-10　卤素单质及其化合物的验证性虚拟仿真实验操作模块

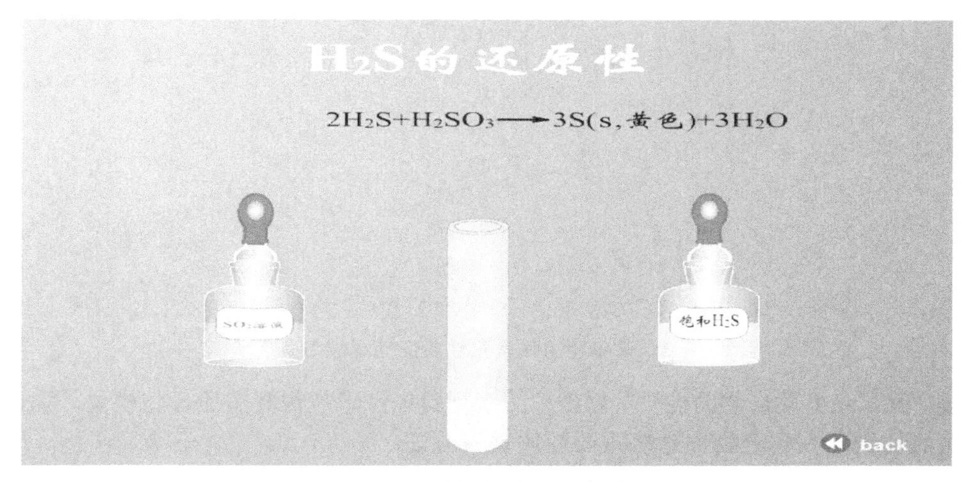

图 16-11　S^{2-} 的还原性虚拟仿真实验

通过“元素及其化合物的性质”软件中的系列验证性虚拟仿真实验操作模块，如图 16-12 所示，将硫元素单质及其化合物的这些重要性质逐一验证。

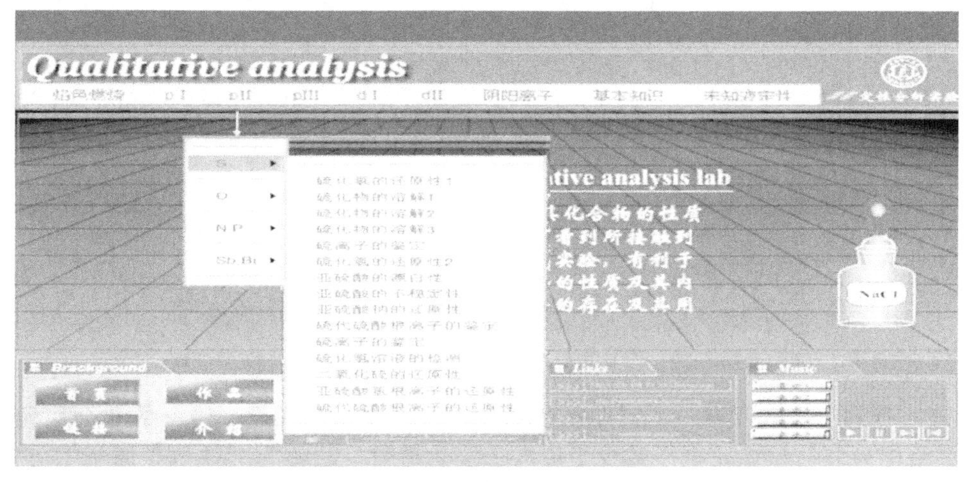

图 16-12　硫元素单质及其化合物的验证性虚拟仿真实验操作模块

③ 氮、磷　氮、磷属于氮族元素，在周期系的第ⅤA族，其价电子层结构为 ns^2np^3，价电子层中p轨道处于半充满状态，结构稳定，与卤族、氧族比较，要获得或失去电子形成−3或+3价的离子都较为困难，因此形成共价化合物是本族元素的特征，主要形成−3、+3、+5三个氧化数的共价化合物。氮和磷是典型的非金属，所形成的重要化合物有氨、铵盐、氮的含氧酸及其盐和磷酸及其盐。

硝酸分子中N原子具有最高价态，它最突出的性质是强氧化性，稀硝酸都具有强氧化性，如图16-13所示。在氧化还原反应中，硝酸主要被还原为下列物质。

$$\overset{+4}{NO_2}—\overset{+3}{HNO_2}—\overset{+2}{NO}—\overset{+1}{N_2O}—\overset{0}{N_2}—\overset{-3}{NH_4^+}$$

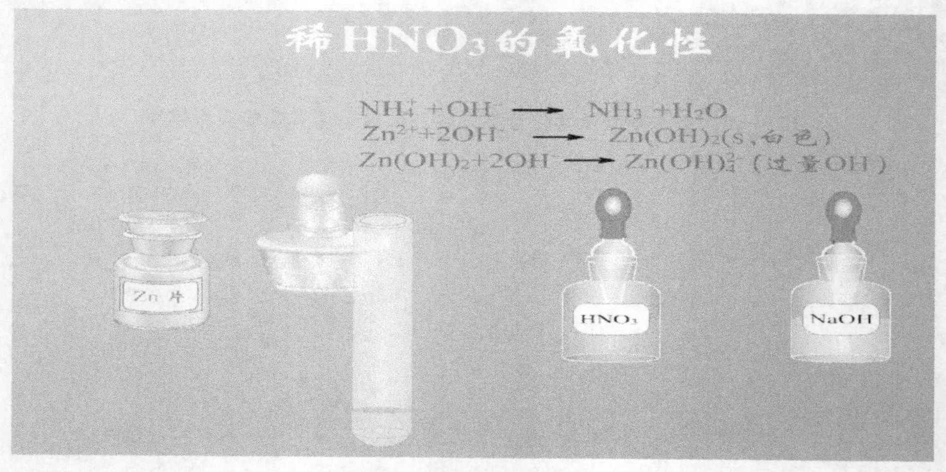

图16-13　稀硝酸的强氧化性验证性虚拟仿真实验

通过“元素及其化合物的性质”软件中的系列验证性虚拟仿真实验操作模块，如图16-14所示，将氮、磷及其化合物的这些重要性质逐一验证。

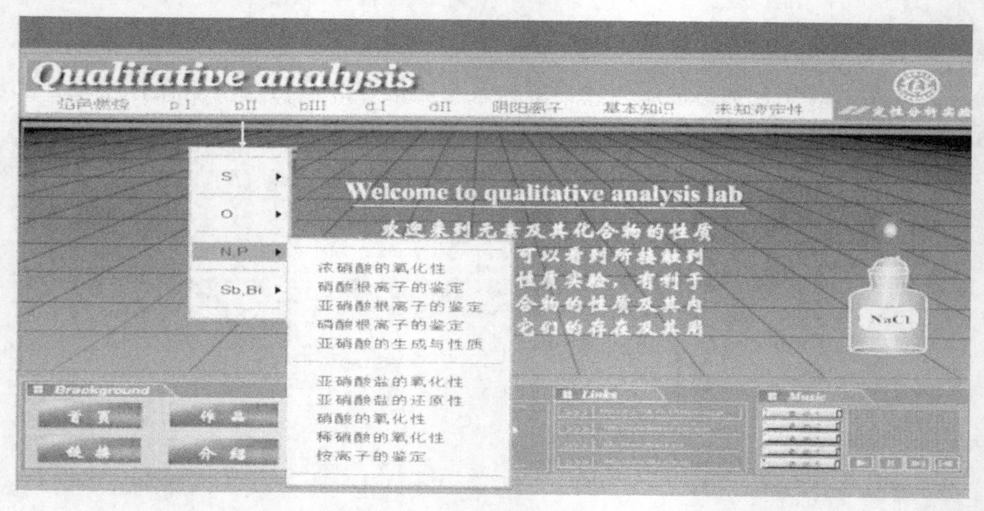

图16-14　氮、磷及其化合物的验证性虚拟仿真实验操作模块

④ 硼　硼属于硼族元素，在周期系的第ⅢA族，是该族元素中唯一的非金属元素，其价电子层结构为 $2s^22p^1$，价电子数少于价电子层轨道数，故称为“缺电子原子”。它形成的

氧化数为+3的共价化合物，由于成键的电子对数少于中心原子的价键轨道数，比稀有气体构型缺少一对电子，被称为“缺电子化合物”，重要化合物有乙硼烷、硼酸、硼砂。

硼砂珠实验：此法是利用熔融的硼砂能与多数金属元素的氧化物及盐类形成各种不同颜色化合物的特性，在分析化学上常用硼砂来鉴定金属离子。Co^{2+}为蓝宝石色，Cr^{3+}为绿色，Ni^{2+}为淡红色，Fe^{3+}为黄色，可以用来定性分析金属元素，如图16-15、图16-16所示。

虚拟仿真实验项目：用铂丝圈蘸取少许硼砂（$Na_2B_4O_7 \cdot 10H_2O$），灼烧熔融，使生成无色玻璃状小珠，再蘸取少量被测试样的粉末或溶液，继续灼烧，小珠即呈现不同的颜色，借此可以检验某些金属元素的存在。

硼砂珠实验1：Co^{2+}的硼砂珠实验

相关反应方程式：$Na_2B_2O_7+CoO \xrightarrow{加热} Co(BO_2)_2 \cdot 2NaBO_2$（蓝色）

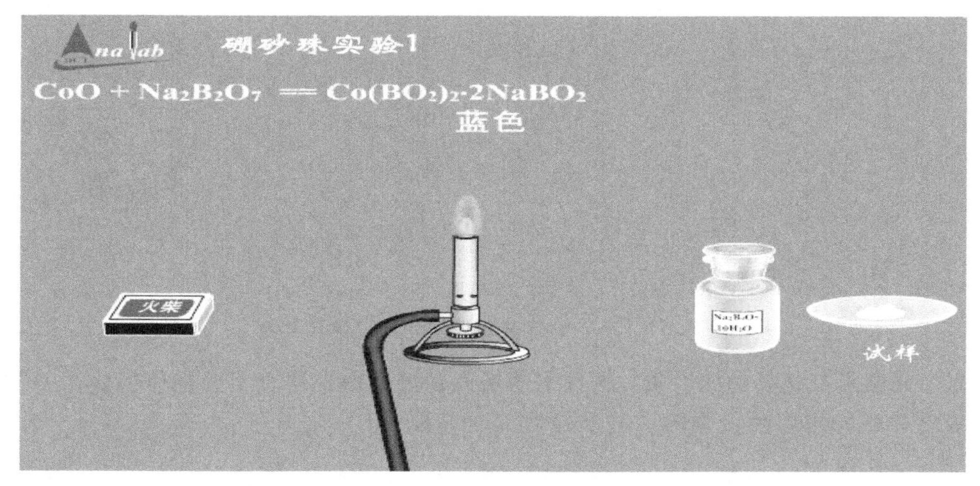

图16-15 Co^{2+}的硼砂珠实验

硼砂珠实验2：Cr^{3+}的硼砂珠实验

相关反应方程式：$3Na_2B_4O_7+Cr_2O_3 \xrightarrow{加热} 2Cr(BO_2)_3+6NaBO_2$（绿色）

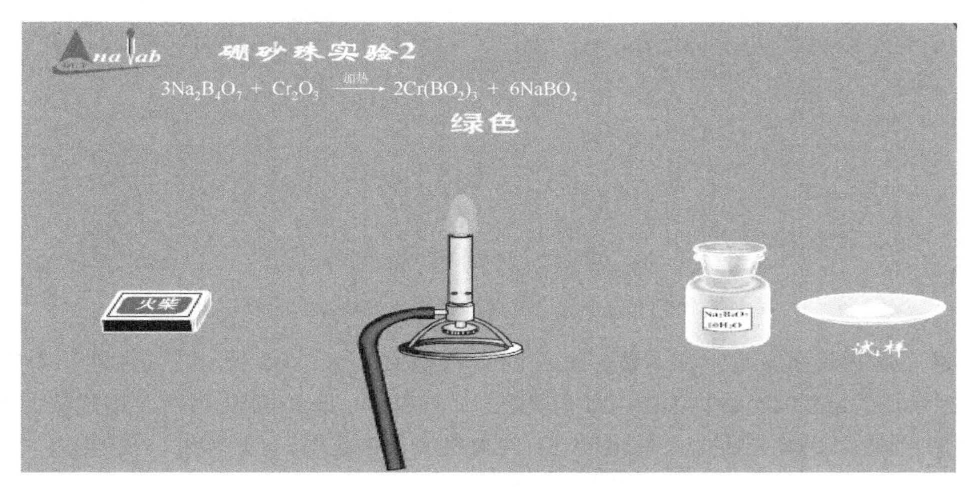

图16-16 Cr^{3+}的硼砂珠实验

（2）副族元素（铁、铬、锰、钴、银）的性质

① 铁　铁是第四周期ⅧB族元素，价层电子构型为$3d^6 4s^2$，常见的氧化值为+3和+2，最高氧化值为+6。Fe^{3+}和Fe^{2+}由于半径较小，d轨道又未完全充满电子，可与X^-、CN^-、SCN^-、$C_2O_4^{2-}$和PO_4^{3-}等许多配体形成稳定的八面体形配合物。其中Fe^{3+}与SCN^-作用，生成血红色的$[Fe(NCS)_n]^{3-n}$，如图16-17所示，该反应为鉴定Fe^{3+}的特效反应：

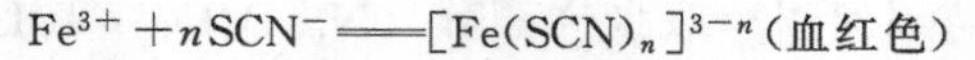

$$Fe^{3+} + nSCN^- = [Fe(SCN)_n]^{3-n}（血红色）$$

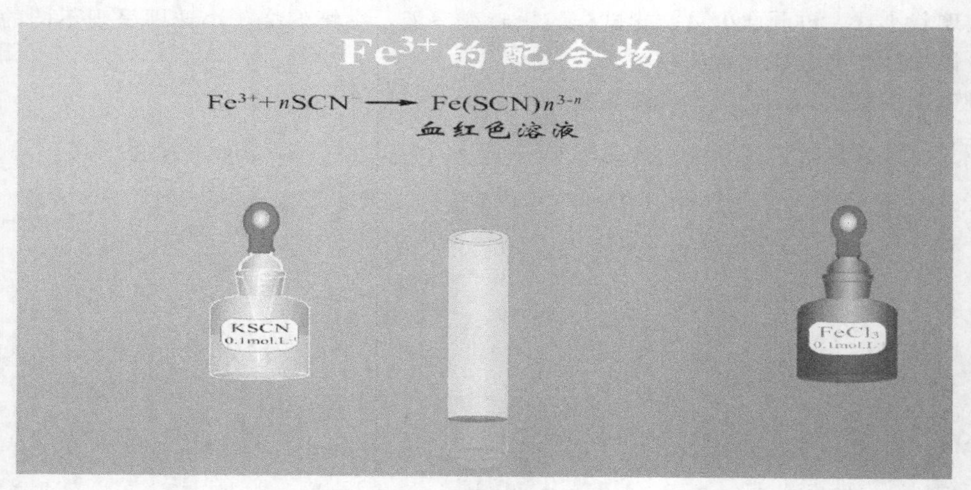

图16-17　Fe^{3+}特效显色反应的虚拟仿真实验

通过“元素及其化合物的性质”软件中的系列验证性虚拟仿真实验操作模块，如图16-18所示，将铁元素的主要化合物的这些重要性质逐一验证。

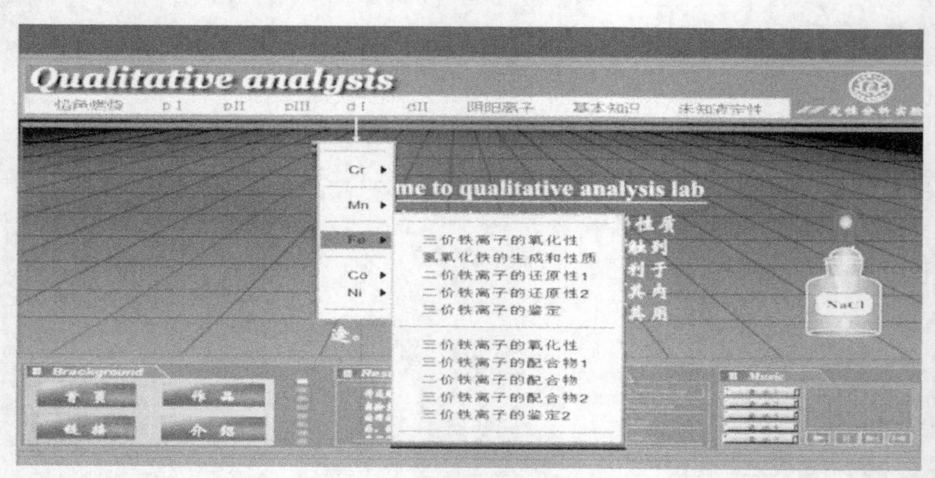

图16-18　铁元素及其化合物的验证性虚拟仿真实验操作模块

② 铬　铬是周期系ⅥB族元素，常见的氧化数有+2、+3、+7。Cr(Ⅲ)盐溶液与适量的氨水或NaOH溶液作用时，即有灰绿色$Cr(OH)_3$胶状沉淀生成，其具备两性。由Cr(Ⅲ)氧化成Cr(Ⅵ)，需加入氧化剂，且在碱性介质中进行，如：

$$2CrO_2^- + 3H_2O_2 + 2OH^- = 2CrO_4^{2-} + 4H_2O$$

而Cr(Ⅵ)还原成Cr(Ⅲ)，需加入还原剂，且在酸性介质中进行，如：

$$Cr_2O_7^{2-}+3S^{2-}+14H^+ \longrightarrow 2Cr^{3+}+3S+7H_2O$$

铬酸盐和重铬酸盐在溶液中存在下列平衡（图 16-19）：

$$2CrO_4^{2-}+2H^+ \longrightarrow Cr_2O_7^{2-}+H_2O$$

加酸或碱可使平衡移动。一般多酸盐溶解度比单酸盐大，故在 $K_2Cr_2O_7$ 溶液中加入 Pb^{2+}，实际生成 $PbCrO_4$ 黄色沉淀。

$$2Pb^{2+}+Cr_2O_7^{2-}+H_2O \longrightarrow 2H^++2PbCrO_4\downarrow（黄色）$$

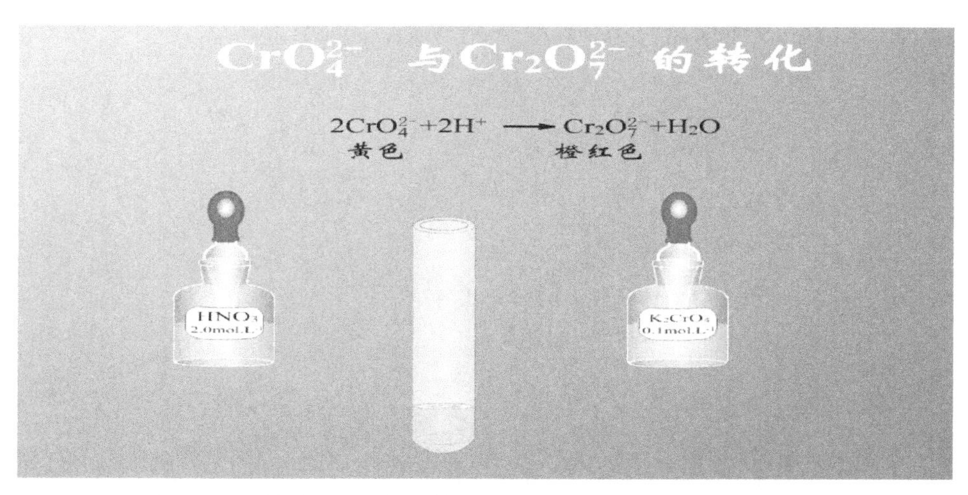

图 16-19　铬酸根离子与重铬酸根离子相互转化的虚拟仿真实验

通过“元素及其化合物的性质”软件中的系列验证性虚拟仿真实验操作模块，如图 16-20 所示，将铬元素的主要化合物的这些重要性质逐一验证。

图 16-20　铬元素及其化合物的验证性虚拟仿真实验操作模块

③ 锰　锰是周期系ⅦB 元素，常见的氧化数有 +2、+4、+6、+7，Mn(Ⅳ) 的化合物中，最重要的是 MnO_2，它在酸性介质中是强氧化剂。Mn(Ⅵ) 由 MnO_2 和强碱在氧化剂 $KClO_3$ 的作用下加强热而制得。绿色锰酸钾溶液极易歧化：

$$3K_2MnO_4+2H_2O \longrightarrow 2KMnO_4+MnO_2+4KOH$$

K_2MnO_4 可被 Cl_2 氧化成 $KMnO_4$。

$KMnO_4$ 是强氧化剂，它的还原产物随介质酸碱性不同而异。MnO_4^- 在酸性溶液中被还原成 Mn^{2+}，在中性溶液中被还原为 MnO_2，在强碱性介质中被还原成绿色的 MnO_4^{2-}，如图 16-21 所示。

$KMnO_4$ 在近中性溶液中作氧化剂时，还原产物为 MnO_2。例如：

$$2MnO_4^- + I^- + H_2O = 2MnO_2\downarrow + IO_3^- + 2OH^-$$

$KMnO_4$ 在强碱性介质中作氧化剂时，其还原产物为 MnO_4^{2-}。例如：

$$2MnO_4^- + SO_3^{2-} + 2OH^- = 2MnO_4^{2-} + SO_4^{2-} + H_2O$$

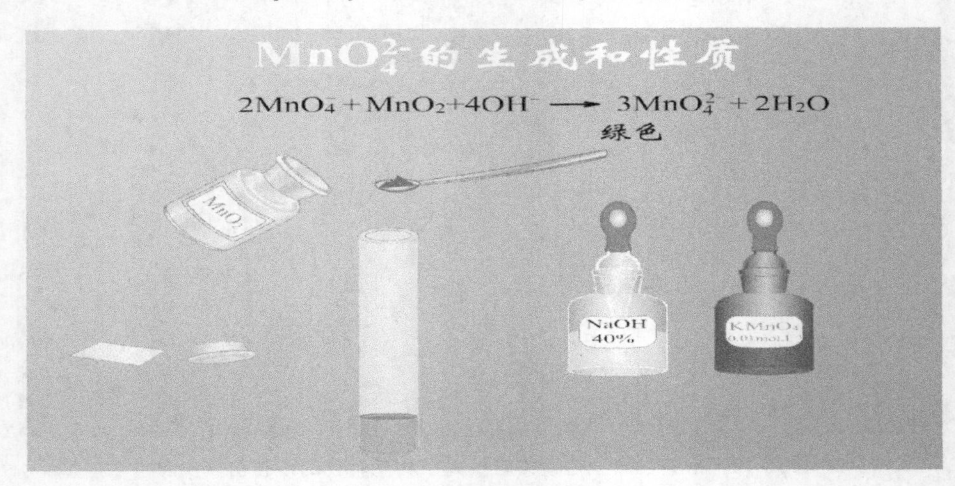

图 16-21　高锰酸根离子的生成与性质虚拟仿真实验

通过“元素及其化合物的性质”软件中的系列验证性虚拟仿真实验操作模块，如图 16-22 所示，将锰元素的主要化合物的这些重要性质逐一验证。

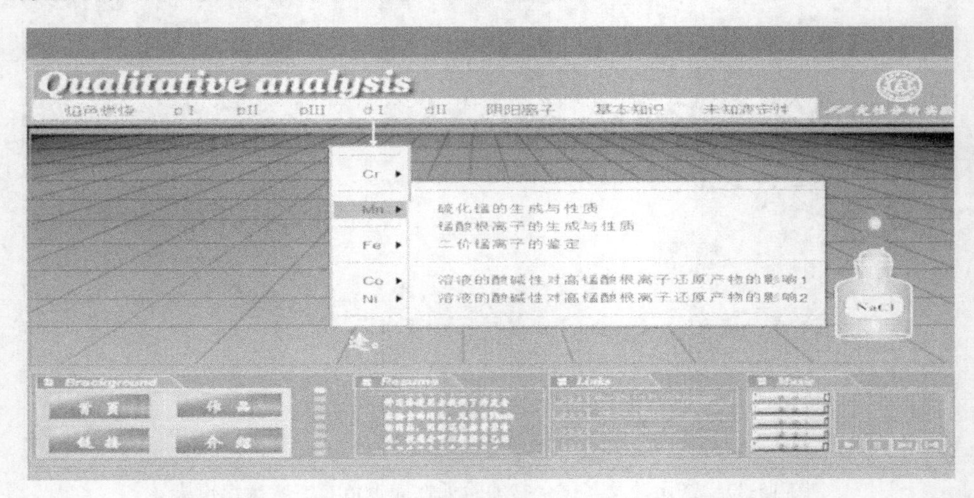

图 16-22　锰元素及其化合物的验证性虚拟仿真实验操作模块

④ 钴　钴是ⅧB 族元素，常见氧化数为＋2、＋3。Co^{2+} 可以与 NH_3、SCN^-、EDTA 形成配合物，其中 Co^{2+} 与 SCN^- 形成蓝色的配离子 $[Co(SCN)_4]^{2-}$，常用来鉴定 Co^{2+}，如图 16-23 所示。

$$Co^{2+} + 4SCN^- \xrightarrow{\text{丙酮}} [Co(SCN)_4]^{2-}\text{（蓝色）}$$

由于电对 Co^{3+}/Co^{2+} 的标准电极电势很高，通常，Co^{3+} 在水溶液中不易形成配离子。

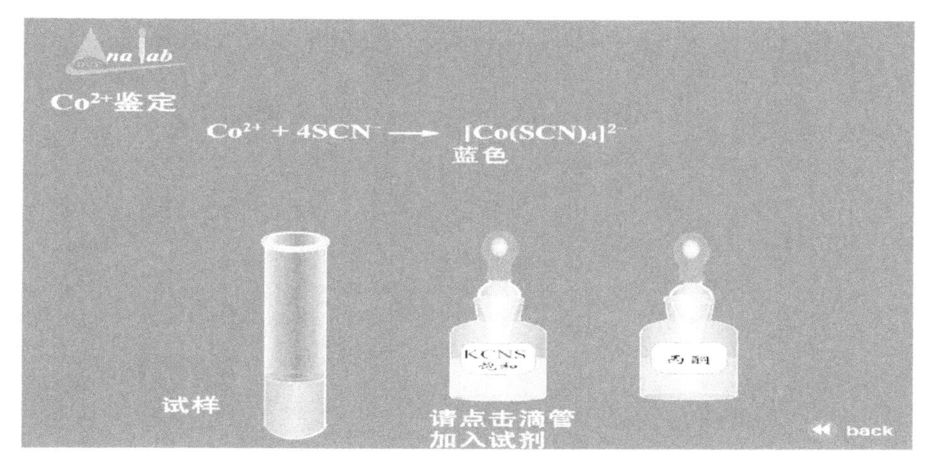

图 16-23　Co^{2+}的特效显色反应虚拟仿真实验

通过“元素及其化合物的性质”软件中的系列验证性虚拟仿真实验操作模块，如图 16-24 所示，将钴元素的主要化合物的这些重要性质逐一验证。

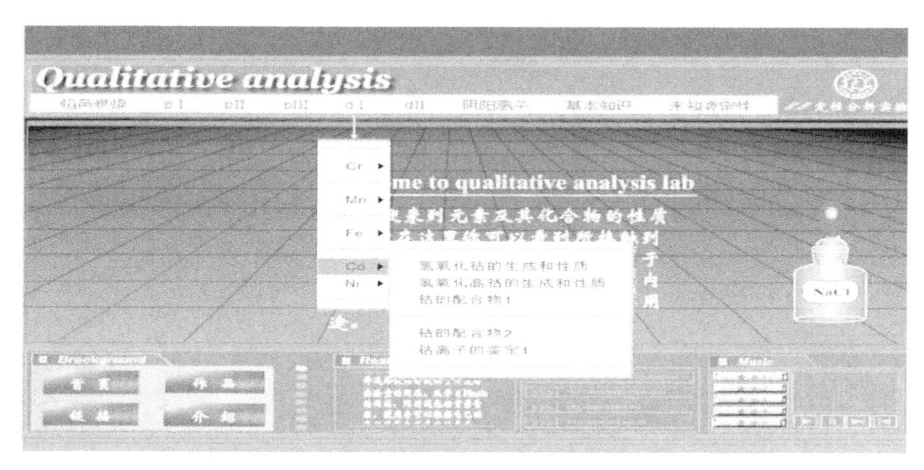

图 16-24　钴元素及其化合物的验证性虚拟仿真实验操作模块

⑤ 银　银是周期系ⅠB族元素，在化合物中 Ag 的常见氧化数为+1。Ag^+可与氨水作用，生成无色配离子 $[Ag(NH_3)_2]^+$，Ag^+可以与 I^-反应，生成黄色的 AgI 沉淀。Ag^+也可以与 CrO_4^{2-} 反应，生成黄色的 Ag_2CrO_4 沉淀，然后滴加 NaCl 溶液，生成白色的 AgCl 沉淀，再加入过量的浓氨水，则白色沉淀被溶解，生成无色配离子 $[Ag(NH_3)_2]^+$，如图 16-25 所示，相关反应方程式如下：

$$2Ag^+ + CrO_4^{2-} \longrightarrow Ag_2CrO_4(\text{砖红色}\downarrow) \xrightarrow{NaCl} AgCl(\text{白色}\downarrow) \xrightarrow{NH_3 \cdot H_2O} [Ag(NH_3)_2]^+(\text{无色})$$

通过“元素及其化合物的性质”软件中的系列验证性虚拟仿真实验操作模块，如图 16-26 所示，将银元素的主要化合物的这些重要性质逐一验证。

(3) 常见阳离子未知溶液的定性分析

虚拟仿真实验项目 1：在某未知混合溶液中，可能含有 Cu^{2+}、Ag^+、Hg^{2+}中的一种或数种，请根据虚拟实验室所提供的试剂，自主设计分离鉴定试验方案，完成该虚拟仿真实验项目，如图 16-27 所示，熟悉常见阳离子的有关特性并掌握它们的鉴别反应，进一步培养学生观察实验和分析实验现象，解决实际问题的能力。

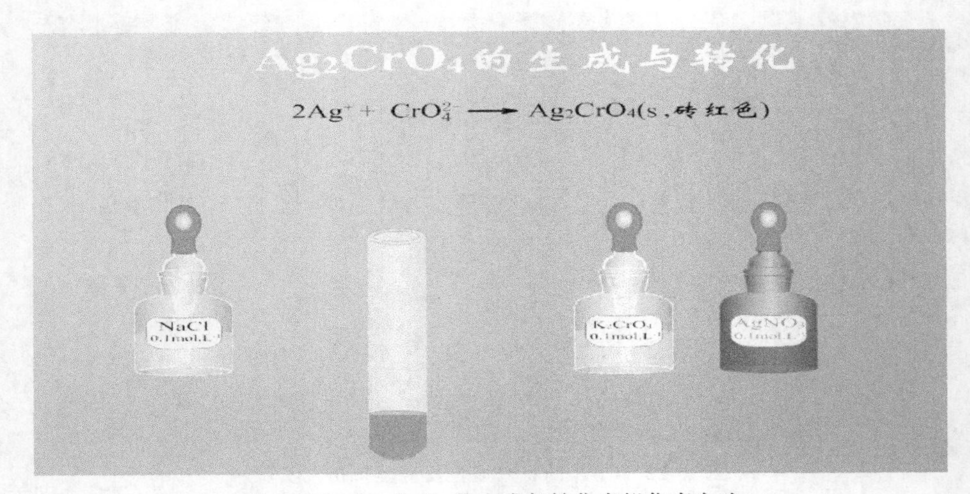

图 16-25　Ag_2CrO_4 的生成与转化虚拟仿真实验

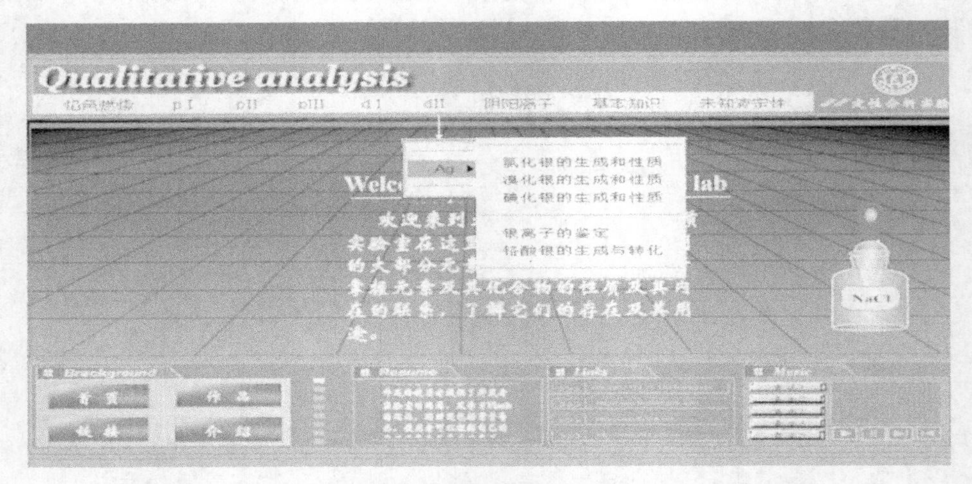

图 16-26　银元素及其化合物的验证性虚拟仿真实验操作模块

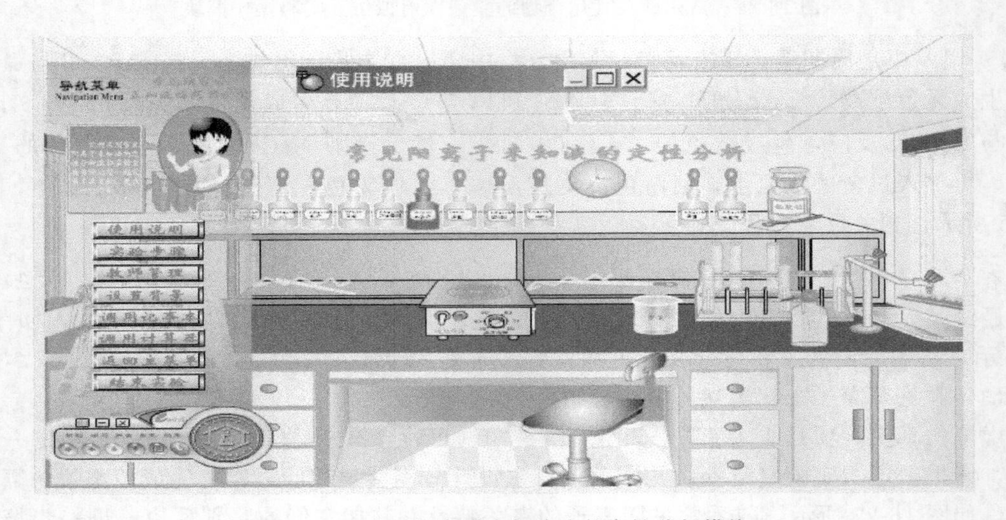

图 16-27　常见阳离子未知溶液的定性分析模块

常见阳离子未知溶液的定性分析试验方案：

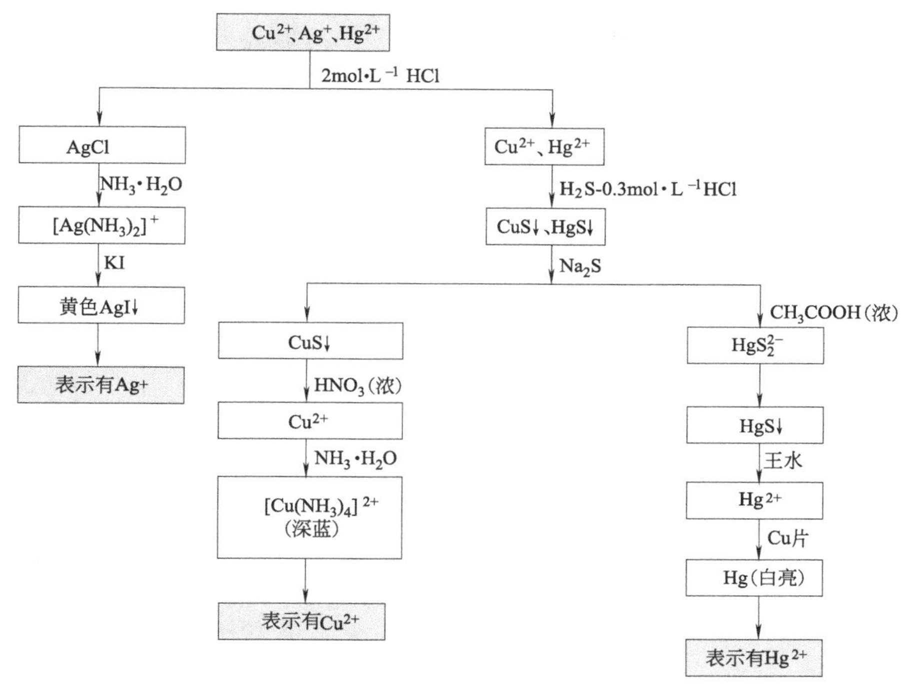

(4) 常见阴离子未知溶液的定性分析

虚拟仿真实验项目：在某未知混合溶液中，可能含有 Cl^-、Br^-、I^- 中的一种或数种，请根据虚拟实验室所提供的试剂，自主设计分离鉴定试验方案，完成该虚拟仿真实验项目，如图 16-28 所示，熟悉常见阴离子的有关特性并掌握它们的鉴别反应，进一步培养学生观察实验和分析实验现象，解决实际问题的能力。

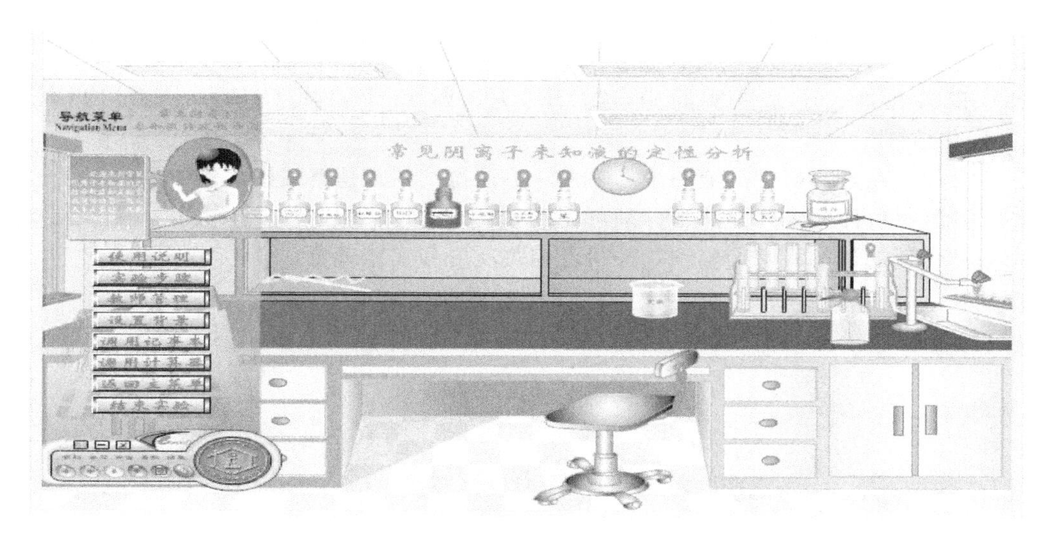

图 16-28　常见阴离子未知溶液的定性分析模块

常见阴离子未知溶液的定性分析试验方案：

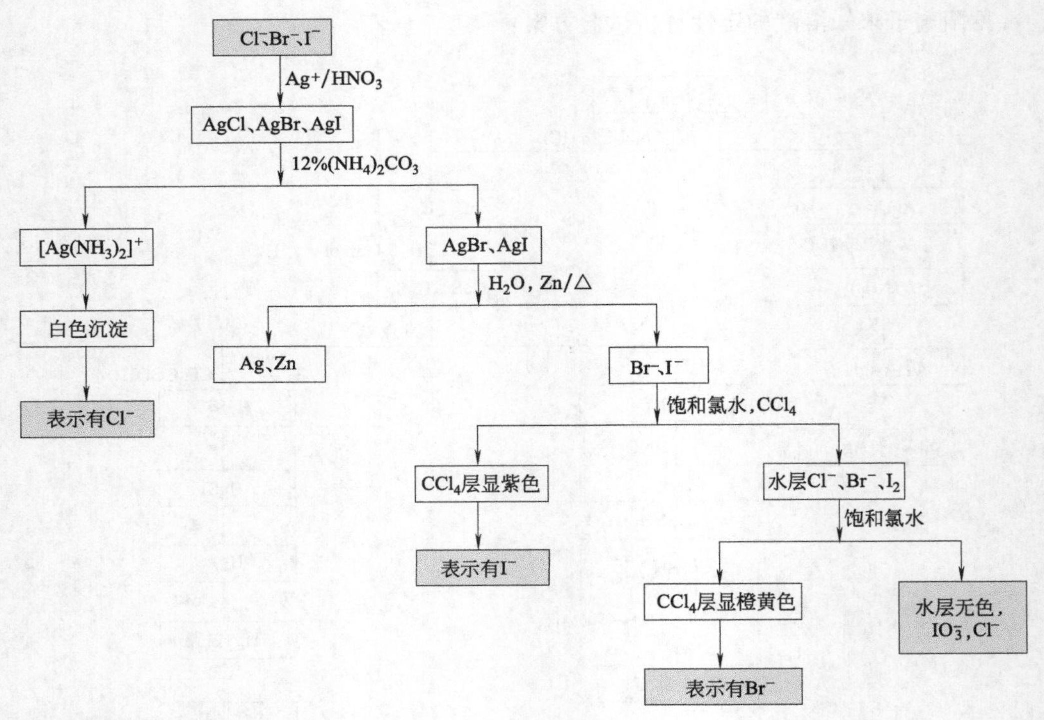

五、思考题

(1) 根据焰色反应的实验现象，完成下列表格：

试样	钾盐	钠盐		钙盐	
焰色			黄绿色		洋红色

(2) 为什么能用硼砂珠来鉴定金属氧化物或盐类？如果不用硼砂而用硼酸代替，是否可以？

(3) 在氧化性、还原性实验中，稀 HNO_3、稀 HCl 和浓 H_2SO_4 是否可以代替稀 H_2SO_4 酸化试液，为什么？

(4) 为什么在重铬酸钾溶液中滴加 $BaCl_2$ 溶液得到的却是铬酸钡沉淀？

(5) 实验室有四瓶未知溶液，分别可能是 $Cu(NO_3)_2$、$AgNO_3$、$HgCl_2$、Hg_2Cl_2 溶液，试选用一种合适的试剂将它们鉴别，并写出相关反应和实验现象。

拓展篇

第 13 章　中药矿物药

第 14 章　纳米技术与中医药

第 13 章　中药矿物药

第 14 章　纳米技术与中医药

附 录

附录1 中华人民共和国法定计量单位

国际单位制（SI）是法语 Le Systeme International d'Unite's 的缩写，是从米制发展而成的一种计量单位制度，为世界范围内的“法定计量单位”。《中华人民共和国计量法》以法律的形式规定：“国家采用国际单位制。国际单位制计量的单位和国家选定的其他计量单位，为国家法定计量单位，非国家法定计量单位应当废除。”《中华人民共和国计量法》自 1986 年 7 月 1 日起执行，从 1991 年 1 月起不允许再使用非法定计量单位（除个别特殊领域，如古籍与文学书籍，血压的 mmHg 除外）。

附表 1-1 国际单位制的基本单位

量	单位名称		符号	定 义
	中文①	英文		
长度	米	meter	m	光在真空中于 1/299792458s 时间间隔内所经路径的长度(1983 年第 17 届 CGPM 决议 A)
质量	千克(公斤)	kilogram	kg	保存在巴黎国际计量局的国际千克原器的质量(1901 年第 3 届 CGPM 声明)
时间	秒	second	s	1s 相当于铯 133 原子基态的两个超精细能级间跃迁所对应的辐射的 9192631770 个周期的持续时间(1967 年第 13 届 CGPM 决议 1)
电流强度	安[培]	Ampere	A	在真空中相距 1m 的两根无限长而圆截面极小的平行直导线内通以等量恒定电流时,若导线间相互作用力为 2×10^{-7} N·m^{-1},则每根导线中的电流为 1A(1948 年第 9 届 CGPM 决议 2)
热力学温度	开[尔文]	Kelvin	K	水三相点热力学温度的 1/273.16(1967 年第 13 届 CGPM 决议 4)
物质的量	摩[尔]	mole	mol	是一系统的物质的量,该系统中所含的基本单元(应注明原子、分子、离子、电子及其他粒子或这些粒子的特定组合)数与 0.012kg 碳 12 的原子数目相等(1971 年第 14 届 CGPM 决议 3)
发光强度	坎[德拉]	Candela	cd	是一光源在给定方向上的发光强度,该光源发出频率为 540×10^{12} Hz 的单色辐射,且在此方向上的辐射强度为 1/683W/球面度(1979 年第 16 届 ACGPM 决议 3)

① 方括号内的字在不致混淆的情况下可以省略；圆括号内的字为前者的同义词，具有同等的使用地位。下同。

附表 1-2　国际单位制中具有专门名称的SI导出单位（共19个）

量	单位名称	符号	用其他SI单位表示的表示式	用SI基本单位表示的表示式
频率	赫[兹]	Hz		s^{-1}
力	牛[顿]	N		$m \cdot kg \cdot s^{-2}$
压力、压强、应力	帕[斯卡]	Pa	$N \cdot m^{-2}$	$m^{-1} \cdot kg \cdot s^{-2}$
能[量]，功，热量	焦[耳]	J	$N \cdot m$	$m^2 \cdot kg \cdot s^{-2}$
功率，辐[射能]通量	瓦[特]	W	$J \cdot s^{-1}$	$m^2 \cdot kg \cdot s^{-3}$
电荷[量]	库[仑]	C		$A \cdot s$
电位，电压，电动势(电势)	伏[特]	V	$W \cdot A^{-1}$	$m^2 \cdot kg \cdot s^{-3} \cdot A^{-1}$
电容	法[拉]	F	$C \cdot V^{-1}$	$m^{-2} \cdot kg^{-1} \cdot s^4 \cdot A^2$
电阻	欧[姆]	Ω	$V \cdot A^{-1}$	$m^2 \cdot kg \cdot s^{-3} \cdot A^{-2}$
电导	西[门子]	S	$A \cdot A^{-1}$	$m^{-2} \cdot kg^{-1} \cdot s^3 \cdot A^2$
磁通[量]	韦[伯]	Wb	$V \cdot s$	$m^2 \cdot kg \cdot s^{-2} \cdot A^{-1}$
磁感应强度，磁通[量]密度	特[斯拉]	T	$Wb \cdot m^{-2}$	$kg \cdot s^{-2} \cdot A^{-1}$
电感	亨[利]	H	$Wb \cdot A^{-1}$	$m^3 \cdot kg \cdot s^{-2} \cdot A^{-2}$
摄氏温度	摄氏度	℃		K

附表 1-3　国家选定的非国际单位制单位

量的名称	单位名称	单位符号	与SI单位的关系
时间	分	min	1min=60s
	[小]时	h	1h=60min=3600s
	天[日]	d	1d=24h=86400s
质量	吨	t	1t=1000kg
	原子质量单位	u	$1u=1.6605402(10)\times10^{-27}kg$
体积，容积	升	L(l)	$1L=1dm^3=10^{-3}m^3$
能	电子伏	eV	$1eV=1.602\,177\,33(49)\times10^{-19}J$

附表 1-4　用于构成十进倍数的分数单位的SI词头

词头名称	所表示的因数	缩写符号	词头名称	所表示的因数	缩写符号
艾[可萨]	10^{18}	E	分	10^{-1}	d
拍[它]	10^{15}	P	厘	10^{-2}	c
太[拉]	10^{12}	T	毫	10^{-3}	m
吉[咖]	10^9	G	微	10^{-6}	μ
兆	10^6	M	纳[诺]	10^{-9}	n
千	10^3	k	皮[可]	10^{-12}	p
百	10^2	h	飞[母托]	10^{-15}	f
十	10^1	da	阿[托]	10^{-18}	a

附录 2 常用的物理常数和单位换算

附表 2-1 常用的物理常数

物理量	数值
真空中的光速	$c=2.997\ 924\ 58\times10^{8}\text{m}\cdot\text{s}^{-1}$
电子电荷	$e=1.602\ 177\ 33(49)\times10^{-19}\text{C}=4.802\ 98\times10^{-19}$esu(静电单位)
原子质量单位	$1\mu=1.660\ 540\ 2(10)\times10^{-27}\text{kg}$
电子静止质量	$m_e=9.109\ 389\ 71(54)\times10^{-31}\text{kg}=0.000\ 548\ 58$u(原子质量单位)
质子静止质量	$m_p=1.672\ 623(10)\times10^{-27}\text{kg}$
玻尔半径	$a_0=5.291\ 772\ 49(24)\times10^{-11}\ \text{m}=52.917\ 724\ 9(24)\text{pm}$
摩尔气体常数	$R=8.314\ 510(70)\text{J}\cdot\text{mol}\cdot{}^{-1}\cdot\text{K}^{-1}=0.082\ 053\text{L}\cdot\text{atm}\cdot\text{mol}^{-1}\cdot\text{K}^{-1}$
阿伏伽德罗常数	$\text{NA}=6.022\ 136\ 7(36)\times10^{23}\text{mol}^{-1}$
普朗克常数	$h=6.626\ 075\ 5(40)\times10^{-34}\text{J}\cdot\text{s}=6.626\ 075(40)\times10^{-27}\text{erg}\cdot\text{s}$
玻尔兹曼常数	$k=1.380\ 658(12)\times10^{23}\text{J}\cdot\text{K}^{-1}$
法拉第常数	$F=9.648\ 530\ 9(29)\times10^{4}\text{C}\cdot\text{mol}^{-1}$

附表 2-2 常用单位换算

1 米(m)＝100 厘米(cm)＝10^3毫米(mm)＝10^6微米(μm)＝10^9纳米(nm)＝10^{10} 埃(Å)＝10^{12} 皮米(pm)

1 大气压(atm)＝1.01325 巴(bar)＝1.01325×10^5帕(Pa)＝760 毫米汞柱(mmHg)(0℃)
＝1.0335×10^4毫米水柱(mmH_2O)

1 卡(cal)＝4.1840 焦耳(J)＝4.1840×10^7尔格(erg)

1 千卡・摩尔$^{-1}$($\text{kcal}\cdot\text{mol}^{-1}$)＝0.0433 电子伏特(eV)

1 大气压・升＝101.33 焦耳(J)＝24.202 卡(cal)

1 电子伏特(eV)＝1.6022×10^{-18} 焦(J)＝23.061 千卡・摩尔$^{-1}$($\text{kcal}\cdot\text{mol}^{-1}$)

1 波数(cm^{-1})＝2.8591×10^{-3} 千卡・摩尔$^{-1}$($\text{kal}\cdot\text{mol}^{-1}$)＝$1.9835\times10^{-23}$ 焦(J)

附录 3 我国化学试剂的规格和等级

习惯用法	优质纯	分析纯	化学纯	实验室试剂
符号	G. R.	A. R.	C. P.	L. R.
全国统一化学试剂质量标准	一级品	二级品	三级品	四级品

附录 4 常用酸碱指示剂

指示剂	变色范围	酸色	碱色	配制方法	用量 (滴/10mL 试液)
百里酚蓝(第一次变色)	1.2～2.8	红	黄	0.1g 溶于 100mL 20%乙醇	1～2 滴
甲基黄	2.9～4.0	红	黄	0.1g 溶于 100mL 90%乙醇	1 滴
甲基橙	3.1～4.4	红	黄	0.05g 溶于 100mL 水中	1 滴
溴酚蓝	3.0～4.6	黄	紫	0.1g 溶于 100mL 20%乙醇	1 滴

续表

指示剂	变色范围	酸色	碱色	配制方法	用量（滴/10mL 试液）
溴甲酚绿(溴甲酚蓝)	3.8～5.4	黄	蓝	0.1g 溶于 100mL 20%乙醇	1 滴
甲基红	4.4～6.2	红	黄	0.1g 溶于 100mL 60%乙醇	1 滴
溴百里酚蓝	6.2～7.6	黄	蓝	0.1g 溶于 100mL 20%乙醇	1 滴
中性红	6.8～8.0	红	黄橙	0.1g 溶于 100mL 60%乙醇	1 滴
酚红	6.7～8.4	黄	红	0.1g 溶于 100mL 60%乙醇	1 滴
酚酞	8.0～10.0	无色	红	0.5g 溶于 100mL 90% 乙醇	1～3 滴
百里酚酞	9.4～10.6	无色	蓝	0.1g 溶于 100mL 90%乙醇	1～2 滴
茜素黄(RS)	10.1～12.1	黄	紫	0.1g 溶于 100mL 水中	1 滴
1,3,5-三硝基苯	12.2～14.0	无色	蓝	0.18g 溶于 100mL 90% 乙醇	1～2 滴

附录 5　常用酸、碱溶液的密度和浓度

附表 5-1　酸溶液

酸的名称和化学式	密度/g·L^{-1}	质量分数/%	物质的量浓度/mol·L^{-1}
浓盐酸 HCl	1.19	38.32	12.5
稀盐酸 HCl	1.10	20.39	6.15
稀盐酸 HCl		7.15	2.0
浓硝酸 HNO_3	1.42	71.63	16.14
稀硝酸 HNO_3	1.195	32.21	6.1
稀硝酸 HNO_3	1.065	11.81	1.997
浓硫酸 H_2SO_4	1.835	95.72	17.91
稀硫酸 H_2SO_4	1.12	17.43	1.99
稀硫酸 H_2SO_4	1.18	25.21	3.03
浓乙酸 CH_3COOH	1.05	99.9	17.5
稀乙酸 CH_3COOH	1.045	36.2	6.3
高氯酸 $HClO_4$	1.675	70.15	11.70
磷酸 H_3PO_4	1.635	80.75	13.48
磷酸 H_3PO_4	1.69	85.54	14.75
磷酸 H_3PO_4	1.745	90.13	16.04

附表 5-2　碱溶液

碱的名称和化学式	密度/g·L^{-1}	质量分数/%	物质的量浓度/mol·L^{-1}
浓氨水 $NH_3·H_2O$	0.896	28.67	15.08
稀氨水 $NH_3·H_2O$	0.954	10.95	6.13
稀氨水 $NH_3·H_2O$	0.988	2.35	1.365
氢氧化钠 NaOH	1.085	7.83	2.123
氢氧化钠 NaOH	1.110	10.10	2.802

附录 6　一些无机化合物在水中的溶解度

单位：g/100g H_2O

化学式	273K	293K	313K	333K	353K	373K
AgBr	—	8.4×10^{-6}	—	—	—	3.7×10^{-4}
$AgC_2H_3O_2$	0.73	1.05	1.43	1.93	2.59	2.1×10^{-3}
AgCl	—	1.5×10^{-4}	—	—	—	2.1×10^{-3}
AgCN	—	2.2×10^{-5}	—	—	—	—
Ag_2CO_3	—	3.2×10^{-3}	—	—	—	5×10^{-2}
Ag_2CrO_4	1.4×10^{-3}	—	—	—	—	1.1×10^{-2}
AgI	—	—	—	3×10^{-6}	—	—
$AgIO_3$	—	4×10^{-3}	—	1.8×10^{-2}	—	—
$AgNO_2$	0.16	0.34	0.73	1.39	—	—
$AgNO_3$	122	216	311	440	585	733
Ag_2SO_4	0.57	0.80	0.98	1.15	1.30	1.41
$AlCl_3$	43.9	45.8	47.3	48.1	48.6	49.0
AlF_3	0.56	0.67	0.91	1.1	1.32	1.72
$Al(NO_3)_3$	60.0	73.9	88.7	106	132	160
$Al_2(SO_4)_3$	31.2	36.4	45.8	59.2	73.0	89.0
As_2O_5	59.5	65.8	71.2	73.0	75.1	76.7
As_2S_5	—	5.17×10^{-5} (291K)	—	—	—	—
B_2O_3	1.1	2.2	4.0	6.2	9.5	15.7
$BaCl_2\cdot2H_2O$	31.2	35.8	40.8	46.2	52.5	59.4
$BaCO_3$	—	2.2×10^{-3} (291K)	—	—	—	6.5×10^{-3}
BaC_2O_4	—	9.3×10^{-3} (291K)	—	—	—	2.28×10^{-2}
$BaCrO_4$	2.0×10^{-4}	3.7×10^{-4}	—	—	—	—
$Ba(NO_3)_2$	4.95	9.02	14.1	20.4	27.2	34.4
$Ba(OH)_2$	1.67	3.89	8.22	20.94	101.4	—
$BaSO_4$	1.15×10^{-4}	2.4×10^{-4}	—	—	—	4.13×10^{-4}
$BeSO_4$	37.0	39.1	45.8	53.1	67.2	82.8
Br_2	4.22	3.20	—	—	—	—
Bi_2S_3	—	1.8×10^{-5} (291K)	—	—	—	—
$CaBr_2\cdot6H_2O$	125	143	213	278	295	312(378K)
$Ca(H_2C_3O_2)_2\cdot2H_2O$	37.4	34.7	33.2	32.7	33.5	—
$CaCl_2\cdot6H_2O$	59.5	74.5	128	137	147	159
CaC_2O_4	—	6.8×10^{-4} (298K)	—	—	—	—
CaF_2	1.3×10^{-3}	1.6×10^{-3} (298K)	—	—	—	—
$Ca(HCO_3)_2$	16.15	16.60	17.05	17.50	17.95	18.40
CaI_2	64.6	67.6	70.8	74	78	81

续表

化学式	273K	293K	313K	333K	353K	373K
$Ca(IO_3)_2 \cdot 6H_2O$	0.090	0.24	0.52	0.65	0.66	—
$Ca(NO_2)_2 \cdot 4H_2O$	63.9	84.5(291K)	—	134	151	178
$Ca(NO_3)_2 \cdot 4H_2O$	102.0	129	191	—	358	363
$Ca(OH)_2$	0.189	0.173	0.141	0.121	0.094	0.076
$CaSO_4 \cdot 0.5H_2O$	—	0.32	0.26(308K)	0.145(338K)	—	0.071
$CdCl_2 \cdot 2.5H_2O$	90	113	—	—	—	—
$CdCl_2 \cdot H_2O$	—	135	135	136	140	147
Cl_2	1.46	0.716	0.451	0.324	0.219	0
CO	0.0044	0.0028	0.0021	0.0015	0.0010	0
CO_2	0.3346	0.1688	0.0973	0.0576	—	0
$CoCl_2$	43.5	52.9	69.5	93.8	97.6	106
$Co(NO_3)_2$	84.0	97.4	125	174	204	—
$CoSO_4$	25.50	36.1	48.80	55.0	53.8	38.9
$CoSO_4 \cdot 7H_2O$	44.8	65.4	88.1	101	—	—
CrO_3	164.9	167.2	172.5	—	191.6	206.8
$CsCl$	161.0	187	208.0	230	250.0	271
$CsOH$	—	395.5(288K)	—	—	—	—
$CuCl_2$	68.6	73.0	87.6	96.5	104	120
CuI_2	—	1.107	—	—	—	—
$Cu(NO_3)_2$	83.5	125	163	182	208	247
$CuSO_4 \cdot 5H_2O$	23.1	32.0	44.6	61.8	83.8	114
$FeCl_2$	49.7	62.5	70.0	78.3	88.7	94.9
$FeCl_3 \cdot 6H_2O$	74.4	91.8	—	—	525.8	535.7
$Fe(NO_3)_2 \cdot 6H_2O$	113	—	—	266	—	—
$FeSO_4 \cdot 7H_2O$	28.8	48.0	73.3	100.7	79.9	57.8
H_3BO_3	2.67	5.04	8.72	14.81	23.62	40.25
HBr	221.2	204(288K)	—	—	150.5(348K)	130
HCl	82.3	72.6	63.3	56.1	—	—
$H_2C_2O_4$	3.54	9.52	21.52	44.32	84.5	—
$HgBr$	—	4×10^{-6}(299K)	—	—	—	—
$HgBr_2$	0.30	0.56	0.91	1.68	2.77	4.9
Hg_2Cl_2	0.00014	0.0002	0.0007	—	—	—
$HgCl_2$	3.63	6.57	10.2	16.3	30.0	61.3
I_2	0.014	0.029	0.052	0.100	0.225	0.445
KBr	53.5	65.3	75.4	85.5	95.0	104.0
$KBrO_3$	3.09	6.91	13.1	22.7	34.1	49.9
$KC_2H_3O_2$	216	256	324	350	381	—
$K_2C_2O_4$	25.5	36.4	43.8	53.2	63.6	75.3
KCl	28.0	34.2	40.1	45.8	51.3	56.3
$KClO_3$	3.3	7.3	13.9	23.8	37.6	56.3
$KClO_4$	0.76	1.68	3.73	7.3	13.4	22.3
$KSCN$	177.0	224	289	372	492	675
K_2CO_3	105	111	117	127	140	156

续表

化学式	273K	293K	313K	333K	353K	373K
K_2CrO_4	56.3	63.7	67.8	70.1	72.1	75.6
$K_2Cr_2O_7$	4.7	12.3	26.3	45.6	73	80
$K_3Fe(CN)_6$	30.2	46	59.3	70	—	91
$K_4Fe(CN)_6$	14.3	28.2	41.4	54.8	66.9	74.2
$KHC_4H_4O_6$	0.231	0.523	—	—	—	—
$KHCO_3$	22.5	33.7	47.5	65.6	—	—
$KHSO_4$	36.2	48.6	61.0	76.4	96.1	122
KI	128	144	162	176	192	208
KIO_3	4.60	8.08	12.6	18.3	24.8	32.3
$KMnO_4$	2.83	6.34	12.6	22.1	—	—
KNO_2	279	306	329	348	376	410
KNO_3	13.9	31.6	61.3	106	167	245
KOH	95.7	112	134	154	—	178
K_2PtCl_6	0.48	0.78	1.36	2.45	3.71	5.03
K_2SO_4	7.4	11.10	14.8	18.2	21.4	24.1
$K_2S_2O_8$	1.65	4.70	11.0	—	—	—
$K_2SO_4 \cdot Al_2(SO_4)_3$	3.00	5.90	11.70	24.80	71.0	—
$LiCl$	69.2	83.5	89.8	98.4	112	128
Li_2CO_3	1.54	1.33	1.17	1.01	0.85	0.72
LiF	—	0.27(291K)	—	—	—	—
$LiOH$	11.91	12.35	13.22	14.63	16.56	19.12
Li_3PO_4	—	0.039(291K)	—	—	—	—
$MgBr_2$	98	101	106	112	113.7	125.0
$MgCl_2$	52.9	54.6	57.5	61.0	66.1	73.3
MgI_2	120	140	173	—	186	—
$Mg(NO_3)_2$	62.1	69.5	78.9	78.9	91.6	—
$Mg(OH)_2$	—	0.0009(291K)	—	—	—	0.004
$MgSO_4$	22.0	33.7	44.5	54.6	55.8	50.4
$MnCl_2$	63.4	73.9	88.5	109	113	115
$Mn(NO_3)_2$	102	139	—	—	—	—
MnC_2O_4	0.020	0.028	—	—	—	—
$MnSO_4$	52.9	62.9	60.0	53.6	45.6	35.3
NH_4Br	60.5	76.4	91.2	108	125	145
NH_4SCN	120	170	234	346	—	—
$(NH_4)_2C_2O_4$	2.2	4.45	8.18	14.0	22.4	34.7
NH_4Cl	29.4	37.2	45.8	55.3	65.6	77.3
NH_4ClO_4	12.0	21.7	34.6	49.9	68.9	—
$(NH_4)_2 \cdot Co(SO_4)_2$	6.0	13.0	22.0	33.5	49.0	75.1
$(NH_4)_2CrO_4$	25.0	34.0	45.3	59.0	76.1	—
$(NH_4)_2Cr_2O_7$	18.2	35.6	58.5	86	115	156
$(NH_4)_2 \cdot Cr_2(SO_4)_4$	3.95	10.78(298K)	32.6	—	—	—
$(NH_4)_2 \cdot Fe(SO_4)_2$	12.5	—	33	—	—	—

续表

化学式	273K	293K	313K	333K	353K	373K
$(NH_4)_2 \cdot Fe_2(SO_4)_4$	—	—	—	—	—	—
NH_4HCO_3	11.9	21.7	36.6	59.2	109	354
$NH_4H_2PO_4$	22.7	37.4	56.7	82.5	118	173
$(NH_4)_2HPO_4$	42.9	68.9	81.8	97.2	—	—
NH_4I	155	172	191	209	229	250
NH_4MgPO_4	0.0231	0.052	0.036	0.040	0.019	0.0195
$NH_4MnPO_4 \cdot H_2O$	—	—	—	—	—	—
NH_4NO_3	118.3	192	297.0	421.0	580.0	871.0
$(NH_4)_2PtCl_6$	0.289	0.499	0.815	1.44	2.16	3.36
$(NH_4)_2SO_4$	70.6	75.4	81.0	88.0	95	103
$(NH_4)_2SO_4 \cdot Al_2(SO_4)_3$	2.1	7.74	14.9	26.70	—	109.7(368K)
$(NH_4)_2S_2O_8$	58.2	—	—	—	—	—
$(NH_4)_3SbS_4$	71.2	91.2	—	—	—	—
$(NH_4)_2SeO_4$	—	—	—	—	—	197
NH_4VO_3	—	0.48	1.32	2.42	—	—
$NaBr$	80.2	90.8	107	118	120	121
$Na_2B_4O_7$	1.11	2.56	6.67	19.0	31.4	52.5
$NaBrO_3$	24.2	36.4	48.8	62.6	75.7	90.8
$NaC_2H_3O_2$	36.2	46.4	65.6	139	153	170
$Na_2C_2O_4$	2.69	3.41	4.18	4.93	5.71	6.50
$NaCl$	35.7	35.9	36.4	37.1	38.0	39.2
$NaClO_3$	79.6	95.9	115	137	167	204
Na_2CO_3	7.0	21.5	49.0	46.0	43.9	—
Na_2CrO_4	31.70	84.0	96.0	115	125	126
$Na_2Cr_2O_7$	163.0	183	215	269	376	415
$Na_4Fe(CN)_6$	11.2	18.8	29.9	43.7	62.1	—
$NaHCO_3$	7.0	9.6	12.7	16.0	—	—
NaH_2PO_4	56.5	86.9	133	172	211	—
Na_2HPO_4	1.68	7.83	55.3	82.8	92.3	104
NaI	159	178	205	257	295	302
$NaIO_3$	2.48	8.08	13.3	19.8	26.6	33.0
$NaNO_3$	73.0	87.6	102	122	148	180
$NaNO_2$	71.2	80.8	94.9	111	133	160
$NaOH$	—	109	129	174	—	—
Na_3PO_4	4.5	12.1	20.2	29.9	60.0	77.0
$Na_4P_2O_7$	3.16	6.23	13.50	21.83	30.04	40.26
Na_2S	9.6	15.7	26.6	39.1	55.0	—
$NaSb(OH)_6$	—	—	—	—	—	0.3
Na_2SO_3	14.4	26.3	37.2	32.6	29.4	—
Na_2SO_4	4.9	19.5	48.8	45.3	43.7	42.5
$Na_2SO_4 \cdot 7H_2O$	19.5	44.1	—	—	—	—

续表

化学式	273K	293K	313K	333K	353K	373K
$Na_2S_2O_3 \cdot 5H_2O$	50.2	70.1	104	—	—	—
$NaVO_3$	—	19.3	26.3	33.0	40.8	—
Na_2WO_4	71.5	73.0	77.6	—	90.8	—
$NiCO_3$	—	0.0093(298K)	—	—	—	—
$NiCl_2$	53.4	60.8	73.2	81.2	86.6	87.6
$Ni(NO_3)_2$	79.2	94.2	119	158	187	—
$NiSO_4 \cdot 7H_2O$	26.2	37.7	50.4	—	—	—
$Pb(C_2H_3O_2)_2$	19.8	44.3	116	—	—	—
$PbCl_2$	0.67	1.00	1.42	1.94	2.54	3.20
PbI_2	0.044	0.069	0.124	0.193	0.294	0.42
$Pb(NO_2)_2$	37.5	54.3	72.1	91.6	111	133
$PbSO_4$	0.0028	0.0041	0.0056	—	—	—
$SbCl_3$	602	910	1368	—		
Sb_2S_3	—	0.000175(291K)	—	—	—	—
$SnCl_2$	83.9	259.8(288K)	—	—	—	—
$SnSO_4$	—	33(298K)	—	—	—	18
$Sr(C_2H_3O_2)_2$	37.0	41.1	38.3	36.8	36.1	36.4
SrC_2O_4	0.0033	0.0046	—	—	—	—
$SrCl_2$	43.5	52.9	65.3	81.8	90.5	101
$Sr(NO_2)_2$	52.7	65.0	79	97	130	139
$Sr(NO_3)_2$	39.5	69.5	89.4	93.4	96.9	—
$SrSO_4$	0.0113	0.0132	0.0141	0.0131	0.0116	—
$SrCrO_4$	—	0.090	—	—	0.058	—
$Zn(NO_3)_2$	98	118.3	211	—	—	—
$ZnSO_4$	41.6	53.8	70.5	75.4	71.1	60.5

附录7 常见离子和化合物的颜色

附表7-1 常见离子的颜色（在水溶液中）

离子	颜色	离子	颜色	离子	颜色
$[Ag(NH_3)_2]^+$	无色	$Cr_2O_7^{2-}$	橘红	$[HgI_4]^{2-}$	无色
$[Ag(S_2O_3)_2]^{3-}$	无色	$[CuCl_4]^{2-}$	黄色	Mn^{2+}	浅粉红
Co^{2+}	桃红	$[Cu(OH)_4]^{2-}$	蓝色	MnO_4^-	紫色
$[Co(CN)_6]^{3-}$	紫色	$[Cu(NH_3)_4]^{2+}$	深蓝	MnO_4^{2-}	绿色
$[Co(NH_3)_6]^{2+}$	橙黄	Fe^{3+}	浅紫	$[Ni(CN)_4]^{2-}$	无色
$[Co(NH_3)_6]^{3+}$	酒红	$[Fe(CN)_6]^{3-}$	无色	$[Ni(NH_3)_6]^{2+}$	紫色
$[Co(NO_2)_6]^{3-}$	黄色	$[Fe(CN)_6]^{4-}$	黄色	SCN^-	无色
CrO_4^{2-}	橘黄	$[HgCl_4]^{2-}$	无色	$[Zn(NH_3)_4]^{2+}$	无色

附表 7-2 常见化合物的颜色

化合物	颜色	化合物	颜色	化合物	颜色
$Al(OH)_3$	白色	Fe_2S_3	黄绿	$NaCl$	白色
As_2O_3	白色	$FeCl_2$	灰绿	Na_2CrO_4	黄色
Ag_2O	棕黑	$FeSO_4 \cdot 7H_2O$	蓝绿	$Na_2Cr_2O_7$	橘红
Ag_2S	灰黑	FeS	黑色	NaF	无色
$AgSCN$	无色	$HgNH_2Cl$	白色	NaI	白色
$AgBr$	淡黄	$HgCl_2$	白色	CH_3COONa	白色
$AgCl$	白色	HgI_2	猩红	$Na_2S_2O_3$	白色
AgI	黄色	$Hg(NO_3)_2 \cdot H_2O$	无、微黄	Na_2HPO_4	白色
Ag_2CrO_4	砖红	HgO	亮红	NaH_2PO_4	白色
$Ag_2Cr_2O_7$	无色	$Hg(NO_3)_2$	无色	Na_3PO_4	白色
$AgNO_3$	无色	HgS	黑色	Na_2SO_4	白色
$BaCl_2$	白色	HgS	红色	$Na_2SO_4 \cdot 10H_2O$	无色
$BaCrO_4$	黄色	Hg_2Cl_2	白色	Na_2S	白色
$Ba(OH)_2$	白色	Hg_2I_2	亮黄	Na_2SO_3	白色
$BaSO_4$	白色	H_2O_2(液)	无色	NH_4NO_3	无、白
Br_2(液)	棕红	I_2	紫黑	$(NH_4)_2S_2O_8$	白色
$Ca(ClO)_2$	白色	KCl	白色	$(NH_4)_2HPO_4$	白色
$Ca_3(PO_4)_2$	白色	K_2SO_3	白色	$(NH_4)H_2PO_4$	白色
$CaHPO_4$	白色	KOH	白色	$(NH_4)SO_4$	无色
$Ca(H_2PO_4)_2$	无色	KBr	白色	NH_4SCN	无色
$CaCO_3$	白色	KNO_2	白、微黄	NH_4Cl	白色
$CaCl_2$	白色	KI	白色	NH_4Br	白色
$CaSO_4$	白色	KIO_3	白色	$NiCl_2$	绿色
$CaCrO_4$	黄色	KCN	白色	NH_4F	白色
$CdCl_2$	无、白	$K_3Fe(CN)_6$	宝石红	$Ni(OH)_2$	苹果绿
CdS	淡黄	$K_4Fe(CN)_6$	黄色	$NiSO_4$	翠绿
$CoSO_4$	红色	K_2CrO_4	柠檬黄	NiS	黑色
$COCl_2 \cdot 6H_2O$	粉红	$KSCN$	无色	$Pb(CH_3COO)_2$	白、无
Cu_2O	红棕	$KMnO_4$	紫色	$PbCl_2$	白色
CuO	黑色	$K_2S_2O_3$	无色	$PbCrO_4$	橙黄
$Cu(OH)_2$	蓝色	$K_2Cr_2O_7$	橘红	PbO_2	深棕
$CuSO_4$	灰白	K_2MnO_4	绿色	$Pb(NO_3)_2$	白、无
$CuSO_4 \cdot 5H_2O$	蓝色	K_2SO_4	无或白	$PbSO_4$	白色
CuS	黑色	KNO_3	无色	PbS	黑色
Cu_2S	蓝～灰黑	$MnSO_4$	淡红	Pb_3O_4	鲜红
$Cr(OH)_3$	灰绿	MnS	浅红	SnS	棕色
Cr_2O_3	亮绿	$MgSO_4 \cdot 7H_2O$	白色	$SnCl_4$	无色
$CrCl_3$	暗绿	$MnCl_2$	淡红	$SnCl_2$	白色
Cl_2	黄绿	MnO_2	紫黑	ZnS	白、淡黄
$FeCl_3$	暗红	$NaHCO_3$	白色	$Zn(OH)_2$	无
$Fe(OH)_3$	红～棕	Na_2CO_3	白色	四苯硼钠	白
Fe_2O_3	红棕	$Na_2CO_3 \cdot 10H_2O$	无色		

附录8 常见阴、阳离子鉴定一览表

离子	试剂	现象	条件
Cl^-	银氨溶液中＋HNO_3	白色沉淀($AgCl$)	
Br^-	氯水＋CCl_4	CCl_4 层显黄色或橙色(Br_2)	
I^-	氯水＋CCl_4	CCl_4 层显紫色(I_3^-)	
NO_3^-	二苯胺	蓝色环	硫酸介质
NO_2^-	$KI+CCl_4$	CCl_4 层显紫色(I_2)	CH_3COOH 介质
CO_3^{2-}	$Ba(OH)_2$	$Ba(OH)_2$溶液混浊($BaCO_3\downarrow$)	
SO_4^{2-}	$HCl+BaCl_2$	白色沉淀($BaSO_4$)	酸性介质
SO_3^{2-}	$HCl+BaCl_2+H_2O_2$	白色沉淀($BaSO_4$)	酸性介质
$S_2O_3^{2-}$	HCl	溶液变浊(S)	酸性、加热
S^{2-}	HCl	$Pb(CH_3COO)_2$ 试纸变黑(PbS)	酸性介质
	$Na_2[Fe(CN)_5NO]$	$Na[Fe(CN)_5NOS]$紫色	碱性介质
PO_4^{3-}	$(NH_4)_2MoO_2$	黄色沉淀	HNO_3 介质
		$(NH_4)_3PO_4\cdot 12MoO_3\cdot 6H_2O$	过量试剂
K^+	$Na_3[Co(NO_2)_6]$	黄色沉淀{$K_2Na[Co(NO_2)_6]$}	中性弱酸性介质
Na^+	$Zn(CH_3COO)_2\cdot UO_2(CH_3COO)_2$	淡黄色沉淀	中性或 CH_3COOH 介质
NH_4^+	纳斯勒试剂	红褐色沉淀($HgO\cdot HgNH_2I$)	碱性介质
Ag^+	$HCl-NH_3\cdot H_2O-HNO_3$	白色沉淀($AgCl$)	酸性介质
Ca^{2+}	$(NH_4)_2C_2O_4$	白色沉淀(CaC_2O_4)	$NH_3\cdot H_2O$ 介质
Mg^{2+}	$(NH_4)_2HPO_4$	白色沉淀($MgNH_4PO_4$)	$NH_3\cdot H_2O-NH_4Cl$ 介质
	镁试剂	蓝色沉淀	强碱性介质
Ba^{2+}	K_2CrO_4	黄色沉淀($BaCrO_4$)	$CH_3COOH-CH_3COONH_4$ 介质
Zn^{2+}	Na_2S	白色沉淀(ZnS)	
	$(NH_4)_2Hg(SCN)_4$	白色沉淀[$ZnHg(SCN)_4$]	CH_3COOH 介质
Cu^{2+}	$K_4[CFe(CN)_6]$	红棕色沉淀{$Cu_2[Fe(CN)_6]$)	CH_3COOH 介质
Hg^{2+}	$SnCl_2$	白色沉淀($HgCl_2$)变黑(Hg)	酸性介质
Pb^{2+}	K_2CrO_4	黄色沉淀($PbCrO_4$)	CH_3COOH 介质
Co^{2+}	$KSCN$	蓝色{$[Co(SCN)_4]^{2-}$}	中性、NH_4F、丙酮介质
Al^{3+}	铝试剂	红色沉淀	$CH_3COOH-CH_3COONH_4$ 介质
Fe^{2+}	$K_3[Fe(CN)_6]$	蓝色沉淀(滕氏蓝)	酸性介质
Fe^{3+}	$K_4[Fe(CN)_6]$	蓝色(普鲁士蓝)	酸性介质
	$KSCN$	血红色$[Fe(SCN)_x]^{3-x}$	酸性介质
Bi^{3+}	$Na_2[Sn(OH)_4]$	沉淀变黑色(Bi)	浓 NH_3 介质
Cr^{3+}	$3\%\ H_2O_2-Pb(CH_3COO)_2$	黄色沉淀($PbCrO_4$)	碱性介质

附录 9 常见无机酸、碱在水中的解离常数（298K）

化合物	化学式	分步	$K_a^\ominus$（或 $K_b^\ominus$）	$pK_a^\ominus$（或 $pK_b^\ominus$）
砷酸	H_3AsO_4	1	6.31×10^{-3}	2.20
		2	1.05×10^{-7}	6.98
		3	3.16×10^{-12}	11.5
亚砷酸	H_3AsO_3	1	6.03×10^{-10}	9.22
硼酸	H_3BO_3	1	5.75×10^{-10}	9.24
乙酸	CH_3COOH		1.75×10^{-5}	4.757
甲酸	HCOOH		1.77×10^{-4}	3.752
碳酸	H_2CO_3	1	4.17×10^{-7}	6.38
		2	5.62×10^{-11}	10.25
铬酸	H_2CrO_4	1	1.05×10^{-1}	0.98
		2	3.16×10^{-7}	6.50
氢氟酸	HF		6.61×10^{-4}	3.18
氢氰酸	HCN		6.17×10^{-10}	9.21
氢硫酸	H_2S	1	1.32×10^{-7}	6.88
		2	7.08×10^{-15}	14.15
过氧化氢	H_2O_2		2.24×10^{-12}	11.65
次溴酸	HBrO		2.40×10^{-9}	8.62
次氯酸	HClO		3.16×10^{-8}	7.50
次碘酸	HIO		2.29×10^{-11}	10.64
碘酸	HIO_3		1.70×10^{-1}	0.770
亚硝酸	HNO_2		5.13×10^{-4}	3.29
高碘酸	HIO_4	1	2.82×10^{-2}	1.55
磷酸	H_3PO_4	1	7.59×10^{-3}	2.12
		2	6.31×10^{-8}	7.20
		3	4.37×10^{-13}	12.36
亚磷酸	H_3PO_3	1	5.01×10^{-2}	1.30
		2	2.51×10^{-7}	6.60
硒酸	H_2SeO_4	2	1.20×10^{-2}	1.92
亚硒酸	H_2SeO_3	1	2.69×10^{-3}	2.57
		2	2.51×10^{-7}	6.60
原硅酸	H_4SiO_4	1	2.19×10^{-10}	9.66
		2	2.00×10^{-12}	11.7
		3	1.00×10^{-12}	12.0
		4	1.00×10^{-12}	12.0
硫酸	H_2SO_4	2	1.20×10^{-2}	1.92
亚硫酸	H_2SO_3	1	1.26×10^{-2}	1.90
		2	6.31×10^{-8}	7.20
硫氰酸	HSCN	1	1.41×10^{-1}	0.85
草酸	$H_2C_2O_4$	1	5.37×10^{-2}	1.27
		2	5.37×10^{-5}	4.27
氨水	$NH_3\cdot H_2O$		1.74×10^{-5}	4.76
氢氧化钙	$Ca(OH)_2$	1	3.72×10^{-3}	2.43
		2	3.98×10^{-2}	1.40
羟胺	NH_2OH		9.12×10^{-9}	8.04
氢氧化铅	$Pb(OH)_2$		9.55×10^{-4}	3.02
氢氧化银	AgOH		1.10×10^{-4}	3.96
氢氧化锌	$Zn(OH)_2$		9.55×10^{-4}	3.02

附录10　难溶化合物的溶度积常数（291～298K）

化合物	$K_{sp}^{\ominus}$	化合物	$K_{sp}^{\ominus}$	化合物	$K_{sp}^{\ominus}$
卤化物		$PbSO_4$	1.6×10^{-8}	$Zn(OH)_2$	1.2×10^{-17}
AgCl	1.8×10^{-10}	$SrSO_4$	3.2×10^{-7}	磷酸盐	
AgBr	5.2×10^{-13}	铬酸盐		Ag_3PO_4	1.4×10^{-16}
AgI	8.3×10^{-17}	Ag_2CrO_4	1.1×10^{-12}	$AlPO_4$	6.3×10^{-19}
Hg_2Cl_2	1.3×10^{-18}	$Ag_2Cr_2O_7$	2.0×10^{-7}	$BaHPO_4$	3.2×10^{-7}
Hg_2I_2	4.5×10^{-29}	$BaCrO_4$	1.2×10^{-10}	$Ba_3(PO_4)_2$	3.4×10^{-23}
$PbCl_2$	1.6×10^{-5}	$CaCrO_4$	7.1×10^{-4}	$Ba_2P_2O_7$	3.2×10^{-11}
$PbBr_2$	4.0×10^{-5}	$PbCrO_4$	2.8×10^{-13}	$BiPO_4$	1.3×10^{-23}
PbI_2	7.1×10^{-9}	$SrCrO_4$	2.2×10^{-5}	$Cd_3(PO_4)_2$	2.5×10^{-33}
PbF_2	2.7×10^{-8}	草酸盐		$CaHPO_4$	1.0×10^{-7}
BaF_2	1.04×10^{-6}	BaC_2O_4	1.6×10^{-7}	$Ca_3(PO_4)_2$	2.0×10^{-29}
CaF_2	2.7×10^{-11}	$CaC_2O_4\cdot2H_2O$	4.0×10^{-9}	$CoHPO_4$	2.0×10^{-7}
MgF_2	6.5×10^{-9}	$MgC_2O_4\cdot2H_2O$	1.0×10^{-8}	$Co_3(PO_4)_2$	2.0×10^{-35}
SrF_2	2.5×10^{-9}	$Sr_2C_2O_4$	5.6×10^{-8}	$Cu_3(PO_4)_2$	1.3×10^{-16}
硫化物		碳酸盐		$Cu_2P_2O_7$	8.3×10^{-75}
Ag_2S	6.3×10^{-50}	$BaCO_3$	5.1×10^{-9}	$FePO_4$	1.3×10^{-22}
Ag_2S_3	2.1×10^{-22}	$CaCO_3$	2.8×10^{-9}	$MgNH_4PO_4$	2.5×10^{-13}
Bi_2S_3	1.0×10^{-97}	$FeCO_3$	3.2×10^{-11}	$Mg_3(PO_4)_2$	$10^{-23}\sim10^{-27}$
CdS	8.0×10^{-27}	Ag_2CO_3	8.1×10^{-12}	$PbHPO_4$	1.3×10^{-10}
α-CoS	4×10^{-21}	$MgCO_3$	3.5×10^{-8}	$Pb_3(PO_4)_2$	8.0×10^{-43}
β-CoS	2.0×10^{-25}	$PbCO_3$	7.4×10^{-14}	$Sr_3(PO_4)_2$	4.0×10^{-28}
CuS	6.3×10^{-36}	$SrCO_3$	1.1×10^{-10}	$Zn_3(PO_4)_2$	9.0×10^{-33}
FeS	6.3×10^{-18}	氢氧化物		砷酸盐	
Hg_2S	1.0×10^{-47}	$Al(OH)_3$（无定形）	4.57×10^{-33}	Ag_3AsO_4	1.0×10^{-22}
HgS(红)	4.0×10^{-53}	$Bi(OH)_3$	4.0×10^{-31}	$Ba_3(AsO_4)_2$	8.0×10^{-51}
HgS(黑)	1.6×10^{-52}	$Ca(OH)_2$	5.5×10^{-6}	$Cu_3(AsO_4)_2$	7.6×10^{-36}
MnS(结晶形、绿)	2.5×10^{-13}	$Co(OH)_2$（新）	1.58×10^{-15}	$Pb_3(AsO_4)_2$	4.0×10^{-36}
NiS(β)	1.0×10^{-24}	$Cr(OH)_3$	6.3×10^{-31}	氰化物及硫氰化物	
PbS	1.0×10^{-28}	$Cd(OH)_2$（新）	2.5×10^{-14}	AgCN	1.2×10^{-16}
SnS	1.0×10^{-25}	$Fe(OH)_3$	4.0×10^{-38}	AgSCN	1.0×10^{-12}
Sb_2S_3	1.5×10^{-93}	$Fe(OH)_2$	8.0×10^{-16}	CuCN	3.2×10^{-20}
ZnS(β)	2.5×10^{-22}	$Mg(OH)_2$	1.8×10^{-11}	CuSCN	4.8×10^{-15}
硫酸盐		$Mn(OH)_2$	2.06×10^{-13}	$Hg_2(CN)_2$	5.0×10^{-40}
Ag_2SO_4	1.4×10^{-5}	$Ni(OH)_2$（新）	2.0×10^{-15}	$Hg_2(SCN)_2$	2.0×10^{-20}
$BsSO_4$	1.1×10^{-10}	$Pb(OH)_2$	1.2×10^{-15}	其他	
$CaSO_4$	9.1×10^{-6}	$Sb(OH)_3$	4.0×10^{-42}	CH_3COOAg	4.4×10^{-3}

续表

化合物	$K_{sp}^{\ominus}$	化合物	$K_{sp}^{\ominus}$	化合物	$K_{sp}^{\ominus}$
$Ag_4[Fe(CN)_6]$	1.58×10^{-41}	$Co[Hg(SCN)_4]$	1.5×10^{-6}	$Pb_2[Fe(CN)_6]$	3.5×10^{-15}
$Ag_3[Co(NO_2)_6]$	8.5×10^{-21}	$Cu_2[Fe(CN)_6]$	1.3×10^{-16}	$Zn_2[Fe(CN)_6]$	4.0×10^{-16}
$Ca[SiF_6]$	8.1×10^{-4}	$Fe_4[Fe(CN)_6]_3$	3.3×10^{-41}	$Zn[Hg(SCN)_4]$	2.2×10^{-7}
$Cd_2[Fe(CN)_6]$	3.2×10^{-17}	$K[B(C_6H_5)_4]$	2.2×10^{-8}	$K_2Na[CoNO_2]_6\cdot H_2O$	2.2×10^{-11}
$Co_2[Fe(CN)_6]$	1.8×10^{-15}	$K_2[PtCl_6]$	6.3×10^{-5}		

附录 11 标准电极电势表（298K）

附表 11-1 在酸性溶液中的标准电极电势

电对	电极反应	$E^{\ominus}$/V
Li(Ⅰ)-(0)	$Li^++e^-=Li$	−3.0401
Cs(Ⅰ)-(0)	$Cs^++e^-=Cs$	−3.026
Rb(Ⅰ)-(0)	$Rb^++e^-=Rb$	−2.98
K(Ⅰ)-(0)	$K^++e^-=K$	−2.931
Ba(Ⅱ)-(0)	$Ba^{2+}+2e^-=Ba$	−2.912
Sr(Ⅱ)-(0)	$Sr^{2+}+2e^-=Sr$	−2.89
Ca(Ⅱ)-(0)	$Ca^{2+}+2e^-=Ca$	−2.868
Na(Ⅰ)-(0)	$Na^++e^-=Na$	−2.71
La(Ⅲ)-(0)	$La^{3+}+3e^-=La$	−2.379
Mg(Ⅱ)-(0)	$Mg^{2+}+2e^-=Mg$	−2.372
Ce(Ⅲ)-(0)	$Ce^{3+}+3e^-=Ce$	−2.336
H(0)-(−Ⅰ)	$H_2(g)+2e^-=2H^-$	−2.23
Al(Ⅲ)-(0)	$AlF_6^{3-}+3e^-=Al+6F^-$	−2.069
Th(Ⅳ)-(0)	$Th^{4+}+4e^-=Th$	−1.899
Be(Ⅱ)-(0)	$Be^{2+}+2e^-=Be$	−1.847
U(Ⅲ)-(0)	$U^{3+}+3e^-=U$	−1.798
Hf(Ⅳ)-(0)	$HfO^{2+}+2H^++4e^-=Hf+H_2O$	−1.724
Al(Ⅲ)-(0)	$Al^{3+}+3e^-=Al$	−1.662
Ti(Ⅱ)-(0)	$Ti^{2+}+2e^-=Ti$	−1.630
Zr(Ⅳ)-(0)	$ZrO_2+4H^++4e^-=Zr+2H_2O$	−1.553
Si(Ⅳ)-(0)	$[SiF_6]^{2-}+4e^-=Si+6F^-$	−1.24
Mn(Ⅱ)-(0)	$Mn^{2+}+2e^-=Mn$	−1.185
Cr(Ⅱ)-(0)	$Cr^{2+}+2e^-=Cr$	−0.913
Ti(Ⅲ)-(Ⅱ)	$Ti^{3+}+e^-=Ti^{2+}$	−0.9
B(Ⅲ)-(0)	$H_3BO_3+3H^++3e^-=B+3H_2O$	−0.8698
Ti(Ⅳ)-(0)	$TiO_2+4H^++4e^-=Ti+2H_2O$	−0.86
Te(0)-(−Ⅱ)	$Te+2H^++2e^-=H_2Te$	−0.793
Zn(Ⅱ)-(0)	$Zn^{2+}+2e^-=Zn$	−0.7618
Ta(Ⅴ)-(0)	$Ta_2O_5+10H^++10e^-=2Ta+5H_2O$	−0.750
Cr(Ⅲ)-(0)	$Cr^{3+}+3e^-=Cr$	−0.744
Nb(Ⅴ)-(0)	$Nb_2O_5+10H^++10e^-=2Nb+5H_2O$	−0.644
As(0)-(−Ⅲ)	$As+3H^++3e^-=AsH_3$	−0.608
U(Ⅳ)-(Ⅲ)	$U^{4+}+e^-=U^{3+}$	−0.607
Ga(Ⅲ)-(0)	$Ga^{3+}+3e^-=Ga$	−0.549
P(Ⅰ)-(0)	$H_3PO_2+H^++e^-=P+2H_2O$	−0.508

续表

电对	电极反应	$E^{\ominus}$/V
P(Ⅲ)-(Ⅰ)	$H_3PO_3+2H^++2e^-=H_3PO_2+H_2O$	−0.499
C(Ⅳ)-(Ⅲ)	$2CO_2+2H^++2e^-=H_2C_2O_4$	−0.49
Fe(Ⅱ)-(0)	$Fe^{2+}+2e^-=Fe$	−0.447
Cr(Ⅲ)-(Ⅱ)	$Cr^{3+}+e^-=Cr^{2+}$	−0.407
Cd(Ⅱ)-(0)	$Cd^{2+}+2e^-=Cd$	−0.4030
Se(0)-(−Ⅱ)	$Se+2H^++2e^-=H_2Se(aq)$	−0.399
Pb(Ⅱ)-(0)	$PbI_2+2e^-=Pb+2I^-$	−0.365
Eu(Ⅲ)-(Ⅱ)	$Eu^{3+}+e^-=Eu^{2+}$	−0.36
Pb(Ⅱ)-(0)	$PbSO_4+2e^-=Pb+SO_4^{2-}$	−0.3588
In(Ⅲ)-(0)	$In^{3+}+3e^-=In$	−0.3382
Tl(Ⅰ)-(0)	$Tl^++e^-=Tl$	−0.336
Co(Ⅱ)-(0)	$Co^{2+}+2e^-=Co$	−0.28
P(Ⅴ)-(Ⅲ)	$H_3PO_4+2H^++2e^-=H_3PO_3+H_2O$	−0.276
Pb(Ⅱ)-(0)	$PbCl_2+2e^-=Pb+2Cl^-$	−0.2675
Ni(Ⅱ)-(0)	$Ni^{2+}+2e^-=Ni$	−0.257
V(Ⅲ)-(Ⅱ)	$V^{3+}+e^-=V^{2+}$	−0.255
Ge(Ⅳ)-(0)	$H_2GeO_3+4H^++4e^-=Ge+3H_2O$	−0.182
Ag(Ⅰ)-(0)	$AgI+e^-=Ag+I^-$	−0.15224
Sn(Ⅱ)-(0)	$Sn^{2+}+2e^-=Sn$	−0.1375
Pb(Ⅱ)-(0)	$Pb^{2+}+2e^-=Pb$	−0.1262
C(Ⅳ)-(Ⅱ)	$CO_2(g)+2H^++2e^-=CO+H_2O$	−0.12
P(0)-(−Ⅲ)	$P(白)+3H^++3e^-=PH_3(g)$	−0.063
Hg(Ⅰ)-(0)	$Hg_2I_2+2e^-=2Hg+2I^-$	−0.0405
Fe(Ⅲ)-(0)	$Fe^{3+}+3e^-=Fe$	−0.037
H(Ⅰ)-(0)	$2H^++2e^-=H_2$	0.0000
Ag(Ⅰ)-(0)	$AgBr+e^-=Ag+Br^-$	0.07133
S(Ⅱ,Ⅴ)-(Ⅱ)	$S_4O_6^{2-}+2e^-=2S_2O_3^{2-}$	0.08
Ti(Ⅳ)-(Ⅲ)	$TiO^{2+}+2H^++e^-=Ti^{3+}+H_2O$	0.1
S(0)-(−Ⅱ)	$S+2H^++2e^-=H_2S(aq)$	0.142
Sn(Ⅳ)-(Ⅱ)	$Sn^{4+}+2e^-=Sn^{2+}$	0.151
Sb(Ⅲ)-(0)	$Sb_2O_3+6H^++6e^-=2Sb+3H_2O$	0.152
Cu(Ⅱ)-(Ⅰ)	$Cu^{2+}+e^-=Cu^+$	0.153
Bi(Ⅲ)-(0)	$BiOCl+2H^++3e^-=Bi+Cl^-+H_2O$	0.1583
S(Ⅵ)-(Ⅳ)	$SO_4^{2-}+4H^++2e^-=H_2SO_3+H_2O$	0.172
Sb(Ⅲ)-(0)	$SbO^++2H^++3e^-=Sb+H_2O$	0.212
Ag(Ⅰ)-(0)	$AgCl+e^-=Ag+Cl^-$	0.22233
As(Ⅲ)-(0)	$HAsO_2+3H^++3e^-=As+2H_2O$	0.248
Hg(Ⅰ)-(0)	$Hg_2Cl_2+2e^-=2Hg+2Cl^-$(饱和 KCl)	0.26808
Bi(Ⅲ)-(0)	$BiO^++2H^++3e^-=Bi+H_2O$	0.320
U(Ⅵ)-(Ⅳ)	$UO_2^{2+}+4H^++2e^-=U^{4+}+2H_2O$	0.327
C(Ⅳ)-(Ⅲ)	$2HCNO+2H^++2e^-=(CN)_2+2H_2O$	0.330
V(Ⅳ)-(Ⅲ)	$VO^{2+}+2H^++e^-=V^{3+}+H_2O$	0.337
Cu(Ⅱ)-(0)	$Cu^{2+}+2e^-=Cu$	0.3419
Re(Ⅶ)-(0)	$ReO_4^-+8H^++7e^-=Re+4H_2O$	0.368
Ag(Ⅰ)-(0)	$Ag_2CrO_4+2e^-=2Ag+CrO_4^{2-}$	0.4470
S(Ⅳ)-(0)	$H_2SO_3+4H^++4e^-=S+3H_2O$	0.449
Cu(Ⅰ)-(0)	$Cu^++e^-=Cu$	0.521

续表

电对	电极反应	$E^{\ominus}$/V
Ⅰ(0)-(－Ⅰ)	$I_2+2e^- = 2I^-$	0.5355
Ⅰ(0)-(－Ⅰ)	$I_3^-+2e^- = 3I^-$	0.536
As(Ⅴ)-(Ⅲ)	$H_3AsO_4+2H^++2e^- = HAsO_2+2H_2O$	0.560
Sb(Ⅴ)-(Ⅲ)	$Sb_2O_5+6H^++4e^- = 2SbO^++3H_2O$	0.581
Te(Ⅳ)-(0)	$TeO_2+4H^++4e^- = Te+2H_2O$	0.593
U(Ⅴ)-(Ⅳ)	$UO_2^++4H^++e^- = U^{4+}+2H_2O$	0.612
Hg(Ⅱ)-(Ⅰ)	$2HgCl_2+2e^- = Hg_2Cl_2+2Cl^-$	0.63
Pt(Ⅳ)-(Ⅱ)	$[PtCl_6]^{2-}+2e^- = [PtCl_4]^{2-}+2Cl^-$	0.68
O(0)-(－Ⅰ)	$O_2+2H^++2e^- = H_2O_2$	0.695
Pt(Ⅱ)-(0)	$[PtCl_4]^{2-}+2e^- = Pt+4Cl^-$	0.755
Se(Ⅳ)-(0)	$H_2SeO_3+4H^++4e^- = Se+3H_2O$	0.74
Fe(Ⅲ)-(Ⅱ)	$Fe^{3+}+e^- = Fe^{2+}$	0.771
Hg(Ⅰ)-(0)	$Hg_2^{2+}+2e^- = 2Hg$	0.7973
Ag(Ⅰ)-(0)	$Ag^++e^- = Ag$	0.7996
Os(Ⅷ)-(0)	$OsO_4+8H^++8e^- = Os+4H_2O$	0.8
N(Ⅴ)-(Ⅳ)	$2NO_3^-+4H^++2e^- = N_2O_4+2H_2O$	0.803
Hg(Ⅱ)-(0)	$Hg^{2+}+2e^- = Hg$	0.851
Si(Ⅳ)-(0)	SiO_2(石英)$+4H^++4e^- = Si+2H_2O$	0.857
Cu(Ⅱ)-(Ⅰ)	$Cu^{2+}+I^-+e^- = CuI$	0.86
N(Ⅲ)-(Ⅰ)	$2HNO_2+4H^++4e^- = H_2N_2O_2+2H_2O$	0.86
Hg(Ⅱ)-(Ⅰ)	$2Hg^{2+}+2e^- = Hg_2^{2+}$	0.920
N(Ⅴ)-(Ⅲ)	$NO_3^-+3H^++2e^- = HNO_2+H_2O$	0.934
Pd(Ⅱ)-(0)	$Pd^{2+}+2e^- = Pd$	0.951
N(Ⅴ)-(Ⅱ)	$NO_3^-+4H^++3e^- = NO+2H_2O$	0.957
N(Ⅲ)-(Ⅱ)	$HNO_2+H^++e^- = NO+H_2O$	0.983
Ⅰ(Ⅰ)-(－Ⅰ)	$HIO+H^++2e^- = I^-+H_2O$	0.987
V(Ⅴ)-(Ⅳ)	$VO_2^++2H^++e^- = VO^{2+}+H_2O$	0.991
V(Ⅴ)-(Ⅳ)	$V(OH)_4^++2H^++e^- = VO^{2+}+3H_2O$	1.00
Au(Ⅲ)-(0)	$[AuCl_4]^-+3e^- = Au+4Cl^-$	1.002
Te(Ⅵ)-(Ⅳ)	$H_6TeO_6+2H^++2e^- = TeO_2+4H_2O$	1.02
N(Ⅳ)-(Ⅱ)	$N_2O_4+4H^++4e^- = 2NO+2H_2O$	1.035
N(Ⅳ)-(Ⅲ)	$N_2O_4+2H^++2e^- = 2HNO_2$	1.065
Ⅰ(Ⅴ)-(－Ⅰ)	$IO_3^-+6H^++6e^- = I^-+3H_2O$	1.085
Br(0)-(－Ⅰ)	$Br_2(aq)+2e^- = 2Br^-$	1.0873
Se(Ⅵ)-(Ⅳ)	$SeO_4^{2-}+4H^++2e^- = H_2SeO_3+H_2O$	1.151
Cl(Ⅴ)-(Ⅳ)	$ClO_3^-+2H^++e^- = ClO_2+H_2O$	1.152
Pt(Ⅱ)-(0)	$Pt^{2+}+2e^- = Pt$	1.18
Cl(Ⅶ)-(Ⅴ)	$ClO_4^-+2H^++2e^- = ClO_3^-+H_2O$	1.189
Ⅰ(Ⅴ)-(0)	$2IO_3^-+12H^++10e^- = I_2+6H_2O$	1.195
Cl(Ⅴ)-(Ⅲ)	$ClO_3^-+3H^++2e^- = HClO_2+H_2O$	1.214
Mn(Ⅳ)-(Ⅱ)	$MnO_2+4H^++2e^- = Mn^{2+}+2H_2O$	1.224
O(0)-(－Ⅱ)	$O_2+4H^++4e^- = 2H_2O$	1.229
Tl(Ⅲ)-(Ⅰ)	$Tl^{3+}+2e^- = Tl^+$	1.252
Cl(Ⅳ)-(Ⅲ)	$ClO_2+H^++e^- = HClO_2$	1.277

续表

电对	电极反应	$E^{\ominus}$/V
N(Ⅲ)-(Ⅰ)	$2HNO_2+4H^++4e^-$ ══ N_2O+3H_2O	1.297
Cr(Ⅵ)-(Ⅲ)	$Cr_2O_7^{2-}+14H^++6e^-$ ══ $2Cr^{3+}+7H_2O$	1.33
Br(Ⅰ)-(－Ⅰ)	$HBrO+H^++2e^-$ ══ Br^-+H_2O	1.331
Cr(Ⅵ)-(Ⅲ)	$HCrO_4^-+7H^++3e^-$ ══ $Cr^{3+}+4H_2O$	1.350
Cl(0)-(－Ⅰ)	$Cl_2(g)+2e^-$ ══ $2Cl^-$	1.35827
Cl(Ⅶ)-(－Ⅰ)	$ClO_4^-+8H^++8e^-$ ══ Cl^-+4H_2O	1.389
Cl(Ⅶ)-(0)	$ClO_4^-+8H^++7e^-$ ══ $\frac{1}{2}Cl_2+4H_2O$	1.39
Au(Ⅲ)-(Ⅰ)	$Au^{3+}+2e^-$ ══ Au^+	1.401
Br(Ⅴ)-(－Ⅰ)	$BrO_3^-+6H^++6e^-$ ══ Br^-+3H_2O	1.423
I(Ⅰ)-(0)	$2HIO+2H^++2e^-$ ══ I_2+2H_2O	1.439
Cl(Ⅴ)-(－Ⅰ)	$ClO_3^-+6H^++6e^-$ ══ Cl^-+3H_2O	1.451
Pb(Ⅳ)-(Ⅱ)	$PbO_2+4H^++2e^-$ ══ $Pb^{2+}+2H_2O$	1.455
Cl(Ⅴ)-(0)	$ClO_3^-+6H^++5e^-$ ══ $\frac{1}{2}Cl_2+3H_2O$	1.47
Cl(Ⅰ)-(－Ⅰ)	$HClO+H^++2e^-$ ══ Cl^-+H_2O	1.482
Br(Ⅴ)-(0)	$BrO_3^-+6H^++5e^-$ ══ $\frac{1}{2}Br_2+3H_2O$	1.482
Au(Ⅲ)-(0)	$Au^{3+}+3e^-$ ══ Au	1.498
Mn(Ⅶ)-(Ⅱ)	$MnO_4^-+8H^++5e^-$ ══ $Mn^{2+}+4H_2O$	1.507
Mn(Ⅲ)-(Ⅱ)	$Mn^{3+}+e^-$ ══ Mn^{2+}	1.5415
Cl(Ⅲ)-(－Ⅰ)	$HClO_2+3H^++4e^-$ ══ Cl^-+2H_2O	1.570
Br(Ⅰ)-(0)	$HBrO+H^++e^-$ ══ $\frac{1}{2}Br_2(aq)+H_2O$	1.574
N(Ⅱ)-(Ⅰ)	$2NO+2H^++2e^-$ ══ N_2O+H_2O	1.591
I(Ⅶ)-(Ⅴ)	$H_5IO_6+H^++2e^-$ ══ $IO_3^-+3H_2O$	1.601
Cl(Ⅰ)-(0)	$HClO+H^++e^-$ ══ $\frac{1}{2}Cl_2+H_2O$	1.611
Cl(Ⅲ)-(Ⅰ)	$HClO_2+2H^++2e^-$ ══ $HClO+H_2O$	1.645
Ni(Ⅳ)-(Ⅱ)	$NiO_2+4H^++2e^-$ ══ $Ni^{2+}+2H_2O$	1.678
Mn(Ⅶ)-(Ⅳ)	$MnO_4^-+4H^++3e^-$ ══ MnO_2+2H_2O	1.679
Pb(Ⅳ)-(Ⅱ)	$PbO_2+SO_4^{2-}+4H^++2e^-$ ══ $PbSO_4+2H_2O$	1.6913
Au(Ⅰ)-(0)	Au^++e^- ══ Au	1.692
Ce(Ⅳ)-(Ⅲ)	$Ce^{4+}+e^-$ ══ Ce^{3+}	1.72
N(Ⅰ)-(0)	$N_2O+2H^++2e^-$ ══ N_2+H_2O	1.766
O(－Ⅰ)-(－Ⅱ)	$H_2O_2+2H^++2e^-$ ══ $2H_2O$	1.776
Co(Ⅲ)-(Ⅱ)	$Co^{3+}+e^-$ ══ $Co^{2+}(2mol\cdot L^{-1}H_2SO_4)$	1.83
Ag(Ⅱ)-(Ⅰ)	$Ag^{2+}+e^-$ ══ Ag^+	1.980
S(Ⅶ)-(Ⅵ)	$S_2O_8^{2-}+2e^-$ ══ $2SO_4^{2-}$	2.010
O(0)-(－Ⅱ)	$O_3+2H^++2e^-$ ══ O_2+H_2O	2.076
O(Ⅱ)-(－Ⅱ)	$F_2O+2H^++4e^-$ ══ H_2O+2F^-	2.153
Fe(Ⅵ)-(Ⅲ)	$FeO_4^{2-}+8H^++3e^-$ ══ $Fe^{3+}+4H_2O$	2.20
O(0)-(－Ⅱ)	$O(g)+2H^++2e^-$ ══ H_2O	2.421
F(0)-(－Ⅰ)	F_2+2e^- ══ $2F^-$	2.866
	$F_2+2H^++2e^-$ ══ $2HF$	3.053

附表 11-2　在碱性溶液中的标准电极电势

电对	电极反应	$E^{\ominus}$/V
Ca(Ⅱ)-(0)	$Ca(OH)_2+2e^- = Ca+2OH^-$	−3.02
Ba(Ⅱ)-(0)	$Ba(OH)_2+2e^- = Ba+2OH^-$	−2.99
La(Ⅲ)-(0)	$La(OH)_3+3e^- = La+3OH^-$	−2.90
Sr(Ⅱ)-(0)	$Sr(OH)_2 \cdot 8H_2O+2e^- = Sr+2OH^-+8H_2O$	−2.88
Mg(Ⅱ)-(0)	$Mg(OH)_2+2e^- = Mg+2OH^-$	−2.690
Be(Ⅱ)-(0)	$Be_2O_3^{2-}+3H_2O+4e^- = 2Be+6OH^-$	−2.63
Hf(Ⅳ)-(0)	$HfO(OH)_2+H_2O+4e^- = Hf+4OH^-$	−2.50
Zr(Ⅳ)-(0)	$H_2ZrO_3+H_2O+4e^- = Zr+4OH^-$	−2.36
Al(Ⅲ)-(0)	$H_2AlO_3^-+H_2O+3e^- = Al+4OH^-$	−2.33
P(Ⅰ)-(0)	$H_2PO_2^-+e^- = P+2OH^-$	−1.82
B(Ⅲ)-(0)	$H_2BO_3^-+H_2O+3e^- = B+4OH^-$	−1.79
P(Ⅲ)-(0)	$HPO_3^{2-}+2H_2O+3e^- = P+5OH^-$	−1.71
Si(Ⅳ)-(0)	$SiO_3^{2-}+3H_2O+4e^- = Si+6OH^-$	−1.697
P(Ⅲ)-(Ⅰ)	$HPO_3^{2-}+2H_2O+2e^- = H_2PO_2^-+3OH^-$	−1.65
Mn(Ⅱ)-(0)	$Mn(OH)_2+2e^- = Mn+2OH^-$	−1.56
Cr(Ⅲ)-(0)	$Cr(OH)_3+3e^- = Cr+3OH^-$	−1.48
Zn(Ⅱ)-(0)	$[Zn(CN)_4]^{2-}+2e^- = Zn+4CN^-$	−1.26
Zn(Ⅱ)-(0)	$Zn(OH)_2+2e^- = Zn+2OH^-$	−1.249
Ga(Ⅲ)-(0)	$H_2GaO_3^-+H_2O+3e^- = Ga+4OH^-$	−1.219
Zn(Ⅱ)-(0)	$ZnO_2^{2-}+2H_2O+2e^- = Zn+4OH^-$	−1.215
Cr(Ⅲ)-(0)	$CrO_2^-+2H_2O+3e^- = Cr+4OH^-$	−1.2
Te(0)-(−Ⅰ)	$Te+2e^- = Te^{2-}$	−1.143
P(Ⅴ)-(Ⅲ)	$PO_4^{3-}+2H_2O+2e^- = HPO_3^{2-}+3OH^-$	−1.05
Zn(Ⅱ)-(0)	$[Zn(NH_3)_4]^{2+}+2e^- = Zn+4NH_3$	−1.04
W(Ⅵ)-(0)	$WO_4^{2-}+4H_2O+6e^- = W+8OH^-$	−1.01
Ge(Ⅳ)-(0)	$HGeO_3^-+2H_2O+4e^- = Ge+5OH^-$	−1.0
Sn(Ⅳ)-(Ⅱ)	$[Sn(OH)_6]^{2-}+2e^- = HSnO_2^-+H_2O+3OH^-$	−0.93
S(Ⅵ)-(Ⅳ)	$SO_4^{2-}+H_2O+2e^- = SO_3^{2-}+2OH^-$	−0.93
Se(0)-(−Ⅱ)	$Se+2e^- = Se^{2-}$	−0.924
Sn(Ⅱ)-(0)	$HSnO_2^-+H_2O+2e^- = Sn+3OH^-$	−0.909
P(0)-(−Ⅲ)	$P+3H_2O+3e^- = PH_3(g)+3OH^-$	−0.87
N(Ⅴ)-(Ⅳ)	$2NO_3^-+2H_2O+2e^- = N_2O_4+4OH^-$	−0.85
H(Ⅰ)-(0)	$2H_2O+2e^- = H_2+2OH^-$	−0.8277
Cd(Ⅱ)-(0)	$Cd(OH)_2+2e^- = Cd(Hg)+2OH^-$	−0.809
Co(Ⅱ)-(0)	$Co(OH)_2+2e^- = Co+2OH^-$	−0.73
Ni(Ⅱ)-(0)	$Ni(OH)_2+2e^- = Ni+2OH^-$	−0.72
As(Ⅴ)-(Ⅲ)	$AsO_4^{3-}+2H_2O+2e^- = AsO_2^-+4OH^-$	−0.71
Ag(Ⅰ)-(0)	$Ag_2S+2e^- = 2Ag+S^{2-}$	−0.691
As(Ⅲ)-(0)	$AsO_2^-+2H_2O+3e^- = As+4OH^-$	−0.68
Sb(Ⅲ)-(0)	$SbO_2^-+2H_2O+3e^- = Sb+4OH^-$	−0.66
Re(Ⅶ)-(Ⅳ)	$ReO_4^-+2H_2O+3e^- = ReO_2+4OH^-$	−0.59

续表

电对	电极反应	$E^{\ominus}$/V
Sb(Ⅴ)-(Ⅲ)	$SbO_3^- + H_2O + 2e^- = SbO_2^- + 2OH^-$	−0.59
Re(Ⅶ)-(0)	$ReO_4^- + 4H_2O + 7e^- = Re + 8OH^-$	−0.584
S(Ⅳ)-(Ⅱ)	$2SO_3^{2-} + 3H_2O + 4e^- = S_2O_3^{2-} + 6OH^-$	−0.58
Te(Ⅳ)-(0)	$TeO_3^{2-} + 3H_2O + 4e^- = Te + 6OH^-$	−0.57
Fe(Ⅲ)-(Ⅱ)	$Fe(OH)_3 + e^- = Fe(OH)_2 + OH^-$	−0.56
S(0)-(−Ⅱ)	$S + 2e^- = S^{2-}$	−0.47627
Bi(Ⅲ)-(0)	$Bi_2O_3 + 3H_2O + 6e^- = 2Bi + 6OH^-$	−0.46
N(Ⅲ)-(Ⅱ)	$NO_2^- + H_2O + e^- = NO + 2OH^-$	−0.46
Co(Ⅱ)-C(0)	$[Co(NH_3)_6]^{2+} + 2e^- = Co + 6NH_3$	−0.422
Se(Ⅳ)-(0)	$SeO_3^{2-} + 3H_2O + 4e^- = Se + 6OH^-$	−0.366
Cu(Ⅰ)-(0)	$Cu_2O + H_2O + 2e^- = 2Cu + 2OH^-$	−0.360
Tl(Ⅰ)-(0)	$Tl(OH) + e^- = Tl + OH^-$	−0.34
Ag(Ⅰ)-(0)	$[Ag(CN)_2]^- + e^- = Ag + 2CN^-$	−0.31
Cu(Ⅱ)-(0)	$Cu(OH)_2 + 2e^- = Cu + 2OH^-$	−0.222
Cr(Ⅵ)-(Ⅲ)	$CrO_4^{2-} + 4H_2O + 3e^- = Cr(OH)_3 + 5OH^-$	−0.13
Cu(Ⅰ)-(0)	$[Cu(NH_3)_2]^+ + e^- = Cu + 2NH_3$	−0.12
O(0)-(−Ⅰ)	$O_2 + H_2O + 2e^- = HO_2^- + OH^-$	−0.076
Ag(Ⅰ)-(0)	$AgCN + e^- = Ag + CN^-$	−0.017
N(Ⅴ)-(Ⅲ)	$NO_3^- + H_2O + 2e^- = NO_2^- + 2OH^-$	0.01
Se(Ⅵ)-(Ⅳ)	$SeO_4^{2-} + H_2O + 2e^- = SeO_3^{2-} + 2OH^-$	0.05
Pd(Ⅱ)-(0)	$Pd(OH)_2 + 2e^- = Pd + 2OH^-$	0.07
S(Ⅱ,Ⅴ)-(Ⅱ)	$S_4O_6^{2-} + 2e^- = 2S_2O_3^{2-}$	0.08
Hg(Ⅱ)-(0)	$HgO + H_2O + 2e^- = Hg + 2OH^-$	0.0977
Co(Ⅲ)-(Ⅱ)	$[Co(NH_3)_6]^{3+} + e^- = [Co(NH_3)_6]^{2+}$	0.108
Pt(Ⅱ)-(0)	$Pt(OH)_2 + 2e^- = Pt + 2OH^-$	0.14
Co(Ⅲ)-(Ⅱ)	$Co(OH)_3 + e^- = Co(OH)_2 + OH^-$	0.17
Pb(Ⅳ)-(Ⅱ)	$PbO_2 + H_2O + 2e^- = PbO + 2OH^-$	0.247
I(Ⅴ)-(−Ⅰ)	$IO_3^- + 3H_2O + 6e^- = I^- + 6OH^-$	0.26
Cl(Ⅴ)-(Ⅲ)	$ClO_3^- + H_2O + 2e^- = ClO_2^- + 2OH^-$	0.33
Ag(Ⅰ)-(0)	$Ag_2O + H_2O + 2e^- = 2Ag + 2OH^-$	0.342
Fe(Ⅲ)-(Ⅱ)	$[Fe(CN)_6]^{3-} + e^- = [Fe(CN)_6]^{4-}$	0.358
Cl(Ⅶ)-(Ⅴ)	$ClO_4^- + H_2O + 2e^- = ClO_3^- + 2OH^-$	0.36
Ag(Ⅰ)-(0)	$[Ag(NH_3)_2]^+ + e^- = Ag + 2NH_3$	0.373
O(0)-(−Ⅱ)	$O_2 + 2H_2O + 4e^- = 4OH^-$	0.401
I(Ⅰ)-(−Ⅰ)	$IO^- + H_2O + 2e^- = I^- + 2OH^-$	0.485
Ni(Ⅳ)-(Ⅱ)	$NiO_2 + 2H_2O + 2e^- = Ni(OH)_2 + 2OH^-$	0.490
Mn(Ⅶ)-(Ⅵ)	$MnO_4^- + e^- = MnO_4^{2-}$	0.558
Mn(Ⅶ)-(Ⅳ)	$MnO_4^- + 2H_2O + 3e^- = MnO_2 + 4OH^-$	0.595
Mn(Ⅵ)-(Ⅳ)	$MnO_4^{2-} + 2H_2O + 2e^- = MnO_2 + 4OH^-$	0.60
Ag(Ⅱ)-(Ⅰ)	$2AgO + H_2O + 2e^- = Ag_2O + 2OH^-$	0.607
Br(Ⅴ)-(−Ⅰ)	$BrO_3^- + 3H_2O + 6e^- = Br^- + 6OH^-$	0.61
Cl(Ⅴ)-(−Ⅰ)	$ClO_3^- + 3H_2O + 6e^- = Cl^- + 6OH^-$	0.62

续表

电对	电极反应	$E^{\ominus}$/V
Cl(Ⅲ)-(Ⅰ)	$ClO_2^- + H_2O + 2e^- \longrightarrow ClO^- + 2OH^-$	0.66
I(Ⅶ)-(Ⅴ)	$H_3IO_6^{2-} + 2e^- \longrightarrow IO_3^- + 3OH^-$	0.7
Cl(Ⅲ)-(-Ⅰ)	$ClO_2^- + 2H_2O + 4e^- \longrightarrow Cl^- + 4OH^-$	0.76
Br(Ⅰ)-(-Ⅰ)	$BrO^- + H_2O + 2e^- \longrightarrow Br^- + 2OH^-$	0.761
Cl(Ⅰ)-(-Ⅰ)	$ClO^- + H_2O + 2e^- \longrightarrow Cl^- + 2OH^-$	0.841
Cl(Ⅳ)-(Ⅲ)	$ClO_2(g) + e^- \longrightarrow ClO_2^-$	0.95
O(0)-(-Ⅱ)	$O_3 + H_2O + 2e^- \longrightarrow O_2 + 2OH^-$	1.24

附录 12　配离子的稳定常数（293～298K）

配离子	$\lg K_1^{\ominus}$	$\lg K_2^{\ominus}$	$\lg K_3^{\ominus}$	$\lg K_4^{\ominus}$	$\lg K_5^{\ominus}$	$\lg K_6^{\ominus}$	$\lg\beta K_n^{\ominus}$
1. Br^-							
Ag(Ⅰ)	4.38	2.95	0.67	0.73			8.73
Cd(Ⅱ)	1.75	0.95	0.98	0.38			3.70
Cu(Ⅰ)							$\lg\beta_2^{\ominus}$ 5.89
Hg(Ⅱ)	9.05	8.27	2.42	1.26			21.00
2. Cl^-							
Ag(Ⅰ)	3.04	2.00					5.04
Au(Ⅱ)							$\lg\beta_2^{\ominus}$ 9.8
Cd(Ⅱ)	1.95	0.55	0.10	0.20			2.80
Cu(Ⅰ)							$\lg\beta_2^{\ominus}$ 5.5
Hg(Ⅱ)	6.74	6.48	0.85	1.00			15.07
Pb(Ⅱ)	1.62	0.82	-0.74	-0.10			1.60
Pd(Ⅱ)	6.1	4.6	2.4	2.6			15.7
Sn(Ⅱ)	1.51	0.73	-0.21	-0.55			1.48
3. CN^-							
Ag(Ⅰ)							$\lg\beta_2^{\ominus}$ 21.1
							$\lg\beta_3^{\ominus}$ 21.7
							$\lg\beta_4^{\ominus}$ 20.6
Au(Ⅰ)							$\lg\beta_2^{\ominus}$ 38.3
Cd(Ⅱ)	5.48	5.12	4.63	3.55			18.78
Cu(Ⅰ)							$\lg\beta_2^{\ominus}$ 24.0
							$\lg\beta_3^{\ominus}$ 28.55
							$\lg\beta_4^{\ominus}$ 30.30
Fe(Ⅱ)							$\lg\beta_6^{\ominus}$ 35
Fe(Ⅲ)							$\lg\beta_6^{\ominus}$ 42
Hg(Ⅱ)							$\lg\beta_4^{\ominus}$ 41.4
Ni(Ⅱ)							$\lg\beta_4^{\ominus}$ 31.3
Zn(Ⅱ)							$\lg\beta_4^{\ominus}$ 16.7

续表

配离子	$\lg K_1^{\ominus}$	$\lg K_2^{\ominus}$	$\lg K_3^{\ominus}$	$\lg K_4^{\ominus}$	$\lg K_5^{\ominus}$	$\lg K_6^{\ominus}$	$\lg\beta K_n^{\ominus}$
4. F^-							
Al(Ⅲ)	6.11	5.01	3.88	3.00	1.40	0.40	19.80
Cr(Ⅲ)	4.36	4.34	2.50				11.20
Fe(Ⅲ)	5.28	4.02	2.76				12.06
5. I^-							
Ag(Ⅰ)	6.58	5.16	1.94				13.68
Cd(Ⅱ)	2.10	1.33	1.06	0.92			5.41
Cu(Ⅰ)							$\lg\beta_2^{\ominus}$ 8.85
Hg(Ⅱ)	12.87	10.95	3.78	2.23			29.83
Pb(Ⅱ)	2.00	1.15	0.77	0.55			4.47
6. NH_3							
Ag(Ⅰ)	3.24	3.81					7.05
Cd(Ⅱ)	2.65	2.10	1.44	0.93	−0.32	−1.66	5.14
Co(Ⅱ)	2.11	1.63	1.05	0.76	0.18	−0.62	5.11
Co(Ⅲ)	6.7	7.3	6.1	5.6	5.1	4.4	35.2
Cu(Ⅰ)	5.93	4.93					10.86
Cu(Ⅱ)	4.31	3.67	3.04	2.30			13.32
Ni(Ⅱ)	2.80	2.24	1.73	1.19	0.75	0.03	8.74
Pt(Ⅱ)							$\lg\beta_6^{\ominus}$ 35.3
Zn(Ⅱ)	2.37	2.44	2.50	2.15			9.46
7. OH^-							
Al(Ⅲ)	9.27						$\lg\beta_4^{\ominus}$ 33.03
Cd(Ⅱ)	4.17	4.16	0.69	−0.40			8.62
Cr(Ⅲ)	10.1	7.7					$\lg\beta_4^{\ominus}$ 29.9
Cu(Ⅱ)	7.0	6.68	3.32	1.5			18.5
Zn(Ⅱ)	4.40	6.90	2.84	3.52			17.66
8. SCN^-							
Ag(Ⅰ)							$\lg\beta_2^{\ominus}$ 7.57
							$\lg\beta_3^{\ominus}$ 9.08
							$\lg\beta_4^{\ominus}$ 10.08
Au(Ⅰ)							6.98
Cd(Ⅱ)							$\lg\beta_4^{\ominus}$ 3.6
Co(Ⅱ)	−0.04	−0.66	0.70	3.00			3.00
Cu(Ⅰ)							$\lg\beta_1^{\ominus}$ 12.11
Cu(Ⅱ)							$\lg\beta_2^{\ominus}$ 3.00
Fe(Ⅲ)							6.10
Hg(Ⅱ)							$\lg\beta_2^{\ominus}$ 16.86
							$\lg\beta_4^{\ominus}$ 21.70
Ni(Ⅱ)	1.18	0.54					1.64
Zn(Ⅱ)							$\lg\beta_2^{\ominus}$ 1.91

续表

配离子	$\lg K_1^\ominus$	$\lg K_2^\ominus$	$\lg K_3^\ominus$	$\lg K_4^\ominus$	$\lg K_5^\ominus$	$\lg K_6^\ominus$	$\lg\beta K_n^\ominus$
9. $S_2O_3^{2-}$							
Ag(Ⅰ)	8.82	4.64					13.46
Cd(Ⅱ)	3.92	2.52					6.44
Cu(Ⅰ)	10.27	1.95	1.62				13.84
Hg(Ⅱ)							$\lg\beta_2^\ominus$ 29.44
							$\lg\beta_3^\ominus$ 31.90
							$\lg\beta_4^\ominus$ 33.24
10. 乙二胺(en)							
Ag(Ⅰ)	4.70	3.00					7.70
Cd(Ⅱ)	5.47	4.62	2.00				12.09
Co(Ⅱ)	5.91	4.73	3.30				13.94
Co(Ⅲ)	18.7	16.2	13.79				48.69
Cu(Ⅰ)							$\lg\beta_2^\ominus$ 10.80
Cu(Ⅱ)	10.67	9.33	1.0				21.0
Fe(Ⅱ)	4.34	3.31	2.05				9.70
Hg(Ⅱ)	14.3	9.0					23.3
Mn(Ⅱ)	2.73	2.06	0.88				5.67
Ni(Ⅱ)	7.52	6.32	4.49				18.33
Zn(Ⅱ)	5.77	5.06	3.28				14.11
11. 乙二胺四乙酸(1∶1)							
Ag(Ⅰ)	7.30						
Ba(Ⅱ)	7.77						
Ca(Ⅱ)	10.56						
Cd(Ⅱ)	16.57						
Co(Ⅱ)	16.20						
Co(Ⅱ)	36.0						
Cr(Ⅱ)	23.0						
Cu(Ⅱ)	18.79						
Fe(Ⅱ)	14.32						
Fe(Ⅲ)	25.07						
Hg(Ⅱ)	21.879						
Mg(Ⅱ)	8.69						
Mn(Ⅱ)	14.00						
Na(Ⅰ)	1.69						
Ni(Ⅱ)	18.61						
Pb(Ⅱ)	18.0						
Sr(Ⅱ)	8.62						
Zn(Ⅱ)	16.49						

续表

配离子	$\lg K_1^\ominus$	$\lg K_2^\ominus$	$\lg K_3^\ominus$	$\lg K_4^\ominus$	$\lg K_5^\ominus$	$\lg K_6^\ominus$	$\lg\beta K_n^\ominus$
12. 草酸根($C_2O_4^{2-}$)							
Al(Ⅲ)	7.26	5.74	3.3				16.3
Cd(Ⅱ)	3.52	2.25					5.77
Co(Ⅱ)	4.79	1.91	3.0				9.7
Cu(Ⅱ)	6.23	4.04					10.27
Fe(Ⅱ)	2.90	1.62	0.70				5.22
Fe(Ⅲ)	9.4	6.8	4.0				20.2
Ni(Ⅱ)	5.3	2.34					7.64
Hg(Ⅱ)	9.66						
Zn(Ⅱ)	4.89	2.71	0.55				8.15
13. 酒石酸							
Bi(Ⅲ)							$\lg\beta_2^\ominus$ 8.30
Cu(Ⅱ)	3.2	1.91		1.73			6.51
Ca(Ⅱ)							$\lg\beta_2^\ominus$ 9.01

注：$K^\ominus$ 表示逐级稳定常数；$\beta_n^\ominus$ 表示积累稳定常数（n 表示总的步数）。

附录 13　常用希腊字母的符号、汉语译音及字形变换

希腊字母		英文拼法	汉语译音	字形变换	
大写字母	小写字母			大写字母	小写字母
Α	α	Alpha	阿尔法	A	a
Β	β	Beta	贝塔	B	b
Γ	γ	Gamma	伽马	G	g
Δ	δ	Delta	德耳塔	D	d
Ε	ε	Epsilon	艾普西隆	E	e
Ζ	ζ	Zeta	截塔	Z	Z
Η	η	Eta	艾塔	H	h
Θ	θ	Theta	西塔	Q	q
Ι	ι	Iota	约塔	I	i
Κ	K	Kappa	卡帕	K	k
Λ	λ	Iambda	兰姆达	L	l
Μ	μ	Mu	米尤	M	m
N	ν	Nu	纽	N	n
Ξ	ξ	Xi	克西	X	x
O	ο	Omicron	奥米克龙	O	o
Π	π	Pi	派	P	p
Ρ	ρ	Rho	洛	R	r
Σ	σ	Sigma	西格马	S	s
Τ	τ	Tau	套马	T	t
Υ	υ	Upsilon	宇普西隆	U	u
Φ	φ	Phi	斐	F	f
Χ	χ	Chi	西	C	c
Ψ	ψ	Psi	普西	Y	y
Ω	ω	Omega	奥米伽	W	w

附录 14　常用学生实验仪器清单

班级________　实验桌号________　姓名________　领用日期________年____月____日

编号	名 称	规格	单位	数量	备 注
1	试管	13mm×100mm	支	10	
2	试管	15mm×150mm	支	10	
3	试管	18mm×180mm	支	5	
4	离心试管	5mL	支	6	
5	烧杯	50mL	个	4	
6	烧杯	100mL	个	2	
7	烧杯	250mL	个	2	
8	烧杯	500mL	个	1	
9	锥形瓶	250mL	个	3	
10	容量瓶	50mL	个	4	
11	量筒	5mL	个	1	
12	量筒	10mL	个	1	
13	量筒	50mL	个	1	
14	量筒	100mL	个	1	
15	漏斗	75mm	个	1	
16	布氏漏斗	50mm	个	1	
17	布氏漏斗	75mm	个	1	
18	抽滤瓶	250mL	个	1	
19	表面皿	50mm	个	2	
20	蒸发皿	75mm	个	1	
21	蒸发皿	100mm	个	1	
22	酒精灯	250mL	台	1	
23	温度计	0～373K	支	1	
24	玻璃棒		根	3	
25	胶头滴管		支	2	
26	研钵	75mm	套	1	
27	塑料药勺		把	2	
28	镊子		把	1	
29	石棉网		块	1	
30	铁圈		个	1	
31	试管架		个	1	
32	试管夹		个	1	
33	锁		把	1	
34	抹布		块	1	
35